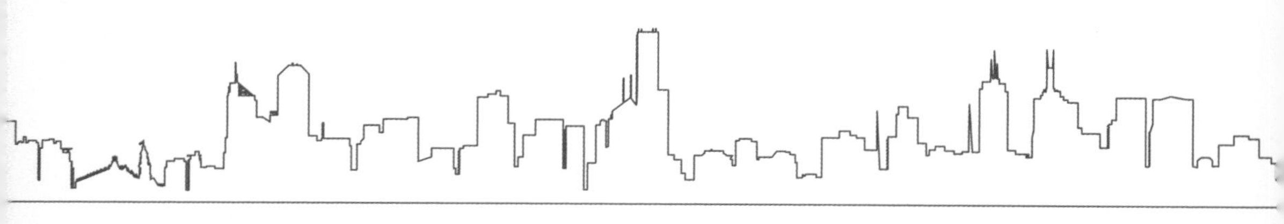

生态都市主义

ECOLOGICAL URBANISM

[美国] 莫森·莫斯塔法维（Mohsen Mostafavi）
[美国] 加雷斯·多尔蒂（Gareth Doherty） 编著

俞孔坚 等 译

江苏凤凰科学技术出版社 · 南京

Ecological Urbanism/ Mohsen Mostafavi with Gareth Doherty.
First Published in the English Language by the Harvard University
Graduate School of Design and Lars Müller Publishers.

江苏省版权著作权合同登记: 图字10-2013-330

图书在版编目（CIP）数据

生态都市主义 / （美） 莫斯塔法维，（美） 多尔蒂编著 ; 俞孔坚等译. -- 南京 : 江苏凤凰科学技术出版社, 2022.5（2022.7重印）

ISBN 978-7-5537-0143-1

Ⅰ. ①生… Ⅱ. ①莫… ②多… ③俞… Ⅲ. ①生态城市—城市建设—研究 Ⅳ. ①X21

中国版本图书馆CIP数据核字（2014）第023666号

生态都市主义

编　　著　[美国] 莫森・莫斯塔法维　[美国] 加雷斯・多尔蒂
译　　者　俞孔坚 等
项目策划　凤凰空间 / 曹　蕾　胡中琦
责任编辑　赵　研　刘屹立
特约编辑　曹　蕾

出版发行　江苏凤凰科学技术出版社
出版社地址　南京市湖南路1号A楼，邮编：210009
出版社网址　http://www.pspress.cn
总　经　销　天津凤凰空间文化传媒有限公司
总经销网址　http://www.ifengspace.cn
印　　刷　北京博海升彩色印刷有限公司

开　　本　710 mm×1000 mm　1 / 16
印　　张　41
字　　数　1 000 000
版　　次　2022年5月 第1版
印　　次　2022年7月 第3次印刷

标准书号　ISBN 978-7-5537-0143-1
定　　价　598.00元（精）

图书如有印装质量问题，可随时向销售部调换（电话：022－87893668）。

中文版序

2009年4月3日—4月5日，来自世界各地的学术与实践领域的翘楚聚首哈佛大学设计学院（GSD），以“生态都市主义”为主题，进行了为期两天的学术报告和讨论。这本在世界范围广为发行的《生态都市主义》文集，便是该会议的成果汇编。哈佛大学校长亲临会场，与生态几乎毫无关系的建筑界明星雷姆·库哈斯（Rem Koolhaas）做了开场报告，参会者除了建筑、景观和城市规划设计学者及从业者领袖外，不乏国际著名社会人文学者、政治与经济及公共政策学者，生态学科学家，能源、交通、材料等领域的绿色技术专家，甚至文学艺术家等。本人也有幸应邀出席了会议，并被安排在最后一个发言，宣讲了我的“大脚革命”理念与实践。我的报告的第一张幻灯片是红色背景上的青年毛泽东像，而我的最后一张幻灯片是一个颠倒的库哈斯头像和熊熊燃烧的央视配楼，将“革命”的冲动带到了会场，引起了不小的轰动，至今记忆犹新。该报告也被收入了本书之中，只是库哈斯的头像被删掉了。

讲这段往事除了说明本书的来历之外，更主要的是想表述我对当时“生态都市主义”高峰会的认识，也是关于这本书的认识：一方面，它代表了、更确切地说是集中反映了一场世界范围内的城市思想和实践的革命，一场关于改变现行城市规划设计、建设和管理模式与方法的革命，甚至是一场新生活方式的革命。集中体现了基于当时世界范围内的金融危机和日益明显的全球气候变化的警示，整个学术界对当代城市及城市生活的各个方面产生了颠覆性的思考。另一方面，它反映了世界范围内关于生态城市的思潮和卓有成效的探索和实践，从绿色交通工具的实验，到沙漠上的零碳城市；从绿色屋顶，到都市农业和湿地净化系统的设计；从建筑节能标准，到智能手机技术，可谓包罗万象。这些探索，共同构成了对“生态都市主义”的定义。当然，关于现代城市的批判和生态城市的探索由来已久，诸如新都市主义、绿色城市主义、景观都市主义、农业城市主义、宜居城市、步行城市、公交优先、紧凑城市，等等。各种主义和思想及实践的探索，都从各个不同侧面，为改变现代城市的各种“病症”开出了“药方”。而《生态都市主义》与关于这些主义和理念的著作不同之处在于：它将城市看作一个系统，一个城市生态系统，试图从社会、经济、文化、规划设计和技术等各个方面来创造一个和谐、高效、绿色、城市时代的人类栖居环境。系统综合的途径、开放和多视角的探索，是本书的特点。其内容的丰富性和综合性表明了它并不试图给未来理想城市定义一个模式或一条途径，也绝不是一本生态城市建设的手册，而是为实现生态城市提供了多种可供选择的途径、方法和技术参考。

从2012年底的党的十八大报告，到2013年底的十八届三中全会报告，再到紧随其后召开的中央城镇化工作会议；从推进生态文明的总体目标的提出，到关于城镇发展格局、农业发展格局和生态安全格局三个格局优化思想的宏观控制，再到“新型城镇化”理念的提出以及“要优化布局，根据资源环境承载能力构建科学合理的城镇化宏观布局，把城市群作为主体形态，促进大中小城市和小城镇合理分工、功能互补、协同发展。要坚持生态文明，着力推进绿色发展、循环发展、低碳发展，尽可能减少对自然的干扰和损害，节约集约利用土地、水、能源等资源。要传承文化，发展有历史记忆、地域特色、民族特点的美丽城镇。”（2013年，中央城镇化工作会议）的具体行动指南，乃至“看得见山、看得见水、记得住乡愁”（习近平语）的具体目标的提出，生态城镇建设已成为中国各级领导和全民的运动。20世纪90年代末的中国大地上，无数个“生态城市”“生态县”和“生态村”在轰轰烈烈的规划和建设中。此背景下，集世界学术研究与实践探索之精华的《生态都市主义》一书中文版的发行，无疑是雪中送炭，恰逢其时。尤其是本书有多个篇章直接与中国有关，包括艺术家张洹的艺术作品“为鱼塘增高水位”、凯伦·桑伯（Karen Thomber）的“生态都市主义与东亚文献”，奥雅纳（Arup）的“万庄城市生态农业”，以及白瑞华（Raoul Bunschoten）的“台湾海峡气候变化孵化器”等。

哈佛大学设计学院一直非常重视对中国城镇化的研究，在建筑设计、景观设计和城市规划设计，以及房地产、城市交通和公共政策各个方面都有相关教授在中国开展研究。近年来，哈佛GSD每年都有以中国城镇化为主题的设计课程，从雷姆·库哈斯教授在珠江三角洲地区的城镇化研究，彼得·罗（Peter Rowe）教授有关中国土地政策、高铁和现代城市建筑的研究，普雷斯顿·斯科特·科恩（Preston Scott Cohen）教授在重庆进行的山地建筑设计探索，亚历克斯·克里格（Alex Krieger）在上海外滩的城市设计研究，琼·布斯克茨（Joan Busquets）在深圳的城市街区研究，以及本人连续五年所教授的哈佛—北大平行设计课程和在北京、广州城乡结合部进行的新型城镇化模式研究等，都体现了哈佛大学设计学院对中国城市建设，特别是生态城市运动的关注和积极贡献。近年来，中国的地产开发商对哈佛大学进行中国生态城市以及绿色建筑的研究给予了慷慨的支持，强化了哈佛大学与中国城镇化研究的联系，包括北京大学和清华大学在内的国内多个学术单位，也与哈佛大学设计学院有紧密的合作研究，哈佛GSD院长、本书主编莫森·莫斯塔法维（Mohsen Mostafavi）教授对研究中国城镇化更是情有独钟，并致力于同中国学术界建立长期的合作研究关系，等等，都注定了这本带有明显哈佛GSD色彩的《生态都市主义》在中国也绝非无源之水。

俞孔坚

北京大学建筑与景观设计学院，哈佛大学设计学院

目录

策划

生产

合作2

相互作用

城市流动性

测评

合作3

适应

孵化

FISH

THERMO KING

为什么要选择生态都市主义？为什么现在就要实行生态都市主义？莫森·莫斯塔法维（Mohsen Mostafavi）

世界人口的持续增长导致了不断有移民从乡村涌入城市。人口的集聚、城市的蔓延，之后接踵而至的是对地球有限资源的更高强度的剥削。每一年，都有越来越多的城市面对这一状况感到如临深渊、如履薄冰。那么我们能做些什么呢？作为设计师的我们究竟应该用怎样的专业途径来应对这充满挑战的现实？

几十年过去了，来自四面八方、各行各业的资讯无不提醒着我们所面临的资源困境。从1987年布伦兰特报告（Brundtland Report）中对全球气候变暖的科学性研究到美国前副总统阿尔·戈尔（Al Gore）充满激情的呼吁，都对这一问题表明了立场。然而随着对环境问题关注度的与日俱增，大量的质疑、抵触声也同样不绝于耳。美国不仅没有继续签署京都议定书（Kyoto Protocol），而且与加拿大等其他海湾国家一样，它们在国民人均能源消费值的排名榜上居高不下。在哥本哈根环境峰会上缔结合法同盟条款的失败，进一步印证了解决环境问题面临的巨大挑战。“在一个地球上生存”的理念可能最终会变成一个遥不可及的梦想，这不仅仅是针对那些环境妨害者，芸芸众生也都难脱其咎。

何尝没有建筑师能够意识到这些问题，但他们中间能够遵循可持续实践与生态化实践的人的数量依然是微乎其微的。直至今日，很多按可持续性建筑标准生产出来的作品质量粗劣，并且早期的案例都拘泥地聚焦于兼备如能源产生和废水循环等简单的技术实践。因为可持续建筑自身尚未成熟，所以这往往也就意味着其他备选生活方式的被放弃与娱乐消遣的被剥夺。但这一切都有了改变，而且这些改变持续发生着。可持续设计逐渐成为了行业中的主流思潮。在美国，LEED（Leadership in Energy and Environmental Design能源与环境设计先锋）证书作为国家级可持续建筑评判标准，已经得到了更广泛的认可与应用。但是有一个问题依然存在，这就是可持续理念的道德必要性，这也就意味着可持续性设计正趋于取代纪律的约束。因此，可持续设计并不应被一直视为设计的精妙与设计的创新。这种情形将持续引发怀疑，并且秉持提升规范约束性专业知识信条的一方与致力于推广可持续性理念实践的一方，他们彼此间的矛盾也会因此产生。除非他们能够寻求出可兼容双方观念范畴的全新方式，这种紧张状态方可得以缓解。

现在可持续建筑师所创造的很多作品都相对受限于视域眼界。例如，LEED证书最根本的关注对象是建筑项目，而不是整个城市或城镇范围内的大型基础设施。因为急速城市化的挑战与地球资源的限制更加迫在眉睫，所以需要找到一套可供选择的设计方法使我们能够考量更大的尺度，这将与我们之前所做的不尽相同。城市，作为一个包含了众多复杂关系的基址（经济方面的、政治方面的、社会方面的、文化方面的），理应配备与其复杂性相匹配的一套视角范畴与应对机制来处理现存的状况与未来的走势。本书的宗旨就是提供一个框架，在这个生态理念与都市主义珠联璧合的框架下，为未来岁月中城市的何去何从贡献知识、阐述案例、提供线索。

城市是如此广袤，我们有太多需要彼此倾诉

——弗朗索·瓦斐瑞尔（Fracois Perier）在佛德理哥·费理尼（Federico Fellini）的《卡夫里亚的夜晚》（*Nights of Cabiria*）中对朱列塔·马斯纳（Giulietta Masina）说的话[1]（1957年）

生态都市主义——在某种程度上，生态都市主义是不是与组装的多功能箱式跑车一样，也是一个自相矛盾的术语？城市和它所有的消费功能，正在狼吞虎咽地侵噬着能源，不知餍足地渴求着食物，它怎么会是生态的呢？在某种意义上，"都市工程"，如果我们这样称呼的话，它应该是与生态背道而驰的，因为生态重点阐述的是机体与环境之间的相互关系，强调人为干扰的排除。但目前为止，根据现行的标准，就如同一辆组装的多功能汽车一样，相比于让我们设想出城市在每天运作中更具生态效益，我们更容易想象出的还是城市在使用资源方面会更加的小心翼翼。但这些足够吗？建筑师、景观设计师、城市规划者在他们不同的职业范畴中借助工程手段和建造技艺来打造出一个更加节能的环境，仅仅构想出这样的未来对他们来说是足够的吗？与当下的能源问题同等重要的议题是：在能源的枯竭问题上对于数量的强调，削弱了它与事物在质量方面的价值联系。

换句话说，我们应当把地球与资源的脆弱性看成是一个机缘而不是一种缘由，通过这个机缘，我们能够探索思辨性的设计创新，而这种机缘便是为了推广传统设计的解决方法，从而确立了这些方法的技术规制合法性。扩展开来说，城市与区域面临的问题将成为我们发现新方法的机会。想象一种不是维持现有都市状态的全新灵敏度，这种灵敏度体现在能够包容并调和生态理念与都市主义之间的内在冲突。这才是生态都市主义真正的学科领域。

三个故事——我们的身边有足够的证据来使我们明晰所面临的巨大挑战。不久前，英国《卫报》的一个单刊碰巧刊登了三篇文章阐释了可持续理念的基本问题。[2] 这种故事是我们在日常生活中经常读到的新闻，它们的代表性使其成为新闻报道的主流而不是个案。

第一个故事，作者是加拿大政治记者纳奥米·克莱恩（Naomi Klein），她探求的主要是伊拉克战争与亚伯达（Albert）油价上涨之间的关系："至今为止4年了，亚伯达与伊拉克的关系通过一种无形的相互制衡维系着。”

克莱恩说道：“自巴格达爆炸事件（Baghdad burns）后，整个区域动荡不安，这造成了油价的飙升，也就是人们所熟知的卡尔加里油价暴涨事件（Calgary boom）。”克莱恩的文章使我们能对石油开采过程这一巨大领域内的浪费窥见一斑。亚伯达拥有“巨额沥青存储——黑色的焦油状的黏稠物与沙粒、黏土、水和油混合在一起……这种物质大约有2.5万亿桶，这是世界上最大的碳氢化合物资源。”将这些焦油沙土提炼成原油的相关工艺既复杂又消耗昂贵。第一种方式是开放式浇铸开采。在这种方法中，大量的森林将被铲平并且表土也将被移除，这是为了能使经过特别设计的巨型器械将沥青土铲出并放置在世界上最大的双层倾倒卡车中。焦油泥随后就在化学流程中被稀释并不断地翻转，直到原油气体被蒸馏到顶部。根据克莱恩的报道，被倾倒在池塘中的工艺尾料残渣比区域内的自然湖体的体量都大。第二个方法是用大型管道钻孔，并向地下压入蒸汽来融化焦油泥，然后用第二套管系将融化的焦油泥输导出来并进行不同阶段的提炼加工。

这两种方式都比传统的钻孔采油法要昂贵得多，也会产生较原来多出3~4倍的温室气体量。尽管如此，在伊拉克战争之后，这些方法在财政方面变得可行，这就使得加拿大超越沙特阿拉伯成为了美国的头号供油国。这项事业的“成功”促使引领可持续性能源策略思潮的非营利性智囊机构——彭比纳协会（Pembina Institute）发出了警告，警告的内容主要针对北部森林区域，这一区域和佛罗里达州的面积等同。近期，该机构联合生态公正组织公示了开发含油土资源对淡水资源所造成的恶劣影响的文档性证据。对土地、空气、水资源等方面环境破坏的严重程度，都与对消费者来说相对低廉的油价，与对石油公司而言巨额的利润是密不可分的。这无疑对未来都市（拥有卫星城的都市）是一个警醒，使城市的决策者清晰地意识到开发设计出在使用能源方面的备选途径与高效方式的迫切需要。

第二个故事是关于为一个孟买的印度富豪建造高层住宅的故事。故事的主人公是穆克什·安巴尼（Mukesh Ambani），他是印度国内最大的私营公司同盟集团的主席。这座建筑是以神秘岛“安提拉”（Antilla）命名的。

该住宅的高度等同于一幢6层的塔楼。除了满足安巴尼和他的母亲、妻子、3个孩子以及600名全职员工的膳宿外，这座建筑的营建也考虑了他的私人直升机的安置问题，并且还设有健康俱乐部与6层的停车场。但现在这家人要迁出，其理由除了因为现居住宅只有14层高，还有就是印度经济的迅速增长以及穆克什·安巴尼与兄弟之间紧张的敌对关系。当地专栏作家普罗菲尔·彼得瓦（Praful Bidwai）在他的文章中提到，“随着贫富之间的割裂感变得更加可憎，人们对这种荒谬扩张的愤怒将日益加剧”。甚至连这座“房子”的名字都标榜着分裂的企图，觊觎着能够脱离孟买而实现自治。但是在城市馈赠给我们的一切中，有没有一项对资源的“个人享有权”？我们评价建筑对城市影响的基准是什么？除了它们外表造型的美观外，是不是还应考虑它们对伦理道德的贡献呢？

第三个故事讲的是电影的拍摄。电影《落地生根》（Grow Your Own）叙述了生活在利物浦的一群精神曾经受到过创伤的慈善院救济者在他们内城分配的份例菜园中耕种的故事。电影内容的灵感来源于一位精神治疗医师的研究。这位精神治疗医师就是玛格丽特·鲁格（Margrit Ruegg），她开办了一家难民营救助所。她的经验证实了园艺对于病人在精神与生理方面的恢复都是大有裨益的。“很多难民都是来自像索马里（Somalia）、安哥拉（Angola）、巴尔干（Balkan）这种可怕的环境”，电影制片人之一卡尔·亨特（Carl Hunter）说道：“战争使他们无处寄身、妻离子散，而且往往也摧毁

了他们的人格。玛格丽特的经验是这样的，在一个桌椅板凳一应俱全的看守房间中，难民们能够归于平静。但当她想到为每位难民们提供一些土地供他们耕作后，随着时间流逝，这些难民们能再度向她敞开心扉。”这个故事的主人翁并不只是这些难民，相反，当地的社区也涉入其中。这个社区中的人们因为文化禀性的多元与伦理背景的差异而摩擦不断、冲突陡增。但在和自己的邻居一起到自己的例地中种植蔬菜的过程中，他们用一种谦卑理性的方式，联合耕耘出了彼此间交流与融合的沃土。

这三个故事都映衬出我们的个人或团体实践塑造当代语境下的城市领域复杂现实的一个侧影。把它们叠合在一起就印证了格雷戈里·贝特森（Gregory Bateson）的理论："生存单元上机体与环境的加权"，[3] 这与达尔文的自然选择学说截然不同。费利克斯·伽塔利（Felix Guattari），法文版的文章《三重生态》（*The Three Ecologies*）是对贝特森理论涵盖面更广的详尽论述，这篇文章深刻却又不失简洁地论述了对生态问题理解的相关方法与历史进程。伽塔利关于"生态哲学"伦理政治学理念脱胎于三项生态"注册"（环境、社会关系、人类的主观性），就像贝特森、伽塔利强调了人类在生态实践中所扮演的角色。而且他们认为，应对生态危机的恰当回应只能在全球层面上完成，文章中写道："……重塑物质性与非物质性资产的生产目的能够带来政治、社会与文化的真正解决方式。"[4]

伽塔利理论的一个重要论证是关于个人职责与团队实践之间的关系。他强调说"生态哲学疑问"能够成为在全新的历史语境下塑造人类存在的一种方式，并且能够引导"主观态度"的重塑。不同于笛卡儿的主观哲学理念"我思故我在"，伽塔利认为对"真实领域"的实质介入是构成主观概念的重要因素，所谓的"真实领域"就是每天的生活与行为。这种非正统的主观主义过程并不植根于科学，而是包含了一种来源于他们本源灵感的全新"伦理美学"典范。

在历史长河中，过往建造的城市几乎已经不再鲜活，也无法得到人们的理解。它们沦为了游客进行文化消费的目的地。出于对唯美主义的崇尚，人们只是贪恋着这里的奇绝壮阔或是风光旖旎，甚至那些想要理解它们，试图触碰它们剩余温存的人们都如羚羊挂角，无迹可寻。现在，城市的遗存在国度中变得难以拢聚、支离破碎，它们的精髓与秉性也随此沉浮。在大地上，我们目之所及与察之所感，至多能够引领我们在晨曦的一缕曙光中穿越未来事物投射下的阴霾。设想在另一个尺度上、另一种条件下和另一个社会里重组陈旧的城市，无异于痴人说梦。解决这一问题的灵丹妙药是：我们既不能步履蹒跚地退回传统的城市，也不能莽撞轻率地驶向奇巨异形的城镇集结体。换句话说，与城市命脉相连的是科学的客观性所不能给予的。过往、现在，还有一切可能是不容拆分的。我们所研究的是实实在在的事物，我们需要努力钻研，我们需要寻求新的方式。

——亨利·列斐伏尔（Henri Lefebvre）[5]（1968年）

自20世纪80年代以来，伽塔利所承担的角色更像一位非政治化的结构主义者或是后现代主义家，他让我们逐渐习惯于将这种世界被人类严重干预过后趋于枯竭的幻象，看做是一种能够促进“重塑物质资产与非物质资产生产目标”的伦理学与美学工程。如此激进的方式如果真的被应用于城市领域，那么生态设计实践将不会只顾虑生态系统的脆弱性与资源的限制性，而是认为这种情况恰好正是创新想象的本质基础。

如果能够将伽塔利所描述的“生态哲学疑问”重新定位，并将人类的生存模式的假说拓展开来，我们将会考虑到这些生态范例不仅会影响到我们与我们的社会行为和环境之间的关系，也同样会影响到我们所运用于学科发展中的每一个思维方法，而这个学科提供了塑造这些环境类型的框架。每一个学科都有为自身的持续发展提供温床的职责，这也是它们自身的不稳定性。除此之外，现在能够意识到我们拥有了一个独一无二的机会来重新思考学科的核心所在是难能可贵的，而学科核心又能帮我们继续思考城市中的现象，包括城市的规划与城市的设计。

现行的传统设计实践不管是在应对生态危机的规模方面，还是在采用确定的生态实践思维方面都显示出了它的劲道不足。在这种语境下，生态都市主义能够提供一种情怀和一套实践来扩展我们的城市发展途径。但这并不意味着，生态都市主义是设计实践的全新独有模式。反之，它通过生态视角，沿用了都市发展导向下的跨学科协作途径中多元化的新旧方法、工具和技术。而这些实践一定是专注于对现存城市状况的翻新和未来城市格局的规划。

基于理解了现实与这些项目之间的关系中所蕴涵的富有成效的价值所在，生态都市主义的方法中囊括了被亨利·列斐伏尔（Henri Lefebvre）称之为“能量转换”[6]的反馈式互惠。以巴黎的普罗蒙纳德大道（Promenade Plantee）为例，这简直就是纽约城的高线花园，

在高架桥顶端的一部分火车弃轨，被改造重塑为穿越不同基址与各类景色的城市公园的景观。依托城市起伏的地形，大道在周边环境的映衬下形成了渐行渐变的立面。结果是这个公园催生了别具一格的城市体验，与巴黎林荫大道相比，是质朴的并置和对立的挖掘与塑造成就了这个公园，而这种并置与对立之间却蕴含着在另一个地平线上领略城市的体验。

这种工业城市遗存物的城市更新得益于一种需要被重塑的语境，这种语境是既定的，却又是意料之外的，并且远非一种空灵的白纸状态。在这些例子中，这些基址都成了孕育新事物的记忆温床，而结果则是一种与地形、建筑和观看者的参与体验密集交织的过程。这种城市发展的另外例证包括多伦多的唐斯维尤竞赛（Downsview competition）和巴塞罗那东北滨海公园的公共集会区项目，这一设计出自阿瓦洛斯（Ábalos）和埃雷罗斯（Herreros）之手，他们将市政废品管理综合体与人工填埋基址上的新型滨水海岸并置在一起，继而实现了基础设施与公共空间的结合。

很多文献指出，在这类当代项目中，OMA（大都会建筑事务所）所设计的拉维莱特公园（Parc de la Villette），是一个具有独特设计理念的项目。建筑师声称他们于1982年提交的设计方案意图并不在于一个确定的公园，而是一种融合了“用建筑上的独特性造就节目般跳跃性”[7]理念的设计方法，即是设置一种条件，最终能够造就一个公园。这个设计的精华就在于囊括了周边的曼哈顿高层俱乐部立面上概念性与隐喻性的转折处理。这个变化层出不穷的项目在水平面上进行了延展，而不是在竖直面上做出了叠加。在这个过程中也通过对建筑学三维理念的欲扬先抑，而完成了对建筑与景观彼此关系的重新思考。[8]

OMA的拉维莱特项目组向另外一个理论项目——弗兰克·劳埃德·赖特（Frank Lloyd Wright）的广亩城市（Broadacre City）项

目组表达了敬意是绝非偶然的；但是赖特是试图通过打理城市外在意象来为个体提供分离并平等的份地，而OMA却强调由聚集带来的稠密感，是一种互动交融，而不是分散疏远。广亩城市是一种反风雅式的展示，而OMA的公园是将都市理念施加在了景观设计技巧之上。OMA使用的重要操作性设计技巧，就事而论，与伯纳德·屈米（Bernard Tschumi）随后使用的拉维莱特版构筑技巧都暗示出了一种伦理美学设计实践的潜力，这种实践能够将建筑学、景观设计学与都市学结合在一起。

尽管有这些例子，有人可能也会坚持主张，就特定学科知识体系的形成与积淀来说，对于建筑学、景观设计学、城市规划与城市设计的传统学科划分依然是必要的。但当下城市问题的涵盖范畴巨大，包含种类庞杂，当每一单独学科面对这些问题时，它的价值体系都是单薄的。面对一些极端情况，诸如在人口极度攒聚且拥有卫星城的大都市案例中，割裂学科的实践将会显而易见地陷于失败，因为在这些基址中是很难定义学科界限的。就当代城市与未来城市而言，不同设计专业之间的协作工作模式是不可规避的。生态都市主义中跨学科实践方法将为应对未来城市环境挑战提供更强有力的武器后盾。

另一个生态都市主义的关键特点就在于对生态学影响范畴与机会的洞悉，这些都已然超越了城市的领域。城市，鉴于它的重要性，已经不能仅仅将它看成一个人工制品，相反，我们必须意识到城市孕育出的各种灵动关系，无论是可视的还是无形的，它们存在于一个更宽泛无垠的城市领域内、各式各样的学科范畴中，同样也存在于乡村生态中。城市与乡村中突发事件的差异能够导致不确定性和矛盾性的产生，这都需要非传统的解决方式。这种区域性、全局性的方式和尾随其后的全国性、全球性的考量诠释了生态都市主义的多层级特质。这种设计实践规制下的知识需求可从环境规划、景观规划等强调自身多样性的学科中获取。但这还需要其他全局学科先进理念的辅助，学科跨度从经济到历史，从公共健康到文化研究（尽管伽塔利对此做出过警告）、自然科学。在不同学科的交驳处迸发出的真知灼见将最终为不同层级设计策略提供最具综合性和价值性的原材料。

卓有远见的意大利建筑师与城市学家安德里亚·布兰兹（Andrea Branzi），近年来一直赞成不落窠臼地解决城市问题这一途径所能带来的优势，这一途径并不依赖于构成学与形态学；相反，布兰兹认为城市的流动性以及作为传播源与触媒角色的能力才是真正值得认可的。在一系列的有意模糊不同学科界限的项目中（这些学科在农业与网络文化中的收益正如它们在艺术实践中的受益那般），布兰兹提出了基于共生关系的调试性都市。这种都市的一个关键特征就如农业领域 一样，它的容纳力范畴是可逆转的、可进化的、有附带条件的。这些特质在社会正处于一个持续重组的状态下是必备的。尤其是一些城市的开放区域已经不再被使用了，例如新奥尔良，这些地方都可以兼备居住、工作、休闲功能。布兰兹补充道，城市领域在某种程度上来说是一项艺术实践，而它与农业的相似性则反映在基于对视觉审美质量透彻洞悉后形成的高度自觉的学科行为方式。这是一种抵触自然主义但却将它用作农业领域的参考，并以可操作性的当代方式执行实践的自然形式。

更进一步来说，界限之间的模糊，无论是现实的与道义的，还是城市的和乡村的，都暗示出一个特定领域不同部分之间的更多的联系与更强的互补。在理论上来看是类似于针灸这种方式。对于一个领域的介入与转型可能会带来超越可察觉的物质限制的巨大影响。同时考量大尺度与小尺度，需要我们能够意识到在现存的法律、政治、经济行为模式中有不可预期、不可想象的因素存在。生态都市主义的主要挑战之一就是确定能够促成更加紧密联系的区域

规划模式的管理条件。不同区位、不同尺度之间的联系网络为我们提供了重新思考，例如蔓延型的城市发展这种情形的窗口。根据最新研究，“纽约城拥有总面积高达17 000 hm^2的47 500块空地，纽约的的确确面临住房紧缺的问题，纽约区增长最快的地区是宾夕法尼亚东北部的波科诺山区（Pocono Mountains）。那里远离城市中心，为了大型箱型商店、高速公路和长途往返者的低密度区划而铲平了森林。”[9]这种机动车主导模式对社区人群健康有何影响？这种影响能够从美国体重超标人群发人深省的增长速率上反映出来，即从1960年的24%到1980年的47%再到现在的不低于63%。当然，当下流行的住宅区开发中对机动车便利的强调与对步行行为少得可怜的鼓励诚然成为了肥胖症问题的助燃剂。其他因素还包括，与将城市和区域基础设施看作公民必须供给品的大多数欧洲城市相比，美国在公共交通方面是缺乏投资的。

这些数据都显示出密度作为生态都市主义决策指标的重要性。长期规划的重要性与密度有所提高的紧凑城市的潜在优势与挑战，都需要公众与私人更密切地协作。尽管私人开发公司逐渐增多，不管是出于伦理原因还是经济目的，他们也在逐步支持可持续价值观，但他们的着重点还是聚焦在将技术运用于单个建筑而不是运作于尺度更大的区域。对长期公共措施的阐述是由伦理美学定义的，关于密度、用途、基础设施和生物多样性的话题将需要更多的想象投入，而不是像以前那样被当作一个僵死的范畴。

因为公共部分主要解决的是城市运营与城市存量维护的问题，它包含了权衡使用不同方法来解决这些问题的最基本职责。许多先进城市已经有了积极的应对针对城市绿化问题的可持续策略与方法。但这些计划中的大多数都是实用主义的，并聚焦于能源的节约与绿色空间的条件。问题是：这些努力能够通过生态都市主义进行转换吗？城市中每日的元素、需求、功能难道就不能以创新性的、非常规的方式来重新探索，而是仅仅姑息于生态主义的戒令之中吗？

例如，英国的建筑史论家与批评家瑞纳·班汉姆（Reyner Banham）认为只要城市还在运作，它的形式就是无关紧要的。对他而言，他相信洛杉矶是打破规则的最恰如其分的例证。作为一位认真的旅行者，班汉姆对城市的解读与描写都妙趣横生。他的著作《洛杉矶：建筑的四种生态》（*Los Angeles: The Architecture of Four Ecologies*）揭示了这座大都市水平扩张的逻辑与景象。[10]很难想象城市蔓延的其他案例能够匹配洛杉矶在20世纪60年代末期与70年代初期所缔造出的无常感、流动感与梦幻感（在某种程度上，现下亦是如此）。但班纳姆对洛杉矶的进化语境做出的解释为：它是对我们面对意料之外的城市发展模式的开放程度的呼吁，这些模式都是在发展形式与利用现有资源方面的机会主义者。

在16世纪时，罗马城曾经雄心勃勃地尝试过将富人私家花园的浇注设施与供给大量人群使用的城墙外部喷泉联系在一起（直到现在亦是如此）：水既是生活的必需品又是快乐的源泉——在之后的阐述中将以圣卡罗·阿勒·夸特罗（San Carlo alle Quattrro）和比萨·纳维纳（Piazza Navona）的喷泉作为例证。但现在我们与自己城市中的戏水乐趣联系甚微，既忽视了它的源头也忽视了它的疏散。而我们这种视而不见、掩耳盗铃的行为，对其他资源与服务亦是如此。人们能够举出一些与罗马相似的当代案例，例如在纽约的口袋公园（pocket park）的形成，或是在巴尔的摩、旧金山、摩纳哥、迪拜、新加坡和悉尼的一系列滨水区的营建。但是总的来说，我们还是没有充分地利用生态实践与区位、功能，以及那些在每天维系城市运营的工作中获取的意想不到的机会。我们的城市运作日趋麻木，已然匮缺了往日城市项目所秉持的奇妙与成就。但我们现在依旧紧抓启蒙哲学不放，例如，我们认为在城市中央设置墓地是不健康、不卫生的，它们应该在一切机会的允诺下迁至市郊。

考虑到空间的限制，我们现在依旧这样做，大概并不是不合理的，因为不仅仅存在死者的尸身，还有我们自身消费所制造的垃圾。有谁对大多数城市生产出的堆积如山的垃圾有所深思——除非你恰巧在那不勒斯（Naples）那种罢工频仍的地区经历了某一次工人运动，我们的基本态度是视而不见、置若罔闻。如果我们没有见过真实的，或是寓意上的文化垃圾，那么我们就无法正确面对究竟垃圾能否映射出我们自身所存在问题的这一事实。人们只能想象纽约对速食与外卖的巨大需求，这其中隐藏的消费与垃圾之间的关系将制造出耸人听闻的数据。但是这种相互联系可以被看成是一种伦理美学、文化与环境工程，这是一个用垃圾衡量我们自身的机会，而不是一个难题和一个需要用技术攻克的障碍。我们不仅需要找到解决垃圾管理与循环的新方法，而且也要在解决垃圾问题中，面对所加诸于自身的事物的源头与线索时，找到更加强有力的证据。例如，我们在消费什么样的食物，我们以什么方式来消费这种食物？

我们已经察觉到在近城与城内生产食物新方法的增值利益。更多当地生产商支援着全球食品的运送与输散，在许多城市，这些生产商的农贸市场引发了暂时节令性事件。但在另外一些地方，例如哈瓦那（Havana），城市的分配与另外形式的生产性景观较以往而言，是在一个更大的尺度上，以一种更商业化的模式运作的。这些发展是诸如城市行业延伸领域所提供的契机中的一部分，是公共空间的新形式。底特律，一个正在萎缩的城市，却曾经是一个在居住区域之上不断扩张的范围之中，进行各种城市农业试验的基址。大家也可以想象例如新奥尔良一类的城市，在被一场唤作卡特丽娜飓风（Katrina）严重摧毁之后，近乎丧失了在短期内择时重建这一可能性。但生态都市主义在面对这种项目时已经成熟——项目中所蕴涵的都市理念，能够应对那些具有高产景观与其他生物多样性景观的地域广袤、人烟稀少的区域问题，亦能够高效解决人口由抗干扰

DETERSIVI TABACCHI LOTTO

INSTINCT
EMPORIO ARMANI
PASSENGER
CARS ONLY

社区所造成的区域问题，并且这些空间承载的社会互动与社会治愈潜力大概与利物浦花园分配案例相差无几。

与城市人口减少相比，城市人口的飚增显得更为普遍，尤其是一些亚洲城市，与世界人口增长保持了步伐的一致，仅仅在20世纪人口就翻了3倍。许多城市中戏剧化的人口增长使得传统的规划方法无法应对这种迅猛的转变率。生态都市主义的挑战就在于寻求高效应对这些状况的途径。在一些案例中，例如里约热内卢的贫民窟和拉各斯（Lagos）的市场，这些城市能够制造属于它们自己的信息生产物流，因此能在将生态对快速城市化的影响纳入考衡范畴的大尺度策略中获益，并且也为市民的健康与休闲提供所需的资源与复原性举措。[11] 这种策略历史悠久，它能够追溯到20世纪初帕特里克·盖迪斯（Patrick Geddes）所倡导的在大型城市规划中生态方法的运用。同样，生态都市主义有潜力应对并重塑一套标准来影响和塑造城市，这一标准中包括诸如地理、朝向、天气、人口、声音和气味等因素。

正如城市的地理朝向时常能够左右城市的繁荣一样，它能够与其他因素一起创造出生态实践与都市实践的一个深刻的丰富性维度。

正如阿卜杜马利克·西莫内（AbdouMaliq Simone）所描述的非洲城市：

显然，对有组织的规划、发展、议程和合理的决策制定的追求是需要经济支持的，但是往往困顿的社会是缺乏政治的，非洲城市生活中明显的临时性，也削弱了居民对一些自身方面“城市性”的使用程度……鉴于规划论述中心大都在定义、证实、详析一些与其他事物联系的既定情景，城市竞赛对于许多非洲人来说逐渐成为一些重力节点（集聚活动的枢纽），而这些点并不是靠纹丝不动地矗立或是固守住原本的生态位来吸引注意的，相反它们是通过“炫耀”的能力，使自身充满存在感，不论何种情况，以一种社会混乱来吸引关注。[12]

许多非洲城市的“非正式性”揭示了市民对于规划的参与度与积极性的意义与价值。这种自下而上的、“天外来客”般的、在传统的立法与管制框架外缘发展出来的都市，经常能够为城市生活提供崭新独到的解决办法。但它也总是带来一些严重的问题，例如健康与卫生的低劣标准。我们能否将这些在这些城市的非正统性与临时性特征中汲取的教训纳入未来的城市规划？生态都市主义为都市的另一种选择模式提供必需的和解放性的基础设施，这些基础设施能将自下而上与自上而下的两种方式的优势结合运用于城市规划当中。

部分在非洲标准的规范与价值在另外一些地方就变得不易接受或是不再普遍。例如，传统在伊斯兰城市的发展中并没有促成一种单一明确的城市增长模式。相反，城市发展模式却因为对当地例如气候、材料等随机性的高度依赖而千差万别。尽管有怀旧情绪的牵绊，但现今海湾地区不均衡的发展以及人们对物欲的贪恋，都与先前传统中的原则和情感大相径庭。需求的差异并不是让生态都市主义沿用一成不变的刚性准则，而是促成一套能够适应特定情景状况的弹性原则。与其一股脑地使用一套强加的、或是舶来的规划原则，那些非西方国家却更有可能在细致地重审当地的条件、习俗后，从利用或多或少的具有针对性但又不拘泥于当地的进步关系的手法中获利。现在我们所面对的情景中存在着对差异性的泯灭和在世界不同区域城市发展状况的高度一致性。

在40年前，格雷戈里·贝特森（Gregory Bateson）就预见性地写出了对弹性的需求与达到这一需求的困难程度。[13]对于贝特森来说，保持弹性，不论是在思想、系统还是行动层面都无异于在悬索之上步履蹒跚：保持站在钢丝之上，你需要持续使一边的不稳定移驾至另一边，还要在中途调整某一些变量（对于走钢丝的人而言就好比手臂的位置与移动的速率）。但杂技演员的技艺也会随着练习和重

RUNUWOJI COMMUNITY COUNCIL
MINI-MARKET
ABALI REBISI.P.H.

复得以提升。这就是贝特森所说的“弹性经济”，他将其描述成一种在不断的使用过程中萌生出的、可以不需太过思索便可潜入心扉的实践方式。正是弹性与这种只能应对自身不确定性与变化性的既成习惯之间的灵活关系，催生出了一种作为演进过程的生态理念。这种生态学与生态都市主义的形成是基于实践性知识的传统和对物质性和非物质性变量之间全盘联网掌控的灵活应对。

一些设计师已经展示了怎样将此运用于实践之中。例如，法国建筑师简·雷诺（Jean Renaudie）在20世纪60年代到70年代设计了社会用房建筑，用基于紧凑有机理念的建筑集群替代了千篇一律、毫无特色的高层建筑街区。这些在巴黎南部与法国南部的建筑所传达出的与时俱进与高瞻远瞩的精神，呈现出了对随时间流逝而沦为故弄玄虚、吹毛求疵的“存在极少主义”的现代主义理念的背离。雷诺依据复杂的几何模式与对户外空间的着重强调，进而设计了自己的建筑，他在公寓之间的通廊与花园上花费的心血不亚于公寓自身。

RESTAURANT
Centre Commercial
IVRY CENTRE

在当代西方，基本的生物政治典范不是城市而是宿营

——乔治·阿甘本（Giorgio Agamben）[14]（1998年）

最初，潜在的居住者批评了这种对低收入住房的全新关怀与考虑，他们认为雷诺的设计并不吻合工薪阶层的精神气质。今天，毋庸置疑，这些建筑成了混合收入人群安居乐业的社区。这些建筑本身也成了如何在高楼林立的背景下充分利用自然的绝佳案例。它们有组织的结构也揭示了内外交融和与政治密切联系而形成的灵活性与多样性而带来的收益。

近期，法国总统尼古拉·萨科齐（Nicolas Sarkozy）宣布了创建新型可持续大巴黎的计划，根据萨科奇的想法，这将是一个关乎所有人而不是只隶属于某一方或某一群体的组织的计划。撇开他潜在的政治意图不讲，将巴黎打造为一个生态敏感城并将它与经济区相结合，以期带动城市自身或周边的萧索郊区，这无疑是近些年最具雄心壮志的规划项目。为了探究这项议程，相当数目的建筑师、景观设计师和城市学家被要求将巴黎看作一个后京都时代的可持续城市进行考量。除去它自身的优势，这些项目组在法国建筑学院的汇报中用实例说明了他们究竟可以做什么。他们指出早期对项目而非原则的强调是源于意识到了区域物质发展项目的职责与价值所在。这种思辨性设计为植根于想象性、预期性空间实践的先进原则的制定提供了必要前提。

全盘规划的关键特征就是对实际必需品的关注以及对流动性与基础设施潜力的挖掘，环绕巴黎、连接商业中心与外郊地区并提供市中心额外连接的145 km的自动铁轨系统的营建促成了基础设施的建设。考虑到“2005年暴乱”的情形，在市郊与城市之间建立更完善的联系，这可谓在促进社会流动性方面迈出了一大步。正是与社会性贫民窟住宅联系的缺失，在一定程度上导致了居住其中的居民在一个更大的领域内被“圈禁”于这种“孤立”的营寨中。这些项目究竟能否在这种客观条件下激活它的经济与政治水平（财政来源是什么？新都市的统治阶层将会是谁？），还是需要拭目以待的。

生态都市主义中的伦理美学维度是通过心理生态、社会生态和环境生态的正式提出而界定的，这种状态直接关乎于界面、限制性空间和城市与政治之间关系的交驳。这并不像诸如先前的城市美化运动与当今的新都市主义的复兴项目，这种方式的最初灵感源泉并不是依托于印象或是社会同质性与怀旧感，而是出于对城市作为承托冲突关系必要地点重要性的充分认识。政治哲学家尚塔尔·墨菲（Chantal Mouffe）清晰地阐述了“政治性的”和“政治的”之间的区别，她说：“谈及政治性的，就倾向于探讨“对立”这一基本人类社会基础构成要素的维度，然而涉及政治的，便是一套在政治性冲突语境下来制定规则、组织人类共生的实践与制度。”结果是，只有我们意识到政治是与它的对立维度紧密相连的——某种冲突中的潜在利益——我们才能开始解决民主政治中的核心问题。[15]

这同样也暗示出我们对城市能够为不同与差异提供空间角色的更大关注。而且，分歧不是争论本身，而是争论的内容——参与者之间是否在共同的目标或想法。以此来看，这种观念是相当幼稚的，同时也太过自信，并且最终困顿于一种完全一致妥协的期待之中。城市生活的满足感在某种程度上来源于对其他生活方式多样性参与的愉悦感，并且是物质空间为多选的和民主的社会介入方式提供了必需的基础设施。就像墨菲所坚持的那样：“不是试图建立一种推测中不失偏颇并且能够调和全部兴趣和价值的制度，而是那些志在捍卫和推进民主的所有人都应该为建立那些不同的寡头政治所要面对的、灵活的、具有争议性的空间贡献一份力量。”[16]

同样的，通过生态都市主义的框架引进全新主观性与整体性理念的意图在于为社会民主和空间民主创造更多机会。即便能够意识到争论多元性的重大意义，城市领域仍然需要超越纯粹的政治范畴，这种超越是基于对伦理与公正的认可。对于斯拉沃伊·齐泽克（Slavoj Žižek）来说，“在这种精准的角度，伦理是政治的补充，没有什么政治性的‘站队’是没有参考任何伦理准则的，这些伦理准则都超出了纯粹的政治范畴。”[18]依然有很多人警告我们过分强调伦理而忽略法律与政治的后果。雅克·兰恰罗（Jacques Rancière）通过关塔那摩（Guantanamo）的案例来论证此事，这是另外一个当政治关乎于我们看见了什么，我们能对此谈论些什么；关乎于谁有能力去看见，谁有才智去讨论，关乎于空间的繁荣与时间的可能。

——雅克·兰恰罗（Jacques Rancière）[17]（2000年）

代营地——作为“一项个体绝对权利自相矛盾的构成，而事实上，这些权利都被取缔了。”[19]

伽塔利的生态伦理学概念是承诺抵制全球资金主导的实质政治项目。最近的经济危机以及它的衍生作用都暗示了我们，当今世界化情景下对方法论再概念化的现行需要。[20]在这种语境下，发展审美方法、开发能为我们与环境的伦理政治互动提供其他途径的项目、具有启发意义的项目和易于教导的项目，这些都是由我们来决定的。[21]但这些项目同样也可能成为滋生城市混乱、不可预期性和不稳定性的平台，但话说回来，缔造一个更为怡人的未来与造成以上状况的概率是不相上下的。这不仅是生态都市主义所面临的挑战，同样也是它的希望所在。

注释：

1.在罗马，与罗伯托·罗西里尼（Roberto Rossellini）的合作中受到一些影响，《开放城市》（*Open City*）（1945年），费里尼（Fellini）的电影揭示了战后罗马的残酷现实和它与栖居者之间的互相纠缠。

2.《卫报》（*The Guardian*），2007年6月1日。

3.格雷戈里·贝特森（Gregory Bateson），《通往生态思想的阶梯》（*Steps to an Ecology of Mind*）（纽约：巴兰坦，1972；芝加哥再版：芝加哥大学出版社，2000，491）贝特森继续道："之前我们想到的是一个课税中的等级——个人、家庭线、亚物种、物种等——作为一个生活的单元。我们现在看到单元的不同等级——基因机体、机体环境、生态系统等。生态，在最宽泛的视域下，成为了对循环中理念与过程的干扰与存活的研究（例如差异性和差异的复杂性等）。"

4.费利克斯·伽塔利（Félix Guattari），《三重生态》（*The Three Ecologies*），伦敦和新布伦兹维克，NJ：阿斯隆出版社，2000：28。

5.亨利·列斐伏尔（Henri Lefebvre），《城市随笔》（*Writings on Cities*），牛津和莫尔登，MA：布莱克维尔，1996，148（最初于1986年在法国出版）。

6.亨利·列斐伏尔（Henri Lefebvre），《城市随笔》（*Writings on Cities*），牛津和莫尔登，MA：布莱克维尔，1996，151。"能量转换详尽论述并构建了理论目标，这是一个将信息与现实相联系的可能性目标和面对现实呈现出有问题的姿态的目标。以能量转换的角度设想，在使用的概念框架与试验观察之间将会有无穷尽的反馈。这种理论（方法论）在规划者、建筑师、社会学家、政治家和哲学家思维中形成了某种自发的心理运作模式。这使得严谨步入了发明创造，知识走入了乌托邦。"

7.http://www.oma.eu/Parc拉维莱特公园，法国，巴黎，1982。

8.http://www.oma.eu/Parc拉维莱特公园，法国，巴黎，1982。更进一步，这个竞赛"看似为一种欧洲文化式的拥堵潜力的全面调查提供了一些材料。以下就是欧洲卓越的大都市的状况：历史性城市之间有一种模糊的地势——它自身已经被20世纪饕餮的需求蹂躏了——还有郊区的浮游生物……拉维莱特所最终要呈现的就是对大都市条件的纯粹剥削：一种没有建筑的稠密度，一种"无形"的文化拥挤度。"

9. 霍华德·弗鲁姆金（Howard Frumpkin）、劳伦斯·弗兰克（Lawrence Frank）、理查德·杰克森（Richard Jackson），《城市扩张与公众健康：为健康社区设计、规划、建造》（*Urban Sprawl and Public Health: Designing, Planning, and Building for Healthy Communities*），华盛顿，哥伦比亚特区：艾兰得出版社，2004，XI。

10.瑞纳·班汉姆（Reyner Banham），洛杉矶，《建筑中的四种生态》（*Los Angeles: The Architecture of Four Ecologies, 2DED*）布鲁克林：加利福尼亚大学出版社，2009；第2版，发表于1971年。

11."非正式性"的概念并不局限于世界上的发展中城市，同样也适用于工业化程度很高的国家的核心城市。这种情况时常更明显地适用于城市迁徙的影响。电影制造商达尔代纳兄弟（Dardenne brothers）最近在《伦娜的沉默》（*Lorna's Silence*）中探讨了这个话题，这个电影是以比利时君主城市中的冷毅果决为基调拍摄的。

12. 阿卜杜马利克·西莫内（Abdou Maliq Simone），《其他的城市，另外的世界：在全球化时代中的移民》（*The Last Shall Be First: African Urbanities and the Larger Urban World*），安德鲁斯·海森（Andreas Huyssen）主编，达勒姆和伦敦：杜克大学出版社，2008，其中的文章：《最初的将会是终结：非洲的城市风格和更大的城市世界》（*The Last Shall Be First: African Urbanities and the Larger Urban World*），104-106。

13.贝特森（Bateron），《通往生态思想的阶梯》（*Steps to an Ecology of mind*），505。

14.依据阿甘本（Agamben）：这篇论文"向那些在当今社会科学、社会学、城市学、建筑学视角下构想和建造的世界城市中的公共空间模型投射下了灾难性的光芒，因为他们建造这些模型时并没有清晰地认识到每个角落都存在着同样赤裸的生命（虽然现在明显转变得更加人性化并且更加符合人性化），这是这些生命在20世纪的高度极权主义下定义了生物政治。"乔治·阿甘本（Giorgio Agamben），《神圣的人性：主权力量和赤裸的生命》（*Homo Sacer: Sovereign Power and Bare Life*），斯坦福：斯坦福大学出版社，1988，181-182。

15.尚塔尔·墨菲（Chantal Mouffe），《思维语言：关于政治、哲学和艺术的莫斯科会议》（*Thinking Worlds: The Moscow Conference on Philosophy, Politics, and Art*），约瑟夫·贝克斯坦（Joseph Backstein）、丹尼尔·博格（Daniel Bimbaum）和舍代勒斯·威灵斯坦（Sven-Olov Wallenstein）主编，柏林和莫斯科：斯滕伯格出版社伊坦罗斯出版业，2008，中的文章《好斗的公共空间、民主的政治和激情的活力》（*Agonistic Public Spaces, Democratic Politics, and the Dynamic of Passions*），95-96。

16.尚塔儿·墨菲，《好斗的公共空间、民主的政治和激情的活力》，104。这篇文章里指出当代艺术家/设计师科塞多夫·沃迪奇科（Krzysztof Wodiczko）的作品，通过一系列互动式的器械和城市项目而成为了他人的唇舌，这一现象是趣味盎然的。

17.雅克·兰恰罗（Jacques Rancière），《审美政治学：敏感的散播》（*The Politics of Aesthetics: The Distribution of the Sensible*）加布里埃尔·罗克希尔（Gabriel Rockhill）译，伦敦和纽约：连卷，2004，13（最初于2000年在法国发行）。

18.斯拉沃伊·齐泽克（Slavoj Žežik），《不可分裂的提醒者：先令和相关事宜的文章》（*the Indivisible Remainder: An Essay on Schelling and Related Matters*），伦敦和纽约：左页出版社，2007，56。

19. 雅克·兰恰罗（Jacques Rancière），《关塔那摩，公正和布什言论：无限的囚犯》（*Guantanamo, Justice, and Bush-speak: Prisoners of the Infinite*），回击言论，发表于2002年4月30日。

20.与多元文化主义相反，有一种形式的"复数单一文化主义"，世界大同主义"将其他的真实囊括在内/还有它的最大限度。"参看乌尔里克·贝克（Ulrich Beck）的《正在冒险的世界》（*World at Risk*），剑桥：政治出版社，2007，56。

21.依据雅克·兰恰罗（Jacques Rancière）所说，美学最宽泛的含义"指的是敏感的散播，这种敏感决定了行为、生产、感知和思维等形式与精确表述之间的模式。这种笼统的定义将审美延展出了艺术的严格范畴，囊括了概念性的协调和在政治领域的可见度操控模式。"《政治美学》（*The Politics of Aesthetics*），83。

期望

预期是存在于详尽规划与无所作为之间的某个位置当中的。接球的行为暗示了一种预期的形式：你知道球来了，但是并不清晰地知晓球在何处着陆，所以你需要摆出一个能够承载多种可能性的预期姿势。在“生态都市主义”这一部分的内容里预设了现存城市与未来城市，诚如雷姆·库哈斯所说，我们不仅要展望未来，同样也要回眸过去。霍米·K. 巴巴（Homi K. Bhabha）认为我们应该对因为某种原因而未建成的项目进行认真思索，“谈论‘未来的城市’总是为时过早或过晚。”巴巴写道。布鲁诺·拉图尔（Bruno Latour）在探讨空间探索问题，尤其是航天飞机的相关事宜。拉图尔告诉我们：“不仅仅是时间流逝了，我们通行的路径也完全改变了。”他撼动了我们对现代的设想并留给我们哥伦比亚航天飞机起飞的影像和残骸的照片。我们生活的世界中，过往的确定性都变得支离破碎，但是就基础设施的栅格将这些碎片缝系的憧憬而言，我们还是持有希望的。

世界进步与世界毁灭之间的较量

雷姆・库哈斯（Rem Koolhaas）

不需耗费太多能源与材料，同时又具备无穷尽的即兴自发性条件，这种条件与现代性的共存是我很感兴趣的。对于我而言，一种杂糅的状况就是现下的状况。因此，我认为无需否认现代性或是宣称它的终结。这两种情形将会继续维持共生状态。我认为我们将会对它们的共生变得更加敏感而对现代性变得没那么热心，因为我们了解它的瑕疵与错误，并且对非它之外的其他选择也更具洞察力。我们也因此可能更有热情来想象两者是如何共存的。

假设建筑是我们共同缔造的，我也从没设想过在学术界有人会要求一个21世纪的现役建筑师，用大量的生态都市主义观念来进行实践。所以，我很感激你们为我设置的挑战，但我也深深地懂得我的实践正是基于这些质疑与这类情况而被定义的。

因为受邀于你们，我们做了一些研究。

首先，我们探究了远古。关于生态与人们怎样才能营建节约、符合逻辑并且美观的建筑的渊博知识在基督诞辰25年前就已经存在。

例如，维特鲁威已经完全意识到根据基址不同的朝向，太阳可以投射出不同进深与倾角的阴影，并且他的建筑作品中应该强调了这种情景。

因为太阳在南方投射日光，所以罗马浴室中最温热的部分应该位于南面。这种规划知识并没有止步于单个独立建筑，而是推广于整个城市的规划，这种规划基于将对自然的理解纳入所建设的城市，既能对不同状况应付自如又能够符合逻辑。

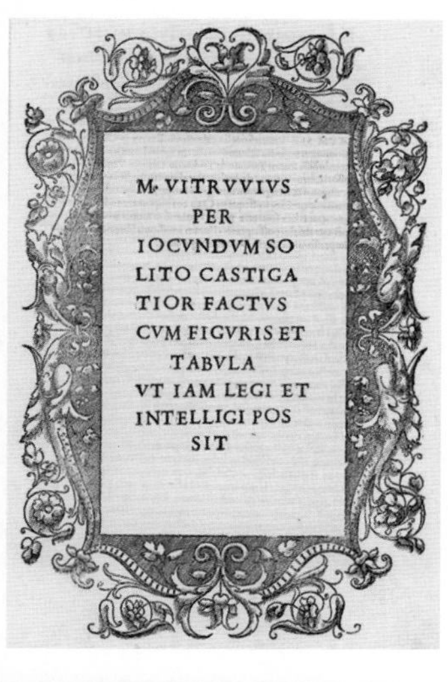

M. VITRVVIVS
PER
IOCVNDVM SO
LITO CASTIGA
TIOR FACTVS
CVM FIGVRIS ET
TABVLA
VT IAM LEGI ET
INTELLIGI POS
SIT

“对于经过加固的城镇，以下普遍准则有待考察。首先是对非常健康的基址的选择。这种基址需要位居高地，既不要烟雾萦绕也不能时常霜降，并且处于一种不严寒、不酷热的气候之中，且需要适度节制，并且邻近区域中没有沼泽。因为当太阳升起时，清晨的微风会吹向城镇，如果风裹挟着沼泽中的湿气，并且湿气中还混杂了湿地生物有毒的呼吸气体，这些气体被吹入居民的身体中将使得这个基址不再健康。如果城镇濒临海洋并且南向或西向朝海也同样是不健康的，因为在夏天太阳升起时会升温，到达正午时将变得炽热难当。西向朝海同样也会随着日出而变暖，正午时变得炎热，当傍晚来临时一切变得彤赤炎热。”——第四章，《城市基址》（*The Site of a City*）维特鲁威（Vitruvius），建筑十书（*De Architectura*）

在文艺复兴时期，这一类的知识得到了提升与长足的发展。

一个世纪之后，所谓的启蒙运动爆发了，伴随着启蒙运动的到来，一场正式的现代主义盛宴拉开了帷幕。

这条红线代表以1750年为界。

在一个令人叹为观止的短时期内触发了现代主义装置，就这个层面而言，启蒙运动对理性的影响是弥足深远的。

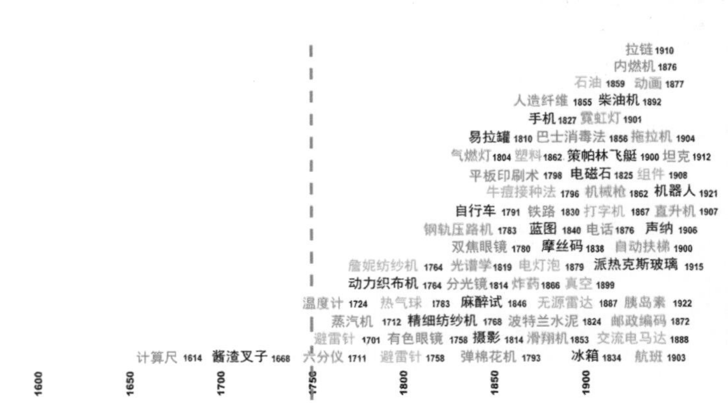

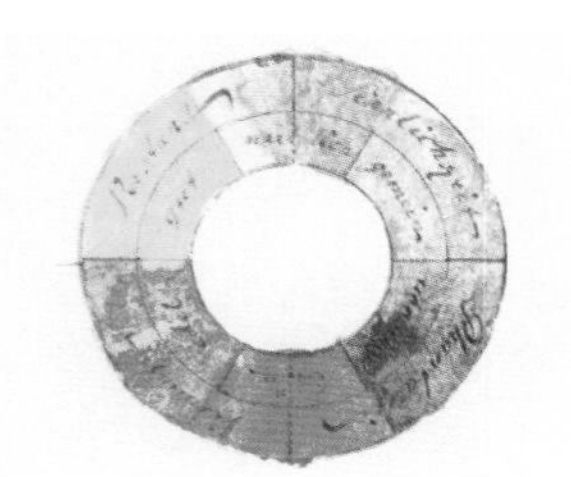

同样，在启蒙运动中被人铭记的，正如歌德之辈，他们能够不费吹灰之力地将艺术与科学契合在一起。

和诸如卡斯珀·戴维·夫里德里克（Caspar David Friedrich）等人一样，我非常喜欢这幅绘画，因为它描绘了阅历丰富并教养良好的人们在一种没有丝毫紧张牵强与生硬隔离的状态下探索自然，并与自然互动的场景，而实际上这种互动在人与自然两方面都显得浑然天成。

或许，我们文明中一条高度合理的裂痕的最终到来是核电站的诞生。

同样的，在我们的文化中也有一条截然不同斑块。这不是对线性合理进步的描述，而是一种灾难，一种自然与人类之间的根本冲突。

它将自然描述成一种对人类的惩罚，偶尔，人类也会成为自然的处罚者。不管我们是否带着宗教色彩的眼光看这些描述，它们根本上都是反自然的，并坚持了一种天启灾难式的展望。

夫里德里克的画作中也标榜出了这种感受，这其实酝酿出了一系列的预言。大概托马斯·马尔萨斯（Thomas Malthus）是第一位，在他的信条里，早夭一定会光顾人类。

“就造就生计而言，人口的力量远在地球的力量之上，所以早熟的消亡将会以某种形式造访人类。”——托马斯·马尔萨斯（Thomas Malthus），一篇关于人口原则的论文（*An Essay on the Principle of Population*），1798

另外的言论出于保罗·欧利希（Paul R. Ehrlich）在1968年的论作与詹姆斯·洛夫洛克（James Lovelock）的文献。

“使所有人不再食不果腹的战争已然结束。尽管现在已着手实行现金扶助项目，但在20世纪70年代与80年代依然会有成千上万的人会饿死。最终没有什么能够阻止世界人口死亡率的持续上升了。”——保罗·欧利希，（Paul R. Ehrlich）人口爆炸（*The Population Bomb*），1968

“截至2040年，部分撒哈拉沙漠将移至中欧。我们谈论的是巴黎，还有远至北方的柏林。对于英国来说，我们会因为我们的海洋位置而幸免。”——詹姆斯·洛夫洛克，盖娅（大地女神）的复仇（*The Revenge of Gaia*），2006

我们有两方完全相反的张力，每一方中都有雄辩杰出的参与者。截然不同的立场和对同一现象的解读，形成了两方的意识形态：一方是持有合理性的立场，另一方却认为毁灭性是一种操控并且是错误的。当下的疑惑与混乱就是由这两个阵营之间的紧张冲突造成的。我们无法调解它们，也不知道基于什么样的传统来阐述其中的一个立场，又在什么时宜让另一个阵营发言。这种两极化现在依然在运作并且还要不可避免地持续相当长的一段时间。

来介绍一段更具有自传色彩的岁月吧，1986年当我还在伦敦学习的时候，我在学校接受教育时，热带建筑还是被列入了教程之中的。虽然我没有完全地认真对待，但是我对这门课程的教师

们着迷了，是他们教会了我们对景观的无限崇敬。

他们让我们去参观其他城市并观看他们是如何运营的，并且去观察那些看似与建筑无关的环境。对于他们来说，没有什么是卑微或是下等的。

这是简·安德鲁（Jane Drew）和马克思维尔·福莱（Maxwell Fry）绘制的开放的排水系统和清理它们的方式。这种在建筑学科中谦卑的教育方式现在已经不复存在。

但这并不仅仅与谦逊有关。他们也对特殊领域的话题感兴趣，这些话题成为了我们当今所面临的紧张冲突与不可能性中存在的首当其冲的问题。

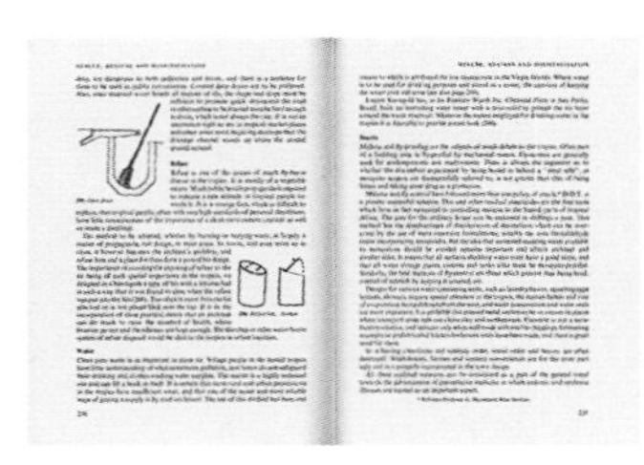

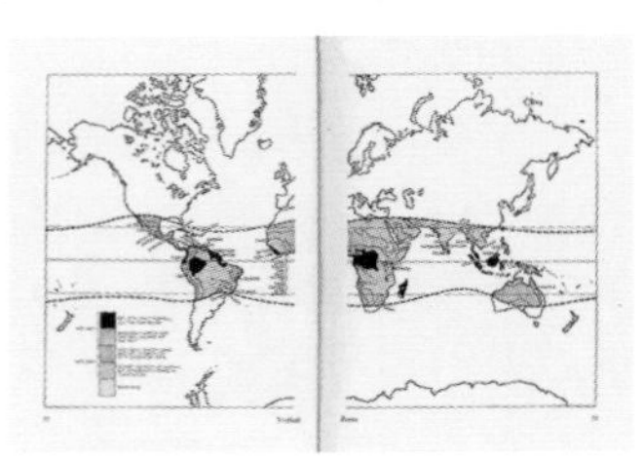

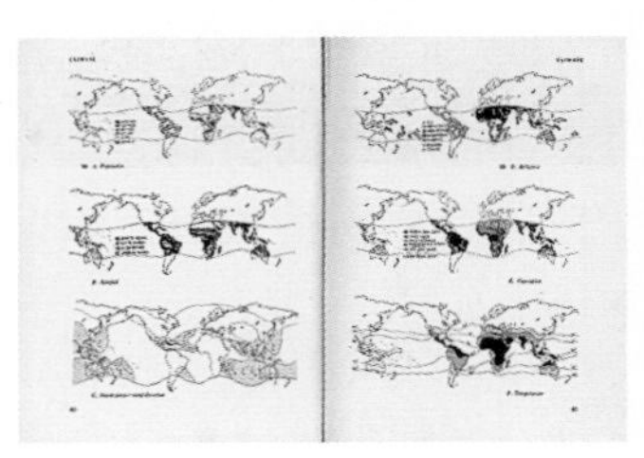

他们对这些领域都涉足很深，而且他们能够分析出气候条件到达怎样的阈值时需要特别的建筑与规划。

这些研究也在探寻这些建筑怎样才能实实在在地在这种气

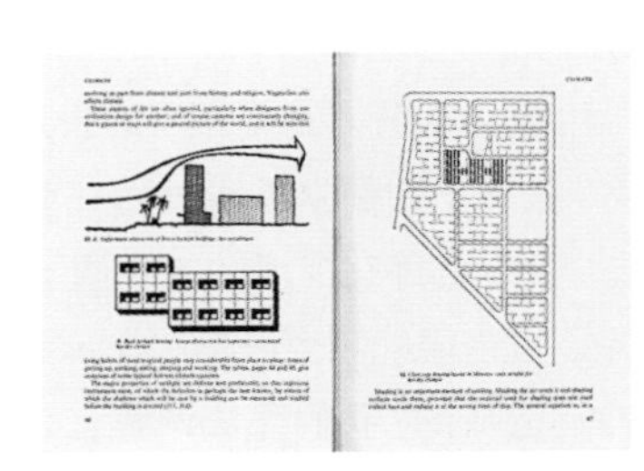

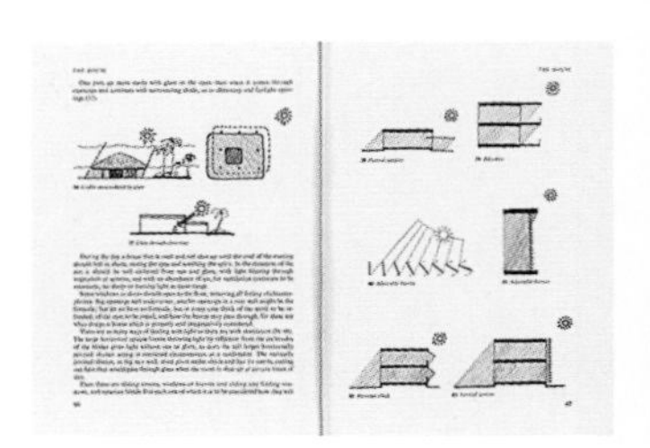

候条件下自我生发（和自我更新），而不需要过多的人工（干扰）——当下这种人工性却变成想当然的了。

我发现在过去的教学中不仅存在着对这些课程的热忱，同样也秉持着这些相关的知识值得教授的信念。在我们今日的教育中，这些等价的知识普及依然稀缺。

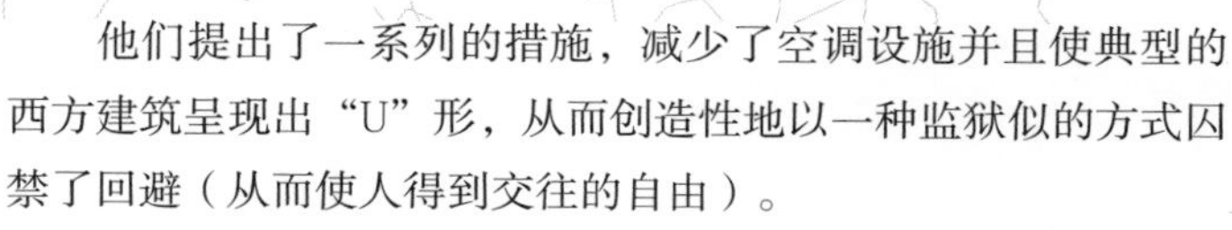

他们提出了一系列的措施，减少了空调设施并且使典型的西方建筑呈现出“U”形，从而创造性地以一种监狱似的方式囚禁了回避（从而使人得到交往的自由）。

他们同样创造了一种能够更新现代建筑的审美观，也同时走向了对清教主义与不普遍性的探讨。

他们不仅仅是研究建筑，同样也在研究城市与村庄。

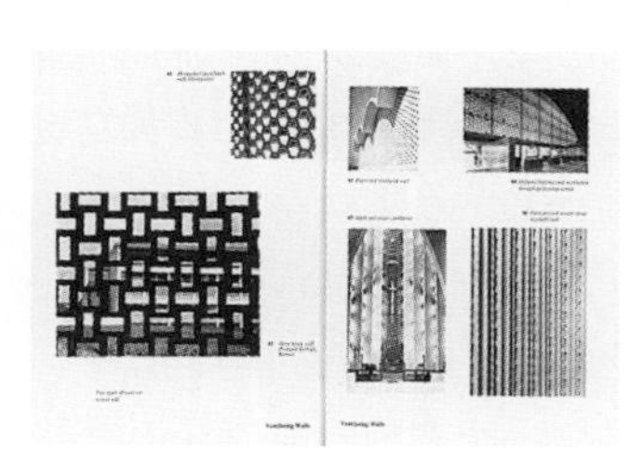

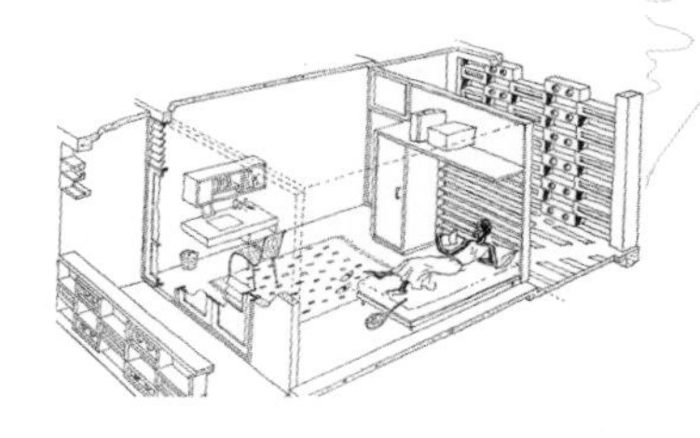

我对这种显得高人一等但依然非常高效的说教密集型的努力印象很深刻，甚至是最简单的词语也用令人信服的语句解释出来。作为一个学生，我不能说我已经完全掌握这些知识了。但是在过去，我面对的知识都是逐渐被时间淘汰的知识，因为它们都处在学科发展的道路之上，这才是真正的悲剧所在。

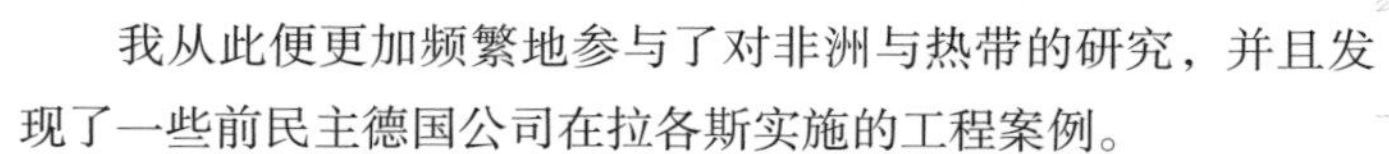

我从此便更加频繁地参与了对非洲与热带的研究，并且发现了一些前民主德国公司在拉各斯实施的工程案例。

它们看似无情地将拉各斯改变成了一个现代大都市，使当地特色都消失殆尽。

但如果更进一步地审视这个项目，你就会发现这个项目能够与贫穷的表现和社会的即兴性合理共存。虽然它们看似杂乱无章，但事物实际上在一个相互依赖的进程中运作得严丝合缝。在这种类型的工程作业中蕴含了一种不能一目了然的微妙。但如果你能在它的基础设施消失殆尽时持续观察的话，你会发现它的深度所在。

这种深度并不来自于资本主义主导的西方，而是来源于共产主义社会，（这种意识形态）在20世纪的60年代与70年代深深影响了非洲。

它是那样节俭，那样高效，有条不紊并且又连贯一致以

至于能够真正承托复杂精妙实体的客观存在。在1965年到1975年的这段时期内，认真对待低劣条件的能力、认真考量恶劣气候的能力、认真对待资源使用问题的能力以及试图将“设计”与“科学”这两个词汇结合的能力是令人叹服的。最终，30年后这些词汇较之于从前是离我们渐行渐远了。

设计与科学，这个结合在一起的实体，不仅仅是被艺术家与科学家激励与赞助的，同样是属于自由状态的知识分子也应为此贡献一份自己的力量，正如马歇尔·麦克卢汉（Marshall McLuha）和伊恩·麦克哈格（Ian McHarg）一样。在《设计结合自然》（*Design with Nature*）一书中，麦克哈格道出了怎样才能使文化与自然共存的最精妙的宣言。

一个在地中海浮船上举行的会议中，人类学家玛格丽特·米德（Margaret Mead）和其他知识分子于1965年，在一个颇具高度的智力层面上探讨了我们至今依然在探讨的问题。

人力资源、太阳能资源，还有资源的商业化形式，现正在以一种我们不能将之奈何的方式相互纠缠混合。他们就这个方面（进行了概述）画了手绘，而这些经他们探讨的问题，近乎是（能构成）一个课程的问题了。

与我们当下更加顺遂完美的供给相比，他们显得迫切而紧急，这种迫切与紧急是在他们手稿的笔迹之中显现出来的，我对此印象深刻。

这些手稿同时显现出了自然与网络联系都是不可规避的。

“大约40年之前，伊恩·麦克哈格（Ian McHarg）在《设计结合自然》（*Design with Nature*）（1969年）一书中提出了一项大胆的理论和一套与生态相关联的规划方法。虽然他提出的实际方法结合进了随后的设计与规划实践，但其中的理论内涵并没有被完全理解。当下的模型形式包括了它（理论与方法）与“景观都市主义”的混合，它聚焦于生态基础设施与城市生态学，这是一个无可置疑的受惠于麦克哈格的混合学科，但因为为了规避他（麦克哈格）在项目中更多繁重的影响而明显不同。” 弗雷德里克·R. 斯坦纳特（Fredrick R. Steiner），《伊恩·麦克哈格的亡灵》（*The Ghost of Ian McHarg*），日志，2009

或许巴克明斯特·富勒（Buckminster Fuller）对这个领域的贡献就是缔造了将自然与网络结合的典范。

他用最少成就了最多，做出了透着乏味简明性的第一手表格。

另一方面，他的工作致力于编纂详尽的世界清单，包括文化和自然元素，用一种非常前瞻性的方式来记录它们之间齐头

并进的竞争。

例如，这个团队对美国消费的主导性深感震惊。在左下图上部这样的栏格中，蓝色的部分代表了一种特定的被美国消费的资源，红色的代表能够剩下的供世界消费的同种资源。这是一种对美国式生活的极好控诉，并且能在主流出版物上刊行。

同样，这些人并不是政治的绝缘者，而实际上是政治的操控者。

左下图中部栏格代表了世界全部的军事预算，每一个小方块代表了10亿美金。富勒正在向人们展示，世界问题可以通过将军事资源转移到这些领域中的方式来得到解决。这种透明度在当今是无法存在的。正是这种透明度的缺失使我们陷入了一度延续的绝望之中。

左下图下部描绘的是，可以将能源沿着一系列的廊道痕迹与排泄口在全世界运输运转，因此能够增强整个系统的效率。这些将在后面进行更多的论述。

现在，如果你将在20世纪60年代末期与70年代初期发生的所有事放置在一个云图或是簇团中，它看起来将是一个非常令人费解的好与坏的组合。

但是如果你将这些事情按照不同的区域与类别划分，便会

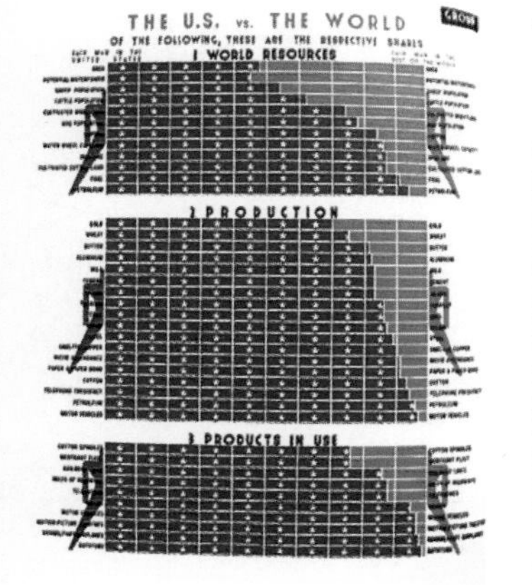

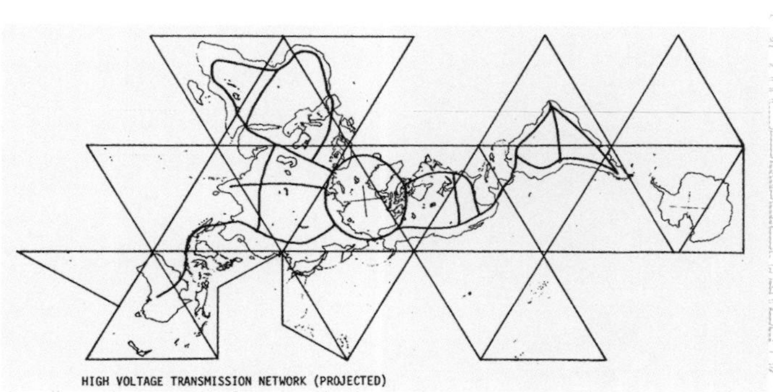

有规律呈现出来。当然这其中有很多危机，但是同样也有作为应对这些危机而激增的绿色意识的复苏。与此同时，一种被富勒等人理论印证过的、高度发达并富有想象力的工程模式已被运用进了实践：

横跨博斯普鲁斯（Bosporus）海峡的桥梁，

灌溉整个西伯利亚区域的河流流向逆转工程，

计算机的普及，

和谐号飞机，

世界贸易中心，

还有第一个探讨世界环境问题的国际会议。或许第一个开这种会议的是罗马俱乐部，他们探讨了增长的限制。看到罗马俱乐部在1972年发表的报告中存在许多循环迭代是很有意思的。

“如果现存的世界人口在工业化、污染、食物、生产和资源殆尽方面的增长趋势持续不变的话，那么在下一个百年的某个时刻，我们地球的增长极限将会到达。”——罗马俱乐部（Club of Rome），《增长极限》（*Limits of Growth*），1972

A POTOMAC ASSOCIATES BOOK

A REPORT FOR
THE CLUB OF ROME'S PROJECT ON
THE PREDICAMENT OF MANKIND

Donella H. Meadows
Dennis L. Meadows
Jørgen Randers
William W. Behrens III

Universe Books
NEW YORK

这是一个合理并且有戏剧化的插图，是对资源有限性的论述，它也展示了在接下来的100年中，我们需要怎样小心翼翼并且有节制地进行消费。

但紧接着市场经济在20世纪70年代中期得到解放。市场经济对于我们基于此点积累的知识具有毁灭性的影响。我们在这里强调了在最开始时定义的极端性的世界毁灭的趋势。

20年之后，罗马俱乐部完全对“全球变暖、水资源短缺、饥荒和诸如此类需要满足的需求……我们在找寻能够将我们联系

在一起的新的敌人”这类事实完全放开表述。在同一年那样说兴许是对的，他们甚至说“民主已经不再适应我们即将面临的任务。”你能够见到这种有悖常理的争论的扩大与加强：他们看似合情合理，但实际上却滑向了世界毁灭的一边。

“当寻求能够将我们重新联合在一起的新敌人时、我们想到了污染，全球变暖的威胁、水资源的短缺、饥荒诸如此类有待解决的需求。”——罗马俱乐部，《第一次全球变革》(*The First Global Revolution*)，1994

“看起来人类需要一个共同的激励，实则就是一个能够一起同仇敌忾的对手，在真空（能够排除其他干扰）状态下能够组织在一起并且共同行动……人类的共同敌人就是人类自身……民主已经不再能够很好地适合我们面临的任务了。”——罗马俱乐部，《第一次全球变革》（*The First Global Revolution*），1994

所以，这两种趋势已经近乎崭露头角了，或者是它们所使用的例证是相同的。但是其中一个继续在用证据证实一个合情合理的未来，正如原子能的运用。

下面这张地图代表了相关的原子能同盟。

在法国，大约80%的电力是来源于核能发电。

启蒙运动兴起的国度依然是最开明进步的国家，在某种程度上，它的能源政策也是如此。

例如弗里曼·戴森（Freeman Dyson），这样的科学家从相

对论的视角阐述了二氧化碳浓度水平的灾难性，他说在某些领域，这会产生积极影响的。

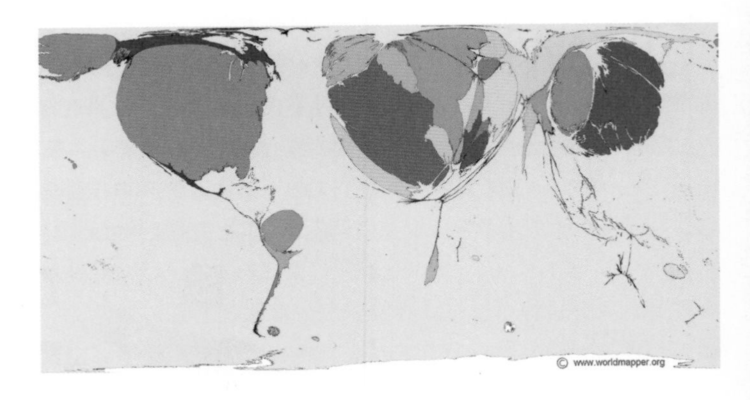

“迪森认为所有气候不管经历着什么样的炎症都会是一件好事，因为二氧化碳能够帮助各类植物成长。他为了解除误解补充道，如果二氧化碳水平升得过高，它们将会因特别培育出的‘炭消耗植被’的大量耕作而得到缓解。”

——《纽约时报》（*New York Times*），3月29日，2009

他当然也因为这些言论而被横加挞伐。

“聊天室、网络、编辑的邮箱和迪森的私人邮件，被蜂拥而至的恶言谩骂所掀起的热浪充斥、振荡着，迪森发现自己被各大媒体形容为“一个傲慢的白痴”、“一个只会自吹自擂的家伙”、“一个充满误导信息的粪池”、“一个江河日下的老傻瓜”，还有或许不可避免的“一个科学疯人”。——《纽约时报》（*New York Times*），3月29日，2009

但是这种思维模式有可能会导致一种工程技术出现，从而最终为我们提供一系列能够帮助我们的策略与想法。

接下来就是世界毁灭的趋势，以这种基调进行描绘，那么燃煤驱动的火车将会是一场浩劫，并且这种情节将会发展得更加极端。

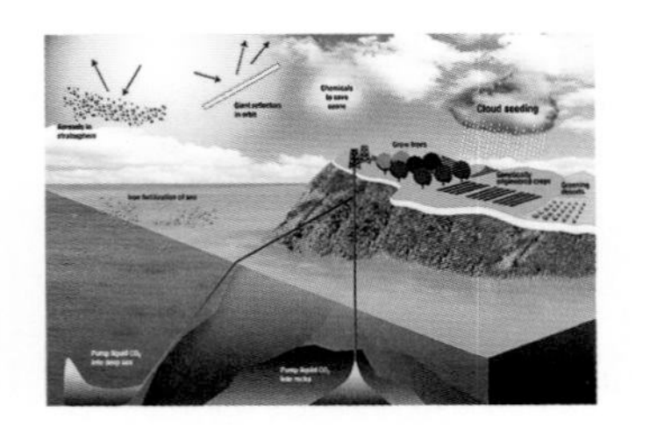

“乘载着煤驶向电力厂的火车是死亡之车。燃煤发电厂是死亡工厂……显而易见的，如果所有的石化原料都被我们燃烧殆尽，我们将会毁灭我们的星球。”——詹姆斯·汉森博士（Dr. James Hansen），美国宇航局（NASA），《卫报》（*The Guardian*），2月15日，2009

例如，罗马俱乐部在第一次报告中所设想出的干预的终端日期已经被改订为以4年为期，这让我们所有人都陷入了时不我待的恐惧之中。

“我们只剩下4年的时间来为气候变化付诸行动。”——詹姆斯·汉森博士（Dr. James Hansen），美国宇航局（NASA），《卫报》（*The Guardian*），2月18日，2009

在这里，没有什么是能够超越某一个特定的日期而进行预测的。所以科学家使危机更趋于恶化，他们已经不再探讨应对策略了。

这是所有的股票市场。我们都知道这里发生了什么。我们都知道市场经济不是我们存在的唯一可能模型。我们也已经意识到9·11事件不是我们经历的唯一灾难，它同时也制造了一个存在于美国与世界其他地区的基本裂口。

我们拥有充满活力的一组人群致力于研究这些问题，但是我们怀疑他们的严肃性，以及他们在提出议案时是否掌握了必要的信息。

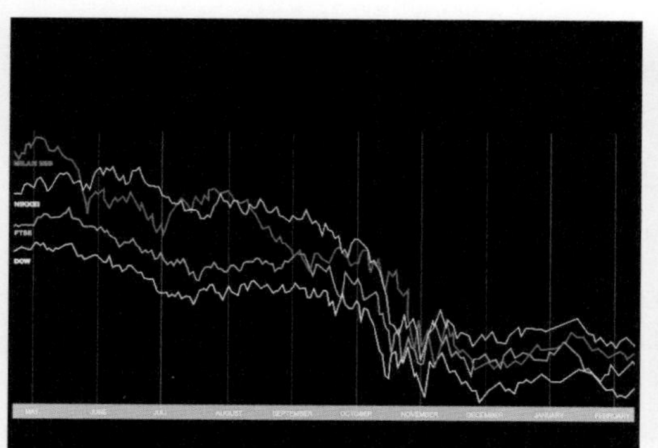

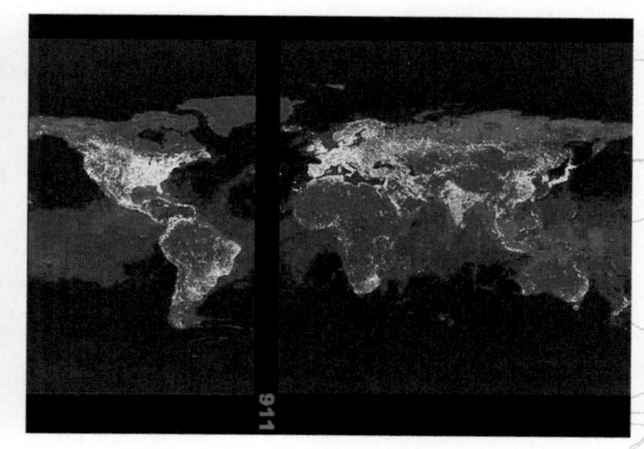

有趣的控告浮出水面：“长着蓝眼睛的白种人制造了这一切。”

“这些危机是由那些长着蓝眼睛的白种人的无理行为引发的。他们在危机显现之前就心知肚明，现在却又装作一无所知。”——路易斯·伊马齐奥·卢达斯里维亚（Luiz In á cio Lula da Silva）巴西总统，BBC，3月27日，2009

“美国不再处于支配地位了。”

“一种直接的挑战正在冲击着美国作为向世界其他地区贩卖（物

资）的典范地位。新兴的市场都认为它们自身能够不受美国恐吓而随心所为。”——艾斯渥 · S.普拉萨德（Eswar S. Prasad），国际货币基金组织（IMF），《国际先知论坛报》（*International Herald Tribune*），3月29日，2009

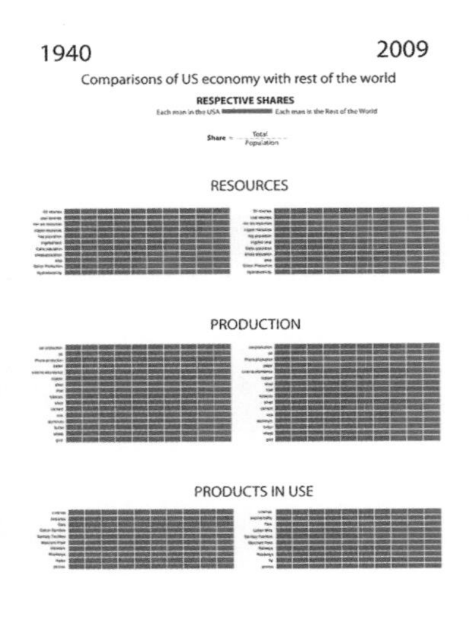

“西方消费不再是不可或缺的了。”

“许多发展中国家将西方当作范例，但它们已经不能够成为范例了。这些（西方的）建筑消耗了太多的能源，而我们已经支付不起了。在印度，人口已经飙升得无法掌控，期待西方的发展模式能够帮助我们是错误的。——约金 · 阿普汗（Jockin Arputhan），印度国家贫民窟居民同盟基金会（National Slum Dwellers Federation of India）创始人

“美元已经被抛弃了。”

“此次金融危机的爆发并在全球范围内迅速蔓延，反映出当前国际货币体系的内在缺陷和系统性风险……创造一种与主权国家脱钩、并能保持币值长期稳定的国际储备货币……是国际货币体系改革的理想目标。”——周小川，中国人民银行行长

你看到的是美国地位的后退。

对于那些没有意识到此的人来说，这就是在近10年内建筑杰作的集合（下列三图）。它们形成的天际线正如图表所显示的那样，毫无悲悯情怀，每个单独的图例可能还尚且合理，但将它们集合起来却最终形成了一种适得其反、自生自灭的景观类型，这注定是要被淘汰的。

但不幸的是，现在的所有建筑学的知识都没有向反向发展。这就是当需要投诸关怀的不同的事物出现，市场经济与建筑文化演进任由知识的消失时，所表现出的极端不负责任。

我依然认为对建筑学辩证法的挖掘尚浅。我们脑海中存在对所有运作不良的建筑影响的认识，但是我们的回答并不见得深刻到位。我希望你能明白，我本人也不能在我自己的这些批

评与评论中被豁免。

令人尴尬的是，我们将自身的职责等同于书面上的肤浅绿化。在首尔有一家安·迪穆拉米斯特的精品店，整个店铺都被绿色覆盖。

绿色外衣（Greenwash），名词。机构为了呈现出对环境负责的公众印象而散播的误导性消息。——《精编牛津英文词典》（*Concise Oxford English Dictionary*），第11版，2008

“新加坡最近的建造形势是，EDITT塔将成为‘热带地区生态设计’的典范。这个26层的高层建筑是以光电池嵌板、全天然通风和绝缘种植墙覆盖式的沼气发电设施著称的。这个翠绿葱茏的摩天建筑的设计宗旨是增加所处区位的生物多样性和在新加坡‘零文化’大都市的范畴内修复当地的生态系统。”——TR·翰札（TR Hamzah）和伊昂（Yeang）

甚至是出于严谨的建筑师之手的重要建筑作品，正如位于旧金山的加利福尼亚的科技学院，对于我来说也难免落入窠臼。

当下建筑所面临的最大难题就在于：往往是建筑师充当了最主流的评论者。

“你可以说建筑是脱胎于光影，伦佐·皮亚诺（Renzo Piano）说。在（建筑）内部就像夏天置身于阴凉当中。绿顶和它的倒影就像叶子斑驳地交织在枝桠上。来自太平洋的微风能够确保你不会感到被困在一个沉重的机构建筑中。”——《卫报》（*The Guardian*），11月11日，2008

这种语言或许无辜得过了头，或许经过了一番精打细算，或是两者都有，但都是用一种令人震惊的方式呈现出来的。如果你阅读《纽约时报》上尼古拉·尤拉索夫（Nicolai Ouroussoff）的评论，就会发现在建筑师的评论中这一切都看似运作良好，因为尤拉索夫对这栋建筑是极度喜爱的。

“……如果你想重新确认人类的历史进程是呈螺旋式上升的，而不是一直向黑暗滑去，那你就应该去位于金门公园的新加利福尼亚科技学院看看……无论如何，这个建筑作为建筑本身是伟大的，它植根在文化历史的沃土上，恰到好处地将现代主义追溯回了古典希腊。它慰藉人心的同时引领人们回顾了在荒野时代宏大艺术的教化功能。”——尼古拉·尤拉索夫（Nicolai Ouroussoff），《纽约时报》（*New York Times*），10月23日，2008

一个看起来不太可能被问及的问题是：这些都是必要的吗？还有，我们还需要更多的“水族馆”般的建筑吗？

尤拉索夫用更佶屈聱牙的语言写道：

“皮亚诺先生的建筑光彩熠熠又不愤世嫉俗地包含了启蒙价值中真理和理性的真谛。它的古典对称下的轴线几何感和廊柱组成的中央入口，充分利用了线性序列，使我们能够回眸于密斯 · 凡 · 德 · 罗（Mies van der Rohe）在1968年完成的新国家艺术廊和申克尔（Schinkel）在1828年完成的坐落于柏林的阿尔特斯（Altes）艺术馆，甚至是更为久远的地方，那就是帕特农神庙。”

我们依然在巴克明斯特 · 富勒毫无杀伤力的箭头前面按兵不动。这真的是一种令人尴尬的方式，是一个需要我们证明自身正确性的方式。

我们拥有帕特农神庙式的天文馆、广场与热带雨林。我实在不敢苟同：这个不是帕特农。在阿布扎比（Abu Dhabi），诺曼·福斯特（Norman Foster）在他的零碳排放城市马斯达尔（Masdar）中做出了更加严肃认真的努力。城市里将是没有汽车的，并且采取了一些尚待揭晓的科技来达到城市的碳中和（碳吸收与碳排放平衡）。

“……将可持续发展与传统的筑墙城市的规划原则（原文）相结合，并融汇了现有的科学技术，来创造一个零碳排和零浪费的新型社区，这个社区占地600万m^2……城市自身是不允许机动车行驶的，距离最远的交通联系与便利设施只有200 m。”——福斯特建筑事务所（Foster and Partners）

其实我并不想提及我们自己的作品，但是有一个项目我想在这里展示是因为它与当地的一种原材料能够彼此共鸣、相得益彰。它也同样指明了一个我认为我们应该迈进的方向：我们应该跳出好的意向与品牌的融合模式，而迈向政治与工程的方向。

我们正在致力于分析欧洲应该怎样使用那些从北海上获取的能源（参看第72～77页），你能意识到的挪威、瑞典、丹麦、荷兰、比利时，还有英国这些国家，他们在北海都有很大的海域。

这个项目设想风能是可以与其他要素结合的，并且供需都可以调整。

混合风涡轮单独旋转一圈不仅可以发电而且还可以衍生出一些附加的福利，例如对过剩抽油机器的再度使用，甚至能够开发它们的潜在旅游价值。

单独旋转一圈所发出的电量比现在中东一年产生的电量还要多。

再远瞻一步，这有可能是开发利用特别领域潜力的潜在的南北合作，这些领域包括：风能、潮汐能和太阳能。所有这些能源的源头都可以被调配进一个单独的欧洲网格中。值得强调的是，这个只需通过政治与工程的联合就可以实现。

当致力于这种原材料的工作时，我发现我们不经意间所做的实践努力，与富勒40年前看地图时所提出的策略是不谋而合的。

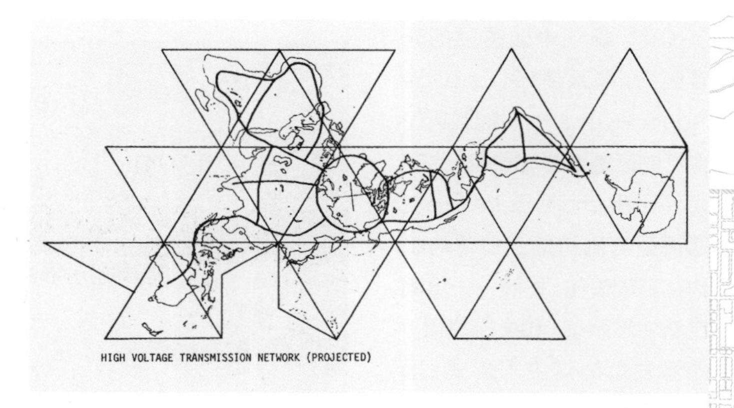

Zeekracht（荷兰语：海运）

OMA（大都会建筑事务所）

鉴于强劲持续的风速和清浅的海水，北海（North Sea）地区无疑是世界上最适合进行风力收集的区域。其实现在北海可更新能源储备的巨大潜力是可与波斯湾地区（Persian Gulf）的化石燃料的生产上下比肩的。在应对21世纪能源需求而正在改变的能源结构中，北海只凭借自然界风力贸易就可以成为世界能源生产中的重要玩家。

荷兰北海的总体规划被看作是近海地区国际合作的结果。与其说这个规划是一种刚性的空间规划，不如说它是提议了一个触媒催化的系统，虽说它的宗旨是聚焦于现代，但出于对长期的可持续发展的考量也使方案得到了优化。规划中最重要的元素包括：能源超环（Energy Super-Ring）——能源运输供给的最重要基础设施；生产带（Production Belt）——支撑调研与制造的工业化与机构化基础设施；矿脉——巩固自然生态系统（和生态产量）的激发型海洋生态形式；国际研究中心（International Research Center）——推进国际合作、调研、创新和发展。

荷兰北海的总体规划推广了一种运筹型发展策略，与此同时也将长期发展和本土内与超国度之间的利益权衡纳入了考量之中。有别于常规的立足于实现最低冲突区划的技术性规划，这项总体规划建议了一种脱胎于促成可能性的前瞻性多维度方式。

这项环形风力农场提议通过与它所支持的部门（社区、公司、城市等）建立显性连接而为一片汪洋提供了目标点（即聚焦点）。这个农场同样被设计为基址并计划指令（了解其上发生的过程与活动），除此之外，还需要分阶段配合并完成相关北海区域规划的需求。就当地而言，风力农场根据它们的区位和执效指令来承担不同的混合功能：枯竭的海底天然气储存洼地是被用作能源贮存，未开发的气田支持混合能源生产，邻近船运航道的风力农场被用作沿海动力站等。沿生态区划发展起来的田地和现存的暂时停止使用的平台创造出了可供海事调矫的区域、休闲公园和新辟的休闲航道。作为滨海发展所迈出的成熟一步，随着能源超环的纵深发展，风力农场在它的长轴上结合形成团簇，这样就能疏解国家内产能的过剩，并且能够高效有力地支撑地域性能源需求。

北海总体规划

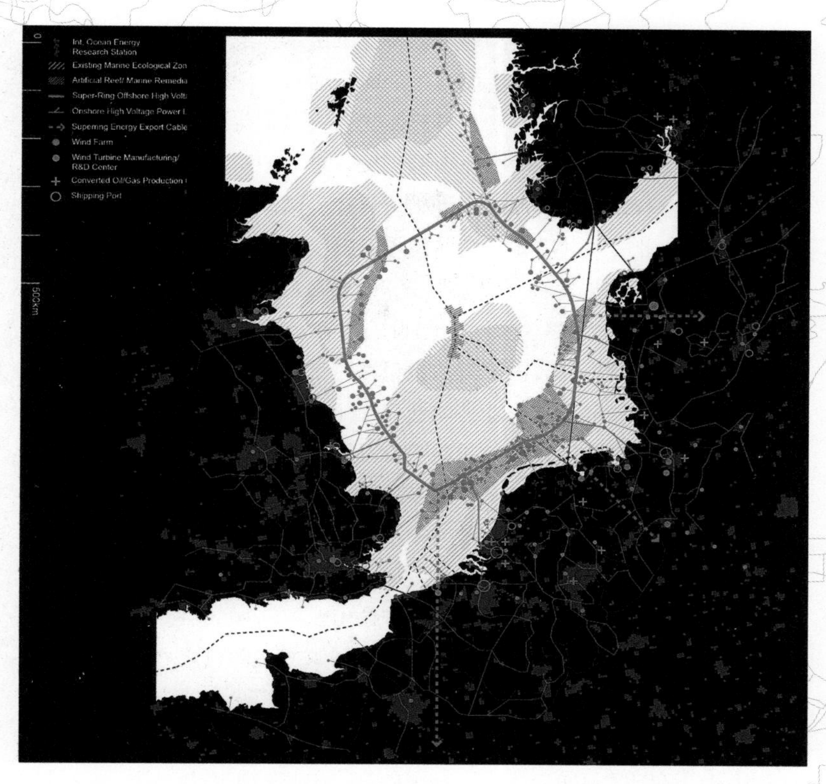
0
500km
Int. Ocean Energy Research Station
Existing Marine Ecological Zon
Artificial Reef/ Marine Remedia
Super-Ring Offshore High Volt
Onshore High Voltage Power L
Superring Energy Export Cable
Wind Farm
Wind Turbine Manufacturing/ R&D Center
Converted Oil/Gas Production
Shipping Port

北海规划要素

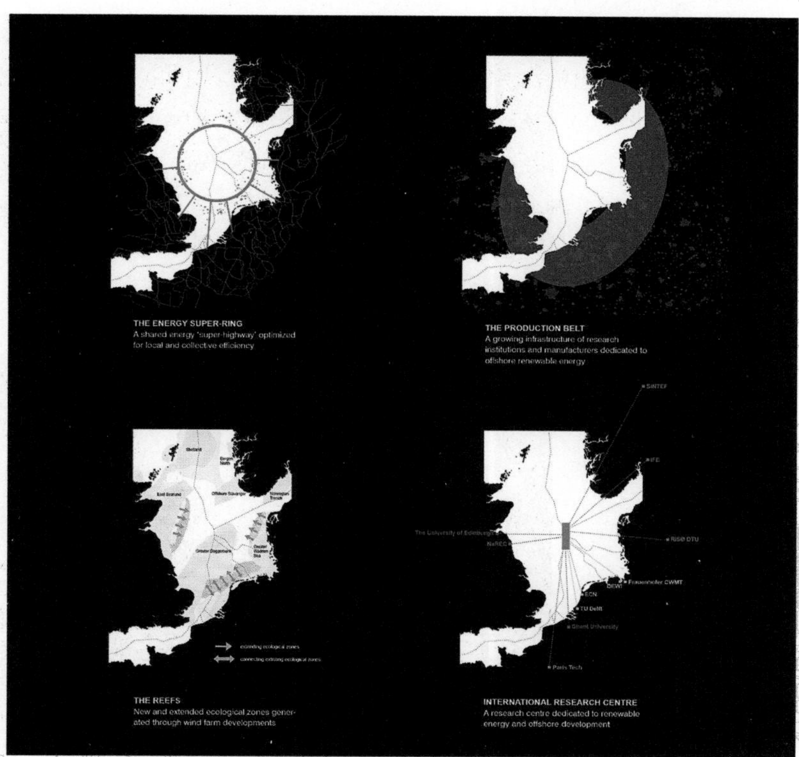
THE ENERGY SUPER-RING
A shared energy 'super-highway' optimized for local and collective efficiency
THE PRODUCTION BELT
A growing infrastructure of research institutions and manufacturers dedicated to offshore renewable energy
extending ecological zones
connecting existing ecological zones
THE REEFS
New and extended ecological zones generated through wind farm developments
SINTEF
IFE
Risø DTU
Fraunhofer CWMT
DEWI
ECN
TU Delft
Ghent University
Paris Tech
INTERNATIONAL RESEARCH CENTRE
A research centre dedicated to renewable energy and offshore development

荷兰总体规划

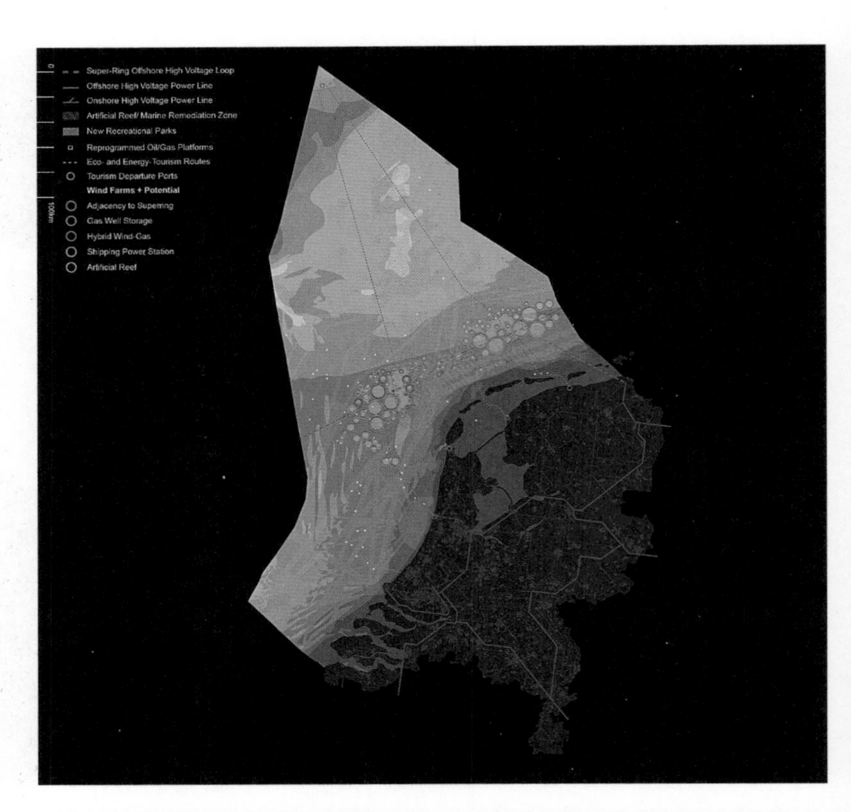

荷兰规划的建成项目

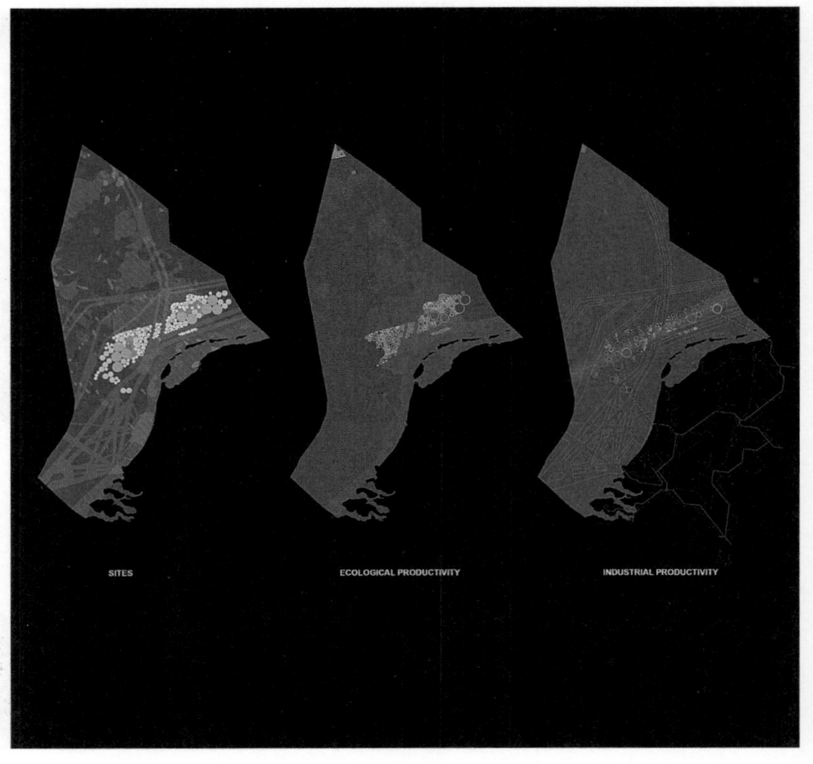

规划细节

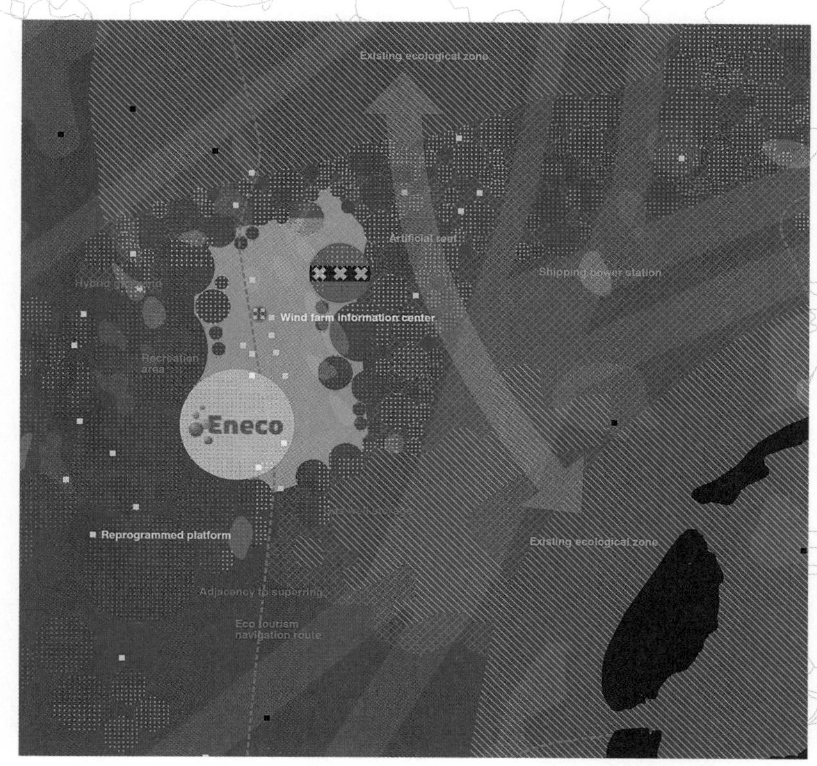

Existing ecological zone
Artificial reef
Shipping power station
Wind farm information center
Recreation area
Eneco
Reprogrammed platform
Existing ecological zone
Adjacency to superring
Eco tourism navigation route

航海系统

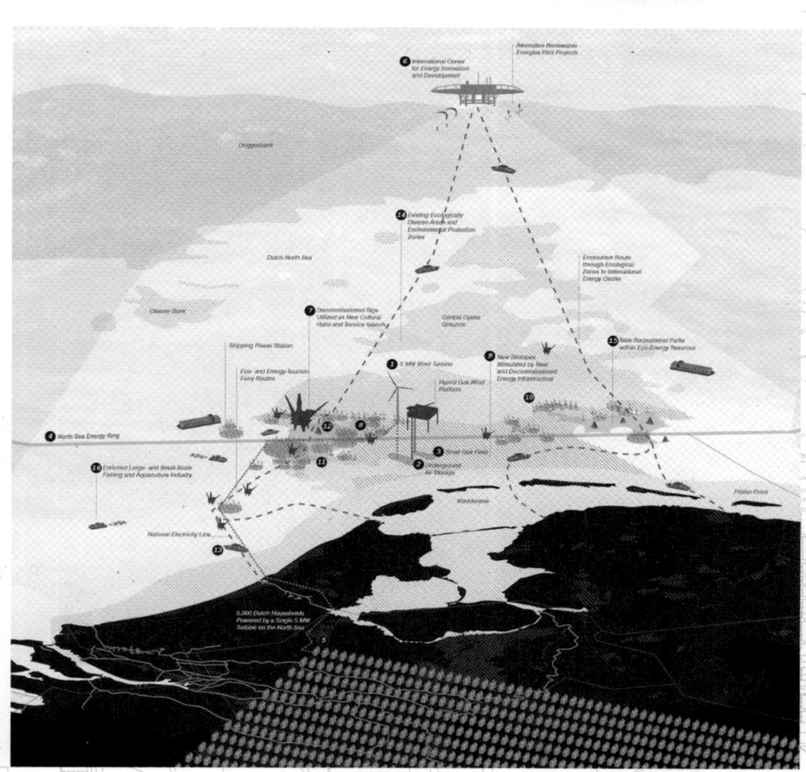

Alternative Renewable Energies Pilot Projects
6 International Center for Energy Innovation and Development
Doggerbank
14 Existing Ecologically Diverse Areas and Environmental Protection Zones
Dutch North Sea
Ecotourism Route through Ecological Zones to International Energy Center
Cleaver Bank
7 Decommissioned Rigs Utilized as New Cultural Hubs and Service Islands
Shipping Power Station
15 New Recreational Parks within Eco-Energy Reserves
1 5 MW Wind Turbine
9 New Biotopes Stimulated by New and Decommissioned Energy Infrastructure
Eco- and Energy-Tourism Ferry Routes
Hybrid Gas Wind Platform
4 North Sea Energy Ring
3 Small Gas Field
2 Underground Air Storage
16 Enriched Large- and Small-Scale Fishing and Aquaculture Industry
Frisian Front
National Electricity Line
5,000 Dutch Households Powered by a Single 5 MW Turbine on the North Sea

NO
DK
UK
NL
DE
BE
FR
International Center for Ocean Energy
Ecological Preserve
Artificial Reefs
Energy Storage Cavern
High Power 5MW Windturbine
New Recreational Parks
Innovative Fishing and Aquaculture
Windfarm

13.400TWh
Theoretic Production Capacity (See Atlas p.95)
4TWh
1.300TWh
2020 ECN projection
11.300TWh
2008 Gulf Production
Cavern
Decommissioned Oil rig
Ecotourism
Diving and Wildlife Watching
Historic Shipwreck
Energy Super-Ring
Marine Recreation
Dutch Town

我心中的孟买：关于可持续性的一些思量

霍米·K. 巴巴（Homi K. Bhabha）

我们总是过早或过晚地谈及“未来之城”。“正义之城”或是“共有之城”都是在光线阴晦的黄昏飘过我们倦怠的双眼，并在我们期冀的凝眸下于新一天破晓时折回。城市的未来性，正如大都会建筑事务所一度说过的那样，“它是在先前城市基址上筹备的后建城市。”就在黄昏与破晓之间的那些动荡不安的时光中，我们建设了城市的未来——不稳定的、预期内的、预言性的“新城”，就是在这黄昏与破晓的间隔时分体味出了我们所处困境是一种永不休眠的“存在”。所有对新奇性的宣称，所有对我们处于历史、城市、生态“转折点”的提出，曾经一度都是一种历史性的承诺，并且处在一个具有趋向性与过渡性的位置。具有某种趋向性并不是因为我们的思索中缺乏才智与想象，抑或是我们规划中完善性与技术性的败落，而是由于过渡的暂时性在未来项目的概念与建设之间的斡旋摇摆。过渡性，以所构想出的“历史的转折点”作为一个群集的事实的角度来看，这些都是在微妙的狭窄领域中，对新兴事物与剩余存量进行衡量的当代档案。这种历史的新兴性往往是一个孵化的时期，葛兰西（Gramsci）写道：“在一个特定时期内（以新的名义）存在的事物都是各种各样新与旧之间的组合……是文化联系之间的一个短暂的平衡……”[1]

这种“文化联系之间的一个短暂的平衡”正是我想要强调的，我也不安地意识到我在“生态都市主义”方面深深的无知。我的无知，或者说是我的天真，无论如何，引领我认识到可持续性是作为一种“相互联系的”思维，与“暂时的均衡性”中的文化、社会和地理政治之间的关联性是联系密切的。一些环境与生态的论述看似讲述了长时期内伦理与建筑方面的实践：这是对固有环境的特定范围的一种干扰，以期能够长年累月地保护它的完整性与提升它的生产力。无论如何，我都想说在这个长期内循环的过程中，发生的都是在这个孵化期的现状下支持环保论者做项目的小故事，只是在对生态问题平铺直叙的构想情节上有些不同。我在看似强调“暂时的平衡性”在生态学思维中的极端重要性的原文中得到了勇气。在费利克斯·伽塔利（Félix Guattari）的《三重生态》（*The Three Ecologies*）中，生态逻辑被定义成了一种“过程”，这里我是反对系统与框架的，（它）想努力获取它自身的组织、定义和去领土化举措的存在。这种“正在被固定的存在”的过程只跟一种子集相关，这种子集是从它的整体框架中脱离出来的，并且能够基于自身工作呈现具体表现力。生态设计行为学试图努力甄别出向量的存在，这种向量就是客观性与独特性分别偏好的存在性场所的向量。”[2]就像我正在试图在这语言风暴的周围转换自己的心思——我被深深吸引了，即便如此，通过用“生态逻辑”来捕捉“它组织中每一个举措……和一种正在被固定的存在”的客观存在时，我对莫森·莫斯塔法维（Mohsen Mostafavi）对伽塔利的有效社会机构概念所持的毫无质疑的认可态度感到欣慰。“存在的独特性”是作为针对生态都市主义这种论述的一种改革性力量。“这种实践需要一种新的观念模式”，莫斯塔法维写道：“这就是伽塔利所说的存在的独特性重塑过程……（它）取决于那些不可预测的和未被驯服的‘持有异议的客观性’的集体产出……生态都市主义需要包含伦理的尺度、社会的融合、人口稠密程度，以及公共空间。”我相信，比“生态公共资源”范畴内根本却分裂开来的逐条记载下的尺度、混合、密度等更加重要的，是一种生态逻辑思维作为可持续性的伦理条件下的相互关联的价值观。

对于可持续性最散文化的字典解读为：以一种为栖息者提供文化、社会和经济基础支持的，同时能够保证以自然资源和周边建设环境的保存与保护的方式，建设城市或设计景观。生态与可持续性论述的标准化“指标”是空间性的，这种观点看起来非常自然。但是，在“确保持续保护”这种听起来很无辜的短语语境下，我们从景观、城市、森林或是工业公园这种领域和“范围”，转向了“持续的保护”这种生态的当代性，这是可以为生态学家的机构与伦理活动提供支持或“房屋”的（不要忘记“生态学”ecology的词根eco最初是来源于希腊文的栖所oikos：房屋或是住处）。可持续性是一种道义上的强制令，它让我们按规则排列好我们的房屋，这样就能使我们和他人的住处都得到加强和稳固。那么确保持续的保护是什么意思？这种干预的时间框架是什么？可持续性是一个革命性的过程，是具有目的论性质的任务，还是一种被我们称之为针对城市环境支离破碎的脆弱现实，而施行策略性的空隙性干扰？如果你就像我一样回答为：“以上全是。”那你也会因为某种形式的实用主义而不得安生。因为三个可持续性的不同层次的等级化形成了一种引人入胜的重写模式。在这里，不同意图的重叠、不同时间尺度的差别和偏袒，正在使其朝着相反的目标重新书写着彼此，并且创造出多元的生态可能性。生态机构的重要职责是在这些各式各样的可持续性生态实践，与多种究竟是什么构成了“未来”的定义中维持一种“短暂的平衡”。这就需要我们回顾一下中介的能力与活动家的资本——中介可以是私人的、集体的或是机构所属的——在现有压力下加入城市的存在：在它组织中的每一个举措中，被固定并使之成为存在。这仅仅是个没有实践应用的理论问题吗？这只是一个发生在伽塔利、莫斯塔法维和姗姗来迟的巴巴之间炉火旁的谈话吗？他们只是呼出了明显含有不同种类尼古丁的烟圈吗？如果这不是一个鸟类的机构，那么这是个天使的机构吗？

对于我来说，当我通读印度城市时代会议（Urban Age India Conference）[3]具有启发性的议程时，作为一个城市规划师确实要具备能够计算出环境干扰所需“时间”的能力，这一事实是显而易见和毋庸置疑的。在对当代性的讨论中，时间有时会被论述成一个抽象的数量，但现在已经不再做出这种论述了。现在，时间是实施生态都市主义干扰的机构或是工具的媒介，正像拉胡尔·梅赫罗特拉（Rahul Mehrotra）所说，当代性不管是在代码、基址还是实践方面都与政府政策和官僚的法令紧密相关。时间就是政治和政策，时间是地理政治区位和它在记忆、纪录和规则档案中的位置。梅赫罗特拉对于在孟买和加尔各答实行的生态干扰的不合时宜的抱怨充分支持了我对于“固定使之存在”的观点。这里当然没有干扰的“理想”时间，但却存在比较适宜的时间和不太适宜的时间。梅赫罗特拉写道：

> 在孟买的近30年中，沿袭后卫式战略的规划方法，与采用接近先锋阶层规划方法之间的较量一直引导着它的城市规划。因此，当今绝大多数的基础设施是伴随着城市在增长，而不是支持或开启位于城市核心内部或外延的新城市增长极。在孟买，规划作为一种复原性和安全性的举措显得很“滞后”。
>
> 因此，专业人士大多倾力于复原性的实践，随后的干扰只是为了清理狼藉！所以在孟买出现与持续增长有关的“清理”的项目的庆功会绝非巧合，它们或者是对历史建筑、选区或辖区、海滨和人行道的整修，或者是对那些为了基础设施建设而预留空间的贫民窟进行重新选址定位。[4]

对于路德维格·维特根斯坦（Ludwig Wittgenstein）来说，

可持续性代表了一种生态与伦理的承诺，在他关于建筑零散的笔记当中，他描述为“不是建造一个建筑，而是让一个可能成真的建筑拥有一个明白易懂的基础。”[5]这不仅仅是指一个总体规划，我想这是维特根斯坦让我们深思一下我所称之为“尚未建造”的事物。如果我能用另一种方式来描述，将生态的时空当作“具有文化联系的暂时平衡”，并对此保持兴趣，那么我认为生态都市主义应该对尚未建造的事物进行深刻的反思。一个可能建造的显而易见的观念就是，当经济、文化和生态条件不同时，假设建筑落成将会产生怎样的反现实利益；这是对如果能建得更好或是根本不建造的一种很有抱负的承诺，但最终，这些尚未建造的事物成为飘忽于历史之中，萦绕在每个建设项目的道德准则之上，类似于旷野之神般灵异的、虚拟的景象。这些尚未建立的事物是一种伦理和建筑的警觉姿态，它使得生态机构能够在一个新兴世界中，在表征性和历史性领域的存在与意义之下，在所有组成的每个举措中捕获人类的存在。

没有什么能够表达“建造的和尚未建造的”过程，就捕捉组成孟买的每个行为举措的城市经验这方面来说，它所体现的是“正在固定使之拥有意义”的理念，比萨曼·拉什迪（Salman Rushdie）在《午夜之子》（*Midnight's Children*）中的所表达出的想法更加透彻。在后殖民期的孟买，过去印度全国对自由平等的世界性城市的渴望，绝不会妥协投降于因存在公社斗争与个人宗教暴力而显得阴晦的宗派性未来。文明或野蛮，一方面是印度独立的启蒙理想，但另一方面是为分裂和摧毁种类繁多的社区做出的各式尝试，这些社区或者具有某种特别偏好，或者数目庞杂充满活力。正是这种进退维谷的张力为拉什迪提供了写作动力，《午夜之子》的写作基准定格于穿越城市景观的一系列充满活力的运动，并且以乡村的风景教化这一政治性历史为背景。永远不要忘记最后一段出现了萨利姆·西奈（Saleem Sinai），作者那任人轻贱的双生兄弟。但在那些发生之前还有很长的路途要走：

行驶！在焦伯蒂（Chowpatty）沙地上。超越了马拉巴山（Malabar Hill）上的良种马，绕过了坎普（Kemp）转角，晕头转向地沿着海驶向了斯堪多（Scandal）终点！是的，为什么不这样，就这样行驶啊行驶啊行驶，顺着我自己的沃顿（Warden）街，沿着布莱蒂甜品屋旁的分散游泳池，再径直冲向巨大的马哈拉克斯米庙（Mahalaxmi temple）和老旧的惠灵顿酒吧……在我的童年中，不管加尔各答经历了怎样糟糕的岁月，总有些失眠的夜行者说他看到了施瓦基（Shivaji）的雕塑在移动；我幼时城市的灾难，都随着马匹灰白石质般马蹄奏响的神秘音乐而翩然起舞。[6]

萨利姆对孟买的活力嗅觉敏感，正如孟买的活力带来了生活的真实写照一般。《午夜之子》能够存活（被读者青睐）是因为它张弛有度，这种无与伦比的穿越城市、村庄的“能量”，正如一个失眠的走街串巷者，挥霍的、淫荡的、脆弱的又充满欲望的，搜肠刮肚般地寻找语言来描绘城市中移动的画卷。仅仅一页中，描述就从朱哈（Juhu）海岸的椰子转移到城市中的食米仪式，再到焦伯蒂（Chowpatty）海岸上盖纳什查特缇（Ganesh Chaturti）节日中的大象神，在那里椰子和大米都会被当作祭品抛掷到海里。其叙述中的“能量”就是这样一个名单接着一个名单、一个词汇接着一个词汇、一个名字接着一个名字、一个地点接着一个地点地被塑造出来，就是用这种对地点、人物和事物分层的描述形式来重新描绘。萨利姆对城市的嗅觉探索同样也揭示了一种潜在的不安，正在意识到独立是以分割为代价，怀揣的多元主义的梦想可能会被地方主义、区域主义所威胁。这个夜行者始终会因鹅卵石路上的平头丁靴子的声响而保持清醒。

这种毫不吝惜、铤而走险的语言怪癖所描绘出的城市景观，是一种在孟买的更多多元性中，对每分每秒的维护和对细节元素坚持的渴望，并且人们能在这种情形下感到自我是备受威胁的。印度的一个更宏大的理念，很遗憾，是通过不认可甚至是破坏绝大多数人口的次大陆生活方式的“构成”差异而取得的，印度斯坦人和穆斯林通过区划的方式与国家割裂开来，并且它们的人民也分离开来。分裂并不是差异性的“独立”，而是差异性的丧失。

恐怖袭击，最初是在1993年，最近的一次是在2008年的11月份，还有公社暴乱事件在城市中留下的悲剧性的印记，表面上看就是对这些所谓的伦理与宗教边界的密集反对。拉什迪从南穿行到北的时候，往往是沿着滨海路进行海洋骑行。北面是宝莱坞的世界，红色卡西姆（Qasim the Red）经常与阿米娜·西奈（Amina Sinai）在先锋咖啡馆出入。但是如果你在到达焦伯蒂（Chowpatty）沙滩之前转向至城市的古老内城，你就进入了一个截然不同的世界。你驶过纳粹练兵场，就是教堂学校的另一侧，经过哥盖姆（Girgaum）周边的高阿诺曼（Goan-Roman）的天主教社区，然后绕过格兰地（Grant）路上的帕西人（Parsee）驻扎地，继而就能驶向莫罕穆达利（Mohamedalli）路的穆斯林区。如果你在达到拜库拉（Byculla）较为贫穷的安格鲁——进入印度人社区之前向左急转弯——你就进入了貌似幽灵的女人在买麻绳状的乳酪和扁平的伊拉克犹太芝麻面包的地区，这里一度是犹太地区的奈格帕达（Nagpada）。这些城市的丰富腹地就是公社暴动留下它们持久记忆的地方。但孟买的多层世界是存在于拉什迪充满灵感的作品中的中产阶级世界之外的，它在孟买西北部郊区的内部景观中发展出了非常不同的能量，这就是我为你描述的一些腹地。在这里，那些古老破产的织布作坊逐渐破败，那些失业者住在曾经是他们工作地址周边的贫民窟里，这种行为就好像是要吮吸已被榨干的乳头一般。这里，有一首题目为《在答达桥下》（*Under Dadar Bridge*）的诗，诗歌是以孟买所连接中心城区和离它最近的郊区的地标而命名的，这个郊区曾经一度工业化，但现在已经变得商业化了。马哈拉施特拉邦（Mara-thi Dalit）贱民（被遗弃的）诗人帕喀什·贾达夫（Prakash Jadhav）用诗歌的形式讲述了一个不同寻常的印度穆斯林的故事：

> 嗨，玛（Ma），告诉我，我的信仰是什么？我是谁？
> 我是谁？
> 你不是印度教人，也不是个穆斯林！
> 你是熊熊燃烧的世界之火中一朵被遗弃的火花。
> 宗教？这里就是让我充满信仰的地方！
> 妓女只有一种信仰，我的孩子。
> 如果你想要一个性交的孔洞，请把你的生殖器放在口袋里！[7]

“生态的”伦理在记忆与现实之间的某个地方存在着；在一个灵魂拒绝死去和一个神明拒绝等待他们命中注定诞生之时的未来之间。生态乡村栖居者的暴怒之神叫嚣着要居得其所，并且要在异类和临近的范畴中感受到安居乐业。“语言是殷勤好客的。”伊曼纽尔·列维纳斯（Emmanuel Levinas）宣称说。在我们这边那边之间摇摆不定、搬来迁去的紧张中，在已经落成与尚未建设之中，一种创新交流的趋势将会出现，不论它是语言、景观，还是每天生活的词汇，也许不能时时刻刻地拯救我们，但是能让我们在历史中以自己的存在存活下去。

注释：

1.安东尼奥·葛兰西（Antonio Gramsci），《设计行为学哲学与“知识与道德的重塑”，来自葛兰西的读者：1916－1935年文稿选集》（*The Philosophy of Praxis and “Intellectual and Moral Reformation”, from A Gramsci Reader: Selected Writings 1916—1935*），戴维·福加斯（David Forgacs）编，伦敦：劳伦斯和威沙特，1988，353。

2.费利克斯·伽塔利（Félix Guattari），《三重生态》（*The Three Ecologies*），伦敦和新布伦兹维克，NJ：阿斯隆出版社，2000，353。

3.题目是《城市化的印度：理解最大极限的城市》（*Urban India: Understanding the Maximum City*），来源于hppt://www.urban-age.net/03_conference/conf_mumbai.html.会议于2007年11月在孟买召开，组织方为伦敦大学经济政治学系、阿尔弗烈德·赫尔豪森社团（Alfred Herrhausen Society）和德意志银行国际峰会合作的城市项目组。

4.拉胡尔·梅赫罗特拉（Rahul Mehrotra），《城市化的印度：理解最大极限的城市》（*Urban ndia: Understanding the Maximum City*）中的《重置孟买》（*Remaking Mumbai*），46。

5.路德维格·维特根斯坦（Ludwig Wittgenstein），《文化和价值》（*Culture and Value*），G. H. 梵·怀特（G. H. von Wright）、海基·海曼（Heikki Hyman）编，皮特·温彻（Peter Winch）译，芝加哥；芝加哥大学出版社，1980，7E。

6.萨曼·拉什迪（Salman Rushdie），《午夜之子》（*Midnight's Children*），伦敦：斗牛士出版社，1982。

7.帕喀什·贾达夫（Prakash Jadhav）《有毒的面包》（*Poisoned Bread*）中的《在答达桥下》（*Under Dadar Bridge*）现代马拉地语文学社译，阿琼·当吉尔（Arjun Dangle）译，伦敦：桑恩出版社，1992，56-67。

城市的土地

丹尼尔·瑞文·埃里森（Daniel Raven-Ellison）
凯·阿斯金斯（Kye Askins）

为了明确城市居住者所面临的巨大土地转型问题，2008年，旨在展示（重新展示）我们栖居地的城市土地项目拉开了帷幕，这个项目通过调研者在地球上最大的城市区域中步行，去探索生活在那里的人们的空间真实性，并挑战主流媒体对我们绝大多数生存空间的说辞。这个项目的理念就是行走于城市区域的横切面上，每走10步就拍张照片，然后将照片进行图文组织后制成一个关于旅行和场地的快动作影像。城市的土地行走旅程总是在乡村的边缘开启或结束。在城镇或是城市中的都市足迹被用来计算徒步旅行的长度，而显示贫困地区的地图将被用来探索路线。最贫困的15%的人口占据了10%的城市足迹，在这次项目实践中，徒步穿行过的区域中有10%符合这一状况。在实践中，这就意味着必须在路线地图上叠合不同索引元素下的多元贫困指标地图，然后找到能够映射城市区域之中贫困地区的路线。虽然这项技术在社会经济数据储备良好的区域行之有效，但是由于孟买缺乏精准的底层数据，所以我们就与孟买大学的地理系协商，在他们的协助下设计出了“最具代表意义”的路线。

孟买

2008年8月，只有24 km的徒步旅行耗费了两天的时间。超过15个人参与了不同层面的工作，在城市中步行。大约55%的人们生活在占城市用地6%的正规的或是私人的住房之外

墨西哥城

在徒步穿行墨西哥城时拍摄了6400多张照片。在3天的时间里，有7个人参与了这个全长65 km的城市探索活动的各个层面。17%的行程是穿行了城市中最不贫困的地方，有21%的照片是拍摄于最贫困的场地

伦敦

这次徒步旅行是在2008年8月进行的，全程覆盖了58 km，历时两天。30%的行程穿越伦敦城最不贫困的地区，只有12%的影像取材于城市中最贫困的地区，反映出了城市中贫困区域的分布。在行走中一共拍摄了5789张照片，有4个人在各个层面参与了这项徒步活动

ARIHANT DEVELOPERS
WANTED!

AGV-III
P-0303

RELIANCE
Mobile
XEROX
STD
ISD
FAX
Airtel
Airtel

第三生态的注解

桑福德·克温特（Sanford Kwinter）

“生态都市主义”可以指城市和自然，但是它也可以意味着内涵更广的事物。我们所习以为常的对这两个实体之间关系的理解方式，是被深深地烙上了盎格鲁-撒克逊式的工业革命文化印记的，在社会、经济和政治生活中的急剧巨变改变了我们周边的所有景观，并且使我们与它的关系发生了不可逆转的深刻改变。在进步的孕育与现代化的构建中，城市与乡村这一对二分体成为了存在其中的虚拟轴线。这不仅仅是针对先前的情况，含蓄地说来，未来的状况亦是如此。

这个领域的现代转型，甚至大多数近期的经济危机或生物圈危机都是它的直接结果，这个转型来源于对这种古老错误的反抗。谈及当今的领域转型，尤其是当我们严肃地对待“要用生态的视角进行思考”的历史任务时，我们不可能回避领域中的“存量”，那就是存在主义生态学，它定义了我们自己创造出的世界的栖居方式。因此，如果现在有生态危机，那将会紧密关系到人类经验的恶化与变形（并且它的无限即兴性就造就了历史）对物质起居场所的影响，这些场所为我们供给了过剩的财富，所以我们习惯性地在这种令人不安的事实面前将自己隐藏起来。[1]这些是对城市的一些新的思考，或者进一步地说，是关于城市的文化，它已经被摆在了前列。

城市的兴起是直接产生于（曾经的）新的集聚财富的方式，一种曾经能将财富从自然界的资源（或者称之为“经验主义”，这样就不会不合时宜地将“自然”这个术语冲淡）储存中分离或提取出来的暴增式的发展。例如曾经的动力和动能，能够将它“在河流中”固定的停泊港中分离出来，这种能量是通过水轮这种方式在它的本位中被抽取出来的，并且移动了位置（假设是在一个处于高层基址的制造车间，并位于像伦敦那样人口密集的城市环境的中心位置）。可分离的热量和扩张引擎的发明使这个过程成为可能。这些新事物的迅猛到来又结合了管理业与银行界的创新，从而促成了财富的积累和人口的聚集。正是这种简单的到来让我们都忘记了，我们只是在提取、在索取，这并不意味着我们能从自然是冷酷无情且资源有限的这一现实中解放出来。

尽管最初是热力学理论的正规提出致使热力机的产生，但是热力机“解放”了自然这一观点，不管是在时间空间的视角下，还是在能量、事件和秩序守恒的维度中，都不过是一个固执的幻想。颇具讽刺意味的是，这就是20世纪60年代城市中的居民需要在经历了化石燃料的短缺、酸雨、饥荒和在农业系统中大尺度的随意使用磷酸盐、杀虫剂和工业化学制剂之后，重新拾得的一个教训。然后，新平均地权法开始繁荣开来，有时甚至压过了新马尔萨斯论（neo-Malthusianism）的势头。罗马俱乐部1972年出版的《增长极限》成为关键热点，直到现在我们还经常回忆那个时期。但是，耶鲁大学法学教授查尔斯·A.里奇（Charles A. Reich）在其一度非常有名的著作《美国的绿色运动》（*The Greening of America*）（1970）中提供了对人类解放（和“美好生活”）概念最为广泛、普遍的综合论述，并初次阐释了这一概念在相应的框架下是怎样构想出来的。对这部作品如潮的好评实在令人惊叹，但这并不意味着是它的深度和精度使其备受关注。从任何角度来讲，作品中，不管是来自诺曼·O. 布朗（Norman O. Brown）和阿兰·沃特（Alan Watts），还是库尔特·冯内古特（Kurt Vonnegut）和赫伯特·马库塞（Herbert Marcuse）的观点，都可以用来旁征博引，以便展示人类与自然之间观念的改变。自然为那个时刻的存在领域提供了全部重生所需的精力，这些精力都是在时代的政治、音乐和文学文化中拥有相当深远的根基的。至少，在美国和法国的大众电影院中进行的关于时间的最粗陋的调查也能戏剧化地证明：这个时期内，关于“生活”的各种概念在各个阶层上，都浸染了一种开放性与实验主义的思潮。但在随后到来的雅皮士（中上阶层的专业人士）革命中被静止和普遍主义的观念取代。药品，尤其是因为它们在植物学（民族植物学）文化中的根蒂，被当成了人类的神经系统能够在对自然（或是自然界的表述）的充分回归中，而重新获得体验和学习的途径。病理学的形成，即神经分裂和其他“拒绝”对国家意志过度顺从而产生的过激性精神（表现），这会经常呈现出新形式下的“神志正常”状态，或是对自然状态的通融，或者是对自然持有最少的抵触态度［R. D. 莱恩（R. D. Laing）、提摩太·列利（Timothy Leary）、大卫·古博（David Cooper）、费力克斯·

机器中的花园：孟买的桑贾伊·甘地（Sanjay Gandhi）国家公园，是自然野生动物，尤其是黑豹在城市中心的起居之所，这个城市马上就会跻身于世界大都市之列。除了十几头黑豹之外，2003年时，在这里也发现了老虎的足迹。这里同样也是上百只秃鹫的家园，因为它们是腐食飞禽，城市中庞大、繁荣的波斯人群体所保持的抛尸习惯，刚好迎合了秃鹫的觅食行为（见下页图）

葛兰西（Felix Guattari）等］。自然的丰盛与创造力经常被看作是一种发明的形式，并且人们会认为这与通灵或是社会“病理”没有特别的不同。虽然一大批这种特定存在形式一遍遍地在错误的基础上被展示出来，但其中的相当一大部分是根深蒂固并且被深厚培基滋养着的，尤其是自由被永久地写入了历史并被当作成了一种资产，即使现在已经被埋没了，但在未来的某个时刻还将会被有利可图地重申。超前反思的目的就是展示人类——自然这二元性的核心性，这种二元性是真实世界中的产物，是社会与自然过程所经历与表现的真实领域。

现在，30亿的地球公民生活在城市里，而且据实际预测，所有呈指数增长的人口在未来的50年中都将会是城市人口。相当数量的并不生活在城市的物质性世界的人们，开始生活在精神上的城市环境里，无论如何，即使是在最偏远的乡村地区，

垃圾廊道：在达拉维（Dharavi），只要可能，一切布置都在为流通与转移行着方便

公共移动电话的增长不仅将当地的技工与全球市场联系在了一起，而且他们所表达出的逻辑与操作能力也因此得到了很好的修饰和呈现；全球影院那充满想象力的相关影响同样也辐射到了地球上最偏远的社会，这使我们能够在社会中“输出”交流（电话、网络，或者甚至是市场价调控商品），并且立刻完成了交流相互交换的回路。最近，城市中改善发展的目标是古老的物质结构以及由这种结构衍生出的古老的社会形态。成千上万个案例中的两个实例就是北京胡同的拆毁与孟买达拉维区域贫民窟地区的重新开发提案。这是一种没有经过仔细调研，并且很可能是非常冒失地解决新的人口与经济压力的方式，而这些压力能够使我们城市中现存居民的生活得到充分的合理化与现代化；诚然，反过来看待这件事情也会存在同样的问题。我们以达拉维重新开发提案作为例证（作为一种在印度、中国、巴西和其他巨型经济领域诞生的——资本迅猛集中式发展模型），在印度所有的特点中，当地商业的集聚性、社会市场的巨型性和无处不在性，最终都以同样的延展性填充进了它们的都市肌理中。在绚烂的城市斑块中存在着数之不尽的网络系统，这些错综复杂的系统都在对社会物资进行着具有社会属性的运营与加工。一个例子就是发生在印度城市中令人叹为观止的、详尽透彻的循环系统，这其中，印刷物、铜线、橡胶、塑料、金属、破布甚至粪便都会被收集、分类、销售并且进行恢复后再次使用，在德里（Delhi），100名居民中就有一位涉足循环产业；在印度，高达15%的由城市产生的固体垃圾是会被进行恢复处理的。一些材料在循环链条中运转时，甚至在重新

妇女在供给链环中进行塑料分类

加工之前就已经获得了700%的价值。另外，还有一个经过精细调研却被错误理解的网络系统现象——事实上，这个现象存在于世界上拥有印度社区的所有地方，但是在印度表现得尤其明显——这就是被我们称做达巴（Dabba）或“午餐”系统的正午餐饮运送系统。成百上千甚至是成千上万的饭菜精确无误地从每家每户搜集而来，并在短时间内运至遥远的工作地点，它拥有世界上任何一个网状疏散系统无法比拟的精准性和高效性（午餐餐具、餐盒也是以用同样的精准性与高效性被运至源头家庭中被重新利用）。瓦拉斯（Walas）的中餐系统，以及它的中介、经纪人、转达方式和它的物质与管理措施（遍布整个城市系统中，都不断重复存在着从公共厨房到准备货车运输、自行车运输和轨道运输的联系，这是一套用色彩编译餐饮来源和配送渠道的系统）都是植根在古老的网络系统中的。将这些分配系统分离出来并且恢复成更典型的食物生产与运输网络，或是将药物保健品、珠宝、纺织物，或是石料、木材、金属和电子产品的制造与销售进行市场化也不无可能。达拉维地区只是一个拥有这种活动的众多城市中的一个而已，这种活动隶属于古老的生态与城市网络。有超过百万的人民生活在达拉维2

最及时经济：每天多于10 000份的午餐通过孟买的最大的但却不正规的传输轨道系统进行输运（并且覆盖了整个系统）。据说，在这个复杂的多元部分组成的系统中，每年只有20份左右的午餐被推迟送达，可想而知，被送错的可能性是多么微乎其微的，在这其中显现出的高效性，是连发达的工业化国家，都难以望其项背的

/3的地域里，并且操作着多于15 000间的单间工厂，这些单间工厂通常只有10 m²左右。虽然这可能是世界上最大的贫民窟，但它却拥有百分之百的就业率。但是达拉维自身也是一座城市，它的道路与小径本身没有工作与社会空间甚或居住功能的区分。据说没有什么孟买的制造产品是不使用达拉维系统链中的一环的。虽然卫生、水资源和排水系统确实是达拉维的严重问题，但它却是孟买名副其实的肺、肝脏和肾脏，因为它对物资进行清洁、重新处理、移除和运送，并且还有附加功能，在孟买更大的区域甚至超越这个层面来说，它在经济和物质功能方面都是颇具地方特色的。最初的致力于缓解地面压力而将居民迁至居民塔的项目明显扰乱了达拉维奇妙的“自身”社会市场功能。竖向的维度是无法承接多重经济体互动的稠密度的，这些经济体是以协同配合为基础的（一般家庭和工人都住在这里或是周边地区，在阁层农庄，或是商店和工作室里一天天地生活着）。达拉维对当地经济的贡献现在已经接近10亿美元，财富在它的领地内被缔造着。在发生这些的领域的非正常属性中，有令人难以置信的集缩和技艺与知识的相互接近，还有打理生意的全新方式，这些都代表了许多部门经济的高效

低廉的日常开支是它实现自身富裕的引擎

性，并且是通过其他方式或在其他地域无法取得的（我所指的高效并不是简单基于低廉的佣金和缺乏社会福利等的角度）。达拉维，虽然在社会调查中也是一个大型的犯罪基地，但这里也是一个公民自豪感随处可见、极易察觉的地方（很多财富的确在这里诞生并留存）。社会与经济能在空间与模态上达到共存，但这两者是并不相同的，这两者之间的中间地带就是经常在历史性文学中被提及的经济学，但这些绝没有被解释或是被理解。它代表了一种不同凡响的对想象力的挑战与练习，这些想象力只是简单地对这种将会在更大的城市生态的所有方面产生破坏后，留存下的寓意与影响进行反思。[2]虽然这种改变总是以修缮与现代化的名义实施的，并且表现为一种将繁荣富强传递给更多居民的形式表现的，但显而易见的是这种情况不仅会产生文化与政治影响，同时也伴随着深远的生态性影响，这都是关乎存在主义并且就高效方式而言的，在这个系统里，原材料是在传统方式下不断被一遍遍地重复利用的。这些事例中反映出的问题并不是新的。新的却是，在我们的思维中所显示出的大转变：我们现在拥有概念的工具，有智能的模型，有对理解过去与现在、正式传统与有悖常理之间的重新书写的诉求与逐渐增强的偏好，还有将它们当作一项资产和城市生态特质而扶植的经济机构系统，并且至此之后，作为产权的真正实体，当被渴望的时候、在我们开始憧憬和规划未来世界的时候，它们就可以得到保护、拓展甚至是重新制造。

在所有这些基本问题中，我们不能忽略的是，在未来的几十年中，能够孕育城市与文明所需的真正生态“实践”，是不能在可持续工作室、环境学、政策改革和科学与技术研究与应用的范畴中被找到和解决的。生态学问题是，就它精确的定义而言，是更加广博与繁复。正如它是关于自然与经济生活之间的关系，这是一个我们长期作为一种原始被动的思维习惯逃避的问题，同样也是一个即将会出现在最显著位置供我们探讨的问题。一个关于复发重现的最普遍的案例就是托马斯·弗里德曼（Thomas Friedman）在《纽约时报》上公开阐释他所谓的“自然母亲账户所对应的市场”（Market to Mother Nature'accounting）[3]的文章片段。

如果不将人类的社会命运放置在面对现有环境语境所持姿态的核心位置，我们是不会拥有“生态学思维”的。我们在之后的几年中所学习到的城市，甚至是巨型城市，实际上都代表了一种非凡高效的生态学解决途径，但仅是这种现实还不能使之成为可持续的，尤其是当社会发明依然是被苛政束缚着的，只有基于世界范围尺度的生态学思维能让我们从中豁免。但生态学思维也有它滥竽充数、质量低劣的形式，并且许多“可持续的”论断与其说是自由的、充满创造力的，不如说是僵化压抑、令人窒息的。除此之外，如果我们继续认为这两个领域的途径，尤其是方法与臆测是必须相互补充的，那这无异于冒了很大的风险。

我们尤其不要犯相信我们能够从审美这个范畴下将“人类”与“自然”割裂开来的错误，并且还持续自以为我们成功地迎接了生态思维与生态实践的挑战。同样的，当我们提及“人类”的时候，也不要臆想为我们指的是在传统上与这个词语相关的形质与潜力。举个例子，近期在生态圈诞生的那些激进的和潜在硕果丰厚的自然理论是来源于20世纪70年代（开端于1973年）的深刻生态运动，它的一些基本指令是将人类置于一个更大的生态系统中之内，或是作为生态系统的一部分，而不是将人类当成一个在其中栖居的独立整体。这个思想运动是要通过拒绝将“自然”或是环境仅仅作为一系列为了人类的目的而服务的资源方式，来取缔面对环境问题时所采用的功利性态度。毫无疑问，自然与环境的概念开启了通向司法上的、道德上的和宇宙哲学上的探讨之路，它们既是能引发争论的，又是具有深刻的暗示性的。在深刻生态运动成型的同一年里，时代见证了詹姆斯·勒夫洛克（James Lovelock）和林恩·马古利斯（Lynn Margulis）关于盖娅假说（Gaia Hypothesis，1972年）的工作成果步入公众视线。有趣的是，盖娅假说最引起争议的特

仓库屋顶上的循环物资，它们能在再分配金字塔中达到下次交易所要求的规模

征就是它代表了一个作为完全自动的整体，并能够自我运作管理的生物圈式的“自然”系统，这个系统在道义上与神学范畴上是与人类的利益、与已经达成的目的毫无瓜葛的。这项理论的大多批评者都忽略了勒夫洛克（之后，是林恩·马古利斯）在进一步论著中提及的更深刻的原则与机遇，那就是与战后时期的被臆想充斥的正统科学相比较，生态思想立刻显得更具科学合理性，并且更加具备“平等主义”色彩和精确性。这两种发展（深刻生态运动与盖娅理论）都说明了伦理学与哲学思想是不能与科学创新分裂开的。这两种发展中的后者又定义了另一种未来设计思想的前沿，这种思想同样也需要被认证与强调。

城市，在另一方面，已经变成了人类的经典栖居地类型。提及石器时代的同盟，对我们来说最自然想到的就是猎人与采摘者的结盟，据说最优的尺度是150个人的联盟，这是一个能够轻松并高效地使用和开发大草原群落生物资源的理想尺度，并且将这些社会中的包括性、宗教等其他不同的维度叠加时，这种尺度同样也是维持社会与文化平衡的最佳选择。

我所称谓的城市的“存在生态学”的角色［对费利克斯·伽塔利（Felix Guattari）表示敬意与尊重］，一种试图妥协一切当今环境中充满创造力与活力的栖居与用途所需元素的概念，或者简而概之，环境的文化与社会维度是根植于自然中的，这是没有被充分论证与理解的，并且在任何一个角度来说都是没有被充分认知的。但这是我们的生态中的关键构成部分，除去这个之外，没有什么其他的方面能够替代这一部分。

生态学思维的最大挑战主要来源于我们想象生活与智力生活中最精深的竞技场。例如，虽然越来越多有潜力的创造性产品已逐步公之于众，但是当谈及超高效低排放的汽车和巨型交通的崭新提案时，在文化中依然只有很少的证据能够佐证关于“机动性”的全新概念与视角，更别说让这些概念与视角去崭露头角来挑战以往既成理念了。在浪漫主义文艺片这个领域中，长期被自由意志主义的汽车驾驶者所代表的个人主义与自由主义遭遇到“开放的道路”这一题材，尤其是在近几十年的美国荧幕与文学作品中，从约翰·福德（John Ford）的西部电影到威姆·温得斯（Wim Wenders）的道路电影，这一题材一直被有条不紊地雕琢着。认定现代机动交通没有其他可能的神话般的选择性的猜想，也是对当代人类发明缺乏信心的一个令人尴尬的心理映射。现代机动交通的存在主义构成要素是与“功用”这一维度不可分割地紧密相连的，并且这一维度会在我们注释：

1.美国前任副总统阿尔·戈尔（Al Gore）近期电影与运动的题目，《一种不方便的真实》（*An Inconvenient Truth*）暗示了这个问题。

2.向诺里·桑卓兰甘尼（Noorie Sadarangani）表示感谢，是他对达拉维（Dharavi）的工作与兴趣，让我熟识了这个卓越的城市现象，并将它当成我的研究项目与一次奇妙的世界体验。

3.这是最初在托马斯·L.弗兰德曼（Thomas L. Friedman）所写的名为《热的、平的、拥挤的：我们为什么需要一场绿色革命——怎样才能更新美国》（*Hot, Flat, and Crowded: Why We Need a Green Revolution — and How It Can Renew America*）（纽约：法勒—斯特劳斯—吉鲁出版社，2008）一书中所发展出来的理念。

的社会将旅游民主化、将财富分散化的过程中持续出现。它并不是阻拦阻截，而是加强了各种族各阶层的人们真正的实惠与长远的利益，这些人生活在神奇多样的多元文化世界之中，沐浴着自然馈赠而享有财产与土地。尽管这种双生利益——管理这些旅游而增加生态开销的需求和鼓励熟人对环境保持好奇的需求可能看起来是相互矛盾的，但事实并非如此。它们未来的联姻形式是我们必须要开发创造的。

未来依旧是这样，机动车问题本身是包含于社会交往与互动系统中的，尽管在最近的20年内计算机操控系统已经发生了非凡的改变。一个更广泛的生态方法会将这些视为最紧密的联系，并且需要发现真正创新的社会联系与组织形式，对于更多可能性、神话和习惯也是同等全新的，并且这些含蓄的信念是可延展开的，而且也是法律规定的。就像我们与大多数事物的关系，只是去积累去消费，这是必须要改变的，不管这是之前发生过的，还是在全球气温可能已经升高了2～6℃之后发生的，人口的、地理的乃至经济的大变动，都会在不可规避的范围中的最低门槛处，如影随形地伴随着所有的事物，甚至会触及历史这个层面。我们在历史文化与环境关系中的每个层次，都在试图平衡在接下来的短时间内发生的巨大转变，尽管这些僵硬的数据是如此毋庸置疑，我们依然无法想象多数我们所需做出的改变，甚至也无法想象我们所需做出改变的规模。我并不是因为正值千禧之年才这般说，但这的确为设计群体提出了一个无法预知的挑战，这个群体是将各种各样的规则和知识体系融汇组织起来的核心，这个知识体系融合的先决条件就是将它与清晰的政治性、想象性，更重要的是正式性的端头相互联系起来。

社会不平等性与气候变化

尤里奇·贝克（Ulrich Beck）

论题：气候变化，被当成是人为的和灾难性的现象而提出，以一种与自然和社会的新型综合形式出现。在处理收入、教育资格、护照等问题时所表现出的能力差异衍生出了机会的不均等性，这些问题的社会存在秉性非常明显。气候变化引发了很多不平等性，在这其中，最严重的不平等性的物质呈现形式是诸如洪水、龙卷风等自然事件的频率增长和破坏性加强，这些都是我们最为熟悉的重要自然状态，不言而喻，这同样也是某种社会决策的产物。“自然的暴力”，这种描述方式承启了一种全新的定义：“自然”灾难将社会关系中的不平等性与权利性进行了自然化，而自然法则正是这种自然化过程的证据。它的政治性后果就是：由于自然灾害的产生与存在，自然界对人类的平等性就翻转成了自然界对人类的不平等性。

以下这些事实都是耳熟能详的：全球变暖、两极冰盖融化、海平面上升、沙漠化和龙卷风数量增多。这些现象一般都会被当成自然灾害看待。但是自然其自身并不是灾害性的。灾害性这一特征只有当被还原到社会影响和社会作用的语境基础中方能显现出来。这些灾害的潜力不能因自然或科学数据分析而减免，但却能反映出某些国家，或是不同人口数量组成的群体，在面对气候变化所引发的结果时所表现出的脆弱性。

社会脆弱性

假设没有社会脆弱性这一概念，我们是不可能理解气候变化中的灾难性内容的。自然灾害与社会脆弱性是硬币的正反两面；将气候变化的结果当成一种副产品的思维方式，与之前的硬币理论蕴含着异曲同工的智慧。但是在近几年里，社会脆弱性变成了对世界危险城市进行社会结构分析的一个关键维度：社会过程与社会条件在难以定义的危险面前，它们的暴露程度是不平等的，并且结果的不平等性在很大程度上就被看成是，权利关系在国家和全球语境下的表达与产出。

社会脆弱性是一个总体概念，它包含了方法和可能性，个体、群体，或者全部的人口都在用自身的处理方式，来应对或是不去应对气候变化（财政危机）的威胁。

对脆弱性的社会结构理解一定是与未来有重要联系的，但也要具备一定的历史深度。例如，在理解跨越国界限制的气候变化所导致的冲突时，因殖民经历而产生的“文化伤疤”就会成为我们背景知识中的重要组成部分。可供选择的经济和政治选案越是边缘化，某个特定群体或是人口种类的脆弱性也就越高。为了回答这些问题，我们必须进行一组调研：在一个特殊语境下，是什么构成了脆弱性？它们是怎样形成的，又变成了什么样子？

例如，在马里（Mali）的南部，村庄面对灾难性大火所表现出的与日俱增的脆弱性，是因为执行了政府所规定的火灾措施，相反，之所以执行这类措施是为了应对森林开伐与荒漠化的国际压力。在这种情况下，它们需要官方与各种各样的国际组织建立联系，而最终这种受惠于国际的情形却成为了国家解决问题的负担。现在很多处于这种贫穷境地和处在此类关系中的国家，在“全球化”的态势下正在进行重新定位与扩张，这些行为是可以追溯至殖民主义的。[1]气候变化是能够非常戏剧化地影响区域脆弱性的，抑或降低这种脆弱性。俄罗斯现在已经能够预见到它将在未来的生态危机中获利，因为它拥有巨大的化石能源的贮藏量，并且升高的温度将会使西伯利亚的农产增收。如果这种生态义务证实了它们自身，那么人类将必须要在一个宽泛的范围内大尺度地改变自己的行为方式，从医疗到政治，从贸易到教育，还有关于公正的问题。这种生态的义务并不是什么“远在天边”的事物。我们生活的整个方式是因工业现代化调配起来的，我们对资源无节制的开采，并且对自然冷漠异常，我们对工业化胜利的感激正在消失。我们越是能将对生态无知的这方乐土驱逐出境，就越会觉得自身先前采取的思维、生活和行为方式太想当然了，但这些都加剧了冲突，并且在某种程度上是一种犯罪行为。

副作用原则

我已经说明了国家政府原则已经不再适用于描述气候变化所产生的不平等性。什么能够取代它的位置？我的建议是副作用原则：基本的文化社会不平等单元是由个体、人口和地域组成的，这些个体、人口和地域是能被其他国家决策所产生的副作用影响到的，这些副作用都跨过了国家和政府的边界。方法论的民族主义可以再一次在这种视角下被定义：在它的范畴内，国家政府原则是与副作用原则相一致的。当这种一致性随着环境问题逐渐成为波及世界范围的问题时，就会显现出越来越多的错误性。但经常也是气候威胁输出转移的情况，或者是空间上的（一些国家的精英阶层看到了牟利的机遇）或者是暂时性的（嫁接给了还没有出生的后辈人）。国家的界限没有因为这种愈演愈烈的危险的输出而有所移动，相反的，它们的存在恰恰是一种前提条件。故意为之的依旧是“潜在的”或是“副作用的”，仅仅是因为有一堵（思维上的）墙（不论是实际的还是虚幻的）还是存在于人们的脑海中与法令里。对于那些没有逃跑可能性的人们来说，最经常遇到的问题就是，他们不愿意接受环境危机是国家内部危机的这种观念。相应的，灾难也被倾注在了那些人们并没有太多察觉的地方。在这些国家，对危险的接受度是与生活在这里的人们的承受度不相匹配的，他们往往是因为需求而变得沉默寡言和欲诉无语。对于那些贫穷和文盲率尤其高的国家，它们在面对环境相关的威胁时所表现出的无知，并不意味着它们就能与这个充满了社会危机的世界绝缘。更甚一步，相反的反而是真实的：他们贡献出了他们的“财富”或者称之为沉默的有限资源，这同样也是最糟糕的影响。这恰恰正是全球环境危险的预测与行动。风险的产出和在风险下的遭遇是在空间上与时间上分开的。一类人口所造成的灾难性潜力是可以影响“其他人”的：在另一个社会形态中的人和下一代的人。相应的，无论是谁做出使他人暴露于危险之下的抉择，他（们）都将不再被认为是负有责任的，这一现象也是真实的。这样就产生了全球性的有组织的不负责任。将气候变化构建成“潜在的副作用”也是行之有效的，这是因为解决跨国环境问题所需的管理行为会因不同的国家视角与政治机构的民族逻辑而发生冲突。在这种情况下，全球的环境危机变得既是潜在性的，又是对人性的一种威胁。肩负着解决这些问题职责的国家政府机构，在国际与自然社会方面所扮演的角色是盲目的。正是气候研究员，尤其是其中那些忽略科学疑惑并因责任而变得不理智，好似世界公民一样采取行动的人们指出了这点所在。毫无疑问，气候变化使得社会不平等性趋于全球化和激进化。为了对它们做出更加透彻的调研，将误导性的狭窄框架打破是很有必要的，因此需要不再拘泥于“社会总产值”或是“人均收入”的研究，而是探讨不公平性所导致的问题。所以，研究必须集中在贫穷、社会脆弱性、腐败、危险的积累和尊严的丧失[2]之间的决定性联系上。地区会被所有的一切糟糕地影响着，就像与岛屿国家的分离，最终湮没在海浪之下，这就是撒哈拉（Sahara）南部撒赫勒（Sahel）地区的命运。因为宗教与伦理的冲突已经使它变得贫穷分裂，降水量的减少就能引发暴力冲突或导致战乱。撒赫勒最贫困的人们生活在深渊的边缘，气候变化的威胁将会把他们——那些对引发这些气候变化什么都没有做过的人们——推下深渊。用现存的任何标准衡量，这都是极其不公正的。但与此同时，它是以一种“自然灾难”的形式呈现出的：没有下雨，这意味着什么？

注释：

本篇文章摘录于《在气候变化的时代重新测绘社会的不平等性：为了社会学世界大同般的更新》（*Remapping Social Inequalities in an Age of Climate Change: Fora Cosmopolitan Renewal of Sociology*），2009年10月6日发表于哈佛大学设计学院。

1.参看J. X. 卡斯佩松（J.X. Kasperson）和R. F. 卡斯佩松（R.F. Kasperson）《危险的社会等高线》（*The Social Contours of Risk*），第2卷，伦敦：厄斯斯坦出版社，2005。

2.在这篇文章里，阿马塔亚·森（Amartya　Sen）认为死亡率是一个关键性指标，并且对此进行了详尽的论述：“一个人所处的流行病氛围对发病率和死亡率有非常大的影响。”参看《死亡率作为衡量经济成败的指标》（*Mortality as an Indicator of Economic Success and Failure*）经济杂志，第108卷，1998。

为了后现代环境主义：为新雅典宪章提出的七个建议

安德里亚·布兰兹（Andrea Branzi）

现在的确存在着环境问题，但同时也存在着环境主义的问题与环境学者的问题。

后环境主义是一种没有文化根基的单向逻辑，它并没有推进科学家、政府与文化先锋之间的同盟（后环境主义曾经是政府与同盟的女儿，现在成了孤儿）。与环境携手共进的文化将会拯救植根于宇宙环境中的神话与史诗。

当我们谈到“新雅典宪章”时，我们一般描述的是第三次工业革命时期的城市空间，同样还有全球化和工作的扩散和环境危机与环境主义危机。

提出“新雅典宪章”的目的与其说是为了城市的未来，不如说是为了城市的现在，还为了它所有的错误与矛盾。一个总是被重新组织、重新塑造及重新规划的城市，在探求暂时的平衡时需要不断地构建完善。城市正在回应着我们的“自我重塑主义”社会，在这个社会里每天都会有新法令与新条规的生成，来试图用积极的方式应对我们永久的危机。

第一个建议：城市的功能再划分

增强对现存财产的再利用，来使现在的城市适应对分散工作、巨型企业、创新经济以及文化生产和消费的新诉求。

第二个建议：通过微型构造完成的巨大变革

城市的质量是由它的生活用品、工具、设施、商店橱窗中所展示的商品、人们花瓶中的花朵的质量构成的。随着穆罕默德·尤努斯（Muhammad Yunus）的微型贷款理论的诞生，我们涌入海内经济浪潮的同时，也走进了日常生活的夹隙。

第三个建议：
将城市看作一个高科技的贫民窟

避免刚性和权威性的解决方案，并且增加能够拆除和转移的可逆转型设施，允许内部空间来支持没有预见到的和没有规划好的新型活动。这样，城市在整个都市系统中就能被看作是一种完备的自由主义化价值所在。

第四个建议：
每20 m^2，就将城市看成是一台私人计算机

避免专门化的形式、刚性的设施和在形式与功能之间的（过度）定义。创造具有相似功能型的内部空间，这些空间能够在任何地点承载任何活动的发生，并且能够及时转化它们的功能。

第五个建议：
全球性的好客感

必须意识到人和动物共同栖居的条件（就像印度的大都市），除此之外，还有科学与科技之间的共生关系、生存的人与故去的人之间的共存关系。

一个大都市应该少一些人类中心论，应该对多样性、对神学、对人类的美持更加开放的观点。

第六个建议：
微弱的城市化模型

在城市和乡村之间建立临界空间，这些空间是通过混合区域，即由一半城市化一半农业化的城市空间所营造的。具有生产力的领域，是水平发展的，是好客的（是没有大教堂的——不排斥任何宗教信仰），是可以随着季节的更迭与气候的变化而改变的，是可以使置屋和居家的状态呈现灵活性和不连续性的。

第七个建议：
遮盖边界和基础

认识建筑设施的可交叉边界，并以此来创造一种城市肌理。在这种肌理中，外界与内部、公众与私人的界限已经趋于消失，以此来创造一种没有专业化的公共的领域。

微弱的城市系统

安德里亚·布兰兹（Andrea Branzi）

微弱城市化模型是由半农业化领域和半城市化领域组成的共栖空间。

弱势大都市并不是建筑盒子组成的系统，而是一个时刻都在改变的酶化领域，其中的每20 m^2，都像是一台私人计算机。

它不是未来的大都市，而是现在的大都市。

一个大都市必须在它的内部来转化自身的功能。

并没有永久的解决方案，而是基于一种可转换性：

基于功能性的无法定义性；

基于流动的边界；

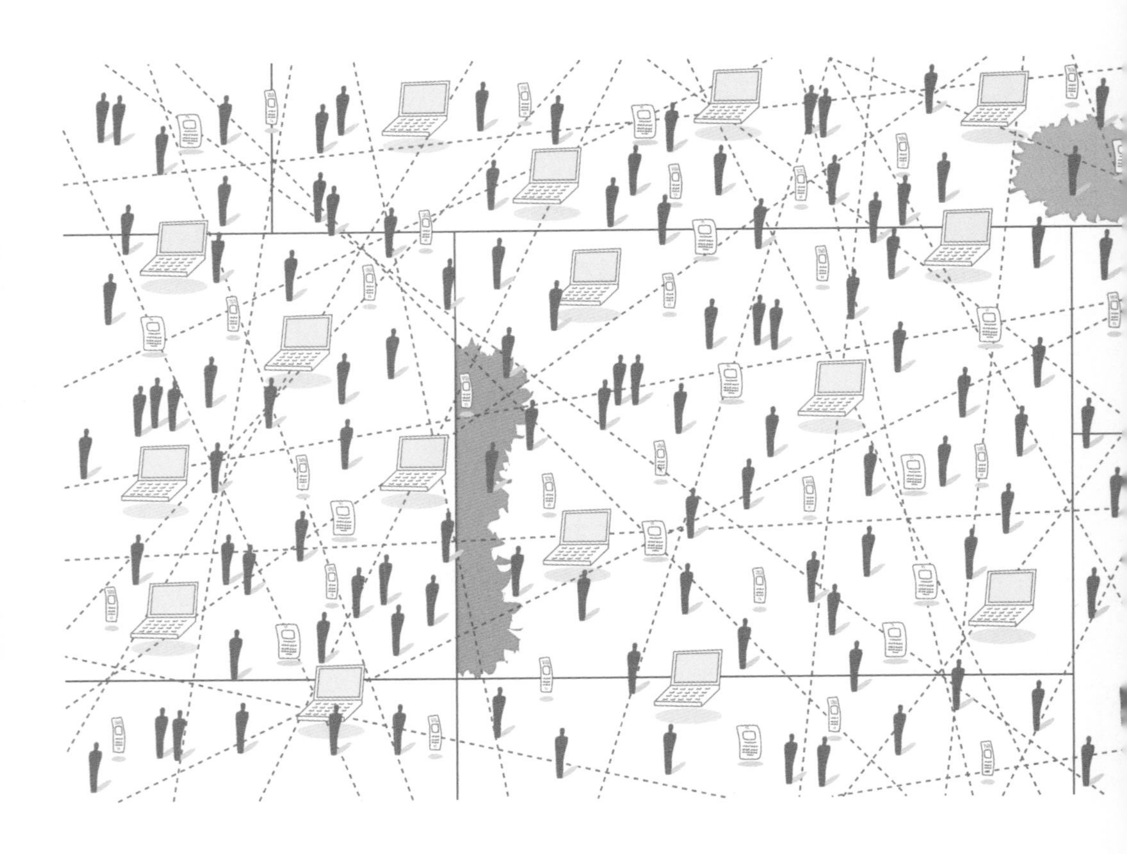

基于生者与死者，人类与动物之间的共存；
它是一个经验性的领域；
是一个凹陷的空间；
一个高科技的贫民窟；
一个气息可调控的区域；
它是一个物质文明的空间；
是某种能够自我改良的社会；
一个弱势都市的质量依托于城市中物品的质量。

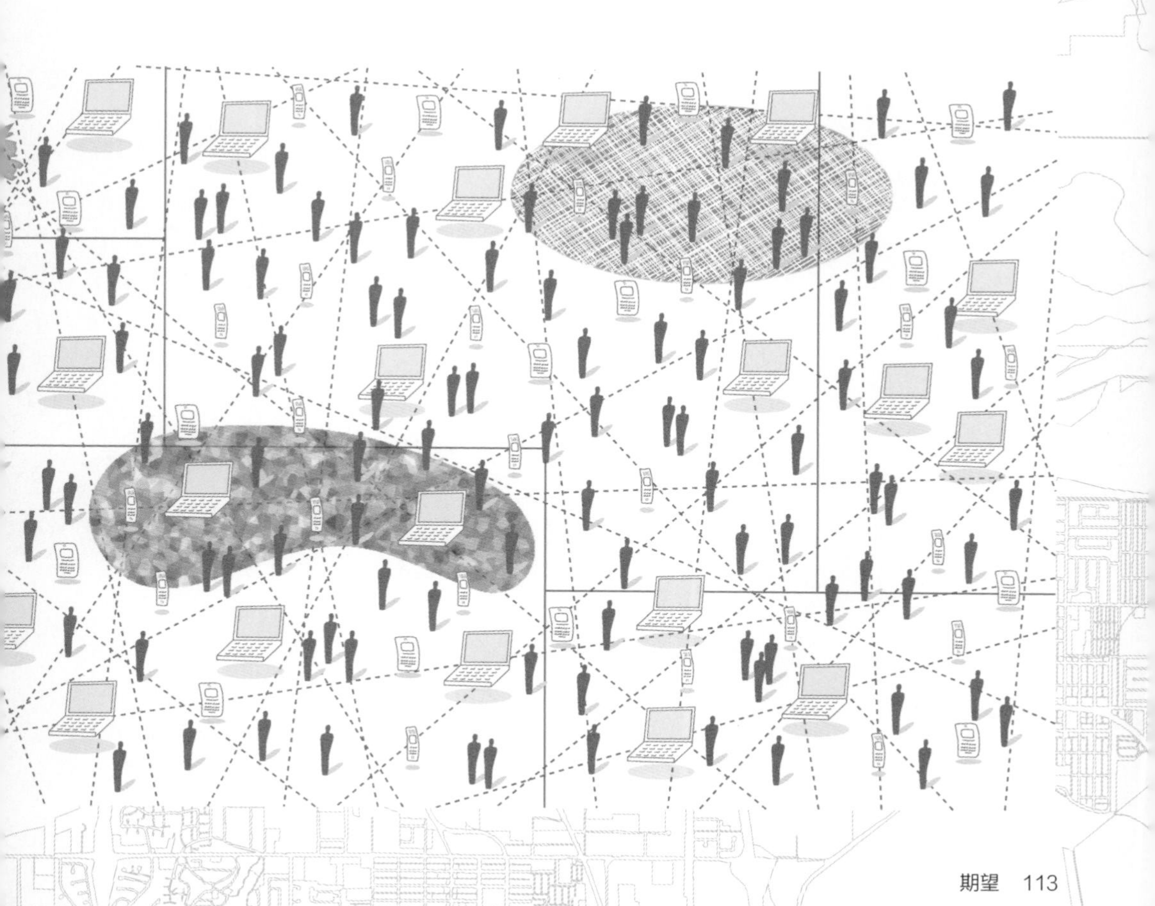

微弱的作品：安德里亚·布兰兹（Andrea Branzi）的“微弱的都市”和“生态都市学”理念中所投射出的潜力

查尔斯·瓦尔德海姆（Charles Waldheim）

莫森·莫斯塔法维（Mohsen Mostafavi）在生态都市主义会议的介绍中将生态都市主义描述为：对景观都市主义的另一种说法的批判与延续。生态都市主义提出（正是在景观都市主义于10年前提出之际）要将涵盖了环境与生态概念的现有当代城市思想汇总起来，并且为了描绘城市的这些状态而拓展传统专业与学科的框架。作为景观都市主义议程的批判，生态都市主义承诺将就当代城市的生态、经济和社会条件过时的论述进行专门的修改。

莫斯塔法维的介绍阐释了生态都市主义在迎合别样的未来情形的设计规则时所投射出的潜力。他进一步指出，那些可供选择的未来可能会将我们置身于各种各样的“分歧空间”中。这些分歧空间是横跨构成城市研究的学科范畴与专业领域的。任何现代的对这些学科框架的考察都会使人意识到当代城市的挑战极少涉及传统的专业界限。这项领悟使我们回想起罗兰·巴特斯（Roland Barthes），他在论述语言和时尚在跨学科知识中所扮演的各色角色时，用下述的定理表述道：

> 跨学科性并不是一种轻松安全的平静，当旧学科之间的联盟被打破，一切都变得高效起来，或许应该再暴力一些，通过时尚的冲击，一切都是为了新目标与新语言的利益。[1]

在阅读生态都市主义提议所提出的新语言时可以体味到，最近的哈佛会议关于这个议题所拟定的标题传达出了同样的意思：“未来的可选择之城与可持续之城”。这种（词语的）构建意味着面对当代都市形态时，我们遭遇到了语言学的死胡同，这个死胡同是源于在批判性的文化关联与环境性的生存之间，我们所做出的错误选择。会议的题目与副标题都进一步地说明了一种错误的学科界限，这个学科界限就在于，当我们在描述当代条件下的城市文化时有两种方式，一是对可持续性日臻成熟的论述，二是在长期传统中我们使用城市项目来代为表达，这两种方式究竟哪个更合时宜。

这项阅读暗示出生态都市主义可能会使在政治、社会、文化和批判性潜力方面的可持续性讨论复苏起来，这些话题之前都被绞尽脑汁地探讨过。这项转变对于正在经历领域内深刻的分崩离析的设计范畴是尤其合适的，因为之前在领域内是反对健康与设计文化的。这种历史上的反抗催生了一种当代的情形，那就是很多人都认为生态功能、社会公正和文化程度，这三者之间是相互排斥的。这种考虑上的分离将我们导向了一种设计文化正在非政治化，并且也远离了城市生活的经验性与客观性条件的境地。与此同时，对环境修复、生态健康和多样性越来越高的呼声说明了在重新构想城市未来方面的潜力。作为智力评论与实践评论分离的结果，我们被胁迫去在不同的城市范例中做出选择，每一种都是或支持环境健康，或支持社会公

安德里亚·布兰兹（Andrea Branzi）等人，荷兰菲利普公司的总规划图，艾恩德霍文（Eindhoven），模型意向图（1999－2000）

正，或支持文化相关性的排外途径。

霍米·K. 巴巴（Homi K. Bhabha）在会议上发表了他演讲的主旨，即在现实情况下生态都市主义的项目框架，他论证到，“我们总是太早或是太晚谈及未来的城市。”为了证实他的论证，他将生态都市主义定位为现代化进程中不正式的生态与不间断的生态之间的繁复杂糅的方言。巴巴坚持说一项事物总是与过去的问题共同起作用，但是这些问题在新兴的当代语境下就显得有所不同。因此巴巴坚持说生态都市主义的项目就是一项“投射想象的工作”。[2]

在这些条件下，作为投射想象的工作，安德里亚·布兰兹的城市项目可能会与对生态都市主义的新兴论述有关系。布兰兹的工作唤醒了将城市项目用作社会与文化批判这一悠久的传统。这种形式的城市规划不是简单的图解或是“设想”，更是一种非神化的升华与一种对我们现有城市困境的展示。从这个层面来讲，人们可以看出布兰兹的城市作品中所呈现的未来世界没有那么乌托邦化，他的作品针对权力结构、权威力量，在当代条件下塑造城市这一现状，做出了一种充满批判性和政治识别度的轮廓刻画。在过去的40年里，放任自流的城市发展和权利政治对太多城市设计与规划的消费，造成了社会、文化和智力上的贫瘠，布兰兹用自己的工作与项目对以上现象进行了详尽持续的批判。布兰兹的工作建议将都市主义当成一种面对当代城市衰微的现象时的，一种环境上的、经济上的和审美上的批判。

布兰兹在佛罗伦萨出生并接受教育，他在歌剧创作与表演文化的环境和马克思批判学术传统的熏陶下学习了建筑学，这种氛围可以通过他将思索性的城市提议当作一种文化批判的事实中得

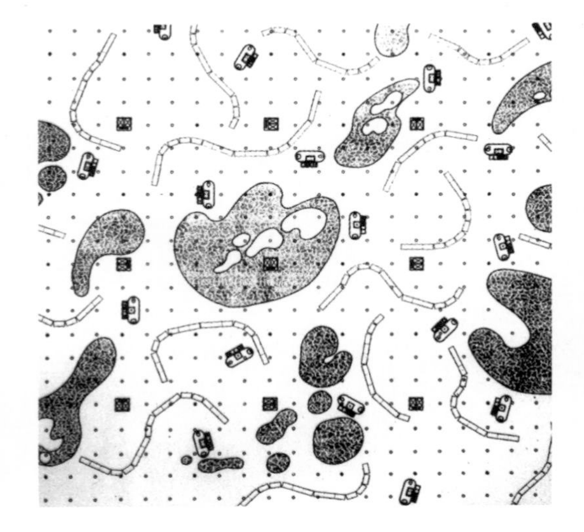

阿基佐姆事务所（Archizoom Assoiciati）“永不停歇的城市”（1968－1971）

皮尔·维托利奥·奥雷利和马尔蒂诺·塔塔罗／教条，“停歇的城市”航拍图（2008）

典型性规划，森林冠缘图（2008）

到印证。布兰兹第一次进入国际视野是作为阿基佐姆事务所（在20世纪60年代中期）的一员，这个事务在米兰成立但却与佛罗伦萨建筑激进运动联系深厚。事务所的项目和竞赛作品——“永不停歇的城市”（1968-1971）描绘了都市中持续的机动性、流动性和变迁性。“永不停歇的城市”遭受到了来自不列颠建筑图像派技术爱好者同盟的某种程度上的讽刺，它被看作是一种没有品质的都市，代表了“零度”城市化的状态。[3]

事务所用打字机在A4纸上敲击键盘打出墨点，代表了一种毫不具象化的对“永不停歇的城市”的规划研究，这也说明了对城市进行索引化和参数化之后所呈现的当代利益。他们的工作预测了对当代大都市不断变动的水平平面状态描述的时下关注度，这些当代大都市都是作为由强烈的经济流和生态流构成的表面而存在的。同样，这些图绘与他们的文本也指明了当下对基础设施与生态的研究，基础设施与生态都是引导城市形态的非具象性因素。正因如此，当代城市学者应该在布兰兹的知识性发言中汲取一些营养。这些具有影响力的多样性名单罗列的范围从斯坦·阿伦（Stan Allen）和詹姆斯·柯纳（James Corner）对领域状态的兴趣，跨越到艾历克斯·沃尔（Alex Wall）和亚历杭德罗·塞拉·保罗（Alejandro Zaera Polo）对逻辑的担忧。[4]近期，皮尔·维托利奥·奥雷利（Pier Vittorio Aureli）和马尔蒂诺·塔塔罗（Martino Tattara）的“停歇的城市”项目，也是参照了布兰兹将非具象城市项目当成一种社会性和政治性批判的方式。[5]布兰兹的项目同样也能为建筑文化与城市主义的多样性话题提供参考，这些话题包含了动物性、不确定性和广泛性等一系列领域的范畴。

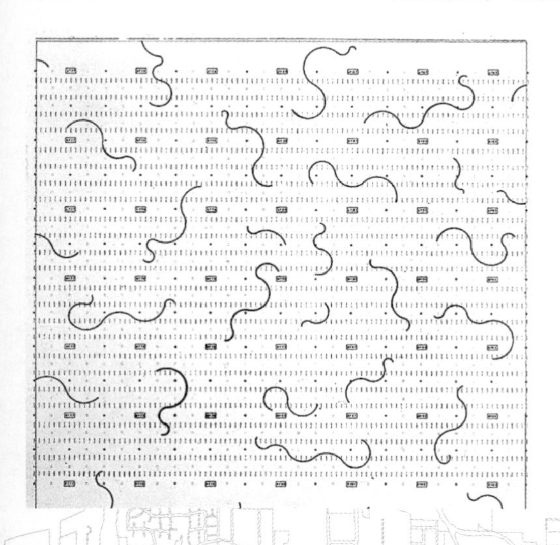

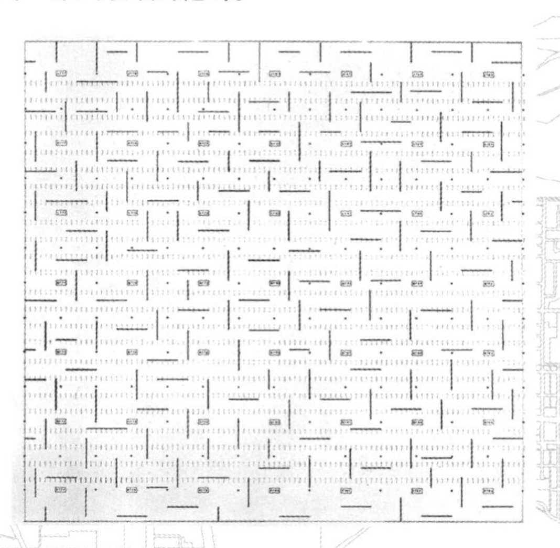

作为一个有意为之的“非具象性”都市主义，“永不停歇的城市”更新并扰断了非具象城市项目作为社会学批判的一种根深蒂固的传统。从这方面来说，布兰兹的“永不停歇的城市”参考了城市规划项目与路德维格·希尔伯森莫（Ludwig Hilberseimer）的理论，尤其是希尔伯森莫“新地域形式”理论和最初的生态都市主义的项目构想。[6]

并非巧合的是，布兰兹和希尔伯森莫都将城市比做由相关力与相关流所构成的持续系统，而反对将城市比作一种物体集合的想法。在这个角度，希尔伯森莫理论的持续复原与布兰兹对当代都市主义探讨的中肯更新，使得他们的工作对于生态都市主义的讨论颇具重要意义。布兰兹为第二次世界大战后的现代化规划贡献了社会性与环境性灵感，并在1968年第一次出于政治性目的，为那些以英语为母语的受众提供了作品，这使他一跃成为一个关键性人物，并且占据了独一无二的历史地位。正是因为如此，他的作品尤其适合为新兴的生态都市主义的探讨播撒一线曙光。

布兰兹在1993年和1994年的阿格罗尼卡（Agronica）项目中重拾了自己的兴趣，他的兴趣点就是资本如何在领域内的薄弱组织间不断地水平向传播。除此之外，新自由主义的经济典范担负起了“微弱的城市化”这一结果。阿格罗尼克这一项目展示了农业与能源生产之间并行不悖的潜力，这是一种后福特主义工业经济的新样本，并且创建了文化消费。[7]就在2000年1月，布兰兹和住宅协会（一个成立于1980年的研究所机构）在艾恩德霍文（Eindhoven）实施了飞利浦项目。这些项目都重温了布兰兹所有作品的重复主题中所显现的智慧与精髓，描绘出了一个“新经济领域”。[8]

布兰兹在生态都市主义会议上提出的措施是非常及时的，随后就是安德鲁·丹尼（Andrés Duany）的演讲。在这次生态

路德维格·希尔伯森莫和埃菲尔德·格兰德维尔（Alfred Caldwell），商业区与居住单元的鸟瞰图（1943）

路德维格·希尔伯森莫，“景观中的城市”（1943）

都市主义的议程中，人们能够发现从布兰兹到安德鲁，他们在文化与专业之间的跨度是蔚为可观的，他们将经常被提及的、关于当代都市主义争论的、相对狭义的界限也都考虑在内。布兰兹对这次会议的最大贡献就是对“微弱的工作”进行的最深刻解读，并且这个解读主旨的演讲是以超现实视频著称的，除此之外，它还结合了帕蒂·史密斯（Patti Smith）的音轨。这种蒙太奇手法对40年以来的所有城市项目种类做出了视觉上的展示，同时宣称“微弱的工作”是环境与文化相关性建立的媒介。在布兰兹预先精心准备的多媒体混合展示的前言过后，他为这次会议准备了一个简短的介绍［是用意大利语进行的演说，由尼科莱特·莫罗齐（Nicoletta Morozzi）进行了即兴翻译］，在介绍中他提出了面向“后环境主义”的七项建议。[9]这些要点简明扼要地构建了布兰兹长期以来所呼吁的、将当代都市主义当做潜力领域的理念，这种理念是由微弱的力量和自发节目性的爆发所形成的。布兰兹的七项建议（本次再版时为“新雅典宪章”）提供了一套超现实的非线性提议，并同时解释和纪念了当代城市的衰败。

布兰兹的“微弱的工作”保持了与几代城市学者的联系。他持之以恒地强调微弱城市形态与非具象领域的发展，并且已经影响了那些10年前就细细思索景观都市主义的人们的思维。同样的，布兰兹那投射性的、争辩性的城市提议很有可能向与日俱增的对生态都市主义的理解投去曙光，并且他的项目也激发了对学科与专业进行重新配置的潜力，这同样也为描绘当代城市承担起了一份职责。

安德里亚·布兰兹等人，“阿格罗尼卡” 模型意向图（1993—1994）

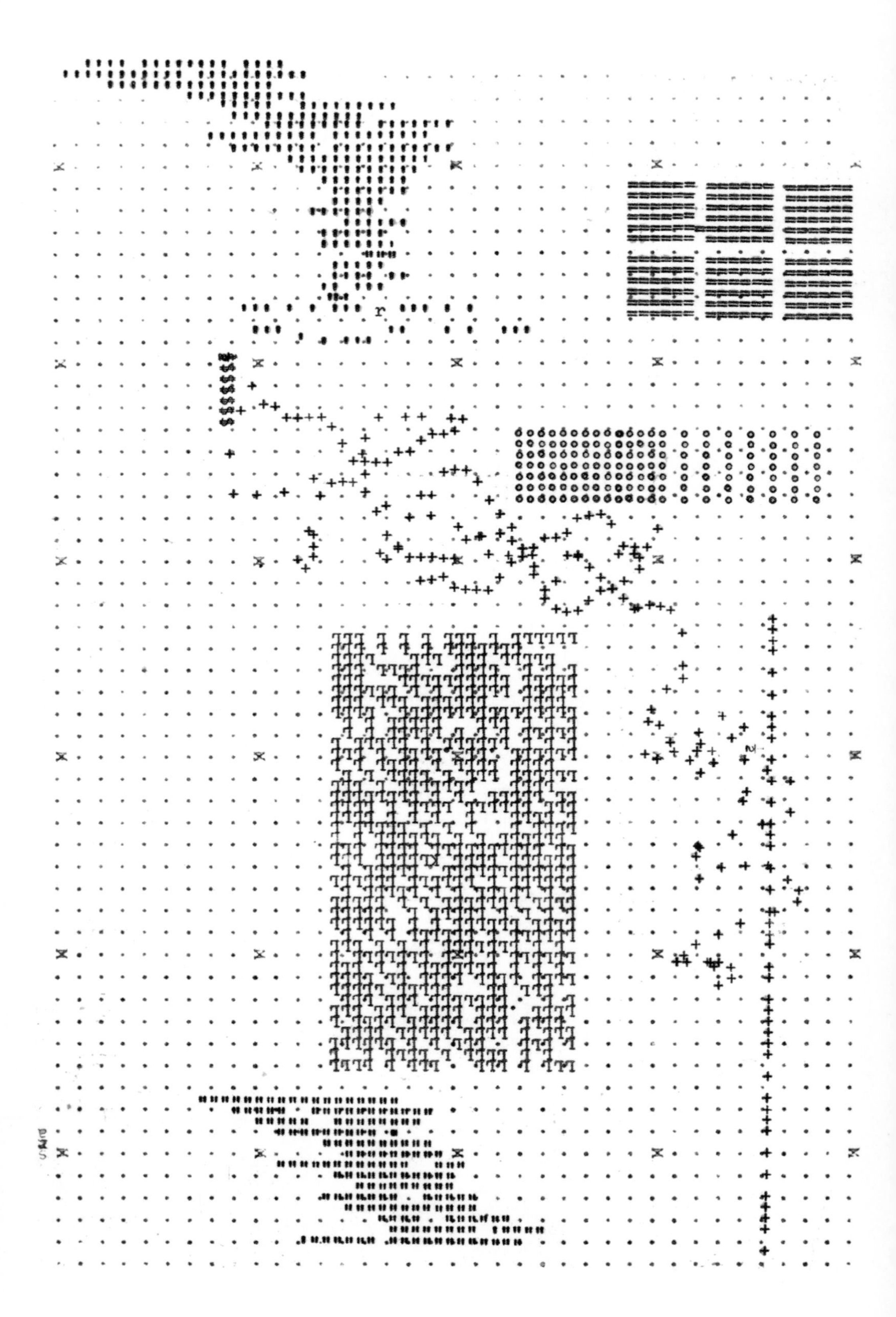

阿基佐姆事务所，“永不停歇的城市”（1968—1971）（上页图）

注释：

1.罗兰·巴特（Roland Barthes），《从工作到文本》（*From Work to Text*）中的《想象音乐》（*Image Music Text*）一书，斯蒂芬·希思（Stephen Heath）译，纽约：山和王出版社，1977，155。

2.霍米·k. 巴巴（Homi k. Bhabha）、雷姆·库哈斯（Rem Koolhaas）和桑福德·克温特（Sanford Kwinter），《主旨（脚注）》生态都市主义会议，哈佛大学设计学院，2009年4月3日。

3.阿基佐姆事务所（Archizoom Associates），《永不停歇的城市，居住者的停歇场，全球气候系统》（*No-Stop City. Residential Parkings. Climatic Universal Sistem Domu*），杂志，496期，1971年3月49-55；对布兰兹所作项目的反思，参见《存在的乌托邦：建筑界的挑衅》（*Exit Utopia: Architectural Provocations*）中的《对永不停歇的城市的注解：阿基佐姆事务所1969 - 1972》一书，马丁·梵·斯海克（Martin van Schaik）和奥塔卡尔·马塞尔（Otakar Macel）编，慕尼黑：快速电话出版社，2005，177-182；当代建筑文化与城市理论相关项目的奖学金，参见卡济斯·瓦纳瓦斯（Kazys Varnelis）的文章《项目之后的项目进行时：阿基佐姆事务所的永不停歇的城市》（*Programing after Program: Archizoom's No-Stop City*），实践杂志，第8卷，2006年5月，82-91。

4.学科领域条件与当代都市主义，参见詹姆斯·科纳（James Corner）《绘图》中《绘图的中介：预测、批判和发明》（*The Agency of Mapping: Speculation, Critique andInvention*）一书，丹尼斯·科斯格罗夫（Denis Cosgrove）编，伦敦：瑞克顿书业，1999：213-300；斯坦·阿伦（Stan Allen）《案例：勒·柯布西耶的维纳斯酒店和集结建筑的重生》（*CASE: Le Corbusier's Venice Hospital and the Mat Building*）中《集结都市主义：二维的厚度》（*Mat Urbanism: The Thick 2-D*）一书，哈希姆·萨尔基斯（Hashim Sarkis）编，慕尼黑：快速电话出版社，2001，118-126。逻辑与当代都市主义，参见苏珊·尼古拉·辛德（Susan Nigra Snyder）和艾历克斯·沃尔（Alex Wall）《运动与逻辑中诞生的景观》（*Emerging Landscape of Movement and Logistics*），建筑设计姿态杂志，第134卷，1998；16-21；亚历杭德罗·萨拉·保罗（Alejandro Zaera Polo）《混乱中的秩序》（*Order Out of Chaos: The Material Organization*），建筑设计姿态杂志，第108卷，1994，24-29。

5.参见皮尔·维托利奥·奥雷利（Pier Vittorio Aureli）和马尔蒂诺·塔塔罗（Martino Tattara）《建筑作为框架：城市的项目和新自由的危机》（*Architecture as Framework: The Project of the City and the Crisis of Neoliberalism*），新地理杂志，第1卷，2009，38-51。

6.路德维希·海伯森默（Ludwig Hilberseimer），《新地域形式：工业与花园，工作室和农田》（*The New Regional Pattern: Industries and Gardens, Workshop and farmers*），芝加哥：保罗·西尔伯格出版社，1949。

7.安德里亚·布兰兹（Andrea Branzi），D. 多内加尼（D. Donegani），A. 彼得里洛（A. Petrillo）和C. 雷蒙多（C. Raimondo），《坚固的一边》（*The solid side*）中《象征性的大都市：阿格罗尼克》（*Symbiotic Metropolis: Agronica*）一书，埃西奥·曼兹尼（Ezio Manzini）、马克·苏珊妮（Marco Susani）编，荷兰：V+K出版业/菲利普，1995，101-120。

8.安德里亚·布兰兹（AndreaBranzi），《对一项总体规划的最本初注解》（*Preliminary Notes for a master plan*）和《荷兰菲利普公司的总规图，艾恩德霍文，1999》lotus杂志，第107卷，2000，110-123。

9.安德里亚·布兰兹（Andrea Branzi），生态都市主义会议，哈佛大学设计学院，2009年4月。

安德里亚·布兰兹等人，荷兰菲利普公司的总规图，艾恩德霍文（Eindhoven），模型意向图（1999—2000）

从“可持续”到“可持续力”

JDS建筑事务所（JDS Architects）

存在一个定义上的问题：“绿色”和“可持续性”是被用来命名对这个时代最紧迫的问题的解决之道，然而其含义正危险地变得模糊和不确定。可持续建筑既无所不在又并不存在。

存在一个好不好的问题：“绿色”和“可持续性”现有的形式使得建筑沦为一个任务而非一种渴望。可持续性作为绿色像素的衍生被认为是好的，然而对于它采取精心的、刻意的或激情的立场却被认为是不合适的。

存在一个追求上的问题：“绿色”和“可持续性”已经被编码化、商品化和规格化了。规定好的清单伪装成了设计原则。传承的本质内容显得僵化，而零碎的解决方案只能带来暂时的修复。

作为年轻一代的建筑师，我们必须充满激情地去接纳一切关于可持续性的新鲜想法，质疑传承的教条，开辟新的道路。我们不再对最新的一次性LEED金级认证建筑感到新奇。我们从本质上整合可持续性原则，将历史验证的经验与新鲜热切的创造力相结合，去开辟一条新的道路，通向更具生态性的建筑。我们是第一代在所受教育中包含可持续性内容的建筑师，也许在不久的未来将被称做“后可持续性”的一代。我们认为建筑师应当将重点从“可持续”转向“持续力”，摒弃当今太多“可持续性”设计中模糊、谬误、折中的特质，转而寻求一种刺激，来激励我们转向对精确、美丽和系统化的追求。

深圳天空之城（Logistic City）是一座摩天大楼，它代表了密集的、多样化的垂直城市空间。不同于大多数的摩天楼，JDS的方案中，它同时是高且密的、内部且外部的、城市且乡村的、公共且私人的、砂石且绿色的。它的巨大感既可以从远处获得，也可以从内部获得。

40 年以后——回到月下地球

布鲁诺·拉图尔（Bruno Latour）

哥伦比亚航天飞机执行STS-107号飞行任务发射向太空。伴随着精确的倒数计时，于美国东部标准时间2003年1月16日上午10:39发射。计划于2003年2月1日星期六上午9:16着陆

它们看起来如此古怪，那个40年前被称做航天飞机的东西！回头看看那临时的组装体多像某次一时兴起的野餐剩下的再利用铝箔包裹的腌牛肉罐。在1969年那个荣耀的夏天，作为一个年轻人，我盯着黑白电视中的夜空如此感动。如今我们不再像从前一样看待它们，例如，“布莱里奥11号”现在非常怪异地悬挂在罗马式教堂某个房间的天花板上，那是巴黎的一个科技博物馆。在路易斯·布莱里奥（Louis Bleriot）飞渡海峡（1909年7月25日）整整一个世纪之后，我们中的很多人安全地坐在巨鲸一样的波音飞机或喷气式飞机的机舱中，惊奇于这个小小的种子如何发展为日后宏伟的航空事业。然而至今为止，这类临时航天飞机的事件再也没有发生过。尽管很明显布莱里奥11号是当今飞机的鼻祖，但阿波罗任务却不再被视为任何旅行类型的先驱。这看起来很奇怪，但有点类似于那些没有结果的巴洛克冒险遗迹，像一个僵局。提起登上月球的人，比起布莱里奥，更让我联想到维尔纳·赫尔佐格（Werner Herzog）电影中的英雄，如同尼尔·阿姆斯特朗（Neil Amstrong）和更接近的阿奎尔（Aguirre）或菲茨卡拉多（Fitzcarraldo），但他们都迷失在永无尽头的梦的森林。为什么他们被称作“征服宇宙的先驱者”？你能够把那些没有任何追随者的人叫做先驱吗？如果已经到了永不适合任何生物居住的荒漠边缘，哪里还有新边疆呢？

我能够这样想象吗？40年前，阿波罗任务没有将我们引领向太空，相反，它始料未及地将我们的注意力引向了内部空间。我指的是宇航员们以如此精度拍摄的蓝色星球上的空间。我们同时认识到空间是需要争夺的领土。很难想象在一生这么短的一段跨度中，“时间的箭”如此彻底地改变它的形状和方向。它不再是一个对准某些公认终点的箭头，而更像是一盘意大利面条，在周围弯曲而不引导向某个方向或某个顶点，即使你把它做得“有嚼劲”。这么多男子气概的空间冒险想象：向前！向前！不如让我们回到地球。然后发现什么？地球差不多

和那个地球的微缩模型——空间站一样脆弱。美国国家航空航天局花几十亿美金去给这个纯粹的比喻增加一些分量：地球像一个宇宙飞船，而且还是一个临时的。

发现什么？这不是一个好的比喻，因为甚至连“阿波罗13号”的成员也可以回电地球，但假如有一天地球上的众生惊恐地呼叫：“休斯敦，我们有麻烦了”，谁将回电给他们呢？据我所知，地球没有一个能够支持我们的参谋，去冷静有力地建议我们怎样去解决我们的小问题，并告诉我们如何净化我们“航天器”大气里的二氧化碳，就像美国宇航局的工程师对待阿波罗13号的迷茫船员一样，而这些船员曾排练过每一种着陆地球的姿势。即使是上帝、守护神和天使拿起电话，我也怀疑他们是否知道怎样解决我们的二氧化碳问题。假如他们知道，我们该如何理解他们温和的神谕呢？不管怎样，假如我们能听见他们的声音，他们也可能会提议其他的解决方法、其他的问题和其他的任务，“任务中止；抱歉，我们建议你们返航”。在路易斯·布莱里奥特和尼尔·阿姆斯特朗之间的60年里，时空可能比自阿波罗任务以来的40年更稳定。没有什么看起来是相同的，空间不同，时间也是不同的。现在的空间是一个高度城

佛罗里达州肯尼迪航天中心：哥伦比亚大学的重建项目团队正试图重建轨道飞行器来作为调查的一部分，探究造成哥伦比亚号的破坏和返航时船员损失的事故原因

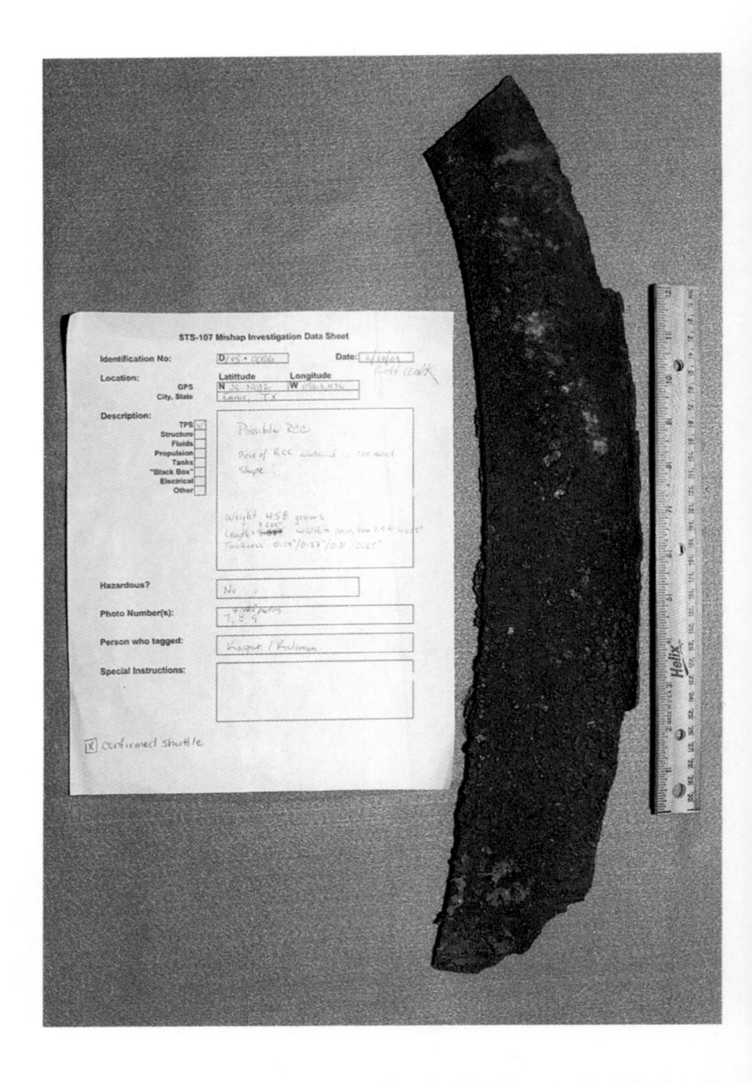

市化的地球，我们彻底看穿了它的脆弱性并且必须开始对它进行彻底的设计或者说再设计。至于时间，它不再是一个射向前方的箭并且允许我们模糊地区分进步和倒退、保守和革新。这种为事物分类的梦想也走向了死路。

时间不仅在流逝，它流逝的方式也彻底改变了。我们在这儿需要创造一点世界史，当它们离开卡纳维拉尔角（Cape Canaveral），飞船从地球离开，飞往一个差不多大的天体——月球。记住那时我们居住于伽利略的宇宙，记住（我们必须努力，因为它在时间上很近，在精神上却很远）伽利略向他惊愕的同事展示月球下面与月球上面没有区别。多么令人震惊。但是如今，40年后，当我们目睹火箭离开卡纳维拉尔角，它不再是从“伽利略的地球”飞往“伽利略的火星”或者“伽利略的月球”，它从盖娅（Gaia）出发！多么令人震惊：在“盖娅”和“伽利略的地球”之间的差异可能和伽利略、笛卡儿或者牛顿的地球和他们推翻的“亚里士多德的地球”间的差异一样多（或者像众所周知的故事版本里所描述的那样）。我们已经艰难地认识到两方面没有太大关系，一方面是卡纳维拉尔角、太空船、伽利略月球和地球的想象世界，另一方面是盖娅。他们当然都是真实的，但不是编织于同样的困难和严峻的现实。这几个世纪以来的地球都是一个和“月上球体”（supar-lunar sphere）完全不同的“月下球体”（sub-lunar sphere），如今已经再次成为一个和月球、“月上球体”完全不同的“月下球体”的存在，这多么相悖！这在历史之中是多么大的难题！欢迎来到16世纪。

当然，一切也都不同于那个时代。盖娅不仅仅是一个前伽利略宇宙的回归。没有什么是背离现代主义的，并且一切还都是新的。为了重建建筑师、城市规划师（地球计划者）、设计师、社会科学家、活动者和现在无意中负责这个地球的公民的想象力，没有回到过去的方法，没有能指导我们解决问题的过去，没有帮助的平台，休斯敦没有准备好的能胜任的人，也没有神或天使。在没有现代宇宙益处的情况下，那些离开现代主义的卡纳维拉尔角的人必须更新一切。他们不得不居住于一个全新的地方，一个就像不同于40年前的神圣宇宙一样不同的宇宙。他们将在哪里学习新的技能？

合作1

一方面，很明显我们需要在专业和教条的条框之外去工作，然而另一方面，这样做并不容易。合作的努力常常被语言和术语的差异所阻碍，更不用说思考和工作方式的差异。这些短文由哈佛大学不同学院的教授所写，不仅强调了生态方法的相似手段，同时也包括他们的差异所在。例如，吉莉安娜·布鲁诺（Giuliana Bruno）讨论了视觉艺术和生态都市主义的关系，详细分析了冰岛艺术家卡特琳·西格达多提尔（Katrin Sigurdardóttir）的作品。布鲁诺认为她的实践证明了生态都市主义“是一种精神生活的产物，并由精神力量和移情作用所驱动。”维丽娜·安德马特·康丽（Verena Andermatt Conley）解析了费利克斯·伽塔利（Félix Guattari）的《三重生态》（*Three Ecologies*），而利兰·D. 科特（Leland D. Cott）讨论了城市中的再利用，伽塔利把它称为“转换”。劳伦斯·布伊尔（Lawrence Buell）称生态都市主义是一个有关城市的隐喻；普雷斯顿·斯科特·科恩（Preston Scott Cohen）和埃里卡·巴金斯基（Erika Naginski）以建筑理论研究自然场所；同时，丽萨贝斯·科恩（Lizabeth Cohen）提醒我们“可持续城市主义不应该意味着为富有白人建立绿色城市”。玛格丽特·克劳福德（Margaret Crawford）的文章论证了分散的都市形态，结合农业和园艺，创造出了一种完全不同于以前标准的城市模型。

艺术实地考察

吉莉安娜·布鲁诺（Giuliana Bruno）

生态都市主义和作为城市隐喻

劳伦斯·布伊尔（Lawrence Buell）

绿色城市中的黑人与白人

丽萨贝斯·科恩（Lizabeth Cohen）

自然的回归

普雷斯顿·斯科特·科恩（Preston Scott Cohen） 埃里卡·巴金斯基（Erika Naginski）

都市生态实践：费利克斯·伽塔利（Flix Guattari）的《三重生态》（*Three Ecologies*）

维丽娜·安德马特·康丽（Verena Andermatt Conley）

更新城市

利兰·D. 科特（Leland D. Cott）

生产性城市环境

玛格丽特·克劳福德（Margaret Crawford）

艺术实地考察

吉莉安娜·布鲁诺（Giuliana Bruno）

作为广泛的文化现象，生态都市主义远远超出了建筑、景观、城市规划和设计的范围，并且与视觉艺术极其相关联。它的愿景、方法、想象模型可以有力地以艺术作品的形式生成。

冰岛艺术家卡特琳·西格达多提尔（Katrin Sigurdardóttir）创造了独特的建筑模型，它的内部构造就涉及了这样一种积极的实地考察。她制作了一种被观察者的运动所激发的触觉环境装置，并反过来通过想象激活空间。例如，作品《无题》（Untitled）（2004年）中有一面很长的锯齿状墙，非常专业地模拟了北欧海岸线，进入博物馆的参观者可以通过装置间的漫步进行充满想象的参观。这个大型建筑结构看起来像是自我折叠起来，却为我们展开了一幅遥远景观的画卷。自然与文化在这里交融，正如作品《岛》（Island）（2003年），它形似一个微缩的岛，在不同的雕塑尺度上达到了与前者相同的效果。在两件作品中，这种充满想象的建筑穿越形式使得不同的居住体验能够以创造性的地理形式展现。

卡特琳·西格达多提尔的作品提醒我们，作为空间的产物，生态都市主义是一个复杂的现象，它感知、具象的方面不能与功能使用分割。她创造了一个具象的空间，这个空间被概念性地使用，也被感知性地居住。她的空间显示着生活的痕迹，例如作品《零散物》（Odd Lots）（2005年）中，7个运输箱充满想象地包含了一个纽约邻里单元的部分片段。这些离散的城市居住单元能够旅行：每个货箱都可能被单独运输，在不同的位置找到它们的家，并且以过境单据作为旅行的证明。当这些货箱在一起时，它们组成了一个都市景观，带着它们包含住所的所有可能的旅途，进而展现出复合图像，这个图像正好构成了生态都市主义的建筑想象复合体。卡特琳·西格达多提尔告诉我们城市的图像事实上是一个内部移动的组合体：我们其实生活在我们携带的心理地图之中。这种城市肌理，在《零散物》中物化，并在作品《拖》（Haul）（2005年）中进一步变得朴实，后者包括11个运输箱，共同组成一个自然景观的复合图像。位移和聚合发生在这个艺术家的地图上，她对场地的想象性穿越将潜意识材料编织到作品中，并包裹住记忆的构造。有关回忆的工作展现在作品《绿色家园》（Green Grass of Home）（1997年）中，一个旅行箱或工具箱中包含了许多折叠出

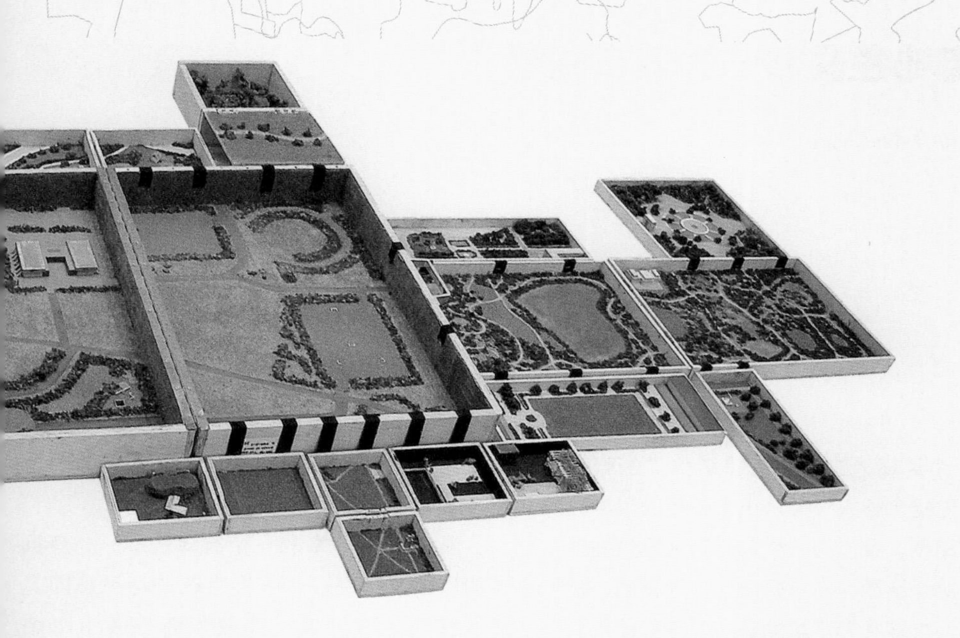

的小隔间。当我们打开这个特殊的旅行箱时，记忆的行李就被展开了。每个隔间包含一个公园或景观，它们是她在不同城市居住时住所附近的景观。这个复合的记忆景观将我们从雷克雅维克（Reykjavik）带到纽约、旧金山和伯克利。这记忆的旅行箱被一位旅行中的艺术家所创造并发挥着移动工作室的功能，作为她的行李，携带着她的住所同她一起旅行。

旅行箱的内部是一个外部的景观，反过来又包含着内心世界的特点。因此，生活空间的内心地图被构造为折叠形式——一种将内部转为外部的结构。在这个女艺术家的作品中，内部和外部表现为相同构造的两面，我们还体验了双面肌理中的反转类型，这之中内部和外部不是不同的而是可交换的。她的装置老旧得仿佛建筑可以变成纺织品，当一个空间穿着双面的布料，那么一切里面的就都可以翻到外面，反之亦然。这种将内部空间转为外部的方式在作品《二楼》（2nd Floor）（2003年）中重现，大型折叠景观的另一个版本出现在《无题》中，并让人想起微缩模型《岛》。同样的反转逻辑也在这个作品中出现，艺术家在纽约的公寓走廊形状被扭曲成冰岛河床的地图轮廓，从而连接起原居地与所选住所的都市生活。

由于生活空间的移居记忆与生态都市主义建筑想象的肌理结构结合在了一起，生成的建筑肌理展开自己的双面构造。这种文化景观展示了它的内部面貌，因为它在很多地方流露出一丝那些居住其中的旅者的记忆、关注和想象，而他们曾在不同时间穿越它。由于这些艺术环境承载着观者对空间的情感回应，因此能够将观者包含到他们的地理精神设计中，并引导观者叙述自己的故事，就像卡特琳·西格达多提尔在作品《模范、模型》（Fyrirmynd/Model）（1998—2000年）表现的那样。仍旧是内部与外部的反转，一个微缩的高速公路映射出我们对感知产生情感反应时大脑中活跃的神经通路图形。由于她把生活空间的结构通过折叠、反转的路径变得可感知，因而展示出了建筑构造的精神质地，并证明了作为一种建筑想象，生态都市主义是一种精神生活的产物，并由精神力量和移情作用所驱动。

生态都市主义和作为城市隐喻

劳伦斯·布伊尔（Lawrence Buell）

与一个环境人文主义者去讨论“生态都市主义”无疑会给人一种从正常主题的极其边缘开始的印象。我作为一个非常有兴趣的局外人去讨论这个话题，非常好奇这个闪亮的、暗示性的，但之前并不了解的题目意味着什么。作为一个“生态批评家”——一个研究文学和艺术论述及表现的人，我立刻想到从隐喻的角度思考。许多主要意向被认为有可能作为镜头来设想生态都市主义成为或可能成为的某种社会。它被认为是一个议程？一所学校？一种联结？一段对话？一个市场？也许所有这些，包括其他的隐喻都在某种程度上适用。然而鼓吹者更希望去定义他们的项目，隐喻无疑会在塑造、交流、接纳什么才能被算作生态都市主义的过程中发挥关键却不醒目的作用。

我这方面的信心一部分来源于对长期的城市化实践的认识，对城市空间中建筑和自然关系的包装更普遍地依靠隐喻来完成。纵观以文学或其他方式来描述城市空间的历史，我们发现了一个“定义性”隐喻的聚宝盆，各种各样的比喻被用于这个目的，一些出自近期的铸造，一些已流传了千年。它们包括——并非穷尽所有可能——城市自然作为二进制、整体的宏观有机体、重写本、片段（无论从裂隙区的意义上说，还是作为整体的空间结构序列）、网络、扩张、天启（城市作为最终乌托邦或反乌托邦的栖居模式）。所有这些由于理解了环境重要性和城市化生存体验，都可以说具有启发性的优点和缺点。

我在这里想举的一个具体例子——有机体的比喻。这是一个长期存在的诗意意向。浪漫主义诗人威廉·华兹华斯（William Wordsworth）描绘自己黎明时站在伦敦的威斯敏斯特大桥（Westminster Bridge）上，想象着伦敦的“宏大的心脏”“歇息”在田园般的宁静景象之下（“大地再没有比这儿更美的风貌”）。他的后继者美国人沃尔特·惠特曼（Walt Whitman）运用拟人的手法写道“有着百万只脚的曼哈顿”。詹姆斯·乔伊斯（James Joyce）在《芬尼根的守灵夜》（*Finnegans Wake*）中将都柏林描写为一个原始土地和河神汉弗莱·希普登·伊厄威克（Humphry Chimpden Earwicker）与安娜·丽维雅·普拉贝尔（Anna Livia Plurabelle）的组合神话。这些城市的“拟人”手法在城市设计自身的历史和理论中有着更长久的延续性。文化历史学家理查德·桑内特（Richard Sennett）认为，城市中“空间形式很大程度上来自人们体验自己身体的方式”，在他的《肉体与石头》（*Flesh and Stone*）中，作者从古代的雅典城邦理论到当今碎片化多元文化的大都市来追溯这个猜想的联系，他称，在每一个阶段的建筑实践都被身体显与隐的先导策略所左右。文化理论家伊丽莎白·格罗茨（Elizabeth Grosz）说道，我认为很好的理由是将这个模型置于女性主义的批判之下，因为它过于刻意和目的论。她还认为环境和身体通过一种相互变化的方式“产生了彼此”。尽管这个反驳只不过进一步强调了肉体与城市的类比关系这一根本的想法。

就目前而言有机整体论语言渗透到城市规划习语中的频率之高更令人震惊，当景观师和规划师重复奥姆斯特德（Olmsted）的陈词滥调，称公园是“城市的肺”并把主要道路比做“动脉”；当城市工程师和环境分析家探讨“城市新陈代谢”和一个城市的“生态足迹”时，它并不是作为修辞，而是指定量检测出的现状。换句话说，无论是创造性的作家还是从事学术的人文主义者都没有像城市有机体比喻这样的垄断。相反，它似乎在乡土文化中有着更加普遍和持久的生命力，在广泛得令人震惊的专业词汇中也是同样的情况。

现在来回答“那又怎样”的问题。在各种环境中，对于城市有机体的隐喻的依赖带来了什么好处或坏处？一些显而易见的优势如下：首先，它提供了一个吸引人的、可达的方式去将城市场景作为一个统一的完全形态来考虑，城市能够将自己以动态而不是静止的方式呈现，以与人类居民于潜在中亲密、共生的形象呈现，而不是以不可控、不可测的异己形象呈现。作为“身体”的城市也有可能唤起和强化了一种集体认同的分享感。除此之外，它至少通过一种初步的方式传达出一种环境伦理、一种环境健康的伦理：认为城市应当像健康的身体一样运作。

所有这些并不是说城市有机体的比喻没有坏处。例如整体论导致向着某种巨型化，将个体淹没在人群中。围绕着城市身体作为整体的健康的同时意味着降低了你对组成部分的关注度（例如，当你开始考虑中央动脉时，穷人和他们的社区就尤其容易被忽略）。一个相关的但更加微妙的问题是我们很轻易地将有机体隐喻的两个重要部分分开并推向两极——身体和城市作为思维游戏，环境卫生作为迷恋——当建筑理论家多娜泰拉·玛祖琳妮（Donatella Mazzolini）把大都市写做“我们集体身体中宏伟梦境结构的具体化”，或者当作身体的城市被感觉到正遭遇异类病痛的袭击时，因此必须通过被人类学家阿尔让·阿帕杜莱（Arjun Appadurai）称做“城市清洁”的政权去清除令人厌恶的人类存在来战斗。

一个极简主义者对整体城市有机体隐喻的捍卫是，尽管它可能被滥用，但它的指导意义在于当被置于一种以自我意识为重的精神中时，它能为公民、规划师、各类有识之士提供指导性否定方法，戏剧化地表现实际中城市如何未能达到它应该是或曾经是的样子。例如，这是多数“生态足迹”分析的精神。

但是我不想听起来像一个城市有机体隐喻或者其他比喻的捍卫者。是的，隐喻同时拥有一种情感力量和一种有益聚焦的清晰，使人们能感觉并关注那些可能被忽略的东西。但是隐喻也会滑向、延伸和遭受滥用或者天真（或故意）的曲解。我的观点是，我们应该为两种情况都做好准备，因为我们不能避免他们。正如乔治·莱考夫（George Lakoff）和马克·约翰逊（Mark Johnson）等人在他们具有启发性的书《我们赖以生存的隐喻》（*Metaphors We Live By*）中指出的那样，不管我们是不是正式的人文学者，我们远远超乎自己想象地依靠隐喻。我的论文合作者在他的论文中含蓄地证实了这一点。我很兴奋我看到的即使不是所有，但至少大多数我在开始提到的隐喻已在不同地方中嵌入其中——尤其是城市——自然作为二进制、网络、天启。相同的情况肯定适用于正在哈佛大学设计学院展开的生态都市主义项目。隐喻应被视为一个必要的手段。

绿色城市中的黑人与白人

丽萨贝斯·科恩（Lizabeth Cohen）

当我作为一个历史学家考虑城市的生态可持续性时，我首先想问问第二次世界大战以来，可持续城市作为一个人们想要居住、工作和娱乐的地方，从根本上是怎样的。我将重点放在美国人在20世纪下半叶期间在多大程度上把城市认做一个吸引人的居住环境。

我们可以通过调查1950年到2000年一些简单的人口统计了解到很多普遍的或某个城市的人口情况。这些数据为当代生态都市主义的讨论提供了一个至关重要的历史环境。

看一下下页的表格，“美国城市人口，1950年和2000年的多少、排名对比和2000年种族隔离程度”，我们首先注意到的是1950年城市规模的排名。表中列出的是1950年美国前10的城市，其次是5个在2000年出现在前10位置，但是在1950年人口少得多的城市。所有5个添加到前10名单的城市都是在南部或西南部。列出15个城市中的7个为红色，表明这些城市在1950年至2000年之间人口规模是增长的。除了纽约，所有增长的城市都位于南部或西南部。而在1950年的前10城市中，除了洛杉矶以外，其他城市都是北方的工业和商业中心，到2000年城市人口已经转移到南部和西部。中西部城市，如芝加哥（Chicago）、克利夫兰（Cleveland）和圣路易斯（St. Louis）都减少了人口，而像休斯敦（Houston）、圣地亚哥（San Diego）和凤凰城（Phoenix）这样的西南城市则增长了人口。

但这个表格不仅告诉我们美国城市人口在20世纪下半叶重新分配的情况，它还表明了总体上城市规模的下降。过去的半个世纪里，美国总人口从1.507亿增长到2.814亿，几乎翻了一番，纽约人口却几乎没有扩张，其他6个城市的增长——都在南方和西南地区——远远落后于纽约，并且没有如人们所预期的那么大。这些数据和其他历史证据都清楚地表明从1950年到2000年，近郊和远郊人口爆炸而城市人口急剧下降。廉价能源的可达性和环境恶化的缺乏关注引发了郊区的蔓延超过了城市密度的增加。

然而，今天，美国面临一个新的机遇。美国人终于越来越意识到他们过去半个世纪的选择如何导致了资源的枯竭、能源价格的飙升，并破坏了环境。同时，当前的经济危机已经使得人们更难支付高价。这种生态意识和金融约束的会聚提供了一种论证城市优越性的新方法，尤其是城市密度对环境、经济机遇、社交、效率、便利和历史联系的好处。突然，我们有一个绝好的机会来扭转过去半个世纪的趋势。

我们可以停在这里，辩称城市可能会有一种新的吸引力，但是我认为我们必须更进一步并追问：“我们想通过更宏观的生态意识去复苏一个什么样的城市，一种什么样的社会角色？”当然有许多创造成功城市的措施。我将

美国城市人口1950年和2000年的多少、排名对比和2000年种族隔离程度

城市	1950年排名	1950年人口（百万）	2000年排名	2000年人口（百万）	2000年黑人、白人相异指数
纽约	1	7.9	1	8.0	85.3
芝加哥	2	3.6	3	2.9	87.3
费城	3	2.1	5	1.5	80.6
洛杉矶	4	2.0	2	3.7	74.0
底特律	5	1.8	10	1.0	63.3
巴尔的摩	6	0.9	17	0.7	75.2
克利夫兰	7	0.9	33	0.5	79.4
圣路易斯	8	0.9	48	0.3	72.4
华盛顿特区	9	0.8	21	0.6	81.5
波士顿	10	0.8	20	0.6	75.8
休斯敦	14	0.6	4	2.0	75.5
达拉斯	22	0.4	8	1.2	71.5
圣安东尼奥	25	0.4	9	1.1	53.5
圣地亚哥	31	0.3	7	1.2	63.6
凤凰城	99	0.1	6	1.3	54.4

注：美国总人口：1950年为1.507亿；2000年为2.814亿
红色=在1950到2000期间人口增长的城市
0=完全融合；100=完全隔离
来源：美国统计局，表18，“1950年100个大城市的人口” http ://www.census.gov/population/www/documentation/twps00027/tab13.txt;“2000年普查：美国5万人口以上的大城市，以2000年人口排名，” http://www.demorgraphia.com/db-uscity98.htm;“城市和大城市地区人种隔离数据”统计范围，http://www.censusscope.org/segregation.html.

只提到我认为至关重要的一件事：美国未来的城市将会在社会经济上，尤其是种族上，比今天的大多数城市更具融合性。我认为，社会的可持续发展离不开生态可持续性。

表中右边最后一栏是所谓的“相异指数”。这是一种衡量相似或不同人生活在同一个普查区情况的方法。根据这个计算，“0”代表完全的种族融合，“100”代表完全的种族隔离。当然，美国是一个复杂的、多民族社会，分裂不仅仅沿着黑白种族这条线。但鉴于黑白种族隔离比其他种族分裂更极端，我用它来衡量社会隔离，这常常意味着对收入、财富和其他机遇的不平等。

几乎所有这些城市在2000年都有非常高的相异指数，这是大部分城市的典型特征。一般来说，60以上的分数被认为是相当高的，40～50为中等，30或低于30为低分。更低的得分意味着更加融合，这通常出现在一些大学城镇如马萨诸塞州剑桥市，那里的相异指数为49.6。注意，在表中南部和西南部城市通常比旧的中西部城市有更低的相异指数——尽管没有一个非常低。这些城市通常只是名义上的城市，包含了它们蔓延的、郊区化的和冒犯生态的地点。

因此，当我们幻想着可以如何利用对生态意识的伟大皈依来重振美国的城市时，让我们不要忘记最重要的社会维度。我不会想促进一个这样的城市，它虽然宣称有更多LEED建筑、绿色基础设施和运营更好的公共交通，却没有想着如何使用这些新工具使城市在种族和经济上更加融合，使得人们能在这里更好地生活、工作和娱乐。在最简单的层面上，这意味着在可持续性的定义中包含——也意味着投资于——基础设施的改善，这种改善不仅包括公共交通，也包括公共教育，以使得城市成为对各类在这里成家立业的美国人更具吸引力的地方。

直截了当地说，可持续城市主义不应该意味着为富有白人建立绿色城市。

自然的回归

普雷斯顿·斯科特·科恩（Preston Scott Cohen）

埃里卡·巴金斯基（Erika Naginski）

我们的橡树不再宣告神谕，而我们也不再向它们索取神圣的槲寄生；我们必须以关怀来替代这祭仪……

——查尔斯·乔治·勒罗伊（Charles-Georges LeRoy）[1]

美国生物政治学与自然的存在状况相同：自然，不仅是生命的起源、最初的物质，也是唯一施以约束或控制的力量。政治绝不可能支配自然，也不会服务于自然，因此它的出现，不给其他任何可能性留有空间。

——罗伯托·埃斯波西托（Roberto Esposito）[2]

自然已经带着复仇回归，建筑理论与实践已经从“实用、坚固、美观”的维特鲁威品质向公平、生物多样性和理智开发的可持续宣言演变。在大量的关于可持续发展的文学作品中，建筑与自然的关系都停留于这样一种由当前环境危机带来的道德使命上。像在希腊悲剧中那样，这种危机带来了有限的自然资源与无限的人类生产消费循环间的对立，因而产生了对可持续建筑的需求。这种启示性的戏剧情节一再出现在自然建筑中。叶子、树枝和石块被放置和暴露在这样一种短暂存在（与自然相比）的形式下，展现了自然材料所具有的神秘感与脆弱感。出于同样的原因，人们产生希望，坚定而困惑地对技术抱有希望（这里不管历史形态的遗留物，如污染和废弃）。因此，仿生学给我们提供了一个例子，对自然形式和过程的模仿促进了某些材料的发明，如模拟贻贝黏合材料的黏合剂，具有鲍鱼壳强度的瓷砖，或者与某些植物一样具有净化空气能力的玻璃。

然而生物伦理学的平台在何种程度上潜在地否定建筑设计仍然是一个根本性的问题。目前，以参数化来设计“自然化（naturalize）”建筑形式的趋势已经明显产生了两个倾向，各以自己的方式摒弃文化的、社会的和象征的生活方式：一种尝试用微积分直接解读自然系统的可感知行为，即一种自然化的行为主义方式；另一种是参数化和自然化并存的传统设计方式，用算法生成的图案取代设计师的创作权力。两种倾向的结果都是出现了太多毫无生机的装饰和夸张的形式。最终，重现自然并回归到把模拟自然当作创作源泉的时候（新的道德化的摹仿）。如果现代形式主义转向了自主艺术的乌托邦并走得太远，那么可持续性就彻底地倾向另一种方式——即生态环境本体首位论，同时在一个道德的议题中寻求庇护，而避免批判和否认它也属于形式化的范畴。这样的倾向是有代价的：即它冒险地认同了一个以新经验主义和非历史主义为特征的重要领域。像安德鲁·佩恩（Andrew Payne）最近所说，“自然系统超过社会和政治相关物的优先权会产生影响，导致急剧地阻止这些各种政权如何在连接着自然和文化的动态中相互作用的问题，进一步影响这些交互可能达到什么程度和类型的自主。”[3]正是因为可持续发展引入了新的复杂的约束条件，我们有必要改变方法，避免把人为环境的社会、政治和文化维度归为自然的主体地位。首先需要谈谈这些约束在现代对自然解读中的作用，因为它们与功能和规范相关。然后我们应提供现实的比较，来对比环境限制条件和某些建筑形式被“功能干扰”的时刻（如电梯的引入，改变了建筑与城市的关系，进而改变了城市本身；消防安全，从根本上改变了室内的布局；ADA（Americans with Disabilities Act）坡道规定的采用，根本上改变了门槛和秩序的概念）。在这些情况下，约束条件确实主宰着建筑语汇，空间和制度的改变带来了意义深远的结果；毕竟，这是建筑师长期以来的传统，大力反对那些为了给自己实验许可而进行的干涉。

更重要的是，这里没有单行道。建筑既可能引起变化（变形建筑），也会做出回应（反应建筑）。尽管对新奇和道德修辞的要求的大漩涡正在可持续或诸如此类的周围旋转，我们可以认为问题也许有助于形成一个外部如何将自己强加于建筑的遗产，反之亦然——无论在当今或遥远的过去，无论在具象或象征中。换句话说，阐明生态和可持续就是去揭示建筑的可能性。

事实上，可持续发展的号召属于复杂的历史弧线，它的关键交点包括从詹巴蒂斯塔·维柯（Giambattista Vico）的原始森林——人类文明的反面，到20世纪生态系统与政治经济之间的类比，再到最近演示的方法，它使得基本力和共振积累成的形状和人物——所有这些表明，形式问题在设计中是至关重要的，而不是只辅助。最重要的是，不需要被视为只是伦理视野主张的附庸（或被动接受者），因为后者被当前的环境所限定。我们如何权衡这样一份反对皈依于自然生命意识形态价值的后代建筑框架遗产？如何划清生态、社会、审美哲学之间的十字路口？我们该如何清除（意识形态的）空气？

注释：

本文源自哈佛建筑座谈会的项目介绍，这是2009—2010年的系列讲座，关注在可持续需求面前建筑的自主性问题。

1. 查尔斯·乔治·勒罗伊（Charles-Georges Le Roy），《森林》（Forêt），丹尼斯·狄德罗（Denis Diderot）、让·乐朗·达朗贝尔（Jean Le Rond d'Alembert）编辑，《科学百科全书—艺术与工艺—社会文人》（*Encyclopédie ou Dictionnaire raisonné des sciences, des arts et des métiers, par une Société de Gens de lettres*）（1751—1772）第7卷，129："我们的橡树不再宣告神谕，而我们也不再向它们索取神圣的槲寄生；我们必须以关怀来替代这祭仪……"在罗伯特·波格哈里森（Robert Pogue Harrison）的《森林：文明的影子》（*The Shadow of Civilization*）（芝加哥：芝加哥大学出版社，1993）的113-124页中出现了关于勒罗伊条目的深刻讨论。

2. 罗伯托·埃斯波西托（Roberto Esposito）、比奥斯（Bios），《生命政治与哲学》（*Biopolitics and Philosophy*），蒂莫西·坎贝尔译，伦敦和明尼阿波利斯：明尼苏达大学出版社，2008，22。

3. 安德鲁·佩恩，《可持续发展与愉悦：一个不合时宜的沉思》，发表于《哈佛设计杂志》（*Harvard Design Magazine*）30，春/夏季2009，78。

都市生态实践：费利克斯·伽塔利（Félix Guattari）的《三重生态》（*Three Ecologies*）

维丽娜·安德马特·康丽（Verena Andermatt Conley）

几十年前，亨利·列斐伏尔（Henri Lefebvre）在他的《城市革命》（*Urban Revolution*）中宣布了乡村和城市间时间差异的消除。他将地球的未来寄希望于城市化进程，并认为这个过程会补救基于人类掌控自然的现代主义所引起的问题。[1]吉尔·德勒兹（Gilles Deleuze）和费利克斯·伽塔利对城市化内在益处的看法则没这么理想化，他们认识到自己欠着文化理论家保罗·维希留（Paul Virilio）一笔债，因为他一直在记录第二次世界大战以来科学技术的改变。他们反复声明任何生态思考必须从现今的状况出发，也就是在基因革命、市场全球化、运输和通信提速以及大型城市中心相互依存的状况下去思考。伽塔利曾竞选环境公职失败，他在柏林墙倒塌的1989年于法国出版了杰出、简明的论文《三重生态》（*Three Ecologies*），其中提出我们必须“利用”这些状况，目的在于通过重构社会运动的全部目标和方法来尽快改善这些状况。[2]这不是一个回到从前生存方式的问题。当自然和文化比以往更加不可分割时，生态学不再是一群略显传奇和古老的自然爱好者的特权。与大多数在海德格尔的《本源》（Holzwege）中失去自我的法国思想家［除了布鲁诺·拉图尔（Bruno Latour）］不同，伽塔利认为，在当前的人口密度和生态问题面前，科学技术对地球的生存至关重要。

然而，对技术科学的再调整不能没有主体性的重组和资本主义力量的形成。仅有技术调整是不够的。伽塔利创造了同时对社会、精神和环境三个语域起作用的“生态哲学”。这将产生新的、更愉快的日常生活方式。在当今，世界处于媒体和市场的统治之下。幼儿化的人们生存在死气沉沉的聚集体中。伽塔利认为在当代资本主义中，下层、上层建筑的原有差异已经被可交换的符号机制所接替，如经济、司法、科学和那些与主体性相关的领域。

伽塔利尤其关注主体性，谴责经济体制的优越性并希望将时间和空间引入到科学中。为了创造伦理与政治的结合，并借助于新存在主义的词汇，伽塔利认为所有从事与主体性相关过程的人都有责任打开当前存在的领土中一个死寂的“自在”，将其变成一个不稳定的、活动的“自为”，后者对世界是开放的。能够干涉人类心理的个人和集体，不仅包括精神分析学家，还包括教育者、艺术家、建筑师、城市规划师、时尚设计师、音乐家、体育和媒体人等，没有一个人可以隐藏在一个所谓的转让然而，对技术科学的再调整不能没有主体性的重组和资本主义力量的形成。光有技术调整是不够的。

的中立下。他们必须帮助我们带来改变，通过引入楔子、产生中断或开口，使得能够引导其他感觉、感知和理解方式的人类事业在这里栖居。道德范式必须辅以审美范式，防止过程停留于死寂的重复。对于后一种情况，每个具体行为引入开口，它们不能被理论基础或权威保证，而一直是“进行中的工作”。[3]

伽塔利拒绝那种围绕着统一意识形态的社会斗争范式，他呼吁不同的领域中多样化的生态重写。虽然他并非完全贬抑统一的目标，例如与城市生态相关的目标，他仍强调我们不能求助于口号或陈词滥调，它们会促使魅力领袖在创造单一的地方产生。为了让城市宜居，需要的不仅是宏观政治，还有微观政治。同样重要的是，不能单纯用一个名词的反面来取代它。问题并不是建立一个通用规则，将事物简单地标记为对和错——正如当前的经济危机中做的那样——而是应该脱离存在于不同生态哲学层面中的二元对立，并通过一种渐进的、变化的、非暴力的方式来改变感受和智能。

伽塔利建议实践者不要以一种单一的新愿景来取代受到质疑的现代主义，而是进行一种持续转化的过程。新愿景可以包括用更多的生态材料构建一个多孔的城市，收集雨水，开发太阳能和风能，但也可以包括其他的方法，来与人的身体关联，来与群体交互，或取消基于利润的自然、物质和文化产品之间的平衡。

虽然伽塔利明确表示我们需要不断地更新我们的理论范式，然而他精炼的文章和其中传达的急迫信息仍然对当今的生态都市主义具有价值：让我们在斗志昂扬的同时保持分析力，行动与思考并行，理论和实践并重。在遍布巨型城市的全球化世界，透过三重生态的可互换视角，从事与主体性相关的领域的建筑师、规划师和其他人有责任促进开口的产生，使得人类的事业在此栖居。

注释：

1.亨利·列斐伏尔（Henri Lefebvre），法文版《城市革命》（*Urban Revolution*）（巴黎：加利玛出版社，1970年）；英文版《城市革命》，罗伯特·布纳诺（Robert Bononno）译（明尼阿波利斯:明尼苏达大学出版社，2003年）。

2.费利克斯·伽塔利（Félix Guattari），法文版《三重生态》（*Les trois ecologies*），巴黎：伽利略出版社，1989；英文版《三重生态》（*Three Ecologies*），伊恩·品达（Ian Pindar）和保罗·萨顿（Paul Sutton）译，伦敦：阿斯隆出版社，2000。

3.《TTE》，第40页，法语版中的英文。

更新城市

利兰·D. 科特（Leland D. Cott）

我们该如何工作来让我们的城市可持续发展呢？这个问题已经有了权威答案。提出的解决方案既有熟知的概念，例如局部城市农业和水资源保护，又有“郊区沙漠的零耗能飞地”这样先进的概念。似乎有一种感觉，尽管前方的任务艰巨，我们仍拥有集体智慧来面对和解决这些由于我们对全球环境问题不敏感而导致的问题，因此我们也许有机会为未来创造另一种可能。

为了这个目的，所有尺度上的有效行动都是必要的。如果我们想留下较少的碳足迹，就需要长效、节能的解决方案，但当下我们也有大量可以做的事情来改善现状。我们的城市包含数以百万计的住宅、商业和公共机构建筑，几乎所有这些建筑现在都被认为是效率低下且浪费能源的。以任何标准衡量，我们现有的全部建筑物几乎都站在“可持续”的对立面。它们早在20世纪后期之前被设计并建造，在那个时代，能源消耗被认为是微不足道的，能源供应被认为是无穷无尽的。那么建筑设计和房地产行业可以采取什么措施，以大体上确保能改善我们已有的建筑？

首先，我们必须着手将现有的很多建筑进行再利用。通过有效更新全美国的旧建筑，我们有能力节省40%目前使用的能源并减少通过有效地更新全美国的旧建筑，我们有能力节省40%目前使用的能源并减少碳排放。

碳排放。如果我们考虑一下在现有的建筑内蕴藏的具体能源量，这个观点将更有说服力，因此拆迁、废弃并修建新建筑的情况将变得更难以被辩护。市、州和联邦政府已经开始通过提供房产税减免和收入税收证明的方式（类似于35年前鼓励古建筑保护和建筑再利用的政策）向房地产团体提供帮助。

为了鼓励盈利性房地产开发商和房地产经理人去参与这样一场综合的、全国性的能源改造项目，我们需要更多类似的补贴。从房地产的角度来看，价值通常是通过投资回报率衡量；考虑到现在改造和能源成本，目前很少能达到5到7年的回报标准。很可能有必要用补贴来抵消明显的高昂前期成本和长期节约之间的差距。建筑租户将变得越来越精明，他们将明白过度的能源使用将消极地影响他们的结果，因而他们会选择不再租赁废弃建筑空间。一个改造过的建筑将消耗更少的能源，拥有更低的租金，还可能使街道更有吸引力。

在未来的10到20年内，我们有能力将城市中大批现存建筑变为完全重组的、可持续的、节能的建筑。这样一个成功结果将为我们提供基本的高效建筑集合，使得我们走向一个超过自己预期的、更生态的可持续都市形态。

生产性城市环境

玛格丽特·克劳福德（Margaret Crawford）

目前城市拥有很高的碳足迹。为了达到可持续，未来城市必须立志达到负碳排放。我们需要找到新的方法来抵消这个城市的蕴藏能量，并提高可持续能源、食品、运输和住宅的生产，同时推进公共医疗和生活水准。为此，我们首先需要质疑环境保护的传统观点和城市的一些现有定义。

米歇尔·阿丁顿（Michelle Addington）指出一个重大事实：大多数能量损失发生在发电厂到配电系统的传递阶段，他提出了节约能源的新焦点和新规模，以挑战当前对节能建筑建造的痴迷。这将重点从单体建筑转向远离市区的区域及国家电网。这种扩大尺度的框架表明，将城市作为一个更大系统中的元素而不是有界实体来思考可能是更有用的，从理查德·T. T. 福尔曼（Richard T. T. Forman）的"城市区域"地图中也看到了这种设想。

虽然农村和城市历来都被两极化——前者为后者提供食物，然而现代农业生产方式正变得越来越多样化。农场的定义改变了，农民几乎被鼓励在任何位置进行农业生产。在都市区域中，废弃和未利用的城市土地、信托农业土地、社区花园、学校和大学校园，甚至郊区建筑的前后院，都在生产粮食。新的分销渠道也出现了。农贸市场、CSAs（社区支持农业）、餐馆和本地产品的专类市场，甚至落果的收集者都有助于当地食品的广泛提供。就像多罗斯·伊伯特（Dorothée Imbert）认为的那样，尽管这类形式的农业不可能与中西部和加州中央山谷的那些大型农业综合企业竞争，但它们的好处远不仅是经济上的。除了提供就业和增加收入，城市农业还可以促进公民和社区参与，使人们更靠近大自然的韵律，保持民族和文化传统，对孩子们进行食物和饮食的教育，提供高质量的生产，尤其是提供快乐和美丽，那是种植和享用美味食物过程的一部分。

想象一下未来可能带来什么，如果对城市环境非常投机的提议基于将人融合到自然环境中，那么米切尔·约阿希姆（Mitchell Joachim）对可持续性的想象提供了一系列可能。他设想了一个能够自己生产必需品的“城市”，设计基于使用新技术来操纵的有机形式。例如《神奇树居》（The Fab Tree Hab）采用生活住所的文学比喻，用一棵特定形状的树作为新型生态生活的基础。约阿希姆还提出了交通的新技术，从地下运输系统到对汽车的重新设计——使汽车变得柔软而缓慢，由轮子中的独立电动机推动。通过这种方式，他设计出适应城市的车辆，而不是相反。

这些想法会产生一个什么样的城市环境呢？当然不是许多可持续城市化的拥护者正在推广的紧凑型城市。相反，综上所述，他们提议一种扩张的城市化形式，相比现在的城市，住所和工作场所将与自然和农业更加整合。结合围绕着生产性城市环境的各种想法，我们可以想象可能出现的各种新景观。有了可以储存分配大或小规模能源的电网，这将是一个绿色环境，能源和交通基础设施、住宅和工作场所、农业和自然空间交织在新的、仍需要我们想象的组合中。以可持续的名义，也许应该让我们的选择权保持开放，而不是再次强调基于密度和边界的旧模型。我们不应向着一个规范的城市理想，而应该向着多样却聚焦的方向前进，这个方向将能够产生完全不同的结果。

感官

如果想用更加生态的方式设计城市，接纳多样的生态，我们就需要更加了解这个城市。只有对城市的生态环境有深入的了解，我们才能用更加精妙和有效的方法进行设计。以下的章节讨论了两种感知的方式，其中一种讨论的是如何利用科技使大家对城市的理解更加细微，另外一种是关于人类的触觉、嗅觉和视觉。“城市感知实验室”的工作展示了怎样利用手机数据很好地理解行人在城市中的路线差异，并因此为他们的聚集、活动规划一个更好的公共交通系统。这里我们可以看到科技能够补充人类的感知能力。同时，希希尔·道拉斯（Sissel Tolaas）希望城市设计师在设计中考虑气味。气味常常是偶然的，但难道我们不会将特定的城市和特定的气味联系起来吗？难道我们不是都有明确的观点说我们喜欢哪种气味而不喜欢哪种吗？这就引起了两个问题：我们为什么喜欢某种特定的味道和气味最终怎样塑造空间。加雷斯·多尔蒂（Gareth Doherty）有一句话“绿色并非是看到的那样简单”，他希望设计师们在城市的设计中考虑颜色，特别是绿色和环境保护主义之间的联系。在一些气候中，绿色并不是容易被留住的颜色。有了更好的意识、理解和对环境的感知，我们才可以更精准地介入。

从鼻子的视角看城市

希希尔 · 道拉斯（Sissel Tolaas）

都市土地：墨西哥城

丹尼尔 · 瑞文 · 埃里森（Daniel Raven-Ellison）

城市传感器：城市尺度上的无线传感网络

马特 · 威尔士（Mart Welsh）　乔希 · 伯斯（Josh Bers）

食你所爱

弗洁伦 · 沃格赞格（Marije Vogelzang）

自工程生态

克里斯汀 · 乌特勒姆（Christine Outram）　艾瑟夫 · 巴德曼（Assaf Biderman）

卡洛 · 拉蒂（Carlo Ratti）

绿色不仅止于视觉满足：巴林岛的绿色都市主义

加雷斯 · 多尔蒂（Gareth Doherty）

奏响我，我属于你

卢克 · 杰拉姆（Luke Jerram）

绘制主街

杰西 · 沙宾斯（Jesse Shapins）　卡拉 · 欧勒（Kara Oehler）　安 · 赫伯曼（Ann Heppermann）　詹姆斯 · 伯恩斯（James Burns）

从鼻子的视角看城市

希希尔·道拉斯（Sissel Tolaas）
哈佛大学设计学院2009年“劳斯访问艺术家”（Rouse Visiting Artist）

气味——好的和坏的，或者只是有趣的

我认为容忍是城市或者生活环境新方法中的一个关键词。我们要学会容忍，这样我们才能够以不同的方式生活在一起。这个过程从鼻子开始。

对鼻子和气味的容忍已经对气味在我们这个社会的地位产生了严重而长久的影响。通常来说，气味与伦理、道德和智力的衰退老套地联系在一起并通常以这样的措辞来传播。所谓的坏气味始终是坏的，即使当它们有机会以一种新的方式传播，例如说在电影、小说或者是其他的媒介中。

我们所想的理想的世界是干净无臭的，这主要是通过视觉和听觉感受的。一个闪亮的白色表面，它可能是一个无臭的身体或者是一面白墙或者是干净的街道，这是对气味非常清晰的可视化——是气味和图像在语义上被混淆的一个实例。我们对卫生的修辞造成了集体想象，人们往往认为干净和闪耀就可以代表或表达卫生。

我们被消毒了的城市剥夺了我们用鼻子去导航和得到信息的权利。[1]我们到底在这错过了什么呢？我们有5%的基因与我们的嗅觉联系，但是都没有派上用场。那如果我们的鼻子能够像我们的嘴巴和耳朵一样对感知、方向和交流起到作用的话，这将会是一个怎样的场景？

人、老鼠和蟑螂是世界上最成功的通才。我们能靠可获得的食物在地球任何一种生态环境下生存。对这些通才来说，嗅觉的功能就是在遇到特定的气味源时能去正确地做出反应，并且不会预先地设定对一种气味的反应。动物，特别是猎物和掠食动物在嗅觉上是天生的专家，然而一些杂食动物却不行。[2]

我们对于气味的敏感程度基于一些综合的学习。我们嗅觉的敏感不是天生的，也不是固有的硬件。第一次闻到一种气味

的时候，我们会将它与当时的环境联系起来，在我们想改变它之前这种印象会一直存在，所以在这里文化的适应、内心和理解非常重要。

当我们进入世界并对它有反应的时候，气味是我们的第一个感觉——在我们看到之前我们会先闻到。气味与个人认同和组织认同息息相关。两个不同的人最明显的区别就是他们的气味。人们利用对于气味的识别去保存或者说是创造一种新的个人身份证明或者去展示他们与一个组织的联系。没有任何喜欢或不喜欢的感觉如物理感觉那样起到根本作用。种族仇恨、宗教仇恨、教育的差距、性格的差距、智力的差距，甚至是道德标准的不同都可以被克服，但是心理上的厌恶却不能被克服。[3]

对气味的喜欢和厌恶会根深蒂固地存在；所以利用气味是很有效的方法，能够在政治上、力量上和社会上产生影响和效果。在气味、力量和社会之间存在着一种非常强烈的关系。[4]

我们必须克服所有对于气味的偏见并且克服“他们不能忍受互相之间的气味”这样的心理。我们需要作一些改变，这样大家就能互相忍受对方的气味，这一点改变会改变整个世界。

做什么，怎么做?

我认为嗅觉是我们定义和定位环境的关键因素，无论是身体或者是城市。气味的感知也许被理所当然地认为是不假思索的方式，但是它仍然是介入和参与某个情形的特定方法的线索。场所可能因气味而具有独有的特征甚至类型，使人难忘。无论我们在哪里，嗅觉都时刻围绕着我们。嗅觉永远不会停歇，我们的每一次呼吸，我们吸入的气味分子都在微观层面给我们提供周围环境的重要信息。

在城市里，主要有三类区域：工业区、公共空间和私密空间。就嗅觉感知而言，每一种区域都有它自身的基础设施和规律。在我们进入工业区的时候，我们通常需要忍受难闻的气味，不论这是工厂还是垃圾场等。这是为什么？在公共空间，我们有不同的感受。我们对这些领域通常是“中立的”，但是事实上，在这里我们会处理很多边界和偏见。这些都可以被一阵“陌生的”烹饪味或者地铁里闻起来很“不同的”某个人的气味所激发。在私人区域，几乎所有的气味都可被接受，但如果其中任何气味碰巧越过了私人的边界，它们就容易变成问题。这可以改变么？我们可以训练自己变得更加容易接受么？这会对整体耐受度的观念有什么影响呢？如果我们学会训练我

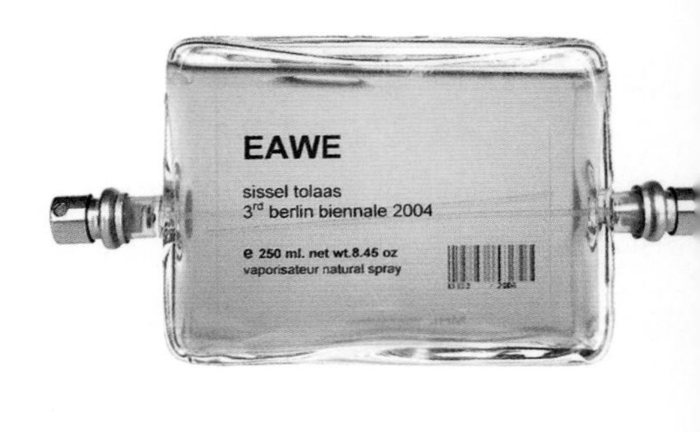

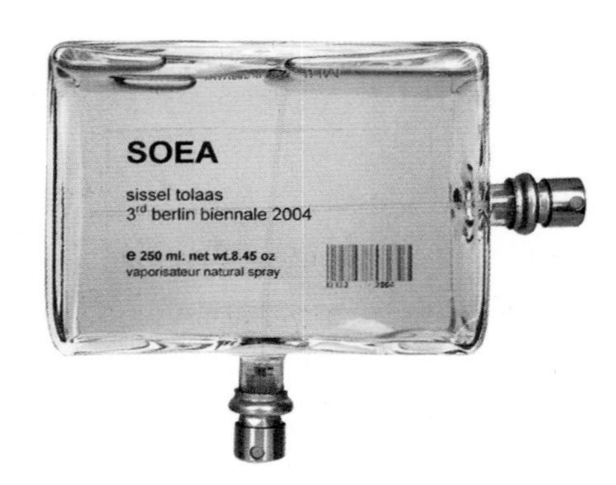

无国界——东南西北（NOSOEAWE）
2004年柏林双年展
研究项目由11个瓶子组成，慢慢融合柏林4个街区的气味：北=NO，南=SO，东=EA，西=WE

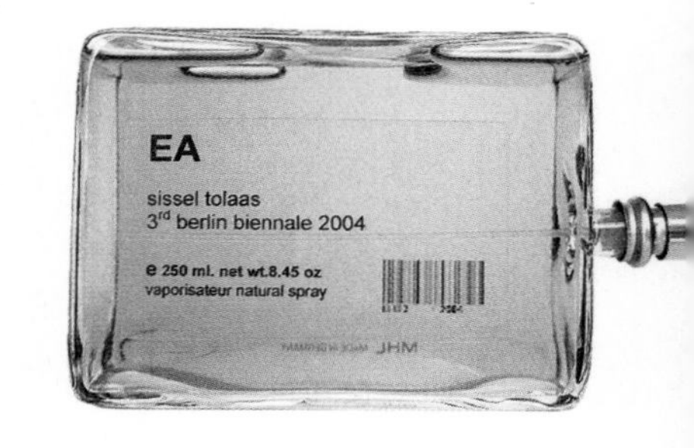

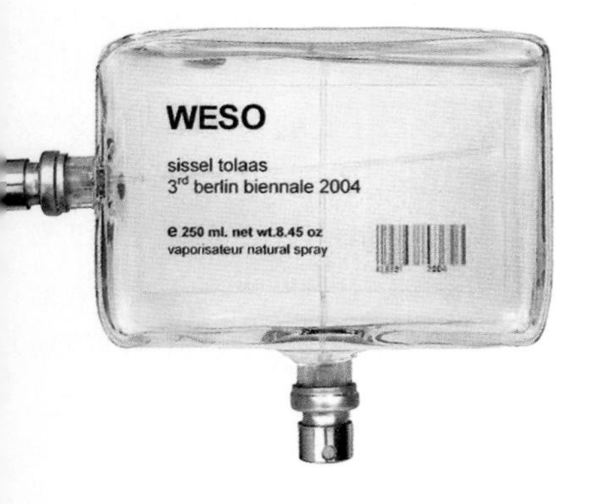
WESO
sissel tolaas
3rd berlin biennale 2004
e 250 ml. net wt.8.45 oz
vaporisateur natural spray

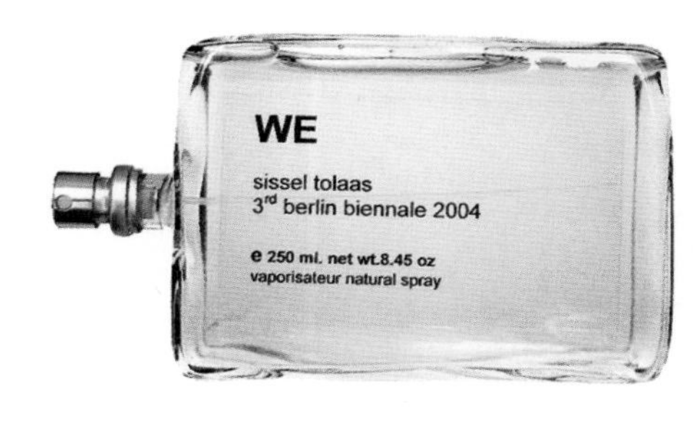
WE
sissel tolaas
3rd berlin biennale 2004
e 250 ml. net wt.8.45 oz
vaporisateur natural spray

NOSOEAWE
sissel tolaas
3rd berlin biennale 2004
e 250 ml. net wt.8.45 oz
vaporisateur natural spray

NOWE
sissel tolaas
3rd berlin biennale 2004
e 250 ml. net wt.8.45 oz
vaporisateur natural spray

NOEA
sissel tolaas
3rd berlin biennale 2004
e 250 ml. net wt.8.45 oz
vaporisateur natural spray

NO
sissel tolaas
3rd berlin biennale 2004
e 250 ml. net wt.8.45 oz
vaporisateur natural spray

们的鼻子在城市环境中做出引导，我们就可以在容忍对方方面取得进步。我们应该重新定义“干净”一词的概念，并重新定义“坏”和“好”两个词。这很重要，因为清洁工作在不同的文化中有不同的意义。

借助气味探索世界并发现更多关于我们自身和我们与环境互动的潜力有其有趣的一面。更舒适的气味使人对环境问题持有更乐观的态度，它改变了人的心境。使用鼻子给人们带来挑战，让他们以新的方式来接近现实，这与从电视节目中看灾难片不同。我认为我们需要持更乐观积极的态度，这样才能理解所面对的问题的严重性：新挑战、新方法、新方法论、新工具……鼻子是这里的关键。

我的经验是，当被严肃地要求去有目的地使用鼻子，而不仅仅是用它来呼吸时，地球上的所有人都会受到真正的挑战，并且不管他们是否闻到所谓好的或坏的味道。重要的是，在那一瞬间，他们重新认识了自己周围的一切——无论是其他的人类、地方还是城市——并开始以不同的方式接近它们。当人们通过鼻子得到信息，那他们才算真正得到了信息。

为了统一而非分裂的目的，在如何使用潜在气味密码方面我们需要一个全新、不同的讨论。我们必须摆脱气味只与个人、隐私和生活方面相关的固有看法。我们必须挑战对气味的传统认识，不将它的感知看成私人和不被讨论的。只有通过这种方式我们才能取得进步，我认为一个新的、理智地去看待鼻子和气味的方法正在产生。

最关键的问题是，什么构成了可接受的气味环境？谁制定了这些规则？什么能够证明现有规则的合理性和对好与坏的定义？现在还不是重新定义这些规则并重新了解我们自己制定它们的方式的时候吗？

没有什么臭，那只是你的感觉。

注释：

1. 吉姆 · 德罗布尼克（Jim Drobnick）编，《气味文化读本》（*The Smell Culture Reader*），牛津和纽约：伯格出版社，2006年。

2. 吉姆 · 德罗布尼克（Jim Drobnick）编，《气味文化读本》（*The Smell Culture Reader*），牛津和纽约：伯格出版社，2006年。

3. 乔治 · 奥威尔（George Orwell）在《通往维根码头之路》（*The Road to Wigan Pier*）中讨论气味和阶级差别。纽约：水手出版社，1972年。

4. 康斯坦斯 · 克拉森、大卫 · 豪斯和安东尼 · 辛诺特，《香气：嗅觉文化史》（*Aroma : The Cultural History of Smell*），纽约：英国罗德里奇出版社，1994年。

会说话的鼻子，墨西哥城

“会说话的鼻子”是一个关于墨西哥城气味的有针对性的研究项目，是一个以气味作为信息和通信系统的项目。

气味＝200种来自200个社区的气味

200个社区通过气味分子——场地的DNA被识别。气味是我们生活环境的（化学）信号，这些气味来自于我们周围有生命和无生命的事物。我运用先进的收集和分析工具、气味作用存储设施和气味适应方法来收集和阐释这些地方溢出的物质。我通过几次调查来理解和搜集每个区域的气味现象。在不同情况下，我使用一种现象学方法研究现场气味。

我们运用先进的顶空技术从场地收集分子。如果一个气味源在空间和时间上已经足够定位，就可以确定其位置（定位化）。然而，空气运动可能导致空间定位错误（移位），空气的不流通能够延迟气味检测。

电影＝只拍摄人们闻到城市空气时鼻子的无声电影

2000人被要求用母语描述城市和污染的气味，参与者因对所住地区的熟知而被选中。他们通过我称之为城市行走的方法走过熟悉的地区，我们拍摄和记录他们认知感受的过程。步行者被要求专注于他们的嗅觉感受，带有动作地使用他们的鼻子。我们分析他们的描述，利用气味的作用提出关于场地特殊气味现象的假设。随后将该分析与电子分析进行比对。摄制为无声拍摄，只显示鼻子、脸的动作。

TALKING NOSE_Mexico City
The Rouse Visiting Artist Award

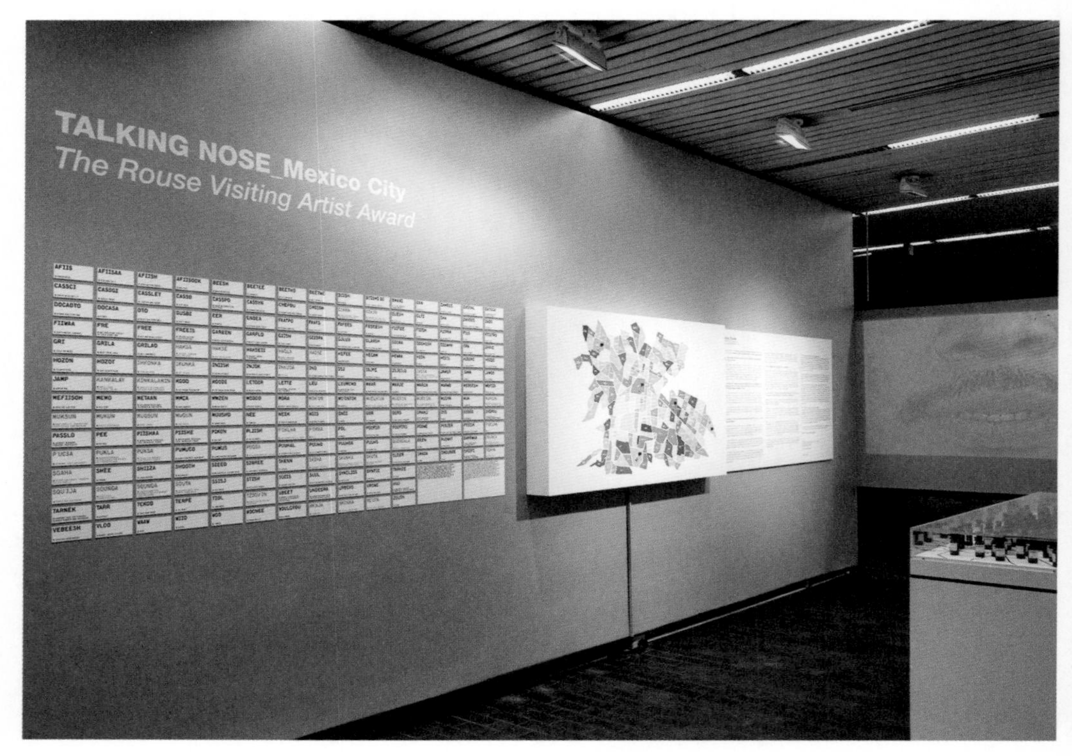
TALKING NOSE_Mexico City
The Rouse Visiting Artist Award

会说话的鼻子，墨西哥城
2001－2009年
调查项目主要研究气味作为一种在城市中定位的工具，对周围的空气——墨西哥城的污染空气——产生意识并对它做出反应

语言＝城市行走的音频跟踪

音频部分的项目呈现了步行者在社区行走时的言语和故事。有趣的是，当人们被要求用他们的鼻子感知他们的城市时，他们突然意识到自己正在造成污染。音频跟踪的另一个发现是人们用一些土著语言（例如，前哥伦布时期的语言）来描述气味，包括精确的非比喻词语和术语。我们对一些表达进行文本记录，以便可以把它们与音频同时呈现。

这项研究为我们理解城市提供了一个额外的城市气味维度，它丰富了我们的感官体验，并为城市设计和建筑设计输入信息。这座看不见的城市是可以沟通并被人理解的。

AFIISH

➲ 非洲鱼市场

BEETEE

➲ 混凝土

CHEPDU

➲ 廉价家具仓库

CIKAN

➲ 一些闻起来还不错的泡泡但是以某种方式移走了

DUSBI

➲ 尘土飞扬的砖

FRE

➲ 一个晴天之后潮湿的雨中街道

HIIN

➲ 魔术

ISJ

➲ 草地

TARR

➲ 沥青

ORANJ

➲ 热的身体混合着热的发动机

UNDEGRA

➲ 地铁平台：金属、电缆和烧焦的塑料

会说话的鼻子——语言

墨西哥城，2001—2009年

Nasalo是希希尔·道拉斯发明的一种语言，包括用来传达气味和气味表情的词语。这种语言知识部分和她所研究领域的真实语言相关，她从这些碎片中抽取单词；其余的都有自己的逻辑和语言规则。

EETWE

湿混凝土

CAA

➲交通

ASSPO

运动的汗水

CASSLET

➲皮革和汗水

REE

潮湿的雨中街道

GOOWHA

➲湿的狗

SJFE

新割的草地

JACSA

➲ 好闻但是刺鼻恼人，像是橘子皮果汁

HIIZA

渠道

TARNEK

➲ 飞机场起飞条带、烧焦橡胶和煤油

LOO

下流、粗野、粗俗

XC'UTA

➲ 酸、辣、刺目

都市土地：墨西哥城

丹尼尔·瑞文·埃里森（Daniel Raven-Ellison）

WC

TAXI
CAMBIO

ENTRADA Y SALIDA
DE VEHICULOS A 50 M.

Bancomer

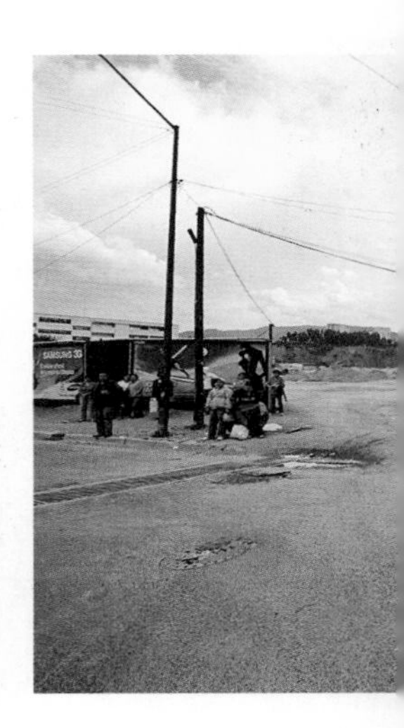

BANOBRAS

TERRE
SANTA LUCIA

城市传感器：城市尺度上的无线传感网络

马特·威尔士（Mart Welsh） 乔希·伯斯（Josh Bers）

如今，通过安放的高密度仪器即可了解到一个城市的运转是否健康且充满活力。城市中安放的不同传感器可用来获取天气状况、空气质量、噪声污染、道路交通等各种信息。之后一个重要的挑战是，将多种传感器整合到一个设备中，进而能被在网络上实时地访问。单机的数据记录器需要定期维护，以不断收集和更新信息，然而要在每个传感器放置的地方都有网络接口是不可能的。解决的办法便是将这些传感器都用无线网络在虚拟的空间中连接起来，形成一个网状系统。

城市传感器是美国国家科学基金会（National Science Foundation）资助的项目，旨在建设一个无线的传感器网络来监测整个城市，其节点固定于路灯和屋顶，之后辐射到周围的仪器。当仪器接收到信息后，首先通过无线网络传播到一个联网的中心服务器，其行使着存储和呈现数据的功能。此时，远程的使用者便可以实时查询数据库，共享信息。

城市传感器的研发者是哈佛大学工程与应用科学学院（Harvard’s School of Engineering and Applied Sciences）和BBN公司共同组成的一个团队。[1]目前已研发出的模型包含25个传感器节点，分布在剑桥、曼彻斯特。预期要在后几个月中将试验台的数量增加到100个节点或者更多。在研发过程中，我们和环境监测与公众健康领域的专家紧密协作，以便从其他领域中找到推动网络设计的驱动力。

城市传感器另外一个重要的特点是，它对于研究社群是开放的，也是可编程的。同时允许外部用户通过网页界面在传感器网络上传和管理他们自己的实验数据。传感器节点基于一个型号为ALIX2d2的单板计算机和一个包含防水外壳的精简电脑，可以被安放于屋顶或路灯上。节点可以通过串口、以太网、USB接口和多种传感器相连接。路灯或外接的交流电可以解决供电问题。

传感器节点是通过无线网络接入到因特网的。每个节点都配备了两个符合802.11普及型标准的无线电接收设备。各个节点会形成一个能够依靠无线电通信设备相互传送数据的网状网路：从一个城市传感器节点发出的信息，在到达传送目的前，可能会经过多个跃程。一小部分的城市传感器节点有网络接口，并扮演着网关的角色。无线网络的一个优点是它能够将网络的覆盖范围扩大到数以千计的节点，并省去了每个节点间直接的线路连接，也就减少了成本。基本上每个节点所配置的无线电设备都有一个对应的成本单价。但是，这种途径自身也存在着一定的问题。新的节点必须部署在一个原有节点的无线覆盖范围之内，这在节点布置较为密集的城市，如剑桥是可行的，但在另一些城市中可能不容易实现。另外，网状网络在运行过程中受到干扰的频率较高，原因主要是无线电波会受到其他信号源的影响。因此，收集传感器数据的软件必须具有良好的稳定性，以能够避免网络中断、遗失信息。

马塞诸塞州剑桥市一个安装在路灯上的城市传感器节点。此节点由路灯供能，同时携带了一个维萨拉公司生产的天气传感器附件

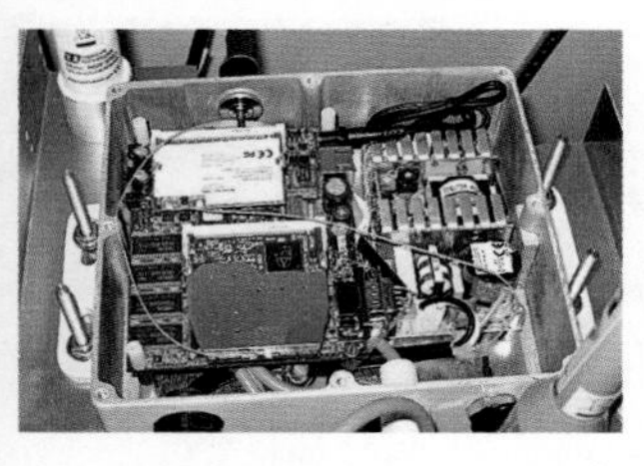

城市传感器节点内部包含了单板计算机、无线电广播设备、电源等

两个服务器（一个位于哈佛，另一个在圣经学院）扮演着网络系统的数据集成点和控制点的角色。节点收集的传感数据通过无线网络传递给其中的一个服务器，然后被归档到一个数据库中。通过一个基于互联网的前端能够获得这些传感数据，并能直接通过网络浏览器显示，还可以作为文件被下载，或者直接使用结构化数据语言的账户进行查询。控制服务器允许我们远程重调感应器节点程序，更新它们的软件，监测运转情况来分辨失效的节点。

关于城市传感器的另一个关键点，它是一个开放的测试台，一般被研究团体所利用。城市传感器收集的所有数据都可直接通过网站公开访问，并能无限制地使用。另外，调查者还希望进行更加前沿的实验，比如城市传感器节点自身运行定制的软件能支持城际的传感网络研发、网络内数据的处理与采集的分布式算法、抽象的创新编程，以及完成传感器的节点布置和其在市内的连接。

注释：

1. 更多信息详见：http ://www.citysense.net.

食你所爱

弗洁伦·沃格赞格（Marije Vogelzang）

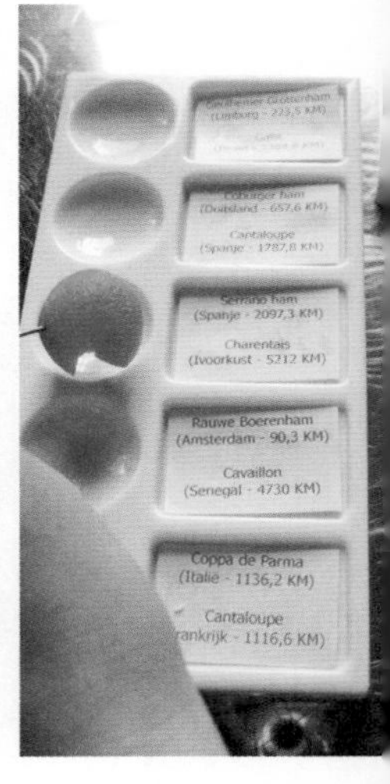

都市生态项目

人们对于“食物里程”（食物在被装盘子之前必须经过的路程）的意识正在逐步增强。如今，一些人会称自己为“本地膳食者”，他们只吃离家路程在骑行范围内的食物。其实我们能更进一步成为“市膳食者”。若你在行走于城市丛林中多留一份心，便会发现，可食用的东西要远远超出你的预料。供食用的种子随处可见，各个广场都有鸽子飞来飞去，公园、墓园和花圃中都有可食的坚果、浆果和蘑菇等，池塘中还有鸭子来产蛋。所有这些食物都不是被“生产”出来的，它们就在那儿：甚至你在步行上班的路上还可能踏过它们。

可持续的晚餐

来自越遥远地方的食物越好吃吗？这个项目展示了火腿和瓜类的经典来源以及通过的路程。其他食物使用旧有的节能技术来烹饪：干草箱（hay-box cookers）。

根

探究英国和荷兰共有的烹饪根用蔬菜的历史后，我从中重新发现了使用黏土厨具来烹饪。这种烹饪方法可以让厨师制作蔬菜雕刻，烘焙季节性的根用蔬菜，创造色香味俱全的感官盛宴。在古代，一整只动物会被装进黏土制的器皿，放在明火上烘焙，当将其从滚烫的煤炭明火上移开的时候，黏土器皿会自动破碎。而食材，此例中是根用植物，在黏土壳破碎后才能露出来，这会带来一个难题：是将植物雕塑破坏掉以品尝其内的根呢，还是保留雕塑形体的完整?

自工程生态

克里斯汀·乌特勒姆（Christine Outram）
艾瑟夫·巴德曼（Assaf Biderman） 卡洛·拉蒂（Carlo Ratti）

克里斯汀·乌特勒姆（Christine Outram）、艾瑟夫·巴德曼（Assaf Biderman）以及卡洛·拉蒂（Carlo Ratti）谁都没有想过，他们的垃圾每天搬到什么地方去？当然是运到城外，可是城市年年在扩大，清道夫必须走远一点。垃圾量增加了，垃圾堆也高了，在更宽的周界里层层堆起来。

——伊塔洛·卡尔维诺（Italo Calvino）《看不见的城市》（*Invisible Cities*）

假使在未来，我们每天产出的大量垃圾不再堆在城市的外缘，我们对于“清除链”像对“供给链”一样了解，我们不仅能运用这个知识点建造更加高效和可持续的基础设施，而且能促进人们行为的改变。在这个未来的城市里，清理垃圾（伊塔洛·卡尔维诺曾在书中意味深长地提出） 的不可见基础设施将变得可见，我们的垃圾所经过的最后旅程也不会继续是“眼不见，心不烦”。

在很多方面，上面所假设的未来城市都和迪斯尼拍摄的动画片《机器人总动员》中所展现的后人类废物都市相反。在

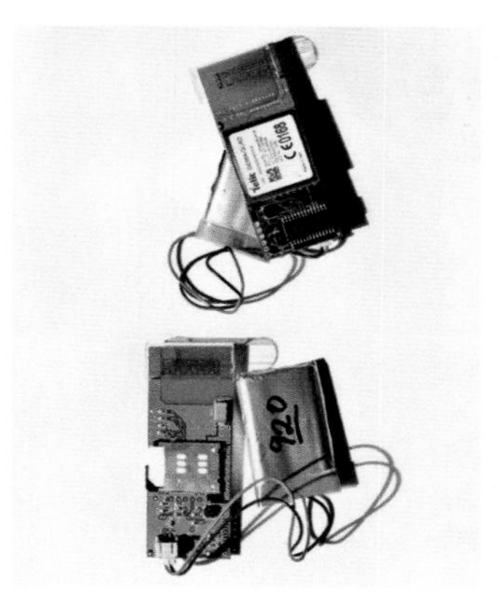

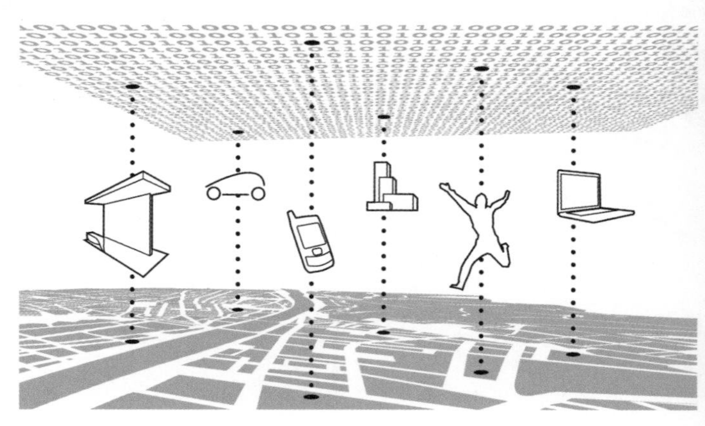

覆盖我们城市的信息数字层。麻省理工学院的城市实验室探索了人、城市以及这种比特层之间的关系

电影中，先进技术制造的机器人能够在不需要人类介入的情况下，自动清除垃圾。而在我们所想象出来的未来城市中，技术不是被简单地用来取代人类劳动，而是将现存垃圾处理系统的操作过程透明化，并让公众能够实时获取曾经鲜为人知的这些信息，比如废物清除的真实面貌可以被突显出来，同时创建的信息“反馈环路”能显现出（垃圾回收）系统的低效率，也就能让我们更加意识到自身行为所造成的后果。

在感知城市实验室，我们正致力于研究这样一种前景。[1]由纽约绿色协会（NYC Green Initiative）发起的一项名为“垃圾追踪”的项目，旨在于2030年之前将垃圾的回收率增加到近100%。我们现在的疑问是怎样利用普适技术揭示其在废物处理和其可持续性方面所遇到的挑战，怎样使垃圾回收率百分之百地成为现实，以使如今作为垃圾填埋场的土地被解放而另作他用。

项目是通过建立小型的、灵敏的、可感知位置的标签来完成的，这也是迈向建立“智能微尘”的第一步。智能微尘是指由微小的可定位和可寻址的微机电系统（MEMS）所形成的网络，能很容易地被分装到目标上，提供有用的信息。这些符合美国和国外的固体废物回收标准被捆绑在不同类型的垃圾上，以使它们能够在城市的废物处理系统中被追踪，而后反映出我们每天产出的垃圾的最终路线。

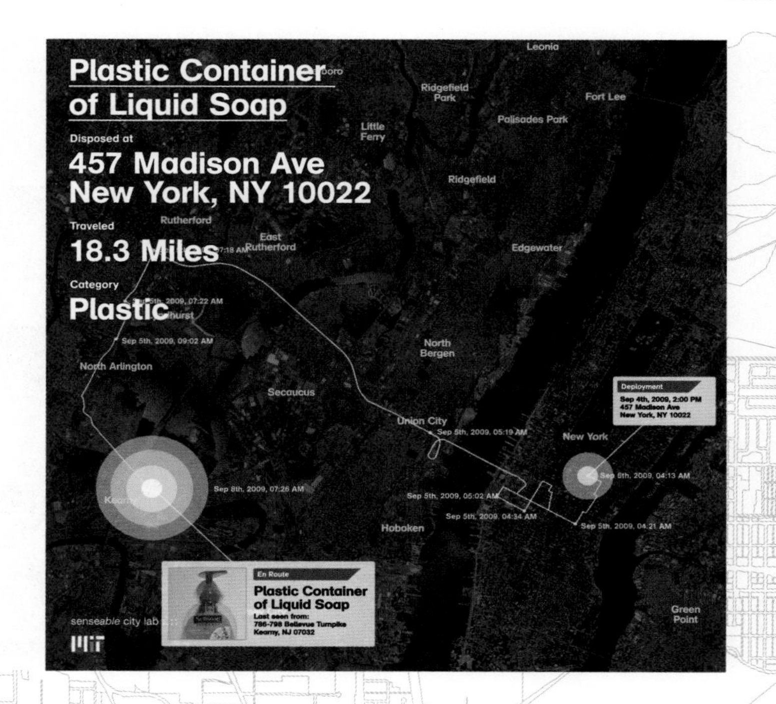

2009年，垃圾追踪系统在纽约、西雅图、伦敦和波士顿标志出500件垃圾。借此，我们每日产生垃圾的最终路径将会被显现出来

垃圾追踪项目是对于理解城区清除链的首次调查研究，它也使市政当局和关心生态的市民们产生了极大的兴趣。同时，它也是城市中自下而上地通过使用分布式技术和普适技术、管理资源和促进行为改变的一种途径。

在过去的15年间，我们见证了城市中一种新的基础设施的兴起，即网络化的数字元件。它覆盖了我们所生存的环境，也为我们的城区增加了一个新的功能层。例如，传感器、摄像头、微控制器等在城市中更多地被用来优化交通、监测环境、运行安保设备等。同样的，还有通过手持设备、电脑、嵌入到环境中的环境色温感应器等，市民几乎可以随时随地实时提取、插入、重组对他们有用的信息。例如，在垃圾追踪的项目中，信息还可以传达给市民，了解自身对环境的影响，同时，市民也能很快地在其社区或城市中，和其他人比较和共享自己所获得的信息，相应地调整自身的行为习惯，也可以为系统的改变做出贡献。

由于这种新类型的分布式基础设施，我们在城市空间中的体验改变了。这是个由我们自身设计生态环境的时代，而不再主要是由城市设计师、开发商和政客们来塑造城市空间；几乎所有人都有机会参与到创建环境的数字层中来。简而言之，在不远的将来，我们城市的物质设计以及体验会和数字信息的利用与传输息息相关。

分步式运算在支撑行为改变方面的效用还可以用于城市传感实验室当前开展的其他研究中。在2009年哥本哈根联合国气候变化框架公约第15次缔约方会议中，哥本哈根的自行车道系

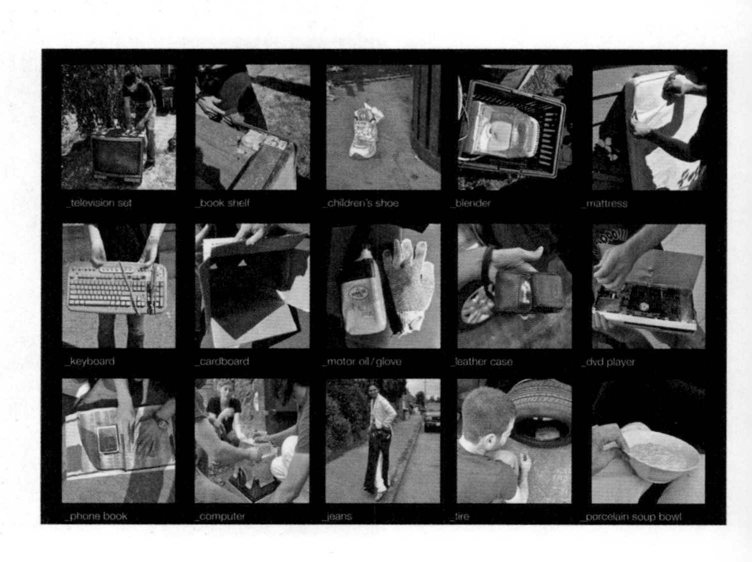

项目所标志并追踪的垃圾多种多样，包含了电视机、牛仔裤、瓷器汤碗等

统项目被呈现。自行车成为智能的移动感应器设备，可以监测骑行者的体能、暴露于污染的时间、在城市中的可移动性等。这可以通过在自行车的轮胎上策略性地安放小型的定位设施和环境感应器，在人们骑行过程中收集信息来实现。感应器的供能采用混合技术，可以在骑行者刹车的时候收集能量。

骑行者不管是实现自身的健康目标，还是在骑行中特定的地点遇到困难，这些新的“有意识”自行车会成为他们个人的伴侣。它可以帮助骑行者识别污染最少的路线，提醒他们的朋友在附近可以会面（这可以通过为脸谱网研发的一个应用来实现）。除了具有为骑行者提供个人用户信息之外，新型自行车还可以容许骑行者之间，以及与城市管理部门之间匿名交换收

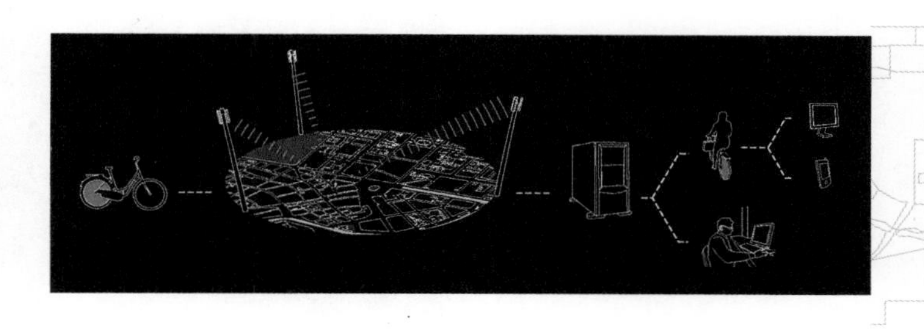

由自行车收集的定位和空气质量信息能被传输至一个中央服务器，被处理后回送至骑车人，同时也被呈现在网络界面上

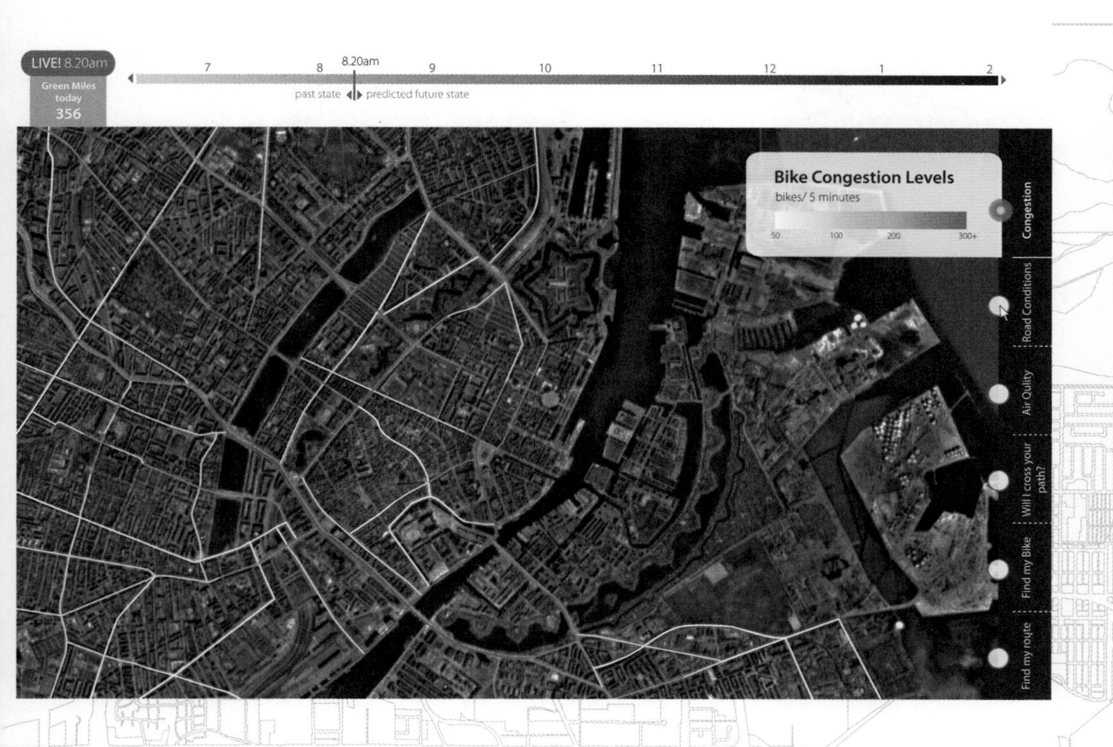

城市感应实验室于2009年为哥本哈根的自行车道系统项目所开发的“有意识的”自行车，能够让骑行者选择污染最少、交通量最小的路线，在路途中联系朋友，记录他们个人的健康目标。当数据被匿名化并集合起来之后，便可帮助城市规划和发展作决策

每天有175 000辆自行车会驶入哥本哈根的市中心

哥本哈根有36%的人使用自行车通勤，并有望继续增加骑行人数

集到的信息。另外，新型自行车可以以一种群众外包的方式被使用，以实时感应整个城市的（路面）污染等级和拥堵状况，利用不同骑行者的密度和数量增加所收集数据的价值。此类信息可以通过一个集中的网站获取，帮助其他骑行者做出更好的路线选择，也帮助市政当局在维护基础设施以及增加城市宜居性相关的资源分配等方面做出更有前瞻性的决策。“有意识”的自行车让骑行者掌握对整个城市的主动权。“绿色里程表”项目会根据累积的骑车出行里程数给予人们奖励，最终能让城市因付出的努力而得到资助，减少二氧化碳排放量。

垃圾追踪和哥本哈根自行车道系统两个项目都体现了对于日常的环境和用品进行微小的技术改进，就可以带来城市中的全新体验。关于环境状况、物品流动以及人群流动实时数据的丰富积累可以让人们对城市动力有更深刻的理解，也可以为市政机构作决策提供论据。当信息被收集和显示出来时，会形成一个数字感应和处理的“反馈环路”，进而在更宽泛的层面上对各种复杂和动态的方面产生影响，最终会提高我们住地的经济、社会和环境的可持续性。同时，共享这些信息的行动本身也足以促进我们对城市影响的个体评价。从这层意义上来说，在如今的世界中，当我们的行为数据变得普遍时，我们都会成为未来生态环境中的工程师。

注释：

1.麻省理工学院感知城市实验室的项目由教授卡洛·拉蒂（Carlo Ratti）和艾瑟夫·巴德曼（Assaf Biderman）指导，重点关注能够协调城市物质环境和由城市运转所形成的数字流层关系技术的开发，同时关注分析由于数字技术的参与，城市会经历的变化。这个由多学科交叉而形成的团队有20多名成员，旨在融合城市研究、建筑、工程、交互设计、计算机科学、社会科学等多个方面。

更多信息详见：http ://senseable.mit.edu.

绿色不仅止于视觉满足：巴林岛的绿色都市主义

加雷斯·多尔蒂（Gareth Doherty）

作为色彩的一种，绿色不是依靠自身而存在的，它是由蓝色和黄色混合而成。然而，颜色却有着主观的分界线，从蓝到绿，从绿到黄的分界点很大程度上是由观察者的文化和语言以及上下文的语境所决定的。人类学家布伦特·柏林（Brent Berlin）和保罗·凯（Paul Kay）在1969年的出版物中，提到过色彩和文化的相关性。同时，他们发现，形容绿色的词汇几乎总是存在，甚至在没有表示蓝色的词汇时。[1]

哲学家们都把色彩当成一个重要的议题，关于一个物体本身是否真的具有颜色一直没有达成共识。斯拜恩（Alex Byrne）和大卫·希尔伯特（David Hilbert）概述了哲学界对于色彩的4个定位：取消主义者认为色彩并不是事物的一部分，而是一种幻觉；倾向论者认为“绿色的特性是具有让人产生某种知觉状态的倾向，大致说来，是看起来为绿色的倾向”；像伯恩（Byrne）和希尔伯特（Hilbert）这样的物理主义者则把绿色当做物体的物理特性；同时，原始主义者也同意物体本身具有颜色的说法，但是不同意颜色本身等同于被着色物体的物理特性。[2]

然而，绿色不仅仅是一种颜色。它还可以作为蔬菜、户外空间、一种建筑或城市的类型、环保事业、政治运动，甚至是“一种新的黑色”。作为光合作用和叶绿素的颜色，绿色在大多数情况下被认为是赋予生命的、丰富的、健康的（除被用来形容人的皮肤时）。脱口秀主持人在“绿色的房间”里放松，医生的消毒间也常为绿色（和红色形成对比）。作为一个形容词来使用，绿色有天真的意思，也可用来形容还未成熟的事物。

巴林群岛是位于波斯湾的阿拉伯国家中最小的、最密集的、绿化比例最高的岛屿。巴林王国长约48 km、宽约16 km，其面积和新加坡相同，比伦敦和纽约小。由于人口增长以及大陆块的限制，城邦逐渐向高密度的城市景观转变。伴随此过程，巴林绿色植物的色调逐渐改变，社会生态、政治及基础设施也随之发生变化（相互的作用），使绿色的变化更加复杂。灰绿色的乡土植物海枣逐渐被取代为道路两旁、环路中间的亮绿色的草本植物以及新的居民区和休闲开发区的草坪。其实，若考虑经常维护消耗的资源，在如此明显的城市环境中建设绿地并不是真正的“绿色”（生态）。巴林的绿化工程表现为一个城市大力推动绿化的极端案例，对巴林而言，既有本地又有全球对其的推动力。

菜园和果园的绿色同沙漠的白色和黄色形成对比

巴林在阿拉伯语中字面意思为“两个海”。其中一个海是指波斯湾，它将巴林和东侧的伊朗以及西侧的沙特阿拉伯（和巴林隔有约32 km的堤坝）分开。另一个是淡水“海”，从达曼含水层涌出，其地面上的起始点在沙特阿拉伯境内，向东流经海底，之后贯穿在巴林群岛周围的海床和陆地，形成大量的淡水泉。[3]因此，巴林在区域中的重要性和它的土地面积极为不相称的原因，很大一部分是因为拥有这些支撑它的绿化和都市生活的淡水泉。

虽然绿色经常被当作人类城市的“解药”，但在干旱环境中，穿过农耕区的绿色却常代表着人类的定居。在巴林的绿地中，淡水泉以及夹杂在灰绿色的枣椰树林之中的果园以及菜地在上千年中支撑着间或出现的村庄，直到20世纪后半期，逐渐增长的人口使这种人地关系被打破。如今巴林将大量的储水用于灌溉其剩余的农业用地，产量仅能满足全国11%粮食需求，占国家总收入的0.05%。即使这样，农业在国家的人口减少的时候还能够自给自足甚至有剩余，但巴林的人口已经从20世纪20年代的7万增加到现在的100万。

灌溉用的河道及暗渠形成的复杂系统曾依靠淡水泉来补给，水源的分配依据约定俗成的灌溉法律，确保农民能公平用水。[4]巴林的一则谚语说道，“艾德哈瑞池（Adhari Pond）养育了远方，却让近处受饿”，指的是由于地形和重力作用，灌溉系统能将水供给到远方而不是邻近的园林。[5]绿地和泉水紧密的联系又进一步被在20世纪20到30年代所钻的自流井（间接导致石油的发现）扰乱，造成了巴林绿地的快速增加。一些统计表明，从20世纪30年代到70年代早期间，绿地面积几乎翻倍。[6]然而，最终造成地下储存水的过度开采和盐碱化。一些园地如今仍旧取水于所剩无几并且盐化的泉水，产出的是异常的苦果。

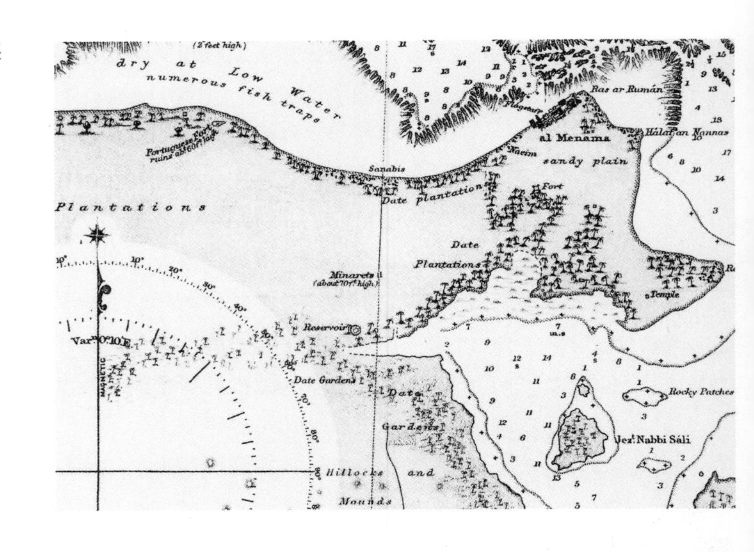

巴林地图，1901－1902年，展示了北海岸的枣椰林

在巴林，枣椰树林是最为形象和易于区分的绿色空间，然而其面积正在快速地缩减。规划法规仅允许30%的农业用地可用来开发（这和对所有非农业用地的规定截然相反），很多土地拥有者在寻找不被归为农业用地的土地，以便能够进行开发。如果土地上不再有绿色，便不再被认为是农业，因此通过有意的回避，绿色必须像沙漠中的沙石一样白。

一个地产开发商曾跟我说，要重建枣椰林生态系统其实很容易——即使这些枣椰树被砍伐后用来建造别墅，还是可以在绿地区域重新种植树木以获取相同的效应。我衷心希望确实能有他说的那么容易。然而这些空间的某些“绿色”正是它们具有吸引力的不可或缺的部分：绿色的丰富色调、纹路的多样性、阴影的多样性和亮度等。绿色的魅力不只是因为怀旧感的驱使，也不只是永远回不来的曾经的回响。许多这样的绿色空间，不管是被维护或者被忽视，都是永恒和有尊严的。它们的价值很大一部分在于它们曾是农田和果园的历史，也在于植被所创造的微气候。这种绿色的精致是无法被恢复的，只能模仿，不能重获。

福阿德·库里（Fuad Khuris）在写到巴林枣椰林的社会生活（social life）时指出，在巴林培育枣椰树曾经和在阿拉伯中部的田园中喂养骆驼一样精细。7在阿拉伯语中，有1000个单词用来形容骆驼；我不确定有几个单词用来形容枣椰树或者绿色植物，但有一个巴林农民曾对我说，他给枣椰树起的名字和他的家族名字相近，就像他的孩子一样。从这点来看，他们把枣椰树当作家中一员。若是访客被主人用这些树上的椰子招待，将被视作极大的荣幸，并且农民在他们孩子出生的时候种植枣椰树庆祝也是一种普遍现象。酋长伊萨（Isa），先前的统治者，曾用一句谚语赞颂，“枣椰树即吾之母，吾皆可生于其下，受其恩泽”。[8]

枣椰树还可以为一种名为“巴拉提（barasti）”的避暑别墅提供建材。实际上此树的每个部分都有其用途，树叶、树干以及椰子都扮演了独特的角色。据称用枣椰树做食材的一套菜能够提供人体所需的基本营养。其不同品种的果期会从5月一直延续到10月或11月。枣椰树在园林中只占了一个层级，还有多种其他植物，包括石榴、香蕉、芒果、苜蓿等，它们均生长于枣椰树遮挡强光后的环境中。枣椰树具备生长在城市中的能力，因其方方面面都惠泽了巴林岛的生命体，为它们提供了食物、遮蔽、建筑材料、社会空间、社会地位，促进了工业和农业生产，成为诗歌和民间传说描写的重要素材。

在为员工提供食物来源的同时，枣椰树林还为精英阶层创造了娱乐场所，它在灼热阳光的照射下创造了一片阴凉，为社交聚会创造了吸引人的空间，尤其是在夏季。无论过去还是现在，在巴林拥有绿林都具有复杂的社会含义。大面积的枣椰树种植曾经归商人所有，他们的目的不是获取收入，而是获取物主身份。农民被雇佣来照管园林，每周为雇主供应几筐椰子。巴林首都麦纳麦的富商在周五下午会带他们的家人到枣椰林，并对他们的亲戚和朋友发出邀请加入聚会，直到日落时分马格里布人（maghrib）的祈祷才结束。有时来访卡会被富商分发，允许朋友在他们缺席的时候也能进入枣椰林。[9]

过去的枣椰园林和现在一样赢利不多，认识到这一点十分重要。在麦纳麦市外，靠近艾因・艾德哈瑞（先前是一处重要的喷泉，因为干涸在2008年被一个人工湖取代）（Ain Adhari）有一处规模较大的地产在1943年以40 000卢比（约合120万美元）的价格被卖出，而在麦纳麦市中心集市的一个店铺售价为4000卢比。这块地后来以每月27.5卢比的价格被出租，年收入约为330卢比，约为房产价值的百分之一。这似乎不是一个上佳的经济投资，因此可以清楚地推断出所有者是看中绿地给他们带来的社会威望。[10]

园林所有者在历史上是精英阶层，包括统治者家族成员或者商人，而在其中劳作的农民则始终属于巴哈拿（Baharna）——当地阿拉伯什叶派（Arab Sh’i）聚居区，绝大多数在园林附近的村庄中居住。绿地对什叶派身份的影响也是

巴林一些绿色的色调

根深蒂固的。在纪念伊玛目的殉难日期间，伊斯兰教历第一月的前10日，麦纳麦市中心被绿色的横幅和旗帜装点，街道上撒满了罗勒和蘑菇（mashmoom），因为绿色被认为是侯赛因和伊斯兰教的颜色。每周四晚上，将蘑菇的绿色根系拿到什叶派的墓园仍十分常见。

一些年纪大的巴林人，他们还会记得枣椰林当时的排布和肌理，并常常因它们遭到破坏而感到悲伤。然而，不把过去过分地浪漫化很重要。应该认识到枣椰林的破坏并不仅仅是最近的现象，虽然其破坏的规模和速度已经增加了。柯提思·拉森（Curtis Larsen）在《巴林群岛上的土地利用与生活：一个远古社会的地址考古学》（*Life and Land Use on the Bahrain Islands: The Geoarchaeology of an Ancient Society*）一文中引用了布什尔英国的政治移民杜兰特（E.L.Durand）曾在1879年访问巴林时所进行的观察："在所有的树种中最重要的是枣椰树，其中一些枣椰树花园很精致。然而，很多却已经成为废墟，原因在于糟糕的政府。事实上，一些曾经繁茂的果园现在连一棵树都找不到。"[11]

在过去，枣椰林和村庄相间而生，农民和渔民居于此，看到的海水是浅绿色。如今别墅和其他变化较少的绿色代替了枣椰园

虽然村庄和绿地曾有着错综复杂的关系，麦纳麦（Manama）

的市中心却不曾有特别多的绿地。步行在那儿的市集中，你会发现除了零星的树和在铺装缝隙间生出的野草之外，没有其他的绿地。倒是有许多绿植窗户，有时也会出现绿植门，某种程度上可能是为了弥补城市中软景植物的缺乏。在20世纪70年代早期的城市化进程中，也正是在完全独立于英国的统治之时，巴林的绿色植物和城市才真正开始融合，利达·福卡罗（Nelida Fuccaro）将此和1973年巴以战争所触发的石油危机联系在一起。[12]正是在这段时期，绿色覆盖的乡村和郊外以及灰色与白色组成的城市在大众的想象中最后融为一体。人们周末不再去枣椰林中聚会，它也不再是"除城市外的另一个"，反而成为"破败区"，并被当成城市的一部分。枣椰林特殊的绿色被过去30年间开发的扩张所侵蚀。巴林有限的土地面积既无法满足新的土地利用，又无法保留过去被用做种植的土地。同时，大量有关水的基础设施和污水处理管道也为在巴林许多地方进行绿化提供了可能性。

当代的巴林绿色住宅区，如绿洲（Green Oasis），可以充当消失的枣椰园的一点弥补。加上在环岛、道路两旁、高级公路的中央分隔带（设计被用来提供额外绿化，也考虑了安全因素），它们也代表了当代巴林绿化的一部分。像这样的居住和交通设施空间十

分重要，因为它们是市民们日常生活中都要经过的场所。这些道路两旁的绿色景观并不代表着过去——虽然枣椰林代表了过去，但是我们需更多地考虑一下巴林的现状和它在整个世界中所处的位置，以及它对于未来的憧憬和雄心壮志等。在高速路两旁放置的广告牌上将会更多地展现新开发区的绿色植物部分，而不是把焦点放在他们想出售的房子上面。

在周末以及夜间，看到移民不顾川流不息的交通，仍在道路两旁的路牙上用餐并不奇怪（有人跟我说巴林人从不会这样做）。道路两边种植的枣椰树，虽然和传统的植被种类不同，色调不同，但仍然保留了它们的社会和农业价值。建在麦纳麦中心（先前的港口被回用后的土地上）的巴林金融港口周边，种植了枣椰树，在春季授粉，秋季结果后被低工资的海外工人留下自用。

路旁和环岛的枣椰树同过去的枣椰园拥有相同的社会价值，它们能够被当作当代的枣椰园。两者均有某种果实产出，这些果实的品质明显不同：枣椰园的果实是农产品，而路旁的椰树却是经济产量和变革的景观。过多的绿色环岛和道路分隔带种植了线性的矮牵牛花，它们有着民族特色的红色和白色，赞美国家的强大和仁爱。正如在不同的道路旁边看到的装有国王、首相、王子肖像的布告牌长久被放置在绿地旁边一样，统治者总希望和绿色有所联系。

“我们一起让巴林岛充满绿色”倡议来自一名2008瑞法视角（Riffa Views）巴林国际花园展的组织人，他还赞助了在巴林各学校征稿的一个名为“瑞法视角挑战伊甸园”的园林设计竞赛。国际花园展每年展出3天，是仅有的3个直接由国王哈马德·本·伊萨·阿勒哈利法（Hamad bin Isa AL-Khalifa）赞助的组织之一。绿色仍然保持了它作为社会催化剂的地位，因皇家机构所管辖的园林俱乐部流露出的对绿色事物和美的兴趣的增加。

从沙漠变成绿洲的转变力量是非凡的，从沙漠到瑰丽的绿色的转变是将梦想变为现实，将不可能变成可能，是在地球上创建天堂的展现。莫里斯·布洛克（Maurice Bloch）在作品《树木的社会生活》（*The Social Life of Trees*）一书中引用了列维·斯特劳斯（Claude Levi-Strauss）的观点，说道，有效的改变需要有确定的增幅。例如：将干旱的沙漠变成绿洲比沙漠变成卵石或水泥更有说服力。[13]然而，沙漠的出现，并不是那么快就能够被遗忘的。

注释：

此文摘自作者在哈佛大学设计学院的一篇博士研究论文。

1.布伦特·柏林（Brent Berlin）和保罗·凯（Paul Kay），《基本颜色术语：它们的普遍性和演变》（*Basic Color Terms : Their Universality and Evolution*），伯克利：加利福尼亚大学出版社，1969，2-4。

2.亚历克斯·伯恩（Alex Byrne）和大卫·希尔伯特（David Hilbert），《关于色彩的读物：色彩哲学》，卷1,（*Readings on Color : The Philosophy of Color*）, Vol. 1，剑桥：麻省理工大学出版社，1997，xi-xxv。

3.源于海洋的泉水造成了海洋绿色水的独特色彩，以及珍珠的特殊光泽，是20世纪30年代前，巴林人的主要收入来源之一。

4.详见舍金特的出版物“巴林巴哈马群岛的传统灌溉法”，《变化中的巴林：历史》（*Bahrain Through the Ages : The History*），哈立德谢赫·阿卜杜拉·本·阿勒哈利法（Shaikh Abdullah bin Khalid Al-Khalifa）和麦克·莱斯（Michael Rice），伦敦和纽约：保罗·基冈国际，1993，471-496。

5.阿里·阿克巴·布什尔（Ali Akbar Bushehri），个人沟通，2008年4月21日。还可以参考利达·费加罗的文章，《波斯湾的城市和国家》（*Histories of City and State in the Persian Gulf*），剑桥：剑桥大学出版社，2009，23。正如费加罗指出的，这则谚语实际上也指出了外国人对巴林资源的不合理利用。

6.详见穆斯塔夫·本·哈默切（Mustapha Ben Hamouche）的文章，《土地利用的改变以及对巴林城市规划的影响：一种地理信息系统途径》（*Land Use Change and Its Impact on Urban Planning in Bahrain : A GIS Approach*），中东空间技术会议的会议记录，巴林，2007年12月。2009年7月26日可检索。网址：http://www.gisdevelopment.net/proceedings/mest/2007/RemoteSensingApplicationsLanduse.htm.

7.福阿德·库里（Fuad Khuri），《巴林的部落和州：阿拉伯的社会和政治权威的改变》（*Tribe and State in Bahrain : The Transformation of Social and Political Authority in an Arab State*），芝加哥.芝加哥大学出版社，1980，39。

8.法蕾达·穆罕默德·萨利赫·昆机（Fareeda Mohammed Saleh Khunji），《椰子树的故事》（*The Story of the Palm Tree*），巴林：2003，45。

9.阿里·阿克巴·布什尔（Ali Akbar Bushehri），个人沟通，2008年4月25日。

10.来自阿里·阿克巴·布什尔（Ali Akbar Bushehri）档案馆。

11.柯提思·拉森（Curtis Larsen），《巴林群岛的生物和土地利用：一个古老社会的地理考古学》（*Life and Land Use on the Bahrain Islands : The Geoarchaeology of an Ancient Society*）芝加哥，芝加哥大学出版社，1983，22。

12.费加罗（Fuccaro），《波斯湾城市和国家的历史》（*Histories of City and State in the Persian Gulf*），229。

13.莫里斯·布洛克（Maurice Bloch），“为什么树，也是沉思的对象：来思索人类学中生命的含义，”《树的社会生活》（*The Social Life of Trees*），劳拉·里瓦修订，纽约，冰山出版社，1998，39-40。布洛赫城市是一个在天主教弥撒中将酒变成血的典例，如果是酒变成威士忌，这种转变则不会那么紧张。

奏响我，我属于你

卢克·杰拉姆（Luke Jerram）

为什么每周当我去洗衣房时，看到的是同样的人，却彼此不言谈？为什么我不知道住在我家对面人的名字？“奏响我，我属于你”是一件艺术设计品，目的是激励经常占据相同空间的陌生人进行交流。

该项目在城市内不同的空间中摆放钢琴。这些钢琴试图打乱人们之前在城市中的交流方式，希望激励人们参与到索回他们对于城市景观的拥有权的过程中来。项目还是对英国城市中的一些糟糕的永久性艺术品和杂乱构筑物的回击，因它们既不允许社区介入，也没有和社区发生联系。

钢琴吸引了很多隐藏起来的音乐家，让他们不再继续陷在钢琴的制作中。很明显，仍旧有数以百计的钢琴家无琴可弹，“奏响我，我属于你”为他们提供了可弹奏的乐器，也让他们有机会在公众场合弹奏，分享他们的创作。像脸谱网（Facebook）一样，“奏响我，我属于你”提供了一个交际资源、一块空白的画布，让人们能充分地表达自己。

项目的网站（www.streetpianos.com）被用来让人发表对钢琴的评价，描述它的使用情况。网站也帮助归档每架钢琴的旅程，在将它们和不同城市的社区联系起来时。迄今为止，钢琴已在伦敦、圣保罗、悉尼、伯明翰和布里斯托尔展出过。

钢琴对城市有着十分显著的影响。在伯明翰展出3周多的时间里，有140 000市民曾演奏过或者听过别人的演奏。这些数据将对于艺术博物馆的争议升级，这些场馆的参观人次要低很多，也无法满足潜在的和多样的观众需求，也无法让社区参与进来，而这些义务，是它们应该履行的。

在慈善基金对街头钢琴的赞助下，13架钢琴分布于圣保罗整个城市（2008年）。很多人从来没见过真正的钢琴，更不用说演奏了。这些钢琴最终被捐给了当地的学校和社区群体。

虽然“奏响我，我属于你”的项目成功实施了，但也面临着阻碍。在伯明翰（2008年），市议会在财政上支持街头钢琴项目，但禁止在任何市政所有的“公共”地块上弹奏钢琴（出于常见的健康和安全的原因）。为了使这件艺术品能够在伦敦亮相（2009年），组织者必须为每处钢琴摆放地申请个体音乐执照。这种为钢琴办执照的荒谬行为曾于2009年7月16日在上议院中进行了商讨。

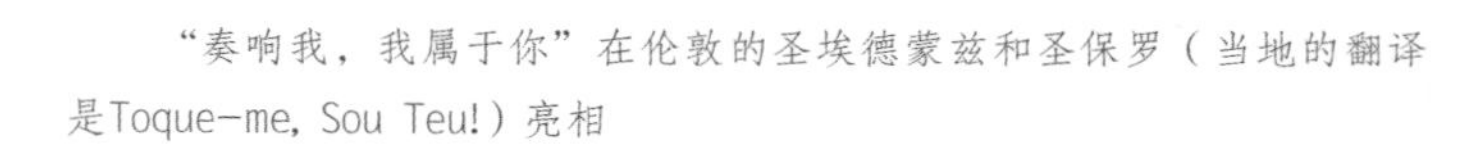

“奏响我，我属于你”在伦敦的圣埃德蒙兹和圣保罗（当地的翻译是Toque-me, Sou Teu!）亮相

Play Me, I'm Yours

WWW.PIANOSDÉRUA.COM.BR

绘制主街

杰西·沙宾斯（Jesse Shapins）

卡拉·欧勒（Kara Oehler）

安·赫伯曼（Ann Heppermann）

詹姆斯·伯恩斯（Jame Burns）

当政客和媒体提到主街的时候，他们想到的是一群人和一个场所。但是在美国有超过10 466条街道以“主街”命名。

绘制主街是一个协同制作的传媒项目，旨在通过收集真正在主街上获取的故事、照片和影像来创建国家的新地图。一旦你开始四处看，就会注意到主街无处不在——不仅在中西部地区的闹市区。在亚利桑那州的圣路易斯有一条主街，其近端刚好位于美国和墨西哥交界处。纽约有五条主街，每个郡分布有一条。洛杉矶有着全国最长的主街。在密歇根的一条主街穿过一个曾是世界上最大的工厂的福特胭脂河厂区附近的拖车停车场。

有些主街即使有建筑也只有很少的几幢。在华盛顿州的代顿市，主街穿越了绵延起伏的麦田。在阿拉巴马州（Alabama）的莫比尔（Mobile），主街是被一个消防栓占据的开放绿地。从郊区地带到城市中心区的边缘，从修建的草坪到马群放牧区域，从垃圾场到玉米田，主街是一个观察生态环境和城市交叠的视窗。

主街地图由MQ 2来创建，其以无线电独立机构、公共广播电视公司（CPB）和全国公共广播电台（NPR）、电视台为主创单位。另外还获得了哈佛大学博克曼网络和社会中心（Harvard' s Berkman Center for Internet and Society）的支持。

策划

在城市尺度上的管理意味着一个积极主动地同时参与设计以及管理不同的生态系统，包括环境、社会和政治等。以精选拿赫伯特 · 德莱赛特尔（Herbert dreiseitl）的新加坡新式水景观项目为例。它将传统的水管理策略与仅把水作为娱乐和生态项目的一个要素联系起来，德莱赛特尔为管理城市的水资源提出一个创造性的计划，把废水变成了财富。同样地，在孟买，阿努拉达 · 马瑟和迪利普 · 达库尼亚提出是否应该将季风也当作财富，而不是一种负担或不便，而这将会导致城市形态彻底发生改变。米歇尔 · 乔希姆（Mitchell Joachim）与合伙人提出的策略是城市的管理和设计应该融为一体。乔希姆指出："我们应该加入释放城市新意义的队列，即强调让自然做功理念胜过强调人类决定一切的奇想。""这些设计不断取得成功是因为它们不仅把生态当做生产力的象征，同时还当做逐步形成的工艺品。"策划和孵化紧密相关。正如白瑞华（Raoul Bunschoten）在文后的部分说的那样，我们必须成为策展人以及艺术家，将城市规划看成是一种艺术形式，"创造新的现实，塑造对未来的展望，以让人们能够全身心投入进来。"管理不仅为制作和经营，而且还为设计提供具有创意的策略。

管理资源
尼尔 · 柯克伍德（Niall Kirkwood）

海洋和季风：孟买宣言
阿努拉达 · 马瑟（Anuradha Mathur） 迪利普 · 达 · 库尼亚（Dilip da Cunha）

宏大的生态城市还是城市生态安全？
迈克 · 霍德森（Mike Hodson） 西蒙 · 马文（Simon Marvin）

新加坡的新型水景观
赫伯特 · 德莱赛特尔（Herbert Dreiseitl）

为鱼塘增高水位
张洹（Zhang Huan）

展望生态城市
米歇尔 · 乔希姆（Mitchell Joachim）

回到自然
桑迪 · 希拉勒（Sandi Hilal） 亚历山大 · 佩提（Alessandro Petti） 艾亚尔 · 威兹曼（Eyal Weizman）

哈耳摩尼亚（Harmonia）57号办公大楼
齐普提克（Triptyque）

确立可持续的城市发展战略
迈克尔 · 范 · 瓦肯伯格景观设计事务所（Michael Van Valkenburgh Associates）

中央大街广场
Hood设计事务所（Hood Design）

管理资源

尼尔·柯克伍德（Niall Kirkwood）

景观作为一门学科，从一开始就以一种批判的方式介入社会，改善环境以及为协调公共产品的利益和利润提出解决方案。虽然景观行业的历史在很多方面都十分明晰，但仍不能理所当然地认为，景观在自然界中规划和设计以及改造环境过程中占据了领导的地位。当务之急是在过去的30年，景观领域是怎样变化的，伴随这种变化的有以下三方面思路。

其一，景观已经远远超出风格定论，而风格往往是现代主义园林常坚守的准则。当代的思路是使设计本身成为一种研究，并使用像艺术一样的科学模型，重点关注场地的测量、生态要素、同自然和人造系统的互动等。随着现代城市逐渐变高、变宽，什么样的可持续系统将会传送食物、能源和水呢？城市怎样处理噪声、光线和气味呢？为了减少城市的碳足迹，新的开放空间和建筑应该怎样在已有的老建筑基础上进行建造呢？

其二，对于自然的观念和对于自然界的科学定义，景观专业对此通常已经达成共识，并且在20世纪70年代经历了巨大的观念上的转变。动态生态学，特点是持久的变化和恢复，是当

2008年孟买洗衣厂上方

今（对自然认识）的一个范例。

其三，景观设计师具有的能够处理不同尺度的场地的能力、解决环境问题的能力，以及和城市规划师、工程师、建筑师的领导团队合作的能力越来越成为这个世纪的规划和设计的技能要求，它们被奥姆斯特德（Olmsted）和艾略特（Eliot）使用得十分纯熟和有效。如果景观设计学想要对城市有所贡献的话，这些技能也必须被继续发扬和传授。然而全球金融市场正在经历的剧变使城市景观如今遭受的变化和冲击明显地和我们（奥姆斯特德以及艾略特）当时的时代不同。景观设计师在工作中必须综合考虑和解决复杂的环境和社会问题。

在这样的大背景下，尤其在亚洲，值得注意的是：一些城市中心过分整齐和受约束，被其资源所保护；而其他一些中心则特别无序，每次更新换代都会出现新老功能的对话。另外，还有一种中心区域保留了物质和文化资源的最初状况：大量无法归类的材料（散布在整个区域），跨国公司和清道夫此类群体会四处搜寻，寻找或挖掘有用的、能被卖或回收，或者以后可以使用的物件。以展示如何深刻挖掘资源的价值，并将它们应用在有想象力的、带来欢愉的、原创的空间中，但具有说

2008年孟买，进入操场的入口

服性的案例太少了。许多这样的资源其实已经创造了自己的神话，譬如（在伊万·伊里奇的文章中提到过），湖水变成水分子，垃圾由废物变为能源等。

意料之外的是，我们已经看到了在历史中景观演变的连续性。其一是稍大型景观的持久的重要性——区域和流域；其二是连接充满自豪感的少数统治者和多疑的但勤劳的大多数民众之间鸿沟的可能性；其三，是将对于人类日常生活中的（通常是群体而非个人）对生活有实用意义的非正式化智能的追求，以及在城市规模上的重现；其四是人们对于资源的体验和与某个场所的地理生态环境结合得十分紧密，形成了一个独立的文化景观，我们称之为城市。

2008年孟买海滨的小屋社区

2008年孟买BDD宿舍外晾晒衣服

2008年孟买BDD宿舍公共走廊尽端

2006年孟买第二纺织厂用完的棉花卷

海洋和季风：孟买宣言

阿努拉达·马瑟（Anuradha Mathur）和迪利普·达·库尼亚（Dilip da Cunha）

在大部分的历史记载中，孟买的历史始终以它是欧洲殖民地为重点——从1534年到1665年是葡萄牙殖民地，更重要的是从1665年到1947年为英国殖民地。在这些记述中，很少提及到在孟买被侵占期间，对待地形的态度和形容地形的词汇，形容一个未必只停留在先前的孟买殖民者间的观念的词汇，即陆地和海洋应该是分离的。这种陆海分离的观点是由欧洲航海家提出的，但更多是于18世纪由英国航海家和土地测量师进行探讨，在地图上画出了一条线。这条线穿过岩石、沼泽和濒临水体的区域，它先于填海计划就已宣称在水陆之间有着清晰的界限。而填海计划则除了声称陆海分离之外，还想要在海陆之间的过渡地带消除任何模糊的特性。

大体上，清晰的海陆界限未被察觉，上面提到的观点也促成了它在地图上被描绘出来，并被当成是孟买地形的理所应当的样子。按照这种观点，土地可以被各种精美的细节修饰，比如，建筑红线、土地利用和等高线等，也可以被实体来标记，比如水体、树木和像英国人一直想要建造的“岛城”中的岛屿一样拔地而起的建筑等。事实上，本着连接前先分离、功能混合前先进行土地功能分区、入口出现前先内外分离的精神，陆海的分割只是蔓延于土地表面的各种分割的开端。然而，自始至终，在上面观点的支撑下，海洋不必多说，显示为大陆边缘一个无关紧要的平面，在地图上成为一片空白。

如今在殖民权利和土地所有背景的熏陶下，海陆分离的观点已经深深地嵌入了日常的语言文化中，也成为想象孟买的现在和未来的一个固有的观念。人们时不时地都会对关于上述观点下海陆分界线的形成产生疑问，想知道画出此线的目的和企图。但很少人会提及关于它的出现、海陆分界线的现场状况（battlefront），以及海陆之间的整体情况，在孟买它还包括季风。

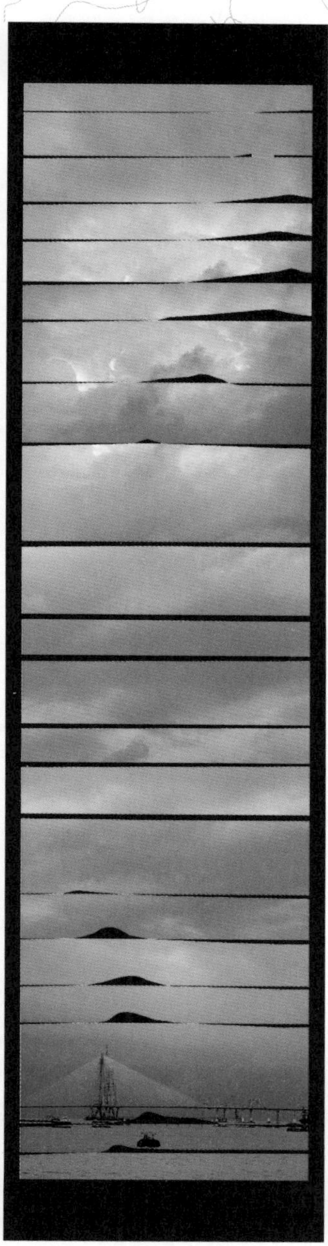

季风：“一次冲击——当季风来临时，到处暴发洪流，”这是一个作者在1938年写的文章中，对每年的7月都会冲击孟买和其他印度西海岸的现象的描写。这种现象引起孟买人的注意，被称为“面状季风”，不同于水从点状的水源地流出而汇成了河流

1827年对孟买的调查结果显示，在其具有里程碑意义的1827年地图中——对孟买的南北方的第一次专业调查结果——威廉·泰特（Lt. William Tate）将旷野、梯田、池塘和海峡区分开来，并特别将水流（从陆地中）分离出来。这些“河流”被先画出来，从海岸线延伸到内陆，并着上和海洋一样的蓝色。他为孟买提供了一个新的词汇叫“土地利用（土地分区）”。如今他画出的河流对城市管理机构解决洪涝问题至关重要。

威廉·泰特（Lt. William Tate），孟买和撒尔塞特岛（Salsette）平面图，在1927年完成的税收调查基础上精简的。1831年12月完成细化。

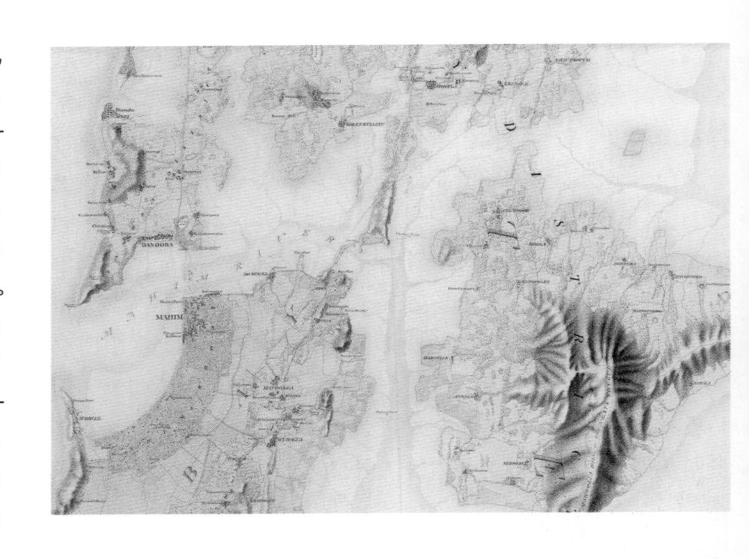

西南季风被孟买的英国当局视为“坏天气季节”。它在7月初来自海洋，一直持续到9月份，让调查者的户外工作十分艰难——模糊甚至擦掉研究院想要清楚看到的地面上的线条，例如水陆交界线。因此，调查者们在“晴天”，当水陆交界线可见度较高时，才会继续他们的工作。

两个多世纪以来，这种在季风接近尾声后的“晴天”条件下绘制的地形图成为了当局者作决策的一个基本依据，不仅假设了水流的过程和水陆间的边缘，还更进一步使用建筑红线、河堤和其他构筑物强调了这些边缘。但在2005年7月的时候，出现了令他们震惊的局面，即季风和海洋不再遵照地图上所画的线而活动。

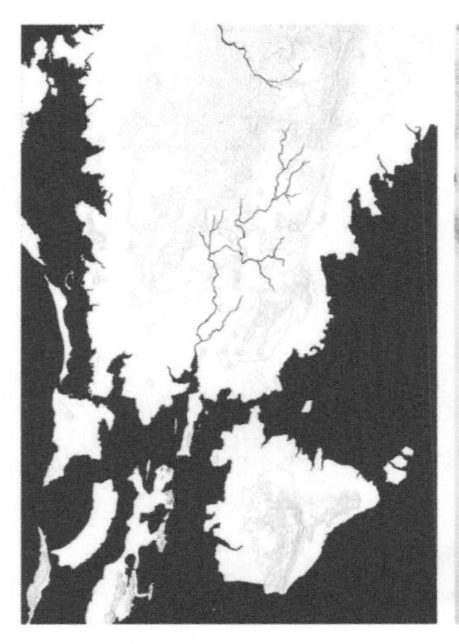

1700

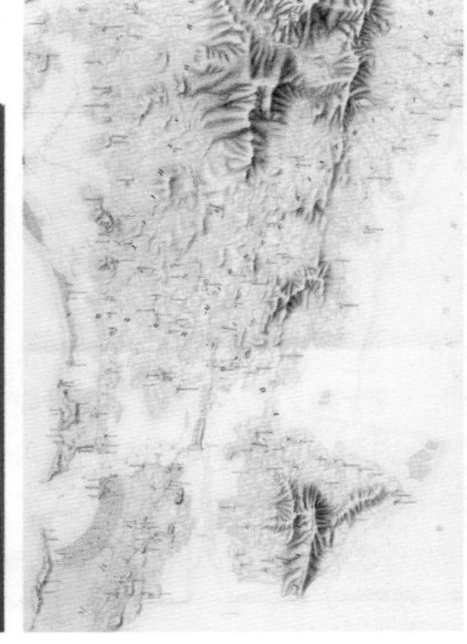

1800

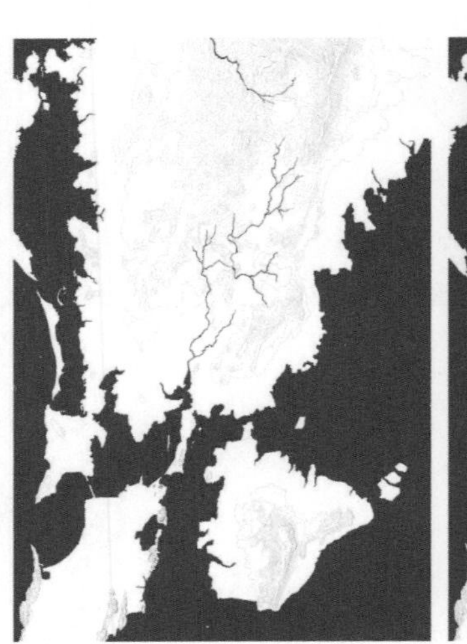

1850

1900

米提河（Mithi）的形成：米提河有着两个源头。较高部分是高帕河（Gopar Nullah），是一个从维哈尔和波维以及阿勒河收集季风水的沼泽。较低部分是马西姆溪（ Mahim Creek），是一条闭合的河流，从马西姆湾到塞恩湾和孟买湾，从不止一个入口注入了海洋。高帕河成为分别在19世纪50年代和19世纪90年代修建的维哈尔和波维蓄水池的一个出口，马西姆溪成为一个入海口，被1800年修建的锡安堤道（Sion Causeway）阻隔了向东的流向。如今的米提河是高帕河和马西姆溪的结合，大体上就呈现如上的分布情况，但是偶尔，它也不能调节两个部分（关系）的连续性，尤其是当在低处的小溪的高潮遇上了在高处的沼泽的强季风期时，正如2005年7月26日那样

事实上，对于水陆交接线不加判断的全盘接受给孟买带来了灾难。2005年的一场大洪水，当时孟买的一部分房屋被淹没在水中，造成上百的人员伤亡以及大量的财产损失。这些大雨是非常态的。一年的平均降水量（944 mm）全集中在了这一天。但是原因不仅如媒体和大多数分析者所描述的，未预料到的大雨或排水系统的失效，又或是规划和管理的失误。这次灾难的原因是没有正确分析地形。此处的岩层，正好位于水平面下方，如今仍维持了其在17世纪的面貌，当时约翰·弗莱也（John Fryer），一个在英国东印度公司就职的医学官员，将孟买描述为“点状的大陆，向哪个方向倚靠仍然值得商榷。因为在低水位时，它们和大陆之间人可以涉水而过，从大陆向这些岩层也一样；而在春潮到临时，它们的很大一部分则会溢流。”[1]

孟买，不仅仅是一个岛屿，还是一个河口，一个由淡水环境向海洋的盐水环境转变的地方。然而，位于印度孟买西海岸，入海口远远不再受两侧河口的限制，尤其是在季风期，当时间很短而水量很大时，无法形成一个按照地图上描绘的规整的出口。在这样的时期，当海岸处出现一个水流的连续体，多到无法计算和命名的时候，海陆交界处就不仅是南北向的分界线，而更是在东西向互相渗透，在两个方向上调整着海水的运动。这些运动产生的物质是不同的。除了水之外，还包括从侵蚀的土地上掉下来的沉淀物以及随着海潮而卷进来的物质。它是一个物质体，已经不能用简单的梯形来表示，不管是坡度还是盐度。

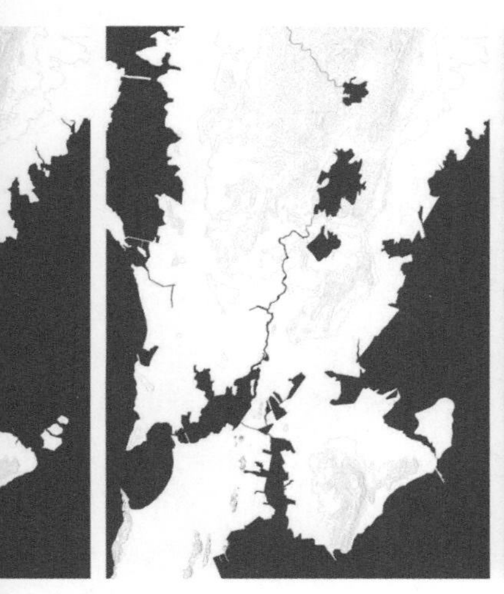

1950

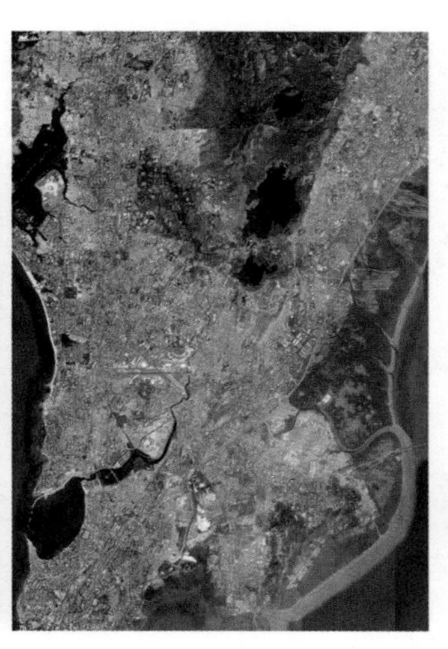

2000

米提河

孟买的剖面图：当平面图显示了孟买的岛屿，并标出了陆地边缘的海洋，剖面图表现的却是海洋处于陆地下方和中间，通过含水层穿过陆地，并为孟买居住在遥远内陆的市民提供了广为人知的“苦咸水”。可以看到垃圾填埋池、堤道和墙体都不能将海水阻挡在外，它们仅仅在表面上看来可以防御洪灾，而土地深处还有压力、渗透以及孔隙等在发生作用。在此河口，2005年的洪灾不仅是由于雨水和地表径流造成的，还有很大一部分水是来自于地下的渗透和扩散

观察动态和流动的世界需要看其横断面的深度，这是一种深受航海家青睐的观察方法，他们不信奉绘制地图所使用的地理空间的测量方法。当看不到土地时，他们转向一种在天球中生效的时间世界，在此有的是可以辨识的时间而不是可测量的路程；他们转向土地深处的世界，使用的是剖面的语言，而不是平面。此时，空间变得不存在（或许因为它无处不在），除了纵向外的表面也变得不可辨识——通过上升、波动、声音和生物——地形可以被理解得比眼睛看到的更为深刻。靠近陆地时，就需要感受地平线以上的纵深感。但是在使用这种方法的很长一段时间内，航海家经历了一种从竖向剖面到平面，时间到空间，用地平线标出的可以到达任何地方的世界都有一个明显的可以被假设为向“另一面”过渡的边界的转变。

从海洋到陆地的过渡是不合逻辑的。时间和空间、纵深和表面、水平线和边界之间如果有相同点，也是很少的。从定性的角度讲，这些概念都是不同的丈量方式，彼此互不相容。除了普适大地之外，还有一种通过尊重海洋和陆地的差异性的实践，赋予了两者活力，是一种不安分的协调和一种具有张力的类比。

这些实践在如今的孟买是可见的，它们在地图的表面之下，也在依赖地图的人们的视线之外。它们存在于寻常的景观中，不关心视觉上的清晰，而是运用和商讨河口的韧性和敏感度。这些景观包括操场（maidans）、塔拉奥（talaos）（一种表面使用季风过境时的水压，从水井中获得地下水，将盐水存放在海湾中的池塘）、市集和枣椰树林（oarts），在对海岸线处理的领域里被当成不够正规或缺乏雅致的景观。然而在河口，这些景观所培养的对于分歧的欣赏和对于不确定性的调节，为孟买反思测绘和设计提供了一个机会。

人类学家克利福德·格尔茨(Clifford Geertz)叙述了一个“印度故事”，与孟买现在新的形象很相符。故事是这样的：“一个英国人被告知世界是处于一个平台之上，此平台又立于一头大象的背上，而大象又立于一只海龟的背上，英国人便问，那海龟站在哪？另一只海龟背上。那另一只海龟呢？呃，先生，此后下面都是海龟。”[2]格尔茨的故事揭露了理解的片面性。“理解身边某事物的关键在于，不管对自己还是对其他人的论点都要提出强烈的质疑，相信你并没有完全理解它。”其他一些人没有相信故事中无休止的海龟的说辞。对史蒂芬·霍金而言，无尽的海龟塔是对人类能够掌握宇宙的潜在秩序的否定，“我们的目标正是对生存的宇宙进行一

个全面的描述”[3]。

在对这则“印度故事”的欣赏和描述中，可能错过了某些信息，它们被欧美人在讨论事物的真相和起源时，以不同的方式反复提及，即故事中提到的动物和它们所生存的分区的世界：海龟在大象之下，那爬行动物的世界就在哺乳动物之下；可能印度洋周边栖居的5种（4种远离马哈拉施特拉邦）海岸两栖的海龟的世界支撑着陆生的亚洲大象。在印度，尤其是在西海岸的季风区域里，对于陆生栖息地有另外一种解读。这种陆地不是除水之外的陆地，而是指从天上的季风云团到纵横交错的溪流，再到地下含水层网络的一个不确切和神秘的深度范围，即不是现在理解的地面空间。在这种理解下，建立混凝土墙来将季风水渠化以及建立大坝来阻止海水进入内陆——都是准备将水阻挡在线外的实践——已经不再适合。通过横断面视角观察，水更多的是在上升或下降，蒸发或冷凝，而非仅在表面流动。它们不会形成洪水，但是会逐渐渗透。

如果克利福德·格尔茨（Clifford Geertz）的那则关于海龟的传说为“印度故事”是正确的，那对世界有横断面的印象可能也是来自于印度人的想象，当时和英国当局的观点同时并行，而现在和被教化的印度当局，先入为主地将孟买用地图的方式表现出来的观点并行。事实上，在河口处的孟买在剔除用地图视角看世界（的观点），这个观点是由避免在季风过境期间“看”的人所持有，因为在“坏天气”期间，他们想看到的海陆交界线的“真相”被丢到未知深度的海龟背上。

当岸线上的人们注意到洪水的涨落规律以及想要建立阻挡上升的海水危及陆地的低洼沿海地区时，孟买可以选择一条实质上更平和且适宜的道路。海洋仍在景观测量的可控范围之内，但不是用平面上地图的语言。这些景观鼓励使用并非在平面图上强制移走或者分离的实践方法，而是在横断面图上调整流动性。它们是可吸收的，有弹性的，通过给更多的可能性预留空间而不是通过对不确定的事物提出假设来创造场所，认识到了孟买不仅是一个河口城市，而且是一个处于季风带的河口城市，是下层无止尽的海龟。

在孟买进行设计必须从一个新的视角开始，即它是位于海洋和季风都处于城市内部而非外部的境况中，因此要创造一个包含模糊性和可能性而非清晰性和确定性的场所，是设计的宗旨。这样的地带不适合于总体规划，即将使用平面视角的地图视作理所当然，并依此来规划设计未来城市的规划方法。因为这种规划方法提前预设了土地坚固不变的特性，以及随之而来的一些控制性的策略，例如土地利用分区、分区规划、强制性的控制红线等。这些策略需要的不仅是对地理空间有着清晰的概念，而且需要对日常生活有一个简单化的了解，将它们划分为居住区、商业区、娱乐活动区、工业区、管道和交通或者以上区域的两种或多种的融合。而对于孟买河口的景观设计部门抛弃了以上预先控制的视角，也使之成为了在殖民时期的“另一个”，在如今也作为“不正规”的规划和管理部门长期地存在，同时使得这些新的景观设计在挑战传统的同时，也受到传统的威胁。

下面展示的是米提河（Mithi River）地带的一系列规划图中的两幅，从位于北孟买山丘上的桑贾伊·甘地（Sanjay Gandhi National Park）国家公园起，穿过被居民以挑衅而非顺从的姿态占有的地表，到一处曾经控制马西姆溪（Mahim Creek）的历史要塞的边界。这三段米提河两岸的土地分别作为三个不同系列的干预设计的场所——溪流要塞（Creek Forts）、流水口岸（Nullah Crossings）以及季风面（Monsoon Surface）。这些设计策略被当作由视觉、政治、技术流动和敏捷化等方面播下的种子，可以使陆地和海洋之间的地带拥有暂时性、不确定性以及复杂性，它们不是整个方案的结束。他们领会到的是在一个河口，并且是受季风影响的河口进行设计，解决洪水问题不是依靠控制洪水的手段，而是要创建一个可吸水的，具有弹性的场所。

注释：

本文摘自《吸收：处于河口的孟买》，新德里：鲁帕和合伙人，2009。

1. 约翰·傅莱雅（John Fryer），《东印度的波斯九年游新记》（*SOAK: Mumbai in an Estuary, 1672-1681, vol.1*），特学会，1909，160。
2. 克利福德·格尔茨（Clifford Geertz），“深度描写：文化的释义理论”详见《文化的解释》（*the Interpretation of Cultures*）一书，纽约：基本书局，1973，28-29。
3. 史蒂芬·霍金（Stephen Hawking），《时间简史》（*A Brief History of Time*），纽约：矮脚鸡出版社，1998。

项目二：马西姆堡（Mahim Fort）

马西姆堡项目干预的是一个流动的拐角处。这里，携带细小黏土和泥沙颗粒的马西姆溪东西向流水，同携带大颗砂粒的南北向海湾边缘相遇。这个拐角，曾由堡垒所控制，后由于在19世纪40年代建立了横跨在小溪上的堤坝，逐渐沉积，并向北移动，使土地适合被用做一个操场或沙滩、一个渔村和一个污水泵站。项目扭转了泥沙向北移动的趋势，施加外力干扰小溪，使之东西向流动。同时，顺势修建了一条东向的横跨堤坝的小溪。这条小溪将马西姆海湾同堤坝附近的米提河相连，为米提河提供了通向海湾的另一条通道，同时还能作为码头和市场的轴。另外，在马西姆堡以及沿着海湾往北处还修建了能够提供娱乐和经济活动的场所，培育并种植了防止海滨被进一步侵蚀的枣椰林。在马西姆堡，可能任何地方，这些枣椰林能够作为在入海处抛锚后停留了很长时间的船只进行生物处理的设施，邻近马西姆堡的居民就会获得一些物资。向这些驳船付款以获取从再利用物质中得到的能源和肥料，这些家庭也被邀请参与到在枣椰林和海滨外泊船处之间的循环系统中来，这样，收集来的物质就会有时间经过曝氧和厌氧的过程转变成能量、肥料和灰水。

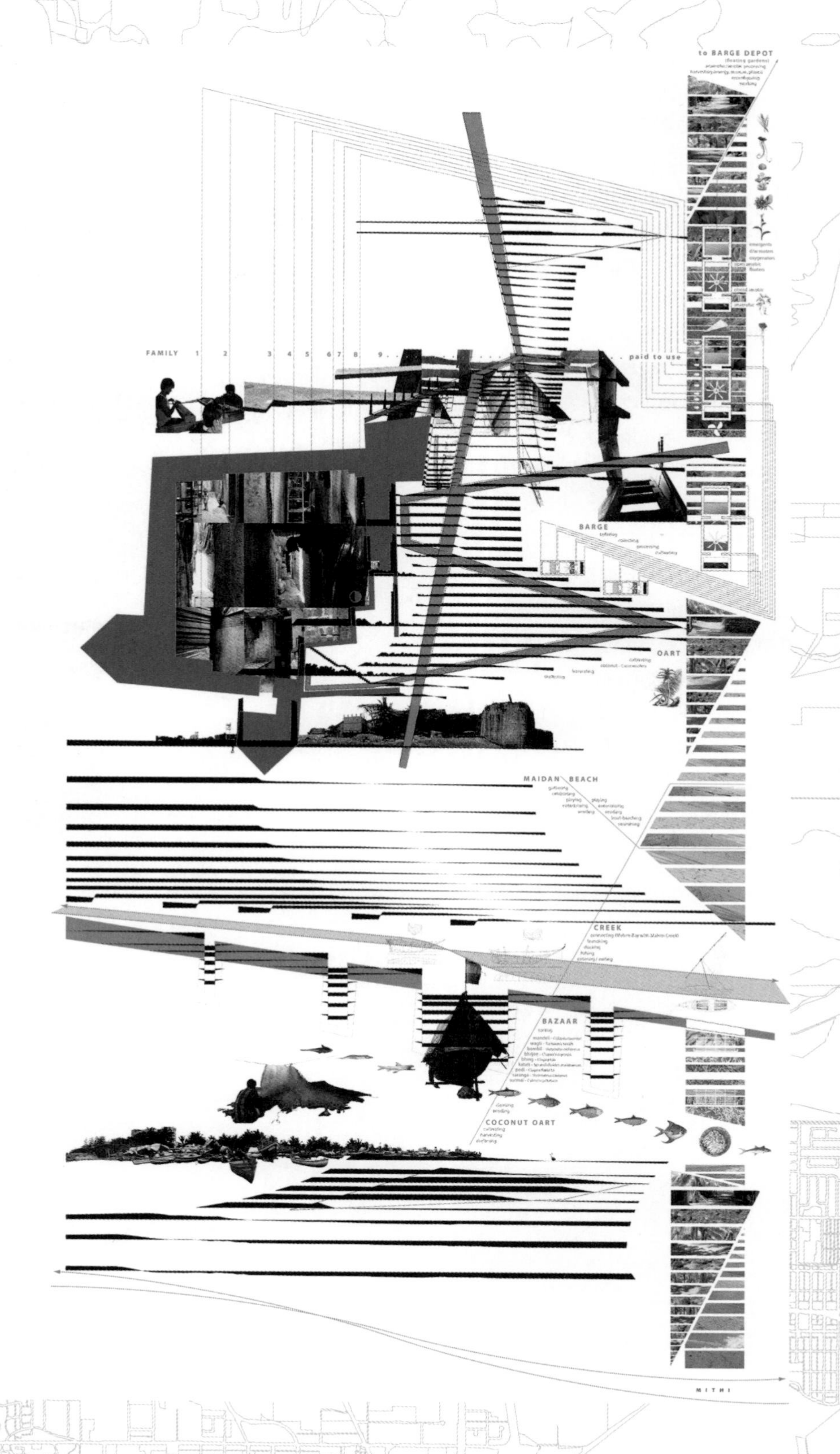
to BARGE DEPOT
FAMILY 1 2 3 4 5 6 7 8 9 . . . paid to use
BARGE
OART
MAIDAN BEACH
CREEK
BAZAAR
COCONUT OART
MITHI

项目九：机场路口

机场路口项目将米提河变成一个污染物处理基地——在有着凹凸表面的装置上培育生物物质，过滤、吸收和转化废水，之间通过基石上的溢流相联系。这个表面由米提河上游的沼泽地延伸而来，一直到达能够进行废水处理操作的合适地点。同时，还穿过了沿着机场边界的围墙，其可以在较高的地方收集季风过境时的水资源，而低地的水能够满足社区和机场的需求；另外，也穿过了操场，在不作其他用途时，它能够储存和吸收在季风过境时多余的水。这些储存和调节凹凸表面径流的基底航线能够被用做通道，以及其他的用途，比如在孟买更多被用做操场和集市，而不仅仅是起点和终点的连接。然而，最重要的是，米提河表面通过机场平整的领域延伸到了沃克拉流域，为米提河入海提供了另一条通道。

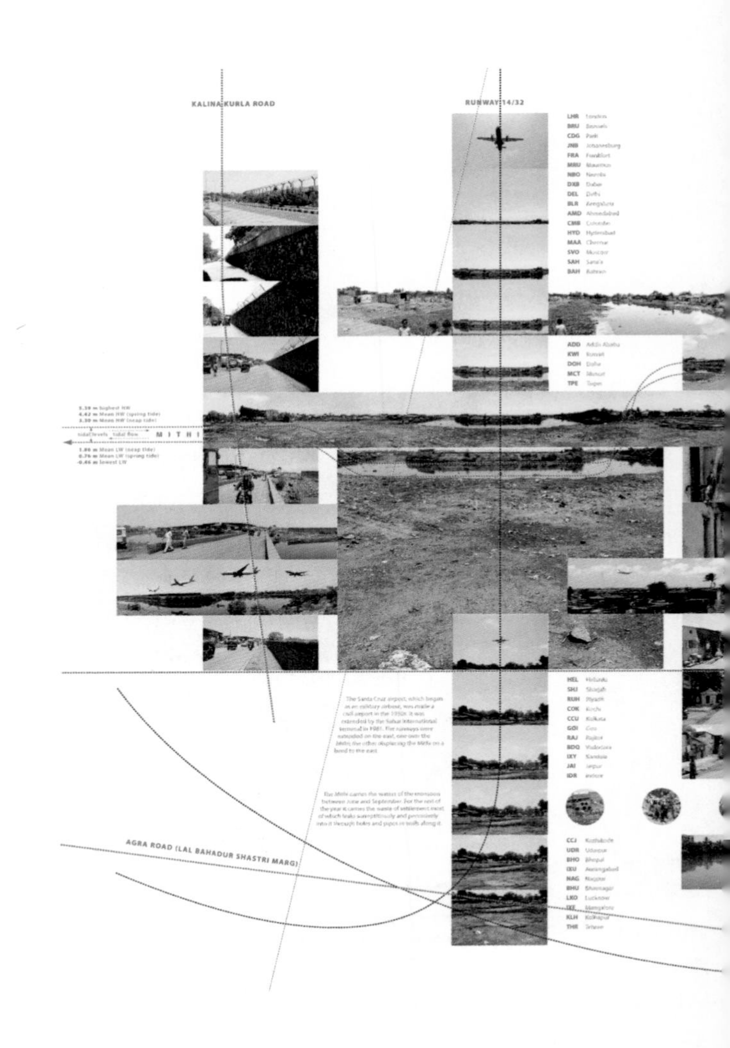

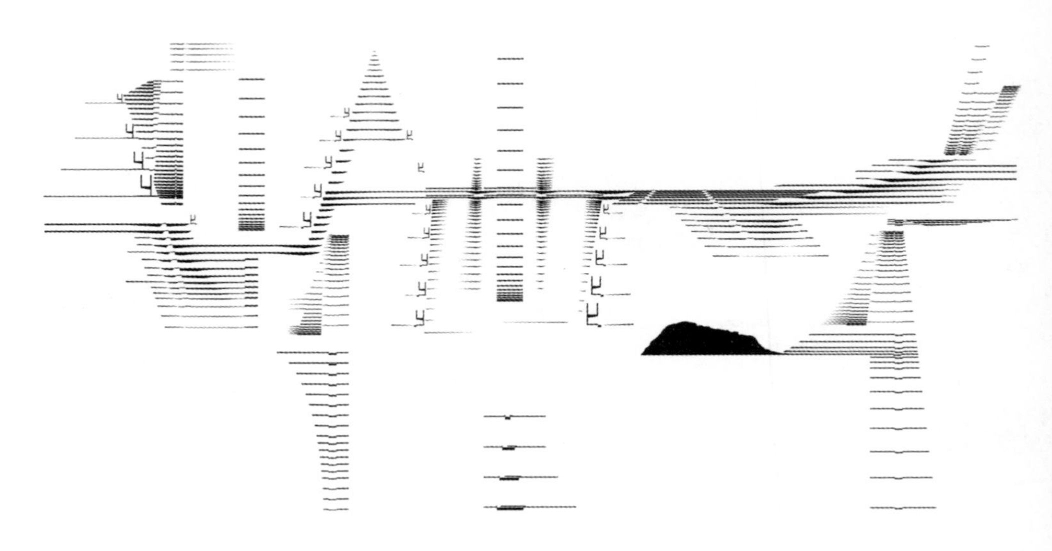

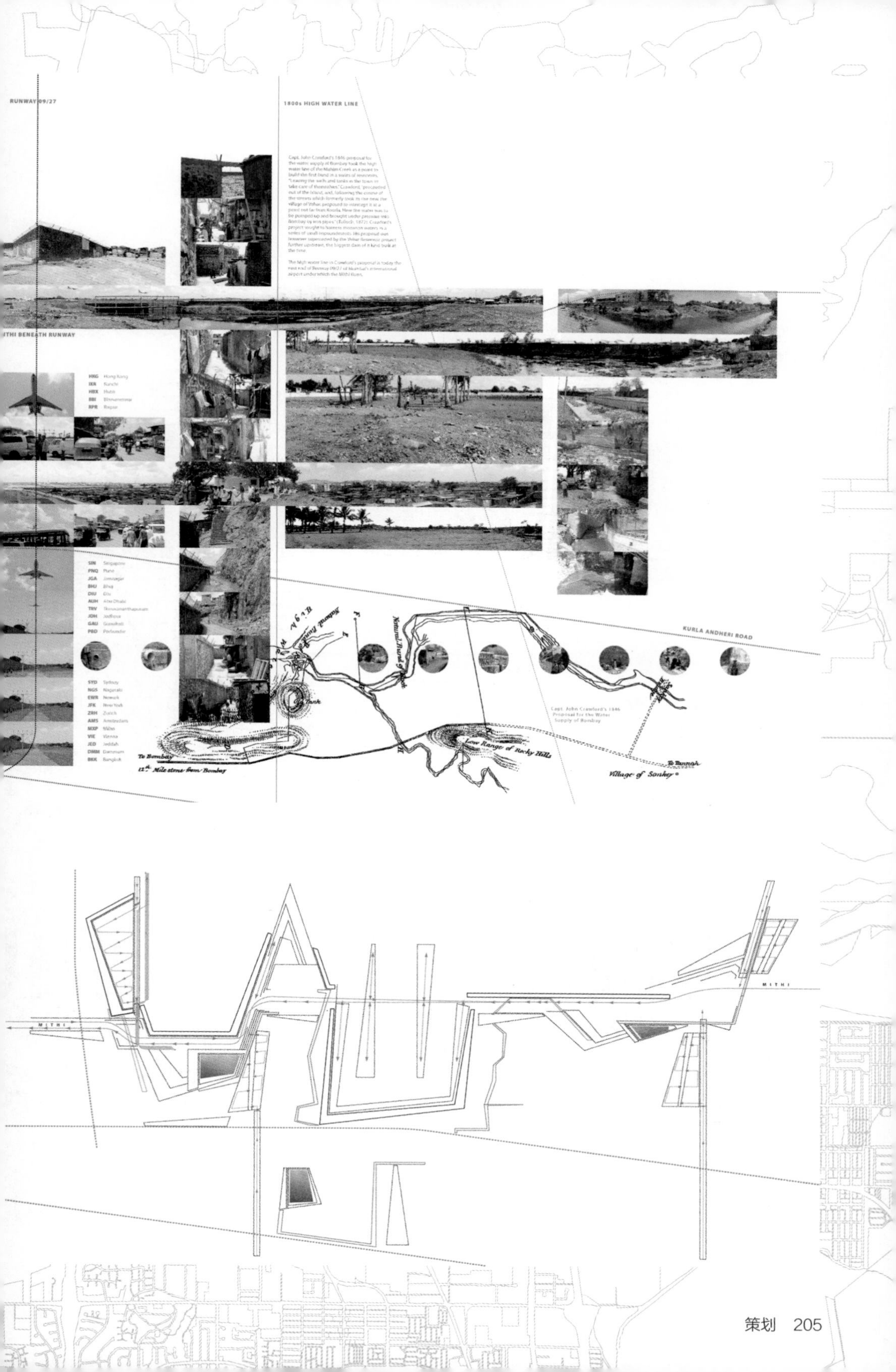

RUNWAY 09/27
1800s HIGH WATER LINE
ITHI BENEATH RUNWAY
HKG
IXR
HBX
BBI
RPR
SIN
PNQ
JGA
BHU
DIU
AUH
TRV
JDH
GAU
PBD
SYD
NGS
EWR
JFK
ZRH
AMS
MXP
VIE
JED
DMM
BKK
KURLA ANDHERI ROAD
Capt. John Crawford's 1846 Proposal for the Water Supply of Bombay
Low Range of Rocky Hills
To Bombay
12th Mile stone from Bombay
Village of Sonker
To Tannah
MITHI
MITHI

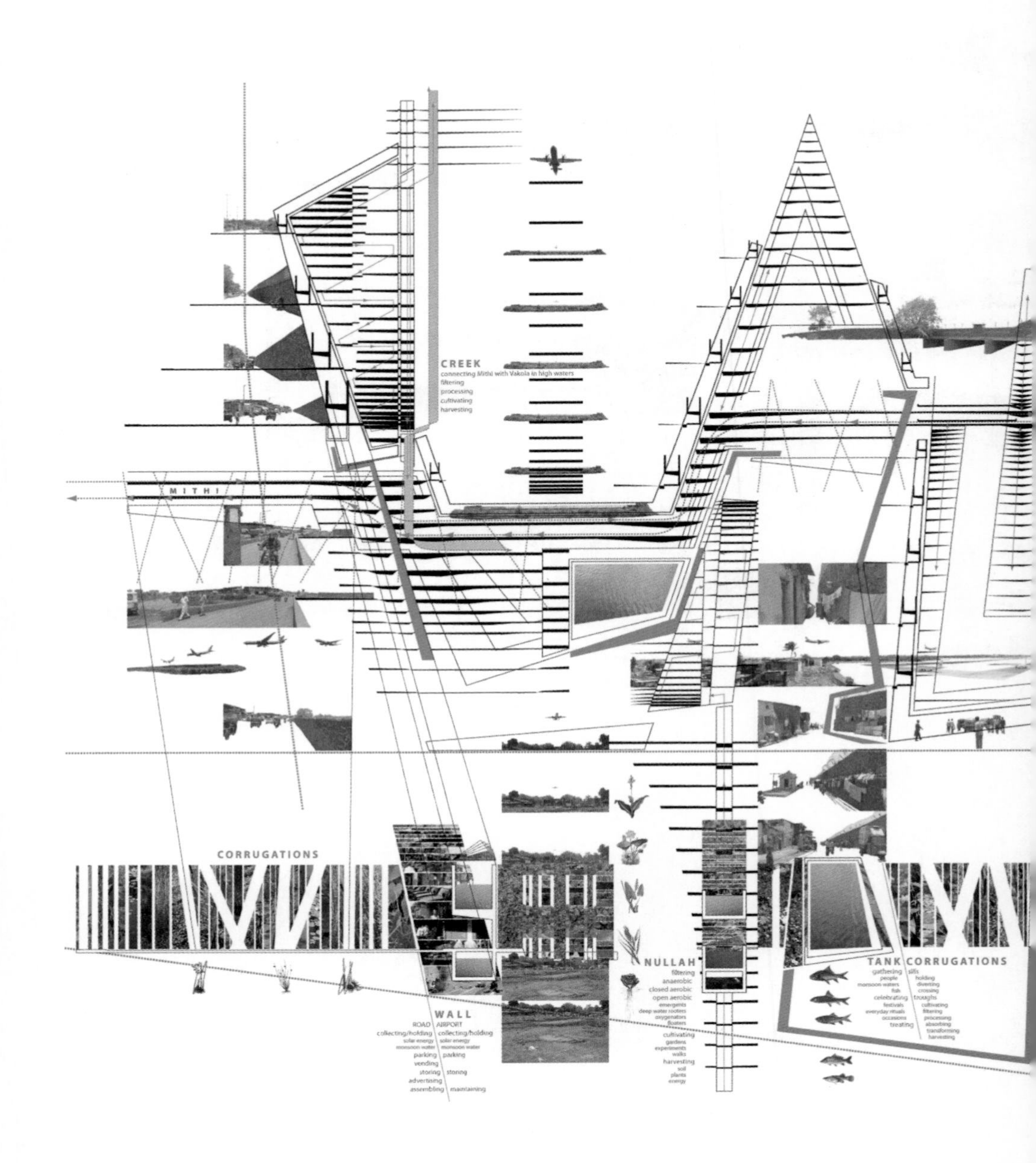
CREEK
connecting Mithi with Vakola in high waters
filtering
processing
cultivating
harvesting
MITHI
CORRUGATIONS
WALL
ROAD AIRPORT
collecting/holding collecting/holding
solar energy solar energy
monsoon water monsoon water
parking parking
vending
storing storing
advertising
assembling maintaining
NULLAH
filtering
anaerobic
closed aerobic
open aerobic
emergents
deep water rootees
oxygenators
floaters
cultivating
gardens
experiments
walks
harvesting
soil
plants
energy
TANK CORRUGATIONS
gathering sills
people holding
monsoon waters diverting
fish crossing
celebrating troughs
festivals cultivating
everyday rituals filtering
occasions processing
treating absorbing
transforming
harvesting

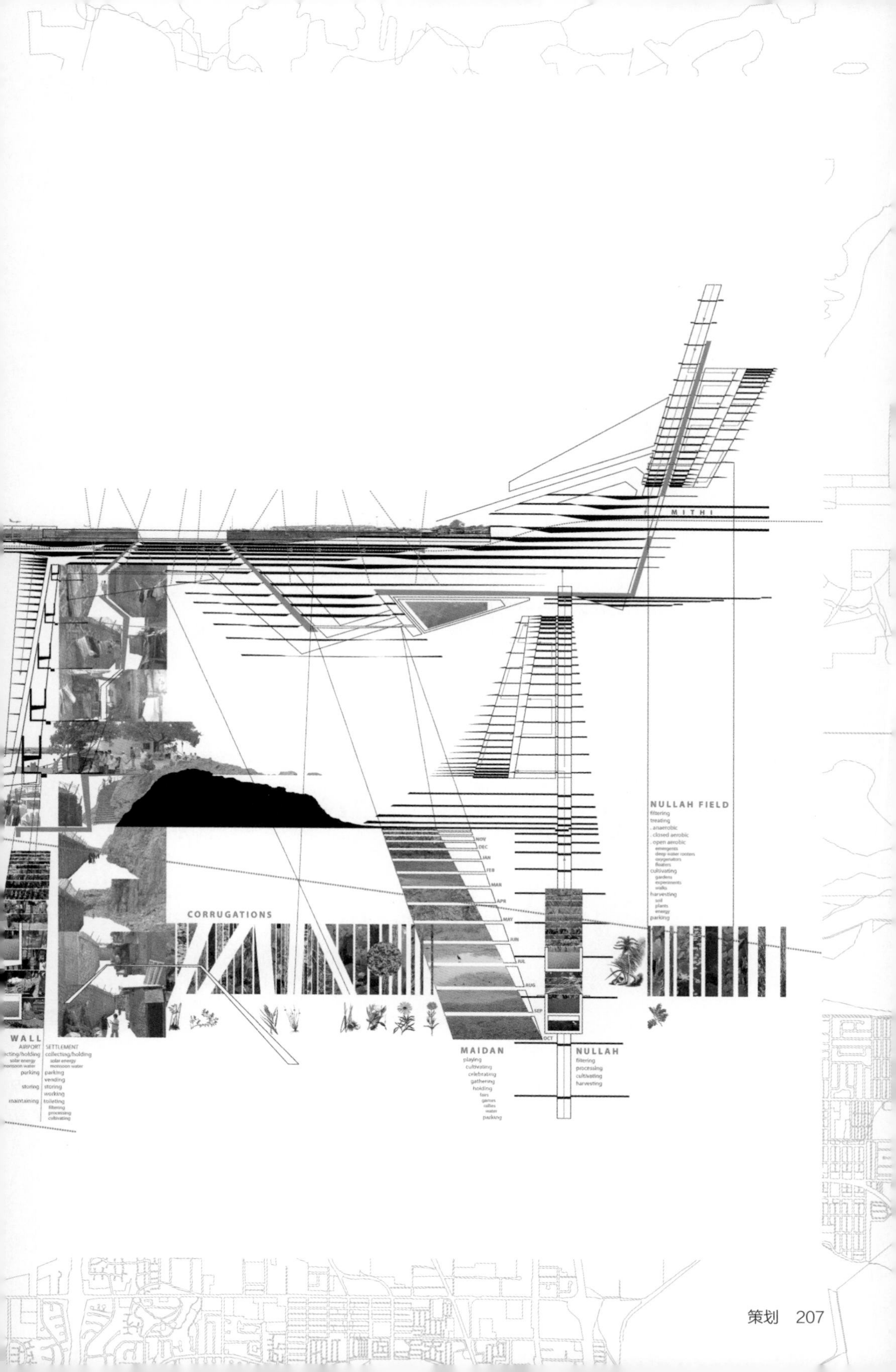
MITHI
NULLAH FIELD
filtering
treating
. anaerobic
. closed aerobic
. open aerobic
emergents
deep water rooters
oxygenators
floaters
cultivating
gardens
experiments
walks
harvesting
soil
plants
energy
parking
NOV
DEC
JAN
FEB
MAR
APR
MAY
JUN
JUL
AUG
SEP
OCT
CORRUGATIONS
WALL
AIRPORT
SETTLEMENT
collecting/holding
solar energy
monsoon water
parking
vending
storing
working
toileting
filtering
processing
cultivating
maintaining
MAIDAN
playing
cultivating
celebrating
gathering
holding
fairs
games
rallies
water
parking
NULLAH
filtering
processing
cultivating
harvesting

宏大的生态城市还是城市生态安全?

迈克·霍德森(Mike Hodson)　西蒙·马文(Simon Marvin)

生态都市主义让我们有机会来关注环境运动带来的更广泛的社会影响及其潜在的长期后果，以此增进我们对城市的理解。作为城市规划的专家，在这项研究中我们首要的兴趣点停留在回顾当初为即将被称为“生态都市主义”的思想找一个更窄的定义，它是对气候变化和资源短缺的一个明确的、在当今时代的空间上的回应。最困扰我们的是一个值得质疑的假设：生态都市主义是城市发展的一个变型，允许城市在继续发展经济的同时，仅从字面上理解，即为超越环境的限制，避免更广泛的社会变化的需求。生态都市主义真的仅仅代表着建立生态安全的社区？或者说在面对各种生态危机时，它能否提出更为综合性的见解来保证地球的安全?

将复制的生态都市主义标准化

相比1973年能源危机的回应而兴起的反主流能源和新能源运动，新的生态都市主义却已变成主流，发展了新的(描述)尺度的语汇，以使新的项目可以在全球范围内实施，包括生态村庄、生态城镇、生态街区、生态岛屿、生态都市，甚至生态区域。[1]虽然许多的开发并没有留下绘图板，但人们对于复制生态城市开发模式却仍有极大的热情，并将它们作为视觉—例子—实验。[2]《IEEE综览》(电力电子工程师学会发行的一本杂志)将“生态城市”看作利用重组的技术来增加效率、减少环境污染的“城市尺度上的一个试验床”，而赫伯特·吉拉多(Herbert Girardet)——生态城市规划师以及英国奥雅纳工程顾问公司的顾问，证实东滩(Dongtan)确实想要在本国和世界上其他任何地方树立一个榜样，将会成为一个先驱性的生态城市，一个可持续城市的开发蓝本。它给出了高效率、低生态足迹的城市设计的承诺。到2010年之前，东滩将会成为一个怎样在世界范围内建设可持续城市的具有说服性的模本，但可能会因为太具说服性而被忽略。[3]

虽然真正建设生态城市的经验十分少，也不知社会愿景评价和技术是否已达到一定的水平， 但是已经有政府间的协议达成（例如中国和英国之间），在社会和技术层面都促成生态城市的开发。

整合（类似）自动化的生态技术

生态都市主义的新的生态工程技术要努力通过重新捆绑建筑、生态和技术，尝试将开发中的能源、水资源、食物、废物和物质流内化，从而将环境和基础设施进行整合。工程师、系统开发者、材料流分析者以及设计师都参与了整合当地的生产技术、循环代谢系统和闭合环路系统，以减少对于外部集中设施网络的依赖。这就特别突出了节水系统、水循环、灰水再利用、当地能源生产系统的重要性。这与20世纪70年代早期的整合系统模型形成强烈的呼应，相比之下，这次的不同表现在这些系统的范畴扩大，考虑到了碳流和气候变化的影响，以及探索了诸如碳中和、废物中和与水中和等一些新的概念。重要的是，当今时代似乎较少地讨论有关社会和机构对这些技术的控制等更广泛的问题，而假设它们将会由市场提供。

生态城市在热门杂志中有大量的报道，主要聚焦在它们的“自动”设施上

生态都市主义作为卓越的城市主义

和（建立）更好的生态环境与（提供）自给的基础设施的雄心紧密联系的一个声明使生态都市主义可以克服当地的生态条件的限制以及全球气候变化和资源紧缺，几乎在任何城市都能进行开发。譬如马斯达尔就是在阿联酋的沙漠中建成；东滩建在毗邻上海的重要的野生动物基地；泰晤士河口地区的水资源紧缺，被污染的棕色地带和有洪水威胁的场地，成为通过水资源、废物和碳中和以及前所未有的防洪等级的综合设计，能够供应另外的160 000户家庭饮用。城市，根据某些人的观点，甚至有可能被建设在海洋中。生态都市主义是一种新型的城市主义，可以提供技术解决方法和市场架构，来克服在预测某一个阶段的气候变化和在资源紧缺的年代保证持续的再生产。鉴于迫近的生态危机，生态都市主义将保证它能够超越任何生态环境。

企业和政府对生态都市主义的领导

生态都市主义运动的领导权牢固地集中在特殊的企业和政府同行。例如，通用电气公司是马斯达尔（Masdar）的战略伙伴，计划让阿联酋成为在可再生能源与环境保护技术方面的领导者。英国奥雅纳工程有限公司，正在开发上海的东滩，已经与中国和英国政府签订协议，为可持续项目建立一系列的连锁机构——第一个机构在伦敦的泰晤士河口区——来开发专业的技能以及组织机构，推进生态都市主义。环保和绿色的团体，譬如绿色空间，世界野生动物基金会，目前已经是参与促进生态都市主义建设的商业和政府的合作者与赞助者。

我们应该怎样理解通过设计和人工技术重建自然生态系统的生态都市主义呢？它们是对于一系列具体的历史地理压力的回应，还是政治经济再生产的一种新的方式，又或者是一种更加合乎伦理的城市化呢？我们的观点是它们代表着一种特殊的空间，一种临时的项目，在这个过程中，生态和经济能够并存于利用科学技术后的设计中。为了理解这点，我们需要将都市放在一个对全球城市化的更广义的理解中。

“人类纪”中的当代全球城市

在质疑生态都市主义是不是解决方案的一部分之前，我们需要在脑海中首先建立一种理解，即如今的危机是怎样形成的——或者生态都市主义也是问题的一部分。关键的大环境是大量增长的城市化以及不断扩张的城市。在1900年，世界上10%的人口居住在城市中；100年之后，世界上60亿人中，已有50%居住在城市中。预计到2050年，世界100亿人口中会有70%的人居住在城市中。因此，支撑如此庞大人群的社会、科技以及生态机构将会面临更大的挑战。对于政治科学家蒂姆·卢克（Tim Luke）来说，这意味着我们必须更加谨慎地考虑怎样概

东滩的建筑鸟瞰图，表现出城市发展的可持续蓝图

念化城市。

如今全球城市已是一番全新的面貌，依靠着若干复杂的技术系统层而存在，这些技术层的后方网络又会和其他服务于商品的生产、消费、流通以及积累的网络交织在一起。除了下水管道、水、街道系统之外，城市还包含电力、煤炭、天然气、石油和金属市场，另外还有木材、牲畜、鱼类、庄稼以及土地市场。所有这些都仅仅用于向市民供应食物、水、能源产品和服务。全球城市留下的生态足迹是毁灭性的，因为它们的居民已经在整个世界范围内的市场中依靠进口物资来生存，此外，这些转变也正是全球生态危机的根本原因。[4]

卢克提出一个城市的定义，即“巨大的后勤空间”（metalogistical)，来表达当今都市通过高密度的基础设施进行规划和建设的意思。前缀“meta”将城市作为一种有活力的中介物，其位于一个物质交换的场地之上，预测、修正、排除资源、物质和人的流动。任何将城市生态系统理解为由物质流组成的观点也必须认真地分析一下临界资源在国际间和自然环境中的关系。

虽然城市存在于一个高度统一和整合的，有着资金流动的国际空间内，但是不同的城市在它们对生态资源的使用上有着很大的不同。美国高度的能源密集型城市环境和地球南部的一些成千上万人无法获取干净水源、能源和通信资源的城市形成了对比。美国的人口只占到了世界总人口的5%，但是产生的温室气体占到了世界总量的25%。美国人操控全球生态系统中的化石能源的能力，意味着美国城市可以比仅仅依靠自己国家空间提供的能源生存，在空间上可以扩展（也即破坏）得更广。

当代的都市最好能被理解为一个经济过程和人工生态的混合体，据西蒙·多尔比（Simon Dalby）所言，是“如今在以有效的方式改变着生物圈”。[5]将环境看成和城市分裂或独立在城市之外的观点已经站不住脚了。城市现在正在改变着许多生物圈中的物质过程，以致地球科学家如今正在讨论一个新的地质代，即“人类纪”（anthropocene），在这个纪元中，“整个行星正在被我们当代的城市工业系统重新塑造”。[6]这种视角产生的核心在于一个观点，即地球是一个独立的系统，现存的生命体在全球生态变化的过程中扮演了重要的角色。人类活动从后果上看是如此的普遍和深远，他们有可能以一种威胁生命赖以生存的过程的方式改变整个系统。全球生态的改变正在导致一种称之为“城市自然”（urbanatura）的事物出现，它是“更不可预测、更令人讨厌的自然和城市的混合体。”[7]这种即将到来的城市自然环境必须和一种新的大气层、改变着的海洋系统、不同的生物多样性、受限的资源以及重新塑造过的大地进行抗争，而人类的后代也将不得不适应现存的城市，但是目前没有明显看出有哪些适应方式。

国际城市建立城市生态安全

“生态安全”这一术语经常被用来形容有关在国家范围内尝试保护生态资源、基础设施和服务的流动。但是“城市生态安全”的关注点逐渐变为以保护城市和其基础设施的生态和物质生产的方式，来重新配置这些要素（比如水和能量，还包括废物处理和防洪），需要依靠这些保护资源的能力来保证它们持续的经济和社会发展。但是城市也有着对主要的生态安全关注点（比如资源短缺、气候变化等）的挑战和机遇进行战略上回应的另外一些不同的能力，最后这些新兴的战略会选择性地提供特权给一些特定的城市。[8]

一系列新的社会经济以及政治问题让生态安全成为国家政府的重要议题。例如，气候变化会产生诸如水资源紧缺、能源安全的不确定以及疾病的地理传染等问题。生态资源安全性已经和社会福利与经济竞争力一样，成为了国家和民族优先考虑的要点。[9]

但是这些关注点也逐渐成为在城市尺度上的重点议题，主要有三个相关原因：其一，日益增长的经济全球化以及国家与地方的领地划分和经济关系导致一种新的管理和干预的执行范围。[10]其二，这些新的行政空间并没有在环境问题上和经济问题上受到同等的关注。一个“生态空间”，即将生态保护作为其首要的监管职能之一的空间会是什么样的呢？最后，还存在一个问题，即在一个人口快速增长，资源大量紧缺而需求量巨大，经济和就业竞争激烈的大环境下，城市的经济和生态生产怎样才会安全？

城市生态安全的一个战略性定位

城市渐渐地被研发出更多战略方式来满足未来的资源需求，提高它们在不可避免地争夺空间时的资格，但更深刻的是想要保障它们持久地为经济、社会、物质生产创造条件。这反映了911事件后，议程由保护关键基础设施免受恐怖主义或环境破坏后果影响，转向了关注保护城市的物质资源。评判城市竞争力的一个新的方面是它们吸收和控制自然赋予的资源，并最终进行供应、消费和生产的能力。维护城市经济和社会地位所需的知识、专业技能、社会组织和技术。因此，可能成为21世纪城市的本质特征。但是城市会采纳哪些具体的策略呢？

城市基础设施的新风格

对于资源紧缺的战略性回应形成了基础设施开发的新形式，在一些特定的地区优先使用，甚至是基础设施的空间和社会技术配置的新形式。世界最大的城市开始以三种方式重新塑造它们自身以及它们与资源和其他空间的关系：保护，自给自足，全球新的基础设施系统的集合。

漂浮的城市描绘了未来的气候灾难受害者的城市

美国地质协会出版物的封面，反映了在当今人类行为改变的情况下，城市的重要性

其一，保护城市免受气候变化和资源短缺的影响。这个策略的关键是投入财力去理解城市特有的和长期的，尤其是和洪水威胁以及气温升高有关的气候变化，投入财力去开发和改造战略性的防洪系统、绿色基础设施，以应对这种气候的变化。伦敦市政府声明中央政府应该负责投入伦敦在2030年后应对气候变化造成的像洪水威胁等后果的可能需要的资金。

其二，自给自足满足水和能量的供应、人员和物资的流动以及废物的处理。传统上，城市的繁荣依靠在更远的地方寻找水源和排污口。但是这个方法现在已经不再适用，因为城市在努力通过减少它们对于国际、国家、区域范围内基础设施的依赖，以及让资源在资源内部循环和废物再利用，而变得更加自给自足。理解城市的新陈代谢以及它们重组的可能性变得具有战略意义。主要的例子是纽约对于能源自主的策略，伦敦最近推出的分散管理能源目标和墨尔本开发的利用可再生能源进行海水淡化。城市正在尝试通过水和能源节约以及废物最小化项目，与对基于小汽车的出行发展价格机制，来减少对于外部资源的依赖性。

其三，集中建立新的城市流动系统群。在关注本地内部资源时，城市还在通过新的机动技术例如价格机制、交通信息化以及基于氮气、生物燃料或复杂混合物的新能源系统来保证城市内部和世界城市之间的流动性。

影响、新的调查以及政策机构

生态都市主义和城市生态安全的关系组成一个必须经过严格的检验调研和政策议程。五个关键的问题会产生：其一，我们谈论的是否是依据过去的国家和区域基础设施形成的自给自足的新形式，催生了新的连接世界城市的群岛？其二，这对于过去的空间意味着什么——由围合而形成新的周边，发达国家的普通城市以及发展中国家的大城市？其三，重组后谁是获益方，谁又会被忽视或者处于不利的地位，最终会产生什么样的物质？其四，谁将为世界城市与新的外围的联系提供资料——国家还是企业？其五，有哪些替代选择？在更加关心公平分配和公平使用的方法的驱使下，从哪里寻找其他形式的创新点？我们认为这些就是21世纪的城市议程的关键问题。

注释：

1.更多关于建筑和城市的评论，详见乔凡娜 · 鲍里斯（Giovanna Borasi）和米尔科 · 扎蒂尼（Mirko Zardini）的文章，《抱歉，没气了：建筑家对1973年石油危机的回应》（*Sorry, Out of Gas: Architecture' s Response to the 1973 Oil Crisis*），蒙特利尔：科瑞恩出版社/加拿大建筑中心，2008。

2.例如：一个“光辉的绿色都市”（有限电视）以及一个可能的“全球绿色城市蓝图”（新科学家）。

3.详见赫伯特 · 吉拉多（Herbert Girardet）的文章，《哪一条是中国要走的路？》http://www.built-environment.uwe.ac.uk/research/pdf/girardet2.pdf, p. 3，引自2009年9月15日。

4.蒂莫西 · 卢克（Timothy W. Luke）的文章《规则、集合体和商品：重新把全球城市当成“巨大的后勤空间”来考虑》，发表在《全球城市：数字时代的电影院、建筑和城市》，由克劳斯（L. Krause）和佩特罗（P. Petro）校订，新布伦瑞克省：美国罗格斯大学出版社，2003，158-159。

5.西蒙 · 多尔比（Simon Dalby），《人类纪的地缘政治学，帝国，环境和评论》，地理罗盘：1:16。

6.西蒙 · 多尔比（Simon Dalby），《人类纪的地缘政治学，帝国，环境和评论》，地理罗盘：1:114。

7.蒂莫西 · 卢克（Timothy W. Luke），《社会评论下的气候学：全球变暖、全球变暗、全球变冷的社会构成/催化剂》，发表在《政治理论和全球气候》杂志上，由范德希登修订，剑桥，硕士论文：麻省理工大学出版社，2008，128。

8.城市生态安全的长期讨论，详见迈克 · 霍德森（Mike Hodson）和西蒙 · 马文（Simon Marvin）的文章，《‘城市生态安全’一个新的城市范式？》《国际都市和区域研究》，33卷，1期，2009年3月，193-215。

9.详见J. 曼德克福特（J. Meadowcroft）的文章《从福利国家到生态国家》，发表于《国家和全球生态危机》，由贝利埃克斯利修订，剑桥，硕士论文：麻省理工大学出版社，2008。

10.布伦纳（N. Brenner），《新国家空间：城市管理和国家地位的重新调节》（*New State Spaces: Urban Governance and the Rescaling of Statehood*），牛津：牛津大学出版社，2004。

2002年报告的图表总结
极限城市
能源流和
大伦敦
生态足
迹分析
瓶装水
伦敦人每年消耗
94000000升矿
泉水，假设瓶子
的容量都是2升
，这将会造成
2260吨的白色
污染。当今最畅
销的瓶装水品牌
从法国阿尔卑斯
山起穿越760km
才能到达英国。
7 400 000

对关于全球城市生态资源流的规模和未来安全性的理解逐渐增加

生态足迹是提供所有我们消耗的能源、水资源、食物和其他材料所需土地和海洋的面积的一个估算值。
是使用小汽车。
Targets
Sustainable

新加坡的新型水景观

赫伯特·德莱赛特尔（Herbert Dreiseitl）

保持水的清洁，让每条小溪、每条渠道、每条河流免于不必要的污染，这应当成为一种生活方式。在10年之内，让我们能够在新加坡河和加冷河中钓鱼。这个目标一定可以实现。

——新加坡总理李光耀（Lee Kuan Yew），1977年2月27日

城市区域如今面临着城市水管理日渐艰巨的挑战。可以预见的是，气候变化、不断增长的人口带来的需求、污染以及可饮用水资源的短缺带来的影响将会危及到生存的根本基础，至少也会造成显著的影响。

为了应对水管理的挑战，新加坡采取了综合、复杂的举措，将雨水收集措施与娱乐、生态项目相结合。这座拥有380万居民的城市具备先进的城市水系统；所有的住户都连接到了污水系统，城市中广布着废水处理站，大部分城区已经采取了雨污分流。在城市水管理上，新加坡已经赶超了美国与欧洲的很多城市。

新加坡已经整合一个名为“NEWater”的水系统，通过瓶装和管道输送提供处理过的废水进行再利用。这种完全符合卫生标准的水与饮用水并行供应。然而，即使采取了这些节水的措施，仍然难以满足新加坡巨大的水需求。这个岛国城市40%的用水需要从邻国马来西亚的河流进口。

新加坡水资源的短缺并不是由于缺少降水。直到最近，年均2400 mm的降水都以最直接、迅速的方式流入了海洋之中。鉴于热带暴雨巨大的雨量，排水的管渠规格都相应地非常大。然而在一年中的大部分时间，混凝土衬砌的渠道都是空的，看起来失落而丑陋，它们成为只有桥梁才能穿越的障碍，将居民划分到了界定的范围中。

渠道光滑坚硬的表面，再加上动植物群落缺乏，造成了城市水体贫乏的特征；跟健康的河流相比，它几乎彻底失去了生物自净能力；来自街道、小巷、广场上的污染物被直接冲入渠道中，因此水渠被视为危险的地方也就不足为奇了。

河口处修建的大坝将新鲜的雨水与海水分离开，储存用于循环利用。在未来几年内，将会横贯滨海水渠建造一座大坝，沿榜鹅河（Punggol River）和实龙岗河（Serangoon river）建造4座大坝。到2009年，新加坡将会拥有17座淡水水库。

在密集建设的城市区域中，汇水面积对雨水径流的储存和再利用起到了尤为重要的作用。将清洁、降低了水压的雨水输送到河流中是必要的。这仅仅意味着雨水管理正在逐步重建，形成一个综合协调、分散管理的城市系统。原则上，它的任务是对降雨就地进行管理（渗透、蒸发、净化、再利用），减轻暴雨峰值时对河流的压力。同时，径流在到达河岸时应该是清洁的，这意味着“初期冲刷”应当通过绿色屋顶、雨水花园、生态净化群落以及垃圾过滤装置进行处理。

新加坡已经拥有了一个由14座水库、32条主要河流、超过7000 km的渠道组成的遍布全国的系统。其中几条河流的整治，包括新加坡河和加冷河（Kallang River），由即将竣工的滨海湾2008工程推进。自从“活跃、优美、清洁——全民共享水源计划”（ABC Waters Programme）在2006年4月实施之后，勿洛水库（Bedok Reservoir）、麦里芝水库（MacRitchie Reservoir）和加冷河在哥南亚逸（Kolam Ayer）的延伸段这三个工程就一直在进行中。目标是在5年之内将新加坡的汇水面积覆盖率从整个岛屿的一半提升到2/3。从这三个地区开始，逐渐在

岛屿其他地区推广这类项目。

公共事业局最近透露了ABC水管理计划进一步的签署项目，包括新加坡东北部即将新建的两座水库、加冷河的复兴，以及改善亚历山大运河和它的水质。在榜鹅河与实龙岗河筑坝的时候，将会建起新加坡的第16座和第17座水库。榜鹅水库将会包括一个半个足球场大的人造漂浮湿地，民众可以从湿地一边的悬索桥与另一边的漂浮木板桥进入其中。

试点项目之一是将加冷水渠改造成一条融入碧山公园景观之中的河流。碧山公园是一个邻里公园，每天早上这里都有成群的人在打太极。作为一个当地的公园，碧山公园每天吸引的游人与著名的新加坡植物园一样多。混凝土衬砌的水道位于公园一侧的栅栏后，不久之前，它在物理空间上和功能上还与公园中的活动完全分离。2007年4月，公共事业局、国家公园局与德国载水道景观设计公司（Atelier Dreiseitl）在碧山公园合作进行了一个项目，一个整体的策略开始成形。水渠将被改造成一条具有生命力的河流，融入公园之中，这给碧山公园带来新的生机。

这条河流的整治比较复杂。在新加坡热带气候的极大暴雨中，这条位于两个水库泛滥区的河流，可以在半个小时内从一条小溪流成为强大而危险的山洪。我们必须要考虑侵蚀、沉淀和安全等因素，并且谨慎地制定解决方案。海外的生物工程经验是非常有帮助的，例如慕尼黑的伊萨河案例。公园中的一个恢复项目会将目前用做钓鱼的湖改造成一个生物过滤的水处理网络，同时结合水上游憩功能。侧设的水渠也将得到改善，成为增加种植着可持续植被的排水洼地。

在高密度的郊区，这条水渠将成为一条动态的、蜿蜒的河流，这个过程对当地居民来说是一个挑战，混凝土衬砌的水渠已经在不知不觉中成了“自然”的形态。为此，精心策划的社区的信息交流、吸引儿童与成人参与的临时环境艺术项目，都旨在让人们对他们的公园有一个全新的认识。

私人投资者和开发商的积极参与对每个开发项目而言都将是决定性的因素。光有法规是不够的，政府还将组织具有针对性的座谈会，专业性的活动、讲座以及个人咨询等。

新加坡的新型水景观不只是渠道、河流与水库的修复。通过结合与新加坡市区重建局合作的城市规划以及与国家公园局合作的绿色规划，一个充满生机的网络将会诞生，为未来提供了保障。水系统将会成为新的交往空间，将新加坡多样的社会群体和民族联系在一起。如果在对待水的态度上成功完成了思考模式上的转变，新加坡的“活跃、优美、清洁——全民共享水源计划”将会为世界各地城市树立生态都市主义的典范。

现在这条渠道在大多数情况下是干涸的，但是会有短暂的、极端的洪峰。未来水流将会得到控制，洪峰也会减小

如今，雨水发生了什么变化？

每一滴雨水都流入排水沟，然后径直排入水渠中

水渠中的水位迅速上升

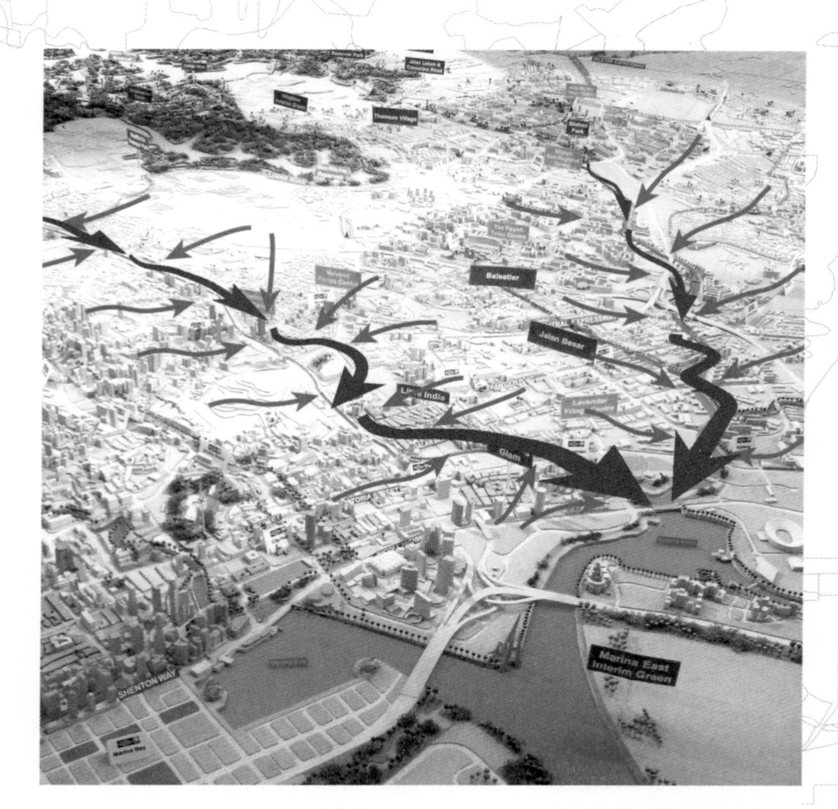

未来，雨水将会就地进行处理，然后再缓慢地排入河流

为鱼塘增高水位

张洹（Zhang Huan）

我邀请了40个参与者，他们是从中国的其他地方来到北京工作的人员。其中有渔夫、工人，都是来自社会的底层。他们在池塘的水中四处站开，然后我再走进去。最开始，他们在池塘中间站成了一条直线，将池塘分成两个部分。然后他们开始自由地走动，直到表演的节点，水位被升高。然后他们静静地站着。在中国的传统中，水是生命之源。这个作品表达的实际上是一种对水的认识和解释。将池塘中的水位提升1 m并没有什么作用。

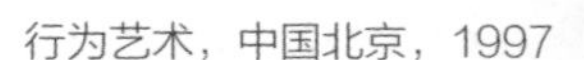
行为艺术，中国北京，1997

展望生态城市

米歇尔·乔希姆（Mitchell Joachim）

贝尔飞行系统公司的火箭背包，1960－1961年：一次不系带的二人试飞

城市设计应该如何为城市预见新的工具性技术？150年中，电梯技术的革新已经超过了大部分的设计师对城市设计的影响。电梯系统在创造紧凑和更绿色的城市方面获得了巨大的成功。城市设计被这类装置极大地改变了。例如，汽车在一个世纪内定义了城市的边界。然而备受争议的是，与电梯不同，汽车引起的问题比它解决的问题还要多，或者城市设计应当反思，让科技来适应城市，而不是约束城市。作为一个跨领域的学科，城市设计可以毫不费劲地阐明城市中技术的潜力。在革新性设备的宏伟远景的实现过程中，城市设计将能成功地找到自己的定位。

物理学家、学者弗里曼·戴森（Freeman Dyson）说过，理解城市未来的最佳方式是研究科幻小说，而不是经济预测。根据他的经验，科幻小说有助于数十年的科技进步。遗憾的是，经济预测只在5到10年内准确。大部分的经济预测模型基于数量，而难以推断创新竞赛的结果。科幻小说是一种非同寻常的用来记录充满可能性的城市未来的方式，这不应被城市设计师忽视。

戴森坚信，城市的信息时代将会迅速转变成“驯化的生物科技时代”。在他的小说《全方位无穷化》（*Infinite in All Directions*）中提到：“生物科技让我们可以模拟自然的速度和灵活性。”[1]他想象了一个人类为个人使用而“种植”功能性的物品和艺术的领域。根据纽约时报关于戴森的一篇文章《公民的异端》（*The Civil Heretic*）中的描述，他同样认为气候变化是一个严重的错误：“他告诫人们说如果二氧化碳水平飙升得过高，我们可以通过大量培养‘食碳树’来缓解过多的二氧化碳。”[2]他对预测未来并不关注，而更关心给出可能性。这些表达基于社会的期望，是一种中肯的乐观主义。因此戴森衡量了文明的需求，同时推进了我们对未来的展望。

在某种程度上，城市设计担当的工作保证了一个更好的未来。大量的实践者和城市规划者一直苦苦坚持着对目标方向和洞察力的追求。亚历克斯·克里格（Alex Krieger）坚称这份涉及面广泛的职业所需要的更多的是一种细致入微的感知力，而不是独断的权威。[3]这份行业通常在许多不兼容的议程之间、复杂的理论和过于简单的运用之间、象牙塔与新都市主义之间、开发商品牌与激进的生态主义之间，以及乡土的形式与未来学之间陷入两难的境地。我的一个团队的主要研究方向之一就是敏锐地发现技术和城市化的交叉点，尤其是在生态学的范畴中。我们的研究项目范围从突显自给自足的城市可能会造成的影响，到研究大量的喷气发动机组件等。这些思维过程让我们在城市设计研究的领域不断进步成长。我们的假设是，未来的生态城市要用极端的方法来解决极端的困境。我们的未来从根本上说是建立在我们所能想象到的解决方法的广度之上。

想象，从定义上来说，就是一种超越现有边界而展开的观点或者概念。这种预见的概念可能会有各种不同的解读方式，

喷气发动机包装：这种灵活的喷气发动机装置通过鼓起和滑行的集群来移动。成组的长距离携带过程中，这些装置以催化的过氧化氢运行。这样做的意图是让多个单元利用空气来拖曳，从而在达到某个特定的目的地之前能节约能源。单个的喷气发动机可以从群组中分离，朝一个更确定的地点前进

试管培植肉居所：将打印出的猪肉细胞组成某种特定形状的几何平面

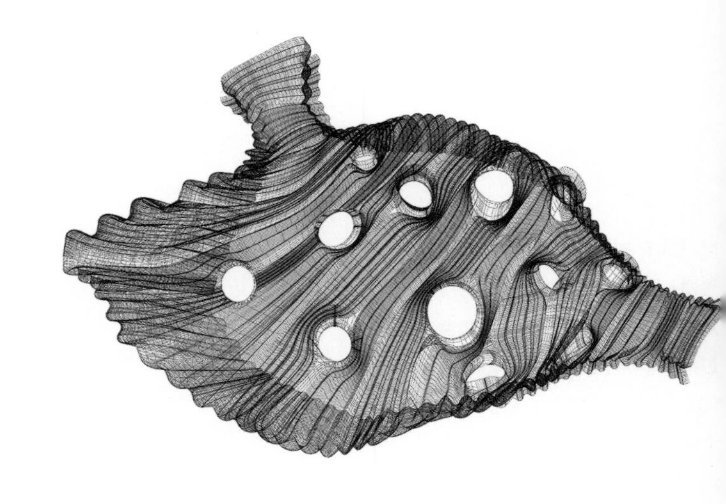

这个计划利用3D打印技术将猪肉细胞制作成真正的有机住宅。它旨在成为一个无害的住所，因为表皮在实验室的培养过程中没有生物受到伤害

坐落于布拉格的肉房子的塑料支架模型。我们使用苯甲酸钠作为防腐剂，来灭除酵母菌、细菌和真菌。模型基质中还包括了胶原蛋白、黄原胶、甘露醇、胭脂红和焦磷酸钠等其他材料

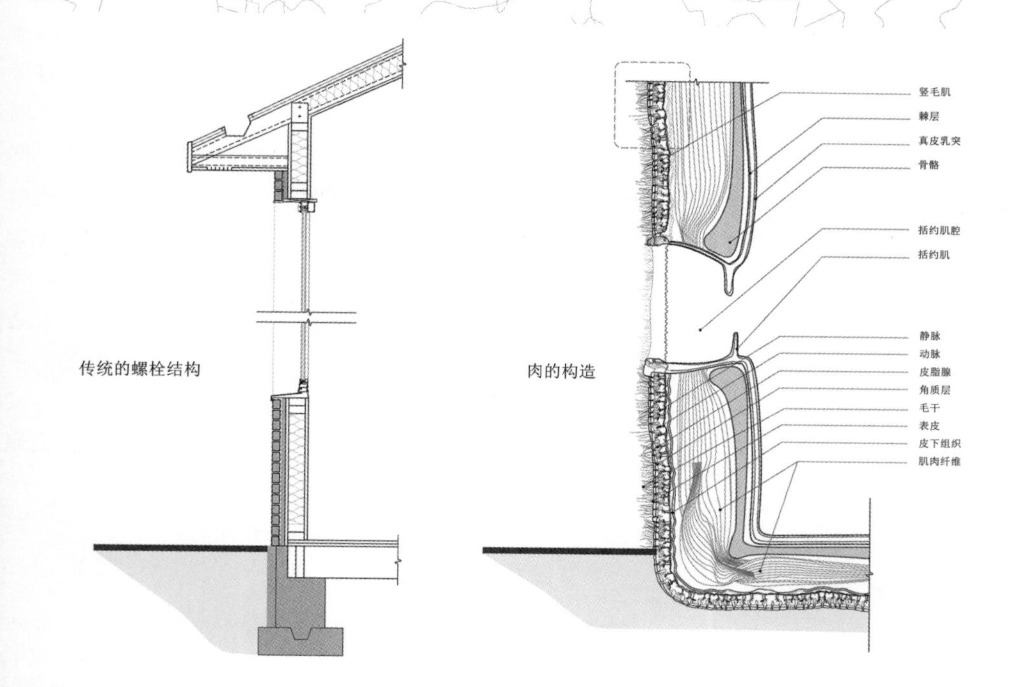

建筑墙体剖面图：比较了传统的房屋和来源于肉细胞的结构。用肉建筑的房屋提供了用于遮阳的纤毛和用做采光区或者窗户的括约肌

每一种都会突显特定的描述即将发生的事件的思维方法和过程。在美国，我们需要这些激进的新的想象来帮助解决当今的全球灾难。眼下，地球的气候正在不间断地经历着创伤，我们探求着更有效的、覆盖面更广的方法来扭转这个巨大的困境。约翰·F. 肯尼迪（John F. Kennedy）是这样解释的：“人类创造问题，也可以解决问题。”这幅未来的景象展现了一种真正呼吸的、互相联系的、新陈代谢的城市生活。它将如何从数据具体化为建筑形式？美国城市的未来又会是什么样？技术设备如何影响这些功能？

对于一名普通的观众来说，最近的迪士尼科幻电影《机器人总动员》向社会展现了一幅可能的未来图景。电影以一座普通的完全被垃圾所掩埋的城市为背景。人类已经抛弃了地球上的生活，转而在外太空漂流，只留下唯一一个孤单的太阳能机器人来清理垃圾。电影所传达的一部分信息是，仅靠科技无法解决人类的“富贵病”。而影片中震撼的电脑合成画面让我们开始直面我们巨大的浪费，重新思考我们的城市。

我们想用预见性的策略让人类与所处的自然环境和谐共生，为了达到这点，需要考虑所有具备可能性的事物。我们设计了踏板车、汽车、火车、小型飞船，以及组成未来城市的街道、公园、公共空间、文化街区、市政中心，以及商业中心。

几个世纪以来，城市设计迎合着人们如剧院般五花八门的欲望。我们争先恐后地想要传达出一种全新的城市观念，一种更看重自然过程而非拘泥于人类中心论的妄想的观念。我们不断地为更深远的洞察力而竞争。我们渴望能预见尚不明晰的共同的未来的可能性。我们对于生态设计的预见，不仅是一门能够给可持续的未来愿景带来启示的哲学，更是一次专注的科学尝试。我们的任务是研究将一个工程置于自然环境之中时会产生什么样的影响。解决方法源于大量的案例：生物材料住宅、适应气候的高层建筑组群以及移动性技术，这些设计迭代激活了生态学作为生产性符号以及改进工艺的作用。最近的研究尝试着在设计、计算机技术、结构工程以及生物学的交界面上创建设计知识的新形式以及实践的新工艺。

注释：

1. 弗里曼·戴森（Freeman Dyson），《全方位无穷化》（*Infinite in All Directions*），纽约哈珀柯林斯出版社. 1988。

2. 尼古拉斯·大卫杜夫（Nicholas Dawidoff），《公民的异端》（*The Civil Heretic*），《纽约时报》，2009年3月25日。

3. 亚历克斯·克里格（Alex Krieger）、威廉·S.桑德斯（William S. Saunders）（编），《城市设计》，（*Urban Design*）. 明尼阿波利斯明尼苏达大学出版社. 2009。

神奇树居（Fab Tree Hab）：我们提出一种利用乡土树种栽培房屋的方法。具有生命的结构被嫁接到预制的电脑数控的可重新利用的脚手架搭成的形状上。从而我们让住宅能够完全融入一个生态群落之中。这种具有生命的房屋几乎全部可以食用，在生命周期的各个阶段都能够为有机体提供食物。试想一下，我们的社会是由缓慢生长的可提供食物的树屋构成，而非用砍伐的木材构成的工业产品

回到自然

桑迪·希拉勒（Sandi Hilal）　亚历山大·佩提（Alessandro Petti）
艾亚尔·威兹曼（Eyal Weizman）

2006年5月，以色列军队撤出了巴勒斯坦伯利恒（Bethlehem）地区的一座军事基地，它是位于拜特萨霍（Beit Sahour）南部边境上最高的山岗之一。这座要塞处在伯利恒的耕地和死海的沙漠的交界线上，起到阻止城市向东扩张、控制居民前往沙漠的作用。营地附近大多数的房屋毁于过去几年的战火之中。夜晚，探照灯持续地扫掠这片区域，地面陷入了无尽的白昼之中，打乱了生物的昼夜节律。

这次令人出乎意料且没有说明理由的撤军行动——或许是因为军队的战略部署发生了改变——是一次暴力的行为：几十辆坦克在夜晚开进城镇，形成了钢铁与飞尘的屏障，这道屏障本来是为了掩饰这场撤军行动，但事实上却惊醒并警告了拜特萨霍的居民。到了早上，这座要塞变得空空荡荡。几个小时之后，巴勒斯坦人冲进了这些建筑，拿走了一切可以被重新利用的东西。

这座山岗的军事历史在这次占领前就开始了。最初它是阿拉伯起义期间英国军队建立的一个据点；1948年之后，它成为约旦军团的一个军事基地；1967年之后成为以色列的军事基地。作为1993年签订的奥斯陆协议的一部分，拜特萨霍市政府与亚西尔·阿拉法特（Yasser Arafat）政府之间达成协议，保证一旦以色列撤军，这座基地将不会被巴勒斯坦警方所使用，而会转交给市政府作为公共用地。在得到场地的控制权之后，市政府进行了总体规划，赋予了这座山岗一整套的公共功能：一家医院、一个公园、一个餐厅和一处花园。公园已经在一面山坡上开始建造。

尽管军队已经撤离，山顶还是被军队划定为巴勒斯坦的禁区。因为在山顶可以一览周围的景象，而这是不允许的：只有在这里才能看到移民的出路，它通往以色列外交部所处的居住地。

山顶上的几座混凝土建筑构成了基地的中心。在暴乱中，以色列军队不断地用泥土和石块在建筑周围堆成一个巨大的圆圈。土墙比建筑还要高，使山看起来像一个人工的火山口；现已毁坏的、撤军的建筑，看上去似乎属于一个遭受了某种自然灾害而荒废的鬼镇。

山顶同样具备着独特的自然环境。每年有超过5亿只鸟在欧洲东北部与非洲东部之间迁徙，迁徙的鸟群在路途上会在同样的一些地点停留，这些地点通常位于海拔较高的位置。欧什格莱博山（Oush Grab）的山顶就位于利用约旦河谷耶路撒冷山（Jordan Valley Jerusalem Mountains）为导航路径的椋鸟、鹳和一些猛禽的迁徙路线的“瓶颈”上。春季和秋季的几天中，成千上万只鸟儿降落到山顶和周边地区。围绕着它们形成了一个由小型捕食者和其他野生动物构成的丰富的微生态系统。这是一幅让人惊心动魄的场景，拜特萨霍的居民现在甚至开玩笑地说，这些鸟儿才是撤军的真正原因。

反复地占据

自从撤军之后，这座遗存的基地成了犹太移民、以色列军队与巴勒斯坦组织对抗的中心，政府成员直接参与其中。2008年5月，强硬的宗教移民试图在已被清空的建筑的基础上建立一个新的边区居民点。边区居民点是城郊结合部的核心，通常建造在现有的基础设施节点周围。这些定居者相信，基地和围绕它的泥土围墙将会有助于建造一种适应于他们严格控制的生活方式的环境。尽管军队已把山顶列为禁区，几乎每周都有移民返回此处占据要塞，举办会议，进行建筑维修，升起以色列国旗。我们关于重新利用这个场地的提案成为了这座山头备受争议的政治斗争中的一项干预。

欧什格莱博山（Oush Grab）的原
军事基地

回归自然

考虑到场地中互相抵触的需求以及场地周围饱受争议的驻军，我们的目的不是将这个基地更新、转变为其他的功能，而是控制、加快它的分解、崩解以及植被生长的过程——让它逐渐“回归自然”。我们试图通过减少或拆毁部分建筑来实施我们第一阶段的计划，打穿建筑的外墙，在“火山口”上开凿一系列等间距的洞。这些洞可以在视觉上统一各个建筑。巴勒斯坦野生动物协会的环保人士和动物学家希望这些洞能够让一些迁徙中的小型鸟类在此落脚，而在一年中剩余的时间能够成为当地鸟类的栖息之处。我们同样计划通过重新布局加固的防御土墙来改变要塞周边的景观。土墙的改变将会使部分建筑掩埋在原有的防御工事形成的碎石堆中，重组建筑与景观之间的关系。

这个计划同样是法律斗争中的有力武器。针对这个场地，我们向军队的民政部门以及移民部门提出了合法的要求。我们与一个法律援助小组一起明确表达了这个诉求，我们并不是代表人民——或许在场地已被占领的背景下这已经是一个不可能的任务——而是代表自然，为了鸟类的权益。这些模型和计划因此也成了法律文件。中世纪的法律权威们会以最严肃的态度

欧什格莱博山的部分建筑将会被掩埋

来处理涉及动物的刑事诉讼（成百上千被认定有罪的动物被处以绞刑）。对于如何处理这类法律的挑战，以色列的法律部门目前也并不确定。

注释：

本文是桑迪·希拉勒、亚历山大·佩提以及艾亚尔·威兹曼的伦敦/伯利恒建筑事务所（London/Bethlehem Architectural Studio）“非殖民化建筑”项目（www.decolonizing.ps）中的一部分。

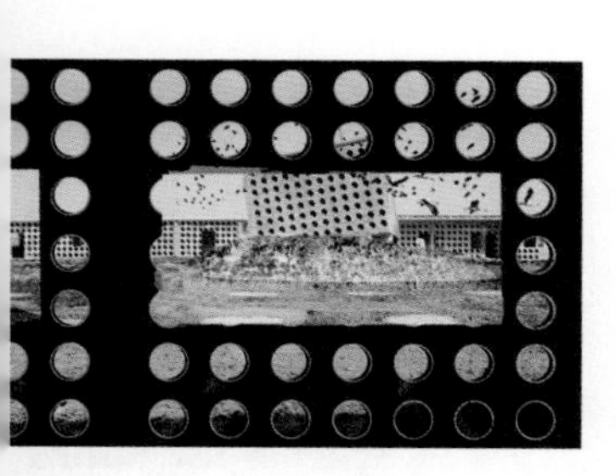

从洞口往外看

原军事基地位于伯利恒区域

哈耳摩尼亚 57 号办公大楼

齐普提克（Triptyque）

本项目位于圣保罗（São Paulo）西部哈耳摩尼亚大街（Harmonia Street）的一个社区之中，在这里艺术与创意无处不在，美术馆与建筑的外墙都成为了新形式的展示舞台。建筑前面的小巷就是一个范例：上面的涂鸦展示了从街道流向建筑的实验性的概念。

这个建筑像生物一样，会呼吸、会流汗，还会改变自身。建筑外墙覆盖着一层植物，起到了皮肤的作用。高密度的墙体是用有机混凝土制成的，一些植物可以在这种材料的孔隙中生长。

雨水被排走、处理、重新利用，有助于建立一个复合的生态系统。这个结构的水处理系统和其他管线犹如体内的静脉和动脉，暴露在外立面上；而室内的空间完成得很好，具有光滑发光的表面，就像这个建筑物是从内而外建成的一样。

这座建筑的基础是素净的灰色。结构粗糙，具备一种简单纯朴的优雅，反映了对环境问题的关注以及对干预可能性的探索。它的体量简单而独特：两个植物种植块由一座金属制的人行天桥连接，间或被混凝土、玻璃窗和露台打断。这些露台巧妙地运用体量、光线和透明度，在内部空间中创造了独特的视觉效果。前面的建筑体块彻底悬浮在底层架空柱上，后面的建筑体块则是实心的，上面是一个鸟舍一样的空间。在建筑体块中间，一个内部广场提供了人们相遇的空间。

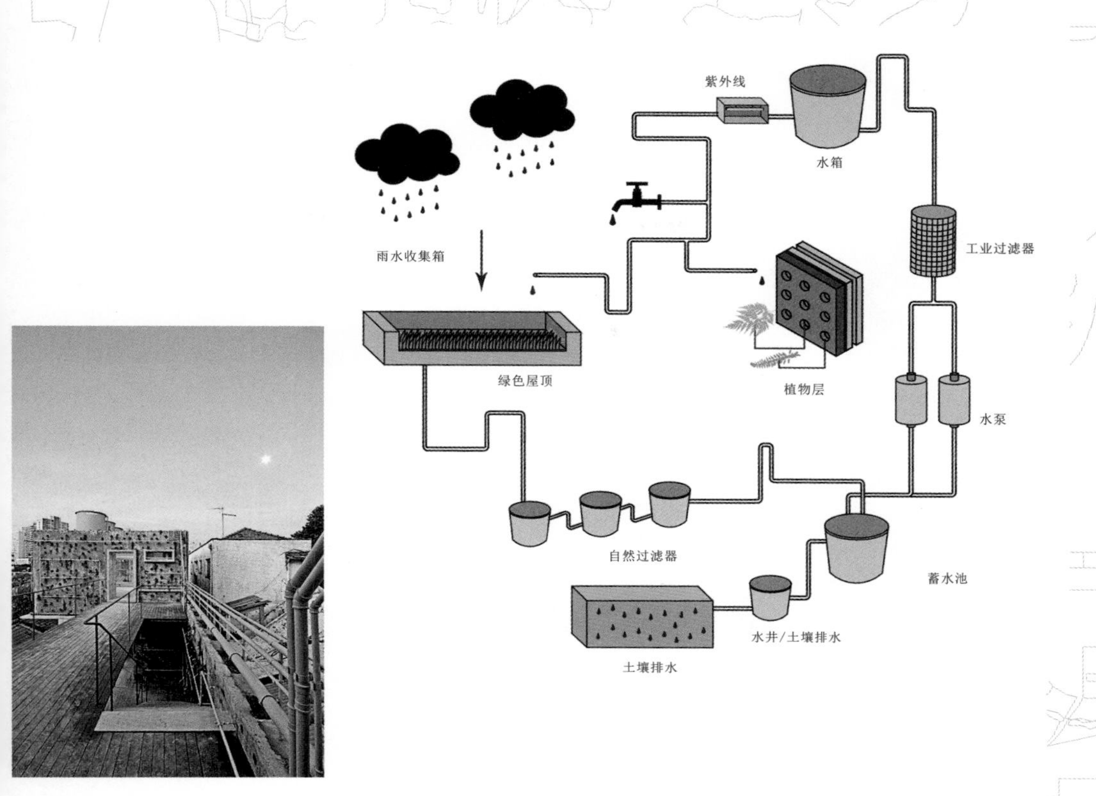

紫外线
水箱
雨水收集箱
工业过滤器
绿色屋顶
植物层
水泵
自然过滤器
蓄水池
水井/土壤排水
土壤排水

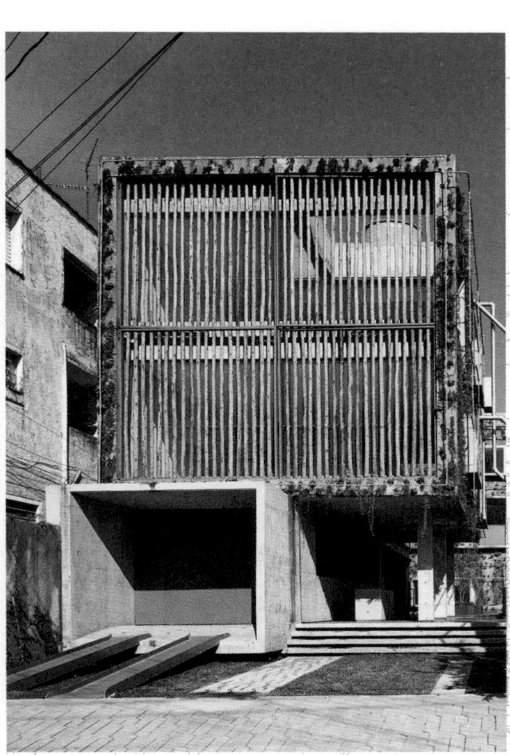

确立可持续的城市发展战略

迈克尔·范·瓦肯伯格景观设计事务所（Michael Van Valkenburgh Associates）

Low2No比赛对参赛者提出的挑战是制定策略，创造低碳排放，最终是零排放，形成可持续的碳足迹的城市社区。随着全球变暖现象出现的频率比前几年预计的更加频繁，这种要求变得迫在眉睫。

现有的雅卡萨里（Jätkäs-aari）总体规划密度相对较低，依赖大量市政基础设施和汽车使用，建筑朝向和结构并没有根据赫尔辛基（Helsinki）的纬度而作最佳化的处理；为了制定一个可持续的城市发展战略，在本方案中对总规划进行了修订。19世纪和20世纪的城市以牺牲环境作为代价得到了利益的最大化，导致了经济和生态的不可持续。如今，可持续只有从城市建设的各个方面进行加强方能实现。

这个参赛方案是一个跨学科团队共同努力的结果，涵盖了气候工程学、机动学、景观、生态、文化历史、经济、结构工程以及建筑学。Low2No的方案展示了一系列可持续城市策略，指导雅卡萨里向长期生态自给自足和财政平衡的未来发展。

波罗的海的海岸位于基岩群岛之间，缺乏自然产生的底土和与之相关的生命系统，但具备十分有趣的景观条件。在这个方案中，这些系统是由市政基础设施建设中产生的垃圾以及通过复垦历史性填方的方式建设而成，以此抵消滨水开发项目的环境足迹。无论是在土壤中还是水体中，每个生态系统与每种植物的生物功能都导向特定的环境目标。在21世纪，土地不再只是城市的基础，它是我们建设城市的媒介。

注释：

这个作品主要从景观的角度展现了由彼得罗斯建筑事务所领导的团队的参赛方案。MVVA小组成员包括格利佛·谢帕德（Gullivar Shepard）、克里斯多夫·多诺霍（Christopher Donohue）、理查德·辛德尔（Richard Hindle）、斯科特·斯崔特（Scott Street）和迈克尔·威尔逊（Michael Wilson）。

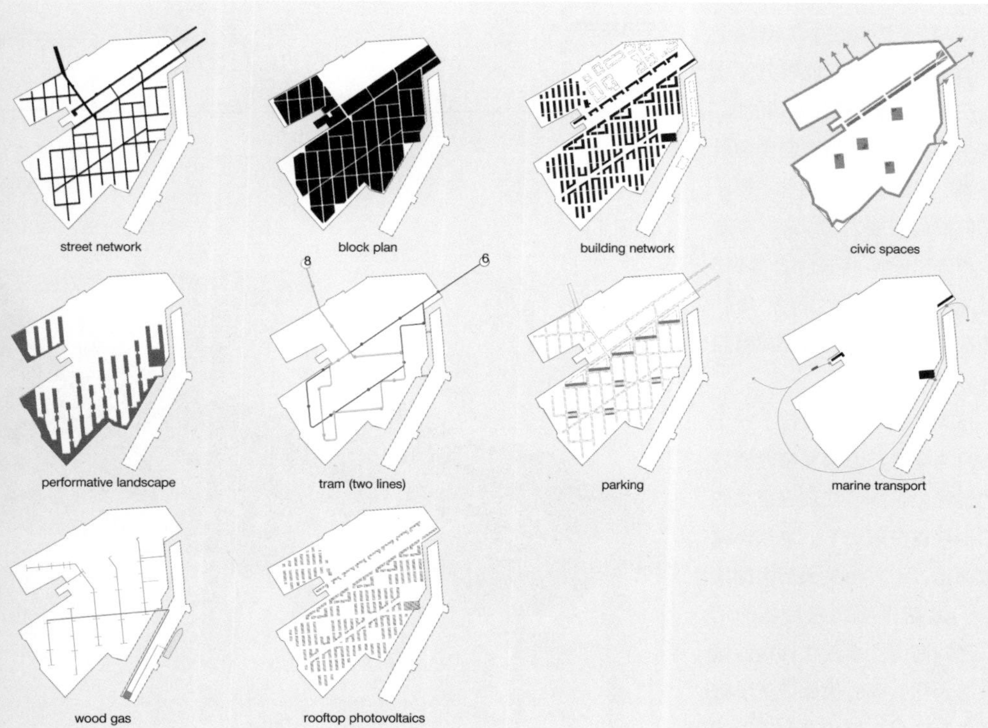
street network
block plan
building network
civic spaces
8
6
performative landscape
tram (two lines)
parking
marine transport
wood gas
rooftop photovoltaics

中央大街广场

Hood设计事务所（Hood Design）

位于加州伯克利（Berkeley）的中央大街广场（Center Street Plaza）的设计策略，开发了位于中央大街、介于沙特克大道（Shattuck Avenue）与牛津街（Oxford Street）之间的草莓溪（Strawberry Creek）的巨大潜能。所有的设计都以保证紧急车辆和商业运输的通行为目的，因此也需要适应规划和空间尺寸的规定。表面式样指的是铺装的不同类型和方式，从传统的铺装到可渗透或者其他有机铺装。一共准备了28个方案，根据基本设计概念和几何结构将它们归类到矩阵中。从这个矩阵之中选出14个设计概念，并且仔细地研究了它们在空间中变化发展的可能性。在其中选出被证明具有应用前景的方案，加以深化、细化，并评估它们发展的能力。从这14个方案中再选出6个，将其综合得到3个可能的改造溪流的策略。每种策略在利用水的方式上都具有启示性。

开放式融合策略设计了一个低流量的渠道，沿着整条通道流动的过程中，水流在几个巨大的开口中暴露在阳光下。水从溪流中被抽出，引入中央大街上的渠道中，最后再回到它最初的河道，通向海湾。水面和种植区域都被最大化，同时也保证了步行空间以及应急车辆和商业运输的通道。

兰布拉斯融合策略由一系列喷泉和雨水花园组成。喷泉的水是循环利用的，雨水花园收集到的表面径流会在它继续向西流动的过程中得到净化。溪流被仿自然化而不是被渠化，它沐浴在阳光中，谱写着水的乐章。

阶梯式融合策略设计了一系列往西通往海湾的交替的水塘。与Open Hybrid策略一样，水从草莓溪中引入渠道，在场地中几个特定的位置暴露在阳光下。水流到达沙特克大街之后汇入原来的河道流向海湾。

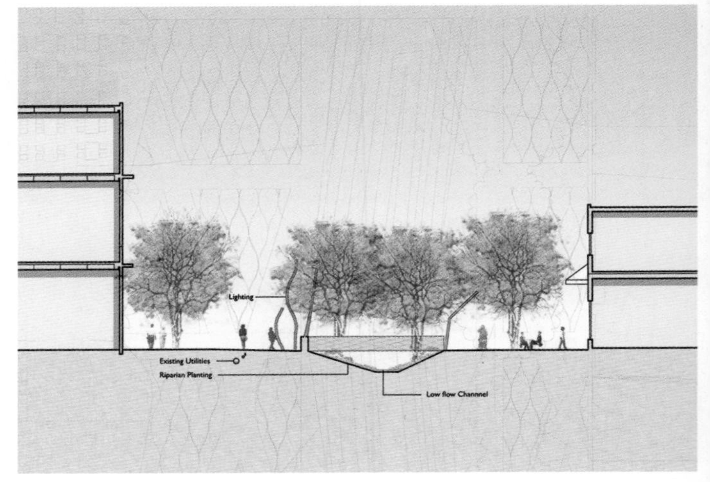

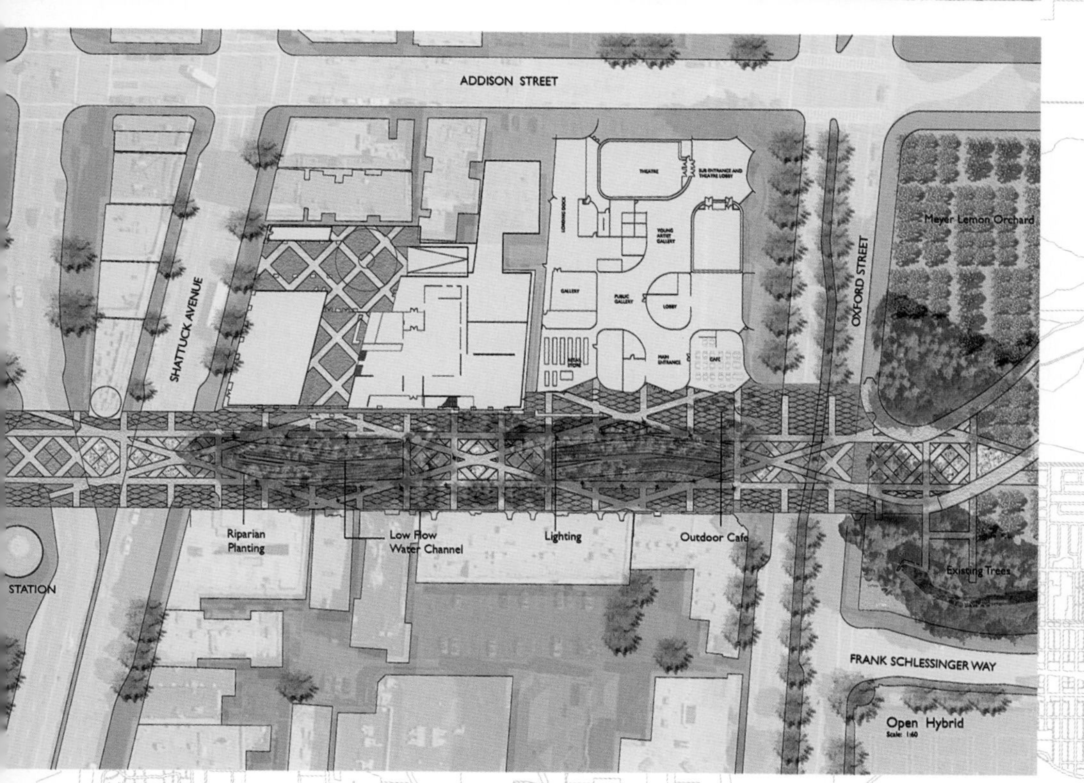
ADDISON STREET
SHATTUCK AVENUE
OXFORD STREET
Meyer Lemon Orchard
Riparian
Planting
Low Flow
Water Channel
Lighting
Outdoor Cafe
Existing Trees
STATION
FRANK SCHLESSINGER WAY
Open Hybrid
Scale: 1:60

生产

城市消耗能源，它们是否可以生产出比消耗的更多的能量，是否能提供丰富的能源、食物、金钱和财富？来看看一个被过度引用的事实，例如，世界上超过半数的人口居住在城市里，城市消耗了世界上3/4的能量。如果城市想要变得更高产，那就必须摆脱能源生产以及它所有的附属产业离我们很遥远的想法。帕特里克·布兰克（Patrick Blanc）的垂直花园促使我们思考，垂直的食物生产是否能融入城市之中。然而不止如此，希拉·肯尼迪（Sheila Kennedy）的KVA MATx便携光源项目为我们描绘了未来单个建筑可以自主发电的蓝图，因此基础设施的需求量也会随之减少；比尔·邓斯特（Bill Dunster）的零能耗工厂（ZEDfactory）示范了如何在一个更具城市规模的尺度上与开发项目结合；而俞孔坚则证明了食物生产同样可以与休闲娱乐兼容；罗格罗尼奥（Logroño）的生态城市和“生命之塔”生态塔（La Tour Vivante Eco-tower）则是混合景观的范例。正是在景观各层的叠加之中，城市的生产力达到了最根本的解放和最高产的状态。

能源的子结构、超结构和内部结构
D. 米歇尔 · 亚丁顿（D. Michelle Addington）

波浪农场
海蛇波浪发电有限公司（Pelamis Wave Power Ltd.）

华润置地广安门生态展廊
北京直向建筑设计事务所（Vector Architects）

公民们，向农场出发
多罗泰 · 伊姆伯特（Dorothé e Imbert）

植栽水族箱：家里的鱼类和蔬菜储藏间
马修 · 雷汉尼（Mathieu Lehanneur） 安东尼 · 范德博彻（Anthony van den Bossche）

软城市
KVA MATx

零能耗工厂
比尔 · 邓斯特（Bill Dunster）

罗格罗尼奥生态城
MVRDV建筑事务所

大脚革命
俞孔坚

生命之塔：生态塔
SOA建筑事务所（SOA Architects）

能源的子结构、超结构和内部结构

D. 米歇尔·亚丁顿（D. Michelle Addington）

如果说“零能耗建筑”是20世纪末期振臂高呼的绿色设计，那么“碳中和开发”则是当代可持续设计师的咒语。从前市长肯·利文斯顿（Ken Livingston）支持下的伦敦城可持续规划到阿布扎比建设中的马斯达尔计划（Masdar initiative），今日的大尺度“可持续”规划意识到，由生态、社会、政治和经济系统带来的环境压力因素在建筑尺度上是难以轻易地评估的，更不用说解决了。然而，很多在这种小尺度上检查系统而发现的弱点同样在城市尺度上显示了出来。系统，尤其是基于能源的系统，并没有几何的尺度，也没有明确的边界。即使一个系统与其他系统隔离开来，多重尺度和多重边界也会发挥作用。这里我只着眼于其中一个系统——能源产生与供应，并提出一些有助于更有效地实现城市生态规划的“功能”边界的类型。

大型的新开发项目的总体规划通常都是“打包”完成的。这个“包”囊括了所有划拨的土地和建筑，它可以被接入一个更大的能源基础设施，或是为自己生产能量。很多大型的新规划都采取了后一种策略，这些开发项目一般包括通常使用可再生能源的新建的发电厂，还可以把多余的电力出售给更大的地区电网。这是一种插入式的途径，它建立的前提是配电可以分划到作为独立系统而运营的各个片区中，同时这些片区保留着融入地区中其他系统的能力。发电的地块划分确实增加了新型能源和可再生能源的运用，但是也同样增加了能源的损耗。连接到电网的系统取决于更大的电网运营，尤其涉及系统的平衡，而不是由各个片区当地的电力需求决定的。

新开发项目的有效规划需要在多种空间尺度上、多种系统中对能源生产、分配和消耗进行综合规划。

大部分打包规划的策略是假定能源系统能够融入单个交流电空间系统之中。然而很多可再生能源产生的是直流电，尤其是那些可以被简单地分成诸如太阳能光伏板或者是燃料电池这类小型装置的能源。如果将这些系统连入交流电网中，会削减掉它能量的生产和消耗无法在一座建筑的范围内来平衡或者检查。发电系统是在远比单座建筑要大的尺度上运作和优化的，其中交流电的运行是在最大的尺度上进行的。消耗的点具有各种层次的相互关系，需要在各个等级上进行协调

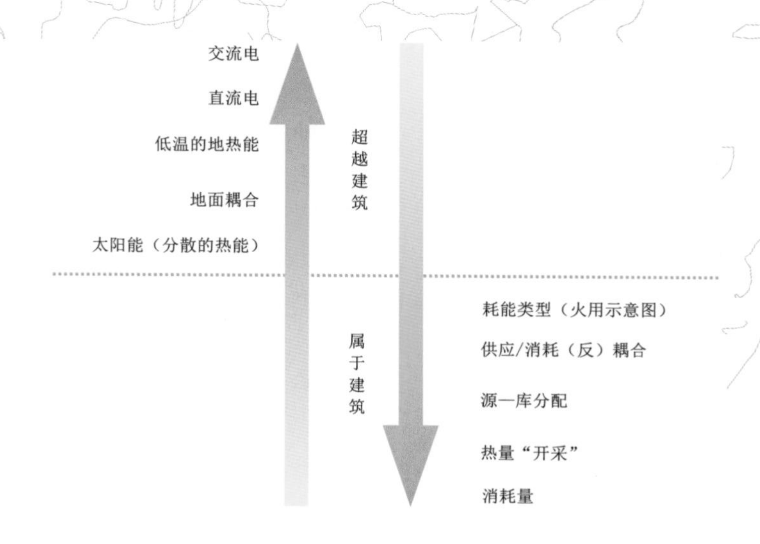

们高达25%的功率。此外，建筑中的许多设备在直流电下可以更高效地运行，但是由于能提供的只有交流电，这些设备在运转中同样损失了很多的功效。这些不同水平的效率损失对小型系统的平衡都是非常不利的，会导致安装更多发电设备的需求。除了购买、安装、运行这些增加的设备等显而易见的问题之外，增加尺寸和低效率发电的集中对当地的微气候以及整个地区的反射率都造成了显著影响。即使在可再生能源本身达到零碳的条件下，反射率的降低也加剧了温室气体对气候的改变。

大型新开发项目的总体规划为调查以下五个突出的主题提供了极其难得的机会。

1.能量生产的火用示意

化石燃料的最大消耗发生在交流电的发电过程中，而最大的电力消费者是建筑部门。交流电是供应的标准，因为它可以称得上是所有能源需求的“万能供血者”。不同的能量形式在数量上可能是相当的，在质量上则不然；100 J的电能与100 J的热能在能量上是一样的，但是电能是一种更高质量的能量，它不仅适应更多的用途，也可以在到达最终的热能的形式之前经历更多的转化。然而电能无法自然地获得，集中低品质的能量来生产电能会导致大量的损失，因此100 J的电能甚至在被消耗之前就已经有巨大的能量缺失，而可以从自然中获得的热能则没有这个负担。在建筑中存在着三种能量需求：（1）用于插载负荷与照明的电能；（2）发动机、压缩机和转动设备的动力；（3）调节温度和加热水的热量。由于在小尺度上我们没有简单

的可再生的方法来直接生产机械能，所有用于满足机械能需求的能量都必须从电转化而来，剩下的就只有电能和热能。根据火用的原理，我们能够将能量供应的形式和能量需求的形式匹配起来，尤其要注意避免使用电能来满足任何的热量需求。此外，发电的不同方式具有不同的火用等级：水力发电的损失最低，太阳光电损失最高。将匹配错误的能量形式和质量导致的损失也考虑在内，我们会对建筑的能量缺失有更清楚的认识。

2. 直流电系统以及消耗者

正如上文提到的，小型的可再生能源，包括燃料电池和太阳能光电板，生产的都是直流电，将它们接入交流电网中会导致多达25%的能量损失。但是所有的电子设备又都是用直流电运行。除此之外，照明技术中发展最快的领域——发光二极管同样以直流电工作。将交流电转化为直流电会带来另外10%的损失。当电子设备必须重新调制以适应建筑中的标准电力设施时，并不会产生显著的能源损失，但是这种转变带来的额外的低效率会进一步增加电子设备内部已产生的相当高的热量（这会导致其他后果：半导体电子设备效率下降，室温上升，就会产生一种恶性循环，即它们向周边环境排放出更多的废热，从而进一步降低效率，增加空调的负荷）。当我们建设、扩张基础设施的时候，将电力系统解耦可以让发电得到最有效的匹配。确实，分散的系统可以兼顾自主的交流电和直流电供应系统。直流电系统不仅会因为更好的火用匹配而提高效率，而且会因为更小的规模而变得更加可靠。

通过地球资源卫星测量到与亚特兰大相关联的热能和土地利用数据

3. 确定能量系统的最佳尺度

不同供能系统的空间尺度决定了系统的运作效率。作为普遍的原则，能量的质量越高，集中产量用于消除重复步骤的效率就越高，这些步骤会释放出多余的热量。作为质量最高的能源，交流电在大型设备中能比在分散的小型系统中生产效率更高。随着科技的发展，新系统的最优尺度开始缩小，但是仍保持了一个区域性的尺度。由燃料电池或者是太阳能光电板生产，而不是由交流电转化而来的直流电的最佳尺度则要小得多。然而，两种系统的运行尺度跟建筑尺度都没有联系，尽管个体的发电单元可能会被安置在一座建筑或者建筑群的范围内。

2001年6月11日，美国国家航空和宇航局的土地信息系统预测得到的美国东海岸线散发的平均热辐射

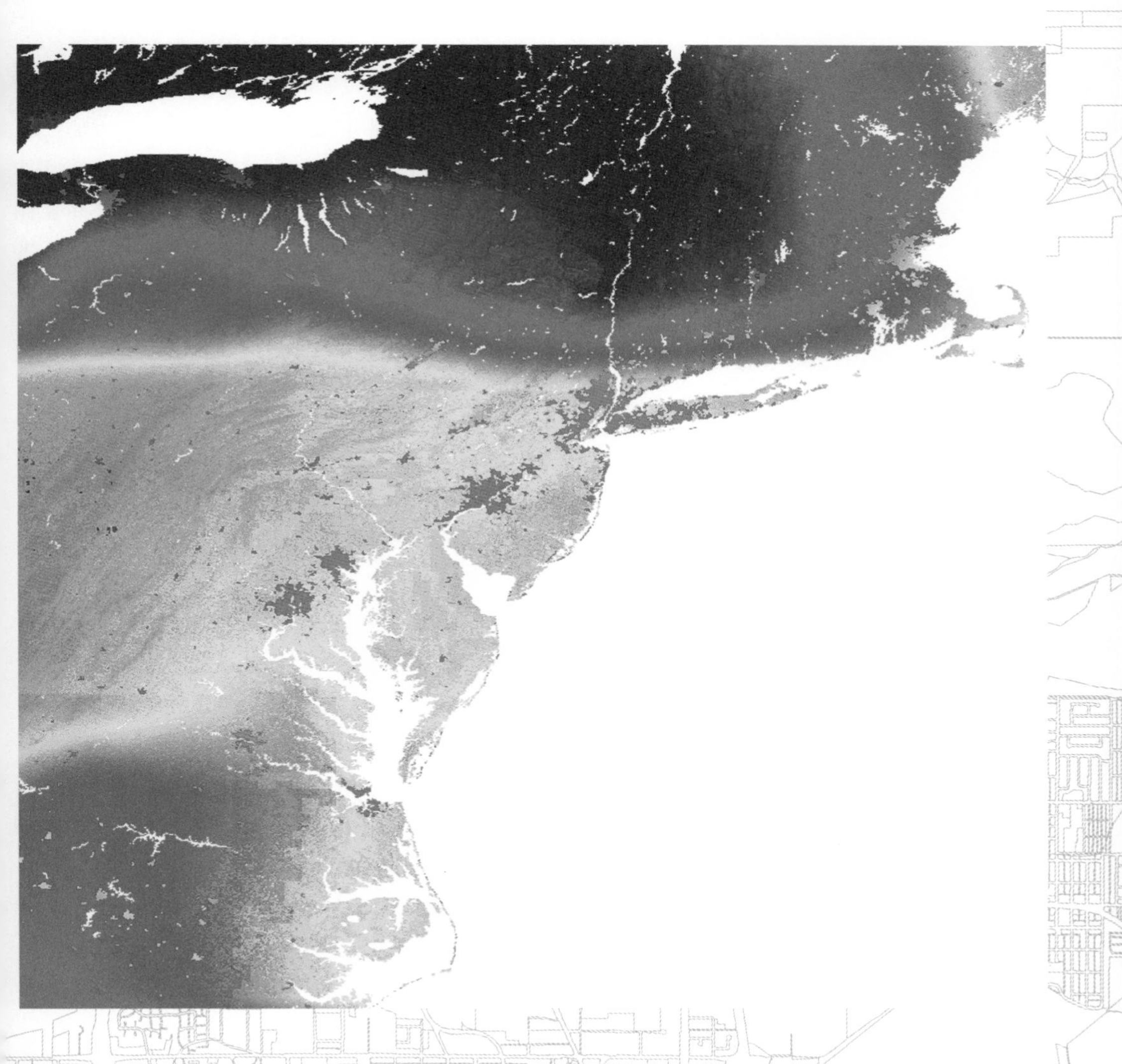

电气系统与场地之间并没有必不可少的联系；与此不同，地热和低温太阳能热则都与场地有着紧密的关联。这些场地是由自然过程而非私人财产的边界决定的。低温的地热并不是无限再生的能源，同样，它们的使用必须根据存量补充率和对地下结构的影响进行仔细地权衡。太阳热能是唯一可以在一座建筑的范围内处理的能源。如果我们集中那些收集系统，在多个建筑中共享水泵和仓库，虽然效果、效率和经济可能只得到稍许提升，但这仍然是一种能够在大部分建筑尺度的项目中易于得到最佳利用的供能方式。它离理想的解决方案最为接近——利用低品质的供能来满足高品质的需求，尤其是针对热水。这同样是一种对设计过程具有直接建筑影响的系统。

4. 散热

由于电力和光照负荷已经成为建筑中最大内部热增量的来源，我们需要重新考虑如何恰当地转移这些多余热量。传统的供热通风与空调系统依靠流通空气的“热量海绵”来散热，从而将热量分散、稀释到整座建筑空间之中。与其将建筑看成一个均质的空间，在冬天向外界散发热量或是在夏天从外界吸收热量，倒不如把它看成是冷源和热源的集合。建筑中有很多热源——包括照明在内的各种电子设备、人体、烹饪和加热的燃烧过程、热水释放到建筑中的热量、通过透明表面传递的太阳能，以及从各种热源吸收热量的蓄热体。冷源则不太普遍，但包括建筑可以“看见”的较冷的外部区域——例如夜空——或者是建筑“接触”到的外部区域——例如水和土壤。除此之外，建筑内部就没有自然的冷源了。冷冻过的空气和水成为了我们的选择，但是它们通常需要高质量的电力来移除低质量的热量，因此带来能量损耗。

由于热源十分丰富而且能量损耗相对较小，冷源成为造成建筑学影响的关键因素。冷源热量管理的关键设计要素是它的暴露表面积和相对热源的高度。为了迅速地对一个温度敏感的热源散热，冷源应该安置在热源之上。要降低热源散热速率的话就调换位置。与此相反，传统的空调设计则从天花板上传递冷源，这可以有效地整平热源附近的温度曲线，但是却以升高工作区域的温度为代价，因此就需要空调来调节。这种方法也和被动式太阳能的传统观点相左。被动式太阳能利用的是一个蓄热体作为热源，例如特隆布墙。大型的蓄热体跟冷源一样的高效，但是难以作为热源来控制。一旦弄清了热源和冷源之间的关系，我们就可以重新考虑它们在建筑中的布置，从而最小化它们的影响或是最大化它们的有效性。

5. 分散的消耗

对发电系统进行去耦会导致建筑中消耗量的去耦。暖通空调系统和照明系统为建筑物容积服务。建筑中对热量的基本需求从根本上来说并不是为了建筑本身，而是为了人体。人体持续地产生热量，也因此必须把热量释放到周边环境之中。如果散热速率与产热速率不匹配的话，体温就会上升（散热太慢）或者下降（散热过快）。建筑环境系统，无论是机械的（暖通空调系统）或者是被动的（自然通风），都旨在提供一个巨大的均质冷源，可以将身体包裹在一个稳定的热环境中，这样身体散热速率的上下波动就会停留在一个能够由皮肤温度缓和改变的范围之内。本质上来说，现有的建筑环境设计方法使身体服从于建筑，而不是反过来。

该流程图对所有发电过程中投入的原料进行了说明。不像很多其他图那样将消耗量按比例分配来解释系统损耗，该图说明了在以建筑为主要消耗者的发电过程中产生的巨大损失

实际上，身体热交换只在距皮肤表层不超过1 cm厚度的区域发生。我们真正的兴趣就在这层薄薄的区域中，也只有在这个区域中，热交换的速率才能够被控制。建筑环境与那一厘

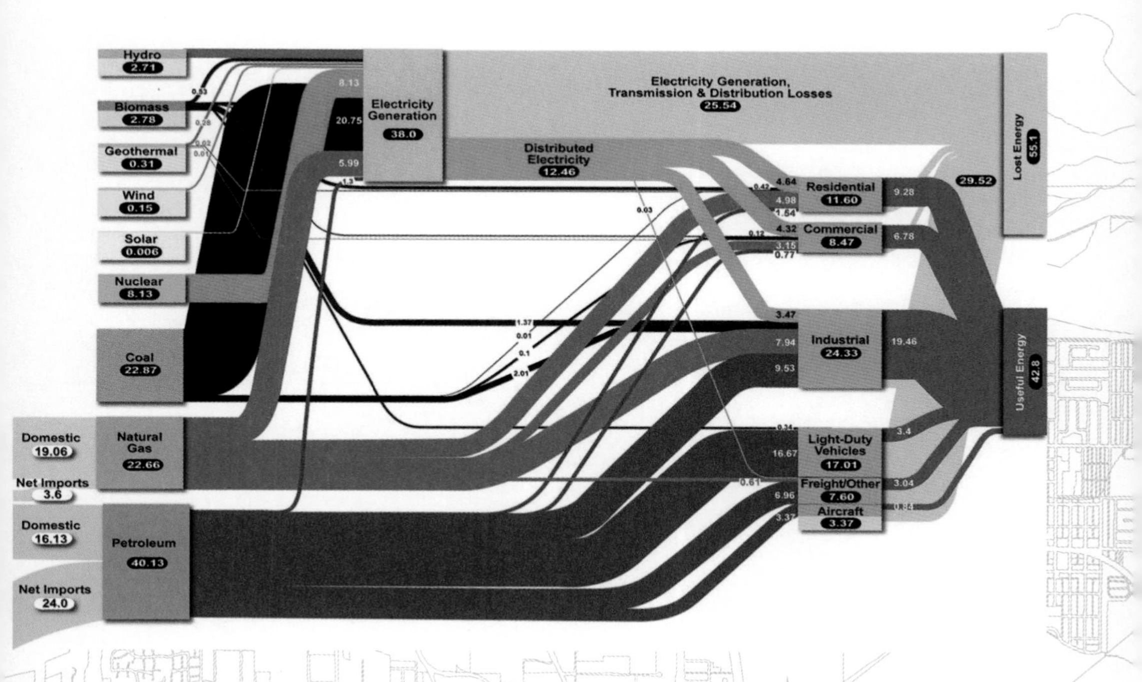

米之外的部分都毫无关联。直接作用于这个区域的方法不胜枚举，但是必须对整个建筑进行加热、冷却的理念却阻止着我们采取这些简单的行动，而是取代以大型的、耗能的系统。照明，作为加热的子系统，在最小尺度的热量交换条件——亚微粒尺度下进行运作。然而照明系统却是以建筑尺度进行设计的。我们改变整座建筑的朝向以便更有效地利用阳光，同样我们也可以在微米级的尺度上重新改变材料的方向——纹理上细微、几乎无法肉眼可见的变化可以在阳光的传导和方向上发生重大的改变。

这五种“功能性”边界的主体从区域性基础设施到神经受体不等，然而它们都源于系统从建筑尺度的几何形状中的分离。通过去耦和重新分配，我们使发电和能量消耗达到最高效

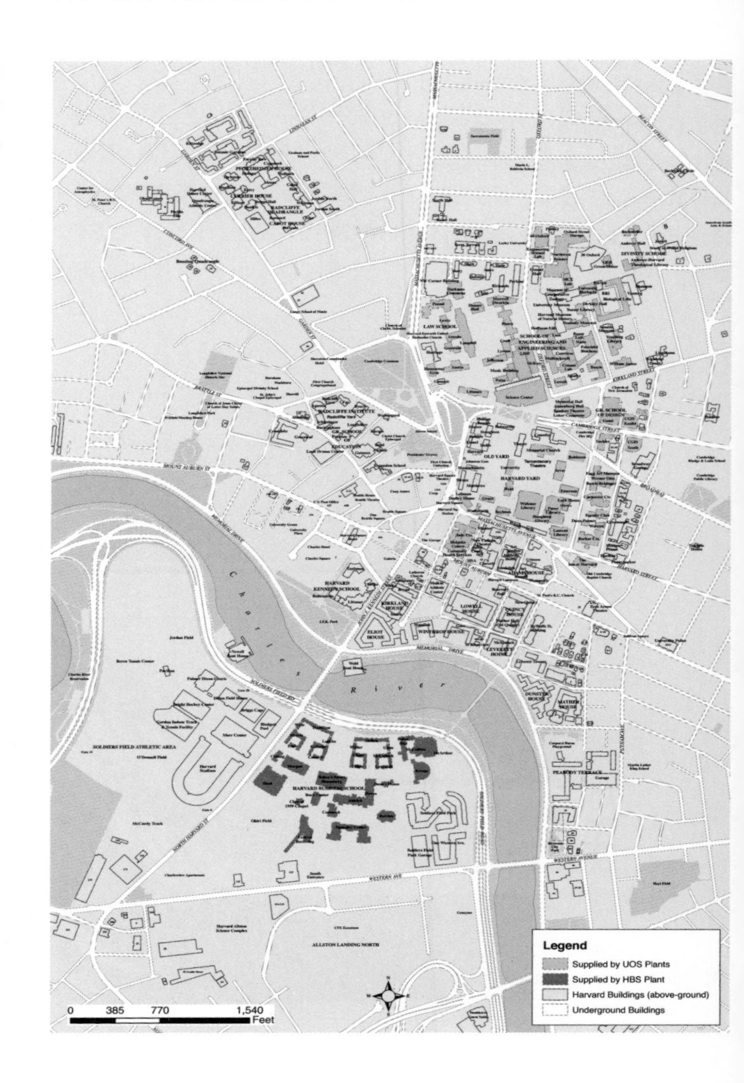

哈佛大学冷水配水系统服务下的建筑，表明一个区域系统的运作边界是由功能效率而不是几何分区决定的

和最有效的水平。传统的建筑科技与19世纪末期相比几乎没有什么改变，电力基础设施正是因为这些系统而产生。除了汽车工业之外，每种工业中发生的飞速的科技革命都忽略了建成环境。最主要的原因：一是我们将建筑视为用来评价性能的合适的单元，而非系统和消耗者；二是建筑系统应该无缝整合的理念。通过质疑、挑战这些想法，我们能就够削减一个数量级以上的耗能。

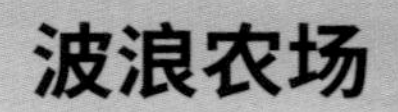

波浪农场

海蛇波浪发电有限公司

（Pelamis Wave Power Ltd.）

模拟的波浪农场展示了利用波浪能的系统，由总部位于爱丁堡的海蛇波浪发电有限公司开发

华润置地广安门生态展廊

北京直向建筑设计事务所（Vector Architects）

该项目位于北京的一个住宅区中，是一个使用期限为三年的临时的绿色技术展廊。设计体现了“临时”这个有意义的概念，旨在设计一种可以方便建成、拆除和循环利用，并且对现状场地影响最小的装置。建筑主要的结构系统由钢材组成，有如下几个优点：结构组成部分可以在建筑拆除之后循环使用；结构的装配可以与场地挖掘同时进行，从而缩短工期；建筑可以被抬高，大大减少了开挖和打地基的工作，使拆除和场地恢复更容易。

垂直的生态草板系统和绿色屋顶被运用到建筑外壳中，来减少热量的吸收和损失，增强热效率。生态草板能减少暴雨径流。尽管中央草坪的空间被这个建筑占据，通过屋顶和两个立面的生态草板，原有的种植空间变成了最初的3倍。在这个建筑被拆除之后，草板墙会被重新改造为居住区的围墙。

公民们，向农场出发

多罗泰·伊姆伯特（Dorothée Imbert）

食物再一次被公然提升到政治高度。奥巴马在白宫门前开辟的有机菜园象征性地将经典的美国园景展览——门前大草坪——变成了食品生产景观。而这只不过是最近备受媒体追捧的与饮食健康和美国“绿”化相关的事件之一罢了。食物与环境责任之间的关联已成为学术界和主流舆论的前沿论题。作家、政客和大厨们联合发动了一场“美味革命”，在这场革命中，“纯正食物”“慢食”“本地食物”既低碳环保，又低热减肥。这场食物热潮同时带动了再一次的都市农业热潮。虽然人们现在才意识到都市农业是高科技、可持续建筑的一种软性低成本替代品，而实际上都市农业定义宽泛，且有着悠久的历史。

第二自然（农业）与第三自然（花园）的结合对景观的创作产生了深远的影响。从乡村的花园农场（ferme ornée）——草地用于放羊和播种玉米，到都市花园，这种影响都十分明显。[1]在路易十四的凡尔赛宫，饮食艺术是件严肃的事务：国王不仅热衷权力，而且对饮食十分挑剔。为了保证稳定且高品质的食物供给，让·巴蒂斯·德·拉·昆提涅（Jean Baptiste La Quintinie）开辟了一块9 hm2的花园农场——国王菜园（Potager du Roi），用蔬菜布置花坛，将果树修剪为树篱。[2]花园的保护性围墙、棚树和温室满足了王室一年四季对无花果、豌豆、草莓和芦笋等的需求。

在今天的美国，我们能够看出推动可持续农业和健康生活方式的两股潮流：一股自上而下；一股自下而上。第一股是深受媒体关注的倡议者如爱丽丝·沃特斯（Alice Waters）和迈克尔·鲍兰（Michael Pollan）所号召的食品生产改革，它甚至影响到了商界。这一倡议植根于对杰斐逊总统农业理想的怀念和对欧洲（尤其是法国和意大利）古老神话的追忆。自我供给和自我满足总是形影不离：如果你不会自己种菜、自己堆肥，至少可以提着柳条筐去菜市场买新鲜蔬菜。而在社会的另一端，许多基层运动正在进行，包括密尔沃基的“种植力量”、底特律的“城市农业”和芝加哥的“城市农场”。通过重新开垦废弃地块和利用率低的后院空间，这些运动正试图改变城市面貌和饮食体验。它们的目标包括为本地和外地人提供就业机会、教育儿童以及消除饥荒。发起这些运动的组织运用简单的培育技术，以适应当下城市状况，而这种状况与拉丁美洲、亚洲、非洲的人们赖以维生的农场有许多相似之处。

自给自足是动荡时期生产性景观发展起来的典型动因：菜园在两次世界大战期间兴起并在20世纪70年代早期十分流行。这一需求也唤起了《全球概览》（*Whole Earth Catalog*）——一系列介绍帮人脱离政府公共服务而独立生活并自己塑造环境的反主流文化环境事业的出版物。该出版物内容包罗万象，从关于有机园艺的书籍，到巴克明斯特·富勒（Buckminster Fuller）的最大限度利用能源的思想——“用最少的能源做最多的事”。

《全球概览》也反映了一种将环境保护主义从荒野和山岳协会（Sierra Club）的狭隘视野转移至更广阔的自然范畴的诉求，后者与新时代和新技术更加契合。20世纪60年代晚期有人提出“适用技术（appropriate technology）”的概念，希望在不发生工业化引起的环境危机的情况下，提高欠发达国家的人民生活水平。如今都市农业的方法和目标与当年对“适用技术”的描述十分相符：“资金投入低，自然资源利用合理，创造就业机会潜力高。”[3]今天我们为自给自足和健康饮食所付出的努力最引人注目的一点就是，它似乎既脱离公共服务又与之紧密相连。

乍一看，都市农业充满矛盾：都市高度城市化而农业属于乡村。在城市和乡村被简单二元化的概念中，土地开发把农场排挤到城市外围，同时也切断了城市居民与土地和四季的联系。在这种情况下，城市所需的食物需要耗费大量能量从远方运输而来（把一棵生菜从加州运到纽约所消耗的能量是其本身所含能量的36

美国前第一夫人米歇尔·奥巴马（Michelle Obama）、白宫园艺师戴尔·汉尼（Dale Haney）和华盛顿班克罗夫特小学的学生们一起为白宫菜园破土。摄于2009年3月20日

凡尔赛宫“国王菜园”里的梨树墙

英国女王在伦敦白金汉宫的新菜园。载于《星期日泰晤士报》（伦敦），2009年6月14日

Lettuce reign over you: Queen starts allotment

Environment The latest boost for the 'grow your own' campaign is coming from Buckingham Palace, says **Maurice Chittenden**

BRITAIN'S burgeoning army of urban allotment holders have a royal champion — the Queen has ordered part of the Buckingham Palace gardens to be turned into an environmentally friendly vegetable patch.

It is the first time the palace has grown kitchen produce since it took part in the "dig for victory" campaign during the second world war.

The Queen has had the 30ft by 12ft vegetable patch dug at the rear of the 40-acre gardens in an area known as the "yard bed", previously used for growing summer flowers. No chemicals are used and the plot is irrigated from the palace borehole.

The inauguration of the royal vegetable patch follows a similar idea by President Barack Obama and his wife Michelle. In March, they dug up 1,100 sq ft of the White House lawn to plant crops.

The Queen is at the forefront of a national grow-your-own movement as people look for cheap and healthy alternatives to supermarket food.

The National Trust has begun a nationwide campaign to encourage landowners to lend spare plots to the public. Meanwhile, Boris Johnson, the London mayor, has announced a scheme to plant vegetables on rooftops and unused spaces around some of the capital's most famous landmarks.

Some of the first vegetables planted on the Buckingham Palace patch have regal overtones. They include a rare climbing French bean called Blue Queen and a variety of the same vegetable known as Royal Red. Others in the garden include Northern Queen lettuces and tomato varieties such as Golden Queen, Queen of Hearts and White Queen.

Visiting dignitaries might want to try some of the others — Stuttgarter onions might appeal to Angela Merkel, the German leader, and Red Ace beetroot to Vladimir Putin, the Russian prime minister.

The Queen was shown round her new venture last week by Claire Midgley, the deputy gardens manager.

A palace spokeswoman said the Queen was a green gardener. She said: "No chemicals have been used to cultivate the allotment sites. Liquid seaweed has been used to feed the plants and garlic is being used to deter aphids. Like the rest of the garden, water from the palace borehole is used to irrigate the plants. Everything grown will be eaten within the palace."

To mark the opening of the allotment, the palace has released pictures of the Queen and Princess Margaret harvesting dwarf beans at their allotment at Windsor castle in 1943. The image was used to promote the wartime car
national self-suffic

Christopher V
director of the Mus
den History in sou
which is holding a
this autumn calle
Life: 100 Years of G
Own, said: "It's a g
the Queen to sta
ment. The whole
urban food is the z

Claire Midgley shows the Queen and Prince Philip the vegetable plot in the palace ga
The Queen and Princess Margaret helped grow

倍)。城里孩子只能在课堂上得知,牛奶来自奶牛,当然,除非他们住在曼哈顿的上东区,那里的孩子学习的是如何做出水牛芝士。然而,如今存在新的城乡置换类型。第一个例子是欧洲城市化区域杂乱琐碎的用地平面使多功能的农业基础设施成为可能:巴黎边缘的农业活动将休闲与谷物生产结合了起来;另一种情况是郊区空地变为生产用地,服务于紧邻的居民;还有一种更临时的,例如纽约在“新农民开发计划”中把城市土地租给移民耕种。与原有观点正相反,小地块紧凑型农场俨然已成为城市中空地转换和开发的可行方式。对城市废弃地和低利用率土地的开垦可以带来生态、经济、社会和健康等多方面的好处。

景观设计师继承了农业和城市化两种传统,尤其适合将都市农业在空间中表达出来,将第三自然美学重新引入城市中的第二自然。虽然在道德层面很少有人反对都市农业的价值,笔者仍然希望对景观设计在引导都市农业成为一种设计手段时所发挥的作用做一个探索。笔者用三个主题组织案例——缓冲、修复、指导。所举案例不求面面俱到,但求反映出景观设计、农业、城市化三者融合的历史和当代的潮流。

缓冲

20世纪上半叶,花园——尤其是私家花园——常被作为城市化的解毒剂以及现代社会道德和经济上的稳定剂。德国景观设计师莱伯里切·米吉(Leberecht Migge)是一位富于创造力的行动家,他与恩斯特·梅伊(Ernst May)、阿道夫·路斯(Adolf Loos)和马丁·瓦格纳(Martin Wagner)一起将生产性花园加入柏林席伦根(Siedlungen)居住区的总体规划中。他在1918年和1919年的两篇论文《人人自给》(*Everyone Self-Sufficient*)和《绿色宣言》(*The Green Manifesto*)中表达了自己的思想:个人的食物生产是土地改革和应对城市过度拥挤的良好手段。[4]在他看来,当代城市大量的闲置街道和住房是对空间的浪费,而耕种是解决该问题的唯一手段。与破败而混乱的城市不同,生产性花园根据家庭需要而布置得井井有条,标准化的尺寸和气候控制使产量最大化。空间需求小而维护需求大的密集型作物,如土豆和生菜,种植在离房子最近的地方;邻里间共享堆肥设施、鱼塘和草坪。果树沿墙种植并搭建有棚架,棚架的围屏可以拉下来,在夜间对果树起到保护作用。

米吉在现实中和象征意义上与土地建立联系的想法,是20世纪许多景观设计师都曾有过的。在丹麦,私家花园是开放空

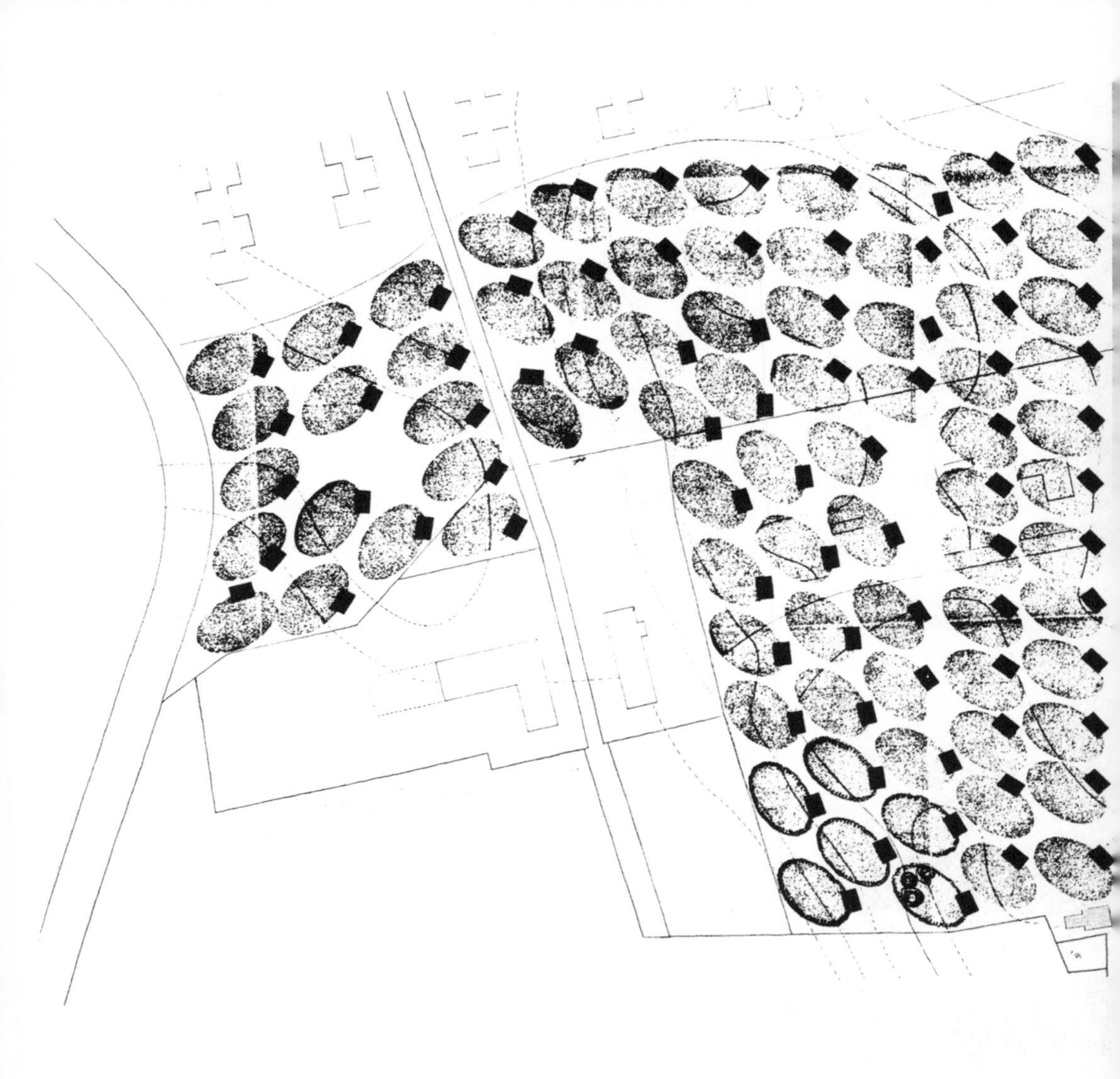

哥本哈根附近的乃鲁姆私家花园，C. Th. 索伦森（C. Th. Sørensen），1948年。树篱的维护严格按照说明书操作

间系统的一部分，被设为永久性景观设施。对丹麦现代主义景观设计师C. Th. 索伦森（C.Th. Sørensen）而言，这些花园给了现代化公寓居民一剂解药——他们被切断了与土地的联系。在哥本哈根外的乃鲁姆（Nærum），他在一个坡地上设计了一系列椭圆形花园，每一个都被树篱围合。像米吉一样，索伦森也相信为集体利益而进行的个人工作的优势以及标准化的形式和尺寸的好处。但乃鲁姆的椭圆花园在空间上的影响却与米吉的设计大相径庭。赏心悦目的形状和充满活力的组合方式与城市和典型私家花园的长方形阵列形成鲜明对比，索伦森编写了整整7页的种植导则，其中大多数是关于树篱的：它们可以用山楂树、多花蔷薇、沙果树或丁香来种植；无论修建与否，它们必须达到保证高度的私密性。在椭圆花园内，园艺师可以任意发挥，种植蔬菜、醋栗、茶藨子等均可。从侧面看，树篱恰好随地形降低而形成了连续的曲线，其间空地则形成了缓冲带和运动场。

视家庭规模而定的自给自足的生产性花园。莱伯里切·米吉（Schweingruber Zulauf），1919年

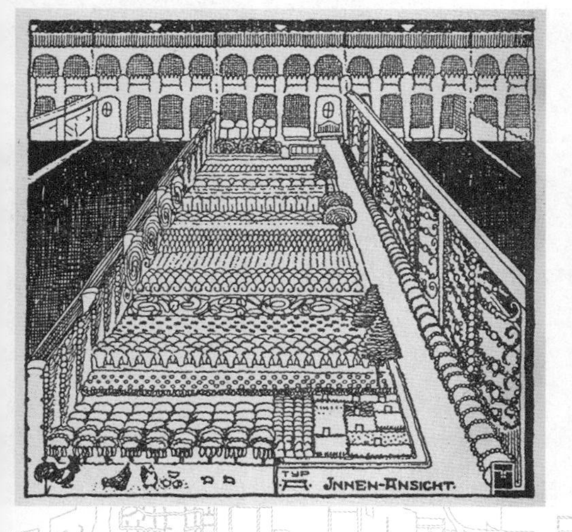

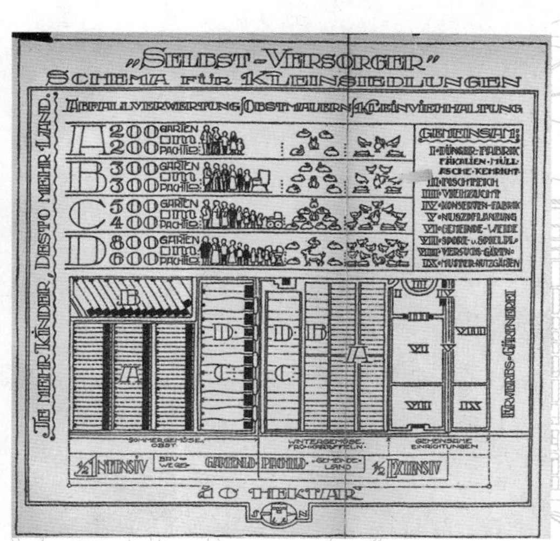

修复

农业活动，无论种植的是庄稼还是树木，都能够修复城市，从而为其可持续发展创造可能——它可以把闲置或废弃的地块转化成具有公共投资价值的地块。通过即时修复而改变城市生活体验的最佳案例，莫过于阿尔多·范·艾克（Aldo Van Eyck）受康纳利斯·范·伊斯特林（Cornelis Van Eesteren）领导的规划部门委托为战后的阿姆斯特丹设计的运动场。成百上千的运动场在空间上相互独立，又因标准化的设施配置而相互统一，从而在空间上和心理上缝补了破损的城市。它们因地制宜地利用小尺度缝隙空间来改造整体格局，也是对当时国际现代建筑协会（CIAM）提出的自上而下的城市化模型的补充。这里有几点在都市农业设计中值得借鉴的地方：适宜的尺度和处理手法，丰富的平面布局，要理解人的活动，要有系统的知识，要能设计出提高人们生活水平的作品。该项目不是一个自下而上的规划过程，而是一项不断重复的工作。它把一系列空地变成了一连串场所，微小而独立的城市空间形成了一个新的社交网络。

巴西圣保罗州堪提诺德塞尔（Cantinho do Céu, São Paulo）高压线下的农业生产廊道；美国罗德岛州普罗维登斯（Providence, Rhode island）的社区花园

瑞士楚格州（Zug）的自维持移动花池。施文格鲁伯·祖洛夫（Schweingruber Zulauf），1999年

都市自然的概念经常被运用于当代景观设计实践中。无论场地被污染、被废弃，还是遭到其他形式的破坏，植被和土壤的矛盾是常有的事。虽然一些设计师尝试在高密度城市中用垂直农场生产食物——将水培装置与建筑相结合，但还是会有设计师希望通过低技术方案建立一个生产性景观系统。因此在古巴，越来越受重视的“持续的生产性景观”策略——一个连接城市中心区私家花园、公园和郊区的开放空间体系——建立在试验性项目“古巴都市农业”之上。[5]前苏联解体后，古巴的发展困境导致了公有制农业体系的巨大变革，城市及其周边地区开始出现半私有化的有机农业生产。这一模式被广泛传扬，人们认为它生态友好、经济可行，甚至能拯救社会。它的能耗极低并具备许多优点，尤其是它可以因地制宜地回收利用旧材料这一点。

通常情况下发展都市农业总会侵占一些土地，无论是改造街道、铁路，还是像“游击园艺”运动一样擅用他人土地。6装饰性花园被占作他用的事例不胜枚举，尤其是在保家卫国的关键时刻。1940年，卢森堡花园朝向法国参议员的花坛就被改造为菜园；最近白宫草坪种植芝麻菜其实并非新鲜事，很久以前它还被用于放羊。

指导

都市农业在组织城市发展框架方面也存在巨大潜力。法国景观设计师米歇尔·戴斯威纳（Michel Desvigne）的几个项目有力地证明，景观基础设施在这一点上可以超越建筑。他提出“指导性生态”的概念（相对于保护性生态而言）——景观不仅可以发挥雨洪管理、生物多样性保护等生态功能，而且可以发挥为城市未来发展创造空间框架的重要作用。在波尔多河右岸，废弃停车场和开发遗留地上所种的树木占据了衰败的工业区。戴斯威纳强调他的方案并非一个总体规划，而是预测未来70年该区域城市化进程的一个空间系统。这一条纹景观带成了未来建设的发生器，而非其副产品。纽约和巴黎的两个项目则体现了生产与休闲的融合。在总督岛，农业生产既是一种土壤管理模式，又是一种分段开发策略。与之相似，在由雷诺汽车工厂重新开发的塞甘岛（Île Seguin）项目展示了一种没有建筑的图形式场地，在这里花园作为生产用地，由个人经营的小块园地先于树木和建筑，构成了场地的第一层固态元素。在某种程度上，农业是个既包含记忆又囊括效率的词汇。理性的平

图1　巴黎边缘接合带项目。米歇尔·戴斯威纳（Michel Desvigne）、让·努维尔（Jean Nouvel），2009年

图2　农业生产花园：第一期。位于法国布洛涅苏塞纳的塞甘岛（Île Seguin,Boulogne-sur-Seine）。米歇尔·戴斯威纳，2009年

图3　巴黎边缘接合带项目。由温室、私家花园、树篱和果园等组成的条带景观细节图。米歇尔·戴斯威纳、让·努维尔，2009年

图4　农业生产花园：第一期。位于法国布洛涅苏塞纳的塞甘岛（Île Seguin, Boulogne-sur-Seine）。米歇尔·戴斯威纳，2009年

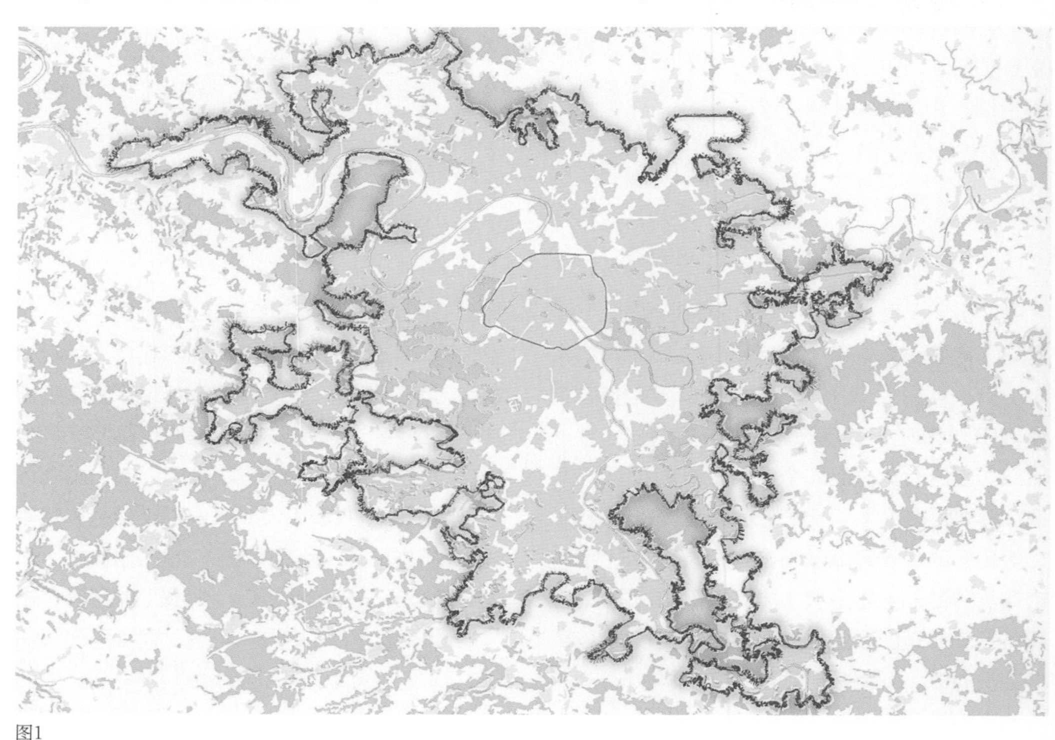

图1

图2

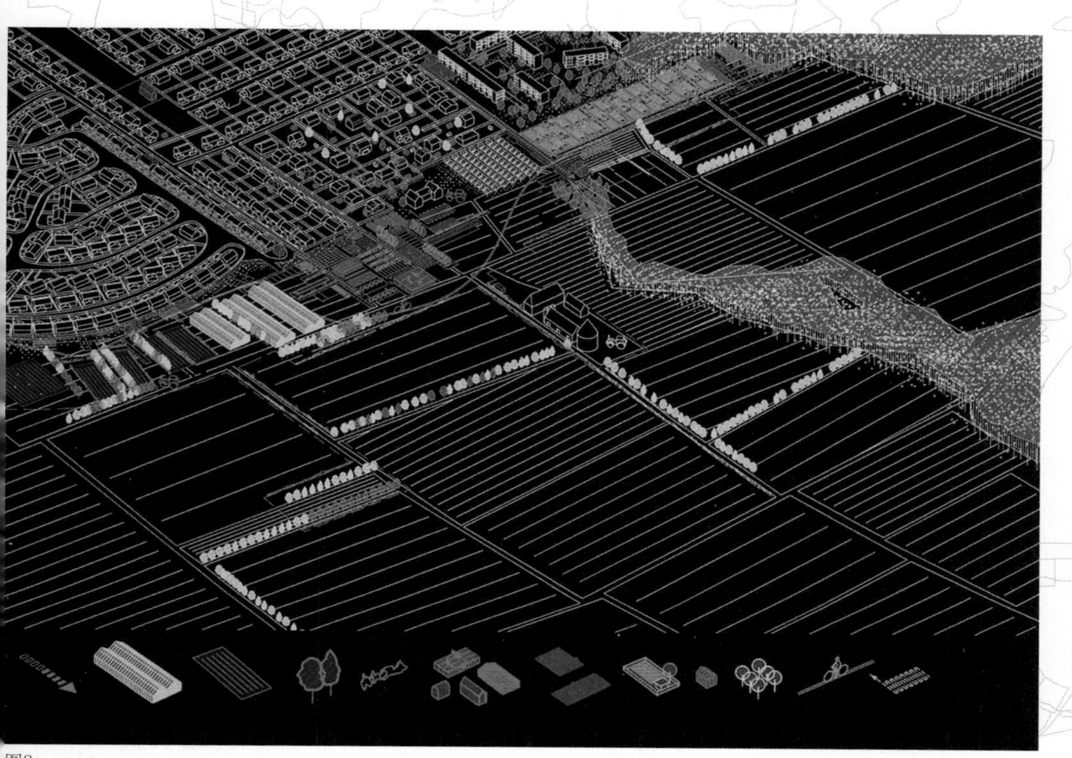
图3

图4

在奥斯顿建农场的四大理由。多罗泰·伊姆伯特（Dorothée Imbert）、谢莉·福提尼尔（Scheri Fultineer）、相原惠（Megumi Aihara）、廖子芬（Tzufen Liao）、小野琢磨

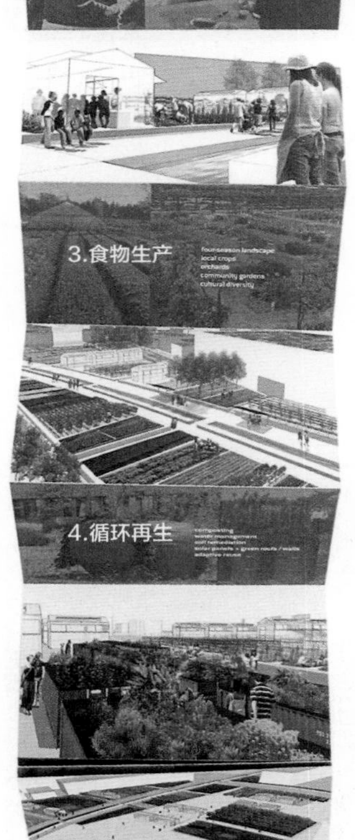

面布局、快速的产出、土质的提升、堆肥以及雨水管理构成了一个可持续的都市自然，它虽然完全人工化，却提供了人与食物、土地和乡野景观的联系。在区域尺度上，2009年让·努维尔（Jean Nouvel）对大巴黎的规划方案进一步探索了这种双重性。[7]作为对于尼古拉·萨科齐对巴黎大区交通和生态图景呼吁的回应，戴斯威纳和努维尔的团队为周边的lisière（边缘接合带）——一个描述森林边缘或接合地带的词汇——专门制定了都市农业法规。巴黎和周边农业区域之间的边缘接合带如今变成了一条800 km长、各处宽度不等的连续地带，那里消失已久的农业景观已脱胎为新型的生产性开放空间体系。树篱、壕沟、灌木丛和乡间小路重现于这个由温室、私家花园、回收利用、能源生产、堆肥和运动场组成的生态基础设施中。这条被仔细设计的景观带不强调保护或追忆，而强调交换和实验——一种让所有人都参与其中的方法。在这一方案中，规划中的不确定性模糊了农村的郊区化，使农业重返城市。

通过本文的最后一个案例，我们来看看都市农业设计思路如何影响土地开发。哈佛大学奥斯顿校区一系列独特的生态、社会和空间条件成为对都市农业的考验。[8]校园中兼具生产性和教育性的菜园景观与城市空间紧密结合，进一步兑现了哈佛大学对于环境意识开发的承诺，同时也帮助人们以全新的视角来看待景观设计与城市化。在城市环境中种植蔬菜体现了某种美妙的真实感与反差感。如果将新校区视为一处劳作景观，那么都市农业的概念就远远超越了环境美化、先进技术和对乡土的眷恋。都市农业将引起人们对景观在规划过程中的作用的重新思考，同时它还能推进建设——后者一度因经济衰退和校园规划实施的停滞而显得希望渺茫。

最后，如果食物可以作为衡量权力的标尺，那么它也可以作为学术等级的消除器。虽然几乎没有教授在哈佛大学校园里放牧，但他们却可以在奥斯顿农场享受“生产津贴”。如今人们在奥斯顿的“校长菜园”（Potager des présidents）可以重温当年路易十四“国王菜园”的场景。在那里，温室可以在寒冬中为诺贝尔奖得主们提供美味的藤本马铃薯；初春，老教授们可以享受到鲜嫩的水晶菜和白胖的芦笋，秋季则可收获一筐罗克斯伯里的粗皮苹果（Roxbury Russet）——源于17世纪中叶的当地特产种，也是美洲大陆最早种植的苹果品种；年轻教师们常来翻翻肥堆、监测其中蚯蚓数量，然后品上一杯药用草本园里提神的有机茶。

注释：

1.18世纪花园农场的定义，参见斯蒂芬·斯威特则（Stephen Switzer）著《乡村平面花园、贵族、绅士和园丁的休闲去处》（*Ichnographia Rustica or the Nobleman, Gentleman, and Gardener's Recreation*），伦敦，1718年第一版，1742年二次修订版，第一卷第十七章、第三卷第十章。斯威特则断言："农业园艺最有利可图，也最赏心悦目。"

2.参见斯蒂芬尼·德·库尔图瓦（Stéphanie de Courtois）著《国王菜园》（*Le Potager du roi*），凡尔赛：南方纪事出版社（Actes Sud），凡尔赛高等景观学院，2003。

3.参见安德鲁·寇克（Andrew Kirk）的《适用技术：〈全球概览〉和反主流文化环境事业》（*Appropriate Technology: The Whole Earth Catalog and Counterculture Environmental Politics*），《环境史》（*Environmental History*），vol. 6，no. 3，（2001年7月），374—394。

4.莱伯里切·米吉（Leberecht Migge）的《人人自给！席伦根园艺新口号》（*Jedermann Selbstversorger! Eine Lösung der Siedlungsfrage durch neuen Gartenbau*），耶拿（Jena）：迪德里希斯出版社（Diederichs），1919及《荷兰薄荷宣言》（*Das grüne Manifest*），1919。在此基础上，还可参考大卫·汉尼（David Haney）、莱伯里切·米吉的《绿色宣言"：展望花园革命》（*Leberecht Migge's 'Green Manifesto': Envisioning a Revolution of Gardens*），《景观杂志》（*Landscape Journal*），vol.26:2（2007），201-218。

5.安德烈·维尔容（André Viljoen）、乔·豪（Joe Howe）《古巴：都市农业实验室》（*Cuba: Laboratory for Urban Agriculture*），载于安德烈·维尔容（André Viljoen）编的《CPULs：持续生产的城市景观》（*CPULs: Continuous Productive Urban Landscapes*），牛津：爱思唯尔出版社（Elsevier），2005。

6.参见理查德·雷诺兹（Richard Reynolds）的《关于游击园艺：无止境园艺手册》（*On Guerrilla Gardening: A Handbook for Gardening without Boundaries*），纽约：布鲁姆伯利出版社（Bloomsbury），2008。

7.参见米歇尔·戴斯威纳（Michel Desvigne）的《让边缘更丰富》，载于让·努维尔（Jean Nouvel）、让-玛丽·迪蒂耶尔（Jean-marie duthilleul）、米歇尔·坎特尔-杜帕特（Michel Cantal-Dupart）编《一千零一个幸福巴黎人的诞生与重生》（*Naissances et renaissances de mille et un bonheurs parisiens*），巴黎：蒙特伯隆出版社（Mont-Boron），2009，148-175。

8.将都市农业景观加入哈佛大学校园规划设想，《在奥斯顿建农场的五大理由》（*Five good reasons to have farms in allston*）是2007年与谢莉·福提尼尔（Scheri Fultineer）、相原惠（Megumi Aihara）、廖子芬（Tzufen Liao）和小野琢磨（Takuma Ono）合作的成果。

在奥斯顿（Allston）建农场的第四大理由：循环再生。效果图由廖子芬提供，2007年

植栽水族箱：家里的鱼类和蔬菜储藏间

马修·雷汉尼（Mathieu Lehanneur）　安东尼·范德博彻（Anthony van den Bossche）

“土食者（locavores）”最早于2005年出现于旧金山，他们自称为“一个只食用城市周边160 km范围内产出食物的群体”。土食者们希望通过这种方式来减少食物运输对环境造成的影响，同时保证食品质量的可追踪性。

基于这一群体（“土食者”一词最早于2007年出现在一本美语词典中）不断扩大的影响，“植栽水族箱（local river）”应运而生，它将淡水鱼缸和小型蔬菜种植槽结合起来，形成一个家庭食物储藏间。这种自主建造的“鱼塘－菜园”混合体基于鱼菜共生原理以及植物和鱼类两种有机体之间的物质交换和相互依存关系：植物从鱼类富含硝酸盐的排泄物中汲取养料，同时作为净化水质的天然过滤器，维持鱼缸生态系统的平衡。这种技术同样应用于大型鱼菜共生体系（鱼塘农场）的探索中：水中饲养罗非鱼（一种来自远东的食用鱼类），水面漂浮的种植盘中种植生菜。

这一项目满足了人们对于日常食物新鲜度百分百可追踪的需求。它倡导人工饲养淡水鱼（鲑鱼、鳗鱼、鲈鱼、鲤鱼等）的回归，因为海鱼的过度捕捞造成其供应量逐渐变小。该项目还使鱼类养殖户能够为客户运送活鱼，在最大程度上保证新鲜——而这对于网捕海鱼来说是不可能的。

“植栽水族箱”旨在用一种兼具装饰性和功能性的“冰柜水族箱”代替仅有装饰性的“电视水族箱”。在这一设想中，鱼类和蔬菜共同生长于一个家庭储藏间里，直到被处于食物链顶层的主人拿去烹制美味佳肴。

软城市

KVA MATx

这一创意旨在探索一种介于现存大规模集中式城市能源系统和城市建筑密集区散布的各种小型设备之间的分布式清洁能源网络。“软城市”（SOFT CITIES）项目开发了一种使用一系列适应能力极强的能源收集织物体系来制造清洁能源的新型模式，该织物体系由薄膜太阳能纳米材料构成。“软城市”运用城市化、建筑、工程以及材料科学等多个领域的知识，探索了有机太阳电池在技术、空间和美学上的可能性，有机太阳电池是一种新兴的人工合成的光敏聚合物材料，它可以被快速印刷或吸附在弹性基底上。有机太阳电池实现了一系列建筑设计材料使用中的“不可能”，向目前建筑行业以玻璃板太阳能技术为核心的理论提出了挑战。

“软城市”的设计策略在于“过量”与“低效”的巧妙结合，在生产过程、弹力系数、半透明外观和能量收集特点等方面灵活运用了有机太阳电池的缺陷与优势。传统形式的多面玻璃太阳能板被柔韧性更好的太阳能纤维取代，其又细又长的外形为了使材料弹性最大化而配电通道最少化。利用先进的全自动纺织设备，技术人员将太阳能纤维加入一种混合织物的表面，这样，一种融建筑材料、移动装饰材料和城市能量收集面于一体的新材料就此完成，并准备大展用途了。

有机太阳电池生产效率很高，其表面材料都可以在短时间、低成本、低碳条件下生产出来，且不论成卷生产的产量之大，仅生产有机太阳电池的能耗就比多晶或单晶玻璃板低得多。但其表面积必须足够大，因为它们产能效率不高——它只能将所接受光能的3%～4%转化为电能。不过不用担心，这种材料可接收高达120°范围的阳光，可全天工作，逐渐积累电量，改变了以往太阳能板只能在有限的几小时内接收阳光，从而形成“效率峰值”的状况。低成本大规模生产、巨大的表面积、全天多方向接收阳光等特点，使其成为在高密度城区有着巨大应用潜力的清洁能源生产范例。

软城市：葡萄牙波尔图市卡萨伯格萨（Casa Burguesa, Porto）的屋顶景象

最近，麻省理工学院能源计划中心和葡萄牙政府联合发起了一个项目：这种产能织物的样品将用于缓解葡萄牙波尔图市卡萨伯格萨（Casa Burguesa）地区的环境压力，并加速25 000套17～19世纪联排房屋的可持续再利用。此项目旨在用15 m²或屋顶10%的面积使用该织物为每户人家每天节省至少60%的用电量。

这一“软城市”试点项目使用新型清洁能源生产模式，将先进的太阳能聚合纳米材料与卡萨伯格萨地区联排房屋内传统的采光通风空间相结合，为居民提供了平均每天6.5 kWh的电量。卡萨伯格萨地区的住房有着狭窄而幽深的内部空间，楼层高，提供室内采光的楼梯井长高达20 m以上。这个只有在房屋剖面中才能看到的室内竖井被重新利用，成为家庭清洁能源配送系统的室内直流电输电区（直流到直流），这样的设计由于减少或消除了安装、工程改造和换流器的费用，从而节省了整个项目的开支。

“软城市”探索了清洁能源的有计划利用和他们在家庭与城市尺度上的美学及政治影响。每天通过太阳能织物获取电能的过程创造了一种新的基础设施共享区，它将水平方向上的屋顶层与垂直方向上的家庭能源循环系统联系在了一起。白天，屋顶的太阳能织物顶棚可拓展居民的活动空间，又在不断变化的带状光影中供应着电能；夜间，因其十分轻便，故可卷起存放于室内采光井中。收集来的能源可用于室内固态照明或家庭办公电子设备，也可给电动摩托车提供有偿充电服务，增加收

“软建筑”能源收集织物样品

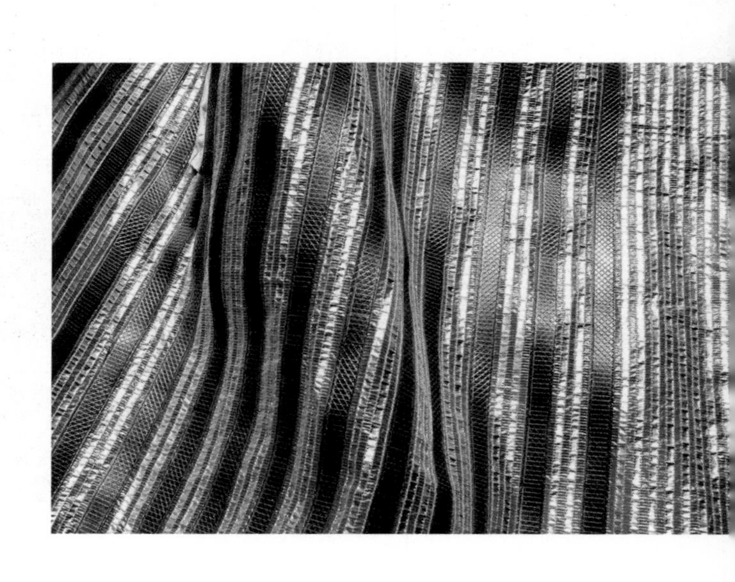

葡萄牙波尔图卡萨伯格萨示范项目照明工程

入，此举可以扩大人流量，为卡萨伯格萨地区的经济和文化生活复苏注入活力，也能够进一步扩展波尔图地铁所形成的城市活动圈。

这套清洁能源系统也产生了一定的社会影响。它通过对民居内部空间的改造，使房屋合租成为可能，这推动了波尔图高密度中心区居住和工作空间多样性的发展，从而会改变卡萨伯格萨地区的人口特征。入夜，亮丽的室外照明告诉我们，多元供电系统的影响早已超出了个体家庭的范围，而升级为波尔图历史中心区全新的环保主义城市。

“软城市”展示了一幅这样的图景——屋顶棚架既能晾衣服又能独立发电：这多姿多彩的织物网络从葡萄牙棚架花园的美学传统和蕾丝窗帘私密性与透气性的完美结合中汲取灵感，只存在一个白天，却放肆地展现着自己的力与美。这充满活力的屋顶景观还体现了一种新的互惠关系——联排房屋的内部空间被“翻出”利用，为太阳能织物提供“休养生息”的空间。“软城市”能源分配模式的适应性和再生产能力使其可以推广到许多地区进行高密度城区的可持续性改造。

注释：

项目团队：

希拉·肯尼迪（Sheila Kennedy）、凯尔·巴克（Kyle Barker）、伊莱莎·弗洛雷斯（Eletha Flores）、帕特里夏·格鲁茨（Patricia Gruits）、亚历山大·海曼（Alexander Hayman）、斯隆·库尔珀（Sloan Kulper）、穆拉特·穆特鲁（Murat Mutlu）、阿德南·佐什（Adnan Zolj）

波尔图建筑师泰纳西（Thenasie）和瓦伦廷（Valentim）

麻省理工学院能源计划中心

波尔图大学建筑系（FAUP）

波尔图大学能源系（FEUP）

波尔图能源局（AdE）

零能耗工厂

比尔·邓斯特（Bill Dunster）

地球上的人口总量与使用廉价化石燃料的可能性是成反比的。

气候变化的速度越来越快，如果人类城乡经济活动持续无节制地发展下去，那么到21世纪末，全球平均气温很可能将上升4～5℃，这意味着世界上2/3的农业用地会被淹没，进而导致大规模生态移民浪潮，人们为争夺土地和淡水而发生冲突，最终造成不计其数的死亡。在接下来的15～20年中，石油、天然气和核能的使用都将达到峰值，令我们不得不抓紧时间，赶在经济受阻、人类活动受限之前将经济发展的能源基础从有限的化石资源转变为无限的可更新资源。这无疑是巨大的挑战，我们要在现有经济模式下构建全新的生活和工作方式，才能保证自身和子孙后代的和平与民主，避免因越来越稀少的自然资源引起纷争。

低碳城开始在各个领域流行：小到一只水壶、一面墙的设计，大到一个街区，甚至整个城市大区域的规划，无不贯穿着低碳理念。接下来就看这一责任究竟由谁承担——个人（在享有高排碳权利的同时自觉减少碳排放）还是国家？当然有时二者的界线并不那么明显。试想有两个选项摆在你面前：第一，自觉改变生活方式，限制能耗；第二，实施生态独裁政策，对国家或大财团的既得利益加以严格规定。应该做何选择，你我都心知肚明。

现在最大的争论是，应该把可再生能源体系整合到日常生活中来，还是通过投资大型可再生能源项目将问题转嫁到别处。这种争论其实反映了人们应对气候问题的态度。你是想将自己的能源需求量降低到屋顶太阳能板能够满足的水平，还是想付钱让别人到别处去想办法满足你的高度能源需求？问题是每个人都想选择后者，轻轻松松把责任推向别处——尽管后者能够满足的需求量非常有限。很快，人们就发现目前的可再生能源输出量明显无法满足人们的现实需求。国家可再生资源需

地球上人口总量与使用廉价化石燃料的可能性成反比

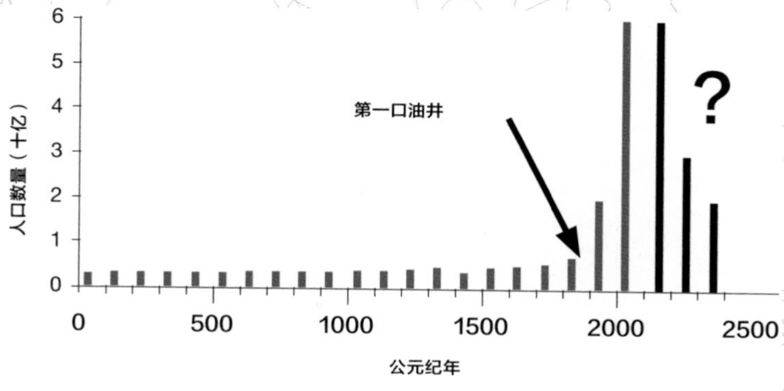

要定量配给，每个人能使用的再生电能、有机燃料、植物燃油量都非常有限。而在文化价值高、能效却很低的历史建筑中居住和工作的人们所需要的清洁能源比国家分配的那一丁点大得多。这里就能看出“老环保派”与“新环保派”的区别：老环保派仍然坚信再生能源取之不尽用之不竭，主张由跨国大集团投资建设大型集中式产能设施；而新环保派则认识到了降低需求对于脆弱的国家再生能源储备的重要性，主张在合适的地方尽量增加用小额信贷投资的小规模产能设施。

另外，信贷危机的出现也打破了原有的规则。没有地产开发商有能力投资大型低碳设施。 本来有些资金可用于投资大型公共工程项目，为绿色电网输电，但它们现在都被用于海外化石燃料的争夺，或用于支撑金融系统以防社会动荡。建再多的近海涡轮发电机、潮汐大坝和沙漠电厂也只能满足我们目前能源需求的一小部分，而它们都将用于农业、公共运输等基础服务。唯一可用的资金就剩下普通家庭每月花在供水、排水、供热、供电等基本服务上的钱了。如果愿意，我们可以不去购买以化石燃料为基础的生活服务，转而通过小额信贷在房屋内安装可再生能源系统。

过去5年中燃料价格均上涨了15%～17%，而石油、燃气、核能的使用峰值会影响到不可再生能源的供应，这很可能使燃料价格在今后10年里以每年8%的速度上涨。以这种增长速度计算，批量购买单晶太阳电池板的投资只需约12年就可回收。所以现在完全可以贷款购买太阳能板，再将每月支付电费的钱用于还贷。该太阳能板3年所减少的二氧化碳可抵消其生产和运输时所产生的二氧化碳，购买贷款12年可还清，而其使用寿命是25～40年，因此这项技术可以用于新建筑的设计和当前城市的更新。这一逻辑同样适用于其他资源：

你想付大价钱给城市自来水厂，还是想给自家安装节水设施来收集利用雨水？

你希望建立最先进的污水处理厂，还是在城郊建设无水制肥厕所？

你想把钱花在昂贵的区域集中供暖管道或超级隔热层上，还是花在几乎不需要额外供热的太阳热能收集设备上？

你想建设核电站，还是在阳台护栏或屋顶上安装太阳能板？

对于不同密度的城市和不同气候类型的地区来说，每个问题的答案不尽相同。

这是对建筑行业的挑战。我们能否尽快适应低碳经济，从而走出纯粹摸索的阶段，并找到一个切实可行的“零排放”环境建设方案？

向前快进20年：到时候廉价航班已成历史，合伙用车随处可见，午餐只能在只有素菜的廉价便利小吃店解决，英国只能依靠总量有限的国家再生能源储备艰难度日。就算工程师所设想的每一个远程再生能源生产设备都建立起来，就算近海涡轮发电机以最小的间距布满整个大陆架，所得的能量仍达不到当前需求的3/4。而光是支持那些我们热爱的高能耗历史建筑，就得用掉所有的远程能源产量。事实上，在保证森林可持续生长的前提下尽最大可能伐木，在不影响粮食产量的前提下压缩最大量的农业废料，也只能获得500 kg（净重）/人的有机燃料，而要保证日常生活，还需填补250 kg/人的缺口。我把这叫作“国家有机燃料定额”。

这部分能量正好相当于一个隔热良好的零能耗开发（ZED）[1]项目住宅保证冬季热水所需的能量，而其夏季热水可由太阳热能提供。如果在朝南一面的屋顶上安装单晶太阳电池，它们可为密度高达50户/hm^2的住宅区提供全年所需电量，夏季多余电量还可补充海岸风能发电量。上述密度代表了全英70%住宅区的水平。如此看来，我们再向新建筑远程供应有限的再生能源既不现实也不明智，因为那是在剥夺旧社区将来使用再生能源的权利。我们必须充分理解一点：未来国内国际再生能源的短缺其实都源于今天的无节制使用。我们必须充分利用每一个制造再生能源的机会——无论在身边还是在远方，这样才可能拥有公平民主的未来和可持续发展的城市。[2]

贝丁顿零碳社区（以下简称“BedZED”）[3]的大胆设想不强迫居民改变生活方式，而是逐渐让人们接受一种便利而吸引人的低碳生活习惯。BedZED包括低碳的工作空间，同样能轻松开

伦敦零能耗项目：露台花园规划密度：120户／hm^2

发出EdZED（学校）和MedZED（医院）；本届政府已立法推行ZED公共建筑中相应的环境设计标准。现在绿色生活方式已慢慢被BedZED中的一些人所接受，因为很多居民认为生活导师所讲的社会工程学理论有些居高临下不切实际，大家更愿意按自己的节奏逐渐适应绿色生活理念。

一些批评家指出，一颗空运草莓的碳排放量比BedZED隔热建筑所减少的碳排放量要高（这一点并没有错）。然而有人认为只要人们的消费习惯随着燃料价格的上涨而迅速改变，我们就能更加轻而易举地实现"零碳生活"（这样想就天真了）。如果仅仅放弃非理性消费方式，我们不可能帮助2050年的普通家庭在缺乏燃料配给的情况下熬过整个寒冬，或者在电网不停地断电情况下保持灯火通明。不要忘了，建筑能长久矗立，而到2050年，昂贵的燃料价格很可能使得普通住房都令人负担不起了。

BedZED最重要的一点启示是关注碳交易理念本身而不是结果。它向我们证明，适当增加城市居住密度比使用英国开发商的标准化模式更能提升整体生活质量。该项目实现了政府所有的目标：在现存棕地上建设350万套新住房，为每套住房提供配套花园，同时减少它们对于国家再生能源储备的需求。这给了政府官员修订法定环境目标的信心。年复一年，供应链投入将不断降低，建筑形式将日渐丰富，技术上也会愈加完善。与此同时，那些不尝试零碳城市更新的借口将不攻自破。

混合功能零能耗项目中位于建筑阴影区的工作空间剖面图，其上方是屋顶花园

专门为小块闲置工业用地设计的低成本、零排碳、无能耗的覆土住宅建筑

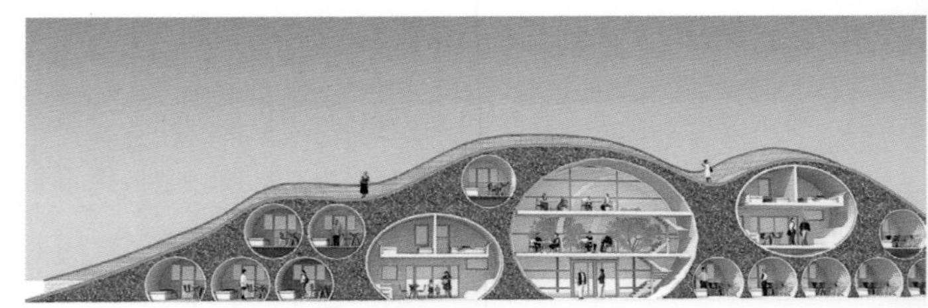

中国铜山新城。起伏的步行公园体系凌驾于零售、停车和办公空间之上，提供了一个覆盖全城的儿童友好型绿色开放空间网络；其周围的公寓楼全部向阳，为家庭产能提供了最大的可能

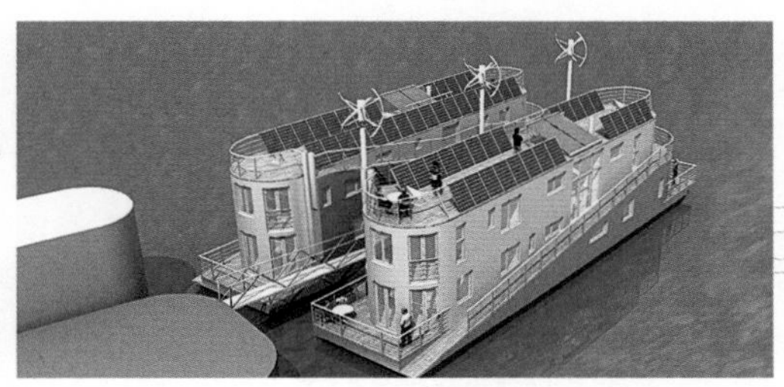

坝顶装有太阳电池板的自持零排碳防洪墙

许多城市建立在冲积平原上。零碳工厂建筑事务所正开发一种围绕公共中庭而建的漂浮公寓。伦敦东部郊区的街道在未来很有可能也会随潮水升降

注释:

1.零能耗开发即Zero Energy Development。

2.要了解更多提倡绿色生活方式，通过自产能实现能效最大化的设计策略，参见比尔·邓斯特(Bill Dunster)、克雷格·西蒙斯(Craig Simmons)、鲍比·吉尔伯特(Bobby Gilbert)的《零能耗手册：枯竭世界的出路》(*The Zed Book: Solutions for a Shrinking World*)，泰勒弗朗西斯出版社，2008。

3.贝丁顿(Beddington)零碳社区是一个位于英格兰沃灵顿附近的环境友好型住宅区探索方案，由本文作者设计，建于2000－2002年。

罗格罗尼奥生态城

MVRDV建筑事务所

罗格罗尼奥（Logroño）生态城项目由MVRDV建筑事务所和GRAS设计事务所联合设计，位于西班牙里奥哈（Rioja）省，包括3000套住房的建设和配套说明。56 hm²的地块位于罗格罗尼奥市北部蒙特科沃（Montecorvo）地区的两座小山与芬瑟拉德（Fonsalada）地区，能够俯瞰整座城市和广阔的向阳山坡。整个项目投资3.88亿欧元，其中4000万欧元将用于能源再生技术的应用。

总体规划非常紧凑，使得建设项目只占了整个场地面积的10%。线形新城蜿蜒贯穿于场地之中，让每一间公寓都能俯瞰山下的城市。另外，运动设施、零售、餐饮、基础设施以及公共和私家花园也在规划之内。

场地的剩余部分成为一个结合休闲与发电功能的生态公园。利用太阳能和风能，公园提供了新城所需的全部电量：各式各样的太阳电池板布满整个向阳山坡，两座小山山顶矗立的发电风车正好成为项目的地标。规划中包含一个场地内灰水环流和天然净水系统，对密集的城市居住形式进行了生态改良。上述特点帮助这个新的开发项目达到碳平衡，并使它成为西班牙能源利用效率最高的城市。

最大程度上（沿山体等高线）的密集建设使耗资降至最低。在未来的规划中，一条缆索铁路将联系起博物馆和隐藏于蒙特科沃一座山顶的一处景观视点——那里也将建设一个可再生能源和高能效技术的研究发展中心。场地内部的清洁能源生产和高质量的建设每年可减少6000 t以上的二氧化碳排放量。

大脚革命

俞孔坚

“小脚城市主义”

在今天的城市中我们用时尚小巧的高跟鞋再次束缚了自己的脚；我们用混凝土建起能抵御500年一遇洪水的大坝，将城市与水隔绝开来；我们建设的雨洪管理系统能“完全控制”雨水，使其不能渗入地下蓄水层而直接流走；我们用奇花异草代替本地“杂乱”而丰产的灌木和庄稼，它们不结实，不能为动物提供食物，除了取悦人以外别无他用；我们拔除抗旱的野草，却种植了耗水量惊人的装饰性草坪。

以装饰和美化为标准而设计的城市景观使中国中央电视台（CCTV）大楼和国家大剧院等建筑成为地标。上海和迪拜也是极好的例子——几乎所有的地标性建筑都被戴上了滑稽的装饰性帽子。其实，整个城市都在极尽装饰和美化之能事，导致水资源短缺、空气污染、气候变暖、大量土地和自然资源的浪费以及城市文化身份的缺失。在当今“小脚城市主义”背景下，景观、城市和建筑像古代女子的“小脚”一样，病态、畸形、丧失功能、恶臭无比。“小脚城市主义”只有死路一条。

小脚美梦在20世纪后半叶之前还只属于不到城市人口10%的贵族阶层。而现在，它在全国范围普遍流行起来。在中国，每年有1800万人从乡村转移到城市。这些人渴望被“城市化”，变得更有文化、更有品位，与原本实用、健康而丰产的自然和乡村生活脱离干系。当追随“小脚城市主义”的贫穷发展中国家遇上“美国梦”，情况就变得更糟了。看看中国和印度吧，两个追求大汽车、大房子和一切大物件的国家。如此一来，中国仅有世界7%的耕地和淡水资源，却要养活世界22%的人口。

可以想象庞大身躯的“小脚城市主义”将把中国引向何方：中国城市中有2/3缺乏水资源，约75%的地表水被污染，2/3的城市地下水被污染，1/3的人口面临饮用水被污染的威胁，过去30年中50%的湿地已消失。将来我们如何生存？

小脚姑娘　　大脚姑娘

上海：小脚城市主义，被化妆的城市

无力的小脚背负着庞大的身躯：中国城市化的危机

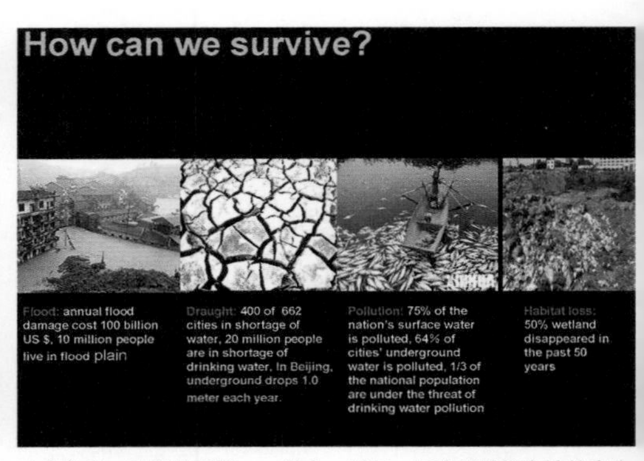

生存危机：脆弱的环境——洪水、干旱、污染以及栖息地的丧失

“大脚革命”：生态都市主义

改变的时候到了。生态都市主义是生存的艺术。在这关键的时刻，我们需要采取两项策略来引导城市的可持续发展。

基于多种尺度生态基础设施的城市发展

这是一种城市发展规划的空间战略，要求规划者将土地作为一个有生命的系统来理解，确定出一个生态基础设施（EI, ecological infrastructure）网络以指导城市的发展。生态基础设施即由关键景观元素和空间格局组成的网络框架。它对保持自然和文化景观的完整性和独特性有着重要的战略意义，而后者反过来可以确保景观可持续的生态服务功能。

生态基础设施只需占用最少的空间，就能保证以下四项关键的生态服务功能：（1）提供粮食和净水；（2）调节气候、

20世纪六七十年代期间常出现在街道或宣传栏里的一幅画，宣传反对封建主义和小脚文化的思想。

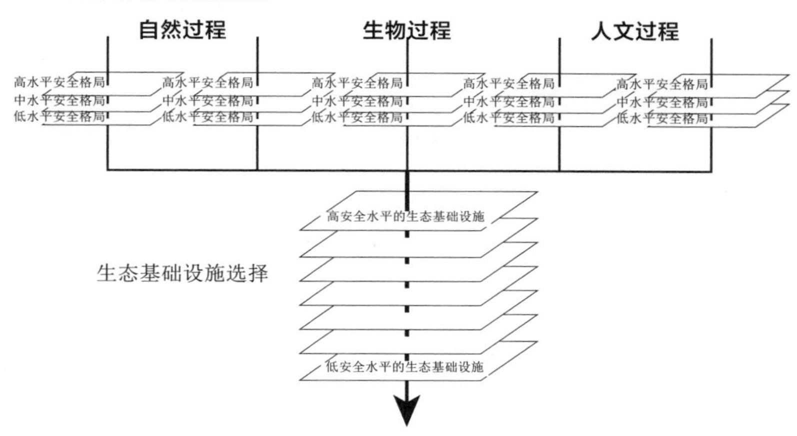

基于生态基础设施进行城市规划的结构框架，其中“安全格局”是指保证生态和文化安全的关键布局

生态都市主义的空间战略：建立多种尺度的生态基础设施

控制病害、洪水和干旱；（3）保证食物链完整，为本地动植物提供栖息地；（4）传承文化，并发挥休憩、怡情功能。

作为生态都市主义的一项空间战略，生态基础设施需要在不同尺度上加以规划。国家和区域尺度的生态基础设施应确定战略性景观安全格局，以确保重要生态过程的安全；这一格局能够指导区域土地利用规划和城市增长模式的确定。中观尺度上，应确定出生态廊道和斑块等重要结构要素，保证区域景观完整性；小尺度的生态基础设施需要把区域生态基础设施所提供的生态服务延伸到城市肌理中，以指导单个场地的城市设计。

“大脚”美学：五个项目，五项原则

生态都市主义的实践和评价需要一种新的美学：“大脚”美学作为“小脚”美学的替代应运而生。以下是过去10年中本文作者和土人景观设计研究院设计和施工的五个项目，能够体现基于生态认知和环境伦理的“大脚”美学的一些主要原则。

永宁公园的漂浮花园：与洪水为友

遵循“小脚城市主义”的现代城市的设计与自然力量为敌，尤其是水。自然通过景观所提供的生态服务被人工设施耗尽并取代。作为对混凝土和管道所构成的传统城市水系统管理及防洪工程的改变，永宁公园展示了与水共生、与水为友的设计。我们拆掉了固化的城市防洪设施，转而用一种更加生态的方法来控制洪水，同时美丽的乡土植物和朴素的自然景观得到了展现。结果非常成功：洪水问题解决了，“大脚”的本地野草也被当地人和游客所欣然接受。

永宁公园场地原貌

大脚美学：抗性强的乡土野草取代了硬化的堤岸，姿态优美，很受游客欢迎

景观设计师提出用生态措施进行洪水管理，取代常用的硬化堤岸和渠化措施。这一提议最终被甲方采纳。于是，原有工程设施被拆除，硬化河道的生态开始逐渐恢复。永宁公园为整条河的生态修复提供了范例。

沈阳建筑大学稻田校园景观：走向丰产

几个世纪以来，大学一直是用城市礼仪教化粗野年轻人的地方，校园景观同样如此。过去30年中，中国有数十万公顷的肥沃农田被用于大学校园建设，变为装饰性的草坪和花坛。作为对改变现状的一次尝试，我们设计了具有生产性的沈阳建筑大学校园。校园中的雨水被收集并汇入一个小人工湖，它为教学楼前的稻田提供了灌溉水源。户外学习空间被安排在了稻田中央。稻田中放养了青蛙和鱼，它们以害虫的幼虫为食，能控制虫害；而长到一定程度后，它们本身又可以成为学生的盘中餐。这一项目展示了农业景观成为城市景观的一部分，同时保持美感的可能性。这丰产的经过是“大脚美学”一个典型的案例：无拘无束，不失功能，富于美感。

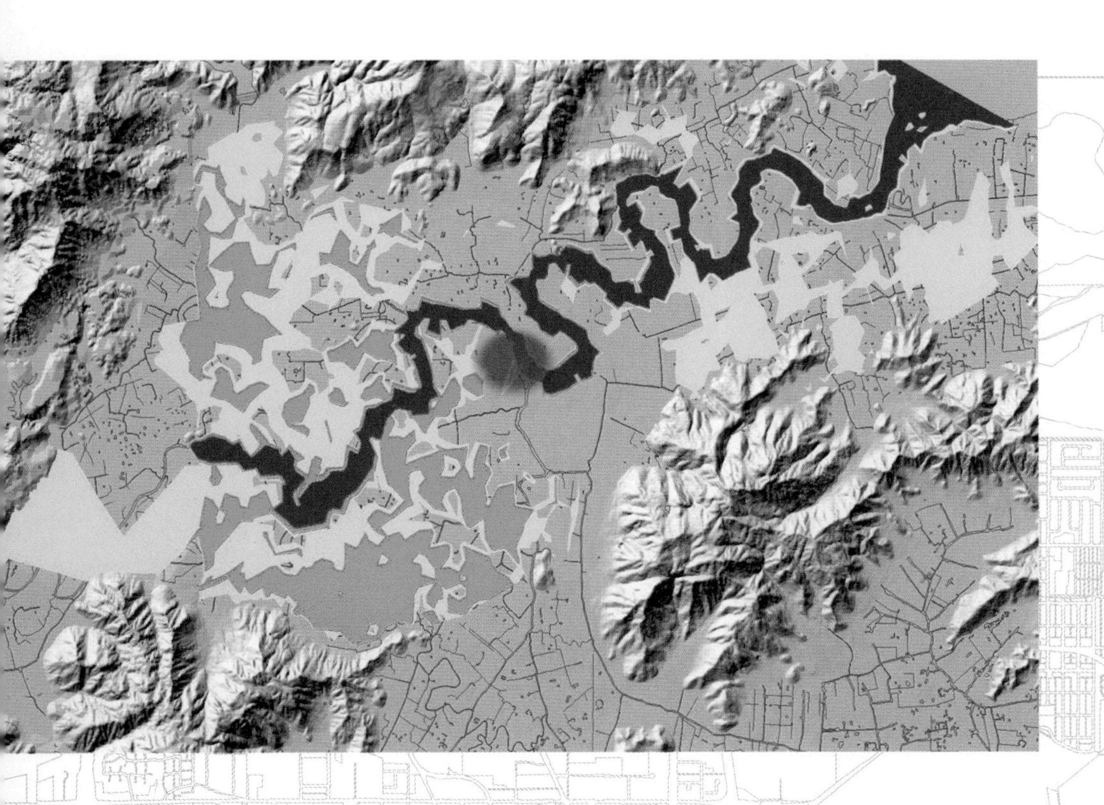

沈阳建筑大学的稻田校园，将具有乡土特色而丰产的稻田变为景色迷人、功能丰富的城市景观

中山岐江公园，自然和工业遗产共同构成了美丽的场所

中山岐江公园：珍视平凡，旧物利用

长久以来，我们一直为自己生而为人感到骄傲，因为我们有能力建设、有能力摧毁、有能力重建。正因为这种天性，自然和人类的许多宝贵财富正被消耗殆尽，我们已走到了生存危机的边缘。中山岐江公园是一个尝试做出改变的项目，它是保留、再利用和循环使用自然及人工材料的原则的说明。该公园建立在一块工业废弃地上，20世纪50年代那里曾是一个造船厂。在兴盛了50年之后，造船厂于1999年破产。原有植被和自然栖息地被保留下来，在整个过程中设计师坚持只用乡土植物。造船机械、码头和许多其他工业装置都以教育和功能性为目的进行了改造。这种打破传统的做法使公园成为举办婚礼、时尚秀和居民、游客活动的理想场所。它向人们展示了使“杂乱”和“粗野”变得美好诱人，将环境伦理和生态意识融入城市景观的良好途径。

天津桥园公园的适应性调色盘：让自然做功

从凡尔赛花园和中国古典园林到今天的奥林匹克公园，我们一直在努力创造和维护着人工化装饰性的景观。这样的公共空间不仅不能为城市提供生态服务，还因其高能耗和需水量而成为城市的负担。天津桥园公园是一个打破这种惯例的范例：它促进自然过程的发生，让自然做功，为城市提供生态服务。

场地原本是一个靶场，靶场废弃后这里变得垃圾遍地，污水横流，脏乱不堪，土地盐碱化。受到当地海滨滩涂野生植

沈阳建筑大学丰产的校园景观

被群落点状分布的启发，设计师提出了“适应性调色板”的方案：我们在场地上挖出众多深浅不一的水泡，雨水得到贮存，创造多样的栖息地，各种植物得以在此生长。这项修复设计不断地发展和适应着当地的环境。点状的水泡景观反映了当地水生抗碱植被的自然分布状态。在生态驱动、低度维护的“大脚”美学思想指导下产生的这种乡土景观，每天吸引着成千上万的市民和游客。

红飘带，河北秦皇岛汤河公园：最小干预

在城市化进程中，自然景观总会被过度设计和包装的花园、公园所取代。中国秦皇岛市的红飘带公园就是通过将艺术与自然相结合，探索了一种以最少的干预塑造最好的景观的新方式。设计师将一条长约500 m的“红飘带”贯穿于原有地形和植被的基底上，它将座椅和照明系统、自然解说系统、指示系统结合在了一起。该项目通过最大限度地保持河流廊道“杂乱”的自然植被，向人们展示了一个用最少的设计取得最大成效的方案——保持自然过程和肌理的前提下，将“大脚”的自然转化为一个美丽的城市公园。

让自然做功：天津桥园的适应性调色板，将自然植被转化为迷人的景观

生命之塔：生态塔

SOA建筑事务所（SOA Architects）

生命之塔（La Tour Vivante, 2006）通过建筑将农业和能源制造整合到了城市中。这一项目引发了人们关于农业和能源生产与看似风马牛不相及的城市之间关系的讨论。为什么粮食生产和能源制造非要在城市中心进行呢?

通过风车、太阳电池板、通风井、雨水、污水、生态材料和温度湿度调节系统的结合，生命之塔旨在将农业生产、居住和许多其他活动统统安排在一个垂直系统中。原则上，由于这一系统解放了大量的地面空间，因此能使其周边拥有更紧密的城市形态，从而可以降低城市与郊区间的交通需求。

这些项目高昂的税收也将促使人们重新考虑农业、文化、第三产业空间、居住和贸易同能源节约和潜在收益之间的关系。

层数：30
高度：112 m（风车计算在内则是140 m）
总面积：50 470 m^2
能源：太阳电池板：4500 m^2；
屋顶太阳能热水器：900 m^2；
楼顶两座风车组成的风电场
造价：€ 98 100 000

包含的功能：
居住：1~15层提供130套公寓11 045 m^2
办公：16~30层为办公空间8675 m^2
生产：遍布整栋大楼的园艺生产7000 m^2
购物：购物中心和超市6750 m^2
生活服务：影音图书馆和托儿所650 m^2
停车：475个地下车位12 400 m^2

合作 2

哈佛大学商学院教授艾米 · C. 爱德蒙森（Amy C. Edmondson）告诫我们，想法相近的人合作起来比相互间差异巨大的人要更加顺利而高效。要协调各方力量，必须有强大的领导力以及各种语言和行为方式之间的相互尊重与承认。关于空气净化的探索之后紧跟着的是苏珊 · S. 费恩斯坦（Susan S. Fainstein）对于社会公平的呐喊。新的可能性总在看似矛盾的事物中产生。空气质量状况和社会公平有关系吗？答案是肯定的，它们当然是相互关联的。当代和未来城市的发展之路往往蕴藏于矛盾中。例如，爱德华 · 格莱泽（Edward Glaeser）向我们推介了一种更温和的生活方式——远离过热或过冷的气候。而这样的温和区域往往是被保护得最好的地方："美国如果想要变得更绿色，就应该在旧金山多建些建筑，在休斯敦少建些。"那么我们如何判断哪些城市更生态呢？本文中提到的一个方法是，使用评价生态都市主义的标准和语言。哈佛大学韦斯仿生工程研究所所长唐纳 · E. 因格贝尔（Donald E. Ingber）为我们提供了一个未来城市的发展模式。他同时也指出，在这条道路上我们必须以前所未有的方式密切合作。

城市转型中的管理要求：组织学习
艾米 · C. 爱德蒙森（Amy C. Edmondson）

城市空气净化器
大卫 · 爱德华兹（David Edwards）

社会公平与生态都市主义
苏珊 · S. 费恩斯坦（Susan S. Fainstein）

管理生态城市
杰拉尔德 · E. 弗拉格（Gerald E. Frug）

地下的未来
彼得 · 盖里森（Peter Galison）

控制和边界
爱德华 · 格莱泽（Edward Glaeser）

仿生的适应性建筑和可持续性
唐纳 · E. 因格贝尔（Donald E. Ingber）

城市转型中的管理要求：组织学习

艾米·C. 爱德蒙森（Amy C. Edmondson）

笔者的研究考量了复杂组织转型在决策制订和工作实施时所发生的人际互动。复杂组织包括许多相互关联的组分，它们必须协同作用才能达到预期目标。毫无疑问，每个城市都有发展可持续城市系统的先天条件，然而其中错综复杂的组织——家、工作场所、商店、学校、政府部门等，必须相互协调，这无疑给城市转型增加了难度。没人清楚这一转型怎样完成，但很明显，其中一定少不了创新与合作。同时，这一转型也必定不是个能够统一规划和管理的过程。

在其他文章中，笔者介绍过组织学习和组织执行的区别。[1]质量控制、表现量度等经典的管理技巧适于促进既定程序的有效执行。只有当完成任务的方法存在并被充分理解时，这些技巧才有效果。无论是管理日常事务还是实施目标明确的变革，组织执行都意味着严守计划，消除差异，如无特殊原因绝不偏离指定程序。

相反，如果缺乏达成目标所需的知识，这就需要组织学习了。这时候，管理人追求扩大差异而非降低差异——提倡尝试，鼓励创新，反对服从与精确。组织学习包括三个关键要素：大量跨领域合作，快速重复（无论成败、影响都不大的小试验），以及知识共享（以便快速推广有价值的新发现）。

合作。一项关于产品设计开发的研究表明，团队合作设计与个人独立设计相比，产品质量更好，工作效率更高，用户更满意。[2]团队合作能够整合多方面的知识——如工程学、设计学、市场营销学、金融学——在权衡多方意见的讨论中往往能产生更好的设计点子。同时，行为学研究表明多组分团队，即成员在年龄、社会地位、专长或地域上有差异的团队在工作表现上往往不如均质化的团队。因此，领导者必须想办法让团队合作的优势最大限度地发挥出来。[3]

重复。在组织学习中珍视失败及其教训十分重要。组织的创新来自团队在反复的尝试和失败中所得到的和验证的新想法。[4]组织和行业内存在分层现象，会使试验不稳定。同时，社会分层又会加剧试验和紧随其后的激烈讨论中人际关系的紧张局面。但如果领导者能为大家创造一个心理上的安全氛围，快速重复就能发挥巨大作用。[5]

知识共享。有关何为有用、何为无用的信

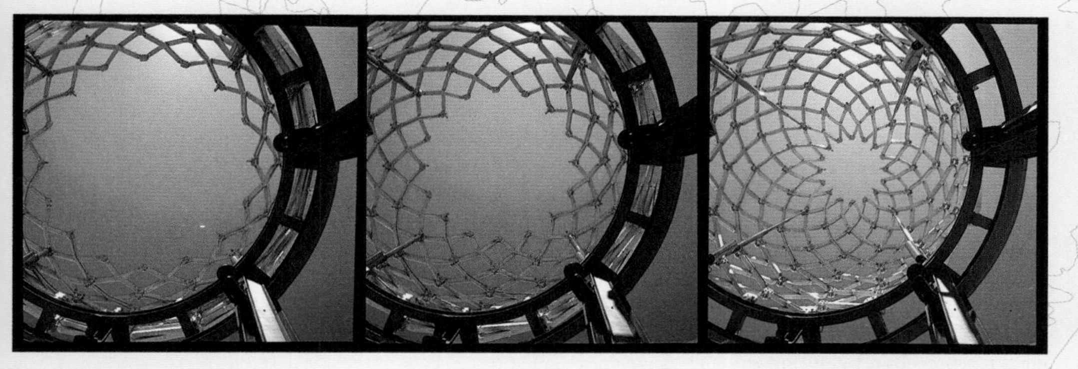

2000年汉诺威世博会的“虹膜穹顶（The Iris Dome）”，由查克·霍伯曼（Chuck Hoberman）设计。该穹顶可像瞳孔缩放一样开闭

息的传播比个体的试验更有助于推动复杂系统的进步。公共领域中，从营养不良、传染病到犯罪问题的应对都得益于对更新更好实践的分享。[6]一些员工遍布世界各地的大公司也找到了有效传播实践信息的新途径——将面对面交流的激情与公司内联网的效率相结合。[7]有效实践的传播速度越来越快。[8]

根据上述观点，生态都市主义可以通过分布式合作学习来实现。城市转型需要一个项目接一个项目（一次合作接一次合作）地进行，不断创造和采用新型技术和新型社会契约，生态都市主义的宏伟目标才可能实现。设计师应当发挥领导者的作用，引导人们全身心地投入到这趟未知的旅途中。

注释：

1.A. 爱德蒙森（A. Edmondson），《组织学习》，哈佛商学院编号5-604-031，波士顿：哈佛商学院出版社，2003及《学习的必要性》《哈佛商业评论》（*Harvard Business Review*），2008，86（7/8）：60-67。

2.S. 威尔怀特（S. Wheelwright）、K. 克拉克（K. Clark）的《革命性产品研发》（*Revolutionizing Product Development*），纽约：自由出版社（Free Press），1992。

3. I. 内莫哈德（I. Nembhard），A. 爱德蒙森（A. Edmondson）。《医护团队中领导者包容性和专业性对心理安全和战斗力提升的影响》《组织行为杂志》（*Journal of Organizational Behavior*），2006，27（7）：941-966。

4.A. 爱德蒙森（A. Edmondson），《组织中地方性和多样性的学习行为特质：团队层面的观察》，《组织科学》（*Organization Science*），2002，13（2）：128-146.

5.A.爱德蒙森（A. Edmondson），《工作团队中的心理安全和学习行为》《管理科学季刊》（*Administrative Science Quarterly*），1999，44（4）：350-383及《管理学习中的风险：工作团队中的心理安全》载于M. 韦斯特（M. West）编《有组织团队合作国际手册》（*International Handbook of Organizational Teamwork and Cooperative Working*），伦敦：布莱克威尔出版公司（Blackwell），2003，255-276。

6.J. 斯特宁（J. Sternin）、R. 朱（R. Choo）.《离经叛道的力量》《哈佛商业评论》（*Harvard Business Review*），2000，78（1）：14-15；I. 内莫哈德（I. Nembhard），《医疗护理中的组织学习：对提升合作质量的多方法研究》博士论文，哈佛大学，2007；J. 西布鲁克（J. Seabrook），《别开枪》《纽约客》（*New Yorker*），2009年6月22日，85。

7.A. 爱德蒙森（A. Edmondson）、B. 摩恩根（B. Moingeon）、V. 德赛因（V. Dessain）、A. 戴姆加德·珍森（A. Damgaard Jensen），《达能全球知识管理》，哈佛商学院编号：9-608-107，波士顿：哈佛商学院出版社，2007。

8.C. 薛奇（C. Shirky），《大家一起来》（*Here Comes Everybody*），纽约：企鹅出版社（Penguin Press），2008。

城市空气净化器

大卫·爱德华兹（David Edwards）

今天，许多油漆、地毯和纺织品会释放有毒挥发性物质，它们常常在住宅或办公室内空气流通性差的区域汇聚积累。[1]暴露于这样的污浊空气中，无论短期还是长期，都会对身体造成不同程度的危害，因为传统的高效空气过滤器和活性炭过滤系统不能有效去除其中一些最有害的气体，如甲醛。[2]

植物是用于净化室内空气的传统方法。然而事实上，虽然植物在全球范围内对空气质量的调节非常有效，但如果没有大量的绿叶植物（据估计70株蛛状吊兰可处理420 m^2的室内空气[3]）或缺乏人工设施的辅助，植物本身的空气净化能力对于一般室内环境来说非常有限。

在室外，污染物会随着空气的对流与扩散被吸附于植物体，尤其是叶片表面，然后被吸收并随植物的新陈代谢而降解。[4]而在室内，我们坐在、站在、行走在甚至把脸贴在空气污染源上。室内植物虽然存在，但它们不可能在我们吸入有毒空气之前就将其清理干净。

美国宇航局的研究人员在20世纪80年代中后期，尝试通过将污浊空气吹向室内植物的方法来解决室内空气净化问题。[5]为了提高空气净化效率，研究人员让污浊空气通过植物后再进入土壤，在那里植物根系和附生的微生物可以对其进行二次转化。通风辅助与土壤净化的结合导致一系列生物空气净化器雏形的出现。

如果说早期的植物空气净化器没有成功商业化，至少有一部分原因在于，为了防止污浊空气通过土壤时将其水分全部带走，空气流通速度和净化效率就被限制住了。80年代晚期设计的有着基本净化功能的植物空气净化器能有效去除空气中的有毒气体，但其效率与传统的高效空气过滤器和活性炭净化器相比就低得多了。[6]植物空气净化器的作用原理使其能够有效处理流动性不强的空气，而面对强对流环境则显得力不从心。

注意到上述局限性后，最近我们开发了一种新的植物空气净化器（Bel-air）来解决室内空气问题，它比美国宇航局早期的设计更高效、更美观，可以摆放在各种室内环境中；而且它成本低，养护简单——和照顾普通植物一样。这一空气净化器是本文作者和法国设计师马修·雷汉尼（Mathieu Lehanneur）共同为2007年法国巴黎实验性艺术设计中心（Le Laboratoire）的启用

典礼而设计的，它引导污浊空气流过植物、土壤和水浴，然后返回外界，其速度比美国宇航局的早期设计要快得多。

2008年Bel-air在纽约现代艺术博物馆的设计与弹性思维展中展出，并获得了年度大众科学发明奖。现在它已经开始以“Andrea”的名字大量出售。“Andrea”这样的植物空气净化器在应用中尺寸可大可小，这样的空气净化方法也许能在未来的可持续城市建筑中找到用武之地。

注释：

1. L. 莫尔海夫（L. Mølhave）．“易挥发有机化合物，室内空气质量与健康”《室内空气》（*Indoor Air*），2004（1）：357－376。

2. W. 陈（W. Chen）等，《空气净化设备对室内易挥发有机物控制效果评价》，2004。

3. B. C. 沃佛顿（B. C. Wolverton）、R. C. 麦当劳（R. C. McDonald），小E·A·瓦特金斯（E. A. Watkins，Jr.）．《高能效住宅中绿叶植物对污染空气的吸收作用》，杂志《经济植物学》（*Economic Botany*），1984，38:224-228。

4. 马丁娜·吉斯（Martina Giese）、尤里克·鲍尔-多兰斯（Ulrike Bauer-Doranth）、C. 兰戈巴特尔（C. Langebartels）、小亨里奇·桑德曼（Henrich Sanderman），《蛛形吊兰对甲醛的移出作用》杂志《植物生理学》（*Plant Physiology*），1994（104）：1301。

5. B. 沃佛顿（B.Wolverton），《绿叶植物对室内空气质量的提升》国家绿叶植物基金会室内绿化研讨会，好莱坞，佛罗里达，1988。

6. W. 陈（W. Chen）等，《性能评估》。

社会公平与生态都市主义

苏珊·S. 费恩斯坦（Susan S. Fainstein）

作为一个学术名词，生态都市主义包含三个不同的分支观点：第一，环境保护观点，关注自然的保育，抵制污染；第二，生态观点，将人类视为环境系统中的一分子，致力于优化人与自然的关系；第三，环境公平观点，衡量环境变化对社会弱势群体的影响，分析环境政策的分配影响。因此，它促进了两种看似毫无联系的社会运动的联合：中上层阶级的自然环境保护主义运动和在城市兴起的环境公平运动。

这两种运动常会演变为邻避主义行为。环境保护主义者经常拿环境当幌子，去反对高密度的开发项目或将一些十分必要却不受欢迎的用地项目赶出自己的社区。而环境公平观点的拥护者则站在截然不同的立场上反对上述项目：低收入社区已经承担了太多其他人避之不及的用地，这样对他们不公平。我们需要转变那种本能的反对态度，生态都市主义应该促进人们喜闻乐见的开发项目，使人们自觉自愿地去提升环境质量。

奥巴马政府提出的经济刺激计划中包含一项创造绿色就业岗位的提案，这表明政府正尝试着在上述两种运动中为民间力量加入政治推力，以便创造更好的生态环境，同时促进经济发展。这项努力同时旨在缓解地产开发、公平公正和环境保护之间的紧张关系，斯科特·坎贝尔将这三者称为“规划师三角”。[1]不过，绿色就业岗位的构想能不能实现还是个问题。这些工作可不一定都令人满意，而且绿色技术也不总像听上去那样美好。例如，垃圾回收通常是这样一幅画面：外来打工者站在长长的传送带旁，分类挑拣废品，垃圾车不断来往于社区与回收站之间；风电场威胁野生动物的安全，还会破坏当地风景。

然而另一方面，一些人学会了玩置换游戏。举例来说，纽约市政府用投资在基础设施上的联邦专项刺激资金沿布朗克斯区滨水带建设了一条绿道，这一地区有着全市最高的儿童哮喘患病率，开放空间极其缺乏。新的公园在建设和后期维护中都能为当地提供许多就业机会。但同时，还是在布朗克斯区，纽约政府正用更大的投资在一个公园的基址上建设新的洋基队体育场，体育场为日渐增加的机动车提供了广阔的停车空间，同时也成为耗能大户。虽然被毁的公园日后会被总面积相当的多个小公共空间代替，但它们的可行性终究比不上原来的公园。环境公平要求的绝不仅仅是政府偶尔投资为贫穷社区修建绿地，而是总体投资的重新分配，以防政府预算向开发商、球队或有钱社区倾斜。在目前的经济环境下，环境公平要求政府购地建设廉价住房，以及把更多资金用在公共服务而非公路建设上。

从长远看，生态都市主义必须以紧凑型城市的建设为基础。这意味着密集化，而无论有钱人还是穷人都可能会反对这一措施。限制郊区的开发将导致市区房价上涨，为保证公平，就需要政府介入，为穷人提供廉价住房。这也要求建筑师和规划师发挥聪明才智，设计出虽分布密集却感觉舒适的空间布局和建筑；不仅商业和居住区的开发需要新方法，在密集城市环境中创造方便宜人的公共开放空间也需要动一番脑筋。现代主义空旷的大广场对于公共住房的开发再适合不过了，现在需要的是能够服务于各类人群的绿地。人与场地的互动亟待加强，二者需要平衡发展，和谐共生。为此我们需要重新思考城市生态的意义——这正是未来更加美好、生动而公平的城市生活的根基。

注释：

1.斯科特·坎贝尔（Scott Campbell），《绿色城市，生长的城市，仅仅是城市吗？城市规划与可持续发展的矛盾》《美国规划协会杂志》（*Journal of the American Planning Association*），1996夏，62（3）：296—312。

管理生态城市

杰拉尔德·E. 弗拉格（Gerald E. Frug）

目前关于如何改变城市生活的本质有很多理念。这些理念，与诸如生态都市主义、可持续性或智慧增长这些术语一起，试图调整城市政策以降低城市对气候变化的影响，减少空间分隔，用高密度发展取代城市扩张，促进公共交通和自行车而非私家车的使用，以及活跃公共空间。建筑师、规划师、社会学家、经济学家以及政治学家在达到这些目标的方式上大相径庭。然而，至少在学术领域有了越来越强烈的共鸣，认为这一议题指明了前路所在。然而，一个基本的问题在当前文化背景下没有充分解决：谁是这一系列问题的听众？谁有权利去实现哪怕一个议题里的问题？

这些很大程度上还未提出的问题都可以在法律制度中找到答案。法律制度构建了城市管理的方式，因此分配了权利（或不能分配权利）去执行意见统一的议题。这些法律条文的当前版本的内容是极为不足的。其中很多都是达不到目标的。因此，城市转型面临的最关键的设计问题不是人和特定建筑或建筑周边环境的设计，而是城市管理结构的设计。建筑师和规划师正先行于律师和政策制定者思考生态城市的问题。

当前的城市管理结构的失败有很多原因。这里只关注其中一个原因：权威的分散。提出的议题中有些被分配给了州政府，另外一些分配给了城市政府。总体来说，州政府可以，也经常限制城市在任何特定问题上的作为。

其他问题（比如清洁空气标准）的权利掌握在国家政府的手里，联邦法律严格限制州和当地在地方的决策制定。剩余的其他问题被分配到很多的州立公共机构和独立的机构，由他们来处理交通、住房、城市发展以及很多其他运转不和谐的事宜。最后，法律条文让私人决策者有权利控制重要问题，其中有些（比如能源）服从联邦和州的规定，另外一些（比如房屋建设标准）服从州和城市的规定，另外还有一些（比如关于选择开车或坐公交车的个人决定）就不服从任何规定。

下面考虑这种类型的决策制定：环境议题涉及的一个方面的结构。纽约市政府代表纽约市执行授予出租车和轿车许可证的权利。为了减小这些车辆对气候变化（他们整天开车）的影响，城市的出租车和轿车委员会决定对两者都实行排放标准的升级。大多数环境学家会认为这样的介入会太过明显，甚至显得无聊。然而，反对的车主们向联邦法庭起诉要求将该城市法令作废，他们胜诉了。法庭解释说，联邦法律阻止城市（并在同样的问题上阻止州）管理排放标准；只有联邦政府可以出面管理。当然，联邦政府不太可能接受一项特别针对纽约市出租车和轿车的管理政策。除非市政府可以找到其他方法来达到他们的目标，那么一旦联邦政府不接受法令，车主们对监管的反对就会占上风。

没有人愿意从失误开始着手深入探究生态城市的目标。整个管理系统需要综合的法律改革。当然，只改变立法是不够的。但是除非有设计好的管理机构来推动共识议题的进程，否则即使是最好的想法也无法施展。

城市转型面临的最关键的设计问题不是人和特定建筑或建筑周边环境的设计，而是城市管理结构的设计。

地下的未来

彼得・盖里森（Peter Galison）

在新墨西哥地下805 m、距离卡尔斯巴德（Carlsbad，美国新墨西哥州东南部城市）约40 km的地方，有一系列高穹顶的平行突出插入一个2.5亿年的干燥岩盐海床。

荧光照亮了中心干道走廊。那个走廊如今一分为二了，但是光亮很快变暗，融入左右两侧走廊的黑暗中。一群电力推车借助一阵穿过矿井的干燥风的力量来回飞奔。在一个地道中，一个重型矿井卡车在灰白石墙边停下，将碎片运送给一列自卸型卡车。距离完成的“操作间”下方很远处，一个橙色的电梯等在那里，装有危险超铀元素的废物罐会机械地下降到它附近。这一机器将钢制外壳旋转，把它插入盐墙里的圆柱形内孔中，并用长形混凝土插件将它密封。在别处停放着一排排堆积如山的208 L的滚筒。如果每个隔间都填满了，工人们就用一个巨大的钢质栅栏将地下通道密封，将它永久保留。

废物隔离试验工厂（Waste isolation Pilot Plant，简称WIPP）——一个能源设施部门，来自洛斯阿拉莫斯（Los Alamos）核武器生产的钚（94号元素）和其他长期性污染物的最后停留地点，始于1943年的这次核武器生产持续了超过半个世纪。挖掘停止的时候，在这个深度上巨大的地理压力将盐分压缩到挖方空间里，环绕并封锁着大约160 km的放射性碎片。最后，盐墙以大约每年76 mm的速度向开裂空隙缓慢地移动，这样就粉碎了废物，并且按照期望，在很长一段时间内将废物封锁在人们的接触范围以外。

废物隔离试验工厂（WIPP）场地在第一个10年（1999－2009）的末尾，废物填满了地下综合体的一半；如果仍然服从规划，那么在即将到来的几十年间，废物将会把地下填埋到设计极限。尽管到那时会将跨越美国全境的大多数用于武器生产的超铀废物从生产工厂移走，但是从华盛顿的汉福德（Hanford）到南卡罗莱纳的萨凡纳河（Savannah River），废物自身会将其危险的放射性保留几十万年，这和人类历史差不多一样长。因此，法令废弃了这种用途的土地，禁止这里土地的使用，这里被要求标记出来，以期在未来的至少1万年内，警告人们不要在这里进行挖掘。

1万年：大约是人类书写历史的两倍长。我们该如何警告我们400代以后的后人呢？如何描绘那时的世界？能源部（Department of

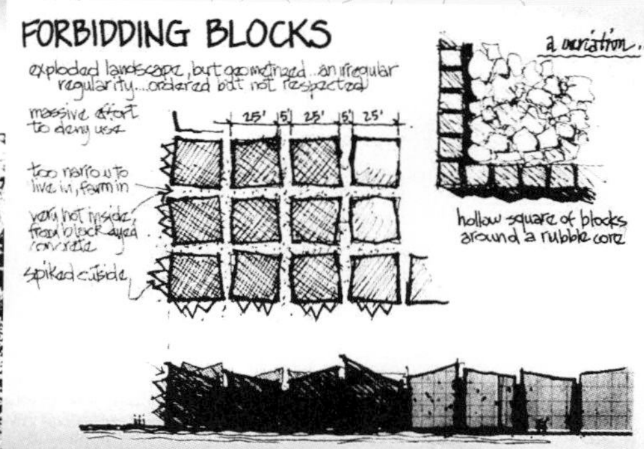

违禁街区。左：迈克尔·布里（Michael Bril ）的概念，萨夫达尔阿比迪（Safdar Abidi）画的示意图；右：迈克尔·布里（Michael Bril ）的概念和示意图

Energy）的Sandia国家实验室开展了一项研究来预估如何实现这些想法。包括人类学家、考古学家、物理学家、符号学家在内的一大群专家协同工作设计了一个不蜕变的标记来代表我们——将近100年的核武器生产的幸存者。这个标记一方面需要巨大的尖峰；另一方面需要沙漠阳光下会变的极其炎热黑色表面。

我们的注意力被吸引到这些为美国能源部设计的永久性纪念物上，一个其实不是城市的城市。据主创人员说，以“无人街区”为题的结构代表了“为减少使用而进行的大量努力的成果”：一个“爆炸性的景观，而且是几何的——一个不规则的规则——有秩序而不被遵守——太狭窄而不能居住、不能耕种……”一个不需要任何居民的模拟城市，或者也不需要任何真正可能的参观者——这是一种由不可穿越的道路和不可居住的街区构成的城市形态。

放入当地的是可怕的纪念物，提醒我们曾经存在过，并且在没有其他人可以相伴的情况下展示未知的1万年后的未来。众所周知，我们已经纵容这一纪念物保留在别处。也许这是最后的生态都市主义：一个不幸的城市、一个不可能的城市。一个受到地下综合体表面警告的特大城市环境中，包含着为破坏城市而设计的武器产生的废物。它是一个用来思考的场地——也许是最精致、最深思熟虑的措施，它可以创造一些能够持续到永远的东西。在一个特定的方式中，它会是一个积极的纪念物。如果核武器确实用在了全面战争中，会有其他的、更大的、更可怕的纪念我们失败的纪念物。

控制和边界

爱德华·格莱泽（Edward Glaeser）

什么让城市变为绿色，或者至少是低碳排放的？绿色可以从低排技术或更佳环保的设计中获得，但是整个空间的碳使用变化来自更基础的力量，比如气候和城市密度。如果世界想要减少碳排放，明智的做法就是减少那些限制温带气候地区建房的政策，比如海岸线上的加利福尼亚，以及一些高密度城市。

马修·卡恩（Matthew Kahn），一个加州大学洛杉矶分校的环境经济学家与我共同努力对美国不同地区新发展产生的碳排放进行了评估。使用普查资料上的消费数据，我们估算了家庭通过电力、燃油和天然气消耗的能量。使用汽油消耗数据，估算出美国每个普查区私家车驾驶产生的碳排放。我们也估算出每家通过公共交通消耗的能源。通过这些估算，我们能够计算出一个系列大都市区域的碳排放，以及这些区域内中心城市和郊区的碳排放。

在所有的大都市地区中，我们发现最绿色的区域都在加利福尼亚。旧金山、圣何塞、洛杉矶和圣地亚哥都有该国最低的碳排放。这些地区有温和的冬天和温和的夏天，因此肯定使用更少的能源。碳排放的最高水平来自南部正在发展的城市，比如俄克拉马市和休斯敦。在这些地区，人们常驱车行驶很远的距离，并且耗费巨量电能，才能让自己在炎热潮湿的夏天里舒服些。东北部的更老的城市碳排放处于这两种极端之间，产热量很高，而行车距离和电能用量却适中。

奇怪的悖论是碳排放最低的地区，恰恰是对建房限制最严格的地区，特别是涉及环境因素。美国如果想要变得更绿色，就应该在旧金山多建些建筑，在休斯敦少建些。如果加利福尼亚的环境学家真的想帮助地球，他们应该支持而不是反对他们家乡的新发展。

在大都市地区，我们发现中心城市几乎都比郊区更绿色。城市的绿色程度反映了更低的汽车使用率和更少的家庭能源使用。通常，城市面积比郊区豪宅面积小，并因此使用更少的能源。建设高层建筑比建设郊区建筑更绿色环保。

亨利·大卫·梭罗（Henry David Thoreau），美国环保界的守护神，过去是一个郊区居住的热衷支持者。但是他的生活证明了树木环绕的居住环境的危险性。在1884年春4月的一天，梭罗在康科德（Concord）郊外的树林中野餐。他生了一把火在烹饪大杂烩，然后火就蔓延到附近干燥的草地上。当大火被扑灭时，已经有约120万m^2的树木被烧毁。这些环境学家对环境的破坏超过了任何住在波士顿组团式的高密度区的人。

梭罗的故事和我与马修·卡恩所做的数据工作的教训是，保护环境通常意味着远离它。高密度的钢筋水泥森林也许看上去不那么绿色，但它们事实上是“绿色”的，因为当我们使用更少的空间的时候，我们对环境的破坏也更少。城市是经济发展的机器，也是巨大的文化进步的温床。城市也是减少人类碳足迹的最好工具。

美国如果想要变得更绿色，就应该在旧金山多建些建筑，在休斯敦少建些。

仿生的适应性建筑和可持续性

唐纳·E. 因格贝尔（Donald E. Ingber）

生态都市主义对不同人群有着不同含义，但是从本质上说，它代表着一种对建筑新秩序的挑战，即人与他们居住的建筑、他们建设的城市，以及他们生存其中的自然之间的和谐。相反，目前使用的建设方法设计的大部分建筑是独立运转的，它们以高耗能的方式使用能源，这会毁坏当地环境。因此，如果想要维持我们自身繁荣所需的自然资源和生活质量，我们就会面临直接的挑战。然而现存建筑材料和建设方法的应用不太可能达成这一目标。

有一个方法可以应对这项挑战，那就是向生命系统学习。所有的现存物种——从最简单的单细胞有机体到人类——都进化出了生存所需的改变自身形态和功能的方法，并因此完善了它们在环境变化中的反映。人们用结构化材料建设房屋，然后为了控制温度、疏通管道、输送电能和连接通信加入了独立系统。而自然依靠复合功能的材料来建设，它们建成后就可以提供上述所有功能。城市建筑基本上都要依靠压力来维持它们的稳定性；而自然的建设活动一直依靠可以减少材料需求的抗拉结构。建筑需要大量的碳资源并且很少有结构可以拥有自动重组的能力（比如百叶窗），结构的变更都是由高耗能的机器来完成的。相反，自然设计的材料可以在自身的环境中获得能量，并随后通过结构重组改变形状，这一过程表现在多个尺度上。因此我们在这一点上有很多可学习之处，也很受启发。

人们可以预见未来的建筑能够感知环境变

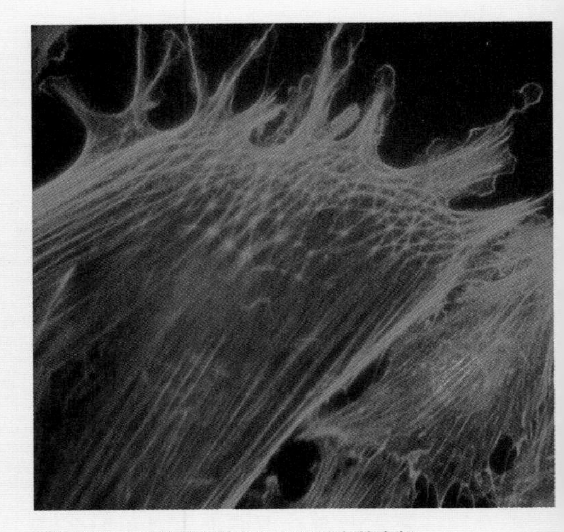

活细胞包含细胞核（蓝色）和包围它的内部分子晶格，也叫“细胞骨架”（绿色）。在纳米尺度上，形成晶格的丝状物按照张拉整体的原则，依靠拉力来稳定细胞结构（这种结构很像网格状穹顶）。这种细胞骨架是一种多功能框架，让细胞有一定形状，并使之能抵抗应用机械应力，同时为细胞新陈代谢的调节和信息传递的机制定向。模仿该复合功能的人工材料的应用，可以为建筑工业带来革新。

化，并且为了改进形态和功能而不断提升能量效率、透光度、热量获得以及其他可持续性必须的行为。想象中的建筑上覆盖着模仿深海底海洋生物聚光方式的小透镜层，但是这些透镜是用来照射光电管道或活细菌的，它们经过基因重组后能将光转换成能源。装有雨水槽的房屋怎么样呢？雨水槽接入微毛细管系统，不需要水泵或能量而是像植物树叶那样靠毛细作用和蒸发作用将水提升到屋顶的储水罐中。或许未来我们能建造覆盖露出细小毛发的羽毛屋顶来防止冰块黏附，从降雨中收集雨水，或对风能进行利用。在哈佛的韦斯（Wyss）仿生工程研究所，研究者试图从自然中学习类似于上述的课程，来设计全新的符合功能的建筑材料。

这些仿生适应性材料也有潜能为建筑带来新的美学价值，它结合了自然设计之美以及它们的成效与适应性。2009韦斯仿生建筑奖的获奖者查克·霍伯曼（Chuck Hoberman），用他在哈佛大学设计学院的“适应性软质瓷”装置在这个方向上迈出了第一步。

他的设计为了调节玻璃的透明度和热收益，安装了一个动态可重组装配机制。为此他设计了复合的可移动清洁表层，每层包含透明圈，对齐的光圈可以传播最佳光源，不对齐的光圈会覆盖更多的区域而全面阻止光纤通过。它模仿的是一种生物机制，两栖类的细胞和很多鱼类鱼鳞上的一些细胞颜色的改变，是通过含有色素的球形组团在细胞中的穿越来完成的。细胞在所有组团都集中在一点的时候显得清晰或浅色，由于成千上万的有色球体不对齐并穿过细胞，那个点比较暗，光线传播受阻。霍伯曼的设计尽管没有丰富的颜色，也不像细胞那样用类似于铁轨的微管轨道在它的透明圈周围移动，它却具有和生命系统一样美丽的变形方式。它将生命系统的一些关键特征结合到独立的仿生适应性材料中。

可持续性问题是一个永不褪色的问题。一个安装了自然设计、仿生材料和机制的新型建筑提供了一种有潜力的将自然之美引入实际应用的技术方法。但是要使这成为现实，则需要设计师们与建筑师、工程师和生物学家以他们从未体验过的方式合作。

人们可以预见未来的建筑能够感知环境变化，并且为了改进形态和功能而不断提升能量效率、透光度、热量获得以及其他可持续性必须的行为。

相互作用

生态学，作为“研究生命和环境关系的学科”，建立在关系原则的基础上。在理查德·T. T. 福尔曼（Richard T. T. Forman）的城市区域地图上，他研究了城市和它们的腹地的关系。福尔曼绘制了38个城市区域的地图，一个1000 km^2的区域，在这种面积上显示的过程让人无法通过实体边界来理解城市：城市与它们的区域以及更远的区域在发生关系。克里斯·里德（Chris Reed）认为生态学是“一个更刺激的、可读的、可变化的理念（和力量），能够解释城市是如何形成、如何积极地发展、自我变更以及如何随着时间自我更新”。皮埃尔·贝朗格（Pierre BéLanger）认为基础设施提供了区域和城市长期所需的连接结构：“基础设施提供了联系会从中发生的框架。”皮埃尔·贝朗格的纽约截面图描绘了城市通过复合基础设施产生的联系。同时，旧金山的钢筋艺术家以“使用者驱动的城市主义”为标题的集体创作被他们形容为“战术家的城市主义，他们设计短暂和临时的设施，同时在社会空间肌理中寻找空隙、生态位和余地”。钢铁艺术家们的作品强调了人的联系在生态都市主义中是关键因素。

城市生态学和城市区域的自然环境管理

理查德 · T. T. 福尔曼（Richard T. T. Forman）

生态的机构

克里斯 · 里德（Chris Reed）

纽约城市基础设施

克里斯托夫 · 尼曼（Christoph Niemann）

重新定义基础设施

皮埃尔 · 贝朗格（Pierre Bélanger）

使用者创造的城市主义

雷伯（Rebar）

在公共空间中的城市生态实验

亚历山大 · J.费尔逊（Alexander J. Felson） 琳达 · 波拉克（Linda Pollak）

城市现象的整体观

萨尔瓦多 · 鲁埃达（Salvador Rueda）

京畿道新城公园系统

尹珍园（Yoonjin Park）和郑尹金（Jungyoon Kim）

城市更新的方法伦

阿方索 · 维加拉（Alfonso Vegara） 马克 · 德怀尔（Mark Dwyer）

亚伦 · 凯利（Aaron Kelley）

绿色都市

亨利 · 巴瓦（Henri Bava） 埃里克 · 贝伦斯（Erik Behrens）

史蒂芬 · 克雷格（Steven Craig） 亚历克斯 · 瓦尔（Alex Wall）

城市生态学和城市区域的自然环境管理

理查德·T. T. 福尔曼（Richard T. T. Forman）

据记录，生态学已经有140年的历史，但城市生态学在当今城市化正迅速强力地席卷整个大陆的“城市海啸”中才开始蓬勃发展，而我们每天都依赖的周边自然和自然环境系统却正在迅速衰退。因此，本文的目的是简要地描述生态学、城市生态学和环境学的发展，概括一些有助于理解自然和周边城市的空间原则，重点介绍按自然的分配规律以及城市区域规划所进行的考察。

生态学、城市生态学和环境学

生态学萌芽于1860年的德国，1890年左右在欧洲成为受到认可的，将动植物、淡水和海洋生物联系起来的科学学科。[1]它在1900年左右出现在美国中西部地区，关注生态演替。专业社会学家和记者在1912－1915年出现，现代生态学出现在1940－1950年，重点关注生态系统，理论、进化、社区和系统生态学，保护生物学以及城市生态学。很幸运，在生态学核心定义的周围已经集中了多种研究，它们是对“有机体和环境关系的研究”。

把概念引入城市，城市生态学应该是“对生物体、建筑结构和人们聚集在市镇中的自然环境的研究”。核心问题是，生物体包括植物、动物、微生物；建筑结构包括房屋、道路；而自然环境包含的是土壤、水、空气。城市生态学可以应用到很多相关领域，包括社会学（研究人与人之间关系的学科）、娱乐和美学（研究人与生物体之间关系的学科）、建筑学和交通学（研究人与自然环境关系的学科）。从1990年开始，城市生态学作为一个新兴领域，对当下时兴的前沿概念化观点开展了持续的系统化的团队研究。目前城市生态学的主要方法和研究核心包括：[2]栖息地/生态单元制图（柏林），物种类型和丰富度（柏林，墨尔本），从城市到农村的梯度（墨尔本，巴尔的摩），建模和生物地球化学/物质流（凤凰城，西雅图），耦合生物物理—人类系统（凤凰城，巴尔的摩，西雅图）以及城市区域结构—功能变化（全球分析）[3]。20年前的城市环境设计缺乏对城市生态学的利用，今天情况不同了。

在社会“大主义”（区域、科学 / 理性、国家、努力工作导致的生产性土地、共产主义以及经济增长）的200年历史中，环境主义从未发言。[4]然而，它却在20世纪60－70年代成为新闻头条并变成家喻户晓的词汇，并带来一系列问题——湿地、狼群、起泡沫的河流，以及令人窒息的空气；也带来了雷切尔·卡森（Rachel Carson）的《寂静的春天》。环保组织、政治组织，法律以及不显要的成就在发达国家和一些发展中国家中迅速萌芽。国际会议和条例将环保主义更深入地传达到我们的意识中。然后在20世纪末到21世纪初，城市化（尤其是城市蔓延）以及全球气候变化让环保主义成为了前沿领域，也成为了历史上最伟大的理念之一。生态学与新兴的城市生态学迅速发展，作为社会方案的核心领域正在兴起。

城市自然区域的空间原则

城市区域（通常是半径70~100 km、拥有超过25万人口的超大城市）具有建设完整的市中心区，周围是具有内外结构的各个环区。[5]人们与自然共处的区域（或景观）应该是低密度还是高密度呢？低密度地区拥有大型斑块，而高密度景观是不同小型用地的混合[6]。低密度支持特殊化，比如该城市拥有剧院、艺术博物馆或熊类及野生猫科类动物的保护区，但是获取不同的资源需要更长的旅行时间和成本；高密度的城市消除了特色，却造就了周边土地利用多样化的多功能用地。为了保证两种景观类型的益处，混合高密度区域的低密度区域对人与自然是最佳选择。[7]这样的设计赋予了土地资源的较大灵活度，减少了交通时间和成本，减小了污染区域的面积，为多功能用地、多样化和城市特色等提供了便利。

自然或自然系统（也就是说人类没有制造或强烈干预的环境）在相应的城市区域出现，但它们通常具有多样的变化或层次分明的形式。[8]以后四种形式从自然区域（几乎是“纯”自然）过渡到只有很少或破碎的自然存在，非常容易区分：自然、半自然、集约化土地利用的绿地和建筑区域。自然区域是未经建造并且没有人类主动经营或使用过的地区（比如一个很大的自然森林或人们很少使用的沙漠地区，通常是在城市区域

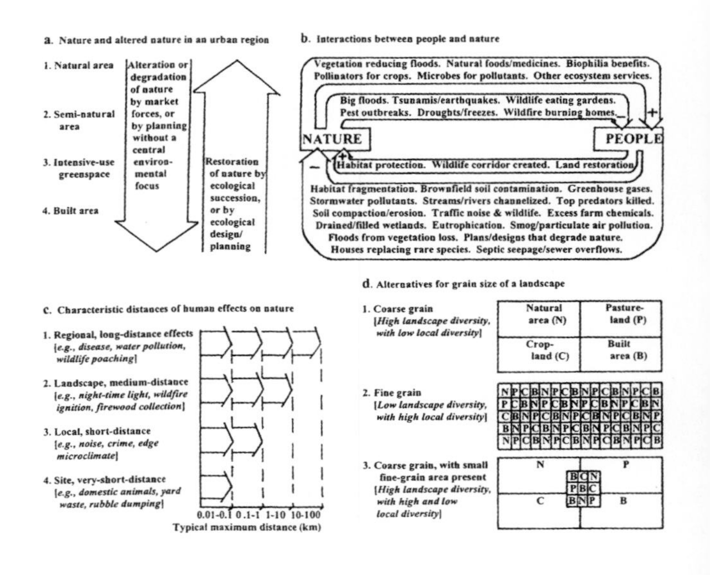

对城市区域内的自然的理解和空间规划或设计的四原则

的外环）。半自然地区类似于自然生态系统，但它受过剧烈的改变或破坏，有时混合有集约利用的未建设空间，比如森林城市公园或绿岛。集约利用绿地大部分空间覆盖着人类大量使用或主动管理维护的植被，比如草坪、森林城市公园、高尔夫球场和耕地。建设区域由连续的高密度建筑构成，通常还包含道路或其他人工结构，比如在多样化的居住区和工业区中。从自然到人工的这四种类型代表了一系列的生态改变或退化，这是由于人类的活动减少了自然的垂直结构、水平布局，或者流动和运动。最后三种类型区域向自然环境的恢复（这可能还是与之前的状态有所不同）可以由维护终止后的自然生态过程、人类累积过程或生态规划达到。[9]

人与自然的相互关系或相互作用是理解和规划城市区域的基础。四种选择的相对重要性——人类积极或消极影响自然以及自然积极或消极影响人类是关键。[10]通常人类对自然很少有积极影响，尽管这很重要，尤其是自然严重退化的区域。而自然对人类的积极影响以及消极影响在整体中起到媒介的重要作用。尽管这些影响非常重要，比如自然灾害和自然（或生态系统）的服务作用，[11]它们似乎只威胁到极少的规划。然而，四种相互作用中最严重的是人类对自然的消极影响，这些类型影响的连续过程是我们所熟悉和极其多样化的，然而影响却无所不在。人们对自然的这种主要的消极作用意味着人与自然的细小自然、经过改造的自然以及城市地区人口布局。图中展示了很多空间和景观生态原则。下部是全部建设的大都市区内的城市；上部是城市内外环区域。

N=（受保护的）自然区域；S=一般自然区域；I=集约利用的绿地；A=农业土壤（城市中集约利用绿地的一种类型）；B=建设区域；R=居住区；1=半自然停车场；2=城市农业；3=工业；4=商业；5=集约利用的停车场；6=政府、市民、教育、文化、宗教用地。

自然区域内的虚线区分了重要的边缘效应和内部条件

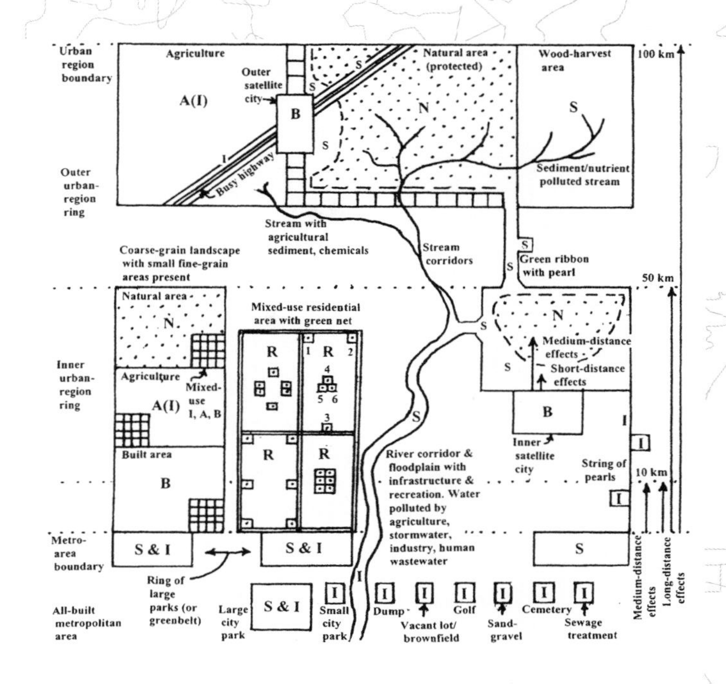

尺度的混合共存是最坏的设计，自然区域会被隔离，几乎只留下集中利用的绿色空间和城市地区的建设区域，那里自然和社会都非常贫瘠。

人类对自然的重要影响扩展到了什么程度？有一些，比如温室效应，扩张到了全球，但是有些长距离的“区域性”影响通常扩展到10～100 km，在城市区域内造成严重的影响。[12]1～10 km的中等距离“景观”效应以及100～1000 m的短距离“当地”效应非常常见，并且对城市区域分析和规划尤其重要。很短距离的“场地”影响也十分多样而重要（比如在相邻区域或更小尺度上）。[13]值得注意的是长距离影响也可以在短距离内起作用，因此人与自然之间剧烈和高强度的相互作用会影响到周围地区。这就强化了为自然完整性和避免城市扩张而保护大区域的重要性。人类对自然影响的2/3左右扩展到了50 km，[14]这几乎覆盖了城市主要的内环区域。[15]这一距离分析保守地认为城市主要是人类影响的来源，但是显然有些来源在城市环区内是分散的，导致人类对自然的消极影响更加严重。因此，自然区最可能在城市的外环区域出现。毫无疑问，可能的自然区域退化的边缘[16]在主要城市中更宽，因而内环的保护区必须足够大才能容纳内环的自然区域。

城市区域中自然和退化自然的分布

自然、半自然、集中利用的绿地以及建设区域在城市区域内的分布是可以预测的。自然区域通常比较稀少，主要的大块片区分布在城市的外环，小块片区分布在内环，因为内环区域建设区更集中并且边缘区域[17]更宽。相反，半自然区域分布广泛并且包括了大型城市公园，有些河流廊道的延伸带，绿带或绿道、活跃的林地、以及自然区域的边缘地带。集中利用的绿色空间是指小型城市公园、大公园的一部分、多样化的小型斑块类型（比如高尔夫球场、垃圾场、污水处理区，砂/石矿），以及农业用地（包括城市轨道区域内的都市农业用地、花卉市场，以及其他城市环区内的农场）。城市建设区有少量自然区覆盖城市轨道区，以及其周围的居住区、商业区和工业区。

带有小型细栅格的粗栅格景观是当前[18]最好的选择，它由自然、农业和建设区构成。这三种类型土地利用的大斑块保持着它们的完整性和特殊组成。精细栅格的板块是人和其食物斑块以及小型集中式绿色空间的集合体。四种类型的群体都由一系列[19]绿色廊道包围，它们代表了精细栅格的混色利用区域，与大型居住区规划相反。每种群体都包括经常使用的资源（比如购物、职业和公园），这些是与不同的公共交通、步行、自行车系统一同布置在居住区里。人们对自然长距离影响会覆盖整个地区，而中等距离的影响[20]在内环城区尤其严重，短距离影响则在人类居住区的较近边缘内起作用。

用绿色廊道将大型自然和半自然斑块联合起来的绿宝石网络概念在大部分城市区域尤其有用。[21]河流（蓝—绿带）、绿带，以及串形结构（道路），所有这些都因小型绿色斑块（珍珠）[22]的增加而提高。这些联系是为了人们的运动（当地人和远足者）、野外生活（实际上大部分动物和植物种类），以及水体（在小溪、运河和河流中）而服务。三种绿宝石网络成分最可能在当前的城市化（以及气候变化）背景下持续：[23]（1）大型自然地区（由于它们的尺寸和完整性）；（2）河流廊道（大部分河流湍急到无法穿越或永久转移，并且主要的基础设施通常与河流平行）；（3）珍珠串（作为方便的道路连接到相邻的公园）。

总之，城市生态学作为生态学的近期新兴分支，在城市化和环境意识都在增长的时代提供了有价值的空间原则。自然区域在城市区域很罕见，但是高度退化的自然是非常常见的，我们可以通过规划和设计得到改善。而这些自然系统在城市区域尤其多见，那里必须服务大量人口，提供水资源、娱乐、雨洪管理、农田、湿地效益、土壤侵蚀或沉降保护、生物多样性、垃圾收集和降解，以及美学和灵感。近期体现的是经济价值；邻近的园艺市场作为市场和饭店，保护水产区提供新鲜蔬菜和水果，城区内的水库提供清洁水源，有吸引力的绿地提供一天所需的娱乐和旅游。城区内的自然系统和这些服务的未来在设计师、规划师手中，也在其他现在开始为自然和社会做贡献的人的手中。

注释：

1. D.沃斯特（D. Worster）的《自然的经济》（*Nature's Economy*），新剑桥大学出版社，1977；R. P.麦金托什（R. P. McIntosh）的《生态学的背景》（*The Background of Ecology*），纽约：剑桥大学出版社，1985。

2. H.苏考普（H. Sukopp）和S.海尼（S. Hejny）编著的《城市生态学：城市环境中的植物和植物群》（*Urban Ecology: Plants and Plant Communities in Urban Environments*），海牙：SPB学术出版社，1990；S. T. A.皮克特，M. L.卡迪那索（M. L. Cadenasso）、J. M.格罗夫（S. T. A. Pickett, M. L. Cadenasso, J. M. Grove）等人的《城市生态系统：连接都市区域的城市生态、物质和社会经济成分》来自《生态和分类学年度期刊》（*Annual Review of Ecology and Systematics*）32期，2001：127-157；N. B. Grimm、S. H. Faeth, N. E. Golubiewski等人的《全球变化和城市生态学》出自《科学》（*Science*）319期，2008：756-760；J. M.玛斯拉夫（J. M. Marsluff）、E.斯伦贝谢（E. Schulenberger.）、W.恩德里希（W. Endlicher）等编著的《城市生态学：人与自然相互作用的国际化视角》（*Urban Ecology: An International Perspective on the Interaction Between Humans and Nature*），纽约：斯普林格，2008；M.阿尔贝蒂（M.Alberti）的《城市生态学进步：城市生态系统中的人与生态过程相互作用》（*Advances in Urban Ecology: Integrating Humans and Ecological Processes in Urban Ecosystems*），纽约：斯普林格，2008；M. J.麦克唐纳（M. J. McDonnell）、A.汉斯（A. Hahs）和 J.布鲁斯特（J. Breuste）的《市镇生态：一种比较方法》（*Ecology of Cities and Towns: A Comparative Approach*），纽约：剑桥大学出版社，2009。

3. R. T. T.福尔曼（R. T. T. Forman）《城市区域：城市以外的生态学和规划》（*Urban Regions: Ecology and Planning Beyond the City*），纽约：剑桥大学出版社，2008。

4. J. R.麦克尼尔（J. R. McNeill）《阳光下的新事物》（*Something New Under the Sun*），纽约：诺顿公司，2000；福尔曼的《城市区域》（Urban Regions）。

5. 福尔曼（Forman）的《城市区域》（*Urban Regions*）。

6. R. T. T.福尔曼（R. T. T. Forman）的《土地拼贴：景观和区域生态学》（*Land Mosaics: The Ecology of Landscapes and Regions*），纽约：剑桥大学出版社，1995。

7. R. T. T.福尔曼（R. T. T. Forman）的《土地拼贴：景观和区域生态学》（*Land Mosaics: The Ecology of Landscapes and Regions*），纽约：剑桥大学出版社，1995。

8. 福尔曼（Forman）的《城市区域》（*Urban Regions*）。

9. B. R.约翰逊（B. R. Johnson）和K.希尔（K. Hill）合编的《生态学与设计：学习的框架》（*Ecology and Design: Frameworks for Learning*），华盛顿：岛屿出版社，2002；麦克哈格（M. Hough）的《城市与自然过程》（*Cities and Natural Process*），纽约：劳特利奇出版社，2004。

10. 福尔曼（Forman）的《城市区域》（*Urban Regions*）。

11. G. C. 戴利（G. C. Daily）《自然服务：社会对自然生态系统的依赖》（*Nature's Services: Societal Dependence on Natural Ecosystems*），华盛顿：岛屿出版社，1997；《新千年生态系统：当前状态与趋势》（*Mil- lennium Ecosystem Assessment: Current State and Trends*）华盛顿：岛屿出版社，2005；Forman的《城市区域》（Urban Regions）。

12. R. I.麦克唐纳（R. I. McDonald）、R. T. T.福尔曼（R. T. T. Forman）和P.卡瑞瓦（P.Kareiva）等编著的《城市化世界的城市影响、距离和保护区》，出自《景观与城市规划》（*Landscape and Urban Planning*）。

13. G. R.马特拉克（G. R. Matlack）的《社会学边缘效应：人类对郊区森林碎片影响的空间分布》出自《环境管理》（*Environmental Management*）17期，1993：829-835。

14. 麦克唐纳（McDonald）等编著《城市效应》（*Urban Effects*）。

15. 福尔曼（Forman）的《城市区域》（*Urban Regions*）。

15. 福尔曼（Forman）的《城市区域》（*Urban Regions*）。

16. 福尔曼（Forman）的《土地拼合》（*Land Mosaics*）。

17. 福尔曼（Forman）的《土地拼合》（*Land Mosaics*）。

18. 福尔曼（Forman）的《土地拼合》（*Land Mosaics*）。

19. R. T. T. 福尔曼（R.T.T.Forman）的《领土拼贴》（*Mosaico territorial para la region metropolitana de Barcelona*）巴塞罗那：Gustavo Gili社论，2004；福尔曼（Forman）《城市区域》（*Urban Regions*）。

20. 麦克唐纳（McDonald）等编著的《城市效应》（*Urban Effects*）。

21. M.穆希卡（M. Mugica）、J. V. de卢西奥（J. V. de Lucio）和F D.皮内达（F. D. Pineda）的《马德里生态网络》出自P.诺维茨基（P. Nowicki）等编著的《透视生态网络》（*Perspectives on Ecological Networks*），荷兰阿纳姆：欧洲自然保育中心，1996；B.巴比特（B. Babbitt）的《荒野中的城市》（*Cities in the Wilderness*），华盛顿：岛屿出版社，2005；福尔曼（Forman）的《领土拼贴》；福尔曼（Forman）的《城市区域》（*Urban Regions*）。

22. 福尔曼（Forman） 的《领土拼贴》（*Mosaico Territorial*）。

23. 福尔曼（Forman）的《城市区域》（*Urban Regions*）。

自然系统和人类活动在城区至关重要，城区内多样的绿色空间和本质上同样重要的建设空间相互交织。《城市区域：城市外的生态学和规划》一书结合城市规划和生态科学考察了世界范围内的38个城市地区。这里展现的是书中地图的精选。这些地图的核心是找出自然系统和人类使用之间相同或不同类型的重要性。

地图中的红色代表不同尺度的大都市建设区。深绿色象征森林或林地。注意城市和主要密林区，森林提供了娱乐、溪流、坡地的保护以及干净、凉爽的空气。水龙头代表水源。猫头鹰代表生物多样性；草莓代表园艺市场；声音符号象征飞机飞行的噪声。

城市区域边界的确定让我们认识到城市和周围地区之间的流动和相互依赖的基本领域。城市化扩张（包括蔓延）的不同形式是通过人与自然的观点来评估的，运用从景观生态学中提取的土地利用原则、交通规划以及水文学知识，创造可持续土地利用空间镶嵌板块的空间形态是可以精确定位的，并且会在更广阔的背景中看待城市区域，从气候变化到生物多样性损失、灾难和场所感。

注释：

理查德·T. T. 福尔曼（Richard T. T. Forman）和塔克·沃希托河·马修斯（Taco Iwashima Matthews）（地理学）所著的《城市区域：城市之外的生态学和规划》（*Urban Regions: Ecology and Planning Beyond the City*），剑桥，剑桥大学出版社，2008。

有代表性的一套完整地图是：

——区域中只有1/5面积有大于80%的自然植被位于河边或主要溪流旁边，而另外1/5拥有40%～70%的自然植被。玉米地是人类对所有城市区域的河边和溪流旁边土地的主要利用类型。

——超过半数的周边有山丘或山峦坡地的城市，山坡的90%～100%覆盖着自然植被；而近30%的周边有山坡的城市，山坡25%～30%的土地覆盖了自然植被。

——一般来说，水库拥有最好的由自然植被保护的排水面积，然而湖泊和河流的排水面积保护会有很多种。

——占城市区域1/3的面积中紧凑大都市形态是最频繁出现的属性，比如城市规划。而占区域1/6的环城高速是第二频繁的属性。

——农业和自然区域边缘的城镇分布广泛，存在于超过75%的地区。

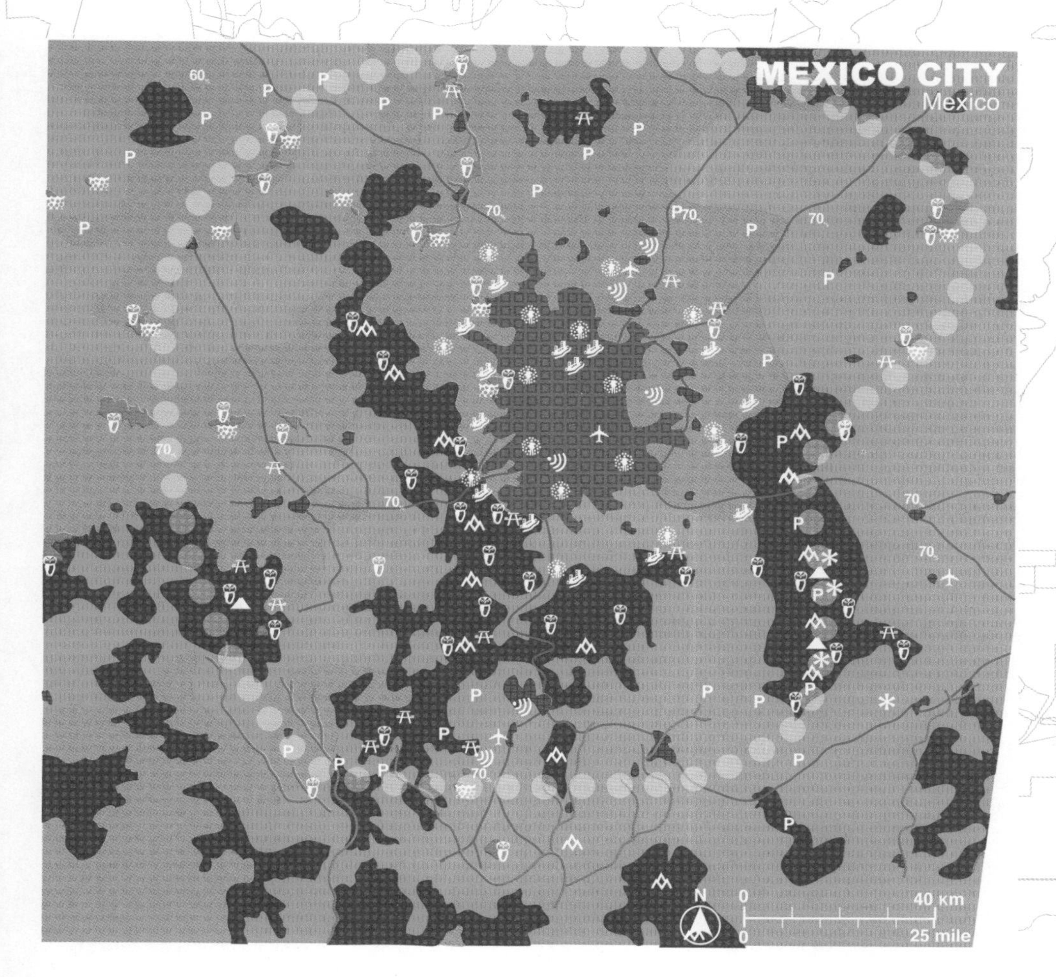

表面类型

- 盐水
- 淡水森林
- 林地[1]
- 小面积农田[2]
- 农田[3]
- 草地／牧场[4]
- 沙漠／沙漠化地区[5]
- 大都市地区[6]
- 小型／中等建筑区域
- 主要溪流
- 多车道高速公路
- 两车道铺装主路
- 未铺装主路
- 城市区域边界

场地标志

- 飞机场
- 空气质量差
- 生物多样性区域
- 市郊居住区
- 航运或渡轮码头
- 水源周围的排水流域
- 通勤轨道尽端
- 防火区域
- 防洪区域
- 工业区域
- 蔬菜园艺市场区 城市周围的水果
- 矿藏区
- 山脉范围
- 飞机噪声
- P 政治／行政边界
- 一日旅行的娱乐／游览区域
- 盐田或间歇湖
- 污水处理
- 面向城市的山坡
- 固体废弃物垃圾场／倾倒／处理／循环利用
- 火山
- 水质差
- 水源
- 湿地
- **60%** 到更小但人口大于25万的城市60%的距离
- **70%** 到人口小于25万的城市70%的距离

注：

1.自然／半自然成长或森林植被。

2.水果果园，咖啡，茶，枣椰树、油棕或农林类。

3. 种植地／耕地。

4.草地主导，有／没有家畜（一些农场/牧场），或树木繁茂的热带稀树草原。

5.裸露的地表有或没有分开的灌木/其他干旱植物。

6.主要城市与附近的几乎连续的建设区域。

中国 · 北京

BEIJING
China

德国 · 柏林

BERLIN
Germany

英国 · 伦敦

LONDON
United Kingdom

墨西哥 · 墨西哥城

MEXICO CITY
Mexico

智利 · 圣地亚哥

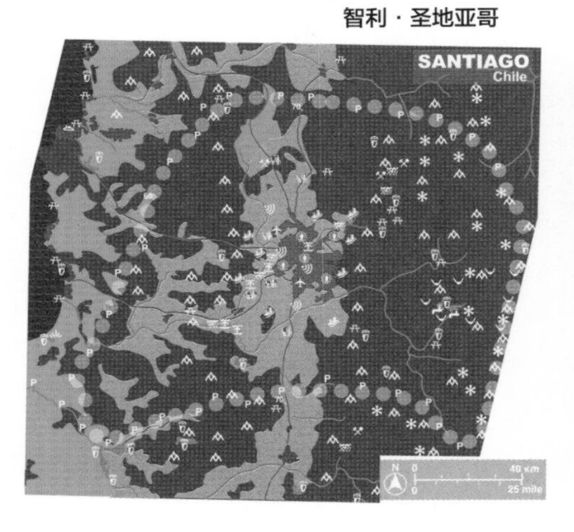

日本 · 札幌

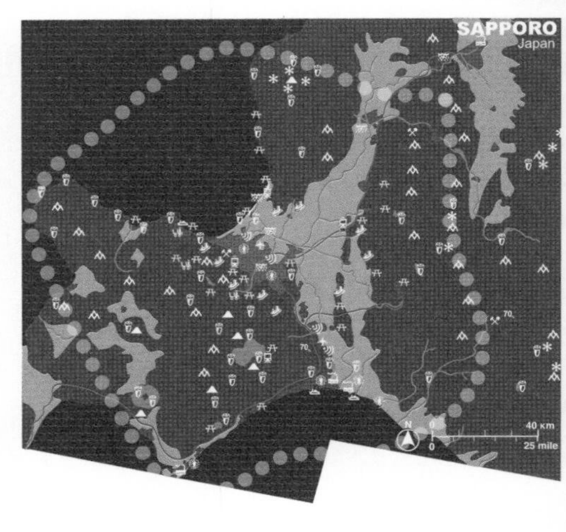

美国 · 芝加哥

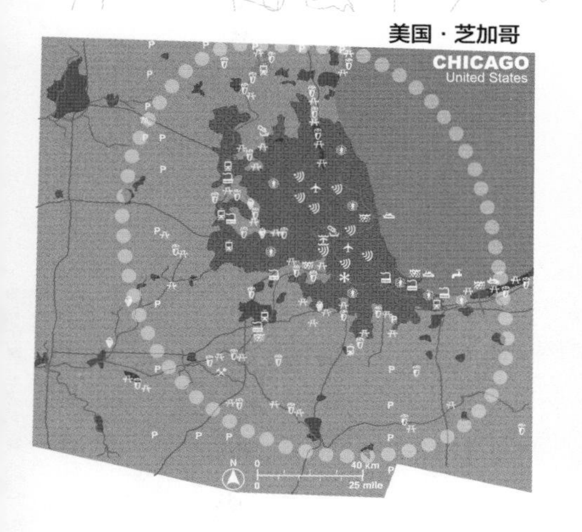

秘鲁 · 伊基托斯

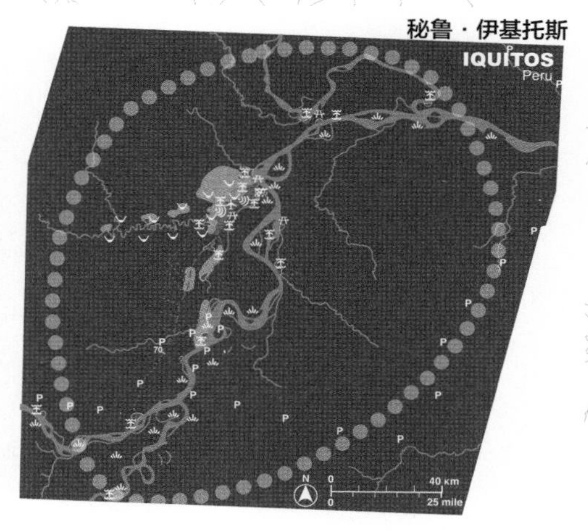

肯尼亚 · 内罗毕

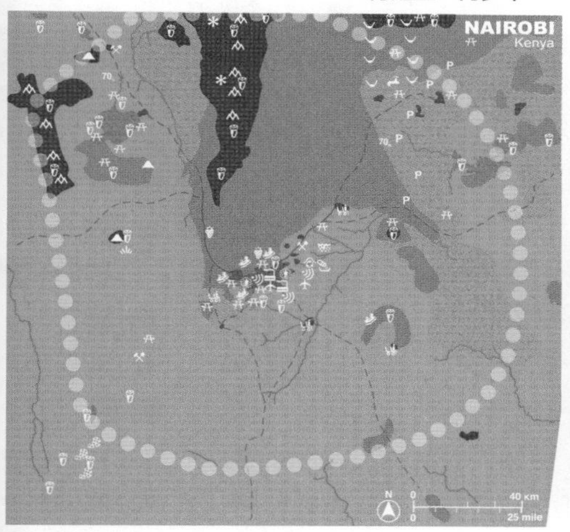

美国 / 墨西哥 · 圣地亚哥 / 蒂华纳

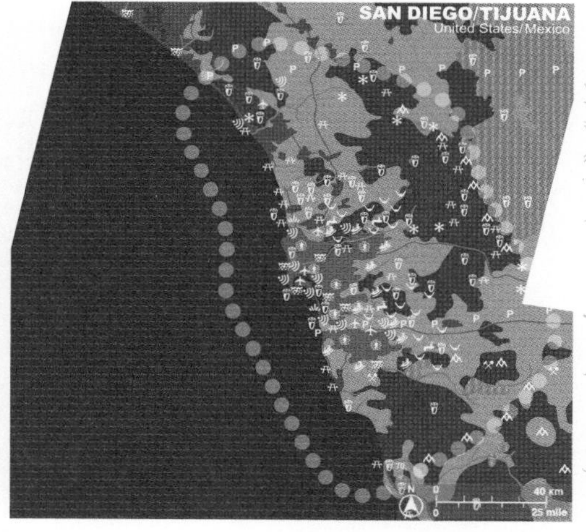

韩国 · 首尔

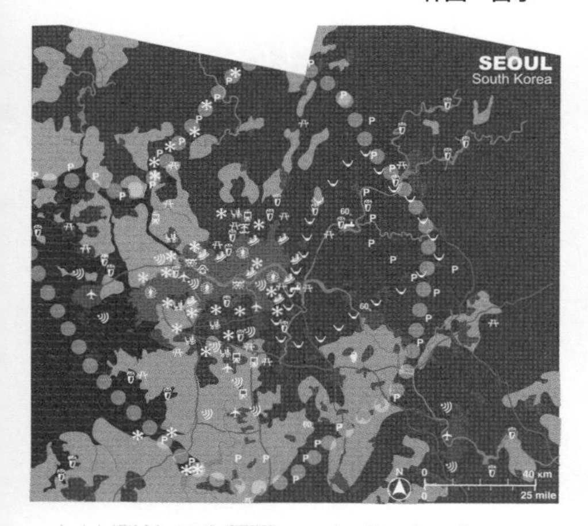

伊朗 · 德黑兰

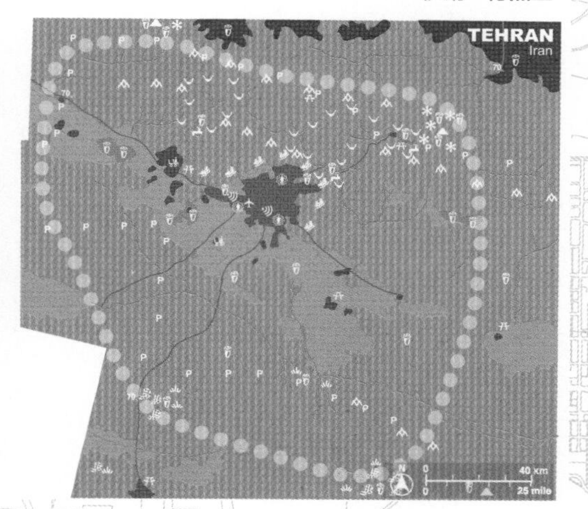

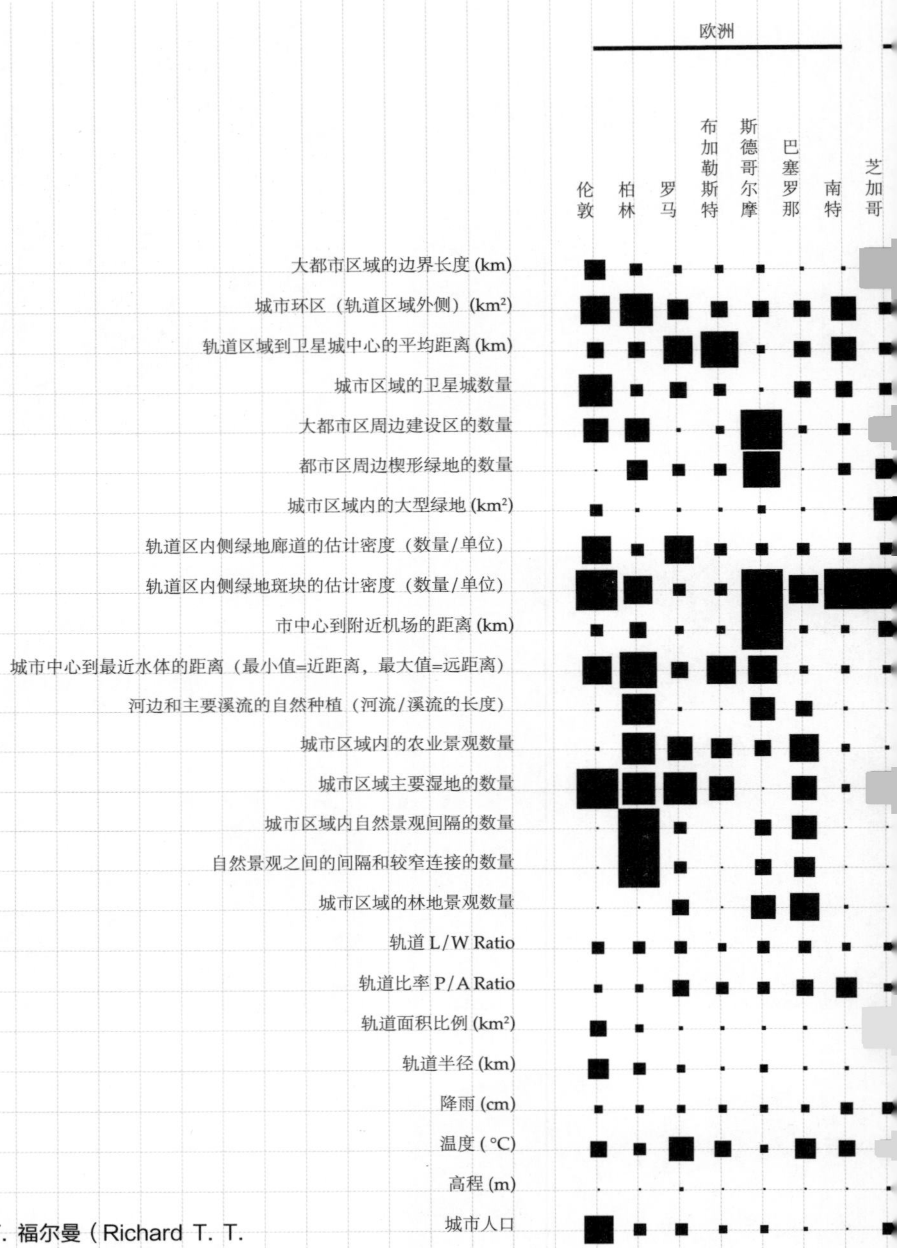

欧洲

伦敦 柏林 罗马 布加勒斯特 斯德哥尔摩 巴塞罗那 南特 芝加哥

大都市区域的边界长度 (km)

城市环区（轨道区域外侧）(km^2)

轨道区域到卫星城中心的平均距离 (km)

城市区域的卫星城数量

大都市区周边建设区的数量

都市区周边楔形绿地的数量

城市区域内的大型绿地 (km^2)

轨道区内侧绿地廊道的估计密度（数量/单位）

轨道区内侧绿地斑块的估计密度（数量/单位）

市中心到附近机场的距离 (km)

城市中心到最近水体的距离（最小值=近距离，最大值=远距离）

河边和主要溪流的自然种植（河流/溪流的长度）

城市区域内的农业景观数量

城市区域主要湿地的数量

城市区域内自然景观间隔的数量

自然景观之间的间隔和较窄连接的数量

城市区域的林地景观数量

轨道 L/W Ratio

轨道比率 P/A Ratio

轨道面积比例 (km^2)

轨道半径 (km)

降雨 (cm)

温度 (°C)

高程 (m)

城市人口

理查德·T. T. 福尔曼（Richard T. T. Forman）的《城市区域》为全世界38座城市画出地图并加以分析。这张图是根据大陆和城市区域特征的精选集，总结了那些信息。（图作者为阿迪·阿西夫，建筑学硕士 II方案，哈佛大学设计学院Adi Assif, M.Arch. ii program, Harvard GSD）

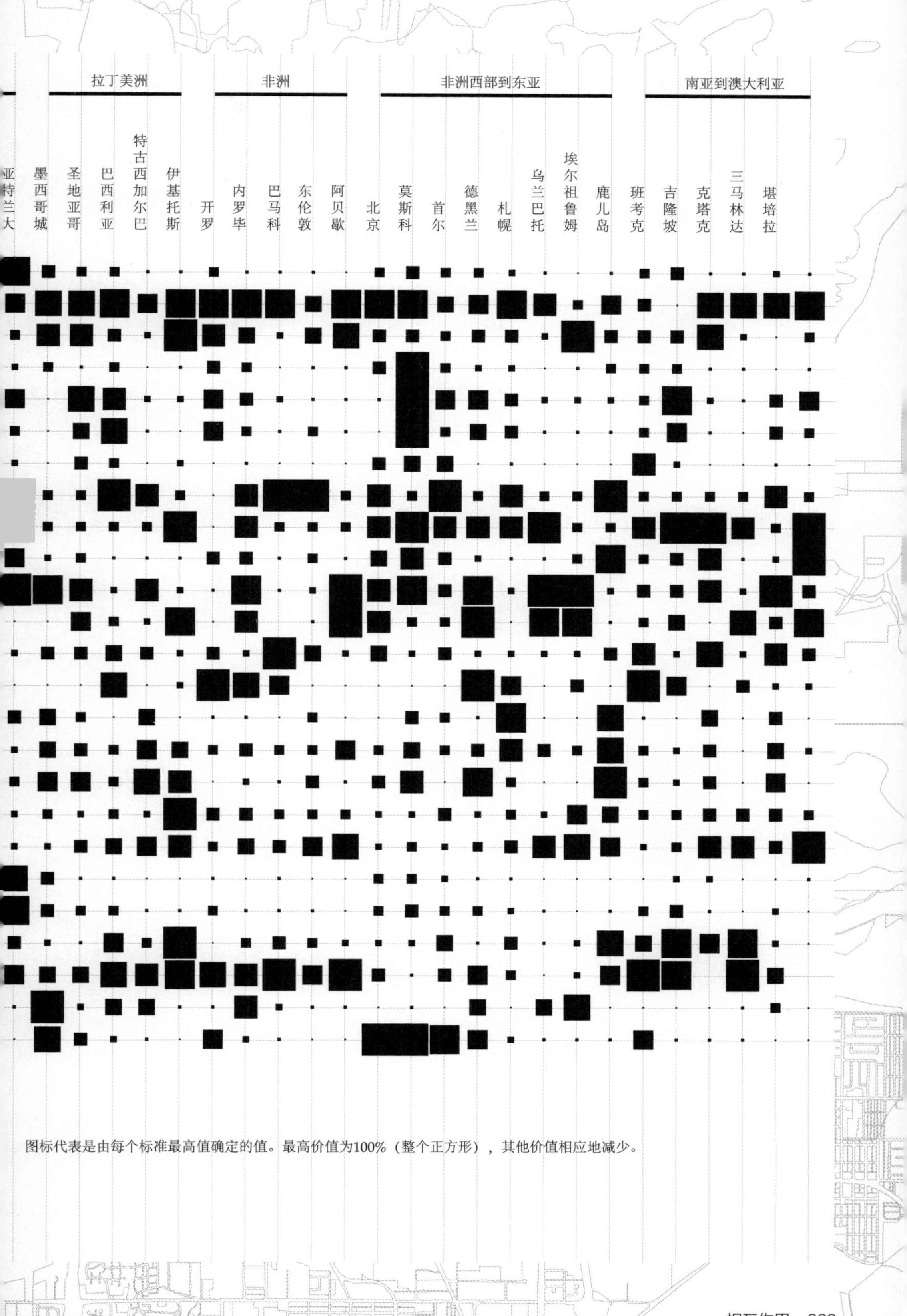

图标代表是由每个标准最高值确定的值。最高价值为100%（整个正方形），其他价值相应地减少。

生态的机构

克里斯·里德（Chris Reed）

本文的出发点是当今的景观、城市化和设计实践，特别是因为它们可能涵盖了生态学和生态系统的理念。在这个框架下，书中会提倡以更完整、更专注的方式完成生态都市主义的生态方面的研究，但并不是因为这比相关问题（城市和城市体系，以及当前工作中涉及的社会动态和技术）更重要。其实，研究者认为生态的可能性是以更复杂、更具挑战性的通信和造型的理念（和力量）来塑造城市，以及让城市更积极地发展、自我更新以及随着实践更新。

对于研究者而言，当前的生态和规划理念可以追溯到伊恩·麦克哈格（Ian McHarg）20世纪60年代末和70年代初的工作，他对自然资源的分析和评估可以表明发展土地社会用途的最佳场所和方式。[1]尽管有人单纯地批评这种方法，因为其关于客观性的提议，以及它将景观元素简单地以绘制地图和量化的方式抽象化，麦克哈格的方法和实践为城市和郊区与自然世界之间的相互联系的想法开辟了天地——设计结合自然。麦克哈格对“邻近”的运用（毗邻，亲和力，连属关系）最好地表明了他对人类与非人工世界的关系的观点。

尽管有人操作着麦克哈格的方法，但是新的生态理念正在兴起。理查德·T. T. 福尔曼（Richard T. T. Forman）20世纪80年代末和90年代初的研究发展出了生态系统的新理解和新术语，比如现在描述的矩阵、网和网络，以及其标志——连接、重叠和并置。[2]这一工作有力地证明了生态系统的动态和活性的本质——不仅仅是麦克哈格地图画出的物质成分，也包括物质世界如何支持生态组成部分（水、种子、野生生物）的运动和交换。而这一领域的理解方式正在转变，从试图达到预期平衡和稳定状态的系统发展到不断变化的系统，能够适应输入、资源和气候的轻微或剧烈的变化。适应、挪用和变动成为“成功”系统的印记，因为它可以通过生态系统的能力区适应周围变化的环境条件。[3]

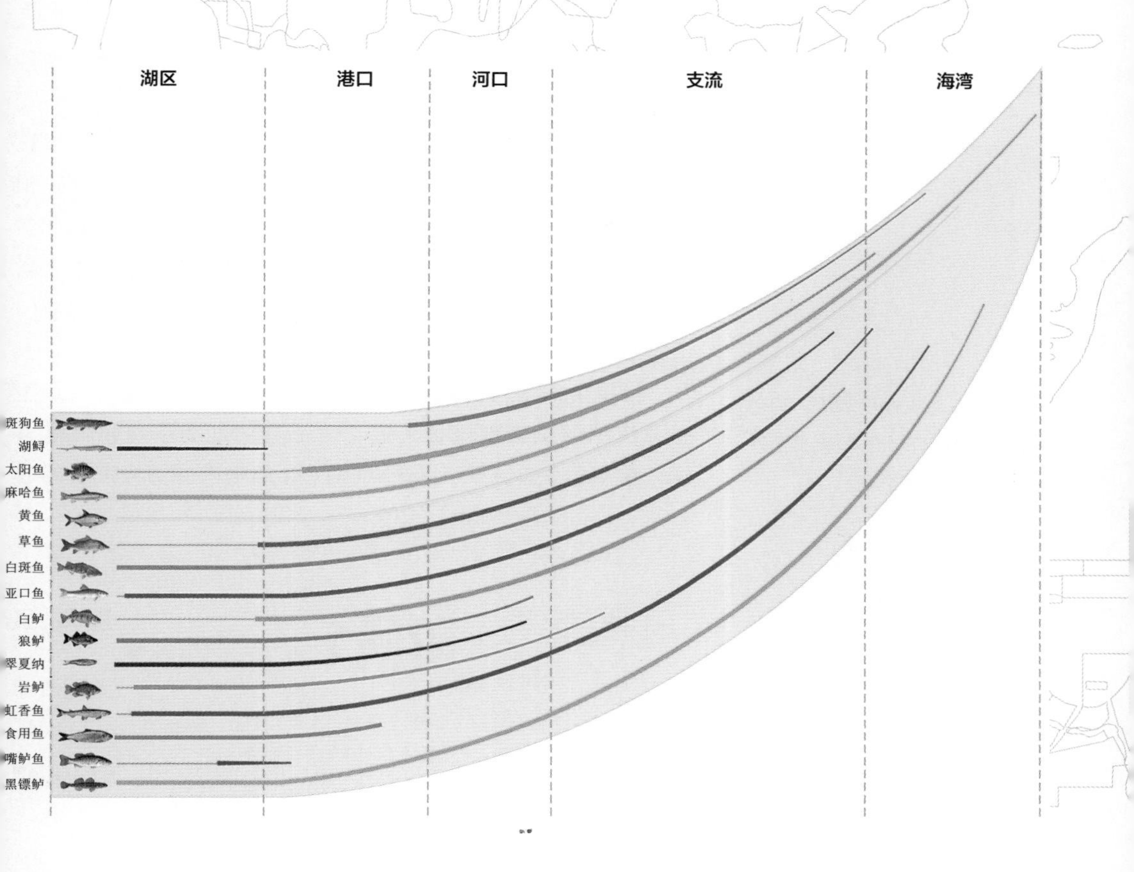

鱼类生境，安大略湖：生态倾向的分布图（河湖界面上的河鱼和湖鱼鱼籽，或泻湖湿地）表明了生境更新的设计策略标度

这一变化打开了设计和城市化批评意见的新世界：斯坦·阿伦（Stan Allen）认定新生态学与工程学一样都是“物质实践”的重要案例，更多聚焦“事物的作用”而不是“事物的外表”。[4]他与詹姆斯·科纳（James Corner）和生态学家尼娜·玛利亚·李斯特（Nina-Marie Lister）于20世纪90年代在多伦多的登士维公园（Downsview Park）设计竞赛中的合作，实现了实体运作机制的建立，这会使应急性生态学、能提前播种的自然系统以及其后伴随的与日俱增的复杂性和适应性程度共同发展。在这里即使是登士维公园的主要部分也很重要，因为它规定了一种途径，能够照顾到项目发展的长时间跨度以及一定程度上的不确定性。[5]

以此为背景，研究者试图提供设计实践中出现的四种趋势或倾向，它们已经将这些生态和自然系统的修正观点作为设计策略的基础：结构、模拟、混合和组织生态。

结构生态学指的是与动态生态地物质和过程协同作用或同时作用的策略：植物生长、表现和适应的现实机制；野生生物生境的外观要求；景观中多样化的水体运动和动态进程。像科纳、阿伦和利斯特一样，这些策略运用变化的条件构建了一套实体运作机制（低—高、湿—干、隐蔽—暴露），场地上生长的不同植物群体会随着时间的推移使其发生变化。这些策略预计了一系列潜在的环境变化（气候变暖、海平面上升、风和湿度模式变化等）可能引发的未来状况。实质上，植物种群之间的自然竞争结构的方式会引起更大范围的环境和系统去回应、适应并抵抗变化。

模拟生态学包括试图为无生命建设区或过程中的活跃生态系统的回应表现模拟建模：生命体的能力—交错群落整体，单个器官，人类皮肤—回应变化的输入并为当前新的或

管理框架，mt.他伯水库：项目输入、建设以及允许长期灵活性和适应性的反馈机制

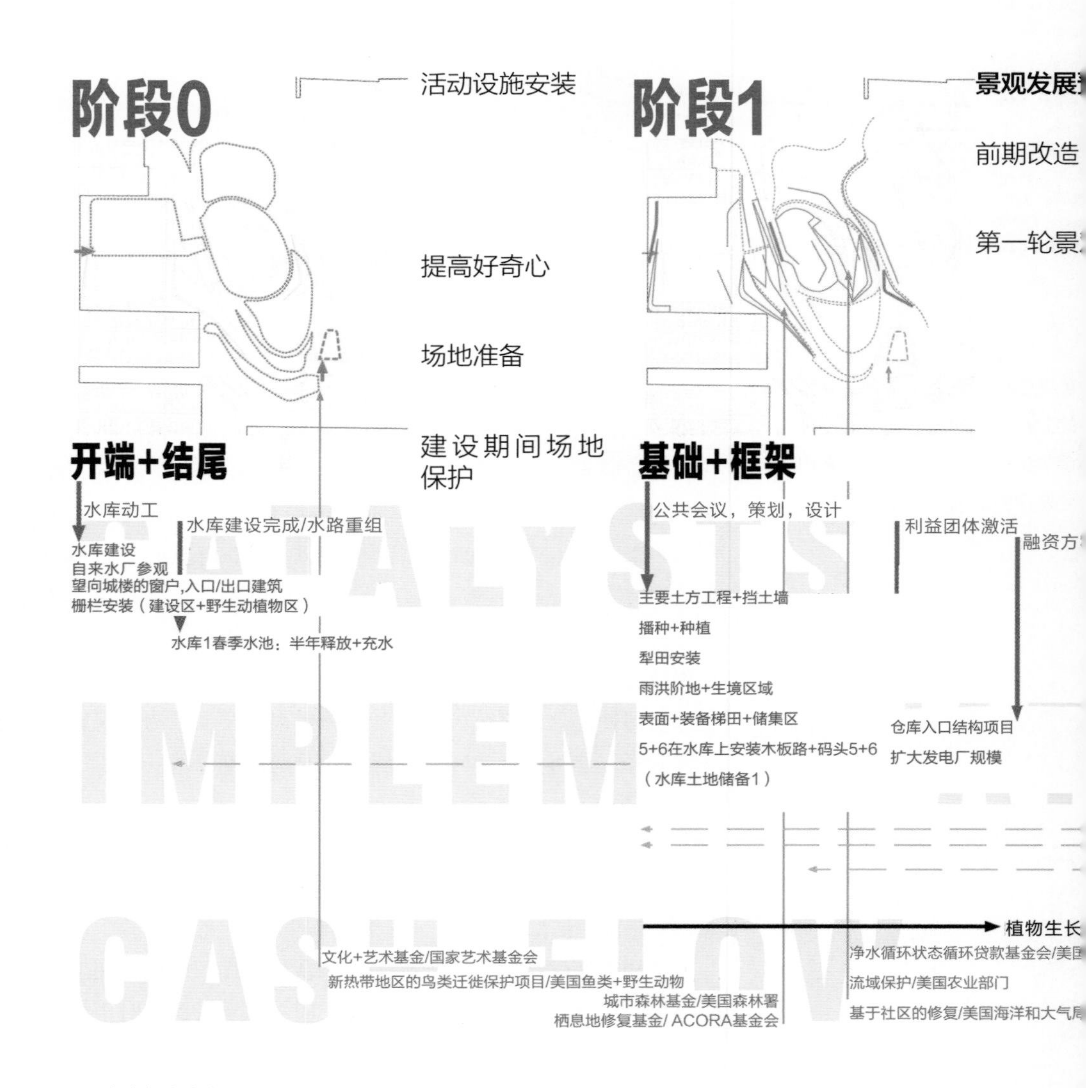

经过变化的条件重新调整它们。在建筑学中，我们也许能想到的是敏感表面，比如查克·霍伯曼（Chuck Hoberman）的“适应性融合”工程，带有可移动的能随输入变动而变化的加工板面的玻璃墙，创造出一种变化的空间或环境。在景观中，我们可能想到的是可变的社会空间：能实现开放式的（但不是无限制的）社会和文化的实体运转机制，但反对生态过程。同时在大尺度的复杂的城市项目中，我们也许想到建立敏感的行政框架；“如果那样的”系列过程，以及引起反馈链、输入和随时间变化的管理机制。

混合生态学关注同时进入环境、工程和社会动态的敏感设计系统的发展，它们融合了人工与非人工的动态和动力。这些

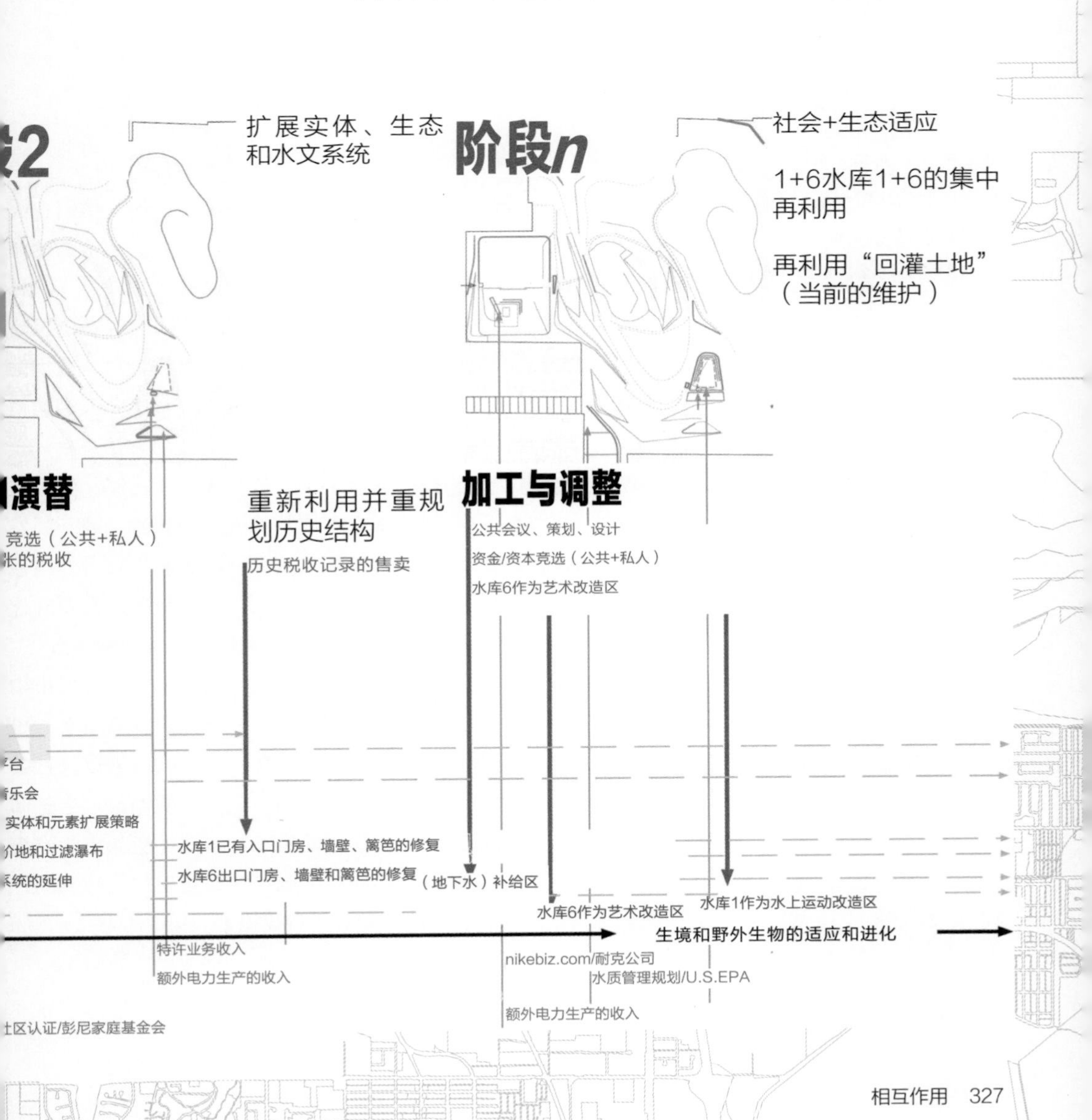

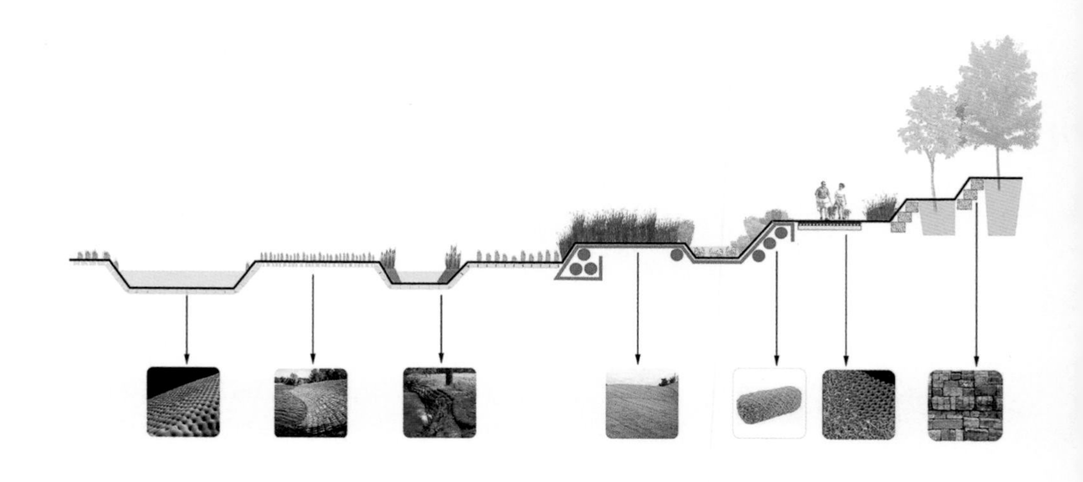

立面图，多伦多下当兰士：工程系统的混合，将一系列不透表面尽量化为透气表面，协调并支持开放的动态河流，沼泽生态

系统以多种方式开放，它们始终保持大尺度的环境变动（降雨和干旱、湖水水位上升和下降、制备掩体等），但是他们把人工和非人工系统以及元素都包含在内。这些是社会、生态领域的合并策略，显示了它们的相互依赖和相互独立。

策划生态学包括的项目一般由研究者，或研究者在一段时间内构建与之交流的一套动态过程的负责人担任策划。这里的想法不仅仅是构建和开展自发生长、没有人工直接介入的动植物生态学集合。该理念是建立与这些动态交流的方法——策划一套不完全依赖人为控制的城市生态进程和交流机制，然而它容易受到影响，这些影响来自有成效的入侵和刺激，或不断发展的目的以及输入带来的再校准。这里设计者和规划者的角色就变成了不精确而被困扰的项目负责人，随着情况的需要和这些相互联系与作用的系统的发展和变化而断断续续地被激活。

通常而言，生态学可以是一种创造性的力量，一种城市构建和市民生活的活跃而模糊不定的代表——代表着物质上、机制上并在接受上融入了多样化的先进技术、公共政策以及社会文化动态。在所有这些因素中，机制、抵抗力的调整、生态和生态系统的语言都以它们多样化的形态和表现（比如机制与模型）形成了新激活的设计实践的基础：它是灵活的、敏感的，并随项目的发展自我适应，随时间自我积累。

注释：

1.参见伊恩·麦克哈格（Ian McHarg）的《设计结合自然》（*Design With Nature*）纽约：约翰威利出版公司，1967/1992。

2.参见理查德·T. T. 福尔曼（Richard T.T. Forman）的多部著作，包括《土地拼合：景观与区域的生态》（*Land Mosaics:The Ecology of Landscape and Regions*），剑桥：剑桥大学出版社，1995。

3.谈及或论述这种变化的生态学家和文章，包括罗伯特·E. 库克（Robert E. Cook）的《景观学习吗？—生态学的〈新范例〉以及景观的设计》；伊恩·麦克哈格（Ian McHarg）就职演讲，宾州大学出版社，1999年3月22日，以及尼娜·玛利亚·李斯特（Nina-Marie Lister）的《可持续的大型景观：生态设计还是设计师的生态？》出自茱莉亚·泽尼亚克（Julia Czerniak）和乔治·哈格里夫斯（George Hargreaves）编著的《大型公园》（*Large Parks*），纽约：普林斯顿建筑出版社，2007。

4.斯坦·艾伦（Stan Allen）的《基础设施的城市化》出自《点+线：城市的范例和项目》（*Points + Lines: Diagrams and Projects for the City*），纽约：普林斯顿建筑出版社，1999，46—57。

5.参见《野外作业》（Field Operations），斯坦·艾伦（Stan Allen）和詹姆斯·科纳（James Corner）著，出自《案例：多伦多Downsview公园》（*Case: Downsview Park Toronto*），编著：茱莉亚·泽尼亚克（Julia Czerniak ），慕尼黑和剑桥：Prestel和哈佛大学设计学研究生院，2001。对竞赛概况和构建机制理念的讨论，参见该书中克里斯汀·希尔（Kristina Hill）的文章《城市生态学：生物多样性与城市设计》。

纽约城市基础设施

克里斯托夫·尼曼（Christoph Niemann）

我从《纽约时报》杂志的艺术总监那里得到这张图的最初委托，是画出我们日常生活基础设施的复杂性和重要性。

本文试图运用一种非常技术性的方式，因为大多数元素需要一定程度上的工程处理。然而本文要强调的另一个重点是所有这些技术元素最终形成我们日常生活赖以运行的有机系统。

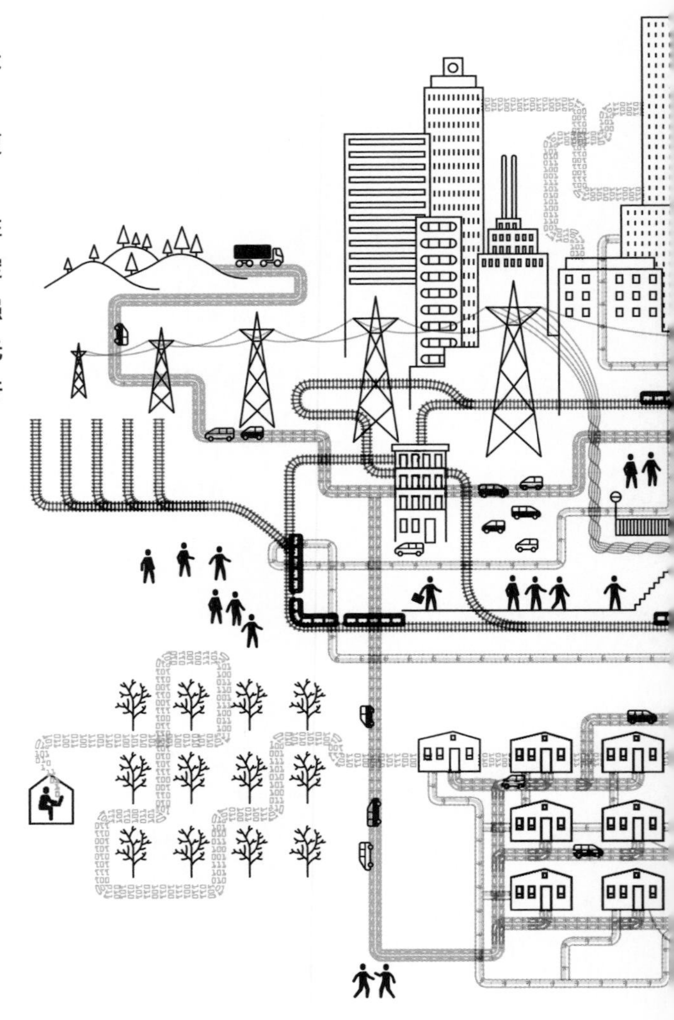

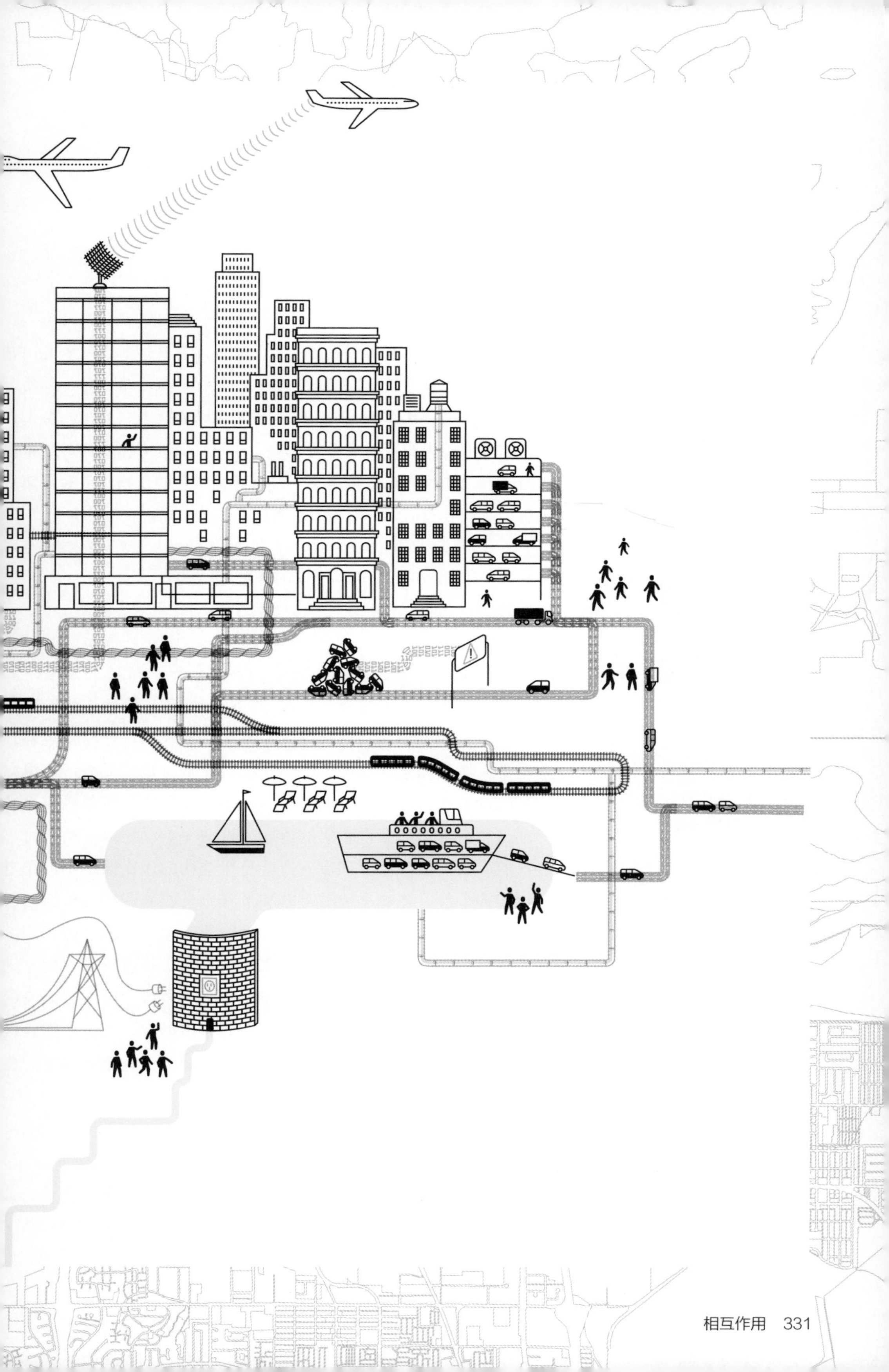

重新定义基础设施

皮埃尔·贝朗格（Pierre Bélanger）

成熟的生态学技术——车辆、道路、市政供水、下水道、电话、铁路、天气预报、建筑，甚至计算机的主要用途等，都处于自然环境中，就像对我们来说平常不显眼的树木、日光和尘土。它们是人类文明赖以生存的基础，然而我们只有在它们偶尔出问题的时候才注意到它们。它们构成现代社会的连接纽带和循环系统。总而言之，这些系统已经成为了基础设施。

——保罗·N. 爱德华兹（Paul N. Edwards）《基础设施与现代化》（*Infrastructure and Modernity*），2003。

城市依靠基础设施而延续。高速公路、机场、发电厂和填埋场是当今城市化众多标志中的高频形象。它们体量庞大让人觉得它们是不现实的独立的系统，然而它们功能的稳定性，确是对城市和工业经济的持续支持。通常在地下或城市边缘，基础设施在损坏之前一直可见。洪水、灯火熄灭以及供应短缺都是它们可见性变得脆弱的标志，这在一个世纪以前是不可思议的。我们很少停下来审问这些超级结构的运作情况，但是近年来的事件，比如水位的上升和下降以及能源和物品价格的飙升——正激发着一场对北美城市使用的基础设施的严厉审查。为了反映当下的经济危机和生态险情，本文通过重新审视基础设施规定，阐明了这一科技背景——服务城市、区域或国家的核心服务系统的基础，以及承载它的城市形态，同时新的区域发展压力要求人们对这一巨大的实践领域彻底地重新思考和再次投资。

危机和冲突

对基础设施进行新的定义的前提是对过去定义的理解。基础设施过去的定义是：道路、桥梁、铁路线路和类似的公共设施的集合网络，是工业经济运转的必需品”，[1]这出现于20世纪初北美的现实危机和冲突中，而非来自设计机构。

“基础设施”最初一次有记载的使用出现于1927年的大洪水期间，即美国历史上破坏性最大的一次洪水，报道中称之为“工业经济工程和网络赖以运转的系统设施”，[2]也是现代社会和经济的支柱。跨越密西西比河，史无前例的降雨开始于1926年8月，一年以后转化为南部墨西哥海湾的洪水，即蔓延至新奥尔良海岸附近。

大洪水是极具破坏性的：120个堤坝被冲毁，超过1.65亿公顷的农田被淹没，超过60万人被迫转移，246人丧生。据估测，用于重建和减少损失的费用达2.3亿美元，导致联邦的重组和堤坝的重新拨款，洪泛区支流土地修复得到美国陆军工程兵团的帮助。委员会现在的全部使命包括管理和保护交通结构、保护资源（石油和煤矿）以及未来能源更新（水力发电）。雨洪管理系统成为一项多样化的设施，它的基础位于密西西比的水文地区，覆盖美国国土面积的41%。

城市洪水：密西西比河水位高出阿肯色斯历史记录16 m。阿肯色斯，1927年大洪水期间，4月27日

欧几里得分区和规划——分区的初始是北美基础设施诞生的核心。1926年美国最高法院审理的一个地标案件中，发生于

公共措施：1927年密西西比河在胡佛政府任期的联邦洪水缓解措施和修复策略图

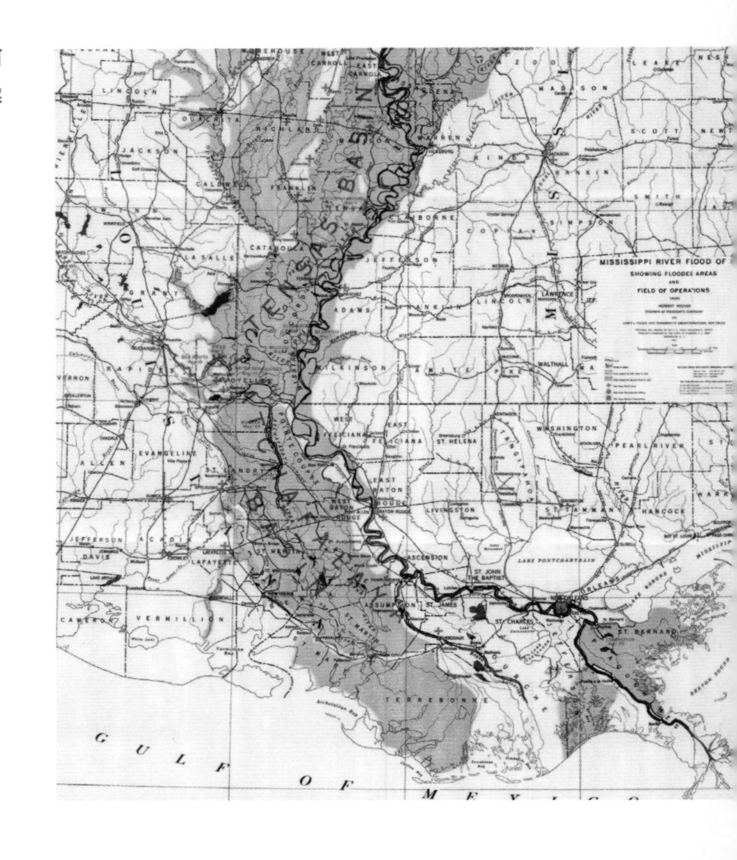

俄亥俄州的欧几里得村与Ambler物业公司（272U.S.365）之间，法院裁定同意市政府出台一项禁令来限制居住区和城镇中心附近工业片区的发展。该案件作为“不在我家”说法的恶果，导致城市土地划分的第一次立法实践，[3]从那以后诞生了单一用途、排他性城市规划的现代规划。欧几里得规划开创了土地利用的专门化和分类化的广泛实践。它的使用变得非常普遍，因此不需要区域和国家的权威，欧几里得分区将外围农业用地预设为城市扩张的土地。在增长的自动化和宽交通走道的刺激下，土地利用的细分无意中促成了交通和设施廊道的引入，以缓冲各个互不相容性质的用地问题。作为现代全美土地法学成立的标志，自Jeffersonian网格投入使用以来，分区规划直到今天一直是当今北美社会、空间和经济结构最有用的机制。[4]

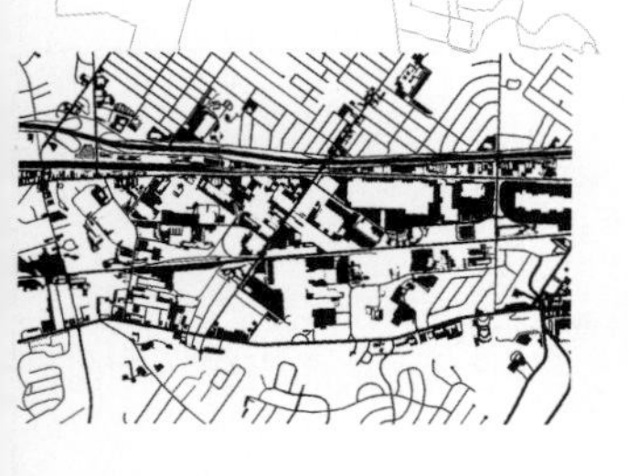

欧几里得几何学：俄亥俄州欧几里得村的排除性分区实践的空间效果，现代土地规划的重生，90号州际公路整齐地将北方的居住土地同南方的商业和工业土地划分开来（2008）

城市化和基础设施的公共需求

在洪水灾害和分区法律的背景下，其中两个主要转变对北美景观有着标志性作用：市场经济发展和当地资源的分区化。在大西迁尾声的西部边境附近，城市化造成了乡村农业模式向城市工业模式的决定性转变。1920年发布的国家人口普查中，国家一半的人口居住在城市和郊区而非农村地区。[5]19世纪农场的大批撤离标志着一个转折点：城市人口爆发，尤其是东北部和中西部地区。美国成为了城市，高密度聚居区的增加产生了核心服务供应的一系列重大新挑战。

废水和工程。在洪水和土地开垦占据了美国陆军工程兵团全部精力的时候，市镇的有效排水系统分化出了全新的专业：卫生工程师。在18世纪90年代黄热病流行的10年间和19世纪初的霍乱爆发年代，未处理的污水和倾倒垃圾在水源河道中，致使东岸城市中出现了大量的介水传染病。[6]三类水划分构成了城市卫生工程的新原则：地下水、地表径流和生活污水。19世纪最著名的卫生工程师乔治·E.华林Jr.上校（Colonel George E. Waring Jr.）主张分离废水运输，同时承认了这些元素的规划作为一个系统的不可分割性。[7]从化粪池到非法倾倒，不合理的污水管理方法对公共卫生造成了显著的威胁，同时引发了城市景观中两种核心部分的新理念：区别卫生和交通。[8]在地表承受能力的限制下，城市密度优先建设一些道路和街道，投资给地下管道（覆盖通道，埋流）和地下主干运输基础设施，而非地表交通设施。[9]

同时，综合性城市规划隐退，主要是因为城市规划对大型工业都市的碎片化发展的失控。

煤炭和电力

影响19世纪城市功能最重要的因素是电力。19世纪初城镇的制造业依靠煤炭蒸汽发电。人们在靠近石油和煤炭铁路终端和港口的大型高密度中心区进行僵化的、肮脏的并且有毒的重工业活动。发电厂进步引发的远距离运输从根本上创立了更大型的城市区域。价格不高的基本负载电力可以由便宜的中东石油公司或重组的中西部矿产公司来生产。尽管国内90%的乡村居民到20世纪20年代末[10]还没有享受电力供应，但电力为机械化和自动化提供了方便。电力覆盖的广泛性将白日工作时间延长到晚上，同时易腐蚀品的冷藏将传统食物供应链完全地城市

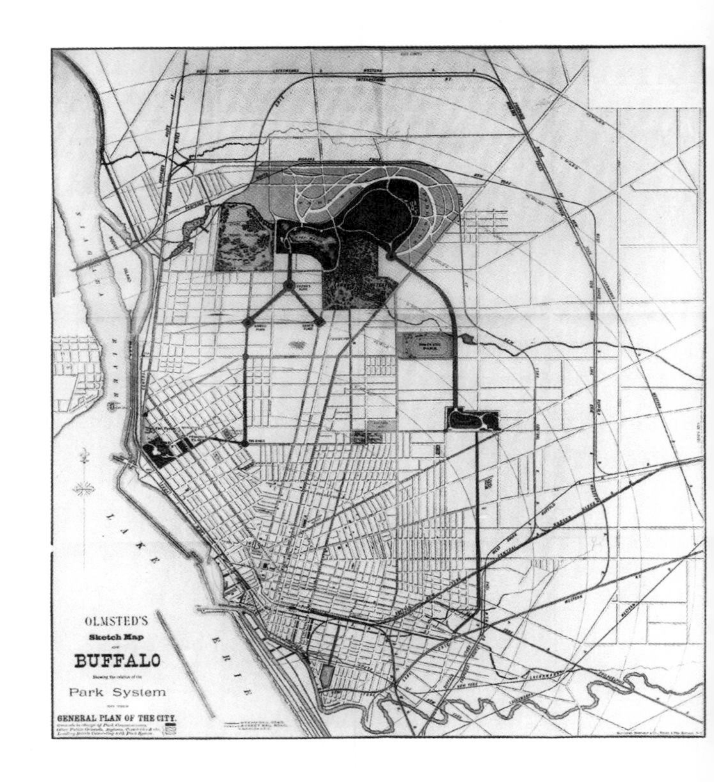

城市基础设施：景观设施师弗雷德里克·劳·奥姆斯特德（Frederick Law Olmsted）和卫生工程师乔治·E.华林Jr.（George E. Waring Jr.）在约瑟夫·埃利科特（Joseph Ellicott）1804年街道系统的基础上，于1876年设计的污水、交通和开放空间基础设施规划

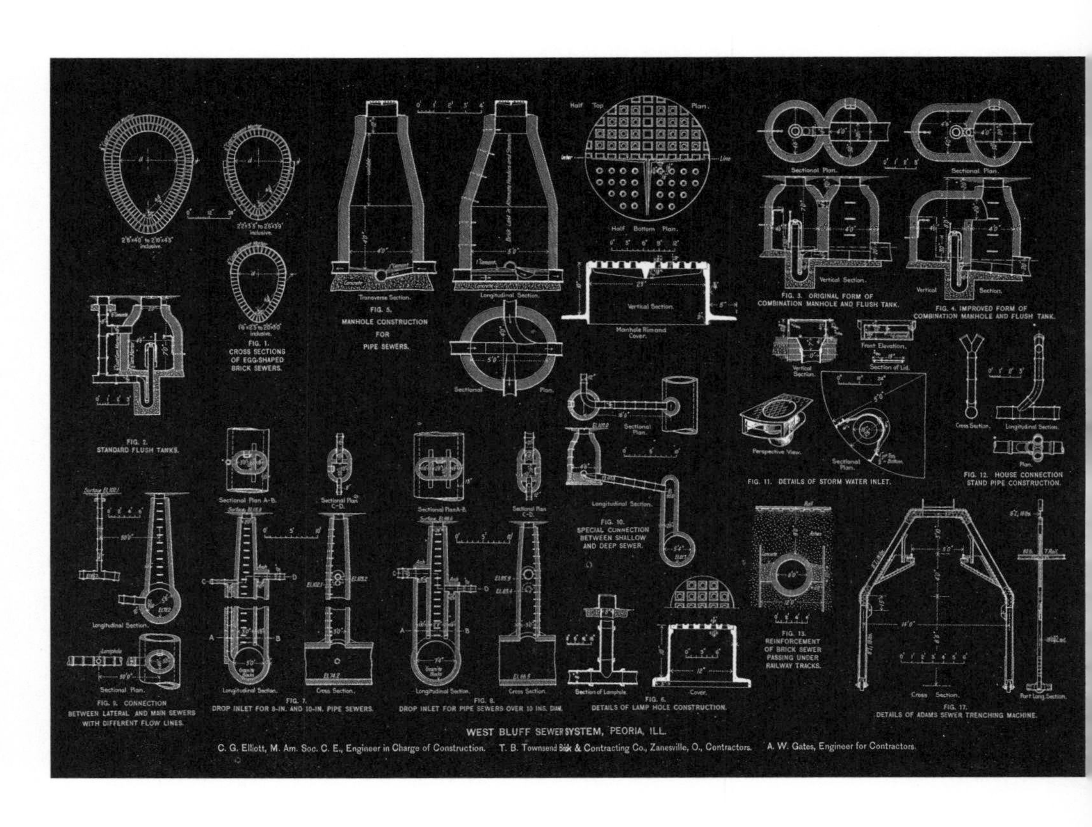

现代分区系统：城市污水运输的下水道、排水管和储藏室的复合规划，引自乔治·E.华林Jr.上校1889年发表的论文《下水道及其建设的单项规划》（The Separate System of Sewerage and Its Construction）

化。到20世纪30年代，大型中心地区的电力生产仍然是最有效的，但是超长距离的运输促成了更大规模的城市扩张和区域连接。与欧洲城市不同的是，电力在美国的流行早于城市发展，且仍有增长空间。[11]

下水道、交通[12]和电力基础设施的联合，使建筑事业成为了规划和发展的前沿领域。在联邦和地方的土地与基础设施立法缺失的情况下，城市政府承担着发展的任务，而工程师通过着手测量、技术服务和新城市系统的建设可以说包揽了全部设计过程。“技术政治工程”的精英则承担了地面工作，他们将迅速成为20世纪的中流砥柱。

罗斯福，改革和区域化

回顾过去，20世纪早期成为了美国城市化的转折点：20世纪20年代末的股市突然崩溃、20世纪30年代中西部地区的持续干旱以及第二次世界大战时期的军事建设，挑战着经济的自由放任发展和政府治理的无所作为。为了应对经济大萧条，美国总统富兰克林·罗斯福（FranklinRoosevelt）在1933年和1935年迅速实施新政，创建了一系列机构来强力推进经济和土地开垦。[13]从AAA（农业调整法案）到WPA（公共事业振兴署），新联邦结构确立了国家面临的两个最严峻的问题：经济停滞和迫在眉睫的分权。受区域经济学家霍华德W.欧德姆（HowardW.Odum）的影响，[14]罗斯福预见有必要通过政府看得见的手在能源生产和土地保护、房屋发展和高速公路建设领域进行合作规划。

从私人道路到公共高速公路。20世纪20年代晚期是城市化的转折点。当时的三种技术转变打破了僵化的、中心化的工业城市和重工业制造业城镇结构：载重汽车运输的速度增长、电力覆盖范围的扩大以及自动化的爆发式增长。由第二任继任者负责的连续高速公路系统是罗斯福新政的遗产。在30年代末，建设高速公路开始面临一定压力。建设农场到市场土路和私人所有的收费公路的困难导致了区域间的迁移和交流障碍。自由道路意味着自由和民主。[15]与私人掌控道路相反，但需谨慎使用土地征用权，[16]罗斯福完成了41km的跨区域城市网络，他将其作为城市聚集和新绿带式居住区建设的新城市网络。在第二次世界大战的背景下，全世界最大型、最伟大的公共事业项目使艾森豪威尔（Eisenhower）于1956年规划的州际和国防高速公路系统得以延续。[17]

关于作物和保护，即自动化对城市的改变，机械化对农业

公共道路作为公共事业：《公共道路》（*Public Roads*）杂志的第一期发行于1918年，是1916年的联邦道路的初次实践和美国公用道路局第一次为把资本授权给原本由农业部负责的交通系统

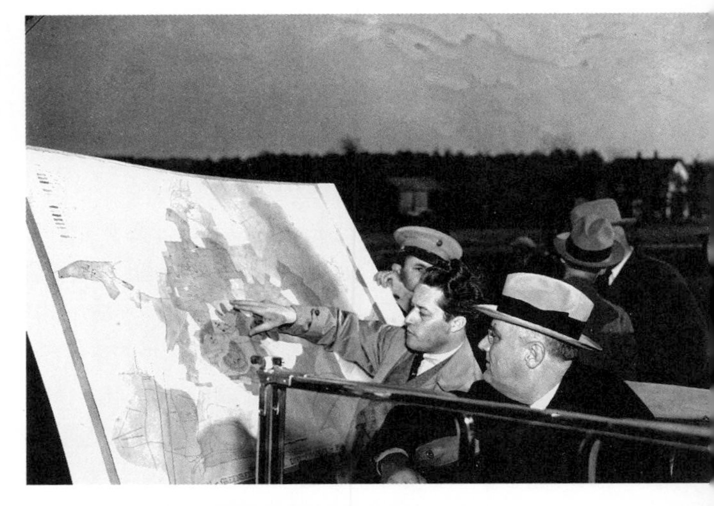

总统规划：富兰克林·罗斯福（Franklin D. Roosevelt）和和沃雷·理查德（Wally Richards）关注综合规划，同时参观作为20世纪30年代新政移民重置计划规划的三大郊区之一的马里兰州绿地

总体规划：森林、水流关系和雨洪管理的前沿研究者，拉斐尔·卓恩（Raphael Zon）博士和他1933年的跨大陆落基山脉附近的大平原森林防护带规划

的改变。割草机、收割机和犁由汽油动力的拖拉机替代，加速了食品生产，振兴了农业经济。使用更少的人力资源，产出开始飙升。但是作物的低售价和高机械化成本，迫使农民耕种更多土地，或采取低质生产来补偿使用新器械的费用。经济大萧条期间，微薄的经济状况深化了成本削减。玉米、小麦和燕麦等经济作物占据了优势，然而著名的土地保护实践却遭到废弃。从加拿大草原到美国南部的狭长地带（Panhandles），草地愈发受干旱和洪水的威胁——正在拉开沙尘暴年代的序幕。影响超过国内75%的面积、跨越27个州，农业危机促使在实施新政项目过程中着手制定农业条例，使作物多样化，生产管理多样化。1935年的土地保护法有效处理了大防护林带项目引发的土壤和水分流失问题，在阿尔伯达省到得克萨斯州之间引入超过2亿棵树木，建立了一个约160 km宽、1930 km长的防风带。优先政策包括作物循环、带状栽培、等高耕作以及为家畜养殖提供可耕种多种作物的梯田，并建立区域作物联合体，来帮助农民提高购买力。联邦管理的土地保护系统——今天称之为自然资源保护服务，终止了自主农民不协调、掠夺式的种植行为。[18]

从私人设施到公共权利。20世纪20年代末是权利投机者的终点。1935年反托拉斯计划的公共事业公司控制法案彻底摧毁了受监管的特大私人控股公司。设施巨贾威尔伯·福希（Wilbur Foshay）、塞缪尔·英萨尔（Samuel Insull）和乔治·奥斯龙（George Ohrstrom）或走向破产，或逃到国外。[19]有一个未经证实的说法是，罗斯福发现了将他的复兴—救

土壤蜕变：像圣经描述的那样，20世纪30年代，掠夺式、无人管制的土地耕种方式在美国中西部和加拿大实行了几十年之后，灰尘和黑暗之墙在1935年4月18日抵达得克萨斯州的思特拉福德，干旱和龙卷风袭击了被风沙侵袭的地区

济—改革政策与田纳西流域管理局（TVA）的电力生产和供应联合的机会。借鉴1922年初建立的康涅狄格合股电力交换站（CONVEX），TVA的任务是以美国前所未有的区域规划模型在现代区域规划中联合公共和私人项目。在亚瑟·摩根（Arthur Morgan）和本顿·麦克凯耶（Benton Mackaye）的指导下，TVA管理国家的第五大河流系统在10.6 km^{2}的流域内减少洪水破坏、生产电力、保护通涵、提供娱乐机会以及保护水质。为了让设计可行，罗斯福调整了公共政府的角色，制定并做出了影响私人和当地土地资源管理的通常命运的关键性变革措施。[20]随着1916年实行国防法案，罗斯福20世纪30年代的公共规划措施和有计划的革新成就了跨区域基础设施的蓝图，农业土地、排水系统、交通网络、发电厂和电网成为了保障国家社会安全的基础资源和设施。

放松管制、衰落和蜕变

过热的战后经济背景下，1950到1990年间美国人口从1.25亿翻倍增长到2.5亿，导致公共服务需求压力过度。联邦政府和公共基础设施于80年代早期在里根政府的领导下发生了重要转变。模仿玛格丽特·撒切尔（Margaret Thatcher）在英国的策略，罗纳德·里根（Ronald Reagan）为解除管制和撤除投资铺垫基础来启动停滞不前的经济。[21]为减少国家财政赤字，里

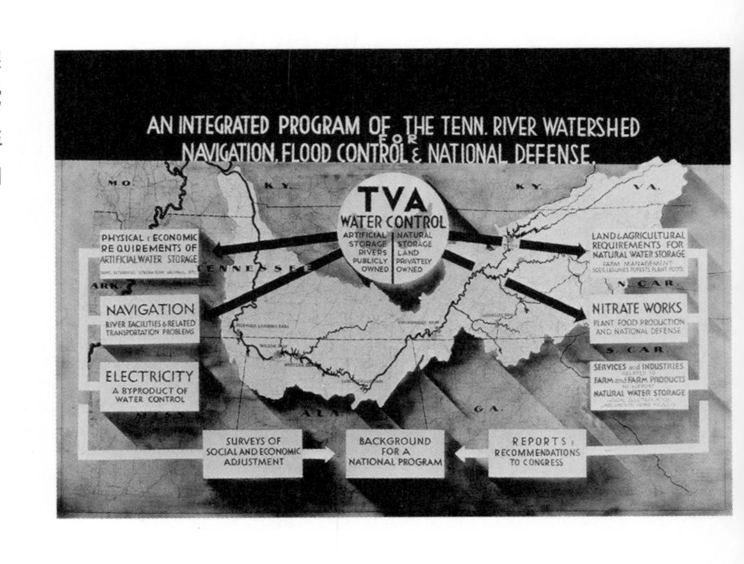

地区基础设施：TVA的展板展现了7个州复杂的流域界限，它的任务包括雨洪管理、电力生产、肥料制造以及公共资源和田纳西山谷私人耕地的经济发展

根推行对企业减税和公共服务私有化的策略。从军事制造到能源生产，没有公共部门幸免。在他的前任吉米·卡特（Jimmy Carter）解除了交通部门之后，里根追随他的脚步于80年代解除了石油和天然气工业部门。里根之后的私有化高效颠覆了罗斯福的“遗产”，为外包公共服务的未来30年部门接替铺平了道路。[22, 23]

引发解除遗产的里根的供应基础经济学背后，是城市基础设施的衰落。[24]公共服务的私有化扩展到了公共设施的所有权和公共事业的管理领域，汇聚形成今天全国范围悄然而至的基础设施建设危机。[25]战后基础设施的主要网络——机场、港口、道路、排水管、堤防、大坝、电力走廊、终端、处理厂，现在正面临着修理和维护的缺失。近期明尼苏达和蒙特利尔的桥梁倒塌以及卡特里娜飓风的长期影响，都是公共基础设施私有化隐性损失的症状。饱受维护不善困扰和长期基金不足困扰的摇摇欲坠的基础设施，未来5年需要22亿美金的投资。[26]这相当于当前投资数额的两倍，促使解除公共管理的政策引发的长期影响变成了紧急的问题。

那么，我们该如何反思基础设施的传统逻辑，支持城市和区域的核心服务的后台处理方式，才能有效使人口不断增长的可持续发展为未来的城市经济带来更多可能？

设计中的忽略：从设计失误到维护的缺失。2007年8月1日晚高峰时段，美国明尼苏达州明尼阿波利斯的跨越密西西比河的9340桥坍塌

从失败和事故中学习：认清过去一个世纪的主要城市一区域事故的时间轴，包括基础设施工程的行业风险引发的飓风、干旱和洪水问题，比如河堤崩塌、桥梁倒塌和化学泄露等问题

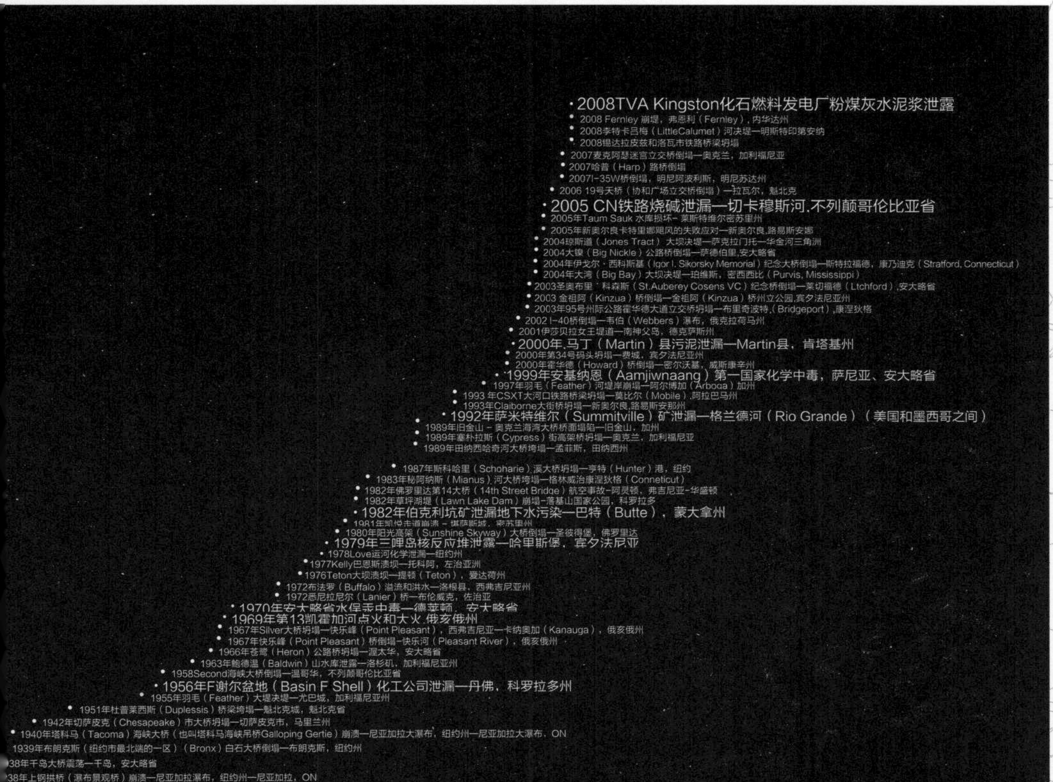

· 2008TVA Kingston化石燃料发电厂粉煤灰水泥浆泄露
- 2008 Fernley 崩堤，弗恩利（Fernley），内华达州
- 2008李特卡吕梅（LittleCalumet）河决堤—明斯特印第安纳
- 2008锡达拉皮兹和洛瓦市铁路桥梁坍塌
- 2007麦克阿瑟迷宫立交桥倒塌—奥克兰，加利福尼亚
- 2007哈普（Harp）路桥倒塌
- 2007I-35W桥倒塌，明尼阿波利斯，明尼苏达州
- 2006 19号天桥（协和广场立交桥倒塌）—拉瓦尔，魁北克

· 2005 CN铁路烧碱泄漏—切卡穆斯河.不列颠哥伦比亚省
- 2005年Taum Sauk 水库损坏– 莱斯特维尔密苏里州
- 2005年新奥尔良卡特里娜飓风的失败应对—新奥尔良.路易斯安娜
- 2004琼斯道（Jones Tract）大坝决堤—萨克拉门托—华金河三角洲
- 2004大镍（Big Nickle）公路桥倒塌—萨德伯里,安大略省
- 2004年伊戈尔·西科斯基（Igor I. Sikorsky Memorial）纪念大桥倒塌—斯特拉福德，康乃迪克（Stratford, Connecticut）
- 2004年大湾（Big Bay）大坝决堤—珀维斯，密西西比（Purvis, Mississippi）
- 2003圣奥布里˙科森斯（St.Auberey Cosens VC）纪念桥倒塌—莱切福德（Ltchford）,安大略省
- 2003 金祖阿（Kinzua）桥倒塌—金祖阿（Kinzua）桥州立公园,宾夕法尼亚州
- 2003年95号州际公路霍华德大道立交桥坍塌—布里奇波特,（Bridgeport）,康涅狄格
- 2002 I-40桥倒塌—韦伯（Webbers）瀑布，俄克拉荷马州
- 2001伊莎贝拉女王堤道—南神父岛，德克萨斯州

· 2000年.马丁（Martin）县污泥泄漏—Martin县，肯塔基州
- 2000年第34号码头坍塌—费城，宾夕法尼亚州
- 2000年霍华德（Howard）桥倒塌—密尔沃基，威斯康辛州

· 1999年安基纳恩（Aamjiwnaang）第一国家化学中毒，萨尼亚、安大略省
- 1997年羽毛（Feather）河堤岸崩塌—阿尔博加（Arboga）加州
- 1993 年CSXT大河口铁路桥梁坍塌—莫比尔（Mobile）.阿拉巴马州
- 1993年Claiborne大街桥坍塌—新奥尔良.路易斯安那州

· 1992年萨米特维尔（Summitville）矿泄漏—格兰德河（Rio Grande）（美国和墨西哥之间）
- 1989年旧金山－奥克兰海湾大桥桥面塌陷—旧金山，加州
- 1989年塞朴拉斯（Cypress）街高架桥坍塌—奥克兰，加利福尼亚
- 1989年田纳西哈奇河大桥垮塌—孟菲斯，田纳西州
- 1987年斯科哈里（Schoharie）溪大桥坍塌—亨特（Hunter）港，纽约
- 1983年秘阿纳斯（Mianus）河大桥垮塌—格林威治康涅狄格（Conneticut）
- 1982年佛罗里达第14大桥（14th Street Bridge）航空事故–阿灵顿，弗吉尼亚–华盛顿
- 1982年草坪湖堤（Lawn Lake Dam）崩塌–落基山国家公园，科罗拉多

· 1982年伯克利坑矿泄漏地下水污染—巴特（Butte），蒙大拿州
- 1981年凯悦走道崩溃－堪萨斯城，密苏里州
- 1980年阳光高架（Sunshine Skyway）大桥倒塌—圣彼得堡，佛罗里达

· 1979年三哩岛核反应堆泄露—哈里斯堡，宾夕法尼亚
- 1978Love运河化学泄漏—纽约州
- 1977Kelly巴恩斯溃坝—托科阿，左治亚洲
- 1976Teton大坝溃坝—提顿（Teton），爱达荷州
- 1972布法罗（Buffalo）溢流和洪水—洛根县，西弗吉尼亚州
- 1972悉尼拉尼尔（Lanier）桥—布伦威克，佐治亚

· 1970年安大略省水俣汞中毒—德莱顿，安大略省

· 1969年第13凯霍加河点火和大火.俄亥俄州
- 1967年Silver大桥坍塌—快乐峰（Point Pleasant），西弗吉尼亚—卡纳奥加（Kanauga），俄亥俄州
- 1967年快乐峰（Point Pleasant）桥倒塌–快乐河（Pleasant River），俄亥俄州
- 1966年苍鹭（Heron）公路桥坍塌—渥太华，安大略省
- 1963年鲍德温（Baldwin）山水库泄露—洛杉矶，加利福尼亚州
- 1958Second海峡大桥倒塌—温哥华，不列颠哥伦比亚省

· 1956年F谢尔盆地（Basin F Shell）化工公司泄漏—丹佛，科罗拉多州
- 1955年羽毛（Feather）大堤决堤—尤巴城，加利福尼亚州
- 1951年杜普莱西斯（Duplessis）桥梁垮塌—魁北克城，魁北克省
- 1942年切萨皮克（Chesapeake）市大桥坍塌—切萨皮克市，马里兰州
- 1940年塔科马（Tacoma）海峡大桥（也叫塔科马海峡吊桥Galloping Gertie）崩溃—尼亚加拉大瀑布，纽约州—尼亚加拉大瀑布，ON
- 1939年布朗克斯（纽约市最北端的一区）（Bronx）白石大桥倒塌—布朗克斯，纽约州
- 38年千岛大桥震荡—千岛，安大略省
- 38年上钢拱桥（瀑布景观桥）崩溃—尼亚加拉瀑布，纽约州—尼亚加拉，ON
- 年金门大桥倒塌—旧金山，加利福尼亚
- 阿波马托克斯（Apponmatox）河吊桥倒塌—霍普韦尔（Hopewell）,弗吉尼亚州
- 大坝崩溃—瓦伦西亚，加利福尼亚

防洪堤决堤横跨10个州
- ses）灾难—波士顿，马萨诸塞州
- 魁北克省

1940 | 1950 | 1960 | 1970 | 1980 | 1990 | 2000 | 2010 | 2020 | 2030 | 2040

重量极限点：田纳西州的埃默里河和克林奇河TVA化石燃料发电厂的鸟瞰图。2008年12月22日周一，堤坝坍塌后，导致400万m³（10亿加仑）的粉煤灰砂浆溢出

生态问题作为经济问题

现代基础设施的普通技术性设备已经极大地削弱了支撑它的生物物理系统的有效性。然而在过去，工业化国家为了经济利益被迫污染或破坏环境，如今那种方式不复存在，[27]经济发展与环境保护现在密不可分。

为了应对当今基础设施的衰落状态和生态压力，人们开始用新的模型和措施挑战新自由主义对公共管理的解除和审视缺乏联邦规划的历史。

（1）生态廊道再造：设计最优化、具有高性能和动态化的灵活性、具备循环能力和复合功能，代替线性、静态、单一功能的工程方案。

（2）协同设计：通过互相连通和互相依存，基础设施的设计依照策略协同将有效地扩展多种功能，使其达到系统化。[28]

（3）城市化系统：土地的再规划和再发展，需要构建衰落的基础设施和污染土地恢复所需的财政机制。

（4）针对失误的规划：依靠印记和防范的传统，风险预测在几代人的努力下成为了城市区域规划的驱动力。[29]

（5）区域化：流域地区是水文的基础设施，为跨行政区的规划提供策略和调节的基本依据。

出于对20世纪最有影响力的建筑学领域以及被忽视的城市规划惯例重要性的质疑，基础设施领域开始负责公共事业和公共组织两个领域的合作问题。当今的基础设施和生物物理学系统正迅速成为城市地区的发展必须遵循的主要原则：道路网络和净水供应的规划不再缺乏对流域的考虑；污水处理厂和发电厂的建设不再脱离它们的流域；建筑和设施的设计不再忽略它们的能源供应系统。从这一优点来看，生态学就其本身而言，是一种经济学。

基础设施作为景观。对基础设施的更多可再生发展模式和灵活方式的需求促进了多学科的交叉融合。流转于规划和工程之间的当地景观设计实践可以为城市地区提供一套精致的操作系统，长期的大规模规划可以部署复杂的生活系统及其变化过程。从20世纪70年代的环境问题到80年代的公共事业危机，再到90年代的工程结构腐化，城市基础设施的生态重组必须包含水资源管理、垃圾循环处理、能源生产、食物生产和电子生产等。

基础设施对实践和教育都至关重要，人们需要将基础设施重组并重新定义为精确实用的景观，共同巩固和支持尚未完成的21世纪持续城市化的核心资源、过程和服务。

城市化的生态：霍华德·T.奥德姆（Howard T. odum）提供的城市开放系统的内外流程图

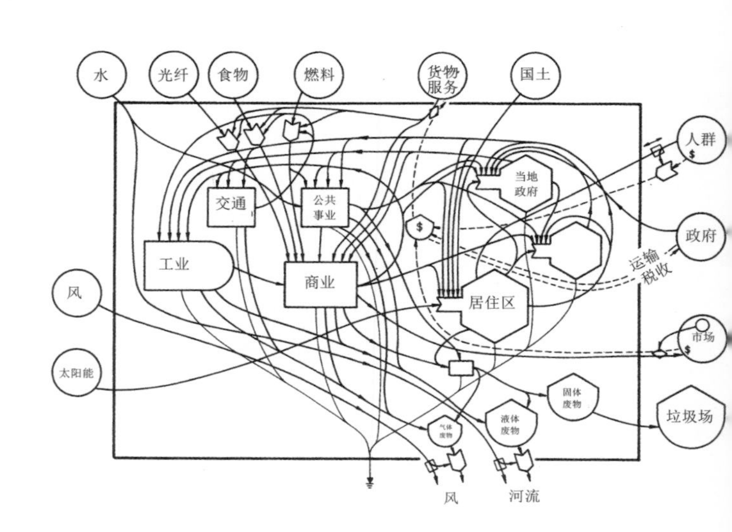

滚动仓库：美国国家公路系统的长途卡车每日预测货运量，会由于第三方物流的崛起在2035年达到现有数量的两倍

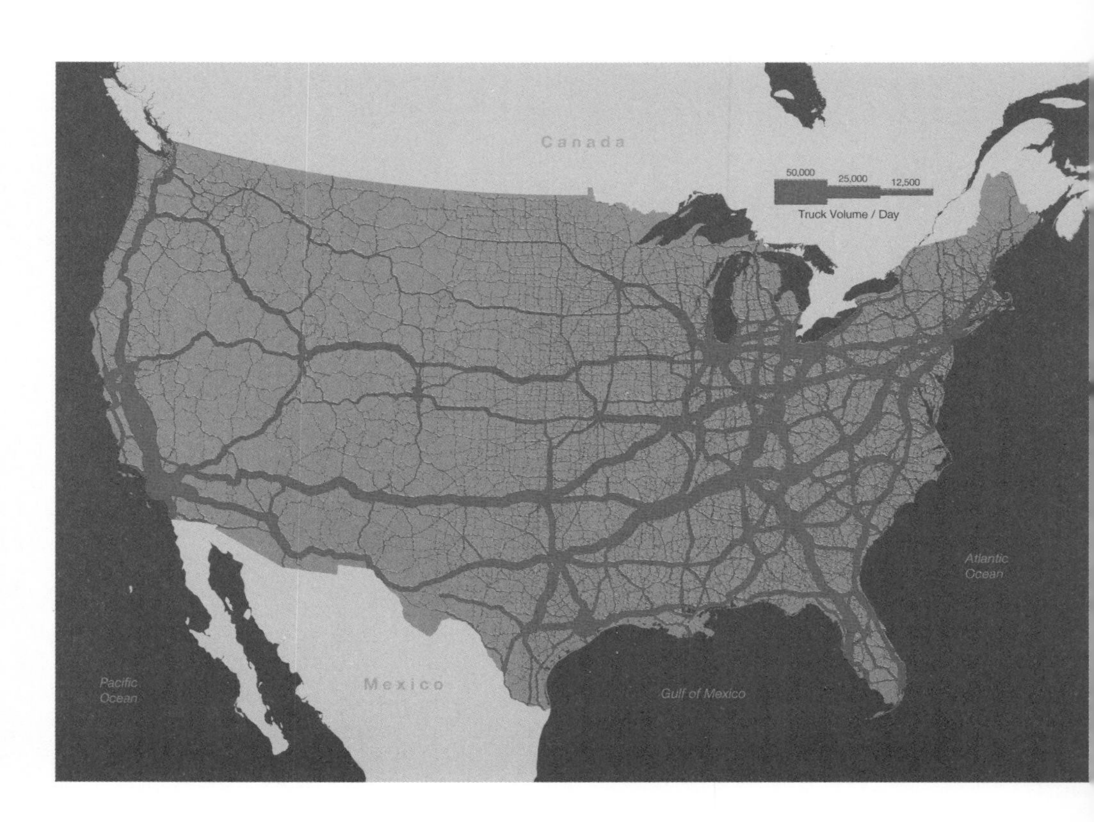

土地银行：密歇根州弗林特的卫星图片，过去的“机动车城市”、现在国内第一个土地银行管理局的所在地，联合弗林特河流域和创世纪县（Genesis county）用新的财政和生态方法重整了废弃的污染土地

美国的联合地区：城市化的形态（加拿大、美国和墨西哥）与17个北美主要流域地区的关系

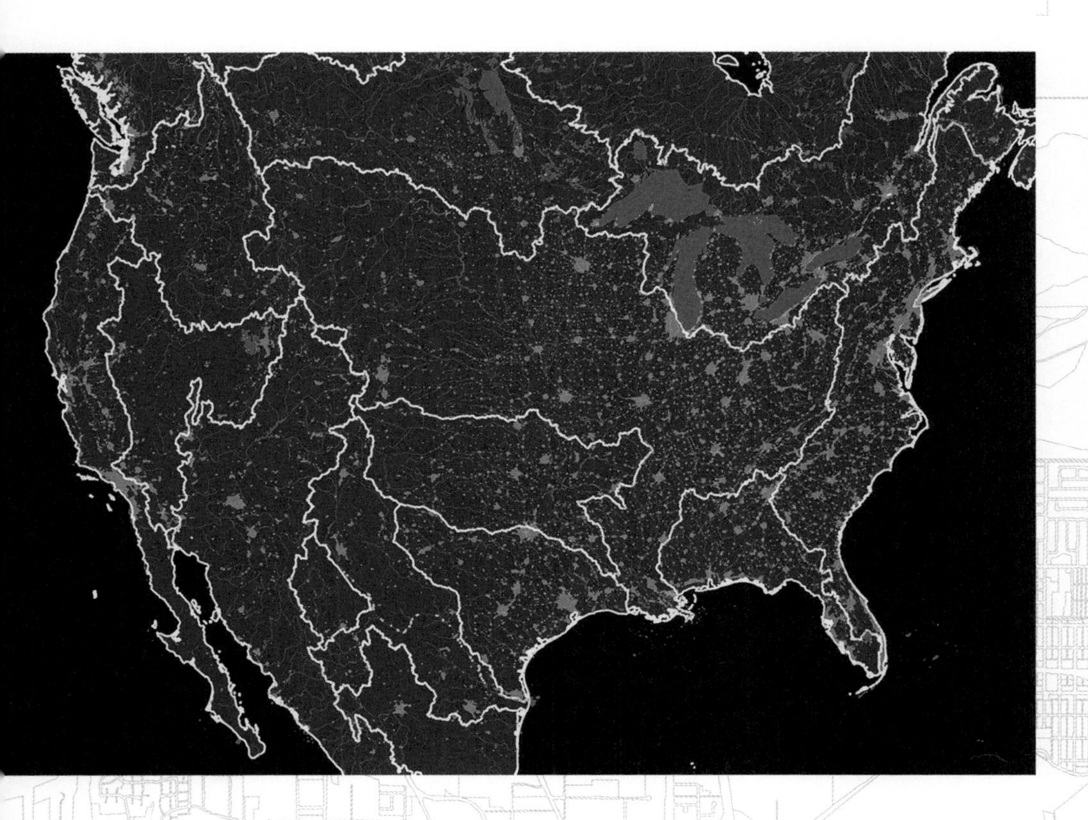

注释：

1.参考《美国传统英语词典》（*American Heritage Dictionary of the English Language*），第四版，2000。

2.在内战以前，美国陆军工程兵团的任务由测绘工程兵团担任。参见亨利P.比尔（Henry P. Beers）《美国测绘工程兵团的历史，1813－1863》出自《军事工程》（*Military Engineering*），1942年6月，287—291以及1942年7月，348—352。

3.作为土地利用分配的工具，在城市内部的规划中，欧几里得分区应该与"规划区域密度"区别看待。参见M.克里斯汀·博耶（M. Christine Boyer）的《梦见理性城市：美国城市规划的神话》（*Dreaming the Rational City: The Myth of American City Planning*），剑桥，麻省理工学院（MA:MIT）出版社，1983，139-170。规划区域密度方法应用的第一个案例位于纽约，描述见Raphael Fischler的《早期规划的都市维度：重放1916年纽约城市条例》（*The Metropolitan Dimension of Early Zoning: Revisiting the 1916 New York City Ordinance*），出自《美国规划协会》（*American Planning Association*）64期，No.2（1988年春），170-188。

4.西德尼·威廉厄姆（Sidney Willhelm）的《城市规划和土地利用理论》（*Urban Zoning and Land-Use Theory*）（1962）和迈克尔·J.普高辛斯基 （Michael J. Pogodzinski）的《规划的经济学原理：评论性审视》（*The Economic Theory of Zoning: A Critical Review*）（1990）是提倡对规划重要性进行深入理解的关于规划原理最重要的两篇文章。

5.在1880和1890年，几乎40%的美国城镇因为城市迁徙失去了人口。

6.参见马丁·V.梅洛斯的《卫生城市：美国从殖民时代到当代的城市基础设施》（*The Sanitary City: Urban Infrastructure in America from Colonial Times to the Present*），巴尔的摩，MD：约翰霍普金斯出版社，2000。

7.参见乔治·E.华林Jr.（George E. Waring Jr.）的《"下水道独立系统"生产者和建设者》（*The Separate Sewer System*）（*The Manufacturer and Builder*）21期，No.9，1889年9月。在1889年的一篇题为《卫生工程》的文章中，《纽约时代》（*New York Times*）报道了对这一新科学的关注十分缺乏，同时建筑师没有注意到发展正处于危险中（1889年9月8日文章的结尾）。

8.在1855年之前，芝加哥是全美第一座实施下排污管规划的城市，到1905年，全美所有人口超过4000人的城镇都拥有了排污管。

9.随着城市美化运动的衰退和卫生城市运动的兴起，排污系统和市政工程的现代时代诞生了。19世纪弗雷德里克·劳·奥姆斯特德（Frederick Law Olmsted） 和乔治E.华林Jr.（George E. Waring Jr.）的纽约布法罗（Buffalo）停车和公园道路系统规划是与卫生工程和交通网络结合的开放空间规划的最好案例。

10. 参见1930年美国人口调查1930 U.S. Census。

11.随着1900－1920年间用电量的迅速增长，包括电力能源分配、包含宽频（广播、电视）和窄频（电话）在内的电信。参见阿兰·S.博格（Alan S. Berger）《城市：城市社区和问题》（*The City: Urban Communities and Their Problems*），迪比克，爱荷华州：威廉·C.布朗公司Dubuque, IA: William C. Brown，1978。

12.到1930年，60%的家庭拥有了机动车。马匹和马车的喧闹和气味消退了，取而代之的是汽车和卡车以及它们的服务设备（加油站、机械车库、停车场）的气味，自然而然地带来了下一个挑战：交通和拥堵。出版了许多专业书籍和提出了改变行为的建议，自由交通工程师威廉·菲尔普斯·伊诺（William Phelps Eno）开始用一些发明救助无序的道路，比如单行道和环形道路交叉口。连续而统一控制的交通流量的理论是伊诺（Eno）观点的核心，一个当代仍然尊重的交通规划原则。道路工程变得与城市规划同步，速度和动力变成了全北美城市形态毋庸置疑的驱动者。参见威廉·菲尔普斯·伊诺（William Phelps Eno）的《高速公路控制的故事》（*The Story of Highway Traffic Control*）1899－1939，华盛顿：布伦塔诺，1920。

13.全美最综合的景观报告是弗朗切斯科达尔公司（Francesco Dal Co）的《从公园到区域：美国城市的进步思想和革新》，文章出自乔治·古奇（Giorgio Cucci）、弗朗切斯科达尔公司（Francesco Dal Co）、马里奥·玛尼埃里-埃利亚（Mario Manieri-Elia）和曼弗雷多·塔夫里（Manfredo Tafuri）编著的《美国城市：从内战到新政》（*The American City: From the Civil War and the New Deal*），剑桥，麻省理工学院（MA: MIT）出版社，1979，143-292。

14.霍华德·W.欧德姆（Howard W. Odum）的《美国南方地区》（*Southern Regions of the United States*）（1936）一书极大地影响了20世纪初的总统政策。参见威·廉爱德华·洛克腾堡（William Edward Leuchtenburg）的《白宫向南方看：富兰克林·D.罗斯福（Franklin D. Roosevelt）、哈利S.杜鲁门（Harry S. Truman）、林登·B.约翰逊（Lyndon B. Johnson）》，巴吞鲁日，洛杉矶：路易斯安那州立出版社，2005。

15. 参见苏·哈珀恩（Sue Halpern）的《新政城市》（*New Deal City*）及《母亲琼斯》（*Mother Jones*），2002年5月／6月。

16. 可以说，在北美，道路是最重要的公共空间。

17.参见美国公共工程协会的《世纪十大公共工程项目，1900—2000》（*Top Ten Public Works Projects of the Century Program*），华盛顿：APWA出版社，2000。

18.总体来说，在1933－1941年间，振兴项目雇佣了3.5万人、种植了250万棵树木、保护了400万hm²农田、开垦了100万hm²草原并创建了800个周立公园（包含5.2万个露营场所）。参见道格拉斯·赫尔姆斯（Douglas Helms）的《休·哈蒙德·贝内特》（*Hugh Hammond Bennett*）与《土壤流失服务的创建》（*Hugh Hammond Bennett and the Creation of the Soil Erosion Service*），一文，出自《第8号历史见解》（*Historical Insights Number 8*），华盛顿：自然资源保护署，USDA，2008年9月。

19.罗斯福受命负责作为民主工具的电力："但是这些冰冷的人们并不在乎在我们当今的社会规则下人类对发电厂的重要性。电力再也不是奢侈品了，它是必需品。它照亮了我们的家庭、我们的办公地点和我们的街道。它推动着大多数交通工具和我们的工厂的运转。参见《富兰克林·D.罗斯福公开文章和演讲》（*See The Public Papers and Addresses of Franklin D. Roosevelt*）1928—32，第1期，纽约：兰登书屋（Random House），1938，727。

20.罗斯福对社会进步的史诗般的观点是"一定规模的社会和物质工程以及深度"，引用历史学家瑞纳·班汉姆（Reyner Banham）的观点，它"即使在俄国的五年规划中也很难实现"。参考《大坝流域》（*Valley of the Dams*），出自《评论家的作品：瑞纳·班汉姆（Reyner Banham）论文精选》（*A Critic Writes: Selected Essays by Reyner Banham*），玛丽·巴纳姆（Mary Banham）、萨瑟兰·莱尔（Sutherland Lyall）、塞德里·普莱斯（Cedric Price）和保罗·巴克（Paul Barker）编著，伯克利：加州大学出版社，1996，204。另见瑞纳·班汉姆（Reyner Banham）的"《田纳西流域管理局：乌托邦的工程》（*Tennessee Valley Authority: The Engineering of Utopia*），出自《卡萨贝拉》（*Casabella*）542-543，1988年1月-2月，74。

21.在里根的领导下，联邦消费从交通和能量转变到军部。见约翰·D.多纳休（John D. Donahue）的《私有化的决策：公共目的、私人手段》（*The Privatization Decision: Public Ends, Private Means*），纽约：基本图书公司，1989。

22.继撒切尔1983年的能源政策之后，里根放松了政府对自由市场经济的控制。乔治·H.W.布什（George H.W. Bush）在20世纪90年代初出台管理循环A-76政策，放松了能源市场。克林顿在20世纪90年代末通过新政——时代投机监督了金融市场的衰落——这是一个反投机法案（1933年的"格拉斯-斯蒂格尔法案"）的时代，不允许银行、保险和券商分离。乔治·H.W.布什放松了空气和水污染的环境标准，引发煤矿和石化产业的增长。据说这些放松公共管理政策的混合后果是2008—2009年住房抵押贷款止赎危机和信贷崩溃的起因。

23.基础设施作为一种资产的评估价值数据，参见《道路到财产：为什么投资者要求接管美国的高速公路、桥梁和机场——以及为什么大众会紧张》一篇，艾米莉·桑顿（Emily Thornton）在《商业周刊》（*Business Week*）中的文章（2007年5月7日），以及阿曼达·威瑟尔（Amanda Witherell）的《谁掌控我们的城市？公共服务私有化危及城市》（*The Builder: Interview with Felix Rohatyn*），出自《RP&E》第15期，No.1，2008年春。

24.参见黛博拉·所罗门（Deborah Solomon）的《建设者：罗哈廷（Felix Rohatyn）的采访》，《纽约时报》（*New York Times*），（2009年2月18日。

25.公共服务私有化背后冲突时，它不能提供公共服务机制在两级之间达到平衡的附带好处和协同效应。参见珍妮·安德森（Jenny Anderson）的《争论私有化公共基础设施的城市》，出自《纽约时报》（*New York Times*），2008年8月26日。

26.参见ACSE的《美国基础设施记录》（*Report Card for America's Infrastructure*）（2008）和帕特·乔特、苏珊·沃尔特（Pat Choate and Susan Walter）《废墟中的美国：衰落的基础设施》（*America in Ruins: The Decaying Infrastructure*），达勒姆（Durham），北卡罗来纳州达勒姆的杜克大学出版社，平装（NC: Duke Press Paperbacks），1983。

27.尽管对联邦-地区土地利用政策的推动在20世纪70年代被击败，著名的环保立法弥补了损失[1969年的《国家环境政策法案》（*National Environmental Policy Act*），1970年的《空气法修正案》（*Clean Air Act Amendment*），1970年的《联邦水污染法案》（*Federal Water Pollution Act*），1972年的《联邦水污染控制法案修正案》（*Federal Water Pollution Control Act Amendments*），1972年的《沿海管理法案》（*Coastal Management Act*）]，但是这些都没有改善公共规划领域所面临的长期危机。

28.随着长期预测的能量短缺开始出现、对能量和环境相互关系的质疑在立法和国会提出以及能源通胀成为大众的心头之患，很多人开始认识到能源、生态和经济这些独立的系统应该有一个共同体。然而，世界的领导人们接受的却是每次只对系统某一部分进行研究的专家的建议。

29.这种概念引自美露·马泽利尔的著作《亚瑟E.威尔-哈弗设计学院赖特出国奖学金获得者》，他正在写一本名为《先发制人的规划》（*Preemptive Planning*）的书，关注世界上的地震威胁区。另外参见亚诺什Bogárdi（János Bogárdi）和兹比格涅夫Kundzewicz（Zbigniew Kundzewicz）的《水资源系统的风险、责任、不确定性和强壮性》（*Risk, Reliability, Uncertainty, and Robustness of Water Resource Systems*），剑桥：剑桥大学出版社，2002。

鸣谢：

联邦高速公路管理局基础设施结构部门的理查德F.魏格罗夫（Richard F. Weingroff）、森考拉·西伯恩（Senquola Seabron）和美国国会图书馆的肯尼斯·约翰逊（Kenneth Johnson），下水道组织的简·麦克当那（Jan McDonald），地质学网站（Geology.com/NASA）陆地卫星的安吉拉·金（Angela King）以及田纳西州流域管理局的媒体信息部，对本文图片的采集给予了积极的帮助。感谢丹尼尔·拉宾（Daniel Rabin）、法迪·马苏德（Fadi Masoud）、安娜·克莱默（Anna Kramer）和劳拉·古斯米诺（Laura Gosmino）在图的绘制方面提供的帮助。

本文是近期出版的《景观基础设施》（*Landscape Infrastructure*）中一章的缩写，内容是关于当今景观和城市基础设施在规划、设计和工程领域的的结合，由加拿大国家研究委员会出版社（Canadian National Research Council Press）于2010年出版。本文也参考了一篇2008年多伦多大学（University of Toronto）的专题论文集《景观基础设施：改造城市景观的新实践、模式和技术》（*Landscape Infrastructures: Emerging Practices, Paradigms, and Technologies Reshaping the Urban Landscape*）以及一篇发表于《景观杂志》（*Landscape Journal*）28期（2009年春）：79—95页的题为《景观作为基础设施》的早期论文。

题词：

Paul N. Edwards《基础设施和现代化》（*Infrastructure and Modernity*）出自《自现代化和技术》（*Modernity and Technology*）编著为托马斯·J. 米萨（Thomas J. Misa）、飞利普·布雷（Philip Brey）和安德鲁·芬伯格（Andrew Feenberg），剑桥，麻省理工学院（MA: MIT）出版社，2003，185—226。

使用者创造的城市主义

雷伯（Rebar）

研究者认为，城市系统的形成过程有两大方面。一方面，技术规划利用资本密集型措施，根据对外的利用价值来塑造空间。这些价值表现为著名的资源消耗形式，并促成了离散生态学发展，形成了印度物理学家凡达那·施瓦（Vandana Shiva）描述的“一元思维”。[1]

另一方面，与技术城市化相反，有很多研究者认为，人群、过程和地点是使用者创造的城市化。它们是设计时间和临时使用的城市化战士，也在社会—空间肌理中寻找空地、生态位和漏洞。这些过程表现在循环、杂化和重叠的资源消耗形式中，并且可能激发多样化、有抵御能力的社会生态。过去一些年的研究关注的是为使用者创造的城市化设计的实验。

研究者的停车项目把配给的停车位变成了临时停车位。这一简单的两小时介入——与免费使用指南一起嵌入开放资源的文化基因，促成了一场名为“停车日”［Park（ing）Day］的全球活动，全世界的人们要求将停车位变为有创造性的社会交流、活动和公共艺术参与性高的场所。

公共空间项目在旧金山开发了一种新市场——私人所有的公共空间（POPOS）。在杰罗尔德·凯顿（Jerold Kayden）纽约市项目2的引导下，研究者在旧金山进行了一系列POPOS探索，把这些场地开放为有创造力的使用空间，探索公共和私人空间的合理界限，并以此改变人们对其进行规划、建设和使用的模式。

草坪不再是简单地绿化。去年研究者探索了旧金山市民中心的生产性潜力，将3048 m²的草坪移走，把它变成了可使用作物生产园。在上百个社区志愿者的帮助下，项目为旧金山贫民生产了455 kg的食物，并促成了第二次世界大战时期的胜利花园项目的重启。

在CMG景观和Finch Mob的帮助下，研究者把65个中型车壳、报废钢材、75扇门和3000个500 mL的塑料瓶改装成了社区活动空间。任何人都可预订这些空间来表演音乐、舞蹈和戏剧等。

注释:

1.凡达那·施瓦(Vandana Shiva),《一元思维:生物多样性和生物视角》(*Monocultures of the Mind: Perspectives on Biodiversity and Biotechnology*),纽约:泽德(New York:Zed),1993。

2.杰罗尔德·S.凯顿(Jerold S. Kayden),《私人所有的公共空间:纽约城市的经验》(*Privately Owned Public Space: The New York City Experience*),纽约:威利,2000。

近期项目Bushwaffle致力于为城市居民提供塑造空间的工具来重新使用现有的城市基础设施,以应对都市居住区不断变化的社会生态。

研究者认为,生态城市有两种未来场景。一种是全球化的绿化运动的权利得到巩固,在跨国公司的操控下进一步侵蚀公共财产和市民自由并造成破坏;另一种绿化运动在动态、多元化、分散而合作的社会生态下,会形成未来的可持续富有。

一种典型的早期"停车日"使用方式:在旧金山的一个3 m×6 m的临时公共开放空间

纳皮宁（Nappening）——旧金山私有化公共开放空间（POPOS）的一日免费活动——为任何人提供20分钟午休的空间。午睡者科室拥有舒适的床和毯子以及为休息而设计的舒缓声音

胜利花园市民中心把929 m²草坪变成了生产性花园，为旧金山福利机构食物银行种植粮食作物
上百名志愿者参加了社区种植日的活动，志愿者准备了稻草篱笆及花圃种植床的有机土壤

停车循环——脚踏的活动公共空间。2007年停车日，雕塑家鲁本·马戈林（Reuben Margolin）设计的停车循环，在需要的地方提供与汽车基础设施同步的城市绿地空间

哈佛大学设计学院举办的灌木种植床展览和公共参观
灌木种植床是单个的充气垫，整合在一起可以创造出多种形状，支持多种社会使用方式
灌木种植床在哈佛大学设计学研究生院生态城市化会议中心提供即时的户外坐憩

BIG
SALE

在公共空间中的城市生态实验

亚历山大·J.费尔逊（Alexander J. Felson）　琳达·波拉克（Linda Pollak）

“城市环境”在生态学术语中的解释很不到位，部分原因是它十分复杂，同时也有生态学原则方面的因素，因为作为20世纪初刚兴起的知识领域，生态学排除了对人的考虑。[1]从数量和质量方面提升城市生态学研究对发展生态学、提升多种问题的处理能力十分关键，包括气候变化、缓解和减少生态退化、提高城市的抵抗力以及改善健康状况。这些研究需要创新的方法，能够扩展到生态学原则外延，并能为关于城市中人与自然关系设计方法的形成提供指导。

为城市生态学建立知识基础需要进行城市空间方面的实践，以便科学家能分析可见和不可见的生态学信息——研究城市生态系统中的能量流动和物质循环以及它们在一段时间内的变化情况，并理解生态、物质和社会与经济因素的结构对生态系统的功能的影响。然而城市综合体限制着实验的进行。此外，文化、应急和政治因素的介入也超出了大多数生态学家的专业范畴。

历史上大多数时候，生态学原则忽视了所有环境都是人类决策和生物过程共同作用的事实。长期的顶级演替生态学理论主导，没有考虑生态学对景观历史的重要性、单向顶级演替过程的其他可能以及将土地利用变化视为景观作品的观点。直到最近，生态学家才广泛地认可所有的土地都已经过人类改造，人类活动带来的环境变化在生态系统定义中扮演着重要角色。对干扰的认识是生态学系统的基础和生物多样性的支撑，也是一系列相关变化的一部分，包括在新理论背景下以更开放的和相互联系的观点理解生态学，比如突变进化、抵抗力和板块移动理论。[2]

然而，干扰的概念对不同城市场所具有不同的重要性。[3]自古以来，对能量和资源的管理和转移在地区、大陆和全球范围创造了独特的各不相同的形式和动态，这在其他地方基地研究是无法理解的。即使是相邻地区也可能几乎没有完全相同的物质特征；多数城市土壤都是填方的结果，经常含有混凝土和其他残留，建筑材料可能来自地区内的工地，也可能来自其他大陆。[4]

生态系统过程在城市地区的瓦解反映了城市设计对人类活动的优先关注：包括机动车循环、公共使用和安全，超过对其他生物系统的关注。不透水地面作为主要铺装形式，减少了栖息地面积和土壤连接性，阻止了土壤活动过程，增加了雨水径流，改变了流域并将污染物带入水体。土壤、树叶、植物及其食物链的缺失破坏了生态过程。

尽管探索让城市变得更加可持续发展的研究很关键，但是在城市生态过程的实践方面却只有少量的知识。构成城市生态学关于环境的大多知识来自对非人类主导环境研究的转述。转向城市研究基地的生态学家倾向于关注残留的生态形式和过程的发生，比如现存的野生动植物。作为纽约市造林工程的一部分，研究者喷洒标线漆，来告知公园管理局和志愿者，哪里是10 m×10 m的高生态多样性的理想场地，每个场地都包括6个物种。志愿者在研究者的组织内服务1天，公园管理局完成剩余的工作并在纽约市种植超过1万棵树。

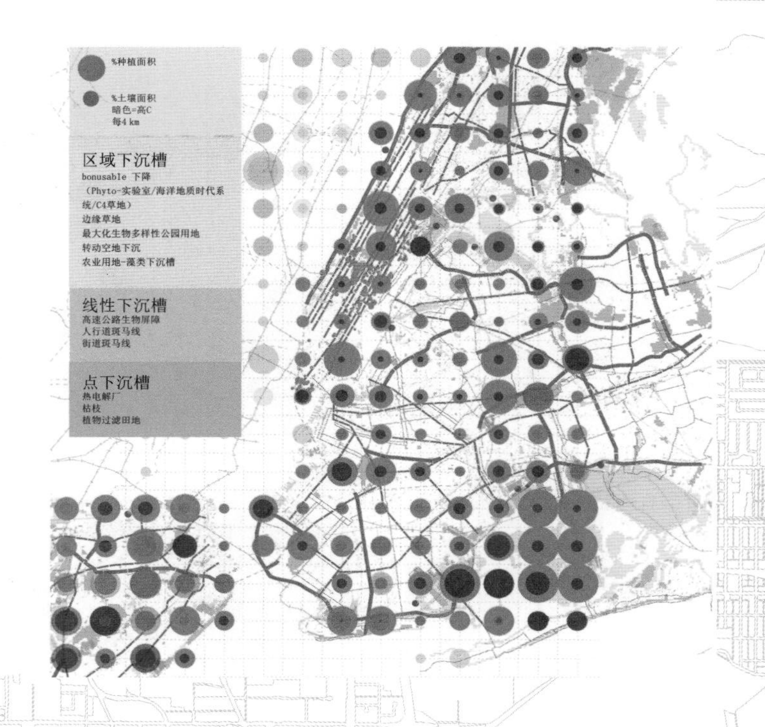

"公共设施：城市下沉槽"，一个2009年春设计和部署于纽约市的城市碳汇基础设施，由范·阿伦学院纽约奖学金（Van Alen Institute new York Prize）获奖学生丹尼斯·霍夫曼·勃兰特（Denise Hoffman Brandt）负责。城市下沉槽调查了物质、经济以及政策潜力，来对城市碳过程库（也就是碳汇）进行分类，并按照生态实践项目的标准重构了城市种植程序

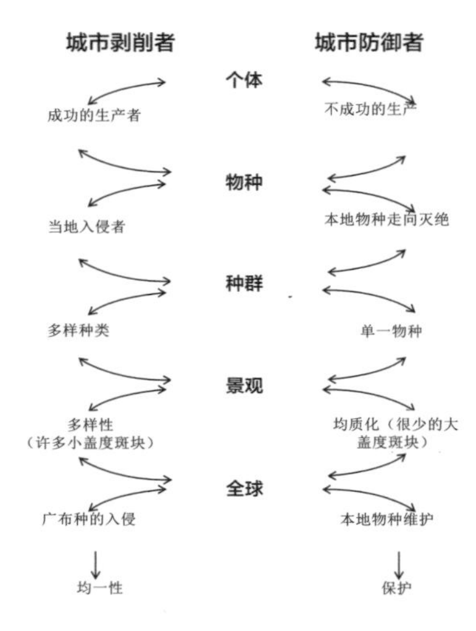

描述物种在城市化环境的主要特征能，帮助人们对这些地区的生物均质化进行预测和调节

然而，城市环境中复杂的相互作用、城市场所组成的生物整体以及社会和文化因素对生物形态的影响，妨碍了典型的生态消耗和研究方法，使研究变得更难，或根本不可能坚持像重复试验和控制变量这样的研究方法。

在城市中实施生态学实验面临着新的挑战：应对监管的限制、政策的复杂性和相邻土地利用对项目界限的控制、连接性、挫折以及区域和私人财产等其他方面；说服公共和私人团体认可研究的价值；劝说利益共享者参与实验。把人类行为整合到生态实验中，需要在社会框架内外工作、创造卓越质量的策略以及获取优质的人类、生物和物质活动的整体数据。

设计者可以成功地与生态学家合作，将生态实验植入城市空间。[5]合作可以在多尺度下展开，从单体建筑到林立结构以及区域规划，来定义和发展实验场地。除了帮助财产所有者、政治家和监管机构排除困难、通过过程检验推动进程以及在项目不同阶段提供支持来保证项目实现外，设计者还努力研究社会和文化维度的城市环境，让实验可以融入城市生活整体成为其一部分。在人居环境中创造实验条件，很重要的步骤是设置介于研究者和公共空间之间的界面。在非人类主导环境中，实施

作为纽约市造林工程的一部分，研究者喷洒漆标线，来告知公园管理局和志愿者，哪里是10 m × 10 m的高生态多样性的理想场地，每个场地都包括6个物种。志愿者在研究者的组织内服务1天，公园管理局完成剩余的工作并在纽约市种植超过1万棵树

生态学研究的最常用方法是让它处于“不引人注目”的状态，即让人们遗忘它。然而在城市环境中，让物体不引人注意是不足以保护它的。

场地的界限可以理解为服务场地内外的多功能动态区域：整合和保护实验、提供公共表面、向城市空间提供空间和信息、提供文化认可的公共形象，来提升实验内涵和感知价值。告诉人们里面在发生什么，可以让城市公共空间中的实验发挥作用。

合作可能为生态学带来更大、更可感知的形象，创造生态导向的项目和形式。通过整体设计，生态学家能让他们的研究使城市和公共空间融为一体。作为环境研究的公共空间设计是一种混合实践，提供用新方法影响城市和监控、改造以及适应城市生态环境变化的机会。

这篇文章是设计师和生态学家之间长期的城市生态学研究合作的序言。

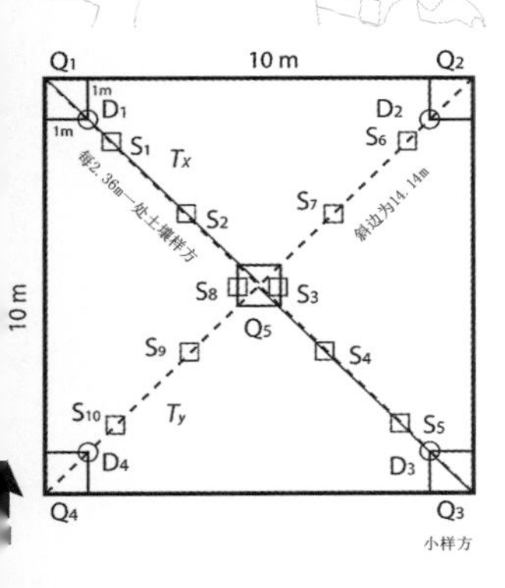

在纽约市造林项目中，常用的取样方法是评估场地长期研究所需的植被和土壤量。研究者进行树种识别、记录卡尺测量数据，灌木识别、采样测量草本植物的覆盖度。测试包括土壤压实和取样（S1～S10），以及确定现有树冠的盖度（D1～D4）。其他的基础数据可能包括草本植物茎的数量和种子的取样

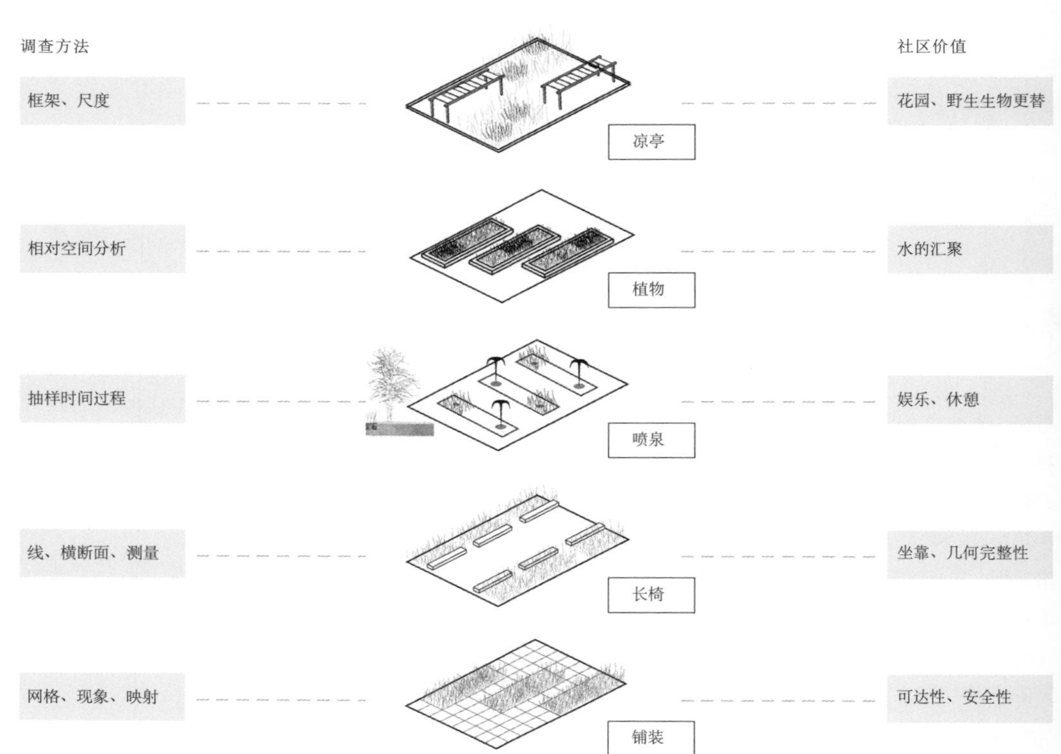

布鲁克林（Brooklyn）废弃停车场的干预策略为社区便利设施引入了生态分析单元

生态学家史蒂文·亨德尔（Steven Handel）在弗莱士河（Freshkills）公园场地的研究记录了可以吸引蜜蜂和鸟类的小型先锋乔木和灌木种类，它们是传粉者和种子传播者

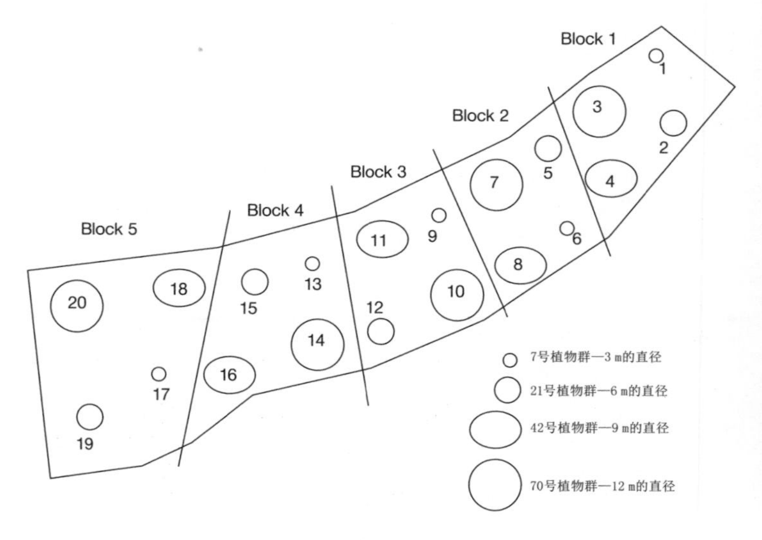

“皇后广场自行车和人行道改善项目”，从纽约市的东河（美国纽约州东南部的海峡，位于曼哈顿岛与长岛之间）（East River）延伸536 m长的交通压力很大的宽阔马路，与城市轻轨的外延钢结构相接。玛匹莱若与波雷克建筑事务所（Marpillero Pollak Architects）的“房间”像巨大的灯塔，远近可见，其明亮的形象反映了内部结构的规则，它们像是漂浮在立面上

注释：

1.在20世纪早期，现代生态学的创始人和生态系统概念的原创者F. E.克莱门茨（F. E. Clements）决定研究独立的自然世界以避免人类影响和人类主导的环境。

2.20世纪70年代以前，生态学都没有主要的典型变化。20世纪70年代的生态学大部分建立在现在认为已经过时的理论基础上。

3.人们质疑生态干扰的概念对城市是否适用，因为城市已经经受了灾难性的干扰、失去了非城市地区生物抵抗力。通常生态学家认为阈值是生态学系统不再具有过去的运作方式，无法回到过去的状态。

4.未经建设的场地，从空地到城市湿地，经常被人们当做垃圾场，堆放隧道、地铁和其他基础设施以及建筑建设中用过的材料。

5.“设计师”包括建筑师、景观设计师、城市规划师、工程师、规划师、艺术家以及其他创造公共空间的工作者。尽管该讨论关注公共空间，为准备生态学实验的潜在场地也可以考虑私有建筑、基础设施以及景观。

这两组图片来自于琳达·波拉克（Linda Pollak）对城市环境某些方面问题的研究：自然推动力与城市基础设施在人行道和机动车道界面上相互作用现象的痕迹。这两者都说明了水体在硬质表面上的过程，这些硬质表面是人行道公共空间的一部分，属于复合类型地表

历史片段和板块文件的图片组记录了干预的方法，表现出人类行为在雨洪基础设施表面的痕迹

路缘石的图片组记录的是干扰的力量，表现的是雨水径流的结果，包括服饰、不同材料的沉降以及植物的生长

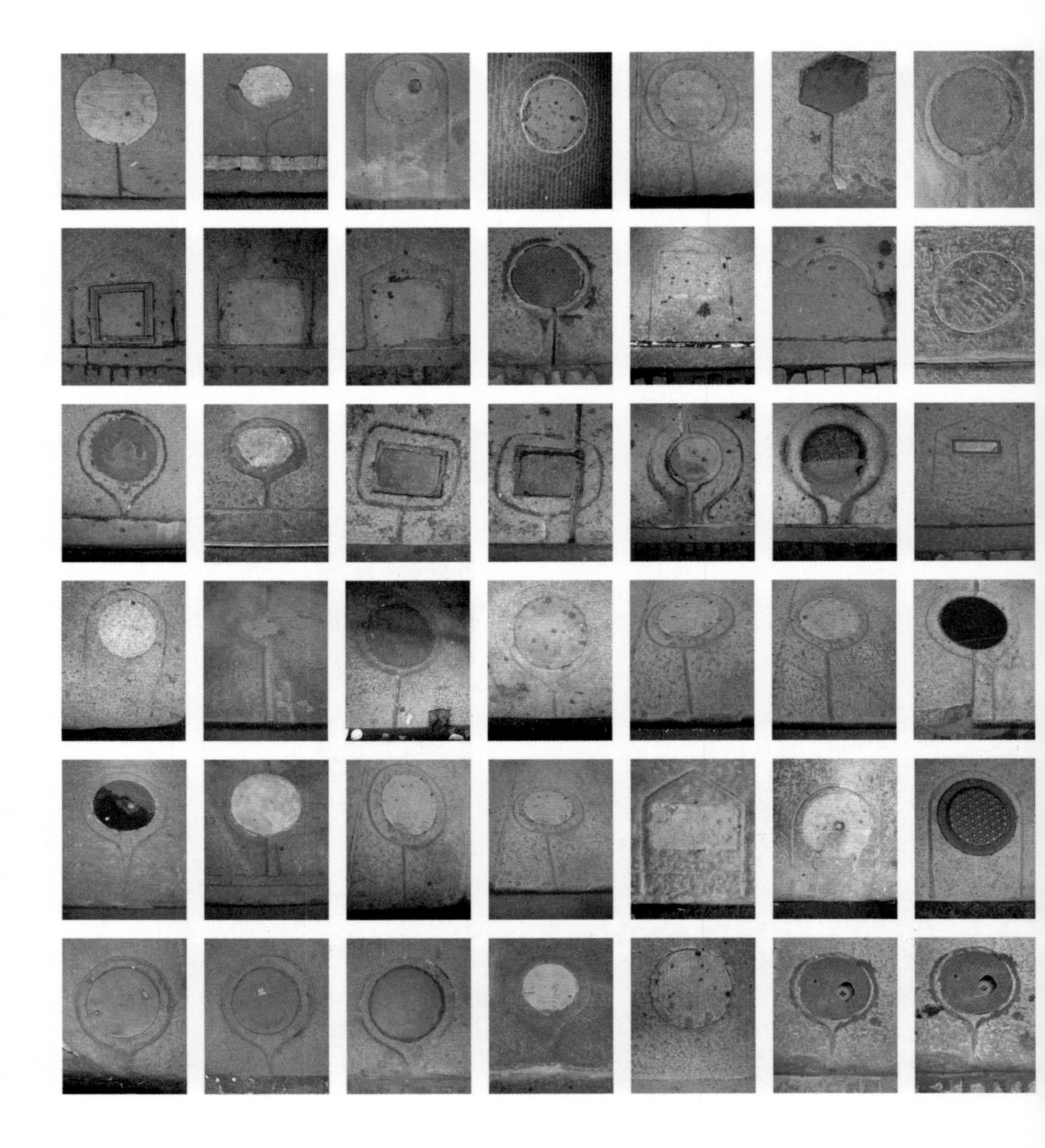

城市现象的整体观

萨尔瓦多·鲁埃达（Salvador Rueda）

从传统观念来说，对城市功能障碍的评判是很有限的，虽然这样能够成功地诠释城市问题。但是从整体观的角度来说，城市是可以被概念化为一个内部复杂的巨大生态系统的。通过这种方法，竞争性策略和管理模式都可以用来鼓励更加可持续化的发展。巴塞罗那城市生态机构的工作、组织和方法论都使用到了这种整体观。机构的目标就是要重新思考城市中特定区域，比如流动性和公共区域、水管理、能量以及水处理，在过程中使用了生态和可持续的学术研究的知识。

这个机构是一个采用了国家最先进的工具和团队合作方法的财团，它雇佣了40个各个专业的专家。它的每一个项目要分析、诊断以及在四个维度上面提出一个假设的模型，这四个维度是复合度、复杂性、效率性和社会黏合度的结合。这个机构发展了自己的理论，有针对性地展开了研究，同时从学术角度促进了包括公共和私人空间在内的、促进场所融合的先进举措的产生，这些举措不仅在西班牙获得成功，也在欧洲联盟获得了认可。简要地说，这个机构可以被认为是致力于把设想转变成现实的城市生态实验室。

现代城市很容易扩张超过限制范围，这会导致对更多的私家汽车和公共资源的需求。这个扩张包含了城市碳足迹的永久增长，这会最终导致环境、社会和经济不平衡发展。城市的外界支持系统压力有可能会超过它的城市承载限度。没有城市能够自给自足，但是选择城市管理模型可以显著地减少环境上的压力，这同样也是基于信息基础上的竞争策略，不是过去那样基于材料能源的消耗。

三种层次的城市规划

在这种情况下，城市规划变成了一个可持续性发展的最重要的工具。传统的城市规划在土地层面构建了二维方案。但是这并不能很好地解决城市在信息时代面临的挑战。因此，新的规划方法主要在三个层面展开工作（地下、地面和地上），三个层面都是采用地面层面的细节和比例尺。三个层次的城市规划是干预实施面向可持续性的决策性的步骤之一。

生物多样性：生物多样性层面是地上层次的（例如绿色屋顶），且不能和低层次（树木和其他的绿色地被）相关联的，在一定程度上弥补了钢筋丛林的城市带来的生物容纳量。

城市代谢：主要指的是城市代谢流和城市最低能量消费，它们在城市建筑和公共空间的流动使雨水的收集和存储变成了可能，同时也实现了太阳能、风能和地热能量收集以及相关设备安装，这些共同构成了城市能量的高效率的系统。城市中的物质循环和废弃物管理的层级（再降解、再利用、再循环）都应该在城市化区域的设计规划中考虑周全，比如它们是如何发挥功能的、包括最后功能的解构。

服务和物流：地下的规划包括水和天然气管道的基础设施建设，电力、通信和商品销售的平台建设。

流动性和功能性：要构建一个日常交通方式的网络，同时提高地下公共大容量交通运输系统的效率，在地面交通上要最小化不同交通方式间的换乘阻力。

公共场所：地面层次上公共空间的使用和功能混合，使人们再一次感受到了城市赋予他们的不再是普通的行人的感受，而是市民的尊严感。为了达到这个目的，一些为停车和交通而

三层次的城市规划断面图，展示了城市代谢流和代谢活动可以组织起来，增强城市功能

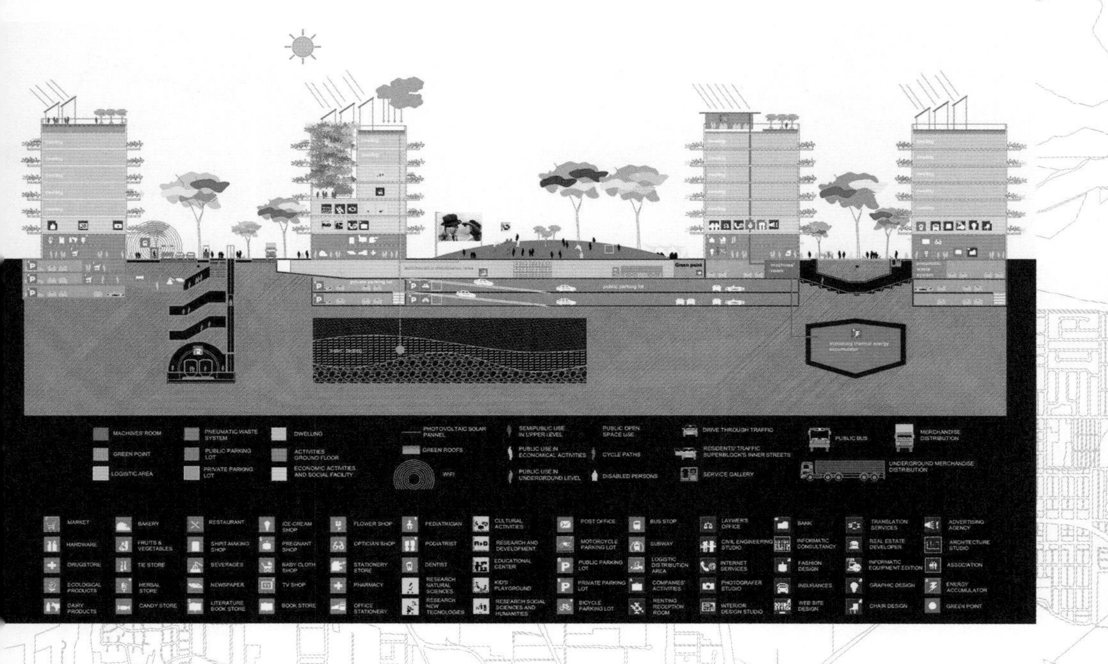

设置的场所必须在不干扰城市系统功能性的前提下摒弃原来的功能。

城市复杂性和智能城市：三个层次的城市规划是和一个复合的、复杂功能的、社会性黏合的城市模型相关联的。信息社会和智能社会只能在城市复杂性的框架中初始地表达出来。

衡量城市可持续性的指示性规划

正如新城市规划的部分理念所展示的，巴塞罗那城市生态机构已经为塞维利亚（Seville）市构建出了一套特殊的城市可持续性指标，这也可以在其他的城市和城市肌理中应用。事实上，这些指标已经在不同的社区中被测评过了，城市区域的采样也能够确定已知服务半径里面可持续性程度。指标的作用是双重性的：首先，它们是规划过程中的新工具；其次，可以作为特定的城市虚拟现实和四维城市模型的容纳能力的定量性计算。

主题性组合被分为35个指示系列：形态学、城市公共空间、舒适度、机动性服务等。

城市的组织性和复杂性、城市代谢、城市生物多样性、社会黏合度，一套特定的可持续性、指导性指标应该考虑到从这些因素里面提取出最具战略性的指标，同时判断更有益于可持

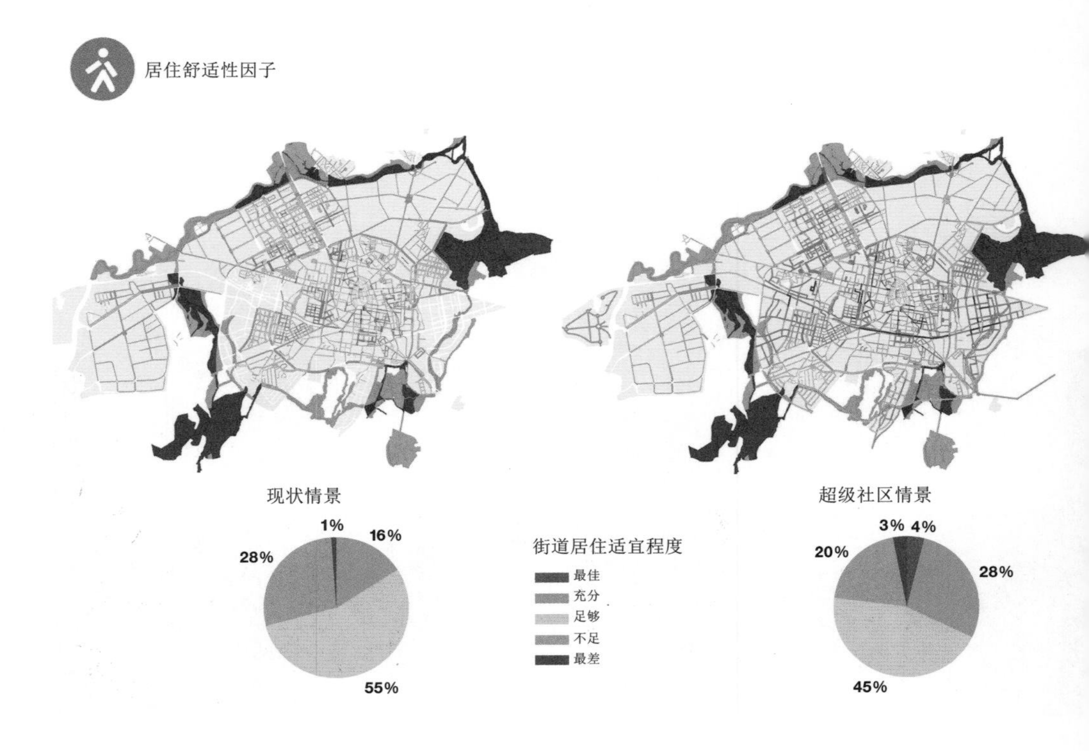

续性模型的正确的步骤是否正在被采纳。

例如，城市新陈代谢包括以下指标：家庭能量自给（最低至少35%的能量需求都应该被本地可更新能量满足）、水自给（至少35%的城市水需求都能够被雨水收集和废水利用或者其他的途径来满足）、材料循环和有机材料循环的闭合（发展了更广泛的堆肥和城市花园）。

作为试验，巴塞罗那城市生态机构在塞维利亚的一个新城市步行街（El Cortijo de Cuarto）发展项目中测试了所有的指标，为了在理论上证明在给定区域的100%满足指标是可实现的。

机构的两个应用案例的分析和工作方法将在下面阐述。

维多利亚市的公共空间和交通规划（Mobility Plan）

在西班牙，摩托车交通是造成城市交通功能紊乱的来源，噪声、污染、事故、视觉侵扰、拥挤、工作时间短缺、车辆和行人通行空间平衡失调现象严重。在超级街区构建的基础网络从内部缓解了驱车穿越交通体系，因此行人可以重新在街道上面拾起他们的爱好，比如使用公共区域来办宴会、进行商务活动、散步和游玩等。巴塞罗那城市生态机构（The Barcelona Urban Ecology Agency）已经在维多利亚市的超级街区（superblock）理念的基础上创建了一个城市公共空间和交通的规划[维多利亚市（Vitoria-Gasteiz）是巴斯克的首府，有两万多个居民和275 km²的面积）]。

为了使私家车、公共交通还有自行车系统交通顺畅，对交通网络进行了规划。70%的公共场地都是被行人使用的（目前道路表面71%都是直接或者间接被汽车使用的）。这个规划使空气污染降低了10%，暴露于噪声之中的区域主要是摩托车交通道，残疾人到达区域广泛覆盖成为城市中的可能。这个规划中的一个很重要的方面就是关注到了如何在新的模式实施的同时增加居民的体验。一个特定的方法论，包括人体工学、生理学和心理学的变量，能够从人的视角来评估街道的使用体验情况。维多利亚市的公共空间和交通规划已经得到了市政厅和市民组织的支持，2007年，在这个规划被批准之后，市政委员会和生态机构一起开始了长达20年的实施阶段。到2009年的时候，新的公交车和自行车系统也逐渐发展起来。

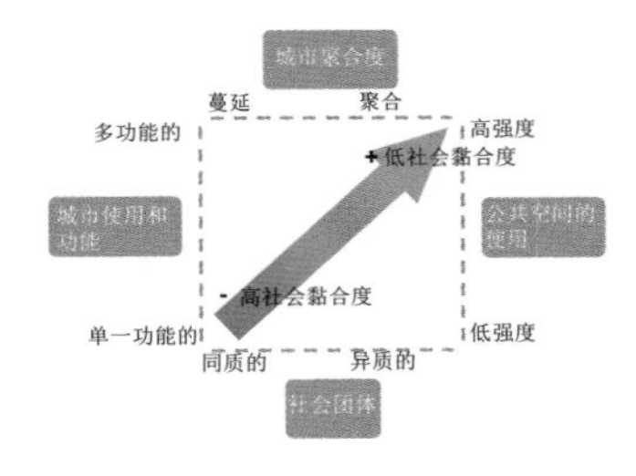

社会性黏合图解

多诺斯蒂亚市（Donostia-san sebastián）的可持续性战略

巴塞罗那城市生态机构在不发达地区制定了新的可持续战略的行动路线，其实这可能是对于城市未来至关重要的环节。目的就是要在减少能源消耗的前提下，增强区域的组织性和未来交换信息的潜能。巴斯克城市的多诺斯蒂亚战略在生态机构的城市模型中的四个主要城市轴线展开：密集性、复合性、效率性和社会黏合性。

多诺斯蒂亚市面积60 km^2，其中18 km^2是未城市化的，同时还包含184 248的未城市化人口。这是一个在西班牙高收入者聚集的区域，同时商业和旅游活动兴盛。城市需要更新它的功能性结构，来建造更加可持续性的发展模型，从而促进信息一知识基础的发展。尽管过去它是从紧凑城市演变而来的，近几年来，城市扩张方式在变得更加松散的同时，也以一种紧密结合的方式扩张到传统城市的极限范围，这个过程是明显受到复杂的城市肌理和数以万计的交通设施影响的。

新的基于超级社区的可移动的城市模型被提出之后，如维多利亚市一样，为了行人而建造的公共区域从47%增加到了73%。规划的有轨电车路线意在连接现有的区域和城市新中心，这些交通轴线，和沿途的铁路会在大约300 m左右的服务半径内建站，这将会给79%的人口提供交通服务。为了保持城市发展的连续性，新的发展规划越集约越好。

考虑到代谢流，提案主要针对减少对外部资源的依靠来降低生态压力。目的就是通过以下的方式来确保未来的能流供给：提高本地可更新能量的供应（波浪能、太阳能、风能，来

新型向心性区域多样性指数地图和区位

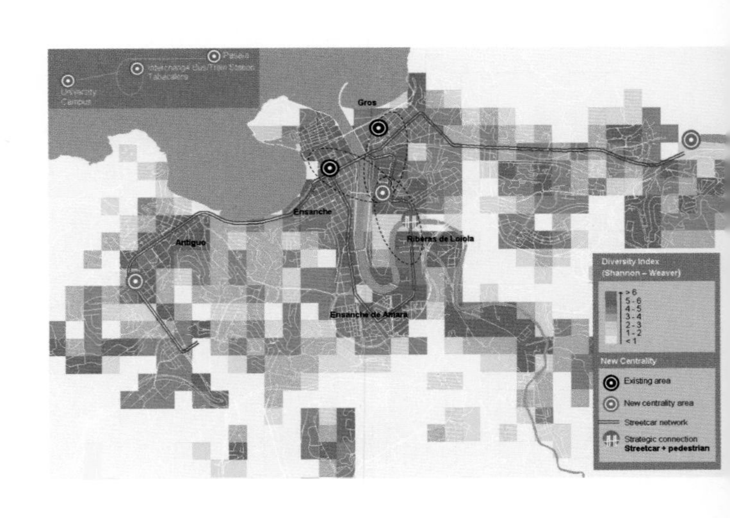

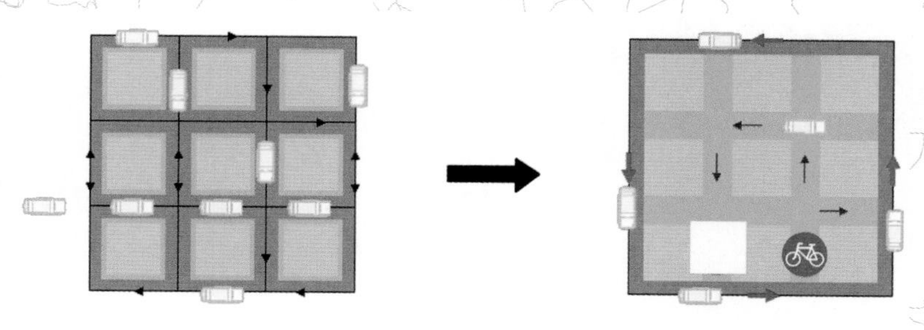

基于新的机动性概念的超级街区公共空间转化图解

满足城市中100%的需求），找到水的替代资源（雨水、再生水）来满足未来25%的水资源需求，甚至在未来气候变化的风险下实现水资源自给自足的可能，同时缩短废弃物再生周期。在规划中也考虑到了潜在的土地粮食生产能力（可能要提供城市全部的牛肉、29%的牛奶、8%的蔬菜），生产的过程中要采用环境友好的技术。波浪农场动力生产与软体海洋生物捕获是相辅相成的（100%的自给自足目标订在这一块），还包括渔场的定期更新重建。

新的城市中心区域构建的提议和行人交通轴线一起提出来了。在新的发展规划中，居住和工作的混合被推崇。在生物多样性方面（自然环境的缀合性），超级街区的实施是提升城市绿地率的一种方式。乌目河（Urume）通过生态修复作为一个生态廊道增加了邻近土地的植被覆盖。

城市规划的首要目标就是要保证公共空间、社会性设施、服务和住房的普遍可达性，从而在每个区域混合居住不同的人群。因此，考虑到目前的差距，提高公共设施和公共空间供给，以保持主要的可达性、亲近度、功能性和服务的标准，这些都是非常必要的。住房政策将会基于旧建筑改造、在城镇提供公平的公租房和混合社区的构建。

在多诺斯蒂亚（Donostia-san sebastián）本地可更新的能源供应的最佳未来远景

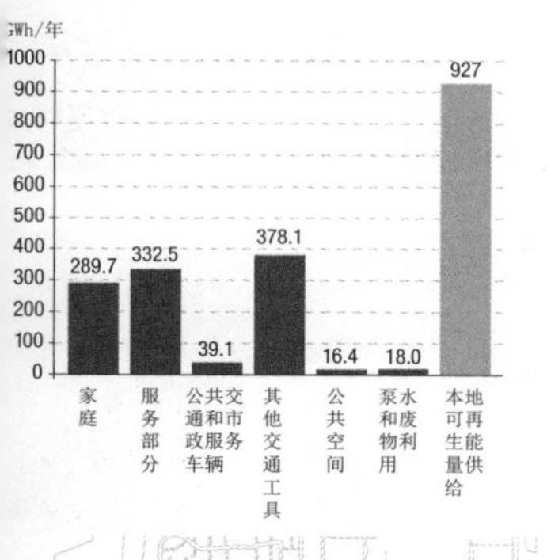

京畿道新城公园系统

尹珍园（Yoonjin Park）和郑尹金（Jungyoon Kim）

在韩国首尔江南区，高层的居住建筑占据了所有的地面层。在公园缺失的年代，市民需要通过周末爬山来感受自然春季的气息。但是山地公园太陡峭了，太远了，也没有办法真正地成为城市公园的替代品。一个真正的城市公园应该是建在午餐时间能够到达并且不需要换衣服和鞋子就能够实现体验的。

韩国70%的国土都是被山体覆盖的，不可否认，最经济的和最小的破坏力的建设方式就是利用平地。我们可以在江南区发现这个模式，所以我们怎么样才能在首尔南部的江南区京畿道建设一个已经消失的文化公园？郑尹金提出在京畿道构建一个山地公园系统，例如像穿高跟鞋的女性这样不便爬山的人群，也能够在她们每天的日常生活中爬到山顶上。在分析了在他们的方案中江南区的山区公园可达性有很大局限之后，我们建议:首先，在所有的12个公园构建一个最大达到8%的坡道：其次，在森林的开口处，沿着散步道和其他的步行道处设计了不同的主题景观；最后，我们提出了简单的生态战略来使山体生态系统比项目实施之前更加和谐友好。

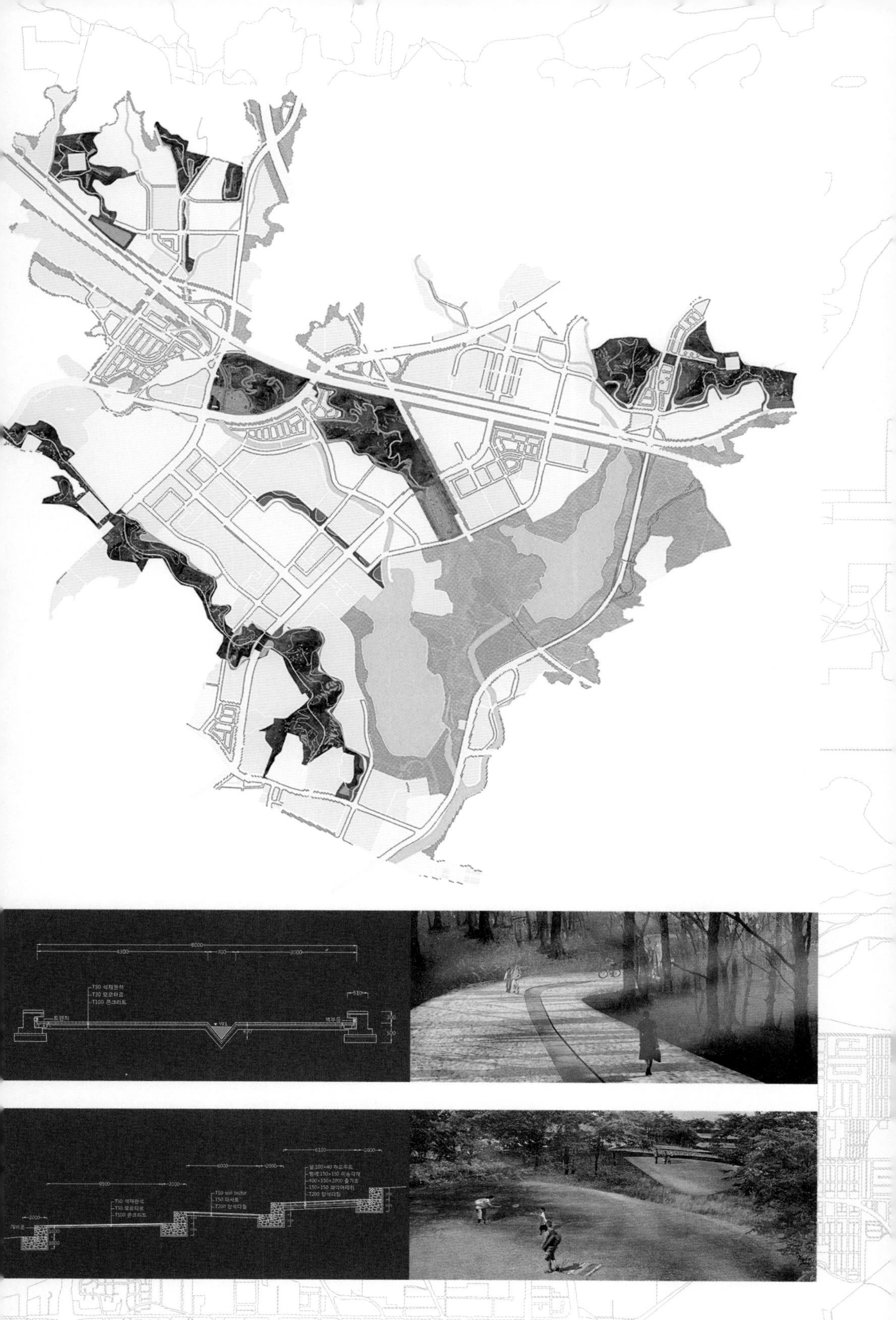
8000
4300
700
3000
T50 석재판석
T30 모르타르
T100 콘크리트
510
트렌치
WL
300
430
500

城市更新的方法论

阿方索·维加拉（Alfonso Vegara） 马克·德怀尔（Mark Dwyer）
亚伦·凯利（Aaron Kelley）

位于西班牙马德里的大都市基金会（Fundacion Metropoli）属于新兴智慧资本机构中的一员，这些机构致力于为了建造一个更加可持续的未来而分享知识。大都市基金会的任务就是促进21世纪城市和景观的可持续再生积极推进。

大都市基金会从全局的角度来开展它的研究和项目的实施，这也是这个机构所独有的。基金会的发展理念基于场地的定位和有效使用的战略性优势，或者更加准确地说是从权重高的城市因子，而不是从解决全球化可持续性问题的角度。

这个方法论的最基本的目标，就是要识别出城市的竞争性优势，同时揭示出城市化范围内的品质和呈现状况，包括城市促进创新和创造力的政策。这个研究方法论包括两个主要的部分：（1）城市形态主要由城市的标志点构成（基于物质的、社会经济的和环境方面的数据）；（2）城市论坛邀请了很多城市专家——当地的股东，他们能够基于自己的个人经验来从不同的城市角色深入理解城市，他们也被邀请来给包含186个城市因子的问卷做出重量级的评价，来确定高权重的因子，同时导出每个城市权重高的群组。更多的是，他们强调了关键性的缺口和需要改变的基础优先权，这些都是被认为是提升城市竞争力很重要的因素，并且对此给出了开放性的专家意见。

这个方法是由客观的、已知的、主观的因素组成的，这些因素在一起帮助构成了每个城市独特的形态，就像城市的DNA一样，对于城市在知识社会中的创新容量、创造力和生存都至关重要。尤其是，城市轮廓给每个城市现实提供了客观的评价方式，它们包括用数据和趋势外推法来测定物质的、经济的、人口的、社会的、文化的及环境的各个方面的评价。

城市的物理形态和结构对于经济竞争力、社会融合度、环境可持续性都有启示作用。基于这个原因，一套用严谨地图制图学做出的阐释图是一种来理解城市大都市区基底结构的很

注释：

此外，大都市基金会（Fundacion Metropoli）还主持了一系列的正在进行中的调研实验室，这有助于全球化的创新的发现。

主要包括：

1. PROYECTO城市（Proyecto CI-TIES）：一系列的FM框架的案例研究，主要是五个洲的20个城市。

2. 设计实验室（Design LAAB）：高端建筑和生物气候学实验室。

3. 城市实验室（CITIES Lab）：大都市基金会的专项分支，界定未来的关键性战略。

4. 城市艺术（CITIES Art）：一个专项于人类居住环境设计中的创造力和创新性的艺术恢复的项目。

有用的工具。它揭示了城市不同部分的结构上和空间上的关联以及城市活动区域的分布情况。这些图形能够展示出城市基本的综合观念，同时突出有利条件和不利条件。关键的制图方法也能够阐明非物质的因素，例如人口统计学的、社会经济特征的，来初步确定它们的空间分布、融合度、不均衡性和破碎化等问题。

7个图形展示，规模、强度、形态、内聚力、自然、创造力——构成了关键性的制图方法中预选的二维建筑模块。这些可见的城市特征帮助我们来识别城市的独特轮廓。

大都市基金会通过三个内部的过程实践这项方法论，指导每个新项目的进展：调查过程、创新过程和孵化过程。

西班牙潘普洛纳（Pamplona）的城市大都市区，展示了城市基本的结构，包括历史核心、城市增长模式、自然特征、公园区域和基础的交通换乘联系。在纳瓦拉省（Sarriguren）已经实现的生态城市的项目也在潘普洛纳外围展示了出来

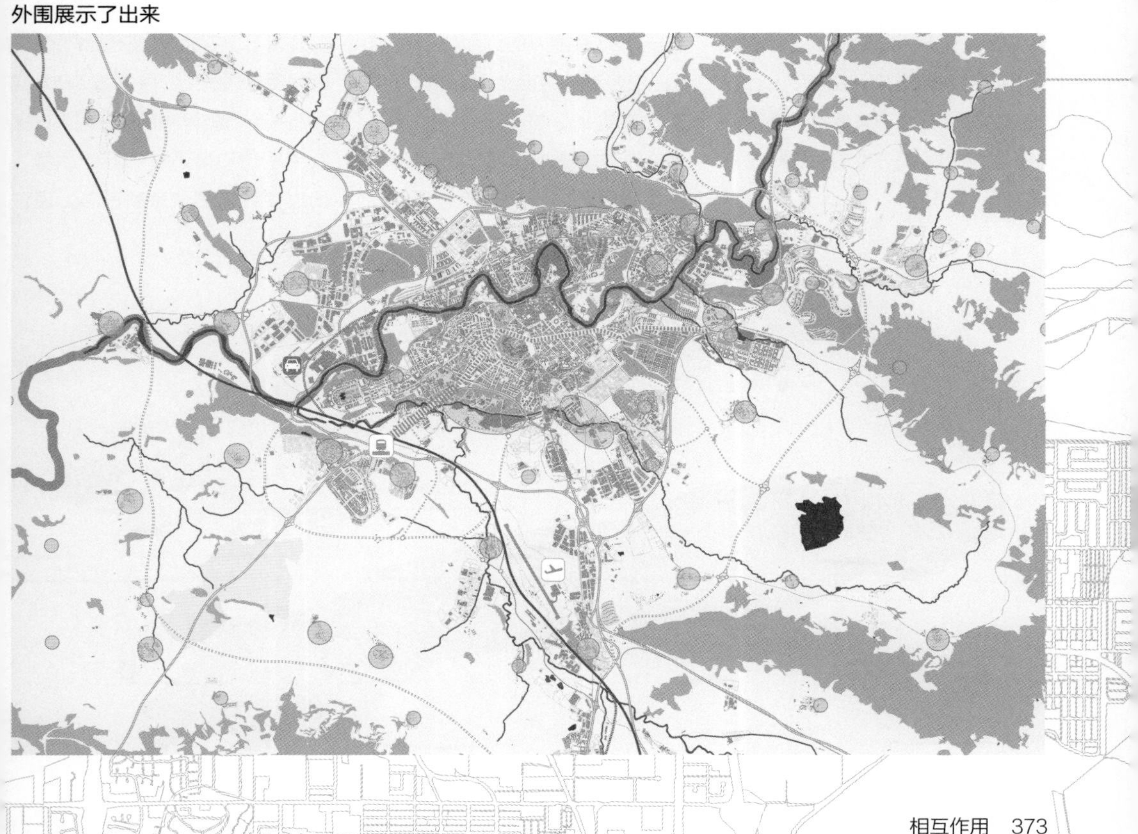

绿色都市

亨利·巴瓦（Henri Bava）　埃里克·贝伦斯（Erik Behrens）　史蒂芬·克雷格（Steven Craig）　亚历克斯·瓦尔（Alex Wall）

绿色都市计划是荷兰、比利时林堡省、德国亚琛大都市区域广泛跨国合作的一个先驱欧洲项目，这个项目的初衷是在一个有多于37个社区和170万人口的后工业城市群中构建富有挑战性的经济、政治和区域再发展计划。在2008年欧盟区域（EuRegionale）建筑奖上，绿色都市计划成为塑造区域未来方法的一个试验基地，通过区域范围内的思考和行动来寻找社区和国家的职责融合。最早的21个备受瞩目的项目的规划、设计和实施正在进行当中。它们包括英德兰（Indeland）公司在杜伦大规模露天开采的矿业，这包括德国和荷兰中间的跨境公园和山谷、亚琛的牧马公园和其他数个为了娱乐和文化用途而开发的矿坑景观干预项目。

在2003年的春季，根据全省北莱茵—威斯特法伦州（North-Rhine Westphalia）的倡议，欧盟区域2008机构委托动员收集利益相关者关于周围地区的国家发展进程的想法。在初期阶段，一些地方项目跨越国界收集计划和想法。在2004年初，亨利·巴瓦（Henri Bava）、埃里克·贝伦斯（Erik Behrens）、史蒂芬·克雷格（Steven Craig）、亚历克斯华尔街（Alex Wall）上交了他们的参赛作品，被称为绿色大都市（Greenmetropolis），就是把各个项目捆绑在一起的灵活的框架和一个有说服力的区域发展的概念。在各种研讨会上，区域框架使现代建筑街区被重新定义，充实了他们的想法，这个规划形成过程中，高质量的沟通帮助合作者跨越了物质的和心理的障碍，使获得新的主动发展权和新的发展阶段跨越成为了可能。

2005年秋，绿色都市计划成功地获得了区域间欧洲联盟的支持。

绿色都市是在欧洲发展廊道十字路口的城市文化和自然的独特混合。它坐落在阿菲尔阿登山脉（Eifel/Ardennen）和坎普顿泽兰省（Kempten/Zeeland）中间，这个区域也是一个从现代工业化的进程中发展起来的区域。由于煤矿坑周长的限制，这片土地已经被深入地下的煤层开采而塑造了，只是留下了不成型的聚落群、孔洞并出现自然蜕化。绿色都市计划实施是一个积极再利用的过程。试图希望发现和揭露城市群的质量，同时设计它的未来的形态，通过

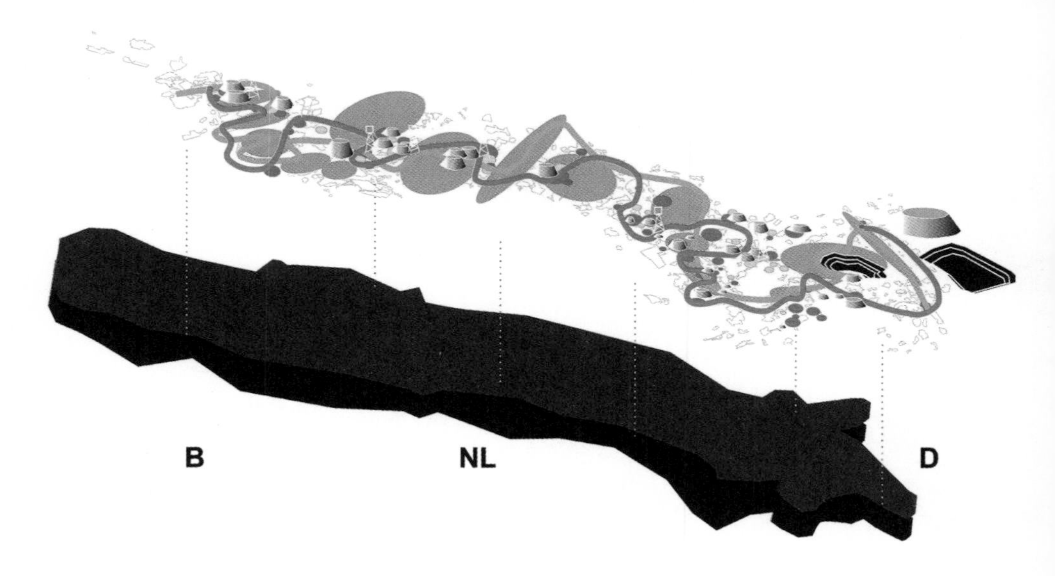

引进概念性和创造性的干预，使之成为一个共享的生活空间。它努力融合城市化、后工业、农业和自然属性，来构建一个城市地域的新的类型。

这个区域的属性可以被理解成为一些熟悉的元素的系列：城市中心、开放空间和公园、废弃煤矿、历史矿工聚落、露天矿产维修区和矿山废石堆，这些都是这个区域占主导的城市形态。为了结合新的使用功能和促进面向未来的发展，这些元素可以形成城市群中多元功能的活动中心，并且缓解生态环境压力，恢复区域的多元性。同样，在城市的紧邻区，多样性的设计和可达性的措施都会制定使矿山废石堆变得更加有吸引力。游客将会在观景平台上面欣赏到极好的全景。原来矿区的棕地将会为保留的建筑纪念碑周边的房地产和工业区提供独特的发展平台。

由于具有极好的可辨识性和可达性，一条绿色路径和都市路径将会连接活动区域和自然景观。这些路线就会像双螺旋结构的系列链一样，用地区文化和城市特色的代码联结了所有的元素（城市DNA）。大都市路径建立了能够给予方向感的区域性主干道，这条干道给居民和类似游客的人提供可供交流的城市动脉。绿色路径扮演着人行道和自行车道的角色，沿着河道从艾菲尔山延伸到北海，同时也使构建一条连接区域不同公园的生态走廊成为可能。

与沟通和品牌战略同时开发的区域经营战略将会加速正在开发的进程。正在撰写的章程会总结所有的战略性目标。因此，绿色都市将会成为一种结合了现存法并为区域创造一种新的身份的开发方式。同时，它也能够作为跨越边境的区域性讨论平台和附加的经济复兴和旅游中心项目的框架。它预示了城市合作构建自己城市未来长期过程的起点。

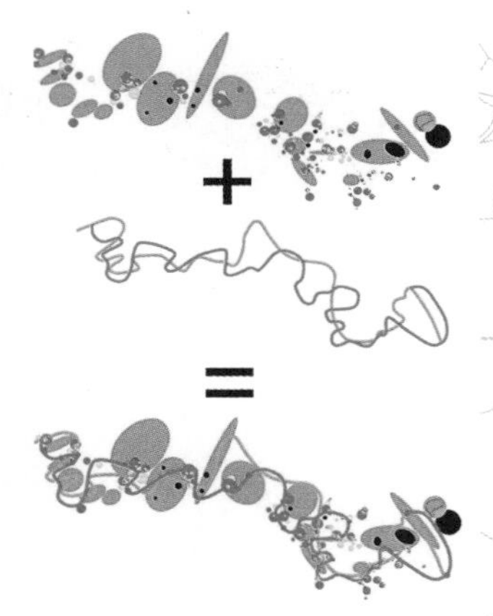

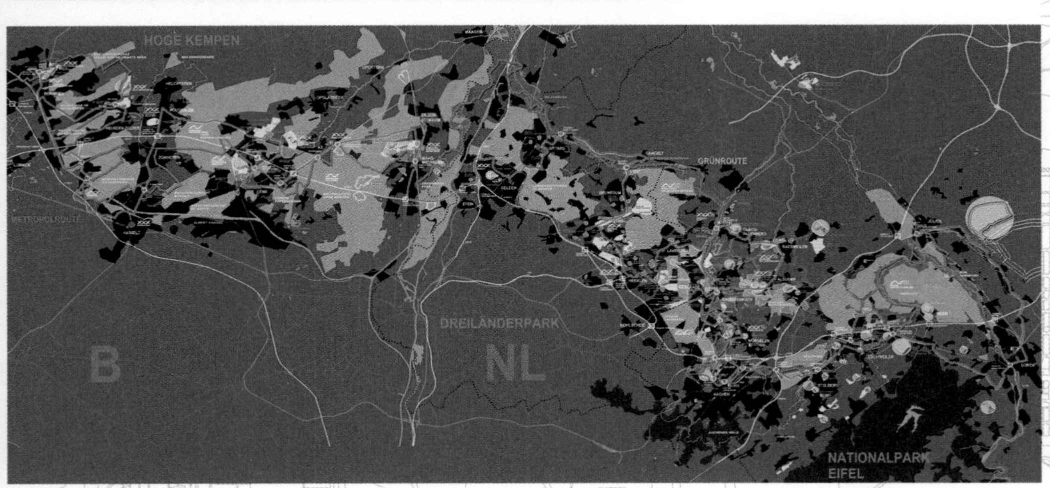

城市流动性

一方面，调动城市流动性意味着集合多种因素来实现社会性目标，另一方面，也可能意味着城市的交通机动性。正如理查德·索默（Richard Sommer）在她的书中所说：“流动性、基础设施和社会”都不是城市中互相不兼容的部分。流动性和社会公平是交织在一起的，在考虑到更加生态化的城市中，流动性的问题就十分重要。威廉·J. 米切尔（William J. Mitchell）的文章讨论了未来交通的可能发展模式，城市小汽车和人行道是垂直停放的而不是平行的，这意味着城市中可以容纳更多的交通工具。但是根本的是，它们是基于需求的城市机动性原则，也是由本地发电来实现其功能的。假想一个在社会中更加均衡的系统，使原来在使用群体之外的低收入家庭也能享受到小汽车的便利。安德烈斯·杜安尼在他的总体理论指出了新旧系统的缺陷，并指出景观都市主义正在作为自然多样性和社会经济多样性的首选，他建议生态都市主义同时通过考虑到自然和社会经济，为未来提供了一条更加公平的道路。

流动性、基础设施和社会
理查德 · 索默（Richard Sommer）

轻型电动车辆背景下的可持续的城市交通
威廉 · J.米切尔（William J. Mitchell）

可持续交通在行动
费德里科 · 帕罗拉托（Federico Parolotto）

在高度边缘化的城市中挣扎
卢瓦克 · 华康德（Loïc Wacquant）

生态城市规划的一般理论
安德烈斯 · 杜安尼（Andrés Duany）

生态都市主义的政治生态
保罗 · 罗宾斯（Paul Robbins）

综合城市的城市能源系统模型
尼尔 · 舒尔兹（Niels Schulz） 尼蕾 · 莎（Nilay shah） 戴维 · 菲斯克（David Fisk）
詹姆斯 · 科尔斯泰德（James Keirstead） 诺丽 · 萨姆斯特丽（Nouri Samsatli）
奥茹娜 · 斯瓦库玛（Aruna Sivakumar） 赛琳 · 韦伯（Celine Weber）
艾琳 · 桑德（Ellin Saunders）

石油城市：石油景观及其可持续的未来
米歇尔 · 怀特（Michael Watts）

尼日尔三角洲油田
艾迪 · 喀什（Ed Kashi）

地上铁
拉菲尔 · 维诺里（Rafael Vinoly）

哈佛大学研究院
内罗毕工作室
导师：雅克 · 赫尔佐格（Jacques Herzog） 皮埃尔 · 德梅隆（Pierre de Meuron）

流动性、基础设施和社会

理查德·索默（Richard Sommer）

穿越华盛顿DC.纪念碑的自由火车，1947年

现有的和未来的技术将会使我们能够使用更少的材料设计和建造房子。然而，从完全的生态学的角度来参与建筑和城市化的过程意味着必须衡量环境的影响，包括从一氧化碳排放和不可再生资源的使用、更加广泛的社会公平、经济机会和人性本质方面的考虑。

在一个向往民主化的社会中，无论在地理上还是社会经济上，流动性，就像公民自由和公平发言权的传统自由派的抗争一样，将会对人类的解放产生至关重要的影响。例如，自由和解放这样的概念已经被证实是互相抵触的，以至于成为被启蒙运动驱动的公民社会的理想和无限人类潜能浪漫个人主义的关键。从他们的束缚、传承和社会中解放出来以提高人生地位，现代人总是需要不断前行：穿越一个城市，从一个城市到另外的一个城市，或者从一个大陆到另外一个大陆。

美国清教徒、先驱者和垮掉的一代共同的典型特征，就是他们都认为自己是移动的一代人。不管是不是传奇，这样的追寻使美国成为机遇之洲的核心。这样开辟新大陆的方式也是和一种对财产的欲望相联系的——一种不管是字面上还是引申的，都驱使了像美国一样的现代社会的发展。

这个过程发展的速度，随着机械化迁移和电子通信技术的发展而加快了。然而，我们如何去评价大多数的环境学家、规划师和建筑师所倡导的达到更加可持续、生态平衡的城市化的想法呢？这看起来貌似是一个在专业人士、积极分子和政治家达成的一个可喜的共识，这会导致更紧凑和集成的城市群，配套边界更加清晰的公共交通服务，这也是应对未来环境问题最好的壁垒。专家们都同意这样的改革将不仅会减少对环境的影响，同时也会为人类的合作和社会化提供可能。

我们不会同意，一个更加紧凑和最终更少机动的城市将是我们未来的目标。在几乎半个世纪之前，梅尔文·韦伯（Melvin Webber）在他的文章《城市场所和非场所的城市领域》（*The*

Urban Place and the Non-Place Urban Realm）中写道，城市风格的展示不完全依赖于传统的场所，而是由信息传输和物质交通技术所形成的机动形式，在先进经济体中最成功的个体往往是那些能够最大程度地抓住交通和传播技术来创造广阔社会和经济网络的一群人。[1]由于世界网络的优势，电话、便宜的飞行旅程和（直到最近）正在增长的汽车使用，难道不是与持续的和多途径的人类社区和场所转变有密切联系吗？

大致简单地来说，怎样使目前创造一个生态的城市社区的想法和根深蒂固的向往迁移和自由的文化传统保持一致呢？更重要的是，尽管我们能够确信在城市发展组织模式中，规模性地改变是符合生态的和社会的目标的，我们真的认为我们可以把工业化的恶魔变成我们现代城市的绿洲吗（现代城市的特征之一就是一个高度分散的基础设施供给和土地开发的系统性）？是不是存在其他的办法可以让我们明白一个流动的、民主的、光明生态的城市意味着什么？

注释：

1. 梅尔文·韦伯（Melvin Webber），“城市空间和非空间的城市化”在杂志《城市结构解读》（*Explorations into Urban Structure*）发表。编著者：梅尔文·韦伯（Melvin Webber）、威廉·惠顿（William Wheaton）、约翰·迪克曼（John Dyckman）、唐纳德·弗利（Donald Foley）、阿尔伯特加滕伯格（Albert Guttenberg）和凯瑟琳·鲍尔·胡思特（Catherine Bauer Whurster），费城大学：宾夕法尼亚记者，1964。

种族平等的国会“自由骑士”事件的导火索是，一个白人暴民用石头击打客车，破坏轮胎并纵火（安尼斯顿Anniston，阿拉巴马州Alabama，1961年）

轻型电动车辆背景下的可持续的城市交通

威廉·J.米切尔（William J. Mitchell）

一把舒适的椅子大概只占用0.929 m²的地面面积，然而一辆停着的汽车大概占用18.58 m²的城市地面面积，是它的驾驶者所占面积的20倍。更重要的是，其在80%的时间都是停着的。这不仅占用空间，也费钱，且本来这些空间是可以得到更好地利用的。尽管城市交通限速为40～56 km/h，但如果开足马力，能达到每小时161 km/h以上。城市旅程一般以数千米至数十千米计量，但通常在483 km的范围内。当然，汽车是由汽油供能的——一种因为日益凸显的问题供应链和排放温室气体广受诟病，即将迅速消失的不可再生能源。

我的目的不是要妖魔化汽车设计师，或者把责任推给我们这种过分巨大的机械设计汽车公司。我们已经经历了一个世纪漫长的变革时代，包括曾经涌现的不同的英雄人物和复杂的社会、政治和经济的起源。但是我仍认为这依旧是一个需要激进变革的时代，一个从本质上需要重新开发城市个人交通极佳的时代。我们应该把握好经济危机的机遇，这在底特律城的需求尤其明显。我们应该设计出能够提供高质量服务的城市个人交通系统，同时减少能源消耗和转向一个大规模干净、可更新的和一个更加本地化的能源供给模式。

轻重量的、智能的、电池驱动的交通工具就是这个系统中极其重要的一环。给交通工具供能是其次，把电子交通工具和它的充电设施与智能电网结合，使它们能够更好地使用清洁的、可更新的和间歇性的能源是最终要考虑的，不可忽视的是还要根据需求把电子交通工具组织形成高效的通勤系统。最后，通过一个可以感知和计量现状系统的电脑终端，计算出最佳的需求和现状的解决方案，从而来操控整个系统，这对于整个交通系统的高效运作是很重要的。

整合这五个方面的元素，为创造一个智能的、可持续的城市提供了基础。通过对城市中公民日常活动的可变需求以及气候和其他外部因素变化的实时回应，这些城市都达到了高效的可控效率，尤其是能源效率和低碳化处理。

绿色车轮电动自行车

设计这样的系统的一个很重要的关键点就是自行车。这是一种极少有碳足迹的高雅高效的交通方式（可以对比自行车道、汽车道、自行车停车场、汽车停车场），然而，它也有自身的一些硬伤，如在恶劣的天气中不受欢迎。在很多城市，街道和马路并不能很好且安全地供自行车通过。身体健康的人可以很好地使用自行车，但是也不全是这样，在崎岖的山地或者是炎热的地区，或者是那些有身体缺陷的人，就不能很好地使用自行车。

但是，所有的这些问题都是可以被克服的。首先，这是一种廉价的交通方式，因此也不用在每种天气情况下都使用。问题的关键是自行车并没有想要成为个人交通的独特方式，在中国，以保护生态系统和能源节约的方式，它只需要在发挥意义的条件下使用。

在城市街道和马路上面存在的自行车使用问题，是因为这些大道大部分时间都是被更加巨大、快速的交通工具所占据，但是这不是已经给定的。在我所想要设计的规划里面，交通工

绿色模块化电动自行车车轮

具变得更加小和轻便，使大部的街道的马路都能够使行人和自行车更加友好通行。这不会马上就成为现实，但是我们会迎来改变的那一天。

最终，给自行车装备复杂的电子设备支持也是可能的，这样可以使更多的人愿意使用自行车。电动自行车不是一个新的概念，数以百万辆的电动自行车已经在中国销售了。但是新技术的发展和整合需要给一些强大的新设计提供途径。

例如一种绿色车轮，已经被麻省理工的多媒体实验室智能城市小组开发出来了。安装这种绿色车轮的绿色自行车能提供电力支持，反馈制动配有锂离子电池、集成的、模数轴承单元，自行车通过传动装置设计来减少旋转组团，因此不影响骑行动力。

绿色车轮不管是机械性能还是电能都可以独立自给的，也能够和任何标准的自行车匹配，因此不需要自行车重新设计或者购买安装复杂的装备甚至购买新的自行车。你只需要把自行车的后轮拿掉，然后换一个新的绿色车轮。绿色车轮是一种快速、简单、便宜、如今世界上更新量最大的自行车轮胎，提供了增强现有自行车功能的机会。

目前的绿色车轮的驱动头是电力驱动的，这使得转矩的精准管理成为可能。这通常是由车把手处的无线控制器来操控的，就像一个摩托车的扭矩一样，这使驾驶者能够在用一只手操控摩托车的同时，使电线不会缠绕在集线器上面。如果当地法律允许，可以加上一个电线保护套，用脚踏板控制方向也是可行的。

随着GPS和传感器的结合，绿色车轮电动操控器能够完成全程操控，比如，它们可以通过设定程序来达到一定的体力活动的强度，不管是登山、下山或者是在平地上面，运动的强度可以设定为零（完全电力支持，没有脚踏车），或者设定到一些让驾驶者愉快的中间程度的级别，或者能得到一定锻炼的级别，或者达到一些高强度的训练级别（发电机如同充电电池一样提供支持）。

绿色车轮并不消耗太多的电能，并且一个晚上就能充满电，用标准110 V的插座就好，可以供应接下来一天的电量。这些电池也可以从专门设计的自行车脚手架充电。当这些脚手架很广泛地被使用了之后，绿色车轮自行车就像在支架上面的电动牙刷一样，只要它们在被使用它们就在充电。

引进绿色车轮只是城市个人通达性中单电力交通工具的最早、最容易的一步，技术是很容易的，同时花费和风险较低。个人可以买到绿色车轮以供使用，企业、商人和政府部门也可以通过在便利的地方布置充电脚手架来激励消费者对电动自行车的接纳。

罗博斯科特（The RoboScooter）折叠电动滑板车

在世界上的很多城市，电动滑板车提供了单人交通的最便宜的方式，购买和使用它们都不会太贵，同时也能获得比自行车快的速度和更大的容纳能力。由于碳足迹比自行车还要少，它们所需要的道路和停车区域少之又少，既不用像汽车一样需要宽广的马路，也能够在汽车不使用的很小的区域停车。

滑板车的一个缺点就是不能在任何天气情况下都可以使用，不像附加电源的交通工具，这使得它们最好在温和的气候环境中使用。相比于自行车它们能够提供缓冲保护，但是不能和汽车提供的缓冲保护相比。使用汽油的电动滑板车也是城市噪声、空气污染及碳排放的一个主要来源。

电动滑板车的卖点在于它们在发展中国家被广泛使用，在欧洲的城市同样也受欢迎，这是因为欧洲的城市中狭窄的街道和拥挤的状况对驾驶汽车是不适宜的。在美国，电动滑板车也作为个人主要交通方式在小范围使用，在有着寒冷的冬季的城

罗博斯科特（The RoboScooter）折叠电动滑板车

城市电动汽车和传统汽车相比

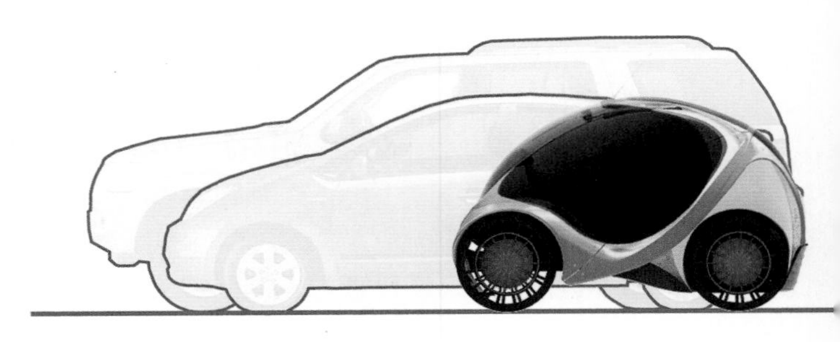

市滑板车的使用也是季节性的。

由智能城市小组开发的罗博斯科特（The RoboScooter）折叠电动滑板车，最大化地减少了一些缺陷。

滑板车主要是以电动轮胎装置和锂离子电池、铸铝外形作为主要的特征，为了最大限度地减少停车空间，在很多滑板车使用盛行的国家，滑板车可以被折叠成一个很集约的空间外形。在那些不是很必须的环境中，罗博斯科特折叠电动滑板车也可以生产成为非折叠式的。

罗博斯科特在设计之初就是想要达到与具有50 mL排量的汽油功能小型摩托车相似的性能。但是滑板车会更加清洁、安静并且占用更少的停车空间。相比于包含了1000～1500个部件、具有汽油功能的小型摩托车，它们也会更加简单——大致有150个部件，这会简单化供应链和装配过程，减少交通工具花费、维护简单。就像绿色车轮一样，罗博斯科特也可以在支架上面充电。它所使用的电池足够小，便于搬动，这样在家可以给备用的电池充电，电池自动贩卖机也可以接收未充电的电池来换一个充满电的电池。

城市电动汽车外形

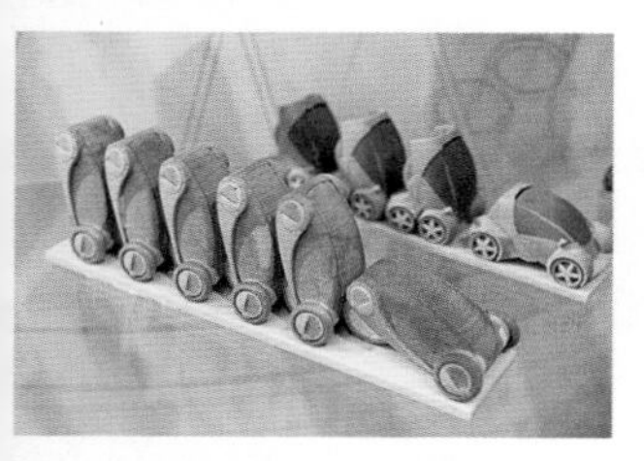

城市电动汽车

由智能城市小组开发和制造的城市电动汽车，是为了附属个人交通而设计的，它以最清洁、最经济的方式，并附带恶劣天气保护、气候控制和便利的安全的能源存储。

电动汽车质量不足454 kg，比微型汽车停车占用的面积要小，预计动力相当于每升汽油可供驾驶150～200 km。因为是电池供电的，因此不产生废气排放。

城市电动车的设计是彻底革命性的。它没有中心发动机和传统的动力传动系统，它由4个内部轮状电动机驱动。每个车轮系统包括一个驱动马达（这将有助于反馈制动）、一个方向盘和一个汽车悬架，每个都是由单独电子操控的。这使得机构能够在其自身轴线上旋转（“O”形转头而非掉头），侧向移动到平行的停车位，变更车道，而朝向正前方。

通过这样的方式，变速驱动到停车角落，使城市电动车折叠起来，最大限度减少停车占位面积，也能同时设计提供观察车前部的进出监控系统（因为没有发动机），这就极大地改变了城市与街道的关系。电动汽车可以比整体停车所需车位宽度小很多且紧靠路边停车，同时也能停得很密。过去的一个停车位可以停3～4辆城市电动汽车。

电动小汽车前部分允许坐一位乘客，后部分为大容量行李和物品存储空间，当电动小汽车折叠起来的时候，后面的储存行李部分仍然保持水平，低位便于取用。

电动小汽车能够坐两个人，这就完全满足了城市中大部分的出行需求。电动小汽车就是为了城市内部交通设计的，通勤距离也在当今的电池电量和未来的电池电量所能供应的范围之内。电动汽车不是为了跨城市交通设计的，跨城市交通设计可能需要其他的技术。

总的来说，电动小汽车比传统汽车更小并且更加简单，从原则上面来说，生产也更加经济。大部分的复杂机械都包藏在车轮系统中，这都可以利用来设计出一个为底盘的标准接触面，这样通过设计竞赛和创新，费用又可以下降了，就像电脑的光盘驱动器一样。

锂离子电池安装在电动小汽车下面，这也给车内留出了足够的空间来使重心降低，同时也能使设备降温。充电也可以配备便宜的家用充电器，充电器也可以安装在办公场所设备旁边。更有趣的是，在公园的公共空间提供自动充电设备是可行的，这可以用于绿色车轮和滑板车的充电底板。

充电设备

很明显的是，电池供能的交通工具使用范围有限，由于电池电量的使用能力有限，实际电量使用能力还是比汽油供能的汽车要小。更重要的是，充电比加油花的时间更多。一个相关的问题就是“里程焦虑”——驾驶员可能在半路上就用完了电，抛锚然后产生思维焦虑。设计充电设备必须要考虑这个问题。应对不同的交通工具要采用不同的设计策略。

绿色车轮和其他电力支持的交通工具在这方面的困难不是很明显。电量消耗并不是很明显，自行车的里程一般也不会太长，因此也没有必要携带充电时间很长的大容量的电池，里程焦虑并不是一个很大的问题，因为任何时候只要没有电了，都可以脚踏充电。用廉价的110 V的充电器在家里安全充电了，一个晚上就基本可以满足绿色车轮骑行者的需求。绿色车轮因此为城市和电气设施开展电子交通设备充电设施的部署和管理提供了廉价低风险的方式。

因为罗博斯科特滑板车更重，也能够为更远的路程使用，所以它们的设计必然要更多依赖于充电设备。然而，家庭和办公室的充电套件和充电支架的结合看来仍然是可行的。在电量用完的时候，你不可能一直脚踏滑板车，你也不可能推动它到很远的地方，但是可移动的电池架可以提供应急的补充，也能够缓解里程焦虑。

电动汽车，就如城市电动小汽车，能够提供最大限度的电量供应，它们更重并且可以提供更大的加速度和更快的速度，行驶路程也可以更远。传统的衡量电池大小和提供充电设备的方法似乎还是有一些严重的缺陷。

一个已经被特斯拉电动汽车公司例证的传统的方法，就是要设计一种电动汽车，能够和汽油供能汽车一样跑483 km的路程。这就需要很重的电池和昂贵的汽车，但是这样就不能大量满足廉价的日常个人交通的需求。大容量的电池很多可能都是要被循环使用并投入到了流通之中，这可能意味着充电的时间更长，或者必须使用可以急速充电的昂贵电池。

另外的一个办法就是电池交换，这是最近才重新提出的一个想法。在汽车中交换大而笨重的电池，遇到的问题就是需要复杂的甚至目前还不能实施的大型机械来完成这项任务（这不像手工在滑板车里面拿进和拿出电池）。这对减少电池流通量没有太大益处，这可能有赖于司机良好的电池交换操作技能，这样性能较差的劣质电池不被换到受信任的司机的汽车中，然而这往往是不切实际的。这也需要增强产品责任意识。

第三种办法就是采用插电式混合动力汽车，增程型电动车例如通用的雪弗兰（Volt），或其他类型的车辆，通过充实汽油发动机的汽车电池，减少需要的充电基础设施。但是这些汽车和城市电动小汽车相比都是很沉重和昂贵的，更重要的是，它们依然依靠燃烧汽油供能，会持续释放温室气体。

城市电动小汽车停车

一个更具吸引力的方法——我相信，是在公园中提供无处不在的自动充电装置。假设城市居民出行路程相对较短，通常在停放车辆之间路程有足够的能量转移装置，这在城市空间中提供了一个有效的充电范围。这意味着司机不用担心中途充电、插电和断电问题。

同时，它也把尽可能多的充电硬件放在了固定的设备上面，而不是在移动的汽车上面，这样就不用四处挪动了。充电的基础设施，可以逐步部署，开始可以设置在需求最高的地方，然后再布置到需求较低的地方。

随着充电站点的增加、充电设备的价格提高，充电花费在提高，不像家庭夜间充电，这就把投资责任权转移给了公共部门、企业、商人以及私人停车设备运营商，或者在合适的商业模式下面，责任也可以由公共电气部门承担。

这种责任转移可能看起来并不是合理的，在充电设备的公共投资和公路、桥梁、洲际高速公路等是同类的，这些也是在20世纪早期大规模采用燃油汽车的一个基本前提，这为当局转向清洁、绿色的经济发展提供了一个方向。在市政水平上面，为充电设备融资可以给一个城市或者乡镇提供竞争性优势。对商人来说，这也是吸引顾客的一种方式。对停车设备运营商来说，这也提供了一项有价值的额外服务。从公共电气部门来说，独一无二的自动充电设备使大量的电池存储电量和输电线网结合。

电动交通工具和智能电网的结合

因为电力的需求是在波动中的，电力的供应必须时刻满足需求。输电网储存容量也不是为了能够随时缓冲电力供应不足，在电力网中平衡电力负荷是极其困难的。总的来说，有一个基本负荷的组件，就能够维持发电机的基本运转，在此之上的波动荷载只能满足昂贵的应急存储容量需求，然后根据需要使它在线或者离线。

像太阳能和风力涡轮机这样干净的、可更新的、间歇性的能源加剧了电力效应难以控制的波动问题。当有电力需要的时候，太阳不一定会出现，风也不一定会刮起来。

然而，大规模使用的电动交通工具（尤其是汽车）和随时随地自动充电装置，使大量的电池储能进入到了输电线网。原则上说，这可以使电量收支平衡，当输电线网上面的负载很低的时候，或者汽车需要充电的时候，它们可以把输电线路上面的电力转移到电池上面。相反的是，当输电线网上面的负载很高的时候，或者汽车有多余的电量的时候，它们能够把电力重新返回到输电线网上面。这还不是输电线网的唯一优点，电池容量可以用来提供电压和频率调整——因此提高了电力供应的质量。

这种系统可以通过动态价格来适宜控制。当所有的电力需求很高的时候，电力价格很高，价格信号会刺激电动小汽车售出；相反地，当整体需求降低的时候，价格降低信号会刺激人们去买电动小汽车。智能车辆可以编程最优电力交易策略，在一些时间范围，考虑到它们的使用模式和试图最小化总体能源的成本。

这对于传统电力网络是不可能的，传统电力网仍然在世界上大部分地区运转，但是在后来出现的智能电网面前显得脆弱无力，智能电网是一种叠加的信息网络的电力供应网络。这使得在建筑和汽车充电站之间电力双向流动（因为建筑和车辆现在不仅可以是电力消耗点，也是生产储存点），动态定价对有效的管理也是很有必要的。

这也使得建立更少依赖大型、集中工厂和更多地分散能源的电网成为可能。建筑可以开始有效整合太阳能电池板、风力发电机、微型热电联产系统（包括热能和电能）等。通过巧妙地结合智能电网、分散的可持续能源，和电动汽车的电池容量，从而达到提升大量的潜在效率。

有些人反对说：轻质量高效的电动自行车消耗了较少的电能，因此有较低的运营成本，价格信号并不能够提供足够的动力使电力卖给公共设施部门。为什么不把电力囤积起来实现实时的最大供应量？然而，由于有无处不在的自动充电装置，人们储存的欲望不是那么强烈。更重要的是，小额的价格区别乘以大数量的电动小汽车将会是很大的一笔金额。这意味研发团体将要去制定更适宜的充电策略来应对价格波动。

根据需求系统的城市交通

智能城市电动汽车——绿色车轮，罗博斯科特滑板车或者城市电动小汽车，能够明显地被归为受消费者欢迎的产品。但是它们也可以拿来开发新的交通服务功能……根据需求系统的点对点城市交通，提高了城市交通工具的使用频率，也使得使用人群扩展到那些不想自己拥有交通工具的人们。使用人群的类别包括那些不会随身携带交通工具的城市游客、偶尔的骑行者、付不起汽车费用的驾驶者、那些没有地方储存交通工具的人和那些不愿意去持有或者管理交通工具的人。

更大规模的系统采用了传统的、非电动的自行车系统，像巴黎的公共自行车系统（Velib）、里昂的公共自行车系统（Velov）、巴塞罗那的公共自行车系统（Bicing）、蒙特利尔的公共自行车系统（Bixi）等，都是根据需求建立的城市交通系统。在这些系统中，自行车的轨道在城市周边旋绕着，潜在使用者不会经常出现在车架旁边。一名使用者会走到最近的车架旁边，刷一下卡来提供个人信息确认，取下一辆自行车然后走向马路的另一边开始使用自行车。

轻质量的电动交通工具的替代，增加了这些系统的使用范围和实用性，也使这些工具被更多的人使用。绿色车轮系统根本不需要什么额外的设备，依赖需求系统的城市交通轨道则在任何情况下都需要电力支持和数据连接。当然，升级原有设备来使之提供电力支持也是很直接的解决办法。

因为需要场地作为交通工具的分拣点和卸载点，那里也需要提供能源支持。这些必须是需求系统、城市交通系统的关键

自动充电的城市电动小汽车在停车位场景

点，从一个相对简单的低投入、基于绿色车轮的系统作为开始点，这是很有意义的。这也为后来像滑板车和汽车类似的扩展系统提供了可能。

零售场地理论提出，当分拣点和卸载点的允许容量相差不多的时候，它们应该设置有相当的顾客来源区。这意味着它们必须在高密度人口点布置。或者，分拣点和卸载点也应该均匀地布置，或者布置在舒适的步行距离的中点，并且根据周边人口密度来确定场站面积。

一旦分拣点和卸载点被部署和投入使用，对城市交通管理的一大挑战就是需要保持需求系统的均衡，正如消费者想要去取交通工具的欲望会随着时间和地点而变化。相似的是，在可达地点站场的交通工具的供应也会有极大的变化，分捡点和卸载点的部署就是要保持供给的平衡。因此消费者不必在难以接受的时间范围长时间等待，需要达到这种平衡的交通工具的数量和停车场数量也可以达到最小化了。

这项平衡任务的难度在于需求在时间和空间上面的不均衡性，因为路线的起始和目的地也是随机分布的，这个系统可以考虑到自组织——使交通工具在服务区域内分布尽量均衡，但是在有的区域需要倾斜，比如在有早晚高峰期的地域。保持这个系统的均衡，需要人力和金钱投入。

制造出平衡系统的方法就是移开那些没有人骑的交通工具布置到需要的地方去，比如，把自行车放到卡车上面，这可以在早上的几个小时就做完，让它们在白天的一段时间变得不再平均分布。作为一种选择，交通工具也可以被持续性地挪动——实质上就是彻底地重新设置，但是时间间隔会更加短。或者，当有缓冲的时候平衡会变得容易一点，用多余的车辆和停车位系统来缓解轻微失衡。

一个更加适宜的方法就是保持站点的实时弹性，通过价格因素来决定不同的使用需求。在这个策略下，消费者在需求高的地方选择交通工具就会更加贵。同样，在停车空间不足的地方停车费也会很贵。价格信号就会改变消费者的行为模式，从而使供需达到平衡。这里，保持系统平衡的代价不是移开那些没有人使用的交通工具，而是提供足够的价格刺激。

所有的这些策略需要复杂的网络化的信息技术支持。对于计费客户和系统中交通工具和停车空间分布，追踪交通工具的实时提取和停靠都是很有必要的。这个系统也必须计算出最佳平衡策略，或者使价格变得合理或者再分配车辆运营商。

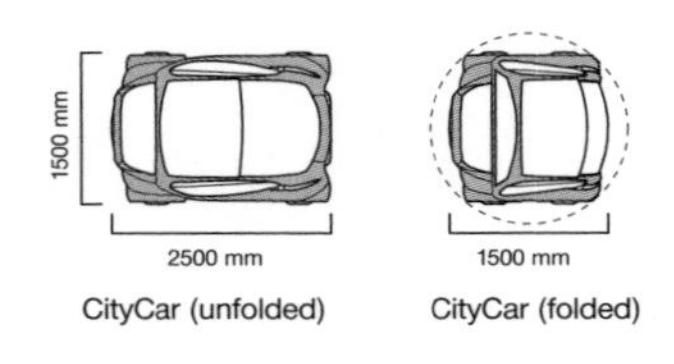

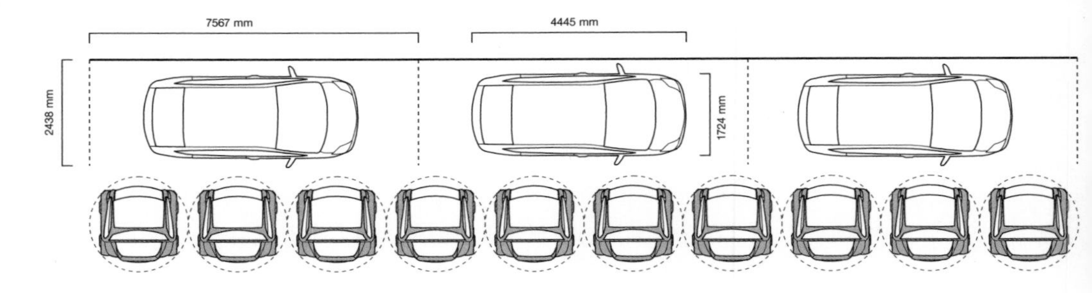

与传统汽车相比的城市智能小汽车的停车密度

基于需求的交通移动系统应该也能和私有汽车共存。通过设立合适的标准和合理的信息技术使用，它们可以共享停车区域和充电设施。这样的一个联合系统在应对各种需求的时候会看起来更加有效，它也提升了交通工具的供应和设备发展的规模经济效应。

计算机终端——一个实时的城市神经系统

和智能电网链接的、基于需求的城市交通移动网络的一个基本任务，就是来跟踪资源的使用——电力、交通工具和停车区间进行实时跟踪。智能仪表可以监控交通工具充电设备和建筑，以及从这些位置电力供应回电网的电力损耗等方面的情况。

移动系统的荷载以电子追踪交通工具提取并指挥停靠，从而实现在系统站台使交通工具存放量和停车空间数量浮动性控制。高层次的管理办法是组织电力、交通工具和停车空间供应中的任意元素，让供应来满足需求，从而改变过去的那种空间和流动性不均衡分布的状态。这是一个大规模复杂的存储和流通管理问题。任何时候，交通工具的电池都要有电量储备，或者在提取点有足够的交通工具，在提取和停靠点也应该有足够的停车空间，在可达站点应该能够为电池和交通工具充电，电

低密度城市智能小汽车停车模式下的街道规模

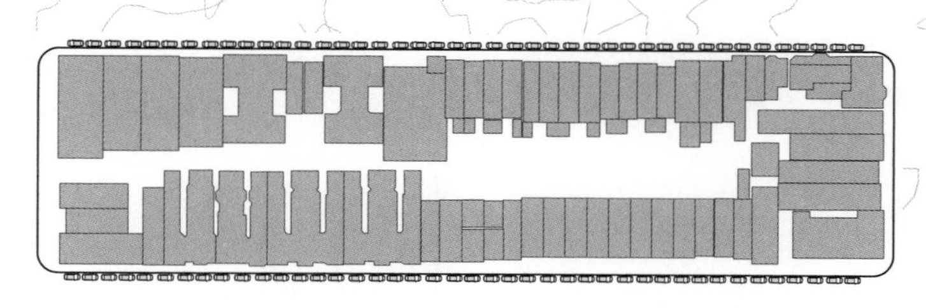

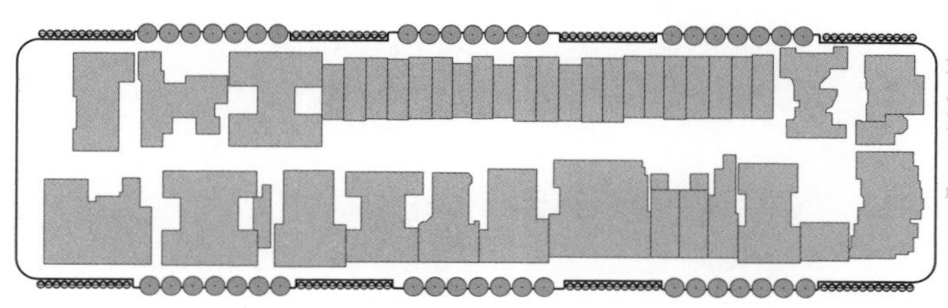

力转换器的方向、高度和频率都是由价格信号和实时反馈循环来控制的。基本的想法就是要合理地通过实时反馈循环来调节这个系统。

对于使用者来说，这个系统应该使充满电的交通工具在不论何时何地需要的时候都可以使用到，系统也应该能够达到这个最经济可行并且低碳的方法。对于需求系统的操控者来说，这个系统要在最小数量的交通工具和停车空间的条件下运行。

首先面临的挑战就是数据处理的规模。系统必须获取大规模的数据，在数据库里面进行处理，查询这些数据库，从而获得有用的信息，且都要在非常紧的时间限制之内完成。第二个面临的挑战就是最佳化。在这些从场地上获得的数据输入的基础上，系统必须计算出在一定时间范围的电力和交通工具里程的最佳价格策略。第三个挑战是达到分散控制的目的。系统必须能够在整个系统区域服务范围数十甚至上千（至少）的建筑和站点分散价格信号。

这些挑战都不是不可克服的，但也是艰难的。目前也只有极少的建造和操控这种类型的大型系统的实际经验。

在波士顿地区潜在的不同类型的充电站点分布图

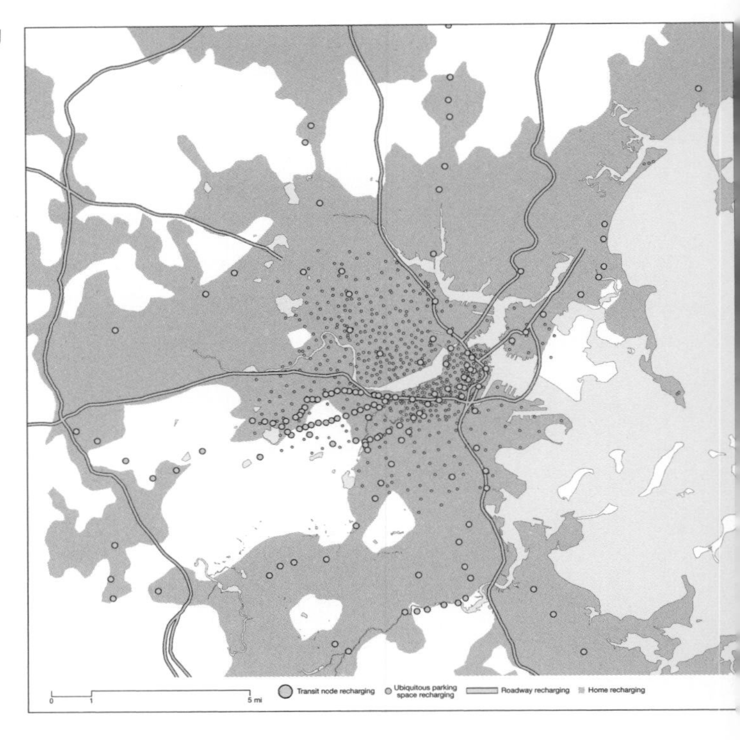

需求交通流动模型的可达站点潜在分布图

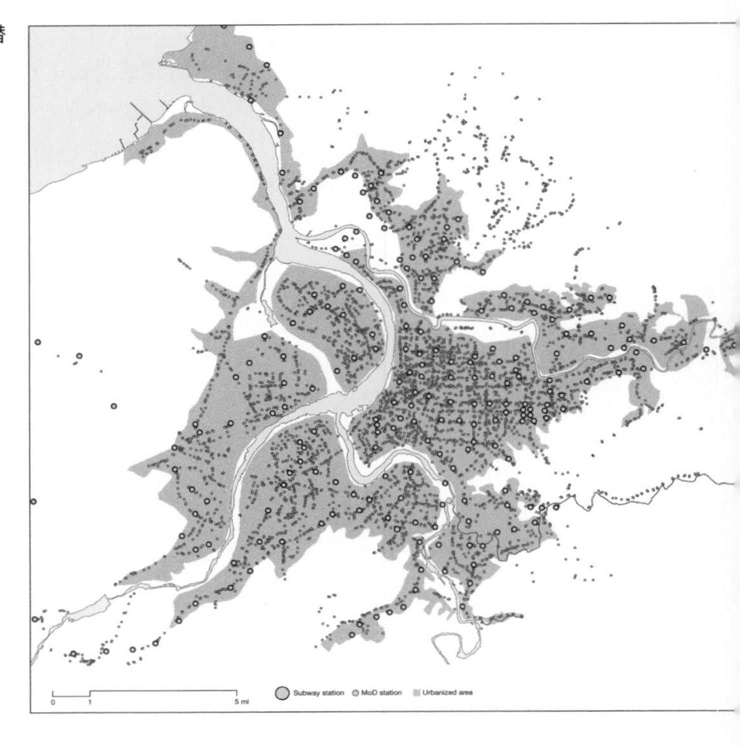

结论：21世纪的智能可持续城市

我所描述的战略通过使用轻量级的节能型软件、广泛分布的智能、电子网络和实时控制，有效地实现了城市流动和能量系统的集成操作。它们在技术上面可行并且提供主要的可持续性优势。在城市向类似与太空飞船和宇宙飞船、赛车、生物化学过程系统的转变过程中，发挥了极大的促进作用。那就是响应性的、高性能的依靠先进实时控制能力的系统。

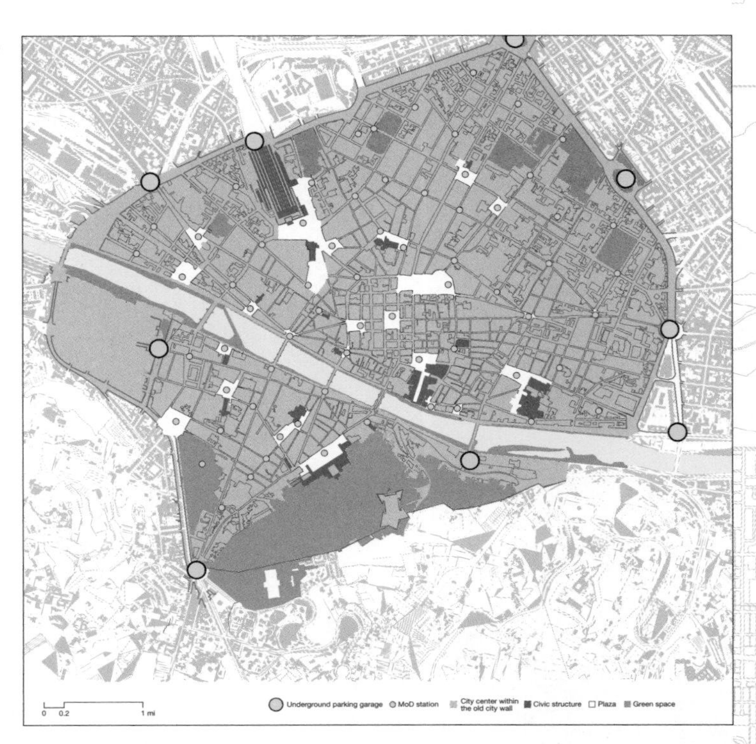

佛罗伦萨（Florence）核心地区的需求系统愿景

可持续交通在行动

费德里科·帕罗拉托（Federico Parolotto）

来势汹汹的汽车增长极大地改变了城市的肌理。在波士顿、米兰、的黎波里（Tripoli）、马斯喀特（Muscat）和北京的驾驶体验基本上都是类似的，城市的建筑扩散在广阔的区域里，太远、太分散以至于不能增进行人与人之间的联系，人口密度太小使公共交通变得低效不可达。

汽车的可达性决定了城市的非正式增长。斯蒂凡诺·波尔里（Stefano Boeri）在有关意大利北部的《土地变更》（*Il territorio che cambia*）——书中清晰地描述了这样的论断，这也是世界范围内大部分城市发展的一个基本状态，尤其是在一个所谓的新兴国家之中。[1]例如，从的黎波里中心驾车到马斯喀特，就是一种令人难忘的经历：你可以看到通向突尼斯（Tunisia）的马路两边散布的建筑不间断的流线，10年前都不在那里的建筑，街道旁边只有开车才能到达的建筑。这是由于汽车拥有化提高而在逐渐凸显的一个现象。

在约翰·怀特莱格（John Whitelegg）富有远见的《可持续未来的交通：欧洲的案例》（*Transport for a SustainableFuture: The Case for Europe*）（1993）一书中，他描述的一个相当冷酷的未来的场景正是16年后今天的状况。他认为汽车是城市继二氧化碳之后的又一大问题：

连接的黎波里（Tripoli）和突尼斯（Tunisia）的道路

汽车在制造的过程中消耗了大量的能量，但是只有5%的时间在使用，每辆汽车也就只有平均1.2个人在使用。它制造了大量的废弃物，尤其是轮胎和废气系统以及电池的处理。制造汽车的初始理论基础认为，城市中的汽车行驶速度不足每小时48 km时，城市就开始了一个巨大的由于道路、汽车园区、用来制造更多汽车的人工产品的大规模环境破坏。机动化运输对人的健康产生了重要的影响，包括交通事故、儿童独立性的散失，以及因为街道破坏而散失的社区邻里。[2]

他认为，个人交通潮流正在创建一个不可持续的过程：我们前进的方式和我们改变自己领土的方式决定了道路的模式和能源的消耗都是不可持续的。

马斯达尔（Masdar）的断面

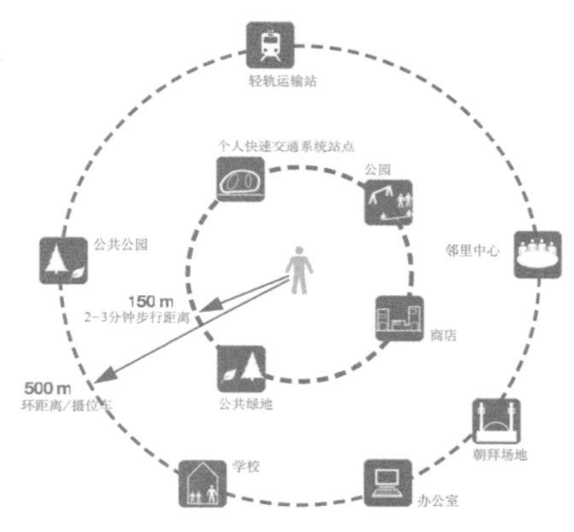

在马斯达尔（Masdar）到达不同目的地的旅行距离

个人快速交通系统（PRT）原型

目前还没有类似于绿色汽车这样的东西，即零排放的、零能源消耗的，对行人、骑车者和城市人口密度零影响的交通工具，但是我们可能需要重新去发现自行车和双脚。[3]

我们的工作一直都关注在可持续流动性上面，从略微原始的方式到最激进的办法。我认为城市里土地使用、密度和建筑分布的模式都应该嵌入到流动性的模式中去。

所以，我的方法主要是强调要在总规的部分就要避免以汽车为导向的规划，或者至少要减少私车交通的影响。但是很糟糕的是，发展商和政府过去是汽车文化的主导者，如今要求他们转变为接受创造交通流通性好、少排污和构建行人和骑行者安全愉快的环境的理念，这是很困难的。

更好的模式是从观念更加开放的开发商和城市规划师那里想出来的，它们倾向于做出更可持续的城市发展，这样的城市土地利用能混合在一起，公共交通也会连接起来，汽车使用受限，从而创造出更好的场所并且也会有更高的投资回报。在最近的几年，我所工作的几个项目都是强烈关注可持续性的，比如布拉格的本拿比（Burnby）小镇，由渐近线（Asymptote）建筑事务所和CMA设计，迪拜的运河城市由KPF事务所设计，还有一个是在阿布扎比酋长国的马斯达尔（Masdar）计划，由福斯特（Foster）建筑事务所设计。

马斯达尔，目前还在建设之中，是世界上创造第一座碳中和、零污染发展的城市的尝试。这个项目被认为是从一开始就不准备发展汽车的，这也使得马斯达尔能构建每天容纳70 000人的城市建筑。这个中心就是要使土地在1.5 km²的区域内集约利用。到达这个场地是由私人交通保障的。阿布扎比酋长国目前基本上没有什么公共交通，但它仍然在规划一个不一样的未来，从一个轻轨交通系统链接到奥拉哈的密集居住区域项目。从长远角度来说，还要通过地下公共汽车和其他高使用率的地

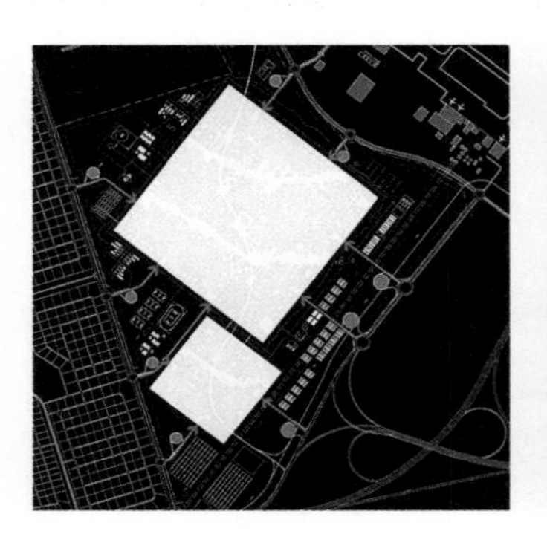

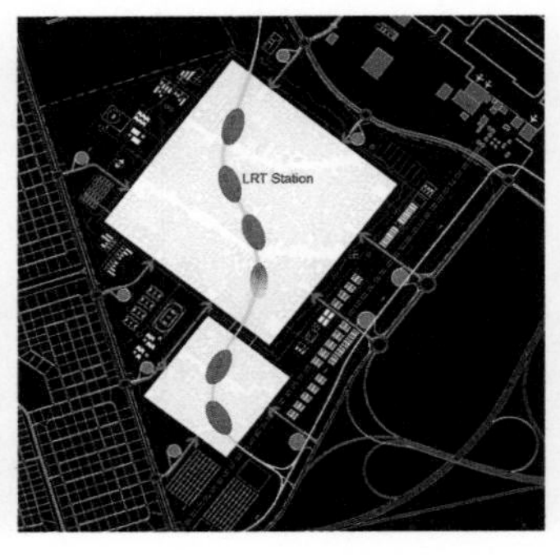

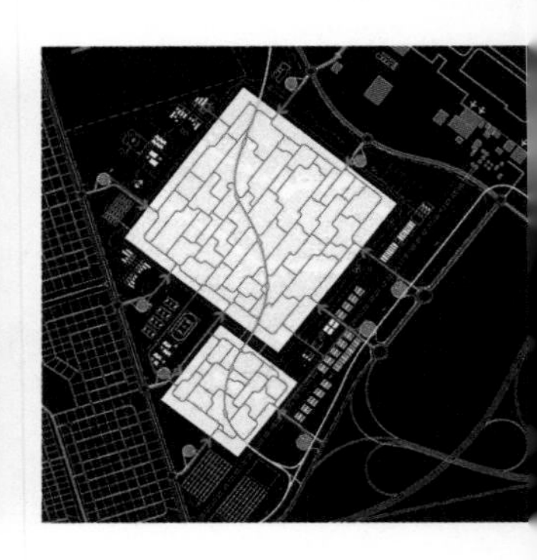

马斯达尔的停车场分布，轻轨运输在马斯达尔城内有多个站点，个人快速交通系统在停车站台的下面

注释：

1.斯蒂凡诺·波尔里（Stefano Boeri）、阿图罗兰·扎尼（Arturo Lanzani）、爱德华·马提尼（Edoardo Martini），《土地变更：环境、景观和该地区的米兰》（*Il territorio che cambia :ambienti, paesaggi e immagini dellaregione milanese*），米兰：阿比塔尔·塞杰斯塔（Editrice Abitare 简析，1993。

2.约翰·怀特莱格（John Whitelegg），《交通运输的可持续发展的未来：欧洲的案例》（*Transport for a Sustainable Future: The Case for Europe*），伦敦：威利（Wiley）出版社，1993年。

3.约翰·怀特莱格（John Whitelegg），《交通运输的可持续发展的未来：欧洲的案例》（*Transport for a Sustainable Future : The Case for Europe*），伦敦：威利（Wiley）出版社，1993年。

下交通来实现。宏伟的目标是要40%通过个人快速交通和剩下的60%的通过公共交通的方式来实现任何场地的可达性。

要想达到使用个人快速交通的目的，可以把车停在9个外围停车场中的一个。如果你住在规划的城市中间，你可以驾车到城市中“围起来”的区域，如果你是坐公交车或者其他高频使用的交通工具来的，你将会在停车场的地面层下车。如果你通过轻轨系统到达城市，你会直接进入到城市的中心。

马斯达尔（Masdar）最令人激动的地方在于个人快速交通系统，全自动的交通工具能够使你从汽车停车场到达城市中心并且尽情在市区内行动。这个系统是交通系统上的一个创新，38 km的网络将会容纳1800辆交通工具和87个为乘客设置的站点，这也为物流运输提供了便利。个人快速交通系统相对而言是比较简单的，基于锂电池驱动的电子发动机。复杂的部分是由检查控制系统组成的，这样地下交通工具的队列可以管理停车位、组织道路和充电设备等。

马斯达尔交通战略第一个摒弃了传统的交通系统需求导向的门对门交通服务。这是一个在世界范围内的交通创新的尝试，也可能是通向更好未来的第一步。

在高度边缘化的城市中挣扎

卢瓦克·华康德（Loïc Wacquant）

在国家应对城市化衰退时，如果只是为了遏制其破坏性的社会效应和负面的政治影响，国家将要面对的是三方面的政策选择。其中之一将会成为压倒性的发展，这当然取决于欧洲联盟决定将要在未来发展成为什么样的跨国家联盟。

第一个选择，代表一系列非变革的中间派，他们的提议包括修补和重新部署现有国家福利的方案，意在支持和帮助城市边缘化人群。比如，可以通过扩大医疗覆盖面，加强如SAMU（法国的"危机社会工作"团队街头流浪汉、医疗应急小分队）社会应急方案，"激活"的援助计划使他们获得培训和就业机会，或在目前结合工作援助（关闭"贫困陷阱"），更广泛地通过非利益团体来动员组织这个网络。

很明显的是，不可能把所有的工作都做到位，或者所有的难题都得到解答，否则今天深度边缘化也不会这么显著。如果不扭转这个现状，他们在无依无靠情况下建立的城市堡垒会被击碎，有些人可能会说，在地区政府明确的理念和经营缺失的前提下（在地区、市政当局和邻里层面上），这部分工作甚至会部分转包给非赢利部门，这些头痛医头、脚痛医脚短期的手段经常从下面城市的极化开始引起阶层分裂，并且可能助于延续他们的不堪现状，尤其是在政府的官僚主义不和谐的声音高涨以及政府低效的背景下。这从长远角度来看，只能是继续挫伤城市贫困问题解决的公平合理性。

第二个选择，回归的并且压制的，解决的途径就是通过惩罚性地圈定贫穷的范围来认定贫困是一种犯罪行为，特别是被限制在越发孤立的和污染的邻里区域。从一个方面来说，监狱可以作为贫困的一个解决办法；从另外一方面说，这也是美国政府在20世纪60年代处理犹太贫民区暴动事件和应对相对平静的此后20年期间社会不稳定因素的概括化善后处理方式。[1]这不是由于美国监狱偶然的惊人膨胀，身陷囹圄的人口25年内翻了两番，劳教部门已经上升为国家第三大雇主，甚至在犯罪率基本上保持稳定并且在这一阶段急剧下降的情况下，公共服务也在正式成为一门职业（叫做“工作福利”）之前而大幅缩水，贫民窟由于黑色暴动、去工业化、遗弃城市的公共政策强烈压力而大面积出现。事实上，萎缩的美国政府和报复性国家的过度臃肿，这是两个相互关联和互相补充的参与到苦难的国家转变的因素，而它们的功能是要给下层阶级强加非社会化的劳动力报酬和市民身份的准入法则，同时要提供作为种族控制机器的非贫民窟的功能替代品。

美国这一届政府出乎意外地热衷于解决这个问题，它已经接受了这个应对社会分化的解决方案，实施初见规模，[2]试图依靠警察、司法和监狱系统来减缓由于不确定性的政府工作和社会福利的削减带来的社会不稳定因素，这个办法正在欧洲广泛实施。这些可以通过下面的四个阶段逐渐深入的刑罚变革看出来：

（1）过去20年欧洲联盟大部分国家的犯罪率显著上升：[3]在1983到2000年，收容者比率每10万个人从70增加到95个，意大利从73增加到93人，英国从87增加到124人，荷兰从28增加到90人，西班牙从37增加到114人。

（2）在犯罪人口中，非欧洲移民、有色人种、毒贩和吸毒者、无家可归的人、精神病人，以及人才市场上的失意者占了很大一部分比例。在1997年，在德国、比利时、荷兰的在押人员中超过1/3的是外国人，在法国、意大利和奥地利是1/4（尽管他们只占这些国家的人口的2%~8%）。

（3）监狱人满为患，这使得原有的拘留不良人员的功能降低了。在1997年，超过1/3的法国和比利时以及1/2的意大利和西班牙的监狱都处在一种“危险的拥挤“状态之中（囚犯的人数超过了大概20%的容量）。监禁设施的拥堵直接导致居住和私人空间的拥挤，卫生标准和医疗条件不断下降，暴力和自杀率持续升高，缺乏锻炼和教育及重回社会的准备工作。

（4）强化的刑事政策广而告知地引发了康复费用的大缺口，尤其是在“更少合理性”[4]的公认的原则指引下，这种强化在释放之后，开始抵触对减少再犯的干预。

最近，公众对城市无序的评价的转变揭示了贫困和混乱的刑法处置问题，矛盾的是，犯人与社会和经济能力状态的脱节加剧了这种混乱。一方面是使人民更加深信欧洲将在社会方面向下收紧，导致劳动市场网络的进一步无序；另一方面，这将会不可避免地导致大面积和谐化刑罚的受阻，使欧洲大陆上的监狱通胀式地扩张。[5]

尽管有巨大的社会成本和财务成本，在最宽容平等的北欧国家，监狱制度仍然是一个引导性和有针对性的解决城市混乱错位的办法。[6]但是强大的政治和文化障碍是大规模的监狱化管理的巨大阻力，这也是在他们公民化民族精神、惩罚性的安全保护伴随着未被触及的新边缘化的根源。这意味着，这项举措在不久的未来是必然要失败的，并且在未来，以下的几点会激进地应对城市两极分化：攻击性地重建社会状态，使出现的经济情况与社会现状和变革相适应，缩小性别差异化，提出社会鼓励措施来使女性参与集体公共生活。[7]

激进的创新之举包括：市民工资组织（或者是面向全体公民的没有限制的基本收入补贴）能够帮助他们应对失业风险，在职业生涯中的免费教育和工作培训、公共住房、健康的交通这三项基本需求的可达性。他们需要这些来扩展社会权利并且减弱因为劳动力丧失而造成的不利后果。[8]最后，就是要针对千禧年的民主社会扩张不断延伸的边缘化的历史挑战，做出必然应对的选择。

注释:

本文摘录和改编自卢瓦克华康德的《从下层看城市极化逻辑》，《在城市的弃儿：比较先进社会学边缘化》（*Urban Outcasts: A Comparative Sociology of Advanced Marginality*）马萨诸塞州剑桥Cambridge, MA: Polity，2008年。

1. 迈克尔 · 托尼（Michael Tonry），《恶意忽视——种族，美国的罪与罚》（*Malign Neglect — Race,Crime, and Punishment in America*），纽约：牛津大学出版社，1995年；卢瓦克华康德（Loic Wacquant），《惩治差：新自由主义政府社会不安全》（*Punishing the Poor: The Neoliberal Government of Social Insecurity*），达勒姆和伦敦，杜克大学和伦敦大学出版社，2009年。

2. 在2000年，每10万居民中有710名囚犯，美国已成为世界领先的监禁大国。它的人数按比例是欧盟国家的5～12倍（当时欧盟15个成员），虽然后者有犯罪事实（除了杀人）类似于美国。

3. 下面的统计数据，是从斯特拉斯堡的欧洲理事会上面由欧洲委员会发表的《欧洲年度刑事统计》（*Statistique pénale annuelle du Conseil de l' Europe*）中搜集来的。

4. 应用于刑事领域的边沁功利主义理论"更少适应性"原则（1796年创立，1840年爱尔兰饥荒中引入以应对个人要求社会福利救济的状况）规定社会为囚犯提供的各种条件不能超过为最贫穷的自由公民的生活条件，这样一来，普通工薪阶层就不会想要通过犯罪而使自己被囚禁，以此来改善生活状况。

5. 卢瓦克华康德（Loic Wacquant），《贫穷监狱》（*Prisons of Poverty*），明尼阿波利斯Minneapolis：明尼苏达大学出版社University of Minnesota Press，2009年。

6. 尼尔斯 · 克里斯蒂（Nils Christie），《元素地理环境刑法》（*Eléments de géographie pénale*），《行为研究》（*Actes de la RECHERCHE*）的社会科学版， 124，1998年9月：68-74。

7. 约斯塔艾斯平 - 安德森（Gosta Esping-Andersen），《为什么我们需要一种新的福利国家》（*Why We Need a New Welfare State*），牛津：牛津大学出版社，2002年。

8.《真正的自由》(*Real Freedom for All*)，菲利普·凡·帕里(Philippe Van Parijs)，《什么(如果有的话)可以证明资本主义》(*What (If Anything) Can Justify Capitalism?*)牛津大学出版社，1995年；由盖·斯坦丁(Guy Standing)编辑，《促进收入保障作为一种权利：欧洲与北美》(*Promoting Income Security as a Right : Europe and North America*)，伦敦，2004年。

生态城市规划的一般理论

安德烈斯·杜安尼（Andrés Duany）

危机

现在，我们面临的是巨大的危机，因为它们是如此地强烈以至于我们都认为是长久性的：气候变化，石油峰值论，国家财富的蒸发，或者我们熟知的房地产崩盘。因为这些危机都是处在加剧的趋势中，大众的感觉都是彼此联系的，事实上也是有客观的关键联系的：美国中产阶级的生活方式——为了生活的一点需求而开车去各地，这主要有赖于土地和商品化的房地产产品，以及安全有保障的食品。就是这样的生活方式和现在全球化的输出视角，是目前所有危机的根源。如果将这种方式归纳起来，就是确定无疑的“郊区化蔓延”。

设计师现在已经开始参与变革过程，即使最初的改革的呼声局限在建筑领域（LEED），城市尺度现在已经开始展开（LEED-ND）。现在的名称改成了——生态都市主义（Ecological Urbanism）——尽管有力的竞争者在争抢这个名号，但疑惑仍然存在。其中之一的是“旧都市主义（The Old Urbanism）”，现在成熟的一个叫“新都市主义（New Urbanism）”，早期的叫“景观都市主义（Landscape Urbanism）”。还有一个考虑到现状的严峻性的名词，“不负责任的都市主义（Irresponsible Urbanism）”可能最终会从规划的语汇中剔除。

竞争者

“不负责任的都市主义（Irresponsible Urbanism）”这个名词最开始是雷姆·库哈斯（Rem Koolhaas）在他的文章《亚特兰大》（Atlanta）中提出来的，这篇文章提出“城市已经失去了控制，那就让它不负责任吧。”[1]从它最初追溯城市的起源，这个名词随着城市土地学会使之不断与其他词汇混合而变得通俗易懂，考虑到今天自由论者已处于危机边缘，这个词几乎是一个植物人状态。但是它还没有死，生态都市主义其中之一的任务就是去保持住不负责任的城市化已经做到的很好的一些部分：

市场化、相对便宜、易于管理。如果这些达不到，这些问题还是可能会出现。记住，城市郊区化蔓延就是愚蠢的城市规划的后果，已经不足以获得俄赫伯特·甘斯（Herbert Gans）、罗伯特·文丘里（Robert Venturi）、丹尼斯·斯科特·布朗（Denise Scott Brown）等人的同情了——最近，“前所未有的类型学（Unprecedented Typologies）”的辩护者，似乎认为这些问题都是一种适合审美的缺失的结果。

“旧都市主义”是由亚历克斯·克里格（Alex Krieger）在他被问道：“你不认为新都市主义就是旧都市主义吗？”时命名的，这不是阿谀奉承，但是“旧都市主义”更容易让人接受。当更多的人认识到高密度生活、步行、换乘都是一种环境友好的生活方式时，旧都市主义就已复活。据说曼哈顿人占据了平均一半的美国人的生态足迹。从技术上面来说，它是和现行环境标准相违背的。我们知道，由于一系列的原因，曼哈顿是一个不可能达到生态都市主义的理性之城——首先的一条原因就是目前城市形态需要的数以百计的城市水流管道。尽管在次生影响上面来说它是环境上的成功，但是从科技角度来说是环境上的灾难。旧都市主义从来不考虑自然——那些日子已经一去不复返了。

尽管有亚历克斯·克里格的疑问，但新都市主义和旧都市主义在很多方面还是不同的——其中之一是城市过去会和其他的城市在公平的领域比较和竞争，但是现在，城市和它的郊区竞争，这会涉及更多类型学资源的问题。这在技术上是通过廉价的土地和廉价的石油来对抗都市生活的多形态的敏感现实。新都市主义减缓了大量的汽车影响，但是不可能完全消除。作为杂合的困境，它能够结合城市和乡村的最好的和最差的部分。

景观都市主义也是一种杂合。它最初从景观设计的正式狂想中起源，现在它又新增了本土植物品种、自然水生系统和廊道拓扑学的标准。这样的设计创新为整套建筑设计提供思路，而不只是装饰的附属物——这样达到城市化的覆盖。意想不到的是，由于师法自然的局限性，景观都市主义甚至不能避免高密度区域（新都市主义低密度的反面）的废弃化。正是由于对空间定义的强烈偏见，在新都市主义的报告里面没有出现“廊形街道”或者“广场”这样的词汇。初步的公共领域是理疗性的：乡村散步、种植可吃的蔬菜和与自然对话，这些都成为过去城市空间的社会活动的替代方式。景观都市主义还夸大了设施的作用来减弱艺术性，强化了雨洪管理的设施，在停车场增加了渗水铺装。

但是，一个城市范例不能依赖于在居住区的建筑之间的自然小片段。其次，景观都市主义不能妥协于只是擅长于为前所未有的类型学中的大型零售商建筑和垃圾空间似的办公产业园提供一种绿色的伪装。

挑战

怎么去评价生态都市主义的三个竞争者？尤其是在这个新的论断中基本没有什么一致性的情况下。其中一个方式就是来建立一种能提供测试的抽象理论，同时能保证测试的完整性和有效性。这个协定能够体现支撑现代政坛信誉的技术神秘性。它的指标必须基于可识别的自然过程，这样环境主义者可能能被评估人召集过来参与评估，而不是做剩下的不妥协的“邻避一族”。此外，这个理论必须足够简单，并且容易被几何化、机械化功能分区（欧几里得分区）的政府使用和管理。

理论

以中国的农村到城市的各个横断面分布理论来支撑这个抽象的理论是可行的吗？至少现在还有很多功利的做法。[2]横断面是一个基于从郊野到城市核心的地理环境学的理论。通过城市设计中集成环境方法与栖息地管理分区，横断面打破了惯常的专业的评估，使环保人士考虑设计文化的栖息地和城市规划的自然保护，可以分析和设计人类与自然的混合共生创建功能的栖息地。今天，它是一个免费的操作系统，用于分区法规和其他技术标准预期来替换当前系统的分区。[3]它已经被证明是一个包括生态都市在内的广泛分散元素的强大的分类动力。

如果所提出的生态都市主义的理论能够在世界不同地方获得协调，它就可以作为应对多样性的共同货币概念，而不仅是自然科学和社会科学的指导守则。生物和经济活动依赖于置换（或者是化学，或者热量，或者货物和服务）。设计货币就是用来衡量为所得到的东西付出东西的价值。一种置换达到的是一种不管是从物理上、经济上，或者政治上的价值平衡，只要这是一场公平的置换就可以。例如，政府反对者提升了大众关于城市蔓延不是一项公平置换的意识——以房地产和商业中心来置换耕地和林地就是不利的交易，在城市蔓延之前，城市发展都被认为是一种上行的趋势：一片林地和农场可能会丢失，但是获得的村庄和城镇被认为有好的价值。例如，查尔斯城半

在置换的过程中各个元素的强度

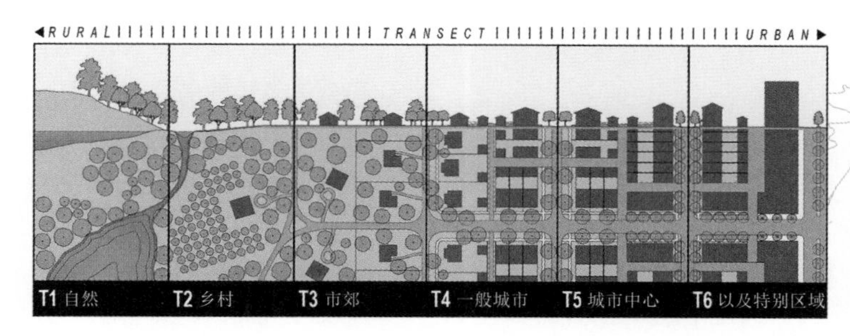

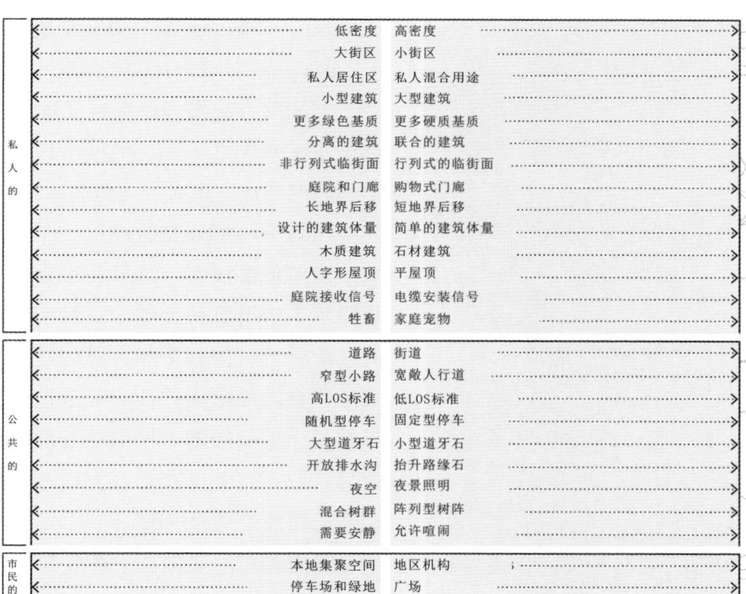

私人的
低密度 高密度
大街区 小街区
私人居住区 私人混合用途
小型建筑 大型建筑
更多绿色基质 更多硬质基质
分离的建筑 联合的建筑
非行列式临街面 行列式的临街面
庭院和门廊 购物式门廊
长地界后移 短地界后移
设计的建筑体量 简单的建筑体量
木质建筑 石材建筑
人字形屋顶 平屋顶
庭院接收信号 电缆安装信号
牲畜 家庭宠物
公共的
道路 街道
窄型小路 宽敞人行道
高LOS标准 低LOS标准
随机型停车 固定型停车
大型道牙石 小型道牙石
开放排水沟 抬升路缘石
夜空 夜景照明
混合树群 阵列型树阵
需要安静 允许喧闹
市民的
本地集聚空间 地区机构
停车场和绿地 广场

旧的城市化—— 重视社会和经济多样性

景观都市主义—— 重视自然多样性

新都市主义—— 珍视自然和社会经济多样性

可持续都市主义—— 在所有的T区域平衡自然的社会经济多样性

岛的湿地可能丢失了，但是建成的查尔斯顿城被认为是一项相当公平的置换。

如果被置换的土地上面是一座希尔顿郊区度假酒店的话，还是可以接受的。

这种土地置换可以用一个方程来解释生态都市主义的基本理论：在从农村到城市转化的任何一个点上，在城市化之后的社会和自然多样性的综合强度一定会大致和城市化之前的自然密度相当或者更大。[4]

$N: \Sigma\ [\ Ds + Dn\ ]\ post \approx > N: [\ DN\ ]\ pre$

其中:

N——一个常数;

Ds——城市化后每单元土地上社会经济活动多样性指数;

Dn——城市化后每单元土地上自然栖息地多样性指数;

DN——在城市化前每单元土地上自然栖息地多样性指数。

上图从方程的角度显示了生态都市主义的基本理论。在旧都市主义理论之下，T6的城市核心社会学多样性比T3段的郊区要高。但是这里也有一个概念方面的问题。

因为不均衡分配给T2段一个郊区区域，同时T1段的自然区域一点赋值都没有，这就是城市化通过增加工作、住房、商店和娱乐来提升价值。因为在汽车还很稀少的时候，这些区域人流彼此临近，因而多样性被创造了出来。旧都市主义的环境影响的积极方面是集约性、复杂性、步行性和换乘便利。消极的影响是土地必须随着网络连通性而变，形成适应于集约建筑的商品。旧都市主义在环境方面表现很好，但是它会扩张开来，破坏自然环境是必然的。

景观都市主义的问题就在于T3段的郊区的分值要比表现最差的T6段的城市核心的分值要高，这是因为生态多样性的绝对优势的结果，这就揭示了该图概念上的严重缺陷。景观都市主义没有指标来衡量城市断面。在仅仅使用了一半的城市衡量工具的时候，城市核心的社会多样性除了不透水性铺装和热岛效应，没有更明显的了。像伦敦和曼哈顿这样的区域，被评为消极的生态足迹区域。这样的城市化模式是问题的一部分，但不是解决方法的部分。

新都市主义给T3段的郊区区域赋值最低，因为它在郊区和城市化区域的多样性最低，这样就纠正了其他两个图的问题。随着在T1—T2段自然保护的城市区域和在T5—T6段向密度和社会多样性的转化过程的指示性箭头，新都市主义能够依据T区域的相对城市化程度来决定选择性的接纳或者抵触自然。但是，证实郊区的单身家庭的持久性是不可能的，除非是受市场力驱动，有在转化的过程中不可避免的另外的市场计划。这个缺陷会阻止新都市主义成为生态都市主义的范式。

生态都市主义保留了新都市主义中强调的正确的社会与自然的多样性，但是通过与绿色生态管理部分合作，在T3段的郊区区域提升了服务品质。T3段区域设计的初衷就是要补偿高密度土地开发占用和因为能源更新、水体再利用和食物生产需求而带来的交通需求。这项工作很凑巧地和每份资本金额的土地高承载相吻合。这些减缓城市化的技术能够很好地由独立建造的房子来统计，而不是T5段和T6段的城市建筑类型。这样郊区变成了T3段郊区化区域，也不会招致什么骂名。生态都市主义的普遍理论从此就和城市断面上的环境表征等同了，也为完整的市场经济理论保留了选择权。

结论

自然和社会多样性，都在从乡村到城市的断面图里面以不同的比率包含进来。在T1段的高度的自然区域为景观都市主义提供了理想的模板。但是这两个单独的图在给T3区域赋予无根据的高分值的时候，都忽略了彼此的积极影响。新都市主义估量了T1和T6区域的自然和社会多样性，同时也贬低了T3段的郊区化的分数，这是指数最低的两组。生态都市主义根据普遍的理论，在所有的T区域，多样性的等级总和达到了一个大致的平衡水平，创造了郊区化区域。因此，所有的都是环境友好的，并且市场也能够评价它们的表现。普遍理论的方程能够确定城市化进程中自然的损失度。

注释：

1.雷姆·库哈斯（Rem Koolhaas），《亚特兰人》（*Atlanta*）中的《亚特兰大的一种解读》，编辑：拉蒙·勒，巴塞罗那：Actar，1996。

2.见www.transect.org，《在人们意识的情况下调控》，安德烈斯·杜安尼（Andrés Duany）和大卫·布朗（David Brain），《调节地点：标准和美国城市的塑造》（*Regulating Place: Standards and the Shaping of Urban America*），伊兰·本·约瑟夫（Eran Ben-Joseph）和吴士·思科德（Terry S. Szold）编著，纽约：洛列治Routledge出版社，2005，293-332。

3. 参见智能代码，www.transect.org。有一些以30断面为基础的模块。

4.此类型或方程包含两个无量性（多样性指数）和不可通约性（自然和社会）。不像严谨的科学方程算法，由社会和环境科学组成方程，有助于阐明一种趋势。这在格雷厄姆·费梅路（Graham Farmelo）的《它必须是美丽的：现代科学的伟大方程》（*It Must Be Beautiful: Great Equations of Modern Science*）中出现，伦敦：2002年格兰塔。

生态都市主义的政治生态

保罗·罗宾斯（ Paul Robbins）

在1995年的夏天，大约有500人在芝加哥持续一周的热带风暴中死去。从所有的合理的、无关政治的或者传统的原因来说，这是一场城市里的自然灾难。如果有好的建筑设计和更多在降温设备上面的投入，灾难也许就更容易被控制。更深入的调研就是，正如艾瑞克·克林南伯格（Eric Klinenberg）在他的灾后“社会性验尸”中揭示的，在太平间里面停放的尸体并不能代表大部分城市人口，或者不成比例性的老年人、贫民和非裔美国人更多。[1]这是因为出现了偏差，还是代表了一种结构模式？

在密尔沃基城（Milwaukee），有整个国家都引以自豪的城市绿色森林覆盖和在历史中流传下来的在景观周围构建森林的简明的政策法规。通过太空电子影像来仔细分析城市中绿地的分布是一种小于充分均匀的模式。需要指出的是，树冠的覆盖度和家庭收入是有密切相关的正联系的，但是和租户、非裔美国人和西班牙裔美国人的数量是成负相关的。[2]是不是存在着一种绿色城市主义的不均衡性是一种不幸的机缘的可能性，或者仅仅是城市居民的一种工作习惯？

在巴基斯坦的拉瓦尔品第城，洪灾已愈发成为城市中一个凸显的问题。由于城市化增长、侵蚀、管道垃圾排放导致涌流横扫过城市的河岸。正如丹麦人穆斯塔法观察到的，尽管在洪泛区的人们信奉的观点、解决方法和思路有很大的不同，从固体废弃物污染控制到公园建设引流，当地的主管洪涝的专家事实上比当地的居民能想到的点子要少得多。[3]在这些复杂的生态环境中居住的人们具有的想法和生态学知识，比那些在远处受过专门的水力学训练的专家都要多得多。这是一种偶然的反讽还是一种根深蒂固的观念？权威一定离真相更近？

为了回答这些问题，或者要批判性地解决其中任何一个事件或者状况，都很有必要重视一个论断，那就是在城市环境中观察到的很直观的结果都是一些结果更复杂的关系的产物。这些产物有的时候会有反复发作甚至导致令人厌恶的结局。支持这个论断的联合研究领域专业和积极分子，通常把这个结论归为政治生态学，在行为知识学领域，认为“结合了生态学的考虑和更广泛定义的政治经济学的范畴，”[4]在农业政治学中，关于森林、田地、渔业等冲突的解释已久，现在也用来解释城市形态的转变如何对城市内部的生态系统行为和卷入其中的社会及政治形态结构产生的影响。从这个意义来说，城市政治生态主义本质上说是经验主义的行为，用来调节和了解生态因子因为城市形态改变而带来的不自主的流动（例如，营养、水分、遮阳、污染物、信息等）、价值和花费的流动（即利润、劳动力、设施、痛苦）。

方法必然是迥然不同的，但是它也附带一些设想，源于生态学的基本原理，同时延伸到了他们的政治暗喻中。在生态学“任何事物都是联系在一起的”的原则之下，政治生态学会问道：这些生态变化怎么影响或者剥夺这些在能接触到的和通过时间空间联系彼此关系的互相影响？仔细思考“任何事情都必须到哪里去”的问题，政治生态学探索所有的在经济和政治活动中创新性的破坏、积聚以及流动转变的空间和物质模式问题。这些生态原则的基础是“天下没有免费的午餐”，政治生态学会问道：谁来消费？无独有偶，艾瑞克·克林南伯格说：基本上没有一个城市在整体上是不可持续的，但是仍然有一系列的城市和环境过程会消极地影响某一些社会群体，同时对另外的一些群体有利。[5]

在努力达到可持续性城市的工作中，产生更少的二氧化碳，保有更丰富的生物多样性，锻造更健康的市民精神，很有必要意识到的一点就是这样的可持续城市结果，有赖于在所有的生态系统中拥有的因素中进行精心挑选。简单地说，城市政治生态学鼓励我们来设想一个绿色的城市，而不仅仅是社会福利，而是基于未来协调良好的人与环境的关系，为不同代际人口产生不均衡的效益。[6]

因为在重新建造城市和塑造城市形象的过程中已经创造了价值，因此没有什么机会来重新配置城市劳动力、城市功能和资产关系。相对的，根深蒂固的利益关系可以抓住任何这样“有创造力的破坏活动”的机会获取流动的价值，[7]或者掌控积累性的资产或者排除、边缘化和移除那些“不方便的人口。”[8]对于政治经济学来说，城市垃圾问题可能包含于并且与经济发展抗争，[9]家庭周围文化模范要包含于并且被世界石油化工产商的积累模式调动起来。[10]在生态都市主义范畴中可以讨论的问题，都至少具有三倍的影响力。

首先，必须从塑造绿化城市的多重选择性入手，有些选择会给不同的居民带来更多或者更低的花费和好处，有些不通过仔细的审查是不能预见的。想想费城的绿色公园空间，那是一个明确考虑到在费尔蒙特公园系统中绿环贯穿建设的城市。正如亚力克·布朗洛陈述的那样，长时间维护这些公园所需的资源在逐渐减少，这使维护和管理资源分配不均，最终造成了危险的、蔓生的和被忽视的区域，真实的可见的危险让人感到恐惧，尤其是周围邻里社区有不成比例的贫困人群和少数族裔。[11]

问题1：准确地说，是什么构成了绿色城市的评判标准？在牺牲他人的劳动力和投资的前提下，什么时候能够看到从特定的设计、选择、改变中获得收益？

正如政治生态学认为的，这个问题的很多答案，都在于那些体系和想象被用来设想和执行生态都市主义。密尔沃基的绿色体系，正如之前描述的，被城市林业部门雄心勃勃地预见到了。但是这个组织有一个核心的管理机构，基本上都是白人（尽管在排名上它是一个大部门非裔美国人的部门），同时这也被关于楼主和租客与公共空间相关的私人财产管理理念预见到了。[12]尽管在很多方面展现了好的一面，然而它仍被证明不能设想和产生体现社会公平性的城市森林效果。

问题2：准确地说，谁将来绿化城市？绿化城市是为了谁？

在很大程度上，这是专家团队在行使他们定义关于生态都市主义哪些是对的哪些是不对的一项权利。当反对城市灾难的人们将大众的注意力转移到垃圾投放地、烟囱的时候，他们呼吁的正义性经常是被过滤了的，尤其是通过种族和性别歧视分子表达出来的时候。女性城市环境保护激进者往往被排挤成为“歇斯底里的家庭主妇”。她们的呼吁也被弃之不顾，尤其是她们的感情和经验上的知识从来得不到科学的认可。[13]尽管在事实之后证明了她们是对的。在相关专业学科如工程学、规划学共同建立起来的生态都市主义中速成的、本地、经验式的知识面临着可能难以逾越的障碍。

问题3：准确地说，怎样的环境知识是在建立一个新的绿色城市中必备的？怎么去衡量与优先选择竞争式的观点？

政治生态主义建设绿色城市的价值就在于它谨慎地认为，“可替代性的和可持续性的城市主义”能够很好地存在。但是他们有必要持续地调研，新的城市形态是如何同时表现出机会和问题的。在有的时候它们分裂的甚至是敌对地存在于城市中的社会和政治问题中。简单地说，生态都市主义不可避免地是政治性的，坚持这个观念是实现可持续的关键。

注释：

1.艾瑞克·克林南伯格（E. Klinenberg），《热浪：灾难的社会解剖芝加哥》（*Heat Wave: A Social Autopsy of Disaster in Chicago*），芝加哥：芝加哥大学出版社，2002年。

2.N. 海恩（N. Heynen），H. A. 帕金斯（H. A. Perkins）和P. 罗伊（P. Roy），《城市参差不齐的“政治生态绿地—密尔沃基的政治的影响、经济上的种族和种族在生产环境中不平等》，《城市事务评论》（*Urban Affairs Review*），2006，42（1）：3-25。

3. D. 穆斯塔法（Mustafa），《一个城市的“巴基斯坦生产与灾难性景观：现代性，脆弱性，选择的范围》，《美国协会志地理学》（*Annals of the Association of American*），2005，95（3）：566-586。

4. P. 巴莱克（P. Blaikie）和H. 布鲁克菲尔德（H. Brookfield），《国家退化与社会》（*Land Degradation and Society*），伦敦和纽约：Methuen，1987。

5.艾瑞克·索文道（E. Swyngedouw），《社会力量及城市化水：权力的流量》（*Social Power and the Urbanization of Water : Flows of Power*），牛津：牛津大学出版社，2004年。

6. N. 海恩（N. Heynen）、M. 开卡（M. Kaika）和艾瑞克·索文道（E.Swyngedouw）主编，《在城市的性质》（*In the Nature of Cities*），新纽约：Routledge出版社，2006年。

7. D. 哈维（D. Harvey），《限制的资本》（*The Limits to Capital*），牛津：罗勒布莱克韦尔，1982。

8. D. 米切尔（D. Mitchell），《正确的城市：社会正义和扑灭公开空间》（*The Right to the City: Social Justice and the Fight for Public Space*），纽约：吉尔福德出版社，2003年。

9. S. 穆尔（S. Moore），《政治学在瓦哈卡》《社会与自然资源》（*Society and Natural Resources*），墨西哥，2008，21期（7）：596-610。

10. P. 罗宾斯（P. Robbins），《草坪人物：草、杂草，以及化工，让我们是谁》（*Lawn People : How Grasses, Weeds, and Chemicals Make Us Who We Are*），费城：寺庙大学出版社。2007年。

11. A. 的布朗洛（A. Brownlow），《一个考古学恐惧和费城环境变》《地球论坛》（*Geo-forum*），2006，37期（2）：227-245。

12. N. 海恩（N. Heynen）、H. A. 帕金斯（H. A. Perkins）和P. 罗伊（P. Roy），《未按“他们”自己的正义成长？》《“合作的种族/性别劳动力和密尔沃基的城市森林》，《城市地理》（*Urban Greography*），2007，28期（8）：732-754。

13. J.　西格（J. Seager），《“歇斯底里的主妇”和其他“疯女人”：基层环保组织在美国》在《女性主义政治生态：全球问题和当地的经验》（*Feminist Political Ecology: Global Issues and Local Experiences*），D. Rocheleau、B.托马斯 - Slayter、E.旺编著，纽约：Routledge出版社，1996，271-283。

综合城市的城市能源系统模型

尼尔·舒尔兹(Niels Schulz) 尼蕾·莎(Nilay shah) 戴维·菲斯克(David Fisk) 詹姆斯·科尔斯泰德(James Keirstead) 诺丽·萨姆斯特丽(Nouri Samsatli) 奥茹娜·斯瓦库玛(Aruna Sivakumar) 赛琳·韦伯(Celine Weber) 艾琳·桑德(Ellin Saunders)

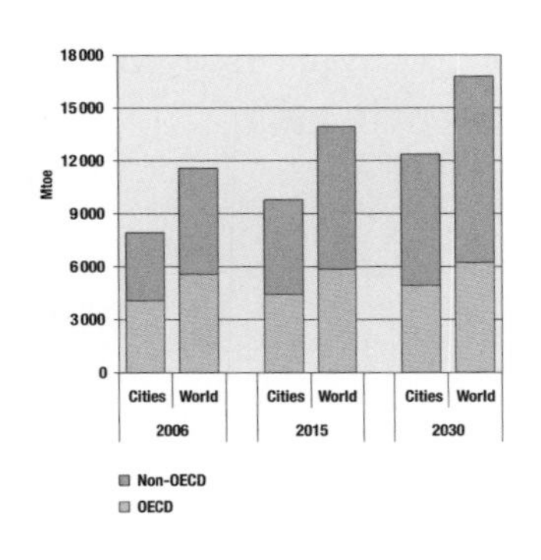

城市和全球对于一次能源的需求的发展趋势

"城市化"在全球能源不均匀使用这个问题中起着关键的作用。据联合国的统计,在2009年,史上第一次超过一半的世界人口居住在城市中。城市区域在2006年总共使用约2/3(67%)的技术型一次能源,而其总量只占据着不足2%的土地。国际能源组织预测在2006—2030年间,一次能源的使用将增长45%,相当于每年消耗掉17亿t的石油,而且城市能源消耗所占份额在2030年将增长到73%。[1]所以如何使用一种可持续的方式供应这些能源,是我们在技术和环境上所面临的一大挑战。

现代城市化浪潮中,基础设施的选择以及居住点的布局模式对于未来几十年内全球的能源需求和温室气体的排放有着重要的意义。对现有能源不足的城市进行改造,是实现"能源可持续"这一目标的重要举措。由英国石油集团所支持的伦敦帝国大学"能源系统"项目,正试图通过改善城市能源基础设施的模型,来应对城市能源匮乏的危机。这个模型通过对城市中居住区水平层级上的能源系统的整合,识别能源可节约的潜力区域,以期能够至少实现缓解城市能源紧张程度为现有程度一半的目标。因为城市是能源需求高密度区域的代表,同时也深刻地反映出能源使用上的不均匀性,所以在实现能源节约与供给方面,帝国大学的这项研究为跨行业的、当代的能源系统整合提供了良好的借鉴模式。

传统的城市能源基础设施设计和能源利用(像采暖、照明、运输等)都是相对分离的。例如大部分的能源模型,仅仅关注某栋建筑或者建筑内部的功能(照明、空调、热水供应、其他建筑服务等)。而这些功能的交叉,与其他建筑间的联系,甚至各种各样的城市活动都很少被考虑到。城市中建筑物间的能源运作系统模型的出现,也仅仅关注了单一的网络功能：如运输系统，或电力、天然气、水资源的分配网络；通信网络；又或者物流和垃圾收集处理网络。但这些子系统之间的相互联系却很少被提及。所以，更好地理解这些基础设施间的互相联系，不仅可以帮助我们改善城市资源系统的弹性，也可以更好地通过能量载体引入合理的供需模式。

城市能源系统项目发起于2005年，并发展成为一个综合的模式化的平台——综合城市能源系统。这个平台能够快速地产生多种可选的（综合的）城市设计方案和平面结构布局，并可根据不同的目标功能作进一步优化。这个模型提供了一种空间化的、动态的、能够反映出能源消耗过程及其对供给系统和城市能源资源总体需求影响的表现方法。

综合城市模型在一个由三个主要子模型的分层地形上建立，即总平面模型、基于代理图形的土地使用/交通模型、资源技术和服务网络模型。（代理图形在文中所表示的是通过一种简单的图形，如点、线等来表示复杂的信息——如土地使用情况——译者注）

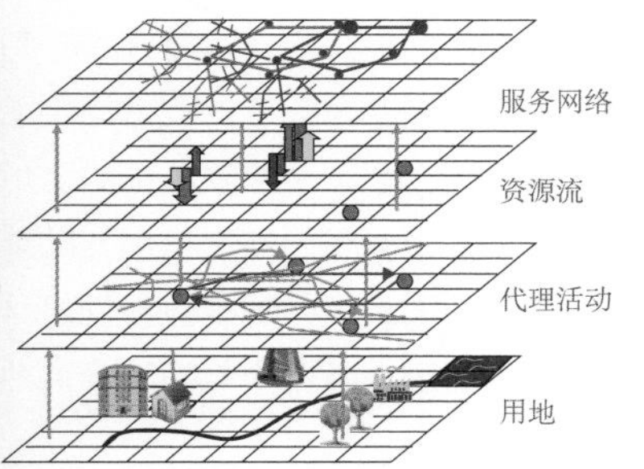

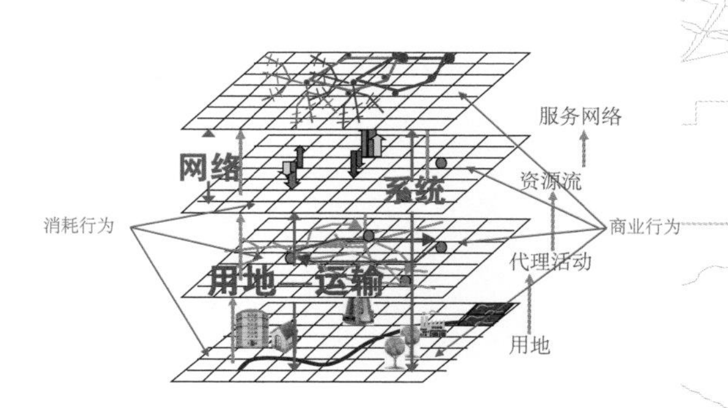

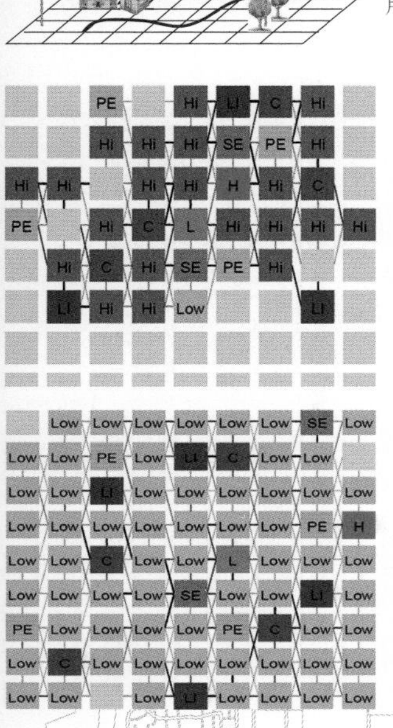

综合城市能源系统模型的分层结构各子系统和社会经济代理图形的相互影响范围两种可选的（高和低密度）土地使用/布局子模型解决方案：Hi为高密度居住区；Low为低密度居住区；Li为轻工业区；C为商业区；PE为小学；SE为中学；H为医院；L为娱乐休闲场所

（1）土地使用和总平面布局模型的建立，目的在于提供一种运输——流动——主导的可选择的空间布局结构的示意图。标准的土地使用类别包括高或低密度居住区、小学和初中、商业区、轻工业区、游乐区及医院等。基于地理特征及地理要素之间相互联系的信息，与对于不同城市用地功能的典型运输需求和能力的简单假设，模型能够计算出优化后的城市布局空间结构，这种结构能够保证城市各功能间的联系及所有活动的可达性。这些子模型也受到很多条件的限制，例如先前存在于地理上和布局上的成分、分区制和其他的规划条例，以及一些预设的目标功能：例如使到达城市功能区同等的可达性最大化，或者减少总体的运输能源需求这类目标。

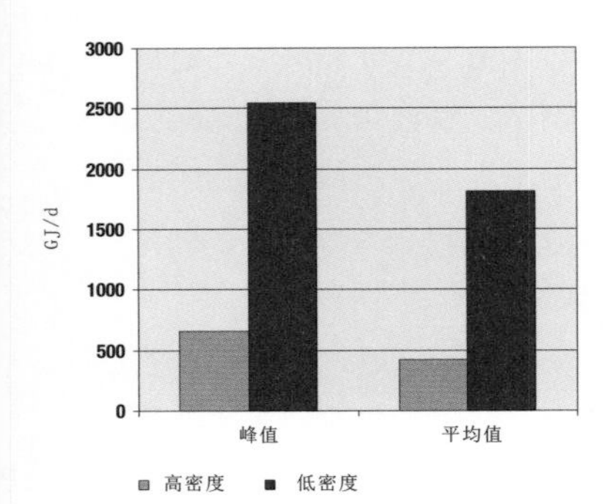

在高密度和低密度不同的解决方式中，燃料输送需求的峰值与均值的区别

（2）输送模型使用基于代理图形的模型，来模拟居民是如何按照先前的子模型或者外部数据的设定使用平面布局的。先前的子模型提供了一种最优的功能布局，设计这些子模型的目的在于规定输送系统必要的承载容积，以及确定空间中最有可能发生的活动模式。在高速的处理过程中，子模型模拟了在某个时间点人们在哪里，他们在做什么，他们是如何在不同的活动之间移动的。活动模式和移动需求将进一步转换成一种具体的资源需求。

（3）资源技术和服务网络模型使用从子模型输出后导入到资源使用模型处理器中的信息，通过这种方式来满足能源服务的需求。实际上，所有的物质和能量流，包括废弃的溪流，在模型中都被视为潜在的资源。对于每个单元所规定的三个主要处理过程：资源的生产（例如电力从具体的燃料中生产）、资源在相邻单元间传输（输入／输出）以及每个单元的资源不足。这个模型为整个系统在每个时间段内计算了一个完全空间分散的资源平衡数据。一项资源—转换的技术数据库描述了可选择的安装方式，这种安装方式的如下属性根据资源—转换的能力和效率有所变化：存储和传输能力；投入、运行和维护造价，以及其他的一些属性。例如一个热力泵能够提取低级别的热量，并把它转化成（通过电能或机械能）中级热量。组合的热源和发电厂通过依靠天然气或者其他燃料能够提供同样的能源，而把产生的电力作为热量生产的副产品。地区热量网络是一种标准的分配和储存媒介，它可确定在各个单元间流动的热

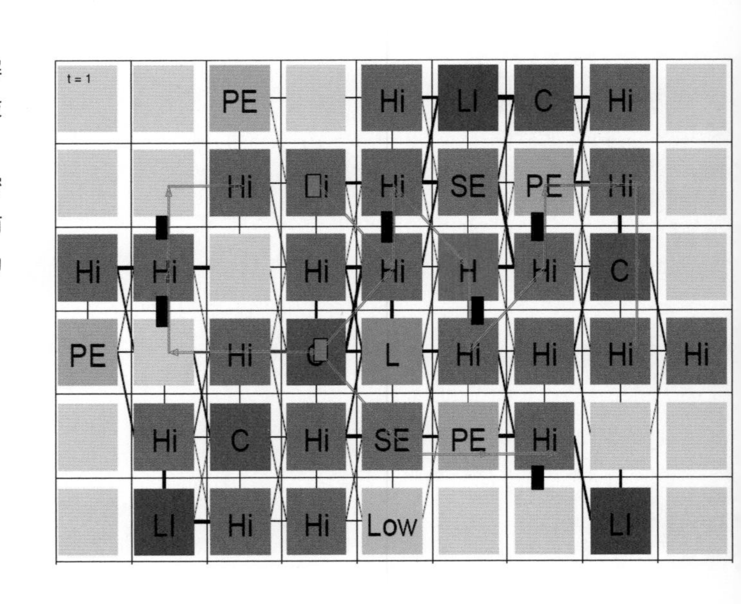

在高密度地区热量网络的最佳解决方式布局，结果来源于资源技术和服务网络的子模型。

Hi为高密度居住区；Low为低密度居住区；Li为轻工业；C为商业；PE为小学；SE为中学；H为医院；L为娱乐休闲场所

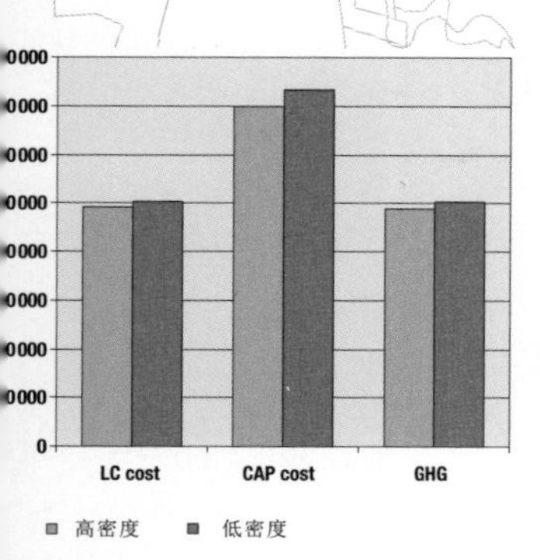

由最小化生命周期造价、资本投资造价，或温室气体排放引起的高密度和低密度区域发展下的天然气消耗变动。

LC cost为生命周期费用；Cap cost为资本投资费用，GHG温室气体排放

容量。可选择性的目标功能能够使投资费用、生命周期费用及全部的温室气体排放达到最小化，并且资源技术和服务子模型将提供可供选择的多种能量转换结构。

综合城市模型正在一些实际案例中被检验。案例包括英国生态城市的总平面设计建议和正在进行的案例研究——美国、中国、印度、中东的居住区。[2]我们认为，这种新的、综合的规划工具对于快速发展的规范化多方向研究有很大的帮助：如绿地和棕地的发展、主题城市评估、假定场景研究。关于创新型资源—转换技术，像电动车的引入，通过可再生资源或者混合资源进行能源生产分配，混合资源包括小尺度燃料单元、组合热源和发电厂。

注释：

1.国际能源组织，《世界能源展望》（*World Energy Outlook*），巴黎：经济合作发展组织，2008。

2.詹姆斯·科尔斯泰德（J.Keirstead）、诺丽·萨姆斯特丽（N.Samsatli）、尼蕾莎（N.Shah），《合成城市：一个综合的城市能源系统模型工具》发表中《第五次城市研究研讨会论文集：城市和气候变化——一项需应对的紧急议程》（*Proceedings of the Fifth Urban Research Symposium: Cities and Climate Change-Responding to an Urgent Agenda*）马赛，法国，2009年。世界银行在线发表：Http://www.urs2009.net/papers.html.

石油城市：石油景观及其可持续的未来

米歇尔·怀特（Michael Watts）

没有明显资源消耗的巨大财富来源的秘密所隐藏的是一些被人忘却的罪行，这些罪行被忘却了，因为罪犯没有留下任何蛛丝马迹。

——奥诺雷·德·巴尔扎克（Honore de Balzac）

休斯敦被称作“石油城市”。它还有不少兄弟姐妹，分布在全世界各个石油生产地区：巴库（阿塞拜疆共和国首都）、基尔库克（伊拉克城市）、罗安达（安格拉首都）、麦克默里堡（加拿大城市）、米德兰-奥德赛（美国城市）、摩尔曼斯克（俄罗斯城市）。一些城市因其在世界石油巨头（我们一下就会想起圣拉蒙、加利福尼亚、欧文和得克萨斯这几个地方）中的中心地位而得此名称。像迪拜这样的城市，作为巨大石油财富所生产出的产品，成为了金融和过度化消费主义之下的“壮观的排泄物”。正如麦克·戴维斯（Mike Davis）所讲，迪拜是波斯海湾地区的迈阿密，正被慢慢地缝合于未来的一幅荒诞的漫画上。[1]实际上所有美国城市在形态上和地理上的分散——约翰·尤里认为这种对于居住、休闲和工作空间2的拆分，实际上是在建造一个“碎片”城市——“碳氢化合物资本主义”的产品。碳氢化合物资本主义所蕴涵的是依靠廉价汽油的优势推动内部的燃烧发动机这种具体形式的文化，即汽车文化。现代城市中那些现代的东西，换言之，都是石油的副产品。

我回顾石油城市的更迭，并思索其未来。城市坐落于非洲石油和天然气生产的中心，位于大都市的中心，其中布满了基本的石油设施（冶炼厂、煤气厂、石油化工厂、输出终端），这里也成为工作在钻塔和地台的士兵安营扎寨之处，并容纳着像壳牌（Shell）、阿吉普和埃克森美孚（Exxonmobil）这类石油公司。这些城市在广阔的区域中（最终在全世界）成为石油这种“硬件”网络的中心。世界石油和天然气基础设施，被誉为石油、天然气价值链的动脉和器官（这是工业的艺术作品）并不缺乏保障。工业价值的总额现在已经超过40万亿美元足便可以说明一切。将近100万口的石油井深入地表之下（2008年钻了77 000口，有4000口在近海区域）；3300口在海下钻至大陆架的地壳部分，一些案例中甚至到达了海平面以下数千米。超过200万km长的管道组成巨大网络覆盖在世界上。75 000 km长的管道用来沿着海床输送石油和天然气。另外，156 000 km长的管道将在2012年前完工。世界上有6000个石油地台，635处近海钻塔（国际钻塔总数截止到2009年已经超过3000个，贝克休斯——全球油田服务公司）。同时，4295艘油轮（载重量在1000t或以上）每年输送2.42亿t的石油和石油产品，这个数据代表了超过1/3的海上交易量。世界上，有700多家冶炼厂加工着原油；超过80个漂浮、生产和储存装置在过去的5年内被安装。

覆盖在石油和天然气网络之上的，是令人惊讶的关于土地出让问题的妥协——开采石油区依靠国际和国家石油公司得到了长期的租约。在这有效的租约内，开采、生产如火如荼地进行着。空间技术和空间表征是石油产业的基础：抗震设备绘制水库等高线，地理信息系统来监测和计量管道中的流量，当然还有关于确定地下属性正确与否的地图。硬岩地质学是关于地球垂直方向的科学，但当涉及市场和获利时，具体描绘着石油空间的地图，成为监督、控制、约束工具。石油和天然气产业是一种由线、轴、交叉点、点、块和流组成的景观。

这样的产业景观，姑且称为石油表面，会随着时间的推移，成为废墟或成为一种残留的、遗弃的景观。正如摄影师爱德华·伯汀斯基（Edward Burtynsky）[3]所描述的：

> 产业过程转化了原始景观，之后，这种景观一旦被忽视，将开始转变成介于自然景观和人工植入景观间的东西。它们成为舞会的剩饭，多余的土地；但并没有完全死亡，当它们再生产时，也能够孕育新的生命，不过却是缺乏抵抗力的生命。

石油的变革力量最终使人类生态向着“碳氢化合物”资本主义发展，成为自然界中发育不良的侏儒（也可能在核能冬天中产生出怪物而出现例外）。伴随生产和输送大量石油而产生的破坏，如埃克·森维德斯（Exxon Vades）的噩梦，加拿大沥青砂的大规模开裂，这些都难以估量。在严重危害地表的污染物目录中，油田占据着突出的地位。实际上，所有这些损失（“外部性”经济学家所给出的定义）从未显示在天然气提取过程中。当石油成为战争和叛乱的目标时，石油基础设施自身就成为武器。令人震惊的由萨达姆军队引爆的科威特燃烧的油田的航拍图，成为战争的图腾。

这种石油“硬件”似乎总是能通过那种不停歇的发现新资源的动力补充能量，尽管大家都同意：石油资源是有限的。对于石油的欲望是无止境的，石油产业扩展到地面的尽端，或者急速疯狂地延伸到海底。“深水勘探”是今天发起的新口号（在2007—2011年间，近海岸的深水区域开发增长了78%）。2007年8月2日，一艘俄国潜艇在北极地表下2 m的位置插入了一面钛合金的旗子。因为在北极海底发现了一处赚钱的新油田和天然气区——预估将有10亿t的石油。2006年底，石油公司联盟在墨西哥海湾底下150 m的范围发现了石油。测试井——夹克2号，正穿越2134 m的深水，深入到6069 m的海底，在沉寂6000万年的第三纪岩石上开发石油。能够承担开采工作的钻井船和其他一些生产平台拥有非常巨大的漂浮结构，远远大于世界上最大飞机的体积，而且造价更高，需要5000万美元以上的投入（如租赁，每天约100美元万的投入）。2007年，巴西海岸边辽阔的杜比油田在极端荒凉的地理条件下，在大范围的盐层底下被发现。一个探测井价值超过2亿5千万美元，而它所供应的是从深水下700 m所攫取的东西。

我们可能觉得石油城市广阔但只有部分可见的联系，流动网中作为政治和经济结算中心［我引用了布鲁诺·拉图尔（Bruno Latour）的言论］。如果石油开采能够在陆地上安置管道、钻塔、地台、流动站、漂浮生产和存储容器以及输出终端，它也将包括一个不可见的地下世界，包括水库、水下管道、潜水器和立管。

石油网络，我称之为石油综合体，它们之间有丰富的联系，但在运作过程中并不是所有的结构都可见。作为流动和联系的空间，石油和天然气的世界是地缘战略实施中的重要一项，通过充分考虑能源、计算、安全和威胁等方面的因素，不断加深着我们对这个“世界”的认识。[4]全球的石油网络使我们想起了麦克·劳巴蒂（Mark Lombardi）绝无仅有的关于“全球政治经济权利的使用与滥用”的地图。[5]毒品与洗钱网络激发了劳巴蒂（Lombardi）试图在地图上表示全球违法经济的黑色区与空白区，从图上我们可以了解到，世界的石油巨头尽管拥有正当的市场角色，但仍是一个被层层覆盖的“黑色”产业区。石油世界是一个可以使基础统计数据无意义的地方，仅限于用“原始积累”这种方式来理解经济和政策的区域，而这种被墨西哥人称为“原始积累”的方式充满着暴力的强占与挪用。总体来说，石油城市和石油区是暴力和冲突的中心。沃纳·赫尔佐格（Werner Herzog）描述这种景观为“动乱的景观”。

中心枢纽、链接杆、流动装置和交叉节点组成了石油军队建设药物融资网络（石油综合体的明确定义），这个定义由戴维·坎贝尔（David Campbell）提出，他把石油和天然气系统看做胶囊：胶囊既被其他物质包裹，又包裹着其他物质，在不同的网络下起着节点、枢纽及终点的作用，并包含着多种空间和多种尺度。[6]石油钻塔、漂浮存储容器、漂浮站、冶炼厂、天然气站、汽车都是世界石油和天然气网络中的胶囊。石油城市也可以被看作胶囊，只不过这个胶囊是由其他小胶囊所组成，这些小胶囊由石油网络培育而成，也在这个网络中定型。石油网络中存在着可见区和不可见区、隐秘和欺诈、流动和固定空间、权力和安全，这些方面的运作生产出来一个充斥着暴力、不平等、军国主义和腐败的网络。

当处在“石油”这块黑色的画布面前，什么可以使非洲的石油城市哈科特港、瓦利、尼日利亚、罗安达又或者安哥拉的卡宾达与众不同？淹没在石油—美元中的石油城市正进行着政府主导的现代化建设：庞大和腐败成为它们的标志。爆炸性的城市化发展——农村的贫穷及就业的巨大困境，而城市在就业良好前景的驱动下（经济学家称之为“荷兰病”），进一步使本来就脆弱的城市基础设施和服务供给问题更加复杂。地球南端的贫民窟被麦克·戴维斯（Mike Davis）在他的著作《膨胀的贫民窟》（Planet of the Slums）中生动地捕捉到了。[7]数以百万的人住在简陋肮脏的厂房中，等待着那些劳动力扩充的产业提供少得可怜的工作机会。同时，对于极少一部分的幸运者——能够从石油租赁中获利、得到政治支持、并大量地受贿，整个城市变成一个拥有巨大财富和消费的私人领地（围合和城堡式的组合体是这个城市的形态）。

前所未有的城市迁徙，伴随的却是大量财富集聚于少数的石油寡头阶级和国家公务员（无管是军人还是文职人员）手中，这种现象导致了房地产市场异常活跃。一方面，石油城市的房地产价格（罗安达是个典型案例）可能是世界上最高的（受到寻找石油的驱动，工程、建设公司在石油城市的中心争夺那少得可怜的土地）。另一方面，管理糟糕的部队非法占据着城市边缘（或被市中心政府强拆机构所代替。拆除贫民区，以便为新一轮的石油招标扫清障碍）。房东和政府官员不断地利用住在贫民村里人们的“非法”身份，迫使人们屈从于政策之下。石油城市是最现代（罗安达炫目的海边办公区）与最贫穷（罗安达的贫民窟，在那里有85%的人竭力维持着悲惨的生活）碰撞的地方。

石油城市呈现出一种怪异的被包裹的主权：石油基础设施网络中的“胶囊”，雪佛龙和谢尔公司像部队在城市中安营扎寨。由围墙包围的社会上层人们的居住区（政府官员的居住区）拥有私人的用水、用电、服务系统。没有这种条件的地方也将私自建围墙，在院子中放置发电机，开挖井水，并配备保安。一层又一层的包裹，在这种石油城市中，“城市居民”究竟意味着什么?

平民区受到基督教福音派教会和激进的伊斯兰教影响，被世界经济状况敲响警钟的石油精英们和自由主义的鼓动者团结在一起。所有这些组织的人们都紧密联系。每个组织都害怕犯罪、叛乱、政治暴力和腐败的出现。而石油城市恰是一种易爆发不稳定，最终走向人文与生态的不可持续的地方。石油资源无疑是有限的，它终有一天会枯竭，所以石油城市从第一滴石油流动开始就应该考虑其未来的命运。就此而言，石油城市建造在被淘汰风险之上，这是一种机遇也是一种压力。

注释:

1. 麦克·戴维斯（Mike Davis），《迪拜的沙子、恐惧和金钱》，《罪恶天堂》（*Evil Paradises*），麦克·戴维斯（Mike Davis）编，英国：Verso，2007。

2.约翰·尤里（John Urry），《移动系统》，《理论、文化和社会》（*Theory, Culture, and Society*）2004，21/4。

3.爱德华·伯汀斯基（Edward Burtynsky），《多余的景观与每一天》，《空间和文化》（*Space and Culture*），2008，11/1：39-50。

4.戴维·坎贝尔（David Campbell），《生态政治安全》，《美国季刊》（*American Quarterly*）2005，950。

5. 麦克·劳巴蒂（Mark Lombard）《麦克·劳巴蒂：世界网络》（*Mark Lombard: Global Networks*），纽约：独立的负责人，2003，19。

6. 坎贝尔（Cambell），《生态政治安全》，951。

7. 麦克·戴维斯（Mike Davis），《膨胀的贫民窟》（*Planet of the Slums*），伦敦：Verso出版社，2005。

尼日尔三角洲油田

艾迪·喀什（Ed Kashi）

在石油管道上玩耍的村中孩子

菲尼玛（Finima）的日常生活场景，由鲍尼（Bonny）岛的人们转移到这里形成的社区，后面的埃斯克森（Exxon）天然气厂紧邻着社区

阿玛迪贫民区，哈克特港口区的主要屠宰场，缺少基础设施，卫生条件差，动物屠宰露天进行，血溅到下面的水道中，动物的皮毛通过烧旧轮胎处理，产生这幅场景中的黑烟

阿玛迪贫民区是三角洲上最大的屠宰场。他们一天杀掉数千头的动物，烘烤它们，切成小块在河州地区和三角洲的其他区域售卖。这里几乎所有的，特别是处理加工肉类的工人是豪萨和约鲁巴人，他们中的大部人也是穆斯林。在三角洲，鱼类是蛋白质的主要来源，但鱼类储量正因为石油造成的水污染和过度捕捞而减少，所以食用肉类在社区中越来越普遍

老鲍尼（Bonny）城是个传统社区，这里还存在着奴隶和棕榈油的交易。在石油和天然气公司扩大的同时，这个社区却陷入了贫穷与落后。没有村民能在石油和天然气公司找到工作，这也招致了大量的愤恨。市场中央站着的是五旬节派教会的布道者约翰兄弟

尼日尔三角洲瓦里的日常生活场景。瓦里是一个问题城市：贫穷，落后，暴力的青年，瘫痪的基础设施。但石油财富就在这个城市里，在这个城市周围

尼日尔三角洲贫穷的伊蒙瑞格（Imiringi）村的场景

在尼日尔三角洲这个拥有丰富石油资源的城市中糟糕的基础设施。哈克特海港的交通拥堵是严重的问题，但现在似乎并没有合适的解决方法

阿克营，哈克特海港的贫民区。村民以捡垃圾为生。一个星期前这个村庄被尼日尔军队夷为平地，起因是部队中的一个士兵在试图从酒吧解救一位被绑架的意大利籍人士的过程中被杀害。村庄中由军队发起的袭击持续不断地提醒着人们：尼日尔三角洲是多么的缺少人权。贫穷的村民们将会洗劫任何他们可以找到的东西。布瑞·高德斯维尔（Preye Godswill），27岁，是被损毁的酒吧和餐馆的拥有者。她正看着相片上记录的酒吧的美好时光，这家酒吧曾经吸引着外国人和本地人光顾

地上铁

拉菲尔·维诺里（Rafael Vinoly）

在人口高度密集的城市中心区的街道系统已经超过了其承载力。无论怎样形式的机动车、小轿车，公共交通都只会持续地占据着街道，政府无论怎样鼓励绿色交通，减少针对机动车的行车道，也只是进一步地加重了堵塞。在20世纪的转折点上，街道网络需要发展一种能与地下铁系统相提并论的系统。而这种发展只能集中在地面上，通过“地上铁”的形式实现。

由电力驱动的地上的轨道交通以低、中速行驶，能够增加街道网络系统承载力40%。这是一个大的环形系统，穿越了城市高密度的服务区。人们可以使用预支付的电子停车卡，把只容纳1～2人的车辆停放地铁和公交站间的停车场内。通过各种交通方式，包括地铁输送的乘客总量将增长18%。

这样的运输系统能够减少碳排放量30%。街道成为一个容纳其他公共服务——照明、通信、电缆、信息的凉亭，和一个结构有序的改善空气质量的过滤器。在安静、不拥堵的平台上行驶到目的地，让公众更好地在安全、高效和可持续的环境中享受城市景色。

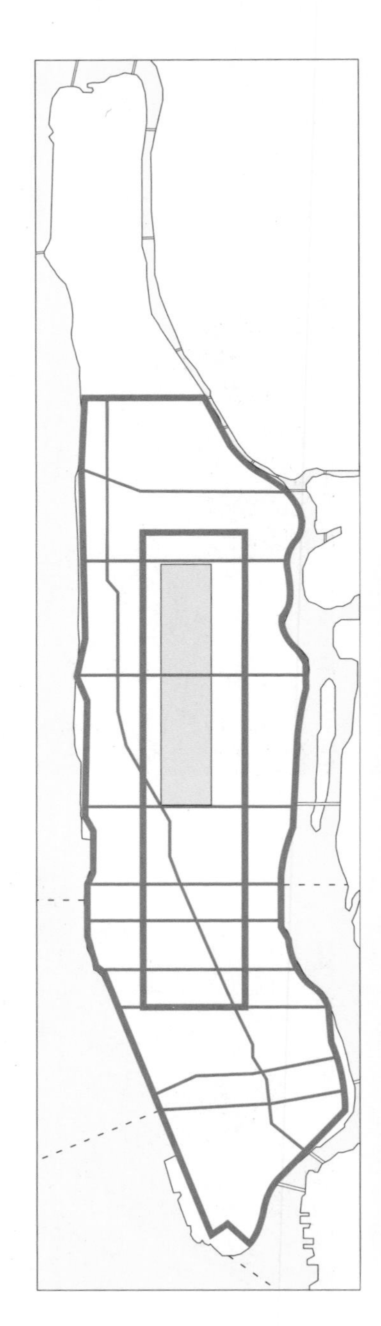

2009
TOSHIBA
TOSHIBA
TOSHIBA
TOSHIBA
TOSHIBA
CHEVROLET
VORNADO
RETAIL
Panasonic
YAHOO!
Levi's
THE LION KING
FRANKLIN
VS SILVA
SATURDAY, JUNE 13
LIVE ON PAY-PER-VIEW
SOUTHPOLE
WWW.SOUTHPOLE-USA.COM
Kodak
Kodak

走路上学

步行和骑自行车上学已经在多个国家倡导，因其对孩子健康和环境有益。这种方式能够增强孩子身体素质并减少环境污染，还可以在一起行进的过程中增加同学间的感情。

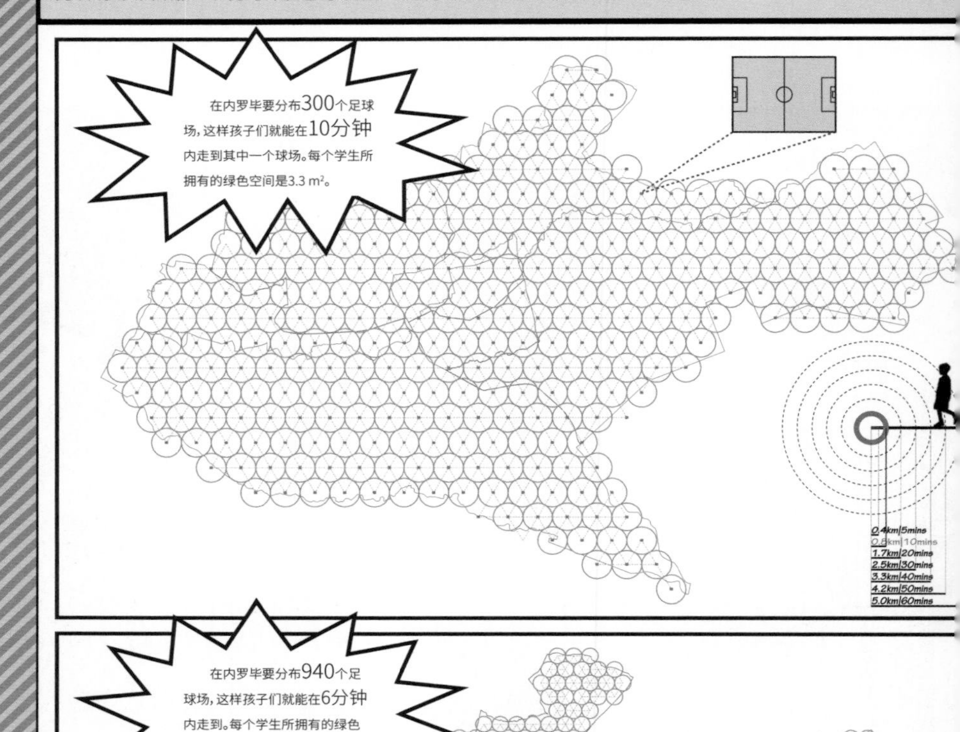

在内罗毕要分布300个足球场，这样孩子们就能在10分钟内走到其中一个球场。每个学生所拥有的绿色空间是3.3 m²。
0.4km|5mins
0.8km|10mins
1.7km|20mins
2.5km|30mins
3.3km|40mins
4.2km|50mins
5.0km|60mins
在内罗毕要分布940个足球场，这样孩子们就能在6分钟内走到。每个学生所拥有的绿色空间是10 m²。

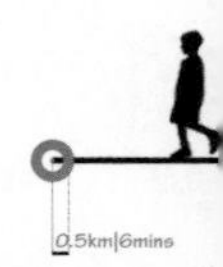

0.5km|6mins

哈佛大学研究院 内罗毕工作室

导师：雅克·赫尔佐格（Jacques Herzog） 皮埃尔·德梅隆（Pierre de Meuron）

在雅克·赫尔佐格（Jacques Herzog）和皮埃尔·德梅隆（Pierre de Meuron）两位导师的指导下，通过瑞士巴塞尔工作室与曼努埃尔赫兹和瑞士联邦理工大学的合作，以及项目的两位慷慨的赞助者：埃利斯杰夫和杰夫瑞布朗，开展了“再造乌托邦”项目，该项目是对内罗毕和肯尼亚两个城市进行比较研究，2008年由哈佛大学的6名学生完成：陈池炎（Chi-Yan Chan），艾米莉·法尔汉姆（Emily Farnham），桑德拉·费恩（Sondra Fein）、巴尼·霍尔（Benny Ho）权米寒（Meehae Kwon）、和孙权语（Yusun Kwon）；在之后的几页中有些节选。项目通过研究现代城市中普通生活中的6个侧面：居住、工作、购物、移动、学习和健康，关注当地人的具体实践和行为。项目最终为改善当地条件的新模式提出6条建议，一个充满活力的城市框架下，加强、鼓励城市平等自发地发展。

儿童能够用10分钟的时间走到学校，而不用被堵在路上，可以在学校运动场玩耍，放学后踢会足球什么的，这不是太好了吗？
我喜欢你的想法，非常乌托邦的思考。你可以通过对现有绿色空间、交通、住房和现有基础设施进行评估来增强想法的可实施性。

预留地
绿地
产业区
每隔10分钟的步行距离就有对公众开放的绿地?梦想实现了?我喜欢这个想法。
儿童远离公共交通！
足球场也要分散到各个区域吗?我同意曼纽尔的想法，但在人口密度和住房密度如此高的地区怎么实现呢?
居住密度

279

教堂+学校

与教会组织结合的学校可追溯到1836年曼巴沙的第一所传教士学校。传教士建立学校来传递福音，一旦建成，
士会像政府布道，而政府为教会提供工资、笔记本这类津贴。偶尔也会有一些家长或宗教组织资助教会老师，以享
独学习的机会。商业区中心的那个神圣的巴西利卡式天主教教堂与天主教教区学校共享着公共空间。教堂与学校
小道直接连到社区的人行道上，它们在社区中也成为醒目的标志物。

2007年11月1日内罗毕新任的大主教——约翰乔（Johnnjue）在众人面前发表了他重要的任职演说。
学校
2100
2000
我们与教堂共用着一些设施，像会堂、教室。学校工作日使用，而教堂周末使用。
在主要的商业街上，巴西利卡式天主教教堂历经沧桑。它在地区的角色已经不再局限于纪念和保存。天主教会的一对姐妹预见到教育与在天主教教区内建立初等学校的重要性。这成为宗教组织与教育机构相结合的一个很好的先例。
在肯尼亚，地方与宗教组织间的联系是不能分割的。肯
第一所学校就是传教士建立的，他们为地区带来了精神。美
区内部不容许进行宗教研究。而在这个地方，不像美国，约
课程是关于宗教研究的。基督教的"给予与分享"深深地植
教堂在非教会活动时间向公众开放这个想法中。

ANALYTICAL PROPOSALS

263

学习中心 | 学校+社区中心+礼拜场所
三合一的关系?除了社区之外,保护伞之下多层次的组织结构也可容纳更多的人。示意图中所阐述的想法很清晰。我们很欣赏你把示意图插入到实体建筑图中。这个系统能够改变大小和组成去适应不同的社区吗?
社区
学校
礼拜场所
我相信学校与教堂的联系自从独立之日起就存在。如果我们通过开放学校课程,增加学习机会来促进社区的参与,这将会在参与的不同党派之间创造代表性的联系。我有些担忧这些学习中心的尺度,它们怎样才能在社区尺度上更加真实,更易接触?我不是不接受这个方案,而是不明白为什么不建设一些大的"学习中心"呢?就像购物中心一样?
我同意维持社区关系的想法。使他们参与到建成的学校中,这也是我们所期盼的。
284

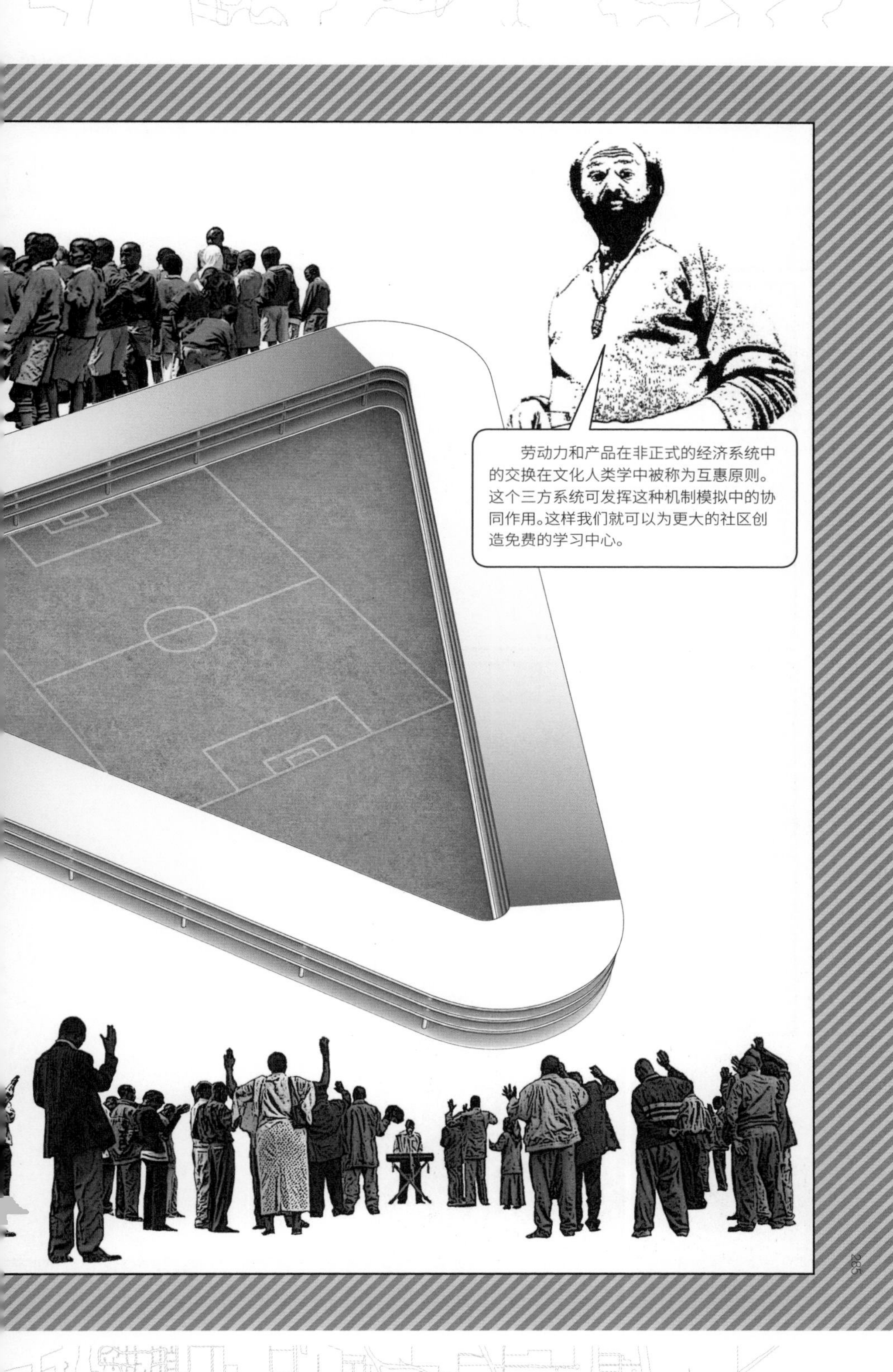
劳动力和产品在非正式的经济系统中的交换在文化人类学中被称为互惠原则。这个三方系统可发挥这种机制模拟中的协同作用。这样我们就可以为更大的社区创造免费的学习中心。
285

与其他国家发展的联系

全球化的迅猛发展无论是对富裕还是贫穷的国家来说都有着深刻的影响。像底特律这种地区转型城市，又或者像班罗尔从诞生到成长到拥有一代人。IT产业的出现帮助了印度经济的转型，现在每年经济的增长速度超过9%，与中国的增长速度相同。但在繁荣的经济背后，劳动力的价格也在上涨，因此世界公司正寻求其他有潜力的商务流程外包（BPO）劳动力市场。当肯尼亚人力资源能够通过教育使自己有能力在市场上竞争，肯尼亚一定能在海外市场扮演重要的角色。

已经存在通向锡卡的铁路。研究和发展廊道将激发基础设施的改善和增加。
40 km
RESEARCH AND DEVELOPMENT CORRIDOR
THIKA
KILIMA
RUIRU
JOMO KENYATTA UNIVERSITY OF
AGRICULTURE AND TECHNOLOGY
KENYATTA UNIVERSITY
CBD
IVERSITY OF NAIROBI
ATHI RIVER
MACHAKOS
已有产业区将从邻近区域所拥有的技术熟练的劳动力而获益。
产业区
扩展
这将促使研究机构与居住在多功能房中的劳动力相融合。
299

重新思考生产景观 成为城市公园的水库

内罗毕城市—农村的移民居住点和城市东部高密度区低收入人群定居处，形成了像西部基贝拉这种非正式的居住区。这也就意味着这种服务设施水平低下的居住区将会进一步加密和扩张。没有必需的供水服务，内罗毕整个城市都受到水资源缺乏的困扰。低收入人群所受影响最大，他们向水供应商购买个人用水，而供应商则根据供需情况随意涨价。城市水库将意味着地方拥有更多的可用水，并且对于那些没有供水设备的城市来说，水库成为一个有潜力的供水点。

(非法的)城市农业是内罗毕的生命线。水资源的短缺和高额的水价使农民使用污染的河水浇灌作物。在得到相关部门的批准后，我们提出了发展策略：保护向空军基地延伸的城市农业用地，并使用水库用水做直接灌溉。这些新社区将成为生产性景观的代表。

东边的用地
急需停车空间，现存的Moi空
军基地将不仅仅是一个停车场，也可以成为市
场、农业区；场地拥有建立水库的潜力，这将解决城市
饮用水资源缺乏和娱乐休闲的问题。

从城市建设之初，可用水就开始缺乏。在欧洲人定居这个城市之前，马赛称这个城市为"冷水之城"，但实际上这里并没有足够的水资源，甚至一半的城市还缺乏日常用水。污染的内罗毕水闸从50年代开始向城市供水，但只够维持1万人的生活。还有超过300万的原住民的用水是从60 km以外的地方输送过来的。

可用水分布是内罗毕的一个大问题，也是地方农民的大问题。许多人都用污染水浇灌作物，有时能保证作物安全，但大部分时间都不能保证。

内罗毕58%的家庭没有供水设备

内罗毕43%的居民无法享受适当的卫生设施

内罗毕52%的人口生活在没有污水处理设备的地方

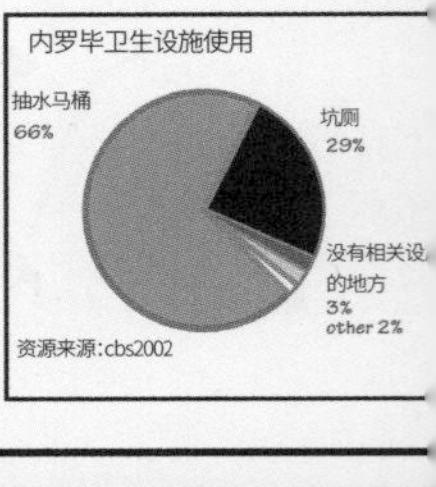

内罗毕卫生设施使用

抽水马桶 66%
坑厕 29%
没有相关设施的地方 3%
other 2%

资源来源：cbs2002

我来自基贝拉。
我们没有自来水，所以我必须自己用20L的罐子来运家人每天需要的水。由于频繁的可用水缺乏，我们经常被卖水的小贩骗钱。……我们为每桶水支付20先令，这笔费用是那些有自来水地区价格的40倍以上。
社区农业
你必须工作两季：雨季情况还好，但旱季作物就会死亡，再加上水的缺乏……当干旱发生，一切将更糟。
水库和雨水收集系统
开放绿色空间+慢跑道
内罗毕需要更多的饮用水和农用水——更不用说城市农业区的合法及保护的重要性。
在肯尼亚，50%可预防的疾病都与水、卫生保健设施短缺相关。这些统计数据表明更多的人需要干净用水，难道公共设施不应该提供吗？
空军基地有足够的空间建立水库，在其周围还可以引入公园和可持续的城市农业。
内罗毕的水资源：溪流+水坝
Sasuma水坝
56 391 m^3/天
akain-锡卡水坝
386 169 m^3/天
Chania-B 水坝
瑞弗水坝
22 414 m^3/天
Kikuru溪流
4000 m^3/天
Ndarugu水坝 Munyu
水坝
现有内罗毕供水点
内罗毕计划供水点
重要的水提取点
现有的自来水管道
建议的自来水管道
内罗毕水资源分布
所有都在城市外围
ANALYTICAL PROPOSALS
313

1948年总平面图
雅克(Jacques),你知道城市名称来源于"Enk
robi"这个短语,意思是冷水之城吗?我们应
些水资源,因为它对于城市历史和环境是如此
LITTER BIN
KALONZO
CITY COUNCIL OF NAIROBI

8年，60年后的总平面图
30 m
年总平面图
暂且不提我们在第一次讨论中所提及的1948年平面图所显示的MOI空军基地和铁路用地，其他区域的发展机会存在于河边用地。1948年的平面图规划了严格的指导原则，以确保河岸两边30 m的用地为禁建区。
为了建造一个可以减少蚊虫的缓冲区，这些用地，大部分将被保留成为河边廊道。蚊虫问题可以通过廊道的建立得到有效控制，而公共绿色空间的水污染和河边垃圾问题是设计中的主要障碍。
319

测评

测评生态城市的方法对于我们如何设计十分重要，斯蒂凡诺·波尔里（Stefano Boeri）对大尺度的城市政策规划提出五项要求，这为城市生态与城市经济发展的联系开拓了思路。生态都市主义创造了一种新的混合体，克服了严格的条例约束，平衡了生态与经济、技术与人文、理性与非理性以及凯瑟琳·莫尔（Kathryn Moore）所提出的自然与文化之间的联系。克里斯汀·弗雷德里克森（Kristin Frederickson）、盖里·希尔德尔布兰德（Gary Hilderbrand）以及他们的学生展示了美国典型的行道树，它们常被人认为是可持续的，但实际上这种行道树有很高的碳足迹。他们提出了疑问，行道树是应该选择种植当地的乡土树种，还是应该选择种植经由遥远外乡引进而来的归化（外来物种被驯化后适应当地环境）树种？对此比尔·兰金（Bill Rankin）认为，选择种植乡土树种也并不一定就是最佳选择，这取决于如何衡量可持续性，所以答案因不同的环境和背景而异。阿特里尔·凡·利斯豪特（Atelier Van Lieshout）的奴隶城以一种讽刺的手法模仿了当今生态城的现象，运用了可持续的思维逻辑：回收再利用，严格的运作程序，对零碳的保证，所有这些都在一个严谨的生态规则框架中，并展示了极端的解决方式。奴隶城是不消耗城市资源的绿色城镇。阿特里尔·凡·利斯豪特展示了一座能够持续获取收益的城市，这是基于某种评判标准，但这种可持续的背后所付出的人性代价又是什么呢？

当代城市的五条生态要求
斯蒂凡诺 · 波尔里（Stefano Boeri）

革命性建筑
杰瑞米 · 瑞夫金（Jeremy Rifkin）

金丝雀项目
苏珊娜 · 塞勒（Susannah Sayler）

可实施性主义：环境评判标准和城市设计
苏珊娜 · 哈根（Susannah Hagan）

自然文化
凯瑟琳 · 莫尔（Kathryn Moore）

定制能耗模型输入的重要性调查：冈德大厅案例研究
霍利 · A. 沃思洛斯基（Holly A. Wasilowski） 克里斯托弗 · F. 莱因哈特（Christoph F. Reinhart）

感知城市密度
维姬 · 程（Vicky Cheng） 科恩 · 史蒂莫斯（Koen Steemers）

伦敦河口区域
西尔 · 特里 · 法雷尔（Sir Terry Farrell）

城市的土地：伦敦
丹尼尔 · 瑞文 · 埃里森（Daniel Raven-Ellison）

伦敦的可持续性主动权
卡米拉 · 维恩（Camilla Ween）

超越LEED标准：城市尺度的绿色评价
汤姆斯 · 斯彻夫（Thomas Schroepfer）

特殊景观
比尔 · 兰金（Bill Rankin）

哈佛大学景观设计研究
50万棵树：为可持续城市塑造场地和系统
克里斯汀 · 弗雷德里克森（Kristin Frederickson）
盖里 · 修德布兰德（Gary Hilderbrand）

奴隶城
阿特里尔 · 凡 · 利斯豪特（Atelier Van Lieshout）

生态盒子/自我管理的城市生态网络
阿特里尔建筑工作室（Atelier d’Architecture Autogeree，简称AAA）

临时城市场景：月球上的沙滩
城市生态系统建筑设计事务所（Ecosistema Urbano）

当代城市的五条生态要求

斯蒂凡诺·波尔里（Stefano Boeri）

当我们憧憬城市的未来时，如果能够停止肆意的资源攫取，我们或许能够进入与自然和谐相处的时代。为了实现这个目标，当代城市政策中所凸显的问题是不能回避的。第一步就是要用辩证的态度看待这些城市政策问题，本文主要概述了2015年世博会的发展策略，策略提出了5条大尺度下的城市政策，不仅是关于城市生态的新观点，也为城市经济发展提供了创新型的模型。

1. 可持续性和民主

今天城市中关于环境的迫切问题是普遍的，严重的。如果还是依靠自上而下的中央集权政策，那么我们是无法解决环境问题的。当想到污染、氧气的消耗、二氧化碳的增加，我们必须知道：并不能把所有这些问题都归咎于那些高楼、机构、工厂和商业中心。而分布在城市与农村之间，起联系组织作用的成百上千独立的小工程，它们对于环境问题也应承担责任：数百万由水泥、石材和金属组成的结构消耗着清洁水、电力和石油，而产出的是二氧化碳和污垢。

杰瑞米·瑞夫金（Jeremy Rifkin）号召建筑师和建造者应保证建筑完成标准——为了减少能源消耗，建筑本身能够收集并产生自身需要的能量。这也为地方能源网络的发展创造了美好的未来。以他的观点，当今城市的环境问题必须面对由无止境的建设过程和城市更新所引起的细微的、民主的变革。

使用太阳能和风能的“建筑收集器”的理念并不新鲜。所谓的“新”指的是对于实现一栋能够大量吸收和储存能量的建筑在技术上的可行性（最新的氢能源储藏技术提高了可行性）。这种建筑能够满足自身的能量需求，还能够回馈环境。通过设计建造新一代建筑，这里的“新”包含了一种转换城市与自然角色的个人责任。这是一栋通过安装一些高科技设备（光电板、风轮机、氢电池、热力泵），同时使用植被表面——草、耕地、树木来装饰屋顶和垂直墙面，以减少建筑内部能源消耗的建筑；这是一栋拥有小规模能源控制中心的建筑；这也是一栋能够把这些服务空间转变成人们偶遇和交谈场所的建筑。

在欧洲、美洲以及许多亚洲的国家，一些公司和机构已经意识到民主的环境政策的重要性，也同样清楚其所带来的巨大经济利益。罗马、圣安东尼奥、马德里正打算开始可持续性的扩展工程，这个假设首先由瑞夫金提出，由众多公司、机构、各个专业的技术人员参与。

2. 农业和地表消耗

一项关于意大利城市扩张与欧洲的对比研究数据表明，意大利在过去的30年中，相比于法国和德国，有两倍的土地转化成城市用地。当这种扩张与国家负增长的人口趋势相比较的话，很显然这其中有些土地是没有发挥作用的。

重新找到一种不再与无休止的水平扩张相关联的发展模式十分必要，因为水平扩张模式只能吞噬大量的农业用地，并清除掉动物和植物的栖息地。可替代的方案是选择自我生长的城市模式——欧洲城市发展的典型模式。在其他的历史时期（中世纪），是以一种密集、分层或者局部更新的方式实现城市发展的。这种发展模式是欧洲历史上不可或缺的一部分，我们也应用这种模式来思考当今城市的发展。

如果这种城市发展模式真的发生，还需考虑到外围都市农业的未来。如果我们在城市化进程中保护这些耕地，并赋予其新的经济价值和用途，那么城市间和城市周围的这些耕地将成为经济发展中重要的资源。城市周边的农业空间能够成为活跃的空间；农业不是造成作物和谷物荒漠的原因，而是一种能够抚育作物、促进生态多样性的独特景观。同时，对于农耕活动再次成为年轻人重要的工作来源以及更健康、管理完善的食物供应来源的示范作用也十分重要。

2015年米兰世博会的主题被定为“喂养地球，生活的能源”——这个项目将与50个左右的都市农场合作。项目包括引入都市农业，使年轻人参与到农业生产中，成为农业劳动力市场的一部分。通过这种方法，实现现有农业生产结构的更新。世博会主题也包括城市方面的改造内容：城市中引入生物有机区域（正如城市花园），这正符合在一个更加密集的城市尺度下，通过不断加深对水平和垂直绿色表面重要性的认识，达到促进城市环境“脱盐”目标的政策要求。

3. 自然与控制

就算我们在远景规划之中考虑到了自然与城市的各种关系、农业邻近政策和城市脱盐措施这些方面，但仅有这些还是远远不够的。我们还必须考虑到城市各个发展时期与自然的关系，并保证自然有其“主动性”，不会受到人为干扰。我们也必须在附近寻找一些还没有被人为控制、拆除、人工化的土地，将它们还给自然。换句话说，就是我们要开始设想土地的可能性，它可以是邻近人的居住地，是没有被人控制的土地。

航道工程（Waterways project），米兰2015年世博会概念性总体规划。国际建筑顾问：斯蒂凡诺·波尔里（Stefano boeri）、琼·布斯克茨（Joan Busquets）、理查德·博待特（Richard Burdett）、雅克·赫尔佐格（Jacques Herzog）和威廉姆·马克多纳（William Mcdonough）

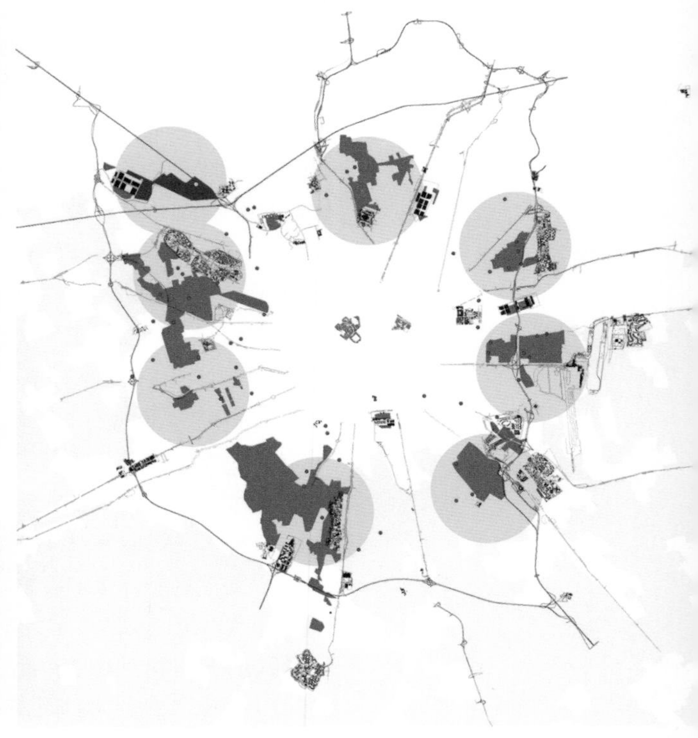

这并不是一个想象的图景，而是发生在我们周围的真实案例。法国景观设计师吉勒·格兰门特（Gilles Glement）曾多年主张承认关于“第三景观”分布的需要。“第三景观”指的是自然重新在废弃的建筑或基础设施上出现，而这种现象从某种方面来说也是不能避免的。我们的城市侵占了其他物种的生活区，小鹿在博尔扎诺（Bolzano）街道中央散步，狐狸出现在伦敦的地下通道中，野猪在佛罗伦萨城边聚集，这些都是我们要以一种新方式去了解动物王国的标志。这种新方式就是我们要学会管理，只有善于管理才能摒除任何规划的一切控制和“自杀式”行为。

在下一个10年，我们将会面临不再以人类为中心的城市道德的挑战。这种伦理道德所设想的是：在城市基地上减少人类数量，并与其他物种共存，无论这些物种是否经过驯化。

有些城市已经朝着这个目标奋进了，像孟买和德里，可以看到人与动物同时出现在公共空间的场景，这也显示出了这些地方尊重其他物种的传统。也有像温哥华和波士顿这样的城市，城市政策要求尽可能地使所有自然和自然式的系统，绿色廊道和公园不可进入。又或者像慕尼黑和马德里、米兰这样的城市，大片包围城市的森林和都市重新造林区被认为是拥有生物多样性的地方，也是动物和植物的重要栖息地。

4. 密集和摒弃

在欧洲和美国正面临着同样的风险，过去10年间建造的大面积区域呈现出向四周蔓延的城市发展状态，且已经进入了一种不可逆转的危机当中。低密度区的扩张已经开始展现出城市衰败、不安全，以及低居住率的现象。无休止的单一家庭住宅、低层公寓、购物中心和仓库的蔓延，使区域不再有建立公共基础设施的可能。无论是因为低密度的人口不值得建立一套完整的基础设施，还是因为在广袤的区域和混乱的大量的私人建筑之间并没有合适的空间建立这些基础设施，这些问题都促使我们要转换思路：尽可能地在密集的城市中解决居住问题，同时保证其舒适度、价格与住在郊区无异。

“城市密集化”主要包含两层含义：其一，由于城市在一定的区域内高速的发展及人口数量的急剧增长，使人口发展限定在一定区域内将是解决城市化蔓延带来的土地上的住房危机的可能策略。我们要重新思索一种在一定区域内可管、可选的“点式”城市密集化模式。这些“点”包含公共交通的站曼特博斯克（Metrobosco），多样化实验室［斯蒂凡诺·波尔里（Stefano Boeri）、伊萨英迪·吉尔瓦尼拉瓦尔（Isa Inti Giovanni La Varra）和卡米拉·坡恩扎诺（Camilla Ponzano）］，由米兰市促进，2007年

点，它们能够有效阻止私家车的使用，从而减轻城市交通的负担。其二，现有建筑在“城市密集化”之后所发生的转变也同样值得关注。现有建筑将经历再利用、替代或植入的过程，经历这种过程之后，传统的单独家庭住房将被转化为一种可承担、质量有保证的房屋。

正如米兰正在研究的博斯克垂直（垂直森林）项目，营造具有绿色建筑外表和空间的高层建筑的理念，已经加入了“脱盐”政策并结合了人口密集化和城市森林的理念。这种理念绝不是要替代现有森林和公园，而是向城市引入与4 km^2森林同等效用的植物和树木（约2100棵植物生长在43层高的两座塔楼的连接处）。如果把这种紧密的宜居的表面（博斯克垂直双塔内部空间面积为18 000 m^2，3个荫蔽台地面积为6000 m^2）用在分散的住区模式中，那么就是说一个45 000 m^2以上的建筑所产生的碳排放等同于1200 m^2建筑面积的产生量。

通过财政和贷款政策的刺激，把城市密集化目标与舍弃已被人遗弃的半城市化土地政策结合到一起，这放在今天来说无疑是个勇敢的选择，但最根本的还是我们能否有效减缓城市扩张，并在城市中心区建立植物与以人类为中心的地球之间的联系。

5. 密集化和补助

上文并没有说明如果我们不立即采取措施减缓现有的这种城市“荒漠化”的后果。尽管我们生活在一个空荡荡的城市中，但我们仍顽固地认为，城市应向更远的地方扩张、蔓延。我们的周围已有成千上万的空置公寓，但我们想到的还是不断地建造，翻盖住房——如何扩建，如何建得更高，快速复制。我们不能再忽视这种不言自明的悖论。

看看周围就足够了：沿着我们每天的出行路线，就能看到那些写有房屋出租和出售的标志牌，那些关掉的住宅、公寓和办公室。在罗马171.5万个家庭中，24.5万个家庭即约1/7的家庭没有固定的居住点。在米兰164万栋公寓中，有8万栋是空置的，同时，有90万m^2的办公空间相当于3个Pirelli大楼的面积是空闲的。

缺少对城市荒漠化的关注实在令人担忧。以意大利为例，城市荒漠化产生的原因有以下三点：房地产系统的信任缺失没能保证对规定的遵守；怕丧失有价值的客户，而把房屋出售给负债和不固定的租户；最后一点（与办公建筑相关），严格的标准控制下，不容多样化、混合使用方式的出现（如居住与办公的混合）。

城市荒漠化已经不再是城市的问题，而是一个普遍现象，如果能正确面对，将可以满足数以百万的家庭、小型企业、专业人士的基本需求，而这进一步为城市政策组建了一个巨大的实验室。我们城市的空置空间反映出了一种社会缺失：公共机构与民主社会重要能源系统的分离。私人的社会机构不能通过补助措施和公共行动来填补这种缺失，如非营利的房地产机构，像巴塞罗那、都灵和米兰的一些公司，它们在确保所有者的收入之后，为需要者（不仅包括移民和非稳定人群，也包括学生、临时工和年轻家庭）提供低价的出租空间（比市场价低30%）。

根据既成事实的城市分散经验，在促进强大的市场建设以恢复和重新建设储备的同时，应努力消除恐惧与萧条的市场气氛。所以创建能够推动地方上通过提供保证金支持进行保障房

博斯克垂直双塔景观，波尔里（Boeri）工作室［斯蒂凡诺·波尔里（Stefano Boeri）、贾南德雷亚·巴若卡（Gianandrea Barreca）、吉尔瓦·尼拉瓦尔（Giovanni La Varra）］，2009年

建设的公共政策十分必要。

总体来说，建立能够激发城市用地恢复的公共政策是一切政策的重中之重。城市必须停止通过侵吞自然和农业土地来实现自我生长，应更多地关注环境、城市荒漠的更新及恢复——这些真正能够反映出原有政策短视的措施上。

注释：

2009年3月由米兰市长组建的2015年世博会国际建筑顾问组由斯蒂凡诺·波尔里（Stefano boeri）、琼·布斯克茨（Joan Busquets）、理查德·博待特（Richard Burdett）、雅克·赫尔佐格（Jacques Herzog）和威廉姆·马克多纳（William Mcdonough）这些专家组成，为2015年世博会总平面建立了规划设计框架。

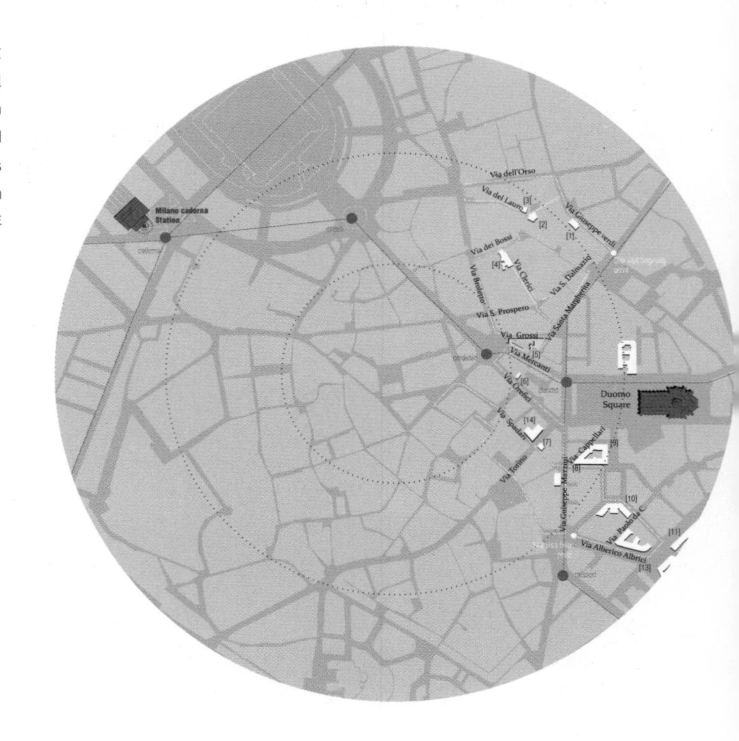

米兰的闲置建筑区域图，卡米拉·拉米雷斯（CamillaRamirez）和汉纳·纳尔瓦埃斯（Hana Narvaez）的毕业论文项目：综合实验室。［导师：斯蒂凡诺·波尔里（Stefano Boeri）、塞尔瓦托·波尔卡罗，（Salvatore Porcaro）］2009

pezzi di CITTÀ

革命性建筑

杰瑞米·瑞夫金（Jeremy Rifkin）

这次在第十一届威尼斯国际建筑双年展上发表的声明，强调了建筑要应用新的设计方式和结构构造，并应考虑到未来的能源危机和全球变暖问题。这是与4位建筑师激烈讨论后的结果，他们都主张在设计中融入可持续的措施，这4位建筑师分别是：安瑞科鲁·伊斯-格力（Enric Ruiz-Geli）［云9事务所（cloud9）］、卓斯·路易斯·瓦烈洛（Jose Luis Vallejo）（城市生态系统建筑设计事务所）、詹·约哥特（Jan Jongert）（2012建筑师事务所）、斯蒂凡诺·波尔里（Stefano Boeri）（波尔里工作室）。[1]

作为世界性的建筑师，我们意识到能源费用正拉缓全球经济的发展，并增加了世界各地家庭的负担。

我们进一步意识到，化石燃料的燃烧所释放的二氧化碳正使全球气温升高，对植物和全球气候的化学组成产生了前所未有的改变，其对人类文明的发展和生态系统所产生的不良后果可想而知。

我们进一步意识到，建筑是能源消耗的主体，也是人类所引起的全球变暖后果的“责任人”。建筑消耗30%～40%的能源，并释放同等数量的二氧化碳。

我们进一步意识到，世界社区需要新的经济发展模式，推动全球能源危机和气候变化的讨论与议程不再充满担忧，而是充满希望；不再限制经济发展，而是引发了经济发展的无限可能。

我们进一步意识到，新技术的突破使重新装配现有建筑、设计建造使用可再生能源的建筑成为可能，也能让我们重新将建筑定义为“能源树”。

我们进一步意识到，相同的设计原则和智能技术能够使计算机网络和大范围分布的通信网络应用到世界能源网络的重新布置中成为可能，这样人们就可以使用建筑本身提供可再生能源，并能在区域和大陆之间共享。就像现在提供和共享的信息一样，我们也能创建一种分散的能源使用新形式。

我们进一步意识到应重新将建筑定义为“能源树”，并把世界能源网络转化成一种智能的多功能的分配网络。这种方式将为第三次产业革命打开大门，成为与19世纪、20世纪第一次和第二次产业革命一样强健的21世纪经济发展的加速器。

因此兹决定：致力于新建筑概念的革命——住宅、办公、购物中心、工厂和产业技术园区，需要更新或者建设成为“能源树”和“栖息地”。

兹决定：建筑将通过太阳、风、垃圾、农业和森林废物、水力和地热资源、波浪与潮汐收集和产生能源，每种方式都足以满足建筑本身所需能源，同时剩余的能源也可以共享。

兹决定：与化学和工程产业机构合作探究新的方式——包括氢能源、液流电池、抽水蓄能等。这些方式能够保存可再生能源，以保证24/27小时电力的持久供应。

兹决定：与运输和物流产业合作建立合适的界面，以保证建筑能够为电力或氢燃料电池驱动的交通工具提供可再生能源。

兹决定：建筑角色的根本转变将与在现有区域中限制性的发展城市，以及至今尚未启动的城市蔓延边缘区的再造林政策相辅相成。

我们呼吁，更多的建筑师加入到这场建筑的变革之中，共同实现为数百万人在工作中、在公共机构内、在家里提供可再生能源，并实现能够通过智能多功能化网络共享其剩余能源的目标；进一步促进第三次产业革命和有利于能源民主化的进程与可持续经济的发展的后二氧化碳新时代的到来。

注释：

1.《11号读本》（*The Reader #11*），485号居住的补充文件，2008年9月。

金丝雀项目

苏珊娜·塞勒（Susannah Sayler）

秘鲁的地形和人口分布状况，使其基本上无力应对气候变化的影响。这里70%的人口生活在几乎没有自然可用水资源的荒漠化海岸上。人们（800万利马人口）的饮用水使用的是来自国家中部区域的安第斯山脉上的冰川水和雨季的雨水。许多科学家，包括政府间气候变化专家委员会都预测：在未来的15年中，秘鲁的冰川将消失。秘鲁政府已经着手准备建设大规模的保水工程，并考虑重新应用古代社会中的保水、存水技术。

在秘鲁，社区建在干燥的山脚下和靠近海边的沙丘上。社区多年来都没有自来水，而是通过水车向家家户户门口的塑料桶中装水来供应人们每日所需用水。人们按照预算购买、使用水资源。这里的水价比通过市政管道供水的城市中心区贵得多，因为所供应的水资源越稀少，它的价格也就越高，这对于那些支付不起昂贵水费的人们影响巨大。秘鲁安第斯山的帕朗湖在雨季时收集雨水，等到旱季可抽取雨水加以利用。这是我们所需要的保证未来水资源安全的案例之一。

水资源紧缺。帕隆（Paron）湖，帕鲁（Peru），2008年

可实施性主义：环境评判标准和城市设计

苏珊娜·哈根（Susannah Hagan）

自从环境设计在10年前被“威胁”成为欧洲建筑界的主流——至少不是因为欧洲联盟直接意愿促成——到处散布着建筑死亡的预言，建筑师的激辩、理论性的论述被世人指责，而他们的动机是理论应合乎伦理道德。我们现在所得到的是这样一批建筑，它们处在技术、建造、自然不同位置上，其中极少一部分是高工程水平并由环境功能所决定的，大部分是传统与设计创造的结合。

城市尺度的环境设计现在也同样激起了惊恐与讽刺：新城市要不就是一种非正式、反组合主义、反设计的，又或者是摧毁原有的城市集合形物质形态的、过度规划设计的“自然”生态系统。如果这样的“生态建筑”继续得到发展，那么这些描述都将出现在“生态都市主义”的范畴中，但大部分设计将是新兴的、规划的、生物的和几何的混合体，这种合成体仍在进化发展中。生态观及实践模式的发展处于萌芽时期。都市观是古老的，其实践模式是多变的并深嵌于城市发展之中的。“生态”与“都市”这两者之间没有进行过谈判，也不是一场迅速安排的婚姻。根据不同城市的文化、气候、政策和经济、城市与生态之间将发生不同的联系。所以尽管我发表了关于环境标准的设计潜力问题，我也说明了它的限制性。

那些经过环境设计训练的设计师按照字面意思去理解“生态都市主义”。如此多的城市受到环境问题的困扰，尽管环境的病理问题有其社会经济影响因素，但不管怎么说，这种 “字面主义”的理解从某种方面来说也是不可缺少的。[1]除此之外，还有一些头脑灵活的人，他们采纳了城市新陈代谢的概念——一种不再是比喻的比喻。从城市尺度来说，现在的城市目标是创造“人工化的生态系统”——这种城市将与自然生态系统一样能够实现同等效能的互相依存。

城市中以前常被忽视的方面：城市作为新陈代谢的系统，需要仿照生态系统而不是1950年的卡迪拉克

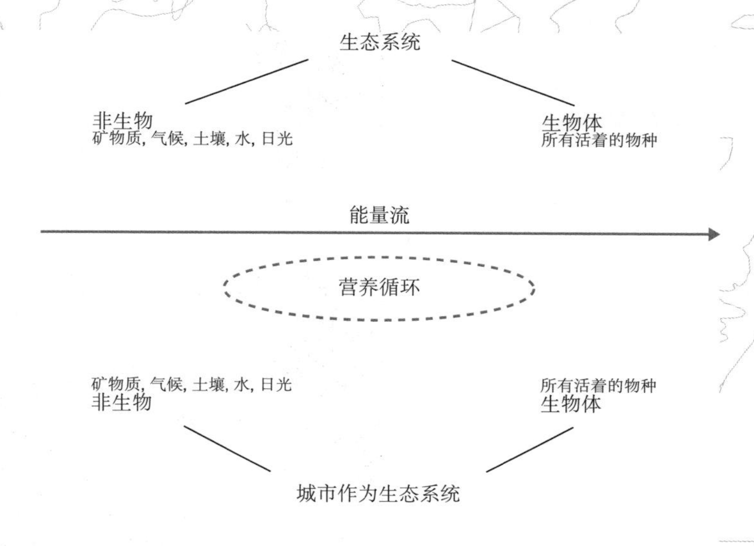

一个生态系统由生物体和非生物体构成。其中非生物体的组成要素包括矿物、气候、土壤、水、阳光等；生物体组成要素则包括所有有生命的物种。这些非生物体与生物体的组成要素之间通过两种“流”的作用使彼此相连：生态系统内的能量流和营养物质的循环流。

城市可以被看作新陈代谢的机体。在城市尺度上很少有建成的案例，但丹麦的卡伦堡（Kalundborg）是极少数案例中的一个，这个地方现有的资源、垃圾流被重新纳入到一个更加综合发展的新陈代谢系统之中。把城市转变成为人工生态系统是一件比把城市全部覆盖上绿色植物更加复杂、同时也更加有趣的过程。[2]

这种建筑在许多方面都颠覆了自然—文化二元化，但它并没有准备好接受所有可能出现的后果。除了理论化，美化了建筑和城市与自然之间的关系，还需要考虑受到人工化环境所影响的自然运作过程。在两者之间，运作过程能够通过“标准”的建立来被清楚地理解和改进。这种过程是坦然的功利主义，能够从经验上、政策上定量化收费。从这个角度来说，性质上将存在定量的标准，定量建造的环境能够显示出基本的生活质量，或者生活质量的缺乏。[3]问问贫民窟的居住者就能得到答案。

如果自然—文化的二元化能够被无止境地解析，那么数量—质量两者的关系也能够被剖析。如果自然就是文化，那么现在也是文化成为自然的绝佳时机。现在需要考虑两者间的利弊。关于表现性或者生产性景观的环境概念，为生物量、都市农业、水管理等方面构成了一种理解城市与非城市的新方式，

巴西圣保罗帕莱索波利斯（Paraisopolis）之前的贫民窟，现在已融入城市

巴西圣保罗巴拉丰达（Barre Funda）70 hm^2的基地，被铁路分割的区域，在北边可以看到贴特（Tiete）河

并承载了文化信息。建成区的土地空置不再被认为是一种闲置，而是被赋予了其他一些功能。非建设区是个潜力区，可与建设区有相同强度。借鉴帕特里克·盖迪斯（Patrick Geddes）的想法，从概念上说，在一个连续的区域中，人们可以在集中的生态区（乡村，郊区）和集中的建成区（镇，市）之间转换。[4]未来的目标就是使人们能够在自然生态系统（可能很多都经过我们的重新构建）和人工生态系统（可能很多包含了自然要素）之间移动。相比之下，城市数量的增长难以追上城市化的速度，在这种情况下，城市经济、社会、环境之间的问题就不会彼此分离。有个项目能很好地说明这种联系。这个项目一开始并非由管理机构发起，而是由环境问题的实际影响促成的。可能有人会说要想在各种有效的尺度上进行规划设计，我们需要好的管理机构的协助。当然这无可辩驳，实际上好的城市管理部门将减轻工作量，使烦琐的工作不再那么令人畏惧。人们可以跟规划部门讨论，例如像亚热带气候的特点就是冬冷夏热，冬天需要采暖设备，夏天则需要空调，而生活在这种气候下的低收入家庭要在这方面投入很多钱，如果他们能生活在隔热良好的被动式太阳能住房中，这所有的费用都是能够节省的。如果不是把资源投入到每年有毒洪水过后的大规模的清扫中，市政府将有更多的资源进行这类房屋的建设。这“毒洪”是城市没能实现最少的可渗透表面及没能及时治理污染河流的结果。能源的价值、经济上的价值，都是能够量化的，而社会的价值是不能计算的。

因此，在环境设计中，设计师的选择不是是否需要标准，而是能把这种标准推行多远。标准可以用来简单地评估场地的资源和废物的输入和输出，或者可以用来评估在设计之初的输入和输出量，然后使这些值在设计结束时达到最大化以证明设计的成功。又或者，这本身可能具有一定争议，标准本身就能成为设计过程的一部分。标准化的分析将为特定的场地提供需优先考虑的环境条件，在这个基础之上，可以进行第一阶段的设计，连续的水平面上的表面性能由肯尼斯·弗兰姆普顿（Kenneth Frampton）监督，之后通过景观都市主义中的策略得到进一步发展。[5]其他的地方，可以引入特定的因素来反映环境特征：建筑、基础设施、生物体、非生物体、密集区、空置区等。在这之后，需要权衡城市历史文化、现代生活和环境数据景观之间的关系。

环境标准可以产生参数。参数化在当今的设计试验中应

圣保罗未划分层次的城市形态，高低建筑相互交错，高密度区与低密度区交替在整个城市蔓延

用很多，特别是在数字先锋派那里。考虑到方法的经济价值因素，人们的兴趣点通常一分为二，放在对于形式的寻找和形式与性能间的关系上。正如哈瑞什·拉尔瓦尼（Haresh Lalvani）所评论的：这种方法需要与可持续性深入地结合到一起，因为有限的资源要求我们最大化利用。[6]数字化技术革新者打算创建他们自己的电子生态，环境革新者实际上已加入到其中，把网络中所模拟的技术应用到实际的参数化工作当中。很多实际的数据化设计方法早就存在，只是现在才被用到实际当中。像卡尔·楚（Karl Chu）所描述的，人工生命和智能系统所体现出的……通过有机物和无机物物质组成上的变异的研究之路还很长，建筑也是这样，会逐渐找到适合的形式去应对内部（本身）压力和外部（环境）压力。[7]

巴拉丰达典型的棕地城市肌理

在环境策略中，这种参数化表示法在建筑尺度上更易识别和应用。在城市尺度下，存在更多小尺度无法比拟的文化和经济影响因素，在环境成因及设计效果之间也没有直接类似的关系。[8]一个屋顶可以轻易地成为遮蔽物，一座城市不能。但如果在城市尺度下从环境参数入手，工作将会变得容易些。因为环境数据所反映出的东西能够影响到基地的建设。环境策略的选择——这种选择将引导人们思考建筑、基地和城市这三者所组成的多种可能的关系网。

在圣保罗，在与琼娜·贡萨尔维斯（Joana Goncalves）和圣保罗大学的丹尼斯·杜阿尔特（Denise Duarte），以及R/E/D 的斯万·盖斯（Swen Geiss）的合作中，我们研究了环境测评标准与环境效益之间的联系。[9]在伦敦，R/E/D重点关注环境度量标准与城市设计间的关系，以期能够形成一种可调控的由环境主导的设计过程，无论将面临多少困难，他们都希望能够把由环境主导的城市设计方式植入到原有普遍的由短期管理主导的模式当中。圣彼得巴拉丰达（Barra Funda）的70 hm^2测试场地，由LCAEE实验室[10]选出，因其代表了城市中的许多问题：在城市中心区附近，人口流失，每年受到洪水困扰，被道路、铁路设施所隔离，有许多空置的棕地。南部有一个公园和中等收入公寓区。北面，确切地说是铁路的另一边（区域铁路把基地一分为二）是平民区——19世纪工人阶级的住房和一条河。一个巨大的火车站/公交车站横跨过基地中心区的轨道，在车站东边是奥斯卡·尼迈耶（Oscar Niemeyer）设计的文化主题公园，园内有很多凉亭，但没有停车场。

圣保罗前市政府把巴拉丰达定位为“城市交易区”，但这个区域的复杂状况使其很难更新。而这众多的问题大部分是环境方面的，并带有社会和经济上的影响。建议使用环境主导的设计方法似乎是正确的选择，尽管一开始我们还是像其他项目一样先进行了土地使用、地形和密度的分析。然后我们注意到基地上和其周围的环境资源和问题，并把精力重点放到第一阶段的环境设计中。巴拉丰达区域日照和降雨充足，尽管降雨是季节性的。北面的河流每年都会泛洪，由于基地被铁路切断，周围又被主干道包围，所以这里的噪声和空气污染严重。建议至少为低收入群体住房提供被动式太阳能（免费的供暖）、太阳能热水器。如果有资金支持，可引入光电板供电。季节性的雨水意味着应引入雨水收集系统，收集的雨水可帮助这个地方度过干旱的季节，而不用耗巨资从城外引水，对于洪水治理需

基地环境图：场地水资源度量标准

每年雨量

1 455 L/m^2
14 550 m^3/hm^2
1 047 600 m^3

每年的饮用水需求

人均43.80 m^3
17 520 m^3/hm^2
919 800 m^3

潜在的年饮用水减少量25％

4 380 m^3/hm^2
229 950 m^3

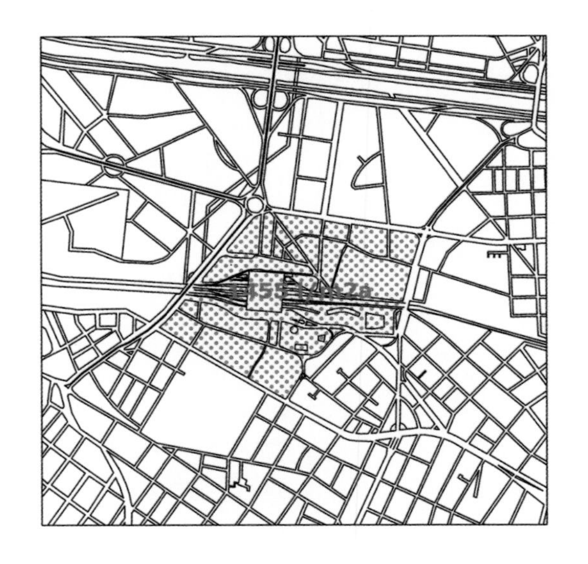

要完善洪水管理系统并增加场地的可渗透性。

在这些环境参数当中，被动式太阳能与洪水管理和场地设计直接相关。被动式太阳能系统影响建筑布局，而洪水管理系统影响建筑布局和场地的建造。为了达到每公顷特殊的居住密度要求，并选择通过不同组合的建筑类型，我们建立了一系列图表分析初始空间在不同环境策略下的状态——选取初始空间是因为某一个或一些环境样本可以达到我们的测评标准目标，但作为城市区域，这种标准很难被接受，或者根本不会被接受。这就是为什么我们要不断地协调生态与城市间的关系，并把两者放在设计中同等重要位置上的原因。

这种环境主导的方式可以缓和场地上最严重的环境问题，带来社会收益，但不能反映出特定城市中的特定社会条件。巴拉丰达有许多小企业在廉租区域勉强地生存着。北部是贫民区——由住在那里的人们建造。这种自下而上的活动并不能很好地与人工生态系统融合，其需要专家的专业知识，以及政府的干预，以便在市场机制中清理出一处空间为实验的开展创造可能。因此这并不是公司为自身利益而创造的市场，而是在大量环境问题下的城市中所进行的大尺度的环境改革。LCAEE和R/E/D打算为自建区、工作 / 居住单元、符合环境标准的设备区保留一定的空间。这可能既可以保留“自助”的传统，也能保证在部分调节控制手段下达到足够的环境运作效果。自建房彼此间的布置需隔一定距

场地环境图：声环境分析图

- 到主路50 m的距离
- 到主路100 m的距离
- 到铁路50 m的距离
- 到铁路100 m的距离

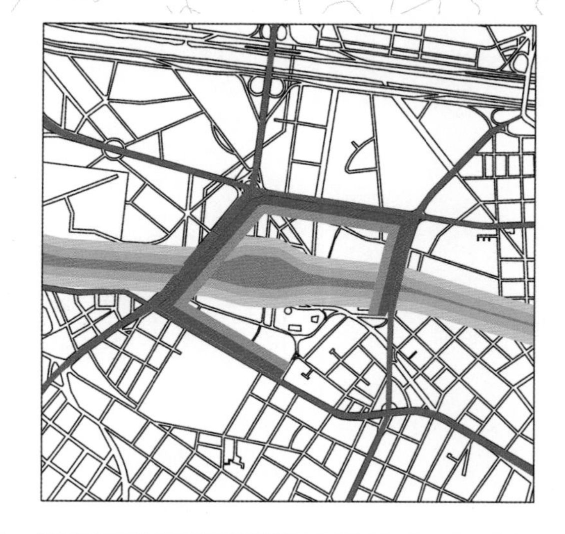

场地环境图：贴特（Tiete）河洪水分析图

- 洪水缓冲区
- 可渗透区
- 低地
- 高地

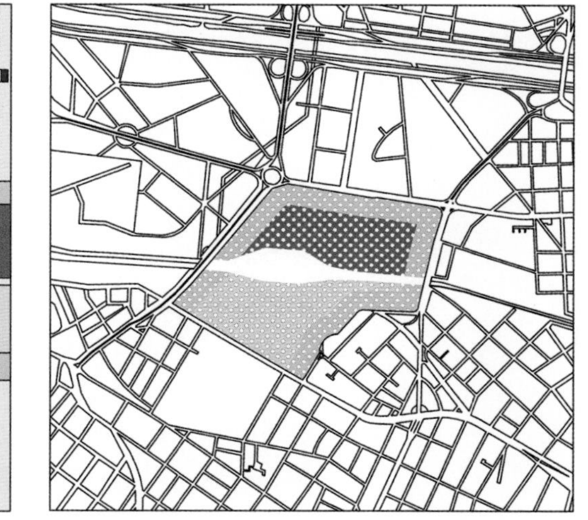

洪水策略：增加场地48%的可渗透性

- 从附近有毒的河流带来的洪水威胁
- 下坡路面临的洪水威胁

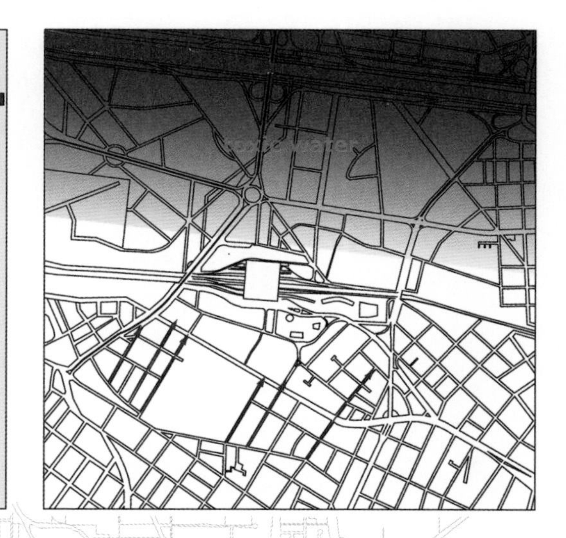

防洪策略：在主路和铁道旁边规划护坡道（抵御洪水的可渗透道路，在48%的统计之中）

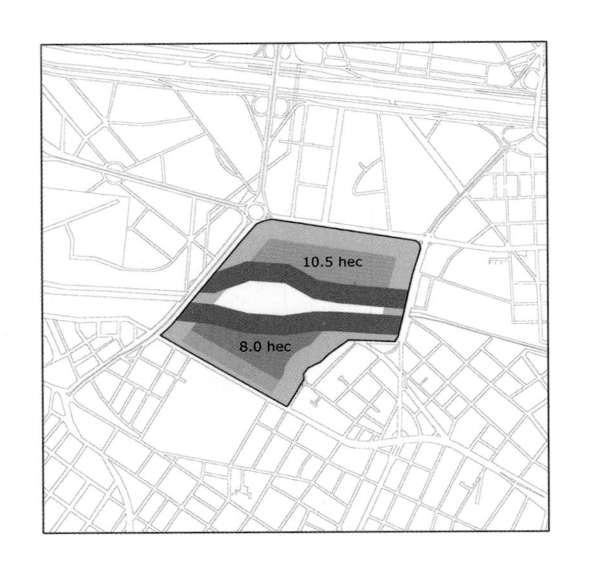

离，以保证足够的采光，并从被动式太阳能系统中获益。以“塞满”为特点的贫民区在新发展中将不会被复制。换言之，在许多城市，需要从生态城市设计中获取另一种综合体形式——介于自下而上的自助模式和自上而下的管理模式之间——以保护环境性能。除了关于贫民区的美好憧憬外，其他所叙述的内容都是可以接受的，只要在管理时与“被管理者”不断进行磋商，那么空间的改变是能够被人们接受和理解的。

R/E/D EnLUDe 项目（环境主导的城市设计）不同于现今强调环境的工程，如阿如普（Arup）的东滩（Dongtan）或者福斯特（Foster）的马斯达尔（Masdar），这些并不是从一张白纸开始；它们解决现有城市的问题。而这种新的、被称做生态城市的优势包括知识的转换，并不直接针对城市病症。R/E/D正研究一种运行机制——与环境性能和城市形态直接相关——特别是能在生长如此之快的城市中，把缺失文化的环境设计与缺失环境考虑的城市设计结合起来。

场景：满足地面渗透的要求，满足混合功能房屋的要求（60%经济适用房，40%高收入人群房），满足屋顶收集雨水的要求，密度要求没有目标，是因为环境性能优先于密度被满足。这种优先，提供了不同的场地形态

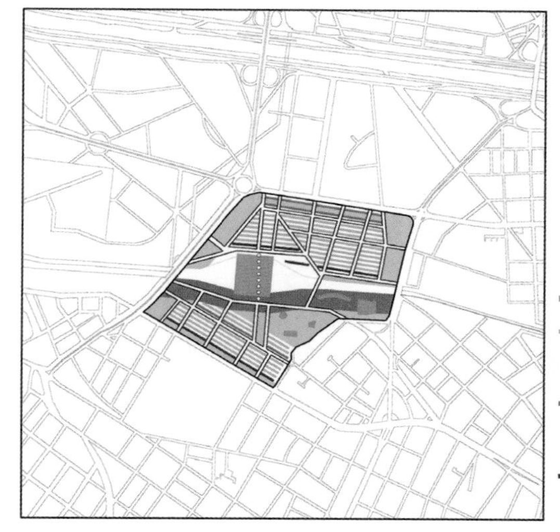

现状建筑
单边走廊式4层南北向建筑
单边走廊式8层南北向建筑
单边走廊式20层南北向建筑

目标密度	21 000 p
	400 p/hec
总基底面积	740 000 m²
总建筑体积	2 190 000 m³
目标建筑碳足迹	170 000 m²
	< 33.0 %
目标基础设施面积	100 000 m²
	< 19.2 %
目标绿色空间/可渗透	250 000 m²
	< 48.0 %
现状密度	18 500 p
	356 p/hec
总基底面积	649 500 m²
总建筑体积	1 495 300 m³
现状建筑碳足迹	115 700 m²
	< 22.2 %
现状基础设施面积	118 000 m²
	< 22.6 %
现状绿色空间/可渗透	248 000 m²
	< 47.7 %

注释：

1. 见网页http ://www.symbiosis.dk/industrialsymbiosis.aspx.

2.《大英百科全书》（*Encyclopaedia Britannica*），第4卷，芝加哥：大英百科全书，1985，358-359。

3.兰德尔·托马斯（Randall Thomas），《可持续城市设计》（*Sustainable Urban Design*），伦敦和纽约：Spon，2003。

4.帕特里克·盖迪斯（Patrick Geddes），《进化中的城市》（*Cities in Evolution*），伦敦：劳特利奇，1997。

5.肯尼斯·弗兰姆普顿（Kenneth Frampton），走向城市景观，《哥伦比亚第4号文件》（*Columbia Documents no. 4*），1994，83-93。

6.哈瑞什·拉尔瓦尼（Haresh Lalvani）、麦构（Milgo），《经验：采访哈瑞士·拉瓦尼》（*Haresh Lalvani*）；约翰·劳贝尔（John Lobell）《程式文化》（*Programming Cultures*），建筑设计（*Architectural Design* ）2006，76（4）：53。

7.卡尔·楚（Karl chu），《建筑本源与计算的形而上学》，《程式文化》（*Programming Cultures*），建筑设计（*Architectural Design*）2006，76（4）：39。

8. 见网页www.ecologicstudio.com.

9.参见苏珊娜·哈根（Susannah Hagan），《数字化：建筑与数字化，环境与先锋派》（*Digitalia : Architecture and the Digital, the Environmental, and the Avant-Garde*）；伦敦和纽约：劳特利奇，2008，115-124。

10. 环境能源效率实验工作室（LCAEE），城市建筑学院，圣保罗大学。

自然文化

凯瑟琳·莫尔（Kathryn Moore）

景观不仅拥有物质形态：建成的公共空间、国家公园、海岸线、广场、散步道和街道、行走或休息的场所和观察世界变化的地方，而且也反映出我们的记忆与价值，以及在一个场所中的经历——作为居民、工作者、参观者、学生、旅游者。景观是我们生活中关于物质、文化和社会的综合体。

未来要求我们重新审视自然，并改变与“文化”脱离的传统固有观念。这种分离使景观处于神秘的地位，这也是为什么景观总与技术而不是思想相关联的重要原因之一。我们所谓的自然究竟是什么？如果自然就是那些绿色生长的东西，为什么我们认为自然是有益的？问问普通的城市居民“自然是什么”，他们可能会回答是树林、狐狸、老鼠，他们不按照一定的规律来看待自然，也不曾想过是否有益处。是不是对于自然的热爱已经成为文化上甚至世界性的共识，也使我们坚信自然的功效与价值是无须怀疑的？为了拯救我们的地球，发现、了解自然的一切是否只是一种科学要求？对于自然我们应该放之任之，还是应该使其遵从我们的意愿而改变？一个花园，如果置之不理，得到的将是杂草丛生；但一片树林，如果任其生长，得到的将是多样生物。我们需要真正地去理解自然。问题是现在的城市中，自然（景观，绿色——随便怎么称呼）仅仅是计划外的添加物——用乔木、灌丛去填充建筑完成后的剩余空间。

极端的客观与学术，或者过分地关注自然形式，这种观念有很大的危害性。两种想法都使自然孤立于未来，隔离于文化、费用、价值和收益。自然就仅仅是自然系统，并能被轻易地剥离于战略性的空间决策之外。它极易被边缘化，仅剩下框架，难以据理力争，也不能可持续，总是在事后被想起，而不是事前就被在意。我们都清晰地看到结果，自然变成了那些“来之不易”数百平方米的草坪、树木绿篱和明沟，自然在经济决策过后挤入了城市居住区和道路之间，沿着溪流、河水，或在公园转角处生长，又或者以那种日常的绿色空间——有生命的装饰花纹存在。讽刺的是，这样的自然竟被人们认为能够应对环境质量问题，也能为野生动物提供栖息地。我们从不在意建成的公共空间结构、行走的舒适性、归属感、场所的文化身份，或者社会及生活工作于此的人们的实际体验。无论关于自然的概念有多少盘旋在精神层面上，我们还是把自然仅仅与技术相连。我们不能再用破碎化的视角看待事物，它们是生物的、文化的，既包含科学，也包括美学。这就意味着，我们要抛弃狭隘的仅以科学主观性看待自然的方法。不是对着自然提出想法，而是提出自然的想法。不应把自然与文化隔离、与我们隔离，我们需要认清自己的生活方式、对自然的干预，要向物质世界表明自己的态度（有意或无意）。不是让我们选择是用艺术还是生态的手段，是考虑自然还是考虑文化，而是我

花园进化的总平面，从最初对兰花组织结构和生理学上的研究到一个复杂综合的园艺、技术工程和建筑的3D网络的演变

们应该如何有想象力地、负责任地进行我们的工程，因为我们每做出一个行动，都将反映在物质世界当中。我们决定在哪里建立新的城市或是扩展旧城，在哪里建立街道、广场、公园和花园，这些都反映出我们关于自然环境的价值观。考虑到今天全球所面临的挑战，与自然合作是我们必须采用的策略。在这件事上我们别无他法。我们自身所持有的想法与价值观以及自然所表现出的形式——是绿，是灰，或是蓝定义了我们自己。这些也影响了我们在某种场所的经历，而这种经历与自然正相关。毕竟，自然系统并不是建造完成时就停止了。

我们关于景观的想法是谈论的重点，也是能够说服客户、社区及不同的专家的有力观点。想法可以产生凝聚力，它们可以把不同事物黏结在一起——争论，观点，价值。没有什么比一个伟大的想法更能捕获人心了。

我们今天所研究的问题是要为景观提供一幅可持续的长远发展蓝图——给出新视角，不单纯地强调实践。因为环境质量与我们的生活质量成正比，所以我们要把空间策略与真实场地

爱人树林，英国凉亭花园，日本世博会，2005。由石灰岩包围的绚烂多彩的树木植物园，在不断变化的树荫下种植着毛地黄、蕨类和草坪植物

相结合，并形成能够鼓励、要求表达想法的工作模式，这是实现优秀设计的基础，也是创造良好视觉效果的前提。自然 = 生活，这是个简单的不能再简单的等式。

花园中央是超级树——自然、艺术和技术的融合。在这壮观的垂直热带花园内，种有蕨类、兰花和攀援植物，还有为花园供能的“动力”装置——由光电板、太阳能收集器、雨水收集系统和通风管组成

定制能耗模型输入的重要性调查：冈德大厅案例研究

霍利·A. 沃思洛斯基（Holly A. Wasilowski）
克里斯托弗·F.莱因哈特（Christoph F. Reinhart）

在整个北美洲的建筑设计行业，以计算机为基础的建筑能耗模拟或者叫“能源模型”越来越受关注，它可以作设计决策，例如选择哪种节能措施可以得到最佳投资回报。到目前为止，能耗模型主要由机械工程师或者专业顾问完成。然而，最新一代的商业高端图形用户界面（GUI）似乎满足了建筑公司的需求，这些工具已经被开发商变得直观到“建筑师，甚至任何人”都能使用。这个项目研究的问题是：“一组建筑系的学生学习建立一个复杂商业建筑的能源模型能取得何种程度上的成功。”

这些高端图形用户界面的一个重要特点是，它们提供内部能源负荷的默认值库。例如，如果一个人要建教室能耗模型，却不知道每平方米家电的预设耗电量是多少千瓦时，他可以查找一个典型大学教室耗电的默认值，载入软件内。这便引发了一个问题：“什么情况下这些默认值的快捷输入可以被允许，又在什么情况下需要自定义输入？”

除了输入这些内部负载，能源模型还需要输入气象数据。在世界的许多地区，“典型气象年”（TMY）的气象资料都可以在能源建模中找到和使用。但问题是这些数据通常不是建筑场地或者某时间段特定的数据。这引发的问题是“这些天气资料对能耗模型的准确性有什么样的影响，模型制作者应如何处理无数据地区？”

以上每个问题都成为了哈佛大学设计学院（GSD）“建筑性能模拟——耗能”研究研讨会的一部分。作为研究案例的建筑是哈佛大学设计研究生院的冈德大厅，由于它非标准的使用时间安排以及使用者多种多样的活动，使它成为了这次研究近乎理想的“最坏案例”。11个参与调查并为冈德大厅建模的同学用美国能源部“能源加计划”所使用的DesignBuilder图形用户界面来模拟引擎。[1]学生们向使用者发放问卷，通过步行穿越进行观察，采访设备管理人员，安装测电器以创建自定义输入模型。[2]这些输入数据包括HVAC设备的操作时间安排、密度（如人/m²或W/m²）以及住户、插头负载、照明的时间安排。然后，运行全部采用定制输入值的能耗模拟，通过一系列的模拟更新DesignBuilder自定义输入的默认值。

学生们创建了两个自定义气象文件：一个来自学生自己安装在冈德大厅屋顶上的气象站[3]，另一个来自当地其他气象站收集的气象数据[4]。然后使用这些气象文件和默认的典型气象年气象文件运行多个能源模拟。最后，对模拟的结果进行了相互比较，并与测量的实际数据比较。

比较冈德大厅使用自定义和默认设置的内部负载的不同组合的每月模拟用电量，不出所料，自定义负载的模拟值比默认设置的模拟值更接近电表测量值。自定义负载，每年的误差率为0.2%，而完全默认设置的误差率是18%（参见第474页下图）。除了电力供给，学生们也对供暖和制冷负荷进行了调查，自定义设置的模拟结果超过了默认设置的结果。[5]此外，不

冈德大厅，哈佛大学设计学院

电力月负荷：
测量与模拟

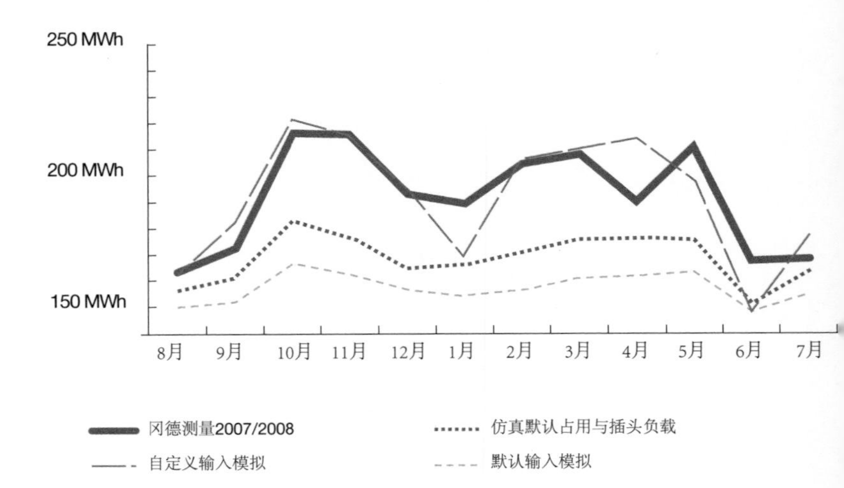

250 MWh
200 MWh
150 MWh
8月
9月
10月
11月
12月
1月
2月
3月
4月
5月
6月
7月
冈德测量2007/2008
仿真默认占用与插头负载
自定义输入模拟
默认输入模拟

热力月负荷：
测量与模拟

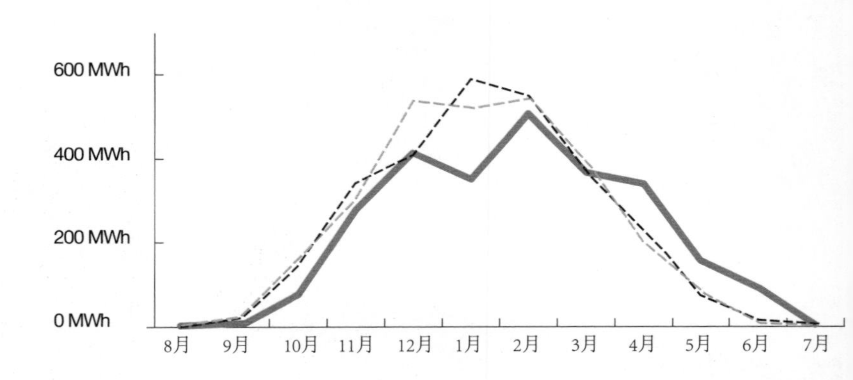

600 MWh
400 MWh
200 MWh
0 MWh
8月
9月
10月
11月
12月
1月
2月
3月
4月
5月
6月
7月
冈德测量2007/2008
仿真与EPW1，麻省理工和UMass天气2007 / 2008
仿真与EPW2，冈德天气（2008年9月）和波士顿典型气象年天气

同类型的输入电路（占用、插头负载、照明、HVAC的时间安排）显著影响了模拟结果的准确性。

将冈德大厅每月供热负荷测量值与不同天气的文件模拟结果相比较（参见第474页下图）。每个气象文件均有类似的精确度。用于制冷消耗的也是一样。

在完成了冈德大厅建模后，学生们被问及他们对建模的满意度以及他们是否会再次使用这个软件。他们似乎对模拟结果相当满意，并普遍认为如果对设置稍作调整，模拟结果可以更加贴合测量数据。但是，学生们也表现出了他们对过于复杂的模型的不适应。这也表明仍然需要这方面专家，尤其是在后期设计阶段。

冈德大厅的每个内部负载输入值研究都显著影响了模拟的精确度。冈德大厅是唯一一个业主仔细检查模拟数据的建筑，它表明收集可靠的内部负载输入值是对改造项目以及设计新项目非常有效的。最后，该项目表明在有恰当的默认文件存在时（包括大多数主要的北美城市在内）没有必要自定义气象文件。然而在其他地区，制作自己的气象文件是可行的而且相对便宜。[6]

注释：

1.之所以选择该软件是因其庞大的默认模版库。DesignBuilder1.9.0.003BETA版本，最后一次访问2009年2月，www.designbuildersoftware.com。美国能源部的EnergyPlus版本2.2.0.025，最后一次访问2009年2月。DLL默认版本嵌入在DesignBuilder，http://apps1.eere.energy. gov/buildings/energyplus/。

2.用到的电表：向上瓦特（watts up）电子教育设备,www.wattsupmeters.com,国际公司，www.p3international.com。

3.用到的气象站：HOBO气象站，起效电脑公司，伯恩，马萨诸塞州，www.onsetcomp.com。包括：气象站入门套件、HOBO软件、太阳辐射传感器、光传感器和三脚架包。

4.气象站位置：麻省理工科技绿色建筑研究所，位置：距离冈德大厅2.6 km2。气象站硬件：戴维斯华帝专业版2，软件：VWSV12.08。美国马萨诸塞州波士顿大学，位置：距离冈德大厅9.4 km。气象站硬件：戴维斯华帝专业版plus，软件：不可用。

5.美国能源部，EnergyPlus的气候档案数据库，最后一次访问2009年2月，http://apps1.eere.energy.gov/ buildings/energyplus/cfm/weather_data。

6.冈德气象站的成本不到2500美元，却达到了不错的效果，且为许多建筑项目提供了气象数据。

致谢：

感谢以下学生对该项目做出的努力：Diego Ibarra、James Kallaos、Anthony Kane、Cynthia Kwan、David Lewis、Elli Lobach、Jeff Laboskey、Sydney Mainster、Rohit Manudhane、Natalie Pohlman和Jennifer Sze。我们更加感谢哈佛大学设计学院以及哈佛大学不动产学术倡议组织对该项目的支持。

感知城市密度

维姬·程（Vicky Cheng） 科恩·史蒂莫斯（Koen Steemers）

近几十年来，伴随着全球社会城市化进程的推进，城市密度一直是一个有争议的话题。在英国，聚集型城市可能带来的利益（更高效的城镇土地利用、运输和基础设施）已经使一些规划措施得以实施，例如，1999年的城市专责小组[1]和随后的大伦敦管理局的伦敦规划[2]。提高密度似乎不可避免。然而，当规划师们谈及提高容积率时[3]，它是如何影响我们的——影响我们的感观舒适性？换言之，有没有可能提高物理密度的同时保持感知的密度？

不像土地价值、房屋价格和公用事业服务的需求之类的事情，都可以合理建模。密度对于我们的知觉舒适的影响还不是很清楚。物理密度不是唯一对我们的知觉产生作用的因素，环境中的其他因素也同样发挥作用。如果我们可以控制这些因素，我们就可以把城市未来发展分析和城市再生整合，这样就可以缓解因致密产生的感官上的不适。

容积率、场地建筑量与天空开阔度

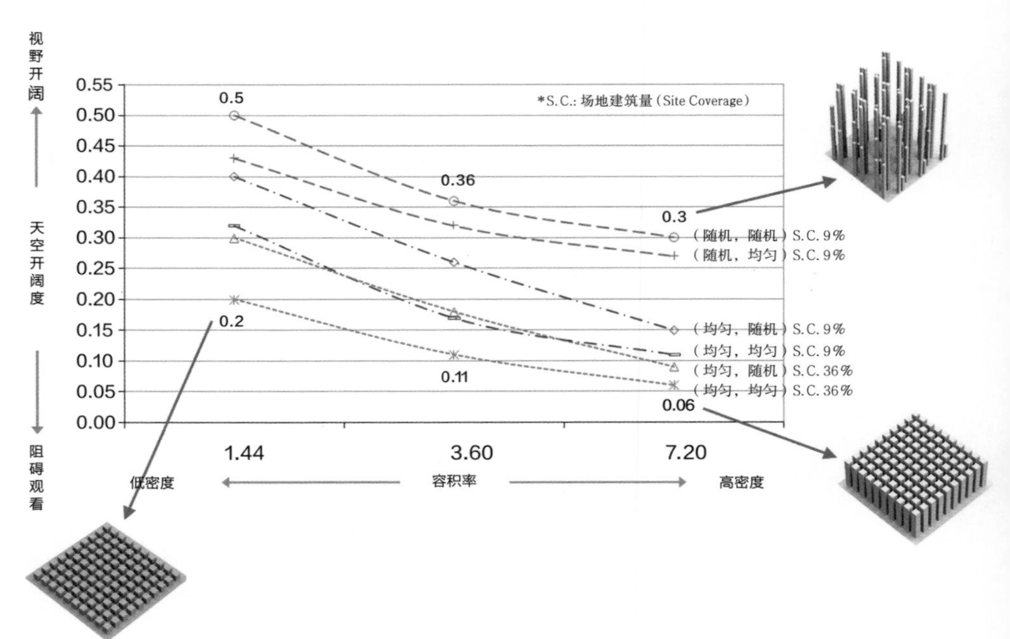

俯视香港——世界上城市肌理最紧密的城市之一

我们使用香港作为一个城市的实验室，研究感知城市密度的主要决定因素，寻找那些可以替代用来定义密度的常用参数。在这种高密度的背景下，我们研究了人们在城市密度方面的观感和满意度。我们安排了两个方法来获取反馈的主题：真实场景的照片和在城市中的准确位置。这两种方法都通过问卷调查管理。我们选择了8个站点，全部位于香港市区，符合该研究要求。这些站点体现出不同的密度和布局，反映了各种各样的城市建筑形式特征。[4]

调查结果显示出满意度和感知密度之间较强的负相关关系。[5]这表明，高密度感知被看作是香港城市生活消极的一面。因此，创造一个令人满意的城市环境意味着降低感知密度。然后，我们调查了一些候选城市的参数并衡量了密度对其产生的影响。

容积率，一个在规划实践中最常见的密度参数，与密度感知有着重大而又薄弱的联系，这表明实际物理密度对城市密度感知的影响较小。相似容积率的城市发展可以表现出不同的城市形态，因而可能被认为不一样。两个研究地点，韶华路及尖沙咀东部的容积率均为5，但表现出了非常不同的城市形态。韶华路是一个低层建筑多且场地建筑量高的典型例子，而尖沙咀东部则完全相反。人们一直认为尖沙咀东部具有较低的密度，并且作为研究对象而言得分比韶华路更令人满意。正是空间的

香港的8个案例研究场地的天空开阔度地图。这个地图显示出平均天空开阔度在城市环境中的分布

天空开阔度

0.9 0.8 0.7 0.6 0.5 0.4 0.3 0.2 0.1

S1 炮台街

S2 柏丽街

S3 伟晴街

S4 韶华路

S5 尖沙咀东

S6 加连威老道

S7 山林道

S8 文华村

开放性让尖沙咀东部成为比韶华路更理想的地方。

我们使用天空开阔度作为衡量空间开放性的标准：天空开阔度为1，代表着通畅的天空（例如，开放的土地）；天空开阔度为0，代表着完全看不见天空。根据研究发现，密度的感知随着天空视野的增加而减少。尖沙咀东部比韶华路6号有更高的天空开阔度[6]，归功于低覆盖率成就的充足开放空间。

我们一直在强调，开放空间的数量和质量同样重要。虽然开放空间的质量和密度感知的关系细节没有在这个研究中得到调查，但是一些关于非形态感知的发现可能会揭示这个问题。

在这项研究中，车辆交通、行人强度和标志都被认为是增加密度感知功能的。植被的效果是不明确的，虽然植被出现减少了密度感。尽管如此，一些参与者仍表示植被可能占用本已稀缺的城市步行空间，使街道更密集。同样，城市公共艺术（如雕塑）的效果，也没有在调查结果中清楚地表示。一般结果表明，

8个案例研究场地。VOS是可见开放空间，是总可见开放空间区域占半径为100 m的圆的面积之比；SVF是天空开阔度，从一个单一的点看可见天空占总天空穹顶的比例

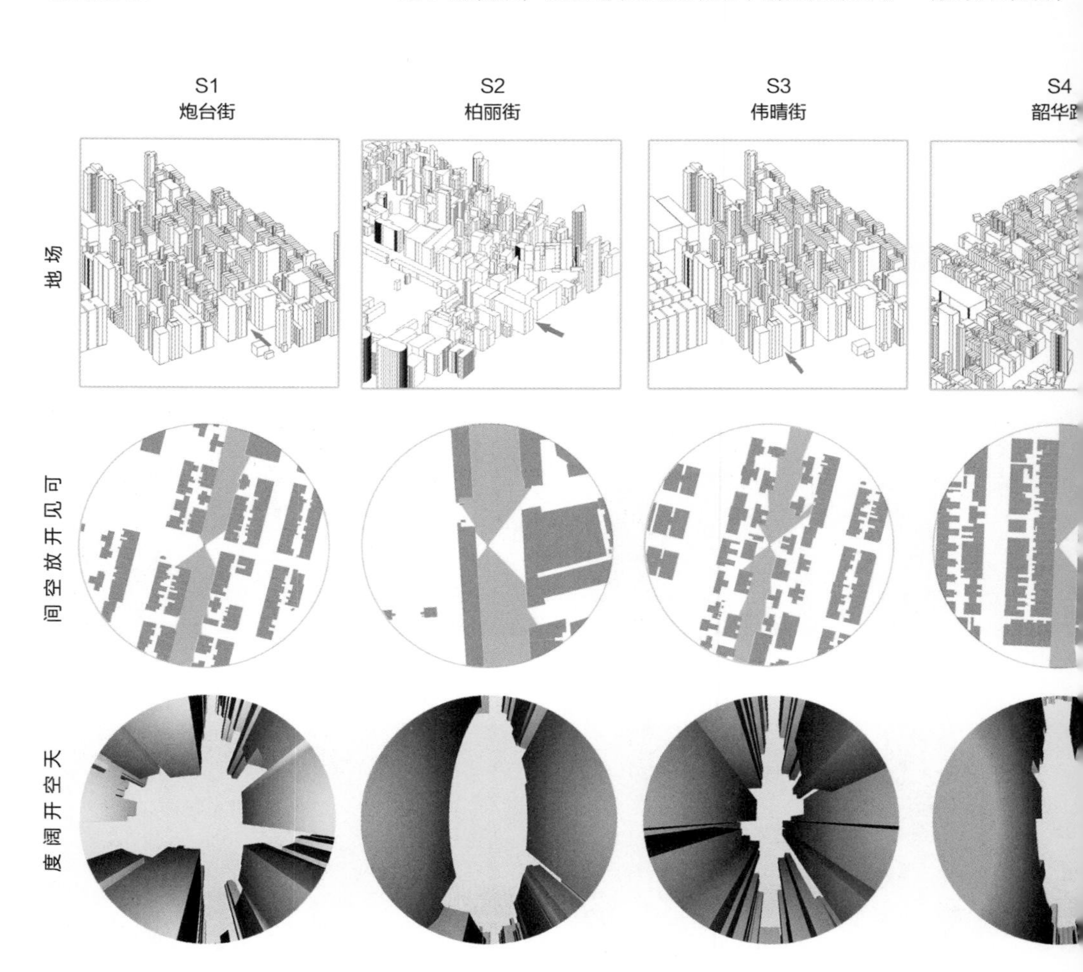

公共艺术并没有得到广泛赞赏，很多评论谈到香港的街道过于狭窄和拥挤。

天空开阔度是一个已被广泛应用于定义城市小气候中天空开发性研究的、且很容易计算的参数。[7]它与城市日光性能和城市热岛现象等环境问题有联系。城镇阵列的理论研究表明，正如人们所想的，平均天空开阔度随着物理密度的增加而减少。然而，同样的研究还表明，对于一个固定的密度（容积率），天空开阔度随着场地功能的变化表现出更大不同。这表明，人们可以创造例如容积率为7.2的密集城市格局，那里天空开阔度的范围可以从0.06到更容易被人接受的0.3。因此，城市密度为7.2的城市地区，理论上可以有一个比容积率为1.44的地区更低的感知密度。

这项研究带来了一个天空开阔度应用的新层面——人类感知舒适度。它揭示了人类感知与城市小气候知识的整体和协同

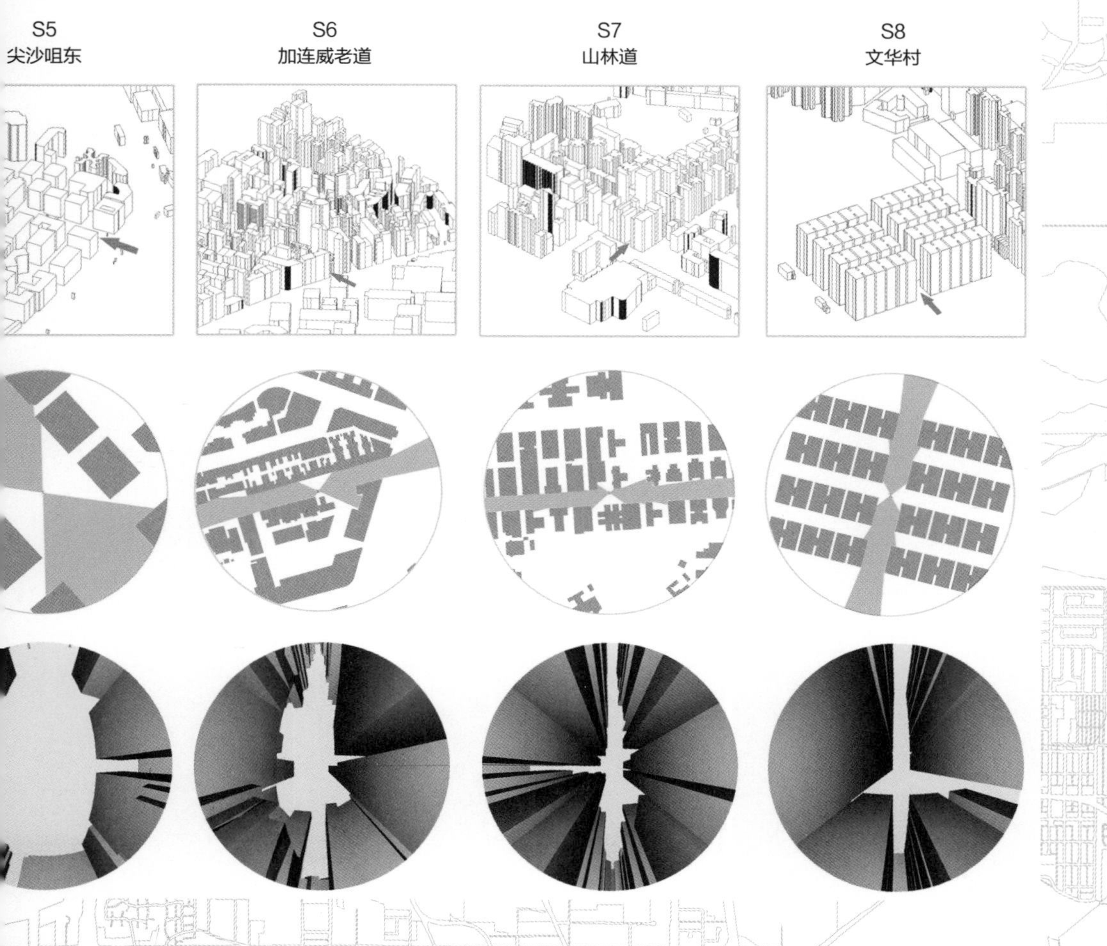

集成在城市设计中的潜在意义，尤其是在高密度环境中。天空开阔度可以作为评估城市设计中对人类感知和城市小气候的方面考虑的指标。

注释：

1.R.G.罗杰斯（R.G. Rogers），《通往城市复兴：城市问权力的最终报告》（*Towards an Urban Renaissance : Final Report of the Urban Task Force*），伦敦：环境、交通、区域署，1999。

2.大伦敦政府，《伦敦规划：大伦敦空间发展战略》（*The London Plan: Spatial Development Strategy for Greater London*），伦敦：GLA, 2004。

3.容积率（或占地面积比）是总楼面面积与场地面积比。为便于比较，本研究的网站范围被定义为从一个预定义的参考点周围100 m范围内的土地面积。

4. 容积率的范围是2.9~7.8；站点覆盖范围29%~49%。

5. 将密度分为1~7的7个等级，1和7分别代表低密度和高密度。

6. 尖沙咀东、南壁道路平均天空开阔度分别为0.40和0.23。

7. V. 程，K. 史蒂莫斯，M. 蒙塔冯，R. 康陪尼，城市形态、密度和太阳能的潜力，PLEA 2006 ：二十三届日内瓦低耗能建筑国际会议，瑞士，9月6日-8日，2006，701—706；C. 拉蒂，N. 贝克，K. 史蒂莫斯，能源消耗与城市肌理，《能源和建筑》（*Energy and Buildings*），vol. 37，no. 7，2005，762-776。

香港的每个案例研究场地的街景

伦敦河口区域

西尔·特里·法雷尔（Sir Terry Farrell）

最近，我花了很多时间思考和研究伦敦市区、郊区及农村腹地之间的相互联系。700万人住在这个世界大都市的城市边缘，而且令人惊奇的是这个大城市中有500个活跃的农场和大公园以及许多河流湖泊。这种相互关系部分是物质上的，包括供水、排水、食物供应；部分是社会与文化的（政府机构测试户外空间的使用权并将其作为生活质量的标准，而且所有人—虽然都是穷人——把超过300 m外的区域归类为“被剥夺的户外空间”）。

泰晤士河入海口，一个天然的大都市次区域，已逐渐沦为伦敦的“机房”，成为废弃物处理区、发电厂、港口以及抵御

由海平面上升引发洪水的第一道屏障。人类的经验告诉我们，苦难推动发明创造。伦敦河口绿色产业创新者的潜力被各种机构以及领先的环保思考者认可。例如，伦敦经济学院的尼古拉斯·斯特恩勋爵（Lord Nick Stern），他曾帮助我们量化贫困边缘化的劳动力的再培训、农业公园的再生和后工业景观生态学。废物管理及回收利用、新的发电形式、供水管理等都是21世纪经济复兴的坚实基础，这也是政府宣布该地区成为英国第一个生态区的基础。其目的不是在短期内寻求典范，而是用这个政府指定的“欧洲最大的重建项目”作为英国未来区域和城市规划的部分示例和试验台。生态区域相关性的关键在于它并不是理想化的新建建筑，而是改造和改善那里的现存状况（150万人居住在伦敦河口区域）。

但另一个同样重要的目的，就是引导城市居民回到自然，通过教育和示范为乡村文化建立一个更加坚实的基础。曾几何时，伦敦的河口地区在产业工人对景观的基础认识过程中扮演了重要角色。明轮船和渡轮将大量工人送到肯特郡（Kent）和埃塞克斯郡（Essex）的草莓田开展夏季工作，工人们在有码头

东伦敦的道格斯岛战略

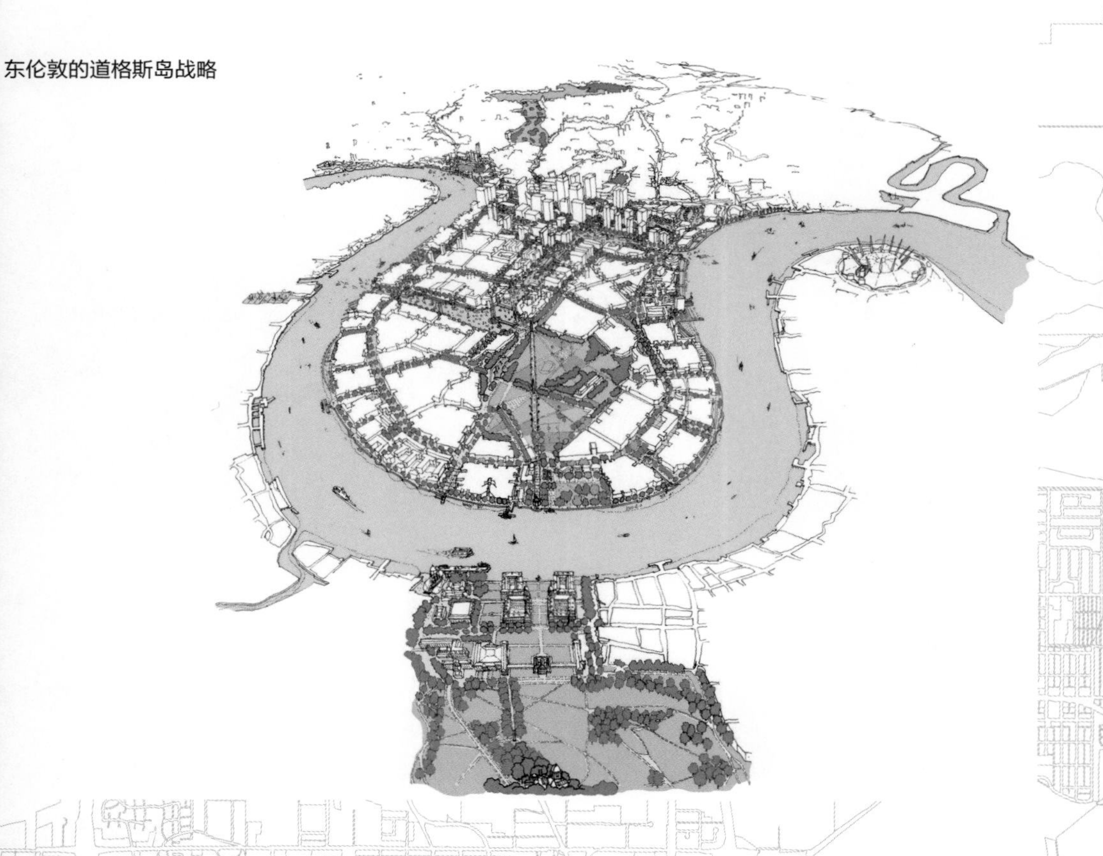

和滨水长廊的泰晤士河沿岸度假。这些都让我们很难相信，由于油库、工棚和码头、汽车组装厂、20世纪大型的石油、天然气、煤电站以及伦敦大部分的污水处理厂的污染，泰晤士河已经不堪重负。

8年前，我在上海崇明岛上进行绿地项目工作时，让我印象深刻的是新兴的城市文化在如何思考如何实现城市与农村的平衡。在欧洲，有像德国埃姆舍（Emscher）这样的后工业景观规划的实际教训。

著名的首都伦敦，英国最大的城市，有着全国公众最难进入的荒野和绿地。在中部和北部曾经的工业城市，现在已经被大的国家公园环绕，这些公园都以保存的开放乡村景观为基

泰晤士河口绿地规划

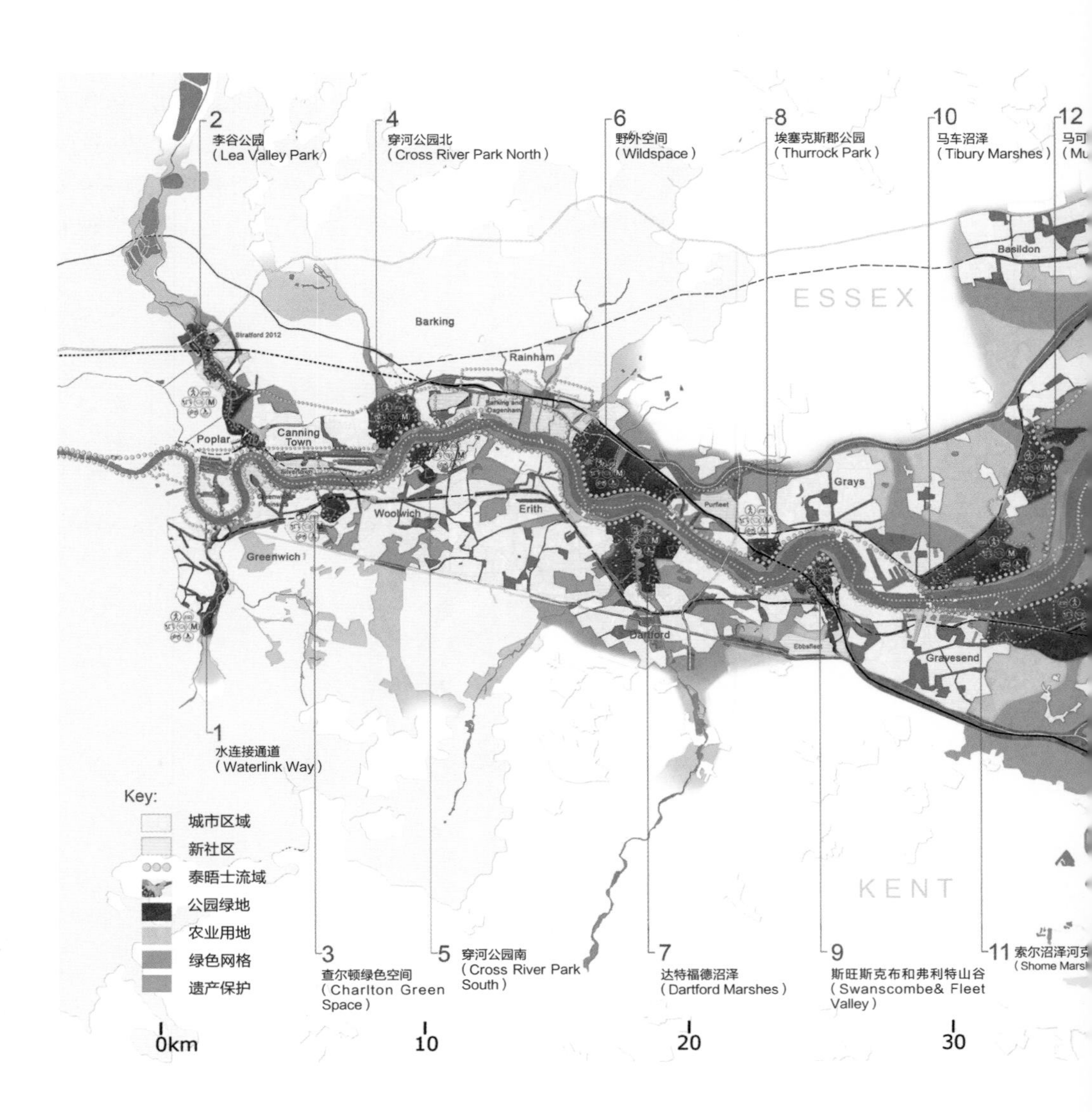

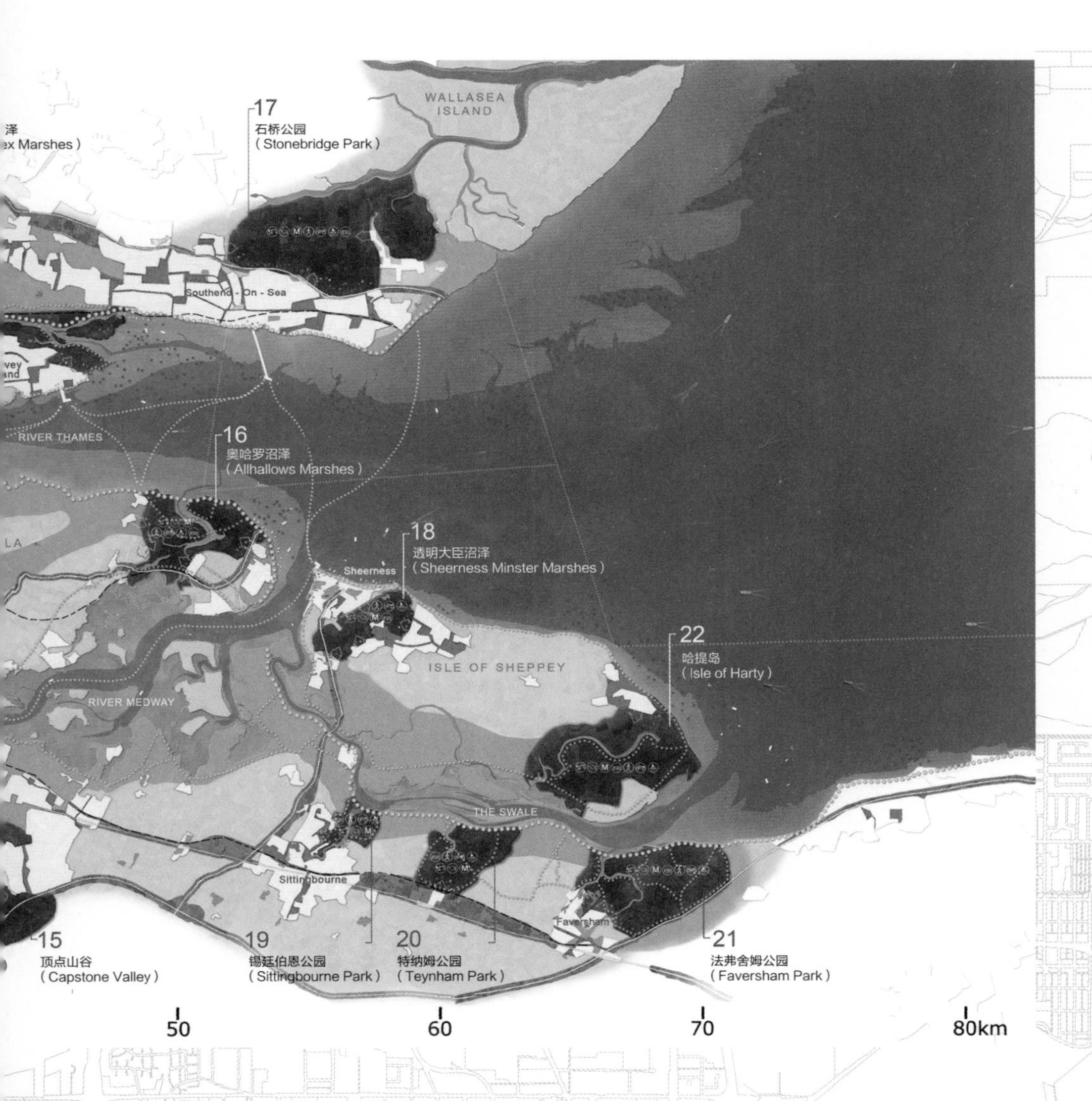
泽
ex Marshes)
17
石桥公园
(Stonebridge Park)
WALLASEA
ISLAND
Southend - On - Sea
RIVER THAMES
16
奥哈罗沼泽
(Allhallows Marshes)
18
透明大臣沼泽
(Sheerness Minster Marshes)
Sheerness
22
哈提岛
(Isle of Harty)
ISLE OF SHEPPEY
RIVER MEDWAY
THE SWALE
Sittingbourne
Faversham
15
顶点山谷
(Capstone Valley)
19
锡廷伯恩公园
(Sittingbourne Park)
20
特纳姆公园
(Teynham Park)
21
法弗舍姆公园
(Faversham Park)
50
60
70
80km

础，造福于每个人。现在重新联系景观和荒野的需求更大，不仅仅是为了农业和食品生产，也是为了社区认同以及拓展人与自然平衡的生活体验。所以这个想法造就了伦敦河口，并使其成为英国第一个有意规划且建成的国家公园，它的独特之处就在于是个城市和农村公园，并结合了基本的存在理由，即对未来全球变暖的预测。向这么多科学家、自然学家以及来自例如皇家鸟类保护协会、英国自然和伦敦动物园等组织的志愿者们（参与保护河口鱼类繁殖，因为河口是北海鱼的主要温床）学习是多么令人振奋的事情。科学界对大局——城市生活依赖的区域、大陆以及全球自然世界的关系，有最好的掌握。

泰晤士河口绿地规划

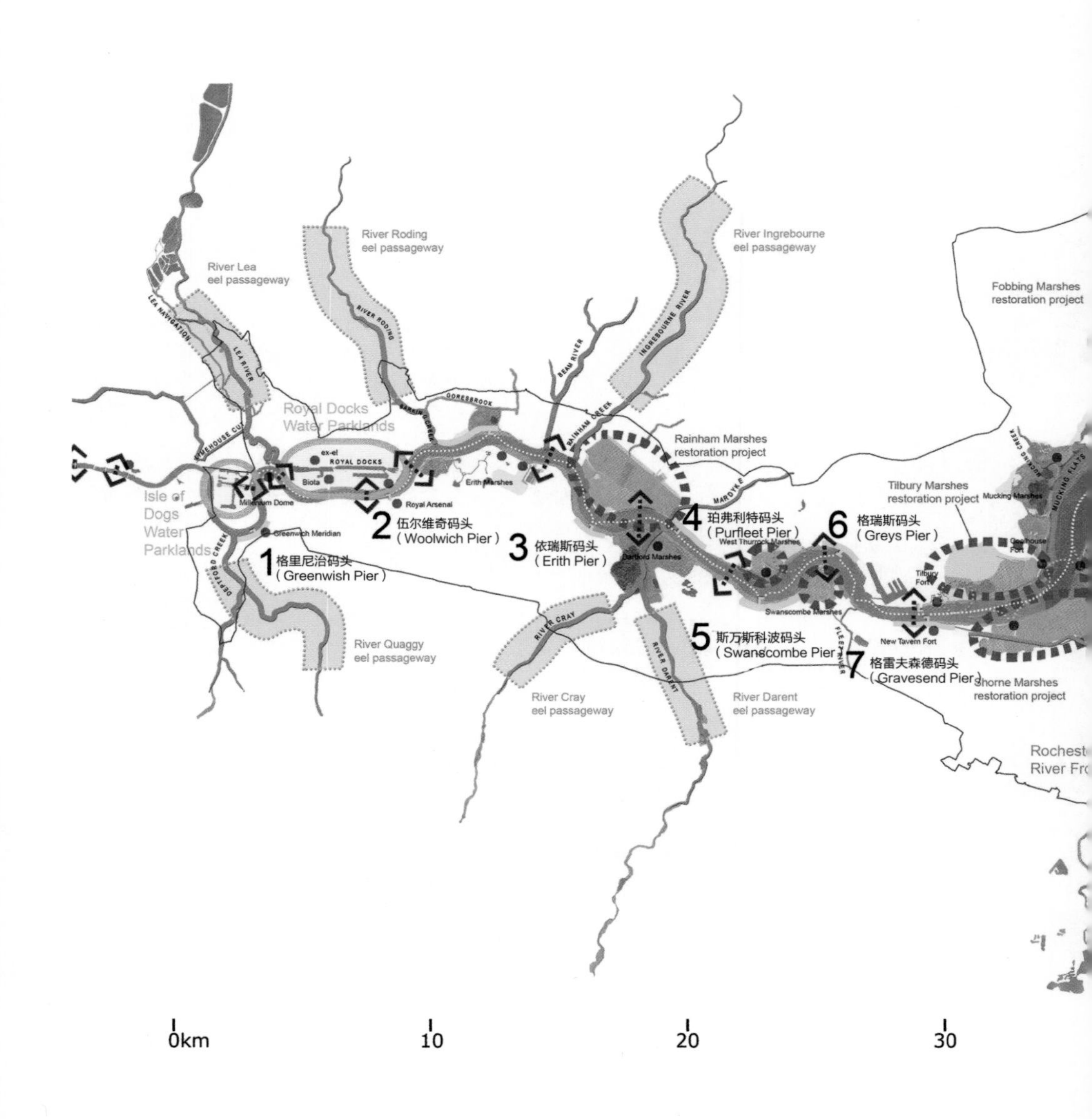

从英格兰乡村保护运动组织开始我们的研究。我欣赏他们所倡导的“城市生活质量是建立乡村生活质量和自然界保护的关键点。”使伦敦变得更适宜居住，更健康、更环保、污染更少是至关重要的，因为这是来阻止大都市盲目扩张的最可靠的方法，盲目扩张的结果是破坏景观及建立不可持续的通勤社区。最可靠的保护自然、景观、农业和乡村社区的办法是提高城市生活自身品质——让它的生活方式的“要约”完全诱人以致不可抗拒。

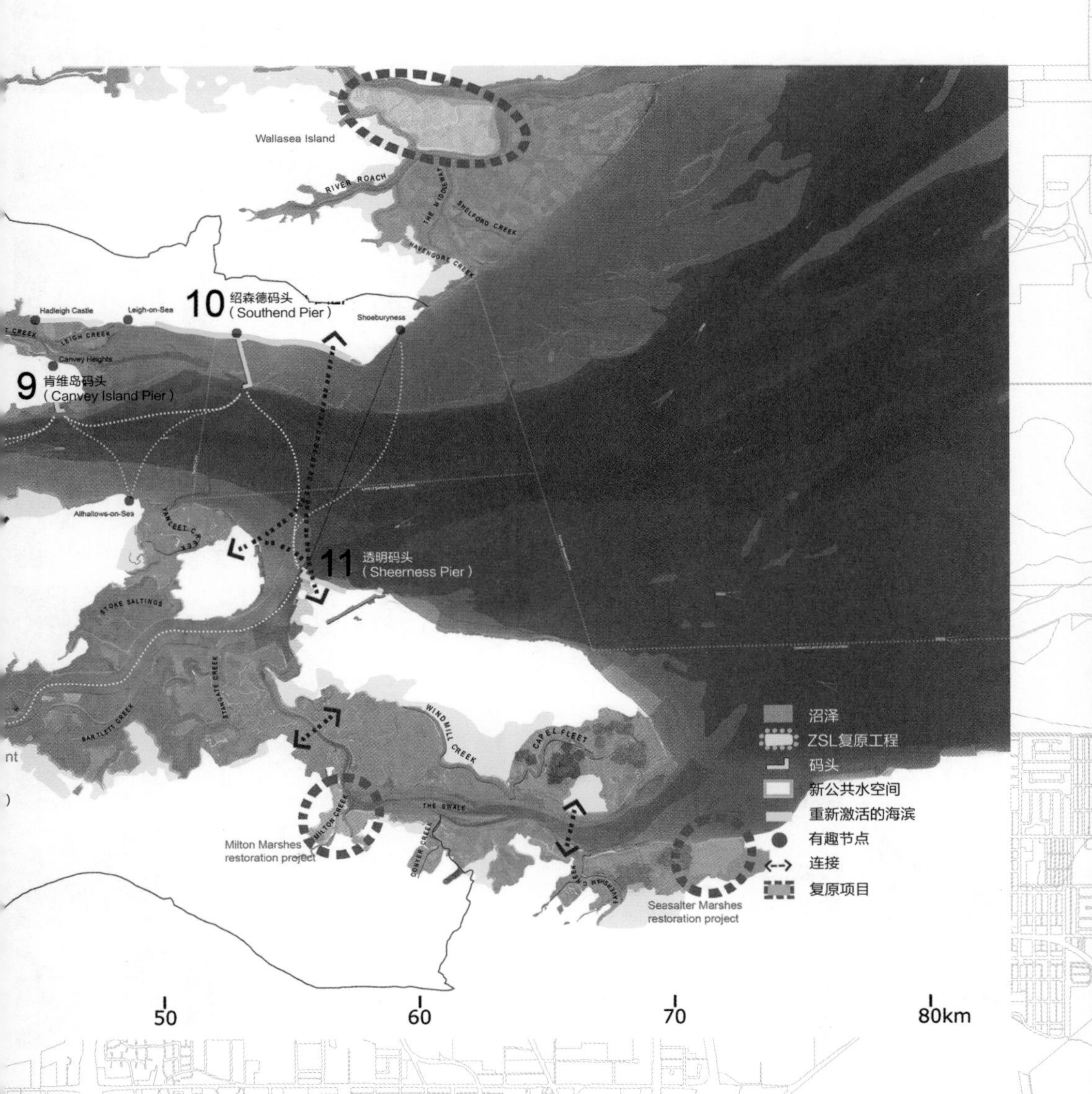

城市的土地：伦敦

丹尼尔·瑞文·埃里森（Daniel Raven-Ellison）

ALEIGH
GDNS.
openreach
BT

LANE
STOP

FUNERALS
STOP

N803 SAA

LYNTON COURT

伦敦的可持续性主动权

卡米拉·维恩（Camilla Ween）

由于可获取资源的减少，以后我们如何维持自身变得越来越令人担忧。早在20世纪90年代，可持续性专家赫伯特·吉拉多（Herbert Girardet）估算伦敦的生态足迹（维持其所有活动所需的土地面积）是城市面积的125倍。在2000年，一个被称为城市限制1的足迹研究表明，伦敦的生态足迹实际上是其地理区域面积的293倍。大伦敦规划，一个空间发展战略，就着手于改变这种关系并把伦敦建设成一个可持续发展的城市。伦敦的可持续发展议程正在被强硬的政策以及许多探讨如何改变城市自身维护的实验性举措所推动着。

气候变化行动计划草案于2008年发布，早于有约束力的行动战略的产生。“行动计划”设定了宏伟的目标，到2025年，伦敦的二氧化碳排放量将在1990年的基线基础上减少60%。这个目标强调的是我们生活方式的改变，而不是生活质量。伦敦一直在寻找一些解决可持续发展问题的方法，并正在探索新的做事方式。

分散能源

为达到二氧化碳的减排目标，首要任务是把伦敦能源供应的25%迁移到地方的分散能源系统中。伦敦一直在探索分散式供能的发展，如收集工业生产过程中过剩的热量以非常低的成本实现碳减排。伦敦发展署正在开发一个位于伦敦泰晤士河口热网的试点小区的供热项目，热水传输网络将连接现有的和新发展的低碳或零碳的热源。从巴金发电厂（Barking Power Station）发电过程中产生的热量会被收集在热水里并通过地下管道运到集中供热点中，并在这里取代传统锅炉，被用于生活热水和中央供暖系统。多达12万的家庭和房屋，包括学校，通过23 km的网络可以满足其供热需求，每年减少近10万t二氧化碳排放量。第一批用户在2011年上半年就可以得到供应。最终的目标是要使用来自多个不同点的低碳或零碳热源，形成遍布伦敦的多个本地区域供热网络。

交通

应对日益增长的交通需求是伦敦最大的挑战之一。伦敦交通局（TFL）正探索各种可持续发展的举措，强调出旅行更多地从私家车转移到公共交通、步行、自行车交通上。私家车出行通过新创立的非常严格的停车收费标准被部分限制。伦敦中心介绍了伦敦交通拥堵收费方案，该方案旨在通过对驾驶特权的收费减少拥堵。2003年，建立了一个区域内所有车辆（只有少数包括公交、出租车、警车和救护车例外）每天必须支付49.68英镑的制度。第一年中，交通流量减少了21%，拥堵减少了30%，自行车交通增加了43%，并减少了事故，筹集了约12.42亿英镑的收入来改善公共交通。

在2000年，市长肯·利文斯通（Ken Livingstone）着手将伦敦变成世界上最适合步行的城市。已经有很多在公共领域的项目投资正在改善步行环境。步行和自行车交通是伦敦交通局综合交通的核心，因为向这些方式的转型将释放交通网络的容量。伦敦交通局正在开发一套复杂的步行工具——"易读伦敦"，来鼓励步行并支持寻路。基于"心理地图"理论，它帮助人们连接地区、区域以及交通系统。独特的"图标"将显示步行方向、步行时间、知名地标以及将信息提供到手机上的"抬头显示"导航地图。[2]

垃圾治理及回收利用

优化当前的废物处理方式是当务之急。伦敦规划要求减少送到填埋厂的垃圾量。到2020年，85%的垃圾将会在伦敦市内被处理。规划还要求减少建设垃圾生产量，尤其是在建筑业中，要提高垃圾再利用、再循环及成肥率。新技术的产生使垃圾中的再生能源生产成为可能，尤其是在垃圾处理产品做燃料方面（例如生物燃料和氢）。

关于什么是"垃圾"的看法已经改变并趋向于一种新的理念：减少、再利用、再循环——以出售作为最后的手段。伦敦垃圾场（London Waste），伦敦最大的再循环和可持续垃圾处理场，目标是实现向垃圾填埋场的"零排放"。其生态公园在寻找闭环解决方法：有机肥在12周内变成堆肥；将没有处理过的木材粉碎成小木条，做成新的木制品或者燃料；不能被循环利用的垃圾送到能源中心焚烧，将产生的热量用于发电，每年可充足供应66 000个家庭的用电量。

交通和能源的废物收集的影响也被考虑。一个在温布利（Wembley）市有4200户规模的项目将使用一种地下真空管道网络收集废物。这个系统相比传统垃圾回收每千米将减少90%的垃圾车，二氧化碳排放量每年减少400 t。垃圾通过完全在封闭的地下真空管道系统以每小时80.5 km的速度自动输送到中央收集站。

开放空间和生物多样性

人的幸福的基础是对自然世界的理解和与其和谐互动、共处。伦敦已着手保护和恢复城市生态系统，以确保没有损失整体的野生动物栖息地并创造更多的开放空间。在开发过程中，每一次设计和建设都在为不同物种及其侵蚀的栖息地的恢复提供机会，如退化的开放土地的再生、新的生态环境的创造，以及绿色屋顶的推广。例如，42 km^2的WWT伦敦湿地中心，是为废弃混凝土的水库建立的并变成了欧洲观察野生动物，包括鸟类迁徙的最好城市场地。

可持续住宅

伦敦绿色战略的部分一直被当做住房更可持续方式的探索。生态区域建设是伦敦第一次低碳住宅的试验性探索，贝丁顿零碳社区（BedZED），由英国百瑞诺公司（BioRegional）和世界野生动物基金会创立，倡导“在一个地球上生存”的概念。这个全球性倡议是建立在十项可持续发展原则的基础上的，这些原则是：零碳、零垃圾、可持续交通、当地可持续材料、当地可持续食品、自然栖息地和野生动物、文化和遗产、公平交易、健康和幸福。它陈述了人类如果想通过地球上的资源享受高品质的生活所面临的选择和挑战。一个早期连续性的可持续发展的例子就是贝丁顿生态村，该项目是由设计师比尔·邓斯特（Bill Dunster）在2002年设计的。主要目标之一表明生态发展和绿色生活方式是可得到而且实惠的。住宅的可持续发展原则正在被探索，包括许多横穿伦敦的发展。

格林威治千禧村被设计成21世纪可持续发展的典范，改变了一个不可持续的棕色地带。项目是由拉尔夫·厄斯金（Ralph Erskine）做的总体规划，创造了一个人优先于汽车的地方。这是一个2700户规模的混合功能项目，包括社区、商业用地、一所学校和健康中心、开放空间及生态公园。项目设定了很高的环境可持续发展的终极目标（从2000年的平均值）：减少80%的基础能量消耗，减少50%的储藏能量；减少50%的建筑废物，减少30%的用水量，减少30%的建筑花费以及25%的项目建设时间。设计的一个关键的策略是社会出租住房应与私人市场房屋无缝接合，以确保社会的整合。

另一个例子是加量斯，是由菲尔登·克莱格·布拉德利（Feilden Clegg Bradley）工作室基于“在一个地球上生存”的原则设计的。目标是减少建设的碳影响。它将有一个热电联产单元实现二氧化碳零排放量。建筑物的设计是高能源和水资源的高效利用，可持续交通和废物管理是设计的核心。

注释：

1. 由Best Foot Forward咨询公司提供。
2. 想要更多信息，请查询：tfl.gov.uk/legiblelondon.

超越LEED标准：城市尺度的绿色评价

汤姆斯·斯彻夫（Thomas Schroepfer）

为了评估一个可持续发展项目在城市尺度上成功与否和做出各种尝试的实用性的比较，需要开发更精密的测量工具以及测量方法。目前，例如LEED的测量工具只能根据标准评价个别建筑性能，一个有全面框架的可持续设计的评估方式仍未出现。在世界各地建设“生态城市”［（包括正在建设的位于阿联酋的马斯达尔（Masdar）和几乎完成的位于西班牙的萨瑞哥仁（Sarriguren）］的大环境下，设计如何通过评估过程在可持续城市环境创造的关键处扮演至关重要的角色？两个建成的生态城市提供了新方法：

——沃邦（Vauban）是一个德国弗赖堡（Freiburg）中心附近的38 hm^2的废弃军营区，在1994年被收购，目的是将其改造成为环境和社会的旗舰项目。沃邦包括5000人口组成的2000个家庭以及能够提供500个工作岗位的企业单位。这个项目基本完成，并被看成了欧洲关于思考环境与城市设计之间关系的最积极的案例之一。沃邦展示了一个复杂的环境友好型规划措施网络是如何与其活泼的社会和社区框架协同工作的。这个项目发展提出了自己作为一个可行而现实的替代项，能够代替预期建筑类型学或城市规划的模型，使城市回到邻里开发的模式，与此同时寻求汽车依赖型发展的环保替代项。

——林茨的太阳城（Solar City Linz）有1300个家庭和3000居民。被设计成一个在城市设计中的可再生能源旗舰发展项目，包括福斯特建筑事务所（Foster and Partners）、理查德·罗杰斯（Richard Rogers）和托马斯·赫尔佐格（Thomas Herzog）的项目。太阳能城市的核心建设在1995

年到2005年进行。这个实验项目的目标是成为21世纪初生态居住的典范，走在建筑和景观设计的前沿。

发展作为包括了设计和环保技术等方面的一个整体，与提供综合可持续发展的社区相互作用，揭示了在美学表达中新的可能性。在城市范围内，一个可持续项目评价体系必须要突出建筑和城市设计在创建综合环境技术系统中的作用，以便使这些项目成为较大居住环境的一部分，而不是环境科学的简单陈列。一个完整评估框架不能只以技术和生态两方面为基础，因为只有当其超过环保技术（如太阳能和废物处理系统）的总和，并能同时考虑美观、经济和社会等方面的时候，这才算是成功的。设计人员能设计出解决生活质量、人口多样性、多样化交通工具和场地的生态学等多个变量的城市环境。通过成为完整评估框架的一部分，这些变量能创造新的未来可持续城市的发展轨迹。建立评估可持续发展项目的设计框架将成为设计师创作创新建筑和城市规划的一个宝贵工具。

太阳城中心（奥尔和韦伯设计）

特殊景观

比尔·兰金（Bill Rankin）

在绿色运动当中，一个不断重复的主题就是地方主义。即使我们知道跟踪食物里程并不总是一件简单的事情——伦敦从新西兰进口苹果会比其本地苹果更绿色——这种假设坚称“当地”和“可持续”是同样的概念。但是通过分析农业的地域性表明，我们对于地方主义的认识是有严重缺陷的。以美国农业的地域性来举例，这种地理特征不是一个叠加当地信息的平滑空间，而是一个不连续的、块状的具有单一功能的空间。除了一些中西部的谷类例外，几乎没有其他地区能够将不同种类的农作物种在一起，尽管牛的饲养相对均质地分布在整个国家，但其他畜牧类产品的生产却相对集中。没有任何一个主要城市能够从当地的农场获得所有的食物来源——包括那些农业主产地周边的城市。这些模式不应该使我们感到惊讶，因为美国农业一直被全球化的优势比较的逻辑所主导。在有机食物产地只占农业用地0.3%的情况下（农场补贴占美国农业总产值的3%），这看起来就是一个未来可预见的情况。[1]

农业在时间和空间上都是块状的，不连续的。在过去的300年中，全球性的农田蔓延在不断地扩张和增强。几乎世界上每一个地区都将农业看得更地方化——农业土地变得更加具有“农业文化”，甚至在这种文化已经被建立了很久的地区以及那些人口密度不断增加的地区也是如此。从1850年以来，这种稳定的强化形式被一些迅速向先前未开发地区扩张的例子所加强：例如19世纪的大平原地区，20世纪的阿根廷，以及近几十年来的巴西和印度中部。下降是相对少见的，但是它还是已经发生了，比如说在亚马孙的中部，巴塔哥尼亚北部，或者是第二次世界大战后的阿巴拉契亚山麓地区。[2]

在这之中对生态都市主义的启示是什么呢？为了使本地性的想法变得有意义，首先要认真修改它。本地性不应该被简单地定义为地理上的距离，而应该是由现代市场所决定的当地的运输与配送的效率。这反过来又意味

用于作物种植的土地的百分比

0% 20% 40% 60% 80% 100%

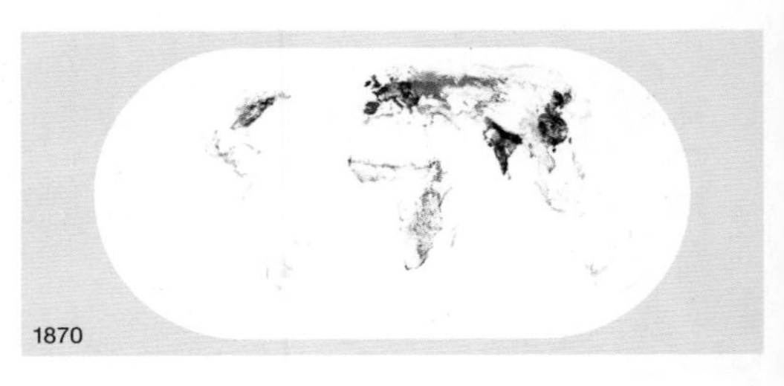

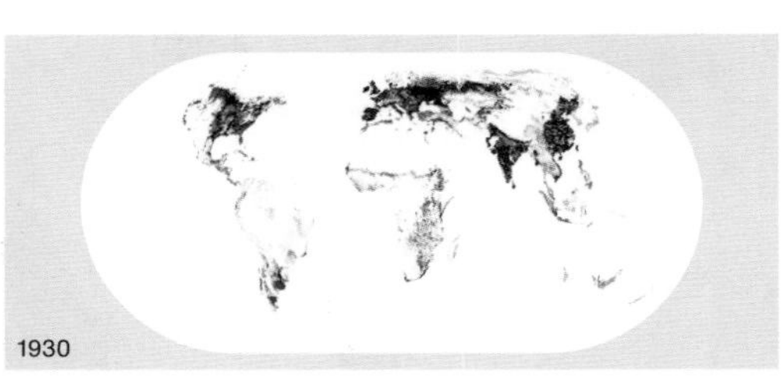

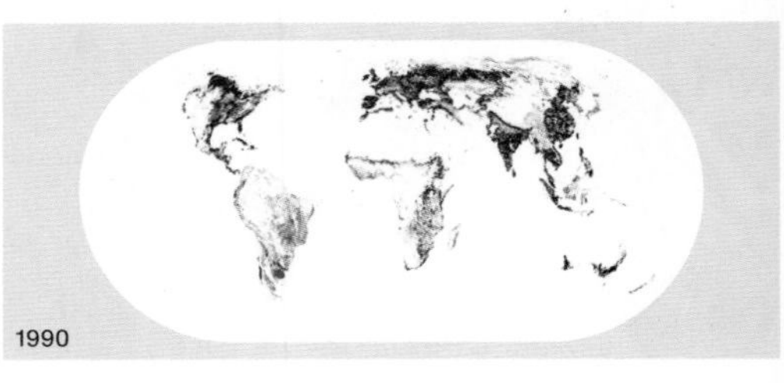

着，许多未来都市生活的生态将必须是全球性的。设计者不应该否认全球商品市场的现实，使地方性（设计的地域范围）和全球性矛盾（市场的范围）。

其次，从19世纪中期兴起的运输革命还远未结束：非洲、南美洲和亚洲东南部广袤的土地依然可以用做农业开发。保护这些雨林地区需要在其他地区更大强度地开发。在许多农业用地的开发度接近100%的情况下，大部分通常适用于城市条件的逻辑密度和密实度同样适用于农业地区。"地方"与"全球"或是"城市"与"农村"之间简单的比对所得到的启示或许还不如一篇关于各种不同的邻近关系和强化措施的分析。如何使城市设计的策略适应并处理这些关于邻近和密度的新情况？[3]

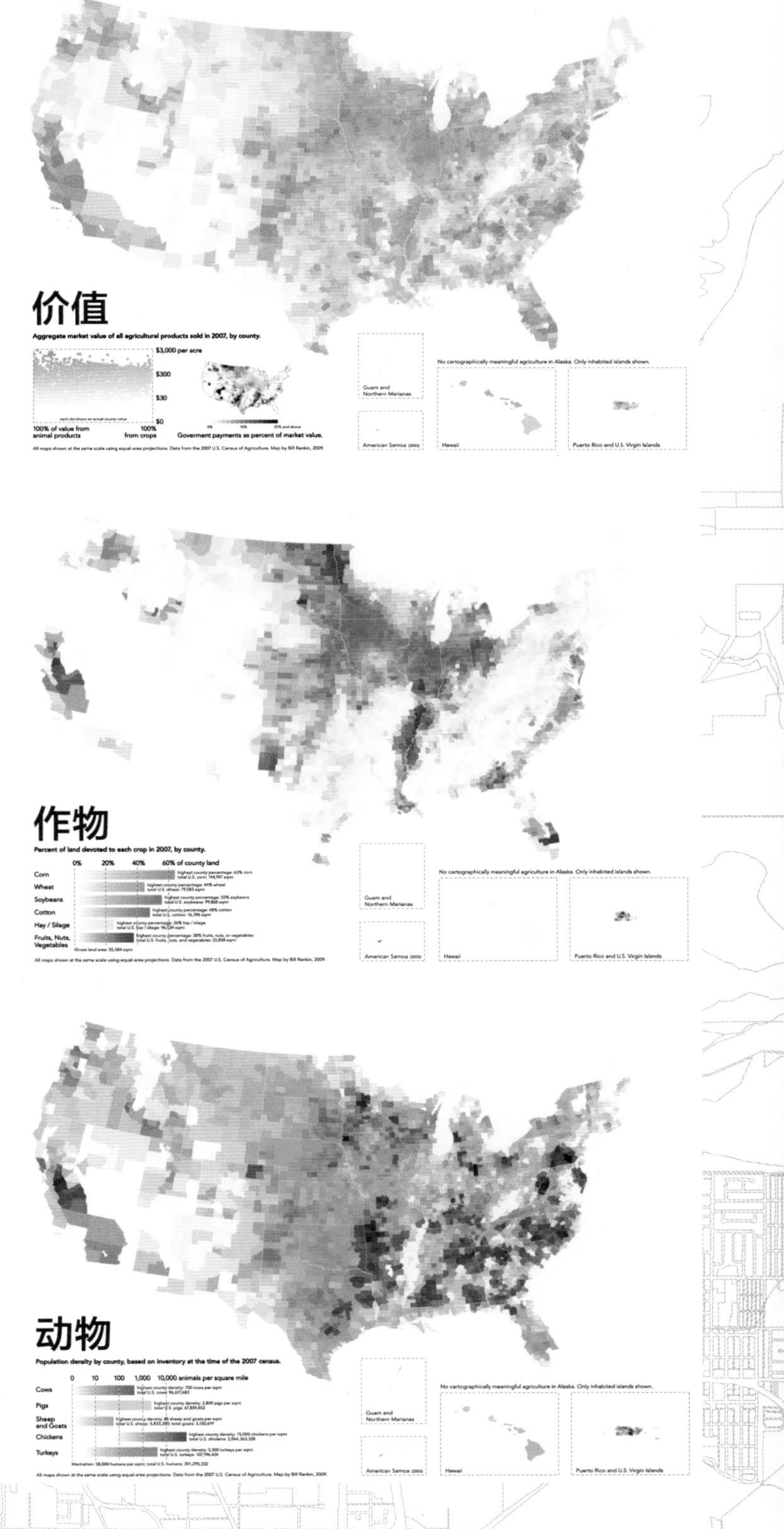

注释：

1. 数据来源于美国农业普查，2007。
2. 数据来源于麦吉尔大学（Navin Ramankutty）和明尼苏达大学（Jonathan Foley），1999。
3. 更多信息参见www.radicalcartography.net .

农业的传播，并没有被均匀地分布在空间或时间上。高密度的农业是一个相对较新的现象，仅限于少数主要领域。制图：比尔·兰金（Bill Rankin），2009，数据公布于1999年

地理上块状分布的农业使我们对地方主义的理解产生了质疑。我们应该抗议远距离粮食生产，或者寻找高效运输的新途径？制图：比尔·兰金（Bill Rankin），2005/2009，根据2007年数据绘制

哈佛大学景观设计研究
50 万棵树：为可持续城市塑造场地和系统

克里斯汀·弗雷德里克森（Kristin Frederickson）
盖里·修德布兰德（Gary Hilderbrand）

城市中成年的树木所表现出来的价值很久之前就被证实了，其转换的经济价值也众所周知。然而，真正的价值尺度应该考虑其表现过程中所体现出来的能源和运营的成本，尤其是在面对长期以来城市植树的高死亡率时。如果仔细想一想，这些因素可能导致一个引人注目的情况，那就是在本地苗圃生产城市绿化用树以达到最高效的生态足迹。我们能否在本地生产树木？

由夏洛特·布劳斯（Charlotte barrows）、克里斯托弗·杜尔（Christopher Doerr）和西蒙·马丁内斯（Simon Martinez）所做的研究：《城市绿化用树的生产与应用：这是真正的"绿色"吗？》（*Urban Tree Production and Performance: Is it really green?*）

注释：

本文选自哈佛大学设计学院2007年秋天的设计课程以及即将出版的新书《50万棵树木：为可持续城市塑造场地和系统》（*Half a Million Trees : Prototyping Sites and Systems for Sustainable Cities*），作者是克里斯汀·弗雷德里克森（Kristin Frederickson）和盖里·修德布兰德（Gary Hilderbrand）。

图片说明：
1. "从种子到树"图。采访生产者和种植者，2006。
2. "运输数量和金额"图，包含编绘过的价目表，2006。
3. 在纽约市的行道树中位数。地层研究，2005—2006。《树的计数》，纽约市公园与娱乐部。
＊ 买入项目时的价值（美元）

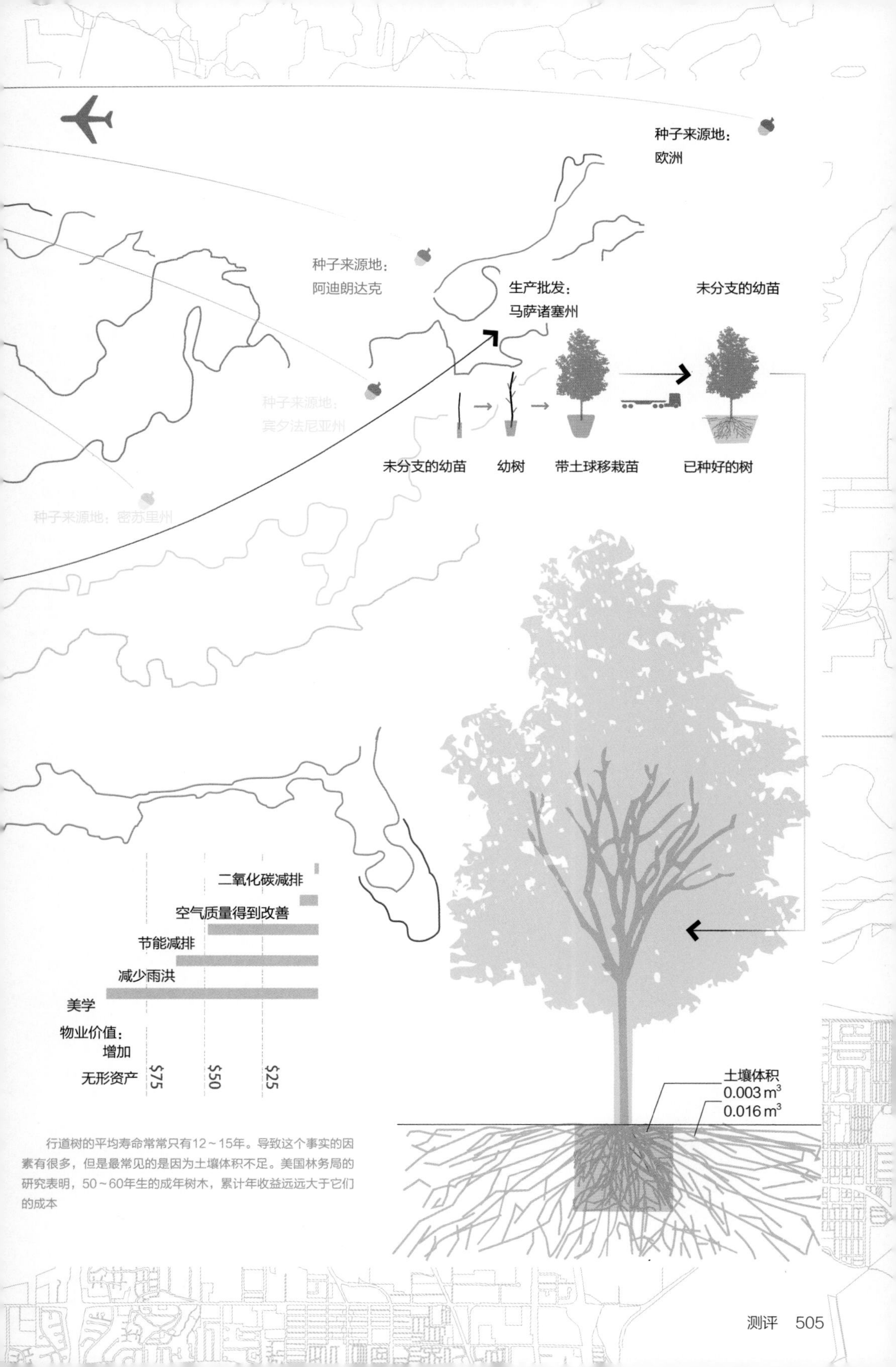

行道树的平均寿命常常只有12～15年。导致这个事实的因素有很多，但是最常见的是因为土壤体积不足。美国林务局的研究表明，50～60年生的成年树木，累计年收益远远大于它们的成本

奴隶城

阿特里尔·凡·利斯豪特（Atelier Van Lieshout）

奴隶城市可以被描述为一个阴险的乌托邦项目，这个项目合理、有效，并且可以获利（每年可获利28亿欧元）。在一个20万居民的城镇中，价值观念、道德标准、美学、修养、食物、能量、经济体系、组织机构、管理部门，以及市场都被颠倒、混合和重构。

奴隶城是建立在对最新的技术和管理手段的洞察之上的。这里的居民（也被称做“参与者”）每天有7小时参与电子服务类服务，例如顾客服务、电话营销、计算机编程。在这之后，他们将在田间地头，或在车间工作7小时。参与者的效率会受到监督，如果效率低于设定水平，管理者将会采取措施。

奴隶城是世界上第一个在这个城市尺度上“零能耗”的城市，它的运作不需要进口化石燃料或电力，能源需求被沼气、太阳能、风能和生物柴油所满足。所有事物都被认真地回收，甚至是参与者。没有任何废弃产品被创造出来：奴隶城是一个绿色的、不浪费世界上资源的城市。

除了许多必要的基础设施和服务楼，这里设有一个豪华的总部，一个为高级别员工服务的舒适、安全的村庄，还有一些教育设施、一个健康中心、一个妓院和一个艺术中心。

项目详情：

建筑占地面积	900 000 m²
总占地面积	60 000 000 m²
参与者	200 000人
雇员	3 500人
项目总投资	€8.6亿
年利润	€28亿
艺术预算	€0.28亿

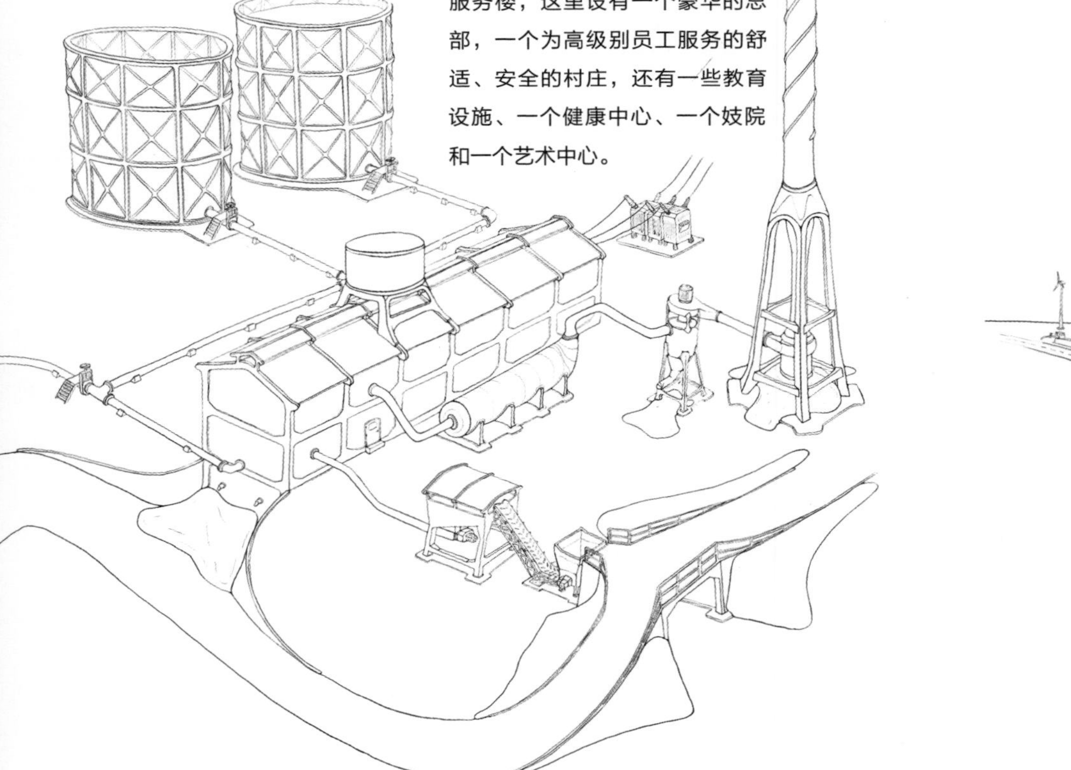

人工湿地
冷凝器
通风装置
通风装置
沉淀池
沉淀池
后沼气池
后沼气池
烟囱
1号沼气池
2号沼气池
固体废物
冷凝器
沼气
蓄热器
过滤器
涡轮硬件
抽象层
米

奴隶城

概况

WHAT

SlaveCity is a contemporary implementation of a work and extermination camp, designed to fit in today's norms and insights concerning the realm of organisation, cost-effectiveness, technology and ecology.

The camp is designed for approximately 200,000 participants who are operating in IT, helpdesk and telemarketing. The participants are efficiently accommodated in living/working units. They work seven hours within the CallCentre and seven hours in the fields or other supporting tasks. Remaining time can be used for nutrition, rest and personal care. SlaveCity is completely self-sufficient within the realm of nutrition, energy and waste processing. SlaveCity will be the first CO^2 poor, zero-energy city of the world.

WHO

SlaveCity will be set up by a yet to be founded public-private-political group.

WHERE

SlaveCity occupies barely 50 square kilometres of land, which implies that there are sufficient sites even in the Netherlands that would be adequate. All the more considering that SlaveCity can operate independently of any existing infrastructure.

WHEN

Setting up the organisation and the construction of the camp will cost several years. However, the expected time for complimentation will take at least ten years in order to obtain necessary licences and to set upon political and public opinion.

WHY

From the abundance of profit, one can directly influence the geo-political and economical situation. As a matter of fact, one can form a solution to problems regarding social injustice, exploitation of exhaustible raw materials and pollution. Additionally, there will be a decent contribution to the repression of the overpopulation of our planet. Besides that, the public sector of SlaveCity offers a crucial impulse to cultural life and well-being of the surrounding region.

WHICH MEANS

Aside from the licences and the general acceptance of the SlaveCity concept, an investment of 770 billion euro is needed. Nevertheless there are no problems expected to get financing, as the yearly average net profit of 7.7 billion euro exceeds the investment extensively.

摘要

FINANCIAL		
total investment		[illegible]
net profit per year		[illegible]
SECURITY		
personal	[illegible]	[illegible]
material		[illegible]
TOTAL		[illegible]
INFRASTRUCTURE		
TOTAL		[illegible]
LAND	ha	
[illegible]	[illegible]	[illegible]
[illegible]	[illegible]	[illegible]
[illegible]	[illegible]	[illegible]
[illegible]	[illegible]	[illegible]
TOTAL	[illegible]	[illegible]
BUILDINGS	m^2	
[illegible]	[illegible]	[illegible]
[illegible]	[illegible]	[illegible]
[illegible]	[illegible]	[illegible]
TOTAL	[illegible]	[illegible]
INVENTORY AND INSTALLATIONS		
[illegible]		[illegible]
[illegible]		[illegible]
		[illegible]
[illegible]		[illegible]
TOTAL		[illegible]
PERSONNEL		
[illegible]	[illegible]	
[illegible]	[illegible]	
TOTAL	[illegible]	
PARTICIPANTS		
[illegible]	[illegible]	[illegible]
[illegible]	[illegible]	%
[illegible]	[illegible]	[illegible]
[illegible]	[illegible]	
AGRICULTURE		
[illegible]	[illegible]	[illegible]
[illegible]	[illegible]	[illegible]
[illegible]	[illegible]	[illegible]
[illegible]	[illegible]	[illegible]
TOTAL	[illegible]	t per year
NUTRITION		
[illegible]	[illegible]	[illegible]
[illegible]	[illegible]	[illegible]
[illegible]	[illegible]	[illegible]
[illegible]	[illegible]	[illegible]
[illegible]	[illegible]	[illegible]
[illegible]		
[illegible]	[illegible]	%
[illegible]	[illegible]	
[illegible]	[illegible]	[illegible]
[illegible]	[illegible]	[illegible]
[illegible]	[illegible]	[illegible]
[illegible]		
[illegible]	[illegible]	[illegible]
[illegible]	[illegible]	[illegible]
[illegible]	[illegible]	[illegible]
[illegible]	[illegible]	[illegible]

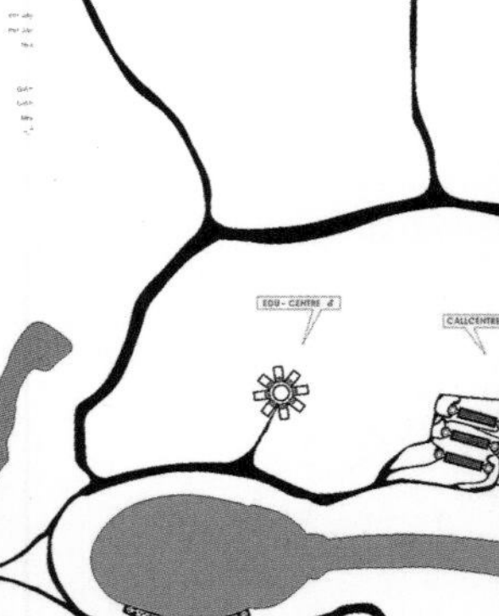

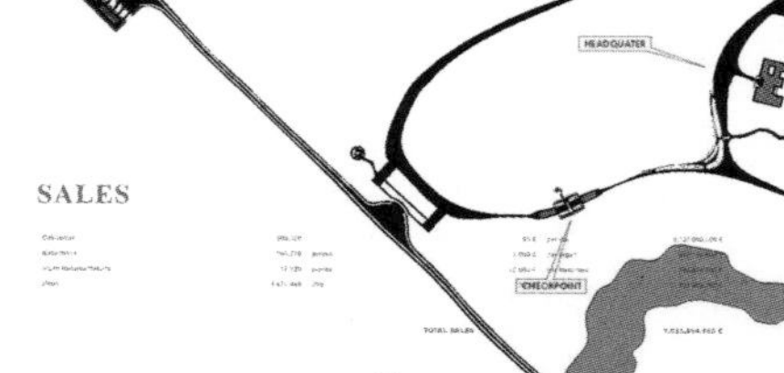

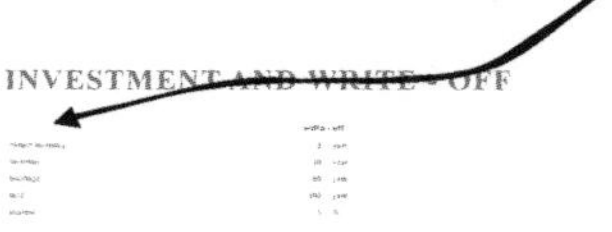

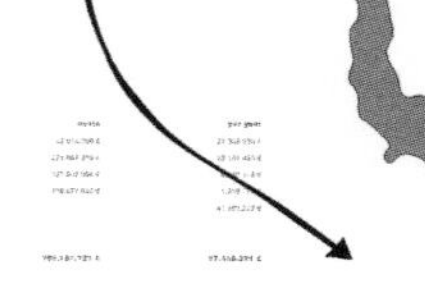

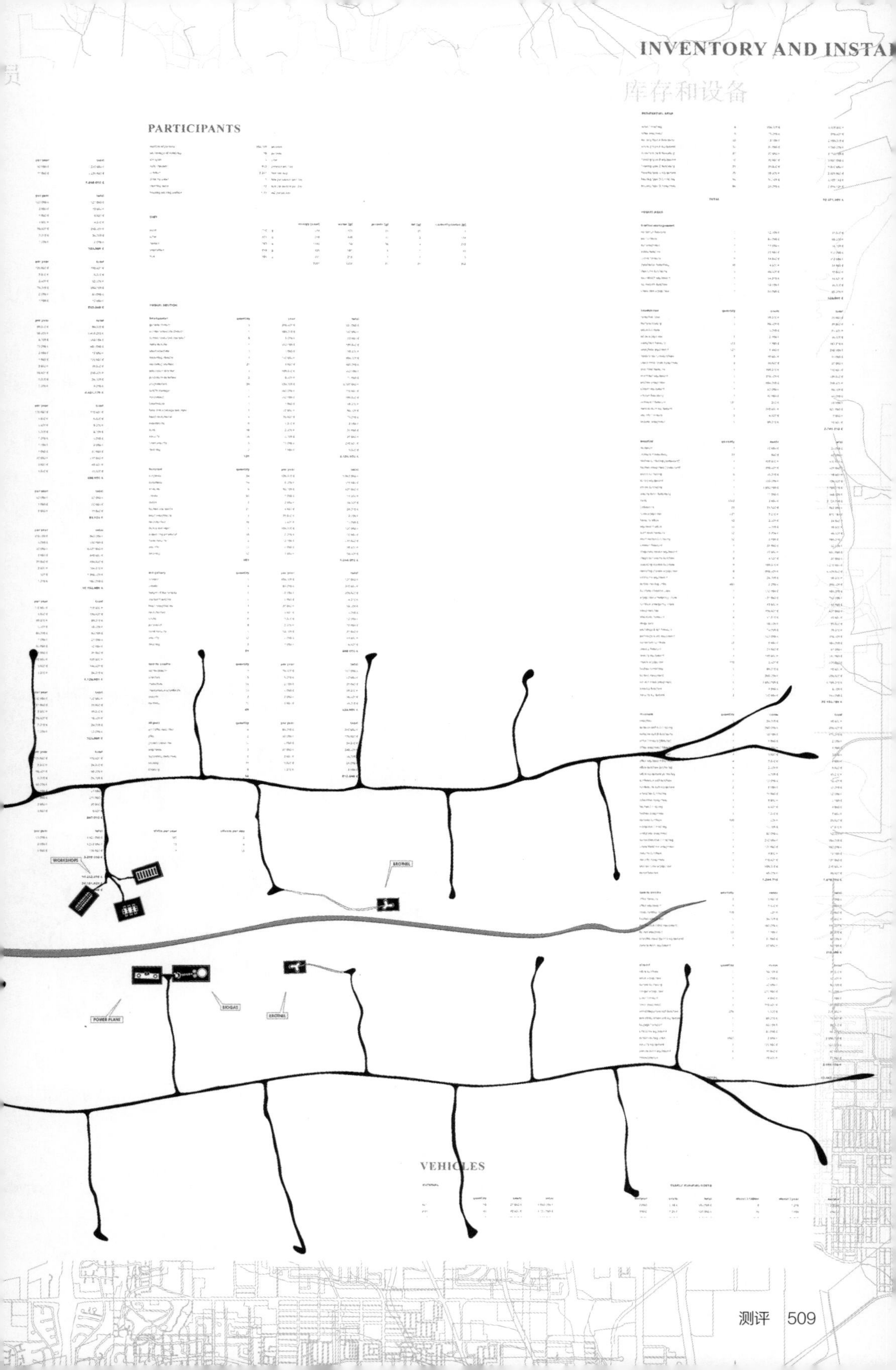
INVENTORY AND INSTA
库存和设备
PARTICIPANTS
WORKSHOPS
BROTHEL
POWER PLANT
BIOGAS
BROTHEL
VEHICLES

生态盒子 / 自我管理的城市生态网络

阿特里尔建筑工作室（Atelier d’Architecture Autogerée，简称AAA）

在2001年，AAA开始在巴黎以北的拉沙佩勒地区构建一个自我管理项目，鼓励居民造访和批判性地改造暂时未充分利用的空间。这种方式限定了一种宽松可逆的空间使用方式，且通过允许多种不同的生活方式和生活惯例的共同存在来实现城市“生物多样性”的目标。作为这种“根茎机构”的催化剂，先后由AAA成员和当地居民策划的生态盒子为城市批判和创新提供了平台。

生态盒子起始于一个可拆卸且便携的花园式托盘，位于一个临时可用的属于法国铁路公司的废弃场地上，由3000 m²的室内外空间组成。像工具盒、厨房、图书馆和媒体实验室这种可移动的模块被用来陪衬园艺和其他集中性的活动，比如厨艺展示、辩论、广播、阅读会和聊天等。这些可移动的模块可在不同的空间内移动穿梭，激活了来自多样化社会和文化背景下的人们之间的邂逅，并挑战了平日的生活惯例。

四年后，生态盒子受到了被城市权威机构驱逐的威胁。然而使用者们却表达了他们对这个项目及其价值的依附感，并和这些机构进行了协商，希望能够将其搬到新的地点。生态盒子的可拆卸性和便携性建筑结构使其在新场地的快速重新安装成为可能，并保留了这个项目带来的社会网络的连续性。最近这个项目进行了第三次移动。

生态盒子“根茎”的移动性：先进的建造（2002—2004）；可拆卸的移动（2005）；在新场地的暂时性重新安装（2005—2007）；拆除并寻找新场地（2007—2008）；重新安装（2009）

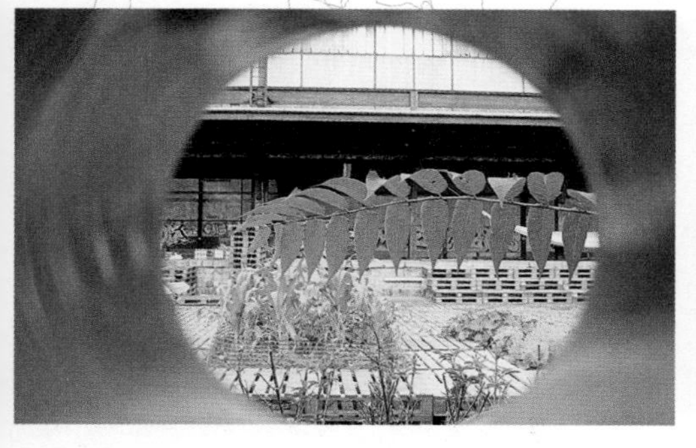

在现存院子里，水泥围墙中的“由多人一起参加的窥探孔”使人们能从街道上看到调色盘似的花园

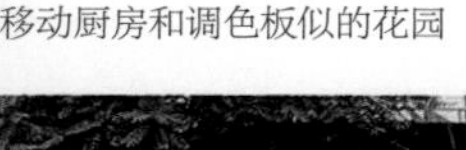

移动厨房和调色板似的花园

临时城市场景：月球上的沙滩

城市生态系统建筑设计事务所（Ecosistema Urbano）

与重新激活历史城市中心里退化的公共空间过程中产生问题的解决方式不同，我们认为另外一种干预方式是可行的——不用花费大量的资金、时间和能量。我们聚焦于低成本的能够鼓励城市居民参与的行动，实际上是获得了一种可自产的复苏系统。在这个系统中，居民们扮演了创造公共空间的活跃角色。这个提议展现了社区联系的新观念，且通过创造新的暂时的城市景观（月球上的海滩）积极地影响着现在的生活方式。

与提高格兰维亚大道（马德里市中心）附近的退化地带的需求相结合，这个提议将帮助邻里设定为目标。在短时间内采取行动，支持居民们的想法和愿望，并获得媒体足够的注意，以此迫使那些有责任的机构来与居民们就如何对一个有很多需求的社区提供实质性的提高而进行协商成为可能。

一个叫做“月亮沙滩”的新的暂时的城市环境在给格林维亚大道的使用者提供便利设施的同时，也给社区居民们提供了一个可活动的区域。在这些城市设施的安装期间（2006年的夏天），很多意外的联系形成了，对这个项目起到了事半功倍的影响。在短时间内，这个想法也展露出了两种可能性：让居民们对其城市作相关的决策；让居民们感到自己是城市空间的一部分。

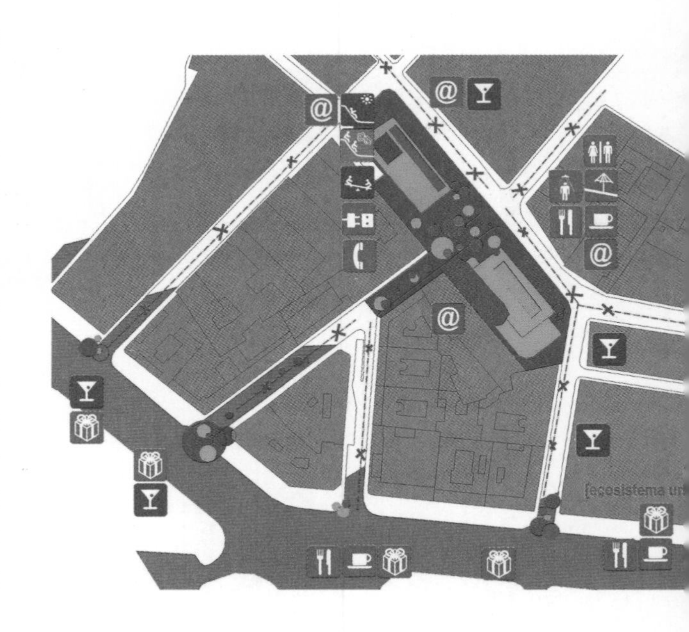

100 m
PLAZA LUNA - PLAYA LUNA
Service Area
500 M3- ARENA
8 DUCHAS
50 SOMBRILLAS
200 SILLAS
30 LITROS DE PINTURA
4 CARTELES
1 CHIRINGUITO
ESTE VERANO, CON 12.000 €,
LLEVAMOS LA PLAYA A MADRID.
technisub
LA PLAYA DE LUNA

合作3

合作部分在这本书中出现了三次，在一定程度上是为了强调合作，它是生态都市主义中很关键的一方面。每一个书写这个部分的教授都被问到如何从他们的专业角度简短地讨论可持续性。这些文章是按照字母顺序排序的，创造出一个主题性任意的顺序，这样便能够避免过多突出相似之处，相反地去强调方法上的不同。这个部分里的很多文章将持续性与生活方式之间的互动联系起来，与此同时，约翰·斯蒂尔格（John Stilgoe）提醒我们要关灯，这样做不是将关灯作为坚持可持续而采取的惩罚性措施，而是作为一种享受黑夜的方式。安托万·皮肯（Antoine Picon）写下了自然、基础设施和城市化之间的联系，而南希·克里格（Nancy Krieger）则表述了长寿与环境之间的联系。唐纳德·史威若（Donald Swearer）也建议生态都市主义应该，“不只有绿色，而是五颜六色的——它是希望、期待、灵感以及许诺的象征”。生态都市主义的确是由多种声音聚合起来的。

舒适与碳足迹
亚历克斯 · 克里格（Alex Krieger）

生态都市主义和医疗公平：生态社会的展望
南希 · 克里格（Nancy Krieger）

自然、基础设施和城市环境
安托万 · 皮肯（Antoine Picon）

可持续性与生活方式
斯皮罗 · 博拉里斯（Spiro Pollalis）

生态都市主义与景观
玛莎 · 舒瓦兹（Martha Schwartz）

远古的黑暗
约翰 · 斯蒂尔格（John Stilgoe）

宗教学习以及生态都市主义
唐纳德 · K. 史威若（Donald K. Swearer）

生态都市主义与东亚文献
凯伦 · 桑伯（Karen Thomber）

舒适与碳足迹

亚历克斯·克里格（Alex Krieger）

要成为一个节约型的星球仍然需要跟很多社会责任相关联，例如在个人的日常行动会如何影响环境的意识下制定更可持续的解决模式。虽然对于绿色的修辞取决于我们自己，但习惯的改变是缓慢的，其带来的环境影响不可小觑。

例如，“城市比郊区消耗小”可能是一个有效对抗我们扩张的本性的新口号，但是这可能不是让每一个人了解到不管他们住在哪里，他们的行动是如何给资源造成负担的最好方式。城市拥护者坚信城市居住者的人均碳足迹实质上比郊区居住者的碳足迹少。与长岛人相比，曼哈顿人大概算是更好的环境服务者了，有足够的调查可以支持这一论点。然而有一个事实看起来与大多数人的直觉相反：深夜里，郊区的灯光要比曼哈顿的少，从卫星图像上看，曼哈顿的灯光几乎是整夜闪个不停的。毫无疑问，城市居民买的割草机比郊区居民少。但这并不能清晰地表明在同一经济水平下城市居民对材料商品的消耗量比郊区居民的少。城市密度比郊区密度更有效率，尽管在最极端的情况下——比如里约热内卢的贫民窟或孟买的达拉维贫民窟——密度不是高质量生活的指标，即使有大量减少的碳足迹。我们对更机智的环境管理的期望不断升高，这引领我们不断改变对习惯、居住选择和技术智能所期望的后果带来的感觉。

用紧凑型荧光灯代替白炽灯是个好主意，同样，频繁的关灯和不那么情愿开灯也能够帮助保护环境。技术独创性使得替代品变为可能，社会正在设计出更多节约能源的灯泡。

更加负责任地开关这些灯泡需要改变人们的习惯。这样一个“一到两次的猛击”对于一个以生态心理为基础的未来是很关键的。跟这个相反的就是个很寻常的逻辑思路：同样开更远的距离或为了至少和以前开的千米数一样，却能缩小成本而买一辆更加节约燃料的汽车；一辆节约燃料的汽车（一个社会优先权）花更多的时间待在车库里（一个独立个体的决策）对环境来说更好。一些智囊团已经准备好了来宣称保守与纵容之间的间隙将会减少，环境可持续发展与材料消耗不再互相对立。这些论点的证据是站不住脚的。富有的人们看起来依旧生产出大量的废弃物。这些富人们是否能变得不那么具有消费性，或者他们是否能学会只买“绿色”产品？这不是个随意的问题。对生产能源需求更多的消费品越来越多，这样就会产生更多的垃圾。社会会授权命令更多的能源保护与回收的创新项目，但在居民层面上，减少消费也会有很大帮助。须强调的是，个人行动与累积的社会效应是相互作用互惠互利的，

一张来自于新西兰环境部（Manatū Mo Te Taiao）一项公共宣传活动的照片。
在洗澡的时候也净化一下你的心灵

这能够帮助保持可持续性发展，这使我给这篇文章想出另一个题目：早晨那些长时间淋浴所用的额外的热水对生态都市主义有什么影响呢？一个基本的能够降低碳足迹的做法，就是让城市和郊区居民都有规律地关掉热水加热器。这个做法出现的可能性不太大，但想象一下：一亿的美国家庭里每一家都持续保留227～378L或更多的热水，我们其中有多少人想过在周末离家（weekends escape）之前关掉开关？我们是在那么多热水源源不断地等待我们中得到了安慰，还是更明显的，我们只是在迎接打开水龙头那一刻喷涌而出的热水？

社会需要并生产更有效率的热水加热器，也许会参考电视遥控器给加热器装上可以遥控的功能，但使用较少热水的快速淋浴有时候也会帮助保护环境。这既不是纵容邋遢不讲卫生，也不是对洗热水澡的乐趣的否定，这仅是一个能够说明个人决策对生态城市化很重要的提醒。

我已经列举了许多琐碎的习惯化的可以使人舒适的做法。目前也有很多其他更加琐碎的例子，能够稳定地增加这个社会的总碳足迹。然而有时也会有个保护政策或约束——不是累积的——能够给个人与社会带来好处。若要面向如此的未来进行发展，仍然还有很多的工作需要去做。

早晨那些长时间淋浴所用的额外的热水对生态都市主义有什么影响呢？

生态都市主义和医疗公平：生态社会的展望

南希·克里格（Nancy Krieger）

生态都市主义，从字面上理解，这个颇具启示性的短语聚焦在了人、地方以及城市相互联系的医疗公平问题上。背景是2008年8月世界卫生组织成立了第一个健康问题社会决定因素委员会，委员会得出的结论也许不是最新的，但却很坦诚，那就是“社会不公平正在大规模地谋杀着人们”。[1]

最近我们在哈佛大学公共卫生学院绘制了美国第一幅对城市卫生不公平分析的地图，它描绘了如果波士顿所有市民都和城市最富裕的人口普查区经历同样的特定年龄死亡率时，不发生早逝（75岁之前的死亡）的比例。令人震惊的是，在波士顿调查的16个社区中有8个该比例超过了20%，同样的情况也发生在波士顿156个人口普查区中68%的区域。此外，在波士顿的两个以黑人居民为主的最贫穷社区——罗克斯伯里（Roxbury）和多尔切斯特社区（Dorchester）里，有一半以上的人口普查区中这个比例达到了25%～30%。[2]换而言之，若这些普查区的居民和波士顿最富裕的普查区居民有同样的经验死亡率，那么75岁以下的死亡者中每100例会减少25～30例。

我们怎样搞清楚并纠正这些社会以及空间上的医疗不公平？理论是有帮助的，正如我1994年第一次提出并一直致力至今的生态社会理念，我认为它就是一个优势。[3]该理论对社会与生态环境、生命过程和历史阶段、层次分析与这两者之间的关系的注重，以及对包括了种族主义、等级分层、性别差异等多种形式的社会不公平负责，中心聚焦于“具体化”，从生物学上来说，阐明了实际上我们怎样具体表达自己的生活经验，因此创造了卫生与疾病人口格局。把这个理论转化成生态都市主义，它就会问，城市设计和政策优先是怎样促进或阻碍人们引导健康生活的能力并放大或减少医疗不公平程度的呢？通过公共卫生人员和城市设计者，城市中居住、工作的人以及管理城市的人之间相互接触，答案就会出现。

鼓舞人心的是，美国以及全球范围内很多公共卫生领域的人，正站出来去从事这项工作，将我们所掌握的知识以及卫生不公平的原因，相互一致的，而不是以技术专家的角色，带到众人皆知的平台上。其中一个有用的案例就是西雅图的高点项目，[4]它在近期获奖的美国电视剧中占有重要位置，[5]“反常的原因：不公平真的让我们不舒服了么？”例举了关系到生态、可达性、交通、树木和公园、花园、安全性、食物的可接近性，以及经济公平的新公共医疗工作，这个项目正在翻新一个破损老住房项目，并创立一个新的混合收入社区，这个社区将同时关注居民生活的社会环境以及物质环境，包括给受哮喘折磨的低收入家庭创造“健康家庭”。[6]

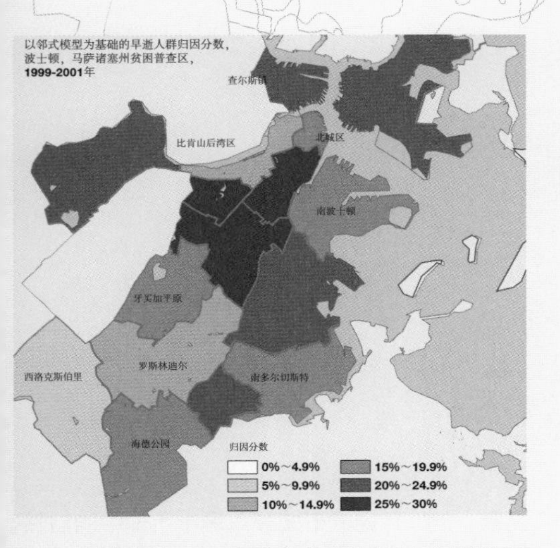

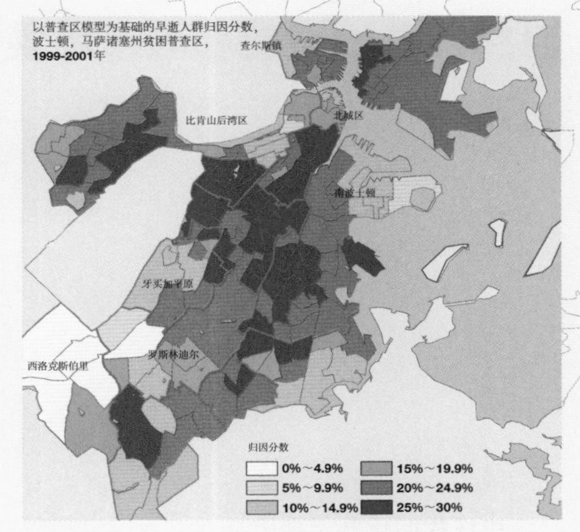

总的来说，生态都市主义和医疗公平性的问题固有地交织在一起。为了实现两者，我们必须对健康问题的社会决定因素采取行动，像世界卫生组织委员会一针见血得出的总结一样：（1）改善日常生活条件；（2）处理好权力、金钱以及资源的不公平分配问题；（3）衡量、理解问题并评估行动的影响力。[7]做到这些要求我们就能处理好社会公平与公共卫生、个人本身与国家政体间深层的联系，在一个生态可持续性的世界里同时与很多人合作，来促进实现公平这个目标。

注释：

1.世界卫生组织健康问题社会决定因素委员会（WHO Commission on Social Determinants of Health），《弥补一代人的差距：关于健康问题社会因素的行动促进医疗公平——健康问题社会决定因素委员会最终报告书》，日内瓦Geneva：世界卫生组织WHO，2008。参见：http://www.who.int/social_determinants/final_report/en/index.html，引用时间：2009年4月20日，G.大卫·史密斯（G. Davey Smith）和N.克里格（N. Krieger）《应对医疗不公平》，《英国医学杂志》（*British Medical Journal*）2008，337: a1526, doi: 10.1136/bmj.a1526。

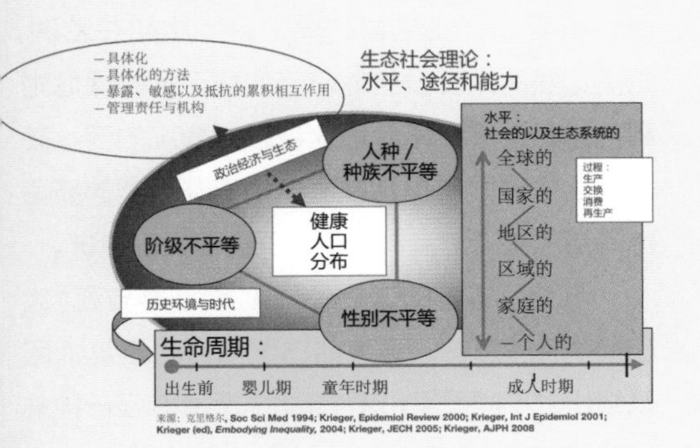

2. J. T. 陈（J. T. Chen）、D. H. 里克普夫（D. H. Rehkopf）、P. D. 沃特曼（P.D.Waterman）、S. V. 萨布拉马尼安（S.V.Subramanian）、B. A. 库尔（B. A. Coull）、B. 科恩（B. Cohen）、M. 奥斯特姆（M. Ostrem）和N. 克里格（N. Krieger），《绘制和丈量社会过早死亡率差异：贫困普查区对波士顿社区内外的影响1999—2001》，《城市健康杂志》（*Journal of Urban Health*）2006; 83: 1063—1085。

3.N. 克里格《流行病学和因果关系网：有人见过蜘蛛么？》《社会科学和医疗》（*Social Science and Medicine*），1994，39:887—903；《21世纪的社会流行病学理论》出自《国际流行病学杂志》（*International Journal of Epidemiology*）2001; 30: 668—677；《生态社会理论》N.安德森（N.Anderson）编，《健康与行为百科全书》（*Encyclopedia of Health and Behavior*），加州千橡市sage出版社pp.292—294；《临近的、末端的以及因果关系政治：什么样的水平与之相关？》《美国公共卫生杂志》（*American Journal of Public Health*），2008，98: 221—230。

4.西雅图住房当局，高点项目，更多资料见：http://www.seattlehousing.org/redevelopment/high-point/. 引用时间2009年4月20日；J. 克里格（J. Krieger）、C. 阿伦（C. Allen）、A. 钱德勒（A. Cheadle）、S. 瑟斯科（S. Ciske）、J. K. 夏尔（J.K. Schier）K. 桑托利亚（K. Senturia）和M. 苏利文（M. Sullivan），《利用社区基础参与性研究健康问题的社会决定因素：来自西雅图伙伴健康社区的经验》出自《健康教育和行为》（*Heath Education and Behavior*）2002，29: 361—382; J.克里格，《健康住房与早期学习：西雅图和国王县King County的社会健康决定因素的演讲》向上游的：一起致力建造更健康社区，由蓝十字会与明尼苏达州明尼阿波利斯的蓝盾基金会赞助的会议，2006年11月13号，参见 http://www.bcbsmnfoundation.org/objects/Tier_3/ krieger.pdf. 引用时间：2009年4月20日。

5.《反常的原因：不公平真的让我们不舒服了么？》更多资料见：http://www.unnaturalcauses.org/.引用时间：2009年4月20日。

6.参见注释4。

7.参见注释1。

自然、基础设施和城市环境

安托万·皮肯（Antoine Picon）

也许我们正处于都市基础设施与自然环境间关系本末倒置的前夕。几个世纪以来，城市被看作一个不遵循自然普遍规律，被极特殊环境所包围的领土。城市基础设施对于这种感知起到了决定性的作用。在法国北部的很多城市里，有两类基础设施对把城市从乡村中隔离与区分开来起到了特别作用。防御工程就是这两者中的第一个。由中世纪砌石墙到文艺复兴与17世纪的土方堡垒工程的这一演进过程中，防御工程越做越大，因此也促进了城市与乡村的分离，它们两者间跨越着几百米不见人影的斜堤和护城河。对布料和制革厂这类工业至关重要的稠密水道网络代表了法国北部城市环境的另一特点。正如历史学家安德烈·古伊尔赫梅（André Guillerme）所言，自中世纪晚期到18世纪，法国北部很多主要城市如亚眠（Amiens）、鲁昂（Rouen）和博韦（Beauvais），都是沿着河流和运河系统组织起来的，好让它们可以和“小威尼斯”相媲美——在乡村是不会存在类似人造环境的。[1]纵观那个年代，巴黎一直却是个例外。尽管这个城市到17世纪中叶一直保持着防御状态，它的水网系统却比其他主要的都市中心更落后。尽管如此，首都依然遵循着不一样的规律形成自己不同于周边的独特环境。

尽管18、19世纪试图开放城市引入自然元素，但以片段的形式嵌入城市肌理中的自然，多少看起来都有点人造的感觉。巴黎经常被介绍为瓦尔特·本雅明口中的“19世纪的首都”，可它也是这样一个地方：当市政暖房的奥斯曼式（Haussmannian）公园里种满了奇花异草，成行成列的行道树被看做是城市技术装备不可或缺的一部分时，这种仿造成性的特点也达到了巅峰。[2]

为什么我们正接近一个转折点呢？近些年来，城市以激动人心的方式生长着。城市的环境已变得规范了，但是这个普遍的特征也让人们对自然在城市环境中存在的状况有了新的认识。在当代超大的城市区域里，自然元素不再被认为是人工产品。从公园到逐渐被植被覆盖的空旷停车场，从雨水管理到都市农业，自然反而代表了城市化的基本特征。除此之外，曾被视为与自然生命相悖的城市基础设施如今有时也被当作野生生物的保护区。比如在欧洲，沿高速路的未开发土地已经变成了多种濒危物种的栖居地了。不考虑这种极端情况的话，基础设施的形式和自然在城市中日渐笃定的新角色间从未有过的合作关系，只会使人们惊讶。

在法国首都的这个案例里，对于参与到“大巴黎”的反思——更大的巴黎项目的建筑师团队提出的不同提案，这种新的关系代表了一种共同背景。从理查德·罗杰斯（Richard Rogers）

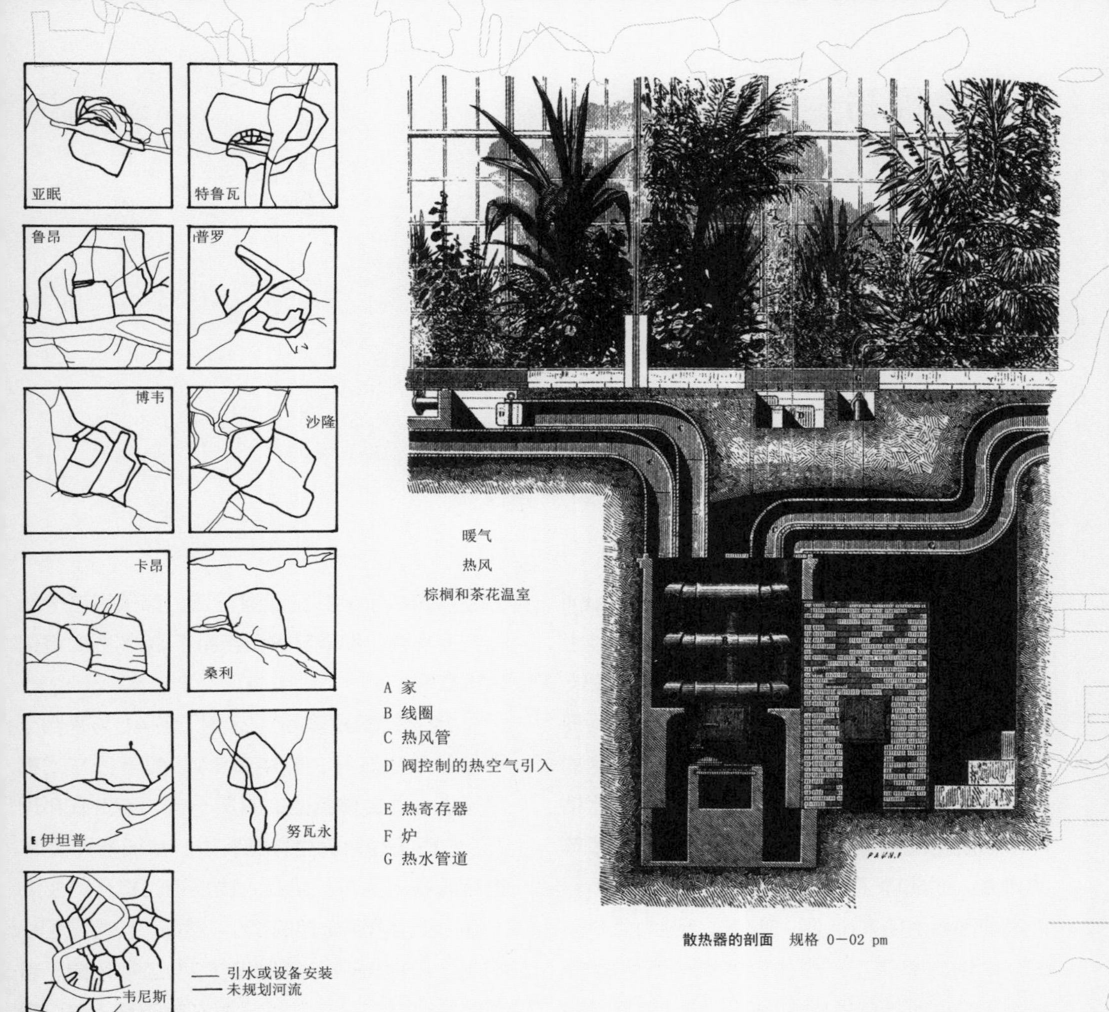

法国北部城市河道与威尼斯系统的比较［古伊尔赫梅（Guillerme），1983］

查尔斯·阿道夫·阿尔（Charles Adolphe Alphand）的漫步炉子

到克里斯蒂安·德·鲍赞巴克（Christian de Portzamparc），基础设施都是与时俱进的，它不仅可以作为循环的支撑，也是保证自然在城市中角色重新定位的平台。

注释：

1. 安德烈·古伊尔赫梅（André Guillerm），《时间之水：城市，水与技术》（*Les Temps de l' Eau: La Cité, l' Eau et les Techniques*），塞瑟尔（Seyssel）：Champ Vallon出版社，1983。

2. 见例子，克里斯汀·布兰科（Christine Blancot）和伯纳德·兰道（Bernard Landau），《19世纪巴黎工程指导》，《巴黎综合理工学院：城市工程师》由布鲁诺·贝罗斯特（Bruno Belhoste）、弗朗辛·马森（Francine Masson）和安托万·皮肯（Antoine Picon）编著，《巴黎；巴黎城市艺术行动委托书》（*Délégation à l' Action Artistique de la Ville de Paris*）1994，155—173。

可持续性与生活方式

斯皮罗·博拉里斯（Spiro Pollalis）

建筑师格哈德·施密特（Gerhard Schmitt）是信息技术学的教授，也是苏黎世瑞士联邦理工学院（ETH-Zurich）的副校长，他有一个希望，就是让瑞士联邦理工学院距离市中心8 km的第二个校区——一个活力十足的社区与市中心的校区联系起来，同时为整合精神和物质空间创造一种新的模式。经过十多年的努力，他成功了。鸿牦山（Hoenggberg）校区的面积100多hm^2，现在这个名为“科学城”的地方充满了新建的楼群和可再生能源，是个大尺度可持续发展的例子。它代表了教育环境中的一项卓越成就，在这种环境下领头人由资深教授选出，因为它是一种基于愿景和共识的环境。

2001年我在哈佛休假期间发起了“ETH World”项目，信息技术以此种形式作为科学城建设的开端，它是第一个也是基本的构筑单元 。环境可持续性是它的第二个构筑单元，然后是城市规划和设计，同时建筑学也提供有趣的建筑物和空间。一切都被规划过，一切都经过设计，一切都经过量算。楼房产生的二氧化碳占到了总量的约46%，往返家和主要校区的交通量占了其余的8%。通过了解学生的住宿地址，他们选择的路径和研究活动，甚至是他们是否购买了公共交通通行证，都使得这个统计愈发准确。那谁又该负责余下46%的二氧化碳排放呢?

施密特教授表示，这剩下的46%来自于全体职工的旅行，其中有94%的旅行方式都是飞机。同全球其他的职员一样，瑞士联邦理工的教职工经常满世界做演讲，参加各种会议，进行调研与商讨。研究人员报道飞机所产生的二氧化碳仅占到全部的3%。然而，仅是我们小组飞了68588 km就制造了21t二氧化碳，若要吸收这些二氧化碳则需要在热带种上103棵树，相当于燃烧了7570L的燃油。[1]所以，除非我们能证明国际会议为世界节省了大量二氧化碳开支，我怀疑我们其实是伪君子，就像那些引发了当前经济危机的银行家们。

这个数据同时也支持了二氧化碳排放的社会阶级分层化。生态可持续性不是关于城市化的，而是关乎当今全球经济和生活方式的。进一步来说，我们都知道过多的可持续性活动比少量的非可持续性活动要耗费更多能源。同时我们也知道富裕也加剧了现代社会的过度消费。我不会列举城市化、生活在城市的人以及能源消耗的统计数据。只是我们正在规划和建设新的城市，特别在发展中国家，就如同我们

介入旧城一样，我们应专注于生活方式、尺度，以及设计和技术之上。像整个世界都希望生活在“美国梦”之中一样，我们也应该被好的例子所引导。

这个数据同时也支持了二氧化碳排放的社会阶级分层化。生态可持续性不是关于城市化的，而是关乎当今全球经济和生活方式的。

注释：

1.这段文字摘自哈佛大学设计学院举办的生态都市主义会议期间的评论。2009年4月3日至5日。

生态都市主义与景观

玛莎·舒瓦兹（Martha Schwartz）

想要写清楚景观在可持续性中所扮演的角色总是有点困难。在“可持续性”这个词甚至都还没成为通用语时，我们的基本训练和民族精神联合成为了理想的可持续性，我们怎样听起来才与之相关呢？在学校，我们学习并教会了学生怎样将楼房巧妙地建在景观上 并使其被动地运转以积蓄和生产热能；保证建筑的防风性；控制和治理水且保护场地的可渗透性；创造并保护栖息地以支持生态多样性；利用植物来修复和改善气候条件；以及创造美。作为景观设计师，学会心怀“绿色”做设计是我们专业所在的核心。

通过景观设计师的眼睛，“生态都市主义”将城市建设焦点推到了探讨的最前线。景观甚至是生态的主题，比建筑都要宽泛得多，但是大部分人不会将景观与城市相提并论，生态与都市主义也一样。“景观”这个词经常被误等同为“自然”，它不是在城市附近的任何地方能找到的东西。它存在于建成环境之外，存在于那“荒野”的某处。准确地说是字面上景观与城市、生态与都市这几个词之间的摩擦促成了“景观（生态）都市主义”的动力和激进主义。

除非我们开始为城市考虑，为这个我们为自己而建的栖息地中的大型能源聚集体考虑。否则景观在可持续性上更有生机的一面是不会出现的。当城市被视为生命有机体而非建筑的集合体时，景观才能成为可持续性探讨之中主要的部分。

“生态都市主义”促使我们：作为景观设计师，不仅需要思考景观的运作——地质学、地形学、土壤结构、现象学以及动植物生态，还要了解更多，特别是景观如何在城市中做功。我们开始更好地理解这样一个相互联系的系统，它影响了一个利用、支配、经济以及社会结构都被特定都市景观所支撑的社会。就如同生态学的研究，除非我们真正地拥抱这个系统的一切：人类与自然，否则我们将无法为人们设计最佳城市。生态都市主义将专业焦点从郊区转向城市，把人类系统也归纳为生态的一部分。

集体化是我们保护自然资源并减缓全球变暖的最好途径，所以生态都市主义重要的任务就是鼓励人们去生活，帮助他们在城市中繁荣兴旺。我们作为景观建筑师所受的培训中最高和最好的用处就在于，我们有能力建造一个高密度人口的中心，人们情愿选择居住在那儿而不是空旷又不经济的郊区。如果我们要建造同时能反映土地和跨越了社会经济界限为提供优质生活创造条件的可持续城市，那么景观建筑师现在需要学着将注意力聚焦的地方，不仅是自然系统还有人类系统。我们的目标是达成社会、经济以及环境的真正平衡。我信奉“景观都市主义”这个词，因为这两个通常完全相互对立的词最终放在了一起。我坚信我们的专业能更好地根植于社会与文化而非技术与科学之中。若要实现一个可持续的建成环境，我们必须创造一个人们会珍惜且能与他们情感相通的场所。当人失去与场地或城市的联系，即使我们为创造可持续环境付出了最大的努力也将无济于事。我们必须建立起使用者的选民阵营，使他们能投身到我们建好的场地中去，并认识到公共景观是我们城市里最脆弱的组成之一，但或许也是最重要的，没有了它自然与社会系统将无法运行。

人类与生态系统以及动植物栖息地共享的都市景观塑造了我们作为个体的身份，并成为城市的意象。它可以堕落、丑陋，也可以在它的多样和美丽中发光。它能够决定地球本身的健康，确立一个城市的宜居性，支撑城市的经济，保证市民的健康与幸福。这才是“生态都市主义”的目标。

若要实现一个可持续的建成环境，我们必须创造一个人们会珍惜且能与他们情感相通的场所。

远古的黑暗

约翰·斯蒂尔格（John Stilgoe）

黑暗叫人疑惑、沮丧，19世纪夜幕中让都市居住者为之狂喜的人工照明如今只是闪烁着功能性的光芒。[1]城市居民极少思索照明这件事，更别提被取而代之的黑暗了。他们惧怕阴暗，躲避得如此敏捷迅速，以至于他们的眼睛从未适应过被城市光热环绕的地方。光明主宰了一切。当发电厂或传输线停止工作，都市人遇到停电：他们徘徊于备用发电机或有电池组的灯泡微弱的光亮中，等待着正常供电。其中只有很少的人会把手机屏幕做手电筒使用，尽管他们知道怎么用。他们期待光明能一直从日落持续至次日清晨。他们渴求光明，忘了黑暗是白天－黑夜规律变化主宰的自然系统，特别是生态系统的基本组成部分。生态都市主义意指关掉开关吧，让该黑暗的地方黑暗。

如果说美国郊区化在微妙地进行着，那么夜晚生态学就称得上是劲头强势。内战后，一些爱思考、受过良好教育的城市居民搬到了郊区，其中一部分就是为了享受自然的夜晚。当电灯替代了燃烧的煤气灯，这些人的数量增加了，他们的观察言论也更加复杂：20世纪的第一年人们谈论着新英格兰冬日骤减的严寒，这使得知更鸟和冠蓝鸦由迁徙鸟类变成了定居物种。在一个每日工作10小时，以长途铁路通勤为基础的年代，人们视夜晚为黑暗环境中首选的户外娱乐时光。据詹姆斯·巴克汉姆（James Buckham）在他1903年《城镇与乡村相遇的地方》（*Where Town and Country Meet*）中观察所得，“任何留意到了夜晚里声音的学生，在迁徙的季节，一定会注意到它们在基本特征上是多么相似。”除了水鸟，飞过的鸟儿在春天和秋天更倾向于发出“类似颤抖、尖细、清澈且相当忧伤的鸣叫声，附和着那出类拔萃、超脱尘世外的特征”。在东南部城市还未郊区化的边境，刚来的人们格外珍惜免受噪声干扰的夜晚，在黑暗的生态系统里他们兴高采烈。

巴克汉姆将黑暗中的声音分类为：在炎热夏夜里雨蛙可怕的尖叫声，臭鼬潜近母鸡时的呜咽声，夜鹰深潜时翅膀发出的沉闷隆隆声，麻鸦“啊啊啊”的叫声极像沼泽地里斧子劈木桩的声音，很多美国人依旧把这种鸟叫作“打桩机”。[2]居住在远郊的人们在夜里仍能听见狐狸的嚎叫声、“磨锯”猫头鹰的尖鸣（这样命名是因为其尖锐的叫声极像磨手锯的声音），有时候还能听见潜鸟的哭喊声。最后将都市人吸引到荒野度假地，在潜鸟附近避暑，现在被证明是非常高明的：潜鸟趋向于在日落后欢快地鸣叫，取悦了黑暗中的度假者们。他们在敞开窗户的小屋里没有空调的噪声，手中握着饮料，漫步在一片由月光、星光照耀的漆黑的夜里，细心地聆听，在城市的郊外，小尺度的空间里，有时也会看见错过的亮光。[3]

1909年温思洛普·帕卡德（Winthrop Packard）在他的《野生牧场》（*Wild Pastures*）里谈及了“这种事不常见只因人们都很无趣，在满月的午夜他们选择了上床睡觉而不是静坐在金缕梅下”，[4]鉴赏家沉溺于夜间生态系统，淡去了对城市的关注。接着节能意识使20世纪70年代虚伪的公寓居民们局限在用微积分计算整夜的走廊、通道和停车场的照明上，而对于这些各种各样的照明，大量郊区居民可能会选择直接排除。生态都市主义也设下了同样的圈套。自然取代了人类所建造的一切，它的绿圈扼杀着毫无防备的城市。[5]在夜晚它暗暗生长，绿色在每个日落时分变成黑色。[6]让自然依偎远郊房屋并深入到每个城市中去，最可靠和快速的方法就是关掉灯光。农民和农场主都知道与夜晚打交道意味着什么，是看着猫头鹰在银河下飞过，听着蝙蝠的呼呼声，融入夜色之中。7现在城里人一定会欢迎那来自远古的黑暗。

注释：

1.克里斯·奥特（Chris Otter），《维多利亚的眼睛：英国光与视觉的政治史》（*The Victorian Eye: A Political History of Light and Vision in Britain, 1800—1910*），芝加哥：芝加哥大学出版社，2008 。

2.詹姆斯·巴克汉姆（James Buckham），《城镇与乡村相遇的地方》（*Where Town and Country Mee*），纽约:伊顿，1903，55—61。

3.文森·布朗（Vinson Brown），《了解夜晚里的户外》（*Knowing the Outdoors in the Dark*），纽约：矿工，1972，该书至今仍是个很有用的介绍。

4.温思洛普·帕卡德（Winthrop Packard），《野生牧场》（*Wild Pastures*），波士顿：梅纳德出版社，1909，115。

5. 道格拉斯·W. 雷（Douglas W. Rae），《城市：都市主义和它的尽头》（*City: Urbanism and Its End*），纽黑文市:耶鲁大学出版社，2003，esp. 361—392。

6.赫尔曼·黑塞（Herman Hesse），“城市”[1919]，《童话》（*Fairy Tales*），由杰克·茨伯兹（Jack Zipes）翻译，纽约：双日出版社，1995，43—49。

7.罗伯特·弗罗斯特（Robert Frost），《与夜为伍》1928，《诗集》（*Poetry*），爱德华·康纳利·拉瑟姆（Edward Connery Lathem）编著，纽约：亨利，莱因哈特和温斯顿出版公司，1969，255。

宗教学习以及生态都市主义

唐纳德·K.史威若（Donald K. Swearer）

美国美术科学学院期刊《代达洛斯》（Daedalus）（1996）年的夏刊中，主题为："环境的解放"。尽管这一期警示人们在地球上的生活质量将依赖于哪种习俗与习惯将最终统治个体社会。这一期中11篇文章的大致轨迹反映了位于华盛顿的美国国家科学院中碑文的观点："致科学，工业的领航者，疾病的征服者，产量的增加者，宇宙的探索者，自然法则的揭示者，真理永垂不朽的指引者。"并以"我们将自己从环境中解放出来，现在是时候解放环境本身了"结束。

由于坚信人文学科在环境话语中具有发言权，学院5年后出版了一本关于宗教和生态会议的论文集，这个会议是由1998年成立的宗教与生态论坛赞助的。副标题为"宗教与生态：气候能改变么？"玛丽·伊芙琳·塔克（Mary Evelyn Tucker）和约翰·格林姆（John Grimm）是论坛的共同创办人以及《代达洛斯》杂志的编辑，他们在序言中写道："宗教作为持久文明价值的重要储存库和道德转型不可或缺的刺激因素，对提出更具说服力的可持续未来愿景有着重要作用"塔克和格林姆接着引用了林恩·怀特1967年发表在《科学》杂志上的文章——"生态危机的历史根源"，在文章里怀特表示，"人们为他们的生态做了什么，在于他们怎样思考自己与周围事物的关系。人类生态学是深深地受制于我们对自然和命运的信仰的，而这信仰就是宗教"。作为宗教研究学者以及宗教与生态论坛的董事会成员，考虑到拉里·布伊尔（Larry Buell）将人文学科描述为"欣赏和尊重环境的想象艺术"，可持续生活方式也使得规范的伦理价值观成为必需，我坚信人文学科能够并且应该在生态话语方面起到建设性的作用。为达成目的，世界宗教研究中心和环境中心联合主办了2006年3月的会议，最后出版了《生态与环境：人文学科的视角》（*Ecology and the Environment: Perspectives from the Humanities*）这本书。

宗教，按塔克、格林姆和怀特所指出的，质疑了"生态都市主义"宽泛地把关于价值和意义、公正和共享、关怀和同情的人道主义问题与生物群落的健康概括为一个整体。宗教质疑生态都市主义就快不仅仅是"可持续城市"了，除非可持续性被理解为非惯用的广义术语。比如我注意到了在都市主义urbanism.org网站的上百种分类中，包括了涂鸦、蓄意破坏和高楼大厦却没有宗教甚至是教育。

这场会议的描述声明了“生态都市主义代表了一种比当今通常的都市理论更全面的途径，它要求思考和设计的多解”，[1]这听起来不错，不过什么又会真正被含括到这个“整体设计”中去呢？宗教与生态领域中的很多东西都有助于这场讨论。它推上台面的明显不只是重新诠释都市空间是否要包括对宗教场所的保护。它与肯·威尔伯（Ken Wilbur）的“整体生态学”哲学观，以及费利克斯·伽塔利（Félix Guattari）和阿恩·纳耶斯（Arne Naess）假定人类主观性、环境与社会关系有紧密互联性的生态哲学都有着共通之处。宗教认为人类是在广泛和相互联系的关系中繁衍的，它包括了精神与肉体、空间与形式，不只有绿色，而是五颜六色的——它是希望、期待、灵感以及许诺的象征。

宗教认为人类是在广泛和相互联系的关系中繁衍的，它包括了精神与肉体、空间与形式，不只有绿色，而是五颜六色的——它是希望、期待、灵感以及许诺的象征。

注释：

1.出自哈佛大学设计学院举办的生态都市主义会议期间的评论。2009年4月3日至5日。

生态都市主义与东亚文献

凯伦·桑伯（Karen Thomber）

让更多的城市得到可持续发展对于东亚的未来是至关重要的：大部分日本、韩国、中国居民都居住在城市中，中国的城市居民数量也在过去30年间翻了一番。这一地区是世界上最受欢迎的城市空间的“发源地”：名列榜首的是东京—横滨，接下来是首尔—仁川、大阪—神户—京都、上海、深圳、北京以及广州—佛山位于前20之列。同时，东亚的城市也位列全球最拥挤的城市名单之中。

生态主义——社会的、文化的、经济的、政治的，同时也是环境的——在东亚的众多城市之间，城市之内都各不相同。这些不同也体现在致力于在城市环境中和非城市环境（这即是许多城市以来的资源）中提高人类、各种生物和非生物因素的生态都市主义策略的承诺上。

东亚的文章（用有美感的心性，富有想象力的文字）致力于研究城市环境问题，通常提供更多的反响、描述、评论以及警告而不是提供全面性的解决方法，也很少提及政府政策。但是对于改善城市生态环境的蓝图来说，暂且不提它们的不完整性，还是需要在觉悟上有所改变的（比如说在认知上、理解上以及预期上）。

东亚的文学在这样的努力下具有承担重要角色的潜质。比如中国、日本、韩国的一小部分的前瞻性的作品展示出了许多城市案例中的不可持续性，指出这些对东亚的“绿色”城市做出了“贡献”的未被检验的污染因子，对人类、生物甚至非生物因素造成的危险。

东亚前瞻性的对于环境可持续发展城市实践的展示可追溯到这一地区最早的文学作品中。第二次世界大战后的数十年中，这样的评论源源不断地涌现。中国作家陈敬容（1917—1989）的诗集《都市黄昏集景》（*City Scene at Dusk*）（1946年）阐述了城市的噪声已经“淹没了黄昏”，然而从广播里传来的声音“撕裂了城市的紧张”。在一些文字中，比如华裔作家高行健（1940—）的《灵山》（*Soul Mountain*）（1989年），对比了在面对过度的城市污染时人类的挣扎与非人为死亡的情景，还有许多其他对于未来的描述，比如对于生物和非生物因素悲惨情状的预示等。韩国作家崔成（Ch'oe Sŭngho）（1954—）的诗《在水之下就是在水之上》（*Below the Water That's Above the Water*）（1983年），描述了不仅仅是螺类“被废水污染中毒”，还有“发源于滨水的城市文明随着那些未被正确处理的排泄物一起腐烂”。在《我们的城不再飞花》(*Flowers No Longer Fly in Our City*)(1965年)一诗中中国台湾诗人蓉子(王蓉子,1928—2021)陈述了那些在“煤烟的雨”和“市声的雷”中“生命刻刻消逝”。

相似地,无意中看到一只孤独的鸡独步行走在路上,“啄食”汽车,二氧化硫和噪声,这个韩国的作家崇弘景(Chong Honjong)(1939—)在《城市文明的死神》(*Death God of Cilvilization*)(1991年)中描述他的城市像“被覆盖在黑色沥青里,朝着死亡发展”。日本作家筒井康隆(Tsutsui Yasutaka)(1934—)的短篇小说《站立的女人》(*Standing Woman*)(1974年)中指出,那些表面的具有杀伤力的实施于“绿色”城市的努力同样令人感到惊慌不安。同样发人深省的作品有日本作家林芙美子(Hayashi Fumiko)(1903—1951)的小说《漂浮的云》(*Floating Clouds*)(1951年),这部作品中强调了通常是在全球尺度的某一层次城市中的“生”,恰恰依赖于非城市环境中的“死”。通过展示这些非可持续发展的城市环境问题,以上提到的成上千万东亚创作性的文字中,展示了从改变认知到改变行为的重要性。

……对于改善城市生态环境的蓝图来说,暂且不提它们的不完整性,还是需要在觉悟上有所改变的(比如说在认知上、理解上以及预期上)。

东亚的文学在这样的努力下具有承担重要角色的潜质。

我们的城不再飞花

蓉子

我们的城不再飞花 在三月
到处蹲踞着那庞然建筑物的兽——
沙漠中的司芬克斯，以嘲讽的眼神窥你
而市虎成群地呼啸
自晨迄暮

自晨迄暮
煤烟的雨，市声的雷
齿轮与齿轮的龃龉
机器与机器的倾轧
时间片片裂碎，生命刻刻消褪……

入夜，我们的城像一枚有毒的大蜘蛛
张开它闪漾的诱惑的网子
网行人的脚步
网心的寂寞
夜的空无

我常在无梦的夜原上寂坐
看夜底的城市，像
一枚硕大无朋的水钻扣花
正陈列在委托行的玻璃橱窗里
高价待估

蓉子（王蓉子），《我们的城不再飞花》，选自《蓉子诗抄》。台北：蓝星诗社，1965，第84—85页。

我转向公园。在早上孩子们没有来这个不足70 m^2的被挤在城市中的狭小空间中之前。这里很安静，我把它当作我晨练途径的一部分。这些年来在小城市里甚至这些有限的公园绿地空间都是无价的……我来到城市的主要干道上，这里有太多的车辆却有太少的行人。一棵大概有30～40 cm高的猫树[1]被种植在人行道旁。有时我看着这些刚刚被种植的猫柱子[2]，它们还没有长成树……我想也许，把流浪狗变成狗柱子会更好，当没有了食物的时候它们变成了人类的威胁，但为什么把猫变成了猫柱子？是不是流浪猫的数量太大了？是不是仅仅想改善食物匮乏的现状？或者他们这么做是为了让城市“变绿”？（我曾经听到三个学生在聊一个激进的话题，关于谁会先被逮捕而变成一个人柱子）“有学生抗拒被捕而被变成了人柱子”……“有人说他们像树一样被种在道路两旁，这条‘学生街’直接通向他们的大学。”

——英文版译者：凯伦·桑伯（Karen Thomber）

选自《筒井康隆全集》（*Tsutsui Yasutaka Zenshū*）第十六卷中的短篇小说《站立的女人》（*Standing Woman*）。

东京：新町，1984，pp. 184—193.

注释：

1. 猫树：在文章中指猫柱子长大后变成猫树。后文提到的绿化是一种讽刺。

2.猫柱子（狗柱子）：在作者的文章中假设，由于食物的缺少，狗和猫会成为和人类抢夺食物的竞争对手，因此有这样一种新的生物，即猫柱子（狗柱子），猫和狗长在地上，像植物一样汲取营养，而不和人类抢食物。

——译者注

适应

适应性这样一个特点不仅是指一个当前的状态，同时也指一个进程，在这个过程中有机体对于变化的条件有自身的反应以达到平衡。尼娜 · 玛利亚 · 李斯特（Nina-Marie Lister）把适应的设计等同于可持续设计。她告诉我们：弹性的、适应的和可持续的设计意味着“旺盛的”设计，因此设计和规划的目标应当包括经济的和生态的健康以及文化的活力。从一个城市的愿景上来说，适应性的环境在意料之中变化着。李斯特特告诉我们，我们需要设计的生态应该“既是承上启下的又是审慎严谨的”。阿基姆 · 曼吉斯（Achim Menges）的有表现力的木质材料的例子展现了一种材料如何随着时间去适应不同的环境。查克 · 霍伯曼（Chuck Hoberman）的“自适应性”，一个安置于哈佛大学设计学院的装置，是一个允许设计者用微控制来改变使用者体验的材料系统模型。霍伯曼的“创意在于怎样细小的不同会带来怎样宏观巨大的改变。最终，在生物体中或有机体中大的物理上的改变通过聚合很多小的动作来实现。”对于这些细微之处的干预以传承的严谨的方式来协调，可以帮助我们来设计适应性的城市生态。

反叛生态学：重新强调在景观和城市间的土地

尼娜·玛利亚·李斯特（Nina-Marie Lister）

木材的表现力：气候适应性木质表面结构的完整计算设计

阿吉姆·曼吉斯（Achim Menges）

萎缩的哥谭市（Gotham）的足迹

劳瑞·克尔（Laurie Kerr）

建筑的适应性

霍伯曼联合事务所（Hoberman Associates），兹格·卓多斯基（Ziggy Drozdowski）

肖·古塔（Shawn Gupta）

GSD研究

环境变化、水、土地升值和适应性：未知的规划（荷兰，阿尔默勒）

导师：阿曼德·卡伯耐尔（Armando Carbonell）　马丁·泽格兰（Martin Zogran）

德克·西蒙兹（Dirk Sijmons）

反叛生态学：重新强调在景观和城市间的土地

尼娜·玛利亚·李斯特（Nina-Marie Lister）

生态学已经逐渐发展成熟。在过去的20年间，景观设计师开始对意向的生活科学越来越感兴趣。从大量的、可利用操作的旧房拆除区和遗迹区域的景观设计到在小型城市公园发展起来的“设计师的生态系统”，[1]如今生态已经成为表现当代景观的核心语言。

严格来说，生态是生物科学的一个支系；它是研究生物与其生存环境之间复杂关系的学科。[2]因此推广来说，生态常被应用在人类与其建造的多样环境间的隐形关系，这种关系可以从社会文化延伸到政治文化[3]。在形成的社会科学领域内，生态被用于研究地方特色，用来描述人类与所有城市生活、文化和宗教以及食物、恐惧等的关系。[4]它随着现有已塑造的环境形式和组成，随着全球化、非集权化和后工业化带来的政治经济和社会文化的影响而变化，从当代的大城市的土地状况来看，已经重塑了生态环境原有形态。这种双重加倍影响下的生态环境和景观的关系是围绕着设计展开的，因此所有多样的、多层次的、复合的以及突出的生态因素共同组成了我们的城市设计及城市化景观设计。同时，这些慢慢发展的景观又反过来继续塑造了影响着我们的生态环境。

伴随着景观和城市化之间的不断融合，越来越多的生态作为科学性、策略化和机遇而存在。在这样的背景下，多伦多的两个研究案例强调了设计中生态在这一变化中的角色：河流+城市+生活（River + City + Life），是多伦多的滨水改造设计下当兰士（Lower Don Lands）以及常春藤砖瓦厂（Evergreen Brick Works）工程中提出的主旨。常春藤砖瓦厂工程是有关改造和重塑顿河废弃的采石场和制砖工厂的规划项目。这些案例突出体现了不止一个地区设计的生态性，可以说它们中的每一个都是关于对后工业化景观设计的挑战，更广义地来说，就是形成了一个“生态的城市生活”。

景观和都市主义

考虑到建筑环境的多面演化，将“城市”和“景观”的设计划分界限，分成两个概念，这一做法在现在看来不仅过时而且不够充分完整。当然，对于当代大城市的景观设计来说这是一项超前的挑战。从城市、郊区以及远郊到乡村这样一个模糊不定的链条，需要发挥文化和自然之间基本的、承上启下的再度联合作用。

景观都市主义[5]这一新兴的概念证明了景观与城市化相融合的大趋势。或者等同于是我们考虑到学科的历史演变，发展建立起一个在现代城市化环境下生态、规划和景观间的修缮关系。在工业社会之前，“城市”和“景观”这两者之间既不是二元可操控的，也不是对立的关系。仅仅是在工业时代，城市、乡村和景观（还有伴随他们的一些实践区域）各自成为独立、分割的实践领域。这样的实践方式被广泛地接受，由于分门别类的做法是由笛卡儿理论（Cartesian）中的定性规划的推动，牛顿的机械论的世界观（Newtonian mechanistic worldview）所敲定，理想的、可预测、可操控的秩序环境使它们变得根深蒂固。但是，对于生态的新诠释[6]已经从根本上改变和推翻了这种可预测、可操控的生活体系的假定行为。这一进步的生态概念，外加全球化和非集权化的逐步影响，已经开始通过后工业化景观的形成来影响新兴的城市化生活，城市化特征由此变得多样、多种、多元和复杂。

近期大量关于后工业化用地[7]的项目证明了景观作为城市规划的新媒介的首要地位，并且这其中日渐增加了更多生态设计的具体思路和手法。随着设计师们认识的加深，后工业的改造和整治项目涵盖一个有规可循的策略，有关形成从再利用、改造到最后重新塑造而成的新景观。每个这样的日渐增多的复杂策略都可以说是利用了生态而来的，这一发现不仅是基于科学，还有是从机缘巧合及代表性案例中推测出的。就如简·阿米顿（Jane Amidon）提出：“这些设计师重新判定了自然与真实世界的关系，他们打造出生态，修补几个世纪的分割领域。”[8]

景观都市主义的隐层含义主要是激发、保证了一些项目工作的展开，这些工作项目主要是促进了在复杂、有活力的文化环境系统下的设计。在这点上，景观都市主义就比单一的都市理论要重要很多，它关注的不仅是城市的构成，或者比较复杂的问题，而且是多量多层的城市化，包括文化、社会、政治、经济、基础的并且生态的因素，这些因素层次化地、复杂地相互联结着。有活力的大城市景观绝不是一篇白纸，而是一个从田园的绿地到后工业的可利用区的生活领域。这个领域曾经并将继续被多次重复使用，有时会忽略这一历史地段并融入索拉·莫拉斯·卢比奥（Sola Morales Rubio）提到的“地段模糊”这一概念：这些地段的特点是“空白、空缺，可是同时也是被期许的空间地段”。[9]这样的空白区域被佐治亚·达斯卡拉斯（Georgia Daskalakis）和奥玛·皮瑞兹（Omar Perez）称为“废旧工业城市中的后城市化剩余空间”。[10]在这样的空间中——不论是建造、重塑，创造、再造或者重新使用和回收利用——每个演绎出的内容都有新生态被验证其中。因此，从被落下的景观中浮现出的群体生态或者说是综合文化自然的生态成为一种潜在存在，它是我们从根本上去思考景观和城市化两方面概念的动力。

詹姆斯·科纳（James Corner）将“景观美化”作为后工业化景观设计的另一种策略。[11]这些区域通常被污染了，并且在被彻底清理干净、恢复之前不能增加新建筑。在这样的情况下，后工业化的景观代表了设计者一种全新的画板：尽管环境退化，这种潜在的景观美化，伴随着反叛生态学的认知，已经出现或者即将出现在过去用途和目前情况空隙之间。这些是创造新型混合生态学的入口，直通未来城市发展的多元解读。

类似地，查尔斯·瓦尔德海姆（Charles Waldheim）观察到景观不仅仅是表现的透镜，景观还是构筑物的媒介。[12]在这个背景下，景观是一种分层的、综合的现象，不仅仅是围绕二维平面。如果我们对区域和环境的综合分析转移出了地平面并且考虑到景观的社会文化和政治经济的动态，新型的公共基础设施必将出现。[13]当然，目前的城市化需要一种多角度的观点，涵盖了动态层之间的交叉了形式、功能、场地和流动性[14]的概念。在这种理念中，“文化”和“自然”在都市景观中交织在一起，既不分离也不混乱。

关于生态都市主义的适应性设计

但是我们怎么才能在这样生态城市化的环境下进行高效的、有意义的并且负责任的设计？清楚可见的是，在复杂的后工业化的城市地段需要一些策略，这些策略需要超越恢复和复原达到原始效果这一不变的概念。需强调指出，现代景观项目中的战略内容跨越了一系列的干预因素，从整治、再利用和恢复到改造和重塑，这可以是一个关于适应性设计中逐步复杂的概念。

适应性设计是我提出的一种形式。[15]它是在C.S.霍林（C.S.Holling）[16]的研究工作基础上演化而来的，这项工作涉及综合性的、全面性的、学习型的近似于人类与生态相互作用间的管理，通过这种明确的内在作用应用在规划干预及形成的设计形式之中。这些干预和它们这种形式必须不仅适合突然发生的、间断性的环境改变，而且对其有回弹作用。这里环境改变是一种正常的情况，但又不是确定无疑地可以被预测或者说可以被完全掌控的。

长久的可持续性及良好的景观系统需要有自我恢复的能力——能够从外界干扰中恢复，适应各种改变，并且保持自身处于这种良好的景观系统状态上——因此，正常来看这是为了适应环境的改变，实际则常常局限于可预测的能力以及一些突发状况上。[17]适应性的设计（或者说是恰当的、适合的生态设计）利用了现代的生态科学，它是对饱受资源竞争需求及土地使用需要的城市化景观的一种处理方式。适应性景观，从定义上讲，就是可持续的设计；人类的长期生存及其他物种需要恢复力这项基础能力，但是恢复力同时会因持续性而可能不仅仅受限于“存活”的生态环境中。其实，恢复性、适应性和可持续性的设计就意味着“生生不息”，所以这就有必要注入经济的和生态的因素，记忆文化活力来作为规划和设计的目标。

如今，生态及复合系统科学已经改变了决策者、规划者和设计师们，他们开始变得更少关注在预测和控制景观上，转而关注更加有机的、可适应的及灵活的规划、设计和管理策略。[18]在缺少生态定性和可预测性时，最终这种隐性的决策和设计会更能提供一个完整的、全面性的景观，这一点非常必要。任何一个单一的原则或者专业领域都不能解决大规模尺度的复杂的生态问题。当面对不确定生态因素时相应的专业领域就会发生改变，这时在规划和设计进程间的有意义的协作处理就变得非常重要，在这方面的决策必须通过讨论、辨别、协商并被最后确定，而不是通过所谓的理性选择预先确定。适应性设计因此决定了这个决策，决策主要包括了大量的期望，需要适应正常又多变的环境变化，还要对这些变化有所响应。比如，在不可逆的临界值状况发生之前，适应设计需要及时处理新的生态信息。通过这种方式，适应性设计就更接近于慎重的、综合的、循环的并且可持续的规划、设计和管理，而不是来自定性的和间断的决策。适应性设计是一种类似由合作和自觉行为组成的研究过程，它是以经验性记载或者依赖经验收获信息的过程，反过来说就是通过适应性的行为将它转变为知识组成。这样的策略主要是依赖大量对于贴近大众的设计的不断试验，这项试验是有响应的、负责任的，并且最终“从可行出发到结束”（而不是“先结束再确保可行”）。

在一个生态都市主义的环境中，适应性生态设计会是怎样的呢？下面两个项目会告诉大家早期的适应性生态设计在实践中的一些成果，项目位于加拿大多伦多的后工业区域。

河流+城市+生活（River + City + Life）：多伦多顿河下游区域设计

项目位于五大湖地区、北美的工业中心地段的安大略湖的北岸区域。多伦多的地域面积是500万km^2，是北美地区发展最快的5个城市圈之一，[19]也是世界上拥有最多文化和种族的城市之一。[20]它的社会生态形态和这里的湖岸滨河生态及大湖区域生态一样复杂。圣劳伦斯（St. Lawrence）河低洼处的森林地带正是这里景观的典型特征。在这样一个交叉的生态中，多伦多滨河地段设计强调的是恢复力，通过规划将这些生态内容组织起来。

河流+城市+生活（River + City + Life）由司多斯（Stoss）景观城市设计事务所领导设计。司多斯（Stoss）景观城市设计事务所作为参赛选手，参与这项关于修复和复兴40 hm^2顿河（Don

在被规划为环境学习中心之前多伦多砌砖厂墙上的涂鸦

River）口的多伦多后工业区域滨水地区的国际性设计竞赛。[21] 这是一个城市中的数百万元的滨水恢复计划，面临一系列问题：首先这个区域是一处重要的不动产地段，但遭受着大量的污染物堆积、混乱的土地侵占、私有和公共部门共同管理，更复杂的是这里有多个管理机构。

顿河（Don River）的源头是多伦多以北的一个冰石堆，它流经这座加拿大最大城市的中心，并在流入安大略湖之前将这片区域分为了多个森林峡谷。顿河（Don River）流域是加拿大最大的城市流域，排水面积为588 km^2。顿河（Don River）的流水量明显递减，在流入安大略湖的沿途最终以宽1.5 m分流。由于缺氧、高浊度、流动性差以及污水的季节性污染，顿河（Don River）已经停滞流动、污浊不堪，并被碎石阻塞。正是如此，顿河（Don River）是许多后工业化滨水区的范例：一个被遗弃和遗忘了的城市盔甲。

作为治理、恢复顿河（Don River）下游区域挑战的回应，河流+城市+生活（River + City + Life）是在城市条件下，对“自然”和“文化”之间的创造性张力的一种彻底的、大胆的探索。这是一种复杂的城市项目，设计团队要挑战恢复顿河河口生态，并且同时要重建河漫滩并创建一个新的城市近郊。针对这个城市核心和城市水滨区域被遗弃的港口地带的汇合点，司多斯团队采用了基于该河的领先性和动力的适应性设计理念。围绕恢复力这个概念，该计划重新校准了顿河的河口和河漫滩，得到了一个新的河口。很重要的一点是，这不是修复河口，而是重建一个由河道改变而来的生态区。该生态区由若干辅助河道作为支撑调节季

多伦多滨水旁后工业区的衰败和取代：帐篷城的寮屋社区被拆除，并用推土机推平，而等待着的是由多伦多湖滨振兴计划的新的“下当兰士（Lower Donlands）”社区

下当兰士（Lower Donlands）的总体规划等待调整到一个新的河口，多伦多的顿河（Don River）和加拿大最大的城市分水岭“水渠”通过烦琐的90°大转弯进入安大略湖口

河流+城市+生活（River+City+Life）：司多斯（Stoss）的总平面图和多伦多下当兰士（Lower Donlands）社区的最终方案，场地位于城市东部中心的滨河地带

节性洪水，并且由“河流沙嘴”——雕刻地形划分承受变化的湖面、季节性洪水和多边的娱乐、教育及居住用途。

司多斯的计划有效地提出了一个新的综合文化和自然生态的场地，场地主要被河流和场地自身的水文条件组织起来。复杂的生态、社会文化和经济系统的修复完全建立在“河流第一”的基础上，颠覆了近一个半世纪的传统。在设计上要“更新”而非“恢复”，司多斯团队明确并使之成为核心（但必须）观念，那就是适应偶尔突发的洪水、在“原有”物种和“外来”物种之间做一个媒介，并且建立一个厚分层的栖息地和交错群落——一部分文化的，一部分自然的；一些是季节性，一些是永久性的。结果是产生了一个编织了弹性滨水景观的设计：编织了城市公共设施、城市边缘、生态性能的织锦。这个提议重新构思了城市作为一个混合文化的自然空间——这是景观都市主义和它在生态上的可操作性的里程碑。

常春藤砖瓦厂工程（Evergreen Brick Works）

顿河下游区域的6.4 km上游部分是生态、景观和都市主义结合的另一新兴的例子。这片16 hm²的区域位于多伦多的地理中心，在一条远离重要高速公路的主干道上，并且是指定的自然文化遗产。加拿大的国家慈善机构常春藤（Evergreen）委托设计公司制作一个总体规划，将这片后工业区改造为城市可持续发展和生态设计的国际展示平台，项目以被遗弃的采石场和砖石建筑的再生和重新解释为重心。

该项目是一个创新的、由公共场所和非营利组织发展合作关系的产物，在这样的关系中，城市和区域保护机构拥有土地

意向的河流+城市+生活（River+City+Life）：多伦多下当兰士（Lower Donlands）以及滨水总鸟瞰图：工程的编织河道洪水适应景观为水位随季节波动、湖泊水位的变化和暴雨灾害提供了方案

并且管理恢复的采石场（现在是一个11 hm^2的湿地），而常春藤赢得了长期租赁的4.9 hm^2的工业区和文物建筑。该基地毗邻历史悠久的托德莫登磨坊（Todmorden Mills，约建于1790年），是顿河谷砖瓦工厂（Don Valley Brick Works）的原址，制砖设备在其生产高峰期，每年可生产43万块砖 ——从1889年到1984年的近一个世纪，加拿大各地在城市建设中使用的大部分砖都来自此处。[22]联合国教科文组织指定其采石场露出的第四纪地质层为世界遗产。采石场在20世纪90年代被恢复为湿地，目前被市政部门管理为一个娱乐公园而被区域保护机构作为自然遗产保护区域。为了工业楼宇的重建和基地的修复，常春藤筹集5500万加元作为项目预算，到目前已投入3200万加元。

常春藤的使命——在城市中将自然、文化和社区放在一起，以加深人与自然之间的联系[23]——是场地规划和设计主题的中心。在其中心，常春藤砖瓦厂是一个为公民建造的全年学习中心。这一加拿大最大规模的环境探索中心通过多样的手法整合了文化和自然遗产、生态和社会服务。总体规划包括可持续发展的“绿色”建筑；一个原生植物苗圃；一个演示厨房和孩子们的花园，一个当地的农贸市场，有机餐厅、会议和活动设施；孩子们的营地，以及一些家庭计划、青年领袖计划以及青年危机处理计划。

砖瓦厂项目不同于其他的城市生态学项目，它不是主要致力于修复。相反，在认识到常春藤的城市选区和它在城市景观中的核心位置之后，项目的中心放在了建立自然与文化之间的关系上。有趣的是，常春藤的核心任务是“把自然放回到城里”，主要通过生态和修复工作实现。过去的10年已经见证了常春藤项目的进展，在城市景观中表现了对于一个更复杂城市生态系统的精妙理解。这种想法的转变反映了其他后工业的修复项目的进化。砖瓦厂工程总体规划通过4个明显的主题反映了这一转变：创新与探索（Innovation&Discovery），展示创新技术和项目，以帮助市民将可持续性融入他们的生活；食品及社区（Food&Community），为家庭和问题青年提供营养计划，促进和支持当地可持续的食物来源；自然和文化遗产（Natural& Cultural Heritage），通过合理再利用文物建筑和景观资源保护考古遗产、工业遗产和自然遗产；园艺及绿化（Gardening& Greening），提供了解当地的食物和烹饪的机会，学习和识别原生植物和园艺，了解绿色设计，了解游览当地栖息地。[24]

作为一个明确的集文化、自然、社区于一体的学习中心，坐落在加拿大最大城市的心脏，常春藤砖瓦厂工程（Evergreen Brick Works）是一种在复杂城市景观中部署几个生态系统的创新设计。虽然野生自然与人工园林的元素共存，艺术和文化活动与老工业建筑、常春藤砖瓦厂工程并不像人们所想的与土地利用目标产生冲突。相反，该基地是通过创造性的生态设计表现了城市范围内的文化和自然遗产。与Latz+Partner事务所在德国的北杜伊斯堡公园相同，常春藤砖瓦厂工程摒弃了过去的生态就是保护自然的传统，转而发展文化和政治上的生态，以此作为生态素养学习和教学的隐喻和程序。该项目同时设法整治和复垦现有的生态系统，无论是在其原生栖息地的景观规划中，还是在其适应性再利用和“绿色”建筑方面，都采取了措施。

在其所有的复杂性中，该场地提供了一个在生态、景观和都市主义的背景下多样的、对于生态学的当代诠释——用艺术的手法在一个废弃的工厂开展创新性的工作，呼吁社会对于空间的“重新思考”。

反思

过去10年的大规模后工业城市项目见证了景观和生态已经成为当代都市生活的主要载体，事实上，这一点在城市建筑上更为凸显。在一个“正在到来”的时刻，生态学已经从有用的科学变成了塑造全球城市的设计方法。从生态学的角度，这是一个不小的成就，特别是因为它源于通过景观的实践和小尺度的城市规划实践。因此，这个新角色为景观和相关支撑学科，

城市中的花园：适应性的再利用。常春藤砖瓦厂工程（Evergreen Brick Works）使后工业制砖变成一个本土植物苗圃、农贸市场和环境学习中心

特别是生态学提供了新视角和新的任务。生态学重新参与这些学科发出了一个及时的重新振作景观和规划的信号，凸显出其在当代城市中的核心作用。

在这种背景下，横跨北美的项目越来越多，而多伦多的两个例子是仅有的在都市进化中反映催化作用的项目。在这些和其他类似的情况下，后工业景观更关心恢复而不是修补：塑造让自然回到“殖民地”状态的理想既不可行，也不可取。相反，一个新的系统已经出现，它抓住了文化与自然之间的关联，显示出我们这个时代中叛逆不羁的生态。

然而，典型的人类行为的故意操纵[25]——空间和地点的设计——如果不与其他物种以及我们居住的环境密切联系在一起，则什么都不是。在现代都市地区的特点的动态景观中，设计的行为，影响并最终塑造了新的和现有的生态环境，它要求设计者必须对场地的内容和历史有一个相当充分的理解。

这不是一个现代主义生态的表现，而是一个生态都市主义的演变。要维持充满活力的、健康的、自我组织的城市景观，我们的干预必须是与环境联系的并且是审慎的。要做到这一点，要求双方从根本上重新评判我们与我们所认为的“自然”和（或）场地及随之而来的文化因素的关系。正如我刚才在这里和其他地方阐述的，26好的（因此一定是生态的）设计，这种情况下，是适应性的，有弹性的，可以反馈的；它诞生于场地中，它让我们赖以生存的土地再次熠熠生辉。

冬季城市：适应性再利用随季节变化——夏季温室成为冬季冰垫和室外的雪景，裸露的钢结构变成露天的元素

位于多伦多的常春藤砖瓦厂工程，用彩色的大字宣传，让人们“重新思考空间”

注释：

1.我使用的术语“生态设计师”是指设计师使用的用来提到或代表与自然的关系的、在很大程度上是象征性的姿态，往往出于必要在相对较小的尺度或有条件约束的情况下。详见尼娜· 玛利亚·李斯特（Nina-Marie Lister），《可持续发展的大型公园：生态设计还是设计师生态学？》（*Sustainable Large Parks: Ecological Design or Designer Ecology?*）收录在由朱莉娅·扎尼克（Julia Czerniak）和乔治·哈格里夫斯（George Hargreaves）主编的《大型公园》（*Large Parks*）中，纽约：普林斯顿建筑出版社，2007，31-51。威廉·汤普森（William Thompson）在一个类似但更贬义的情况下，使用术语“生态装饰”指那些肤浅的生态景观项目，在这些项目中设计师标榜他们的项目是“生态的”，但却避开了从根本上处理生态复杂性的挑战。请参阅《装饰生态》(*Boutique Ecologies*)、《景观》(*Landscape Architecture*)，2006年4月10日，威廉·汤普森(William Thompson)。

2.被尤·P.奥德姆(Eugene P. Odum)和霍华·T.奥德姆(Howard T. Odum)定义的经典文本《生态学基础(第三版)》(*Fundamentals of Ecology*)，费城：桑德斯，1953[1971]。

3.在更广的范围内使用，例如，由格雷戈里·贝特森（Gregory Bateson）写的《走向精神的生态学》（*Steps to an Ecology of Mind*），芝加哥：芝加哥大学出版社，1972。类似的例子在约翰·泽科、蒂姆·福赛思、罗杰·科尔、西·沙利文、亚当·斯威夫特、保罗·罗宾斯（John Dryzek、Tim Forsyth、Roger Keil、Sian Sullivan、Adam Swift和Paul Robbins）（和其他人）在政治生态学，以及穆雷·布克钦（Murray Bookchin）、鲁姆钦德拉·古哈（Ramchandra Guha）和大卫·派柏（David Pepper）（和其他人）的社会生态学术著作上也有出现。

4.这其中的例子包括：哈佛大学设计学院的《城市即生态》（*Ecology as Urbanism*）新研讨会（详见 :http ://www.gsd.harvard.edu/academic/upd/maudmlaudrequirements.htm）；约克大学环境学院的政治与文化的生态课程（http://www.yorku.ca/fes/about/WhatIsEnvironmentalStudies. htm）；新研究期刊《食物与营养的生态》（*Ecology of Food & Nutrition*），由泰勒弗朗西斯集团出版；SAFE-农业和食品生态的社会，加州大学伯克利分校学生组织（http://agrariana.org/safe-s-mission；迈克·戴维斯（Mike Davis）的《生态恐惧》，纽约：Vintage Books, 1998，桑德拉·斯坦格尔博（San- dra Steingraber）的《比萨生态学》（*The Ecology of Pizza*）（http ://www.motherearthnews.com/Real-Food/2006-06-01/The-Ecology-of-Pizza-Or-Why-Organic-Food-is-a-Bargain.aspx）.

5.参阅查尔斯·瓦尔德海姆（Charles Waldheim）编辑的《景观都市主义读本》（*The Landscape Urbanism Reader*），纽约：普林斯顿建筑出版社，2006。

6.关于生态科学与规划的关系追溯到尼娜·玛利亚·李斯特（N.M. Lister）的《生物多样性对话规划的系统方法》，*A Systems Approach to Biodiversity Conservation Planning*，选自《环境监控与评估》（*Environmental Monitoring and Assessment*）49，no.2/3（1998）:123-155。另参阅布拉德·巴斯、R.爱德华·拜耳、尼娜·玛利亚·李斯特（Brad Bass, R. Edward Byers和Nina-Marie Lister）的《由土地利用管理带来生态水系统改变的整体研究》（*Integrating Research on Ecohydrol- ogy and Land Use Change with Land Use Management*），选自《生态水系统研究》(*Hydrological Processes*) 12（1998）: 2217-2233

7.例如，弗莱士·克勒斯（Fresh Kills）的现场设计，纽约；OMA，布鲁斯茂（Bruce Mau），内外（Inside Outside）设计的帕克·多斯维尔，多伦多（Parc Downsview, Toronto）；Latz+Partner事务所设计的杜伊斯堡 诺德景观；和司多斯（Stoss）设计的下当兰士（Lower Don Lands），多伦多。

8.简·阿米顿（Jane Amidon）的《大自然》（Big Nature），由丽萨·迪尔德（Lisa Tilder）和贝斯·布鲁斯顿（Beth Bloustein）编著，引自《设计中的生态学》（*Designing Ecologies*），纽约：普林斯顿建筑出版社，2009。

9.伊格纳西·索拉德·莫拉莱斯·卢比奥（Ignasi de Sola-Morales Rubió），《地形模糊》（*Terrain Vague*），由辛西娅·C.戴维森（Cynthia C. Davidson）编著，《随地》（*Anyplace*），剑桥，MA：MIT出版社，1995，120。

10. 佐治亚·扎斯卡拉基斯和奥马尔·佩雷斯（Georgia Daskalakis 和Omar Perez），《在底特律做的事》（*Things to Do in Detroit*），由佐治亚·扎斯卡拉基斯、查尔斯·瓦尔德海姆、贾森·扬（Georgia Daskalakis, Charles Waldheim和Jason Young）主编，《漫步底特律》（*Stalking Detroit*），2001年巴塞罗那：ACTAR。

11.詹姆斯·科纳（James Corner），《景观都市主义》（*Landscape Urbanism*）莫森·莫斯塔法维（Mohsen Mostafavi）。《景观都市主义:一个手动的“机器景观》（*Landscape Urbanism: A Manual for the Machinic Landscape*），伦敦：建筑协会，2003年，58－63。

12.查尔斯·瓦尔德海姆（Charles Waldheim），《景观——都市主义》（*Landscape as Urbanism*），瓦尔德海姆编著；《景观都市主义的读者》（*The Land- scape Urbanism Reader*），37-53。

13.基础设施生态、运输、燃料、浪费、水和食物不过是一些扩展的表面条件领域的都市生活。这个概念是多个景观学者通过“景观和基础设施”研讨会探索通过的。会议由多伦多大学的景观建筑的皮埃尔·贝朗葛（Pierre Bélanger）副教授组织召开，2008年的10月25日。

14.感谢布莱恩·奥兰（Brian Orland）教授提供新增的“流动”这一逻辑，详见我的2008年9月23日在宾夕法尼亚州立大学景观建筑系的欧洲讲座。

15.适应性生态设计的具体发展参考尼娜·玛利亚·李斯特（Nina-Marie Lister），《可持续发展的大型公园》（*Sustainable Large Parks*）和《为了工业生态学的生态设计:发现的机会》（*Ecological Design for Industrial Ecology: Opportunities for (Re) Discovery*）。雷·科特、詹姆斯·坦瑟和安·戴尔（Ray Coté, James Tansey和Ann Dale）。《连接工业和生态:一个设计的问题》（*Linking Industry and Ecology*）（温哥华:哥伦比亚大学出版社，2005。15-28。对于一个更广泛的社会生态学系统背景，参考大卫.托尤斯、詹姆斯·凯、尼娜·玛丽亚·李斯特（David Waltner-Toews, James Kay和 Nina-Marie Liste），《生态系统的方法:可持续的复杂性、不确定性和管理》（*The Ecosystem Approach: Complexity, Un- certainty, and Managing for Sustainability*），纽约：哥伦比亚大学出版社，2008。

16. C.S. 霍林（C.S. Holling）《陆地生态系统的弹性: 当地的惊喜和全球变化》（*The Resilienceof Terrestrial Ecosystems: Local Surprise and Global Change*），W.C.克拉克和R·爱德华·穆恩（W. C. Clark 和R. Edward Munn）编著。《可持续发展的生物圈》，剑桥:剑桥大学出版社，1986），292－320。

17. C.S. 霍林（C.S. Holling）《陆地生态系统的弹性: 当地的惊喜和全球变化》（*The Resilienceof Terrestrial Ecosystems: Local Surprise and Global Change*），W.C.克拉克和R·爱德华·穆恩（W. C. Clark 和R. Edward Munn）编著。《可持续发展的生物圈》，剑桥: 剑桥大学出版社，1986），292－320。

18.李斯特，《可持续的大型公园》（*Sustainable Large Parks*），沃纳·德滋·凯（Waltner-Toews、Kay）和李斯特编著的《生态系统的方法》（*The Ecosystem Approach*）。

19.市长的统计数据，“2006年世界上最大的城市和城市地区”http://www.citymayors.com/statistics/urban_2006_1.html，October 27，2008。

20.详见加拿大统计局,2005年度人口报告，目录no.91-213-xib（渥太华：工业部，2006）；伊丽莎白·玛克萨科（Elizabeth McIsaac），《加拿大城市移民:人口普查2001——数据告诉了我们什么?》（*Immigrants in Canadian Cities: Census 2001—What Do the Data Tell Us?*）《政策选项》（*Policy Options*），2003年5月，58－63。

21.国际设计比赛在2007年由滨水多伦多（WATERFRONToronto）赞助，该政府机构负责监督多伦多滨水复兴计划。见: http ://www.waterfrontoronto.ca。这个团队包括司多斯（Stoss）景观城市设计事务所（波士顿），布朗&斯道瑞建筑师有限公司（Brown & Storey Architects Inc. 多伦多）和ZAS建筑师（ZAS Architects，多伦多）与尼娜·玛丽亚·李斯特、皮兰得·佛莫、和杰基·布鲁克纳布鲁克纳工作室（Nina-Marie Lister、Pland- form和Jackie Brookner、Brookner Studio NYC，纽约）。

22.常春藤（Evergreen），http ://evergreen.ca/ rethinkspace/?page_id=12，2008，10，30。

23.常春藤（Evergreen），http://www.evergreen.ca/en/about/about.html（2008，10，30）和http://www.evergreen.ca/en/brickworks/pdf/EBWCampaign_2008.pdf（第3页），2008，10，30。

24.常春藤（Evergreen），http://evergreen.ca/rethinkspace/?page_id=12，2008，10，30。

25.虽然有人可能认为，其他物种（尤其是社会哺乳动物）也形成了它们的栖息地，人们普遍认为只有人类和灵长类动物才有意图地这样做——不仅仅是本能。

26.李斯特（Lister）《可持续的大型公园》（*Sustainable Large Parks*），35-57。

儿童探索中心的体验

木材的表现力：气候适应性木质表面结构的完整计算设计

阿吉姆·曼吉斯（Achim Menges）

松果可以根据自身的湿润度张开或合拢，当然与外界环境的湿润度也有关

不同于其他建筑材料，木材是自然中生长的生物组织。因此，木材在它的材料装饰和结构上与其他工业材料、等向性材料[1]有很明显的不同。根据进一步研究，木材可以被描述为是一种非均质的自然纤维系统，拥有着多种材料特性并且不仅只有

复合木皮板中水分含量的变化触发的尺寸变化，导致快速的形状变化

一个方向的纹理。[2]因为它特殊的内部毛细管结构，木材也是易潮湿的：它吸收和释放湿润的空气以此与外界交换，这样的呼吸也带来木材尺寸的变化。在建筑学的历史上，木材的内在异质性和更加复杂的材料特性被视为是木材工业、工程和建筑业的主要缺陷。以下这个项目调查了旨在把木材的不同结构作为它自身的优点而不是缺陷的不同设计的过程。利用木材的内在特性，一个可以对相对湿度做出自发反应而无需额外的电子或机械控制的表面结构得以开发。这显示出另外一种建筑设计的方法，它可以在系统深入的调查当中展现相对简单的材料的复杂表现能力，以及一个基于系统交换与环境影响的积分计算设计过程。结果，通过研究这种材料系统细微结构的生态潜力，可以发现自然形成但没有被发现的材料表面的微观结构和宏观结构的建筑环境之间的联系。

这个表面结构反应行为的研究项目在HFG的奥芬巴赫（Offenbach）开展，由在我的部门进行表单生成和物质化的斯蒂芬·瑞查德（Steffen Reichert）研究，该项目试图开发一种能够适应环境湿度、其孔隙度随之变化的建筑材料皮肤结构。因此，该项目通过在木材里嵌入一个非常简单的组件来使木材的吸湿性能及相关表面扩张机械化。这个组件包括气候传感器、驱动器以及各种调节装置。一个典型例子是在这个原则下运作的生物系统——云杉球果。云杉球果最初是湿润的，随着关闭着的球果逐渐干燥，球果打开，种子被释放出来。特别有趣的是，因为这样自发的反应行为在材料中是潜在的，这个过程与云杉主体没有任何联系，这种开张与合拢的过程可以在没有任何材料“疲劳”的情况下大量重复。

关于木材，纤维饱和点描述了细胞壁被束缚水完全饱和，而细胞腔是空的自由水的状态。有多少束缚水的蒸发，就会发生多少收缩，这一现象主要取决于大气的相对湿度水平。例如，在100%相对湿度时，没有束缚水丢失，而在零相对湿度时是没有束缚水的。

长轴的细胞或多或少平行于长链纤维素结构的细胞壁的方向。因此，由于相对湿度的变化带来的水分子离开和进入细胞壁，由此产生的收缩与膨胀主要是在垂直于细胞壁方向发生而不影响细胞的长度。因此，束缚水含量改变带来的主要效应发生在木材切向的收缩与膨胀和相关尺寸变化上。木材的解剖结构是引起切向和径向收缩和膨胀的主要区别，就是径向上由于木射线的抑制效应，在形状尺寸的改变上价值是相当低的，其

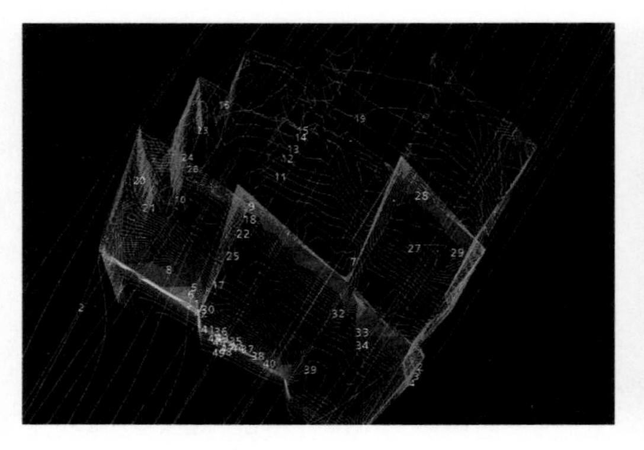

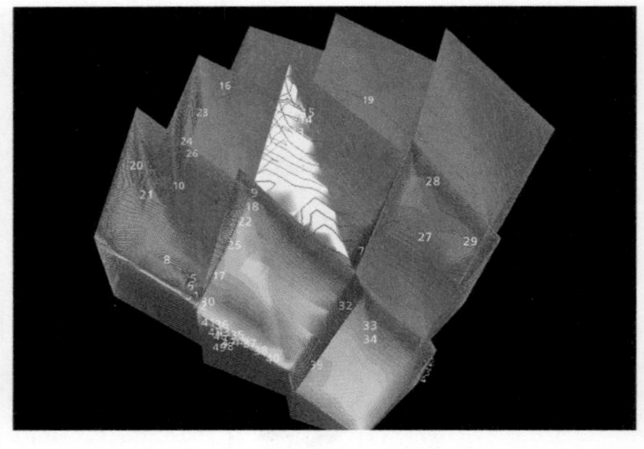

通过迭代计算和物理测试模式，元素来自关联几何元素基于调查打开和关闭状态的热力学行为的基础上的组件

长轴是径向取向。[3]

没有使用复杂的机电控制设备，该项目旨在利用形状改变简单的胶合板元件触发束缚水含量改变。变形胶合板与基础结构之间的敞开缝隙调节了结构的孔隙度。开发过程以一系列研究简单的复合胶合板元件的物理实验开始。关键元件参数的临界变量——例如，长度、宽度、厚度比与主要纤维方向——被测试以确认它们在改变湿度的条件下如何影响形状变化和响应时间的作用。最终旋切山毛榉单板因为它在切向平面上的高膨胀和收缩度而被选中。然而，许多比较测试证明，无花果枫木单板弹性模量低得多所以更合适。

经过第一系列的测试，作为该系统基本组成部分的表面元件的发展研究开始展开。通过反复计算和物理试验模型，这个元件被作为一个更大的、多组分系统以及该元件的开启和关闭状态的热力学行为调查的一个关联几何组件，而该组件则是基于制造和组装逻辑。结果，表面组件包括了沿长边安装两个三角形胶合板的承载结构。附有适度敏感元件的底面结构被开发成为一个参数化的定义了拥有平面组件附件面的折叠结构。通过参数的计算模型，从片材切割图案自动生成每个组件构造。通过参数计算模型，将片材切割出图案、自动生成各个组件的结构。类似的，关联模型中，生成的构建的主纤维方向平行于固定边缘，这个主纤维方向也反映在自动生成的组件结构的切割图案上。垂直于主要的纤维方向的表面元件形状的改变，是由相对湿度的变化引起的，最终导致局部表面开口。

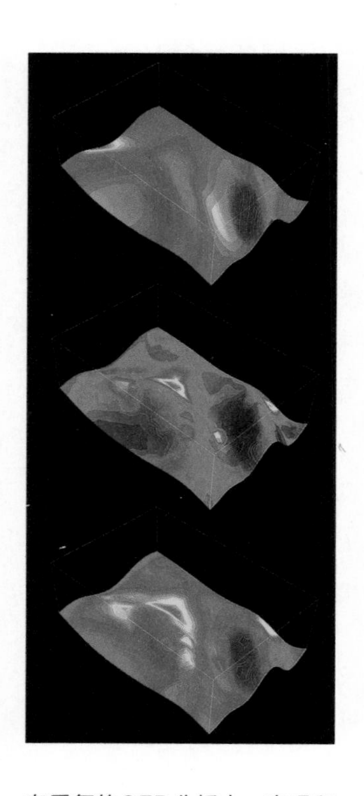

在重复的CFD分析中，宏观和微观热力学调制之间的相互影响驱动了整体表面衔接形式生成的进化过程

相对湿度水平引发的水分含量增加导致单板元件的膨胀。由于纤维限制了木材解剖学结构，元件在纹理上主要在切向平面正交方向扩展。这个尺寸变化引起的形状变化使单板元件蜷起来，形成了一个开放的通风口。大量的周期测试证明了运动

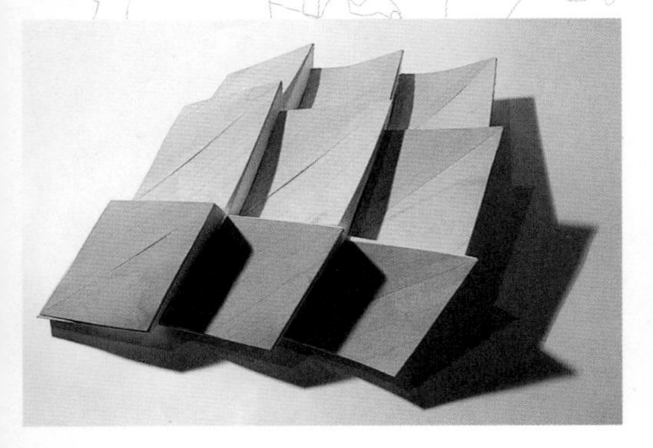

9个单板复合元件的测试，指示出由于增加的相对湿度带来表面形状和相关表面孔隙率的变化。实验测试了关键的设计参数，如纤维取向或厚度的比率、长度、宽度、与元素对于水分含量的变化带来形变的反应时间之间的关系

引起的水分吸收是完全可逆的。此外，反应时间非常短。这种转变从封闭到全开状态花费不到20 s，大幅提高了相对湿度。发达组件允许建造一个本地控制，湿度—反应表面结构，其中每个子结构通过改变本地系统的孔隙度水平，独立感应本地湿度的浓度并做出反应。沿着整个表面出现的热力学调制直接受本地组件的几何形状和整个系统的形态影响。考虑到复杂的互惠、个别组件和系统的整体行为，以及相关的宏观和微观热力学调制，基于反馈的进化计算过程被用于开发一个全球性的表面衔接原型。对于这一过程中，表面的几何形状在数字上通过一些变量的方程的控制。这些变量的反复变化提供了一个强大而简单的几何形状表面的“水分影响形状”基础。此过程由随机改变的数学表面开始，随后生成关联组件和每个系统的实例行为相关的计算机流体动力学分析。相关的数据被连续地反馈，并通知下一个系统生成。不断发展的承重结构的整体曲率控制着反应单板元件的方向、朝向或远离当地气流和湿度交汇处。所得到的校准在不同的开口状态下的整体曲率和本地组件的形态，得到一个非常具体的气流调制系统和凭借这个系统的相关湿度等级。

通过验证和进一步验证开发的整体设计方法，构建出一个全面的、由600块不同的几何组件得出的功能表面原型。后续的测试周期确认了敏感表面结构的可反应能力。一旦暴露于变化的相对湿度下，贴面复合元件通过打开或关闭组件的反应，从而带来随着时间的推移，不同程度孔隙度的表面。因此，材料系统是直接响应于环境的影响，而无需任何额外的电子的或机械的控制。这展示了数字化设计过程中表面的高水平的结构整合形式和材料的能力。

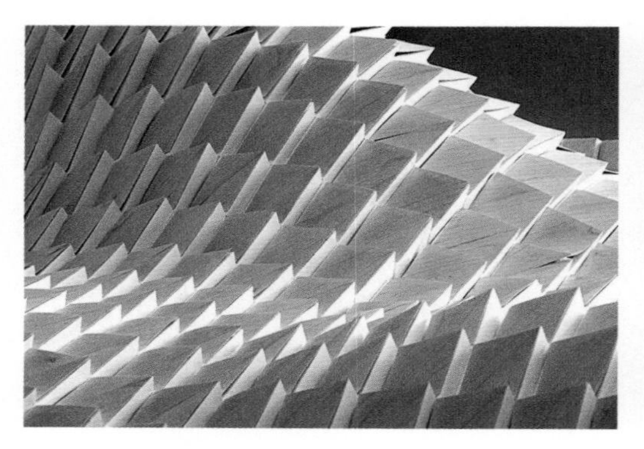

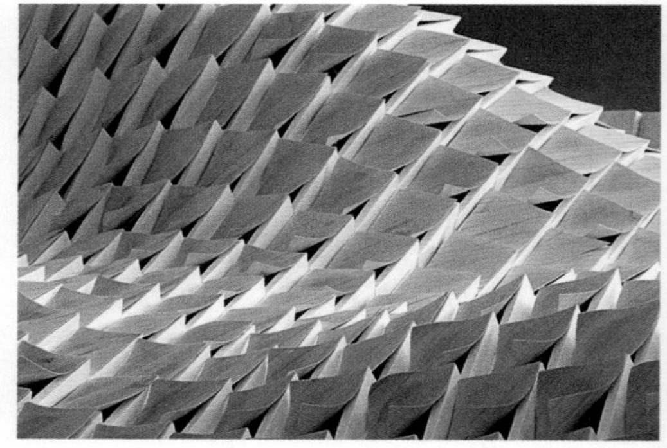

全比例的功能原型展示了系统的性能容量。由于相对湿度的变化和复合单板贴面中束缚水含量的变化，每个局部组件开始打开和关闭，从而在整个表面上出现了不同的孔隙度

全比例的原型是简单的单板复合元素，是集成了分布式传感器、执行器和气候调节装置的结构和敏感的外饰面

注释：

1. J. R. 伯纳特（J. R. Barnett）和G. 杰伦尼米德（G. Jeronimides）编写，《木材质量以及生物基础》（*Wood Quality and Its Biological Basis*），牛津：布莱克威尔CRC出版社，2003年。

2. J. M. 丁伍德（J. M. Dinwoodie），《木材的本质和表现》（*Timber: Its Nature and Behaviour*），伦敦：spon 2000。

3. C. 思嘉（C. Skaar），《木质的水反应》（*Wood Water Relations*）；柏林：施普林格，1988。

萎缩的哥谭市（Gotham）的足迹

劳瑞·克尔（Laurie Kerr）

纽约计划到2030年实现可持续增长，这源于务实的需要。2005年，经过了几十年的更新和再投资，这个城市已经从20世纪50年代到20世纪70年代的郊区迁移和人口损失的状态中恢复，城市的人口统计学家预测，到2030年纽约人口会增加近100万。那里是一个已经密集的群岛，且不能再实现横向拓展，能再装下额外的一个旧金山人口规模吗？当它的人口已超过为中世纪城市而建的基础设施负荷（大约800万人）时，它又怎么为他们提供基本的服务——交通、污水处理、能源等呢？

显然，纽约必须用得更少，做得更多，因此可持续性策略开始与一个长期土地使用计划紧密联系在一起。这不是最终的目的，但却是概念结构需要维护、生活质量需要改善的纽约需要应对的关系城市的迫在眉睫的挑战。土地利用离不开运输，这是城市的整体基础设施的一部分，包括老化、低效的发电厂对空气质量的影响——这一切最终导致气候变化。当然，如果气候变化不稳定，其他问题将无法得到解决——尤其是在有超过933 km海岸线的纽约市。

最具深远意义的10个目标之一是到2030年在全市范围内将温室气体排放量减少30%。最开始，纽约市需要建立一个温室气体排放库，以观测其排放来自何处。结果相当令人吃惊。近80%的城市排放量——全国平均水平的2倍以上——来自建筑物能源：石油、天然气、电力锅炉、电力电灯和电器。这主要是因为大多数纽约人出行采取步行和使用公共交通而不是开车；城市有一个小的工业基地和一个较小的农业基地。剩下的就是建筑物。

另一个令人惊讶的现象是，纽约市作为老的、与自然对立的挥霍和浪费的象征，却展示了一个非常低碳的生活方式，人均碳排放量不足全国平均水平1／3。公共交通又一次起到了重要作用，但城市的建筑因素也同样有作用。纽约人一般生活和工作在紧凑的空间——纽约公寓在游客看来似乎不能再小了——以及彼此邻接的建筑物，提供较少的表面热损失或收益，尽管这样是高效的。当将纽约与一个绝对大小差不多的小国家的碳排放量相比（挪威或爱尔兰）——这意味着，减少纽约的排放量将有重大的全球影响。纽约规划的另外两个目标是通过生产清洁空气以及成本更低、更可靠的电源改善本地环境。但是，这个城市是怎么减少其碳排放量，而又能减少多少呢？

基本趋势是发人深省的。这个城市的碳排放量不但未减少，反而以每年1%左右的速度增长。到2030年将增加超过2005年基数的28%。预测表明，每一个能源指标的增长都超过了人口的增长，特别是电力消耗，到2030年将增长44%，预期是由于增加了空调和电子设备。不幸的是，这样的增长速度反映的是美国和全球的情况，甚至包括加利福尼亚等地。30年来持续的、积极的努力，却从来没有完全遏制住人均用电的增长。扭转这样的趋势，实现减少二氧化碳的排放，是一个巨大的、也许是前所未有的挑战。

一种逐步的、可用策略的自下而上的分析显示，如果有针对性地在每一个环节的所有方面都做出努力，纽约可以实现有效减少30%的碳排放量。最经济的解决方案也是涉及领域最多的一个：如果任何一个领域被忽视，另一些领域就需要更多努力来补偿，这将是更昂贵的。大约一半的减少会来自于建筑物排放，另外减少的部分30%来自电力，20%来自运输。

着眼于建筑行业，建造绿色建筑虽然必要，但却远远不够。每一个新的建筑就带来了一个新的排放源，所以有效的办法只能是延缓上涨幅度。要真正减少排放，城市必须积极解决现有的建筑物排放问题，因为纽约的建筑在2030年估计有85%

纽约市计划在21世纪头30年有100万人口的增长

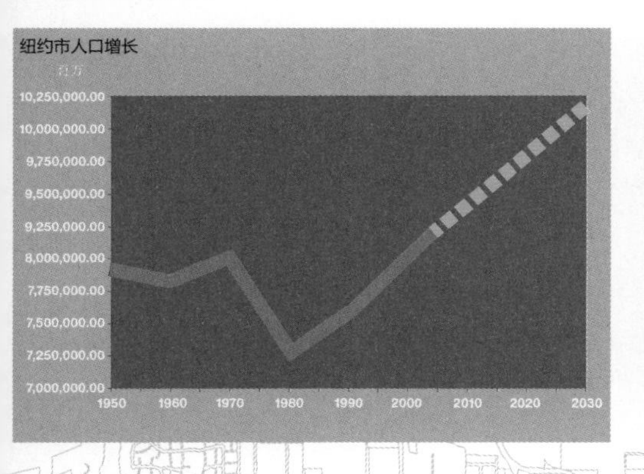

纽约规划的十年计划

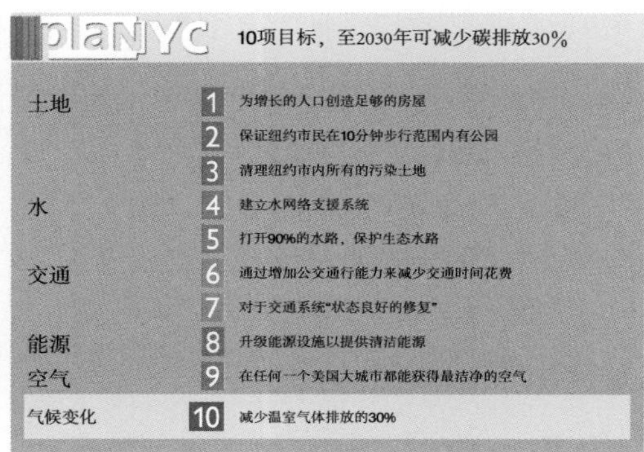

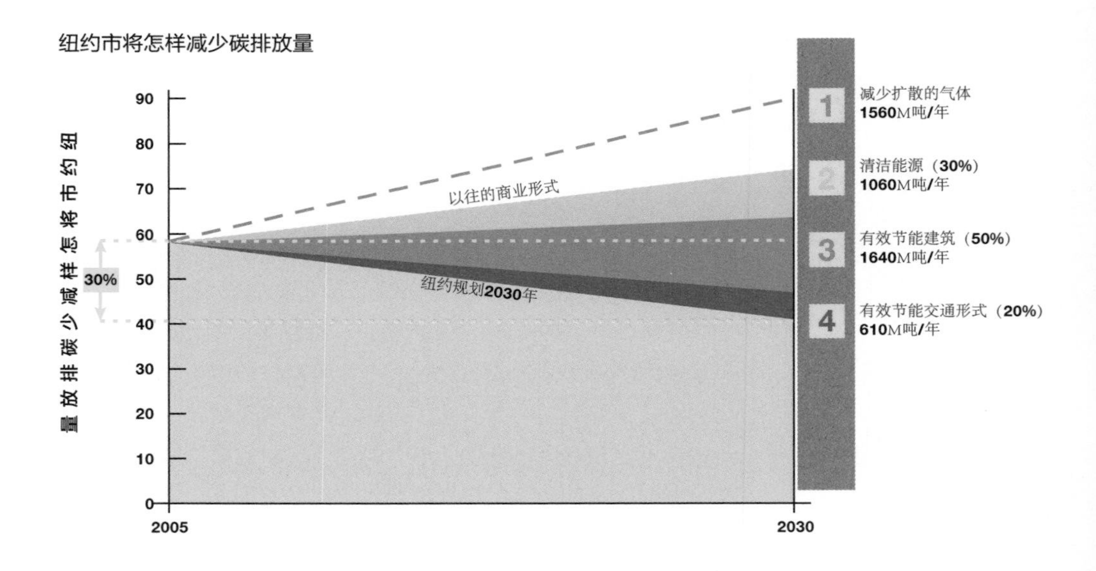

在“以往的商业形式”的情况下，纽约市的温室气体排放量到2030年将会比2005年增加28%。然而，纽约市政府已经承诺在这个时间框架下排放量将会减少30%

是现有的。其中的近100万座建筑，包括从18世纪排屋到现代化的摩天大楼，从博物馆、学校到百老汇剧院。如何改变如此复杂的现状？

首先，了解自己。从分析每一类建筑的排放量开始，研究每一类建筑中能源如何利用。研究在不同类型和大小的建筑物中空间如何分布，对于旧楼考虑其更新改造的周期。针对这样的调查中发现的问题，全市上下要开始着重关注于四个有前途的领域。

产生城市建筑排放18%的政府和机构部门，成为了第一个重点领域。这些实体在很长的时间里被占用和运行着，所以他们对于减少碳排放量的长期战略，降低运营成本也受益最深。全市致力于10年内在这类建筑物上实现30%的温室气体减排目标，并且使与之相匹配的机构部门与其相配合，包括16所大学和33所医院。总的来说，这些努力将加速影响纽约的温室气体排放，使其减少近乎10%。

其他三个方面主要解决住宅和商业部门的建筑，这些建筑通常是租户，与业主签订有租赁合同，且使用周期较短，因此使事情变得更加复杂。这类建筑需要监管部门采取必要的行动，才会有效。第一个方面是更新，因为建筑存量不断被更新，而最具消费比的增长就是对已进行项目的增量改进。二是照明，照明产生的碳排放量占到一些建筑碳排放量的19%，并且，由于极其快速的技术改进，这一部分能显减少。三是全市

纽约市温室气体排放分类

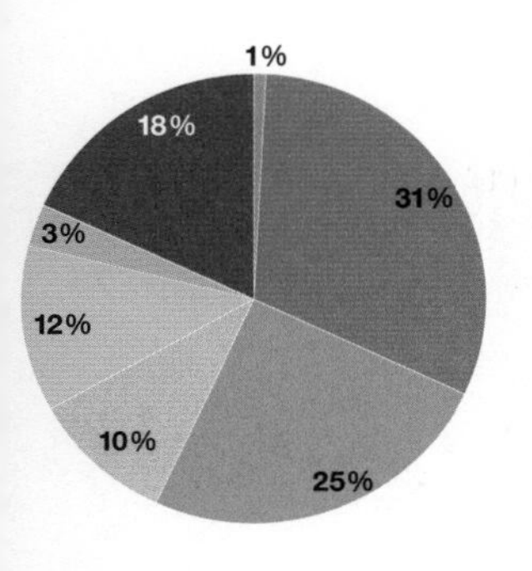

2005全市二氧化碳排放分类

总数=6310万t

建筑=78%
■ 居住区
■ 商业区
■ 工业区
■ 各类机构

交通系统=21%
■ 运输
■ 行进中的车辆

其他=1%
■ 甲烷

78%的纽约市温室气体排放来自于使建筑得以运转的能源

最大的建筑，因为大约2%的城市大型建筑的排放量占总排放量的近50%，这样一个巨大的问题就可以简单地解决了。

市议会目前正在审议的纽约更绿更好建筑计划（Greener，Greater Building Plan），宣布在“世界地球日”进行，以解决这三个重点领域。该计划从现有的能量代码中删除一个，免除微量更新的漏洞，这样一来就需要全市最大的建筑每年校正能源性能，升级他们的照明系统使其满足指标要求，以备审核和执行这些能量升级的成本效益。一个绿色的就业培训工作和循环贷款基金负责支持这项调整计划。总之，这个计划努力使纽约市从现有建筑物中减少碳排放——总体减少排放量的5%——相当于奥克兰市的排放量。

那么，纽约到底做得怎样？一个当地的法律机构要求全市跟踪进程，于2009年4月，纽约规划部门发布其第二份年度进展报告。该报告包括已完成的总的二氧化碳排放量削减、正在进行或计划中的二氧化碳削减。它详细列出州政府、联邦政府以及城市的政策，因为司法系统构成一个复杂的网络，在联邦政府出台的家电和汽车能效标准下，州政府历史性地控制建筑物的能源代码和最具能源效率的资金，并且城市控制自身的大型建筑组合、出租车和豪华轿车，也许很快可以控制自己的能量代码。加起来，温室气体减排要达到30%目标中的56%已完成、正在进行或计划中。这可能是谨慎的同时令人振奋的原因：谨慎，因为这些工作还尚未做完，并有剩余的44%需要处理，以及到2050年更远大的目标，但仍然令人振奋，因为这些数字展示出前所未有的挑战，也许这可以系统地解决大规模的城市问题。

在几乎一半的纽约市的面积上建造了超过4645 m^2的建筑——相当于50个单位尺度的曼哈顿公寓。然而这些建筑仅仅是纽约市100万建筑中的2%

美国纽约更绿更好建筑计划

纽约是一座建筑的城市。在这些建筑中我们生活、工作、娱乐。它们构成了城市独特的天际线。

我们在建筑中消耗的电力，以及供暖和热水产生的碳排放量占温室气体排放量的近80%，每年的能源成本合约15亿美元。全市超过4645 m²的建筑占总空间的接近一半。

使这些现有建筑能源高效是纽约走向更绿色、更伟大的纽约最大的一步。

市长布鲁姆伯格（Bloomberg）和市议会发言人昆伊（Quinn）以及她的同事提出了一个包括了六个部分的计划，来让现有的建筑更加节能。建筑必须做出改善——除了那些需要它们自己支付的部分。这个计划仅依托于现有的技术，以及那些已经记录在案的节能方法。

这个计划将会减少7.5亿美元的纽约市能源开支，改善房屋租赁者条件，提供19 000个构筑方面的工作，减少5%的温室气体排放量——作为30%总目标中最大的一个独立部分。

建筑的适应性

霍伯曼联合事务所（Hoberman Associates），
兹格·卓多斯基（Ziggy Drozdowski）　肖·古塔（Shawn Gupta）

建筑可以移动或重新配置这一概念并不新颖。在模块化和动态控制的前提下，独特机制的结合已经渗透到建筑实践的许多方面，并通过多元化的项目得以体现。但是，往往在这些大规模的和按部就班的系统中，考虑到体制、机制和控制，最终的费用仅被项目的受益方［（密尔沃基艺术博物馆，由圣地亚哥·卡拉特拉瓦设计）或商业利益（亚利桑那红雀队的球场，由彼得·艾森曼（Peter Eisenman）和HOK Sport公司设计）］所调控。

然而，建成环境本质上是具有自适应性的。环境的力量超越重力和压力不断引起建筑材料转移、扩展、收缩和变形破裂，这样的改变就在我们周围。标准设计引导我们趋于稳定而不是运动。然而，如果稳定与运动相结合，新的设计机会便成为可能。

建筑中的新材料系统提供了这样的机会。例如，金属网格

与液态混凝土的结合产生了钢筋混凝土。这一技术进步使许多我们今天看到的创新建筑结构得以完成。自适应式烧结是一种由霍伯曼协会为哈佛大学设计学院设计的，第一种可以让用户体验设计师微控制设计的新材料系统。

自适应式烧结的发展旨在采取一个既定的建筑处理方式并应用于其他的扩展功能。这样的发展将提供给建筑师，并带来已经是很熟悉的专业词汇的新的设计元素和使用烧结玻璃带来的性能增加（轻松地定制底纹，同时如有需要可保持透明度）。

太阳能的控制在建筑围护墙的设计方面存在着许多相互矛盾的需求。例如，外表面最大通透化往往能增加太阳能摄入。然而全玻璃幕墙带给居住者与外部环境的联通缺乏隔离，这样的状况即使是高通透性能的玻璃加上牢固的建造也是不能避免的。此外，无遮蔽的玻璃设计让充足的日光直接照射到一个空间，制造出高对比度光明与黑暗（眩光），这样的情况往往迫使居住者完全关闭百叶窗。然而与其对应的是，在黑暗中，却需要更多额外消耗电力和产生热量的照明。

一个有效的遮阳系统可以阻遏视线，太阳辐射和散射分散日光深入空间。更具体地说，一个遮阳系统的有效性是基于透明材料的厚度、透明度、反射的百分比以及在建筑表面位置的。可调节百叶窗和外部百叶窗可以有效降低玻璃的日光照射，但是由于需要安装额外的部件而增加了复杂性和安装费用。相比之下，太阳能光谱选择性涂层是阻止太阳辐射最经济有效的方法。目前可用的最好的涂料，可以让尽可能多的可见光通过一个窗口窗格中，使太阳能热增益两倍以上。

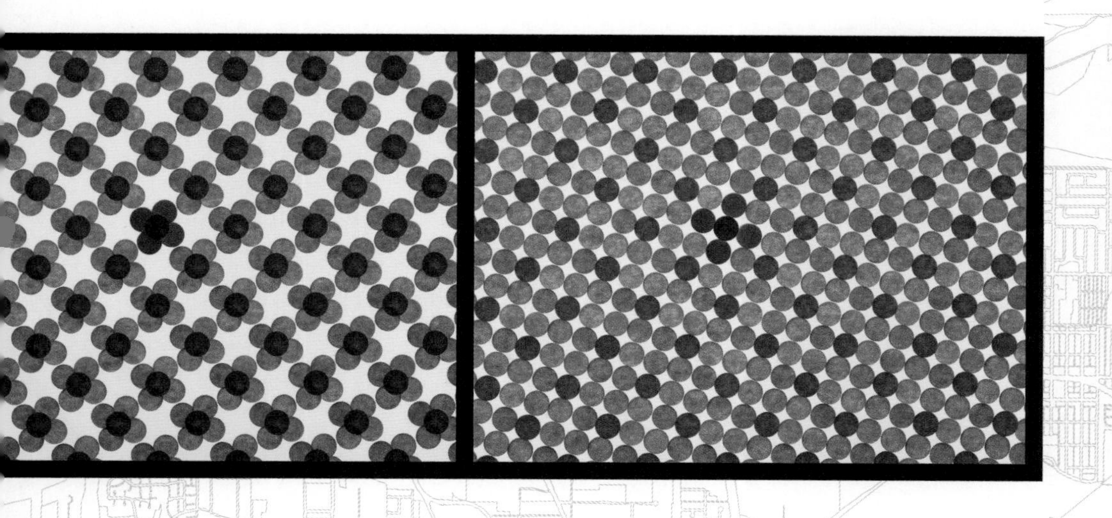

然而，随着性能更好的涂料有选择地阻止更多的可见光，玻璃的颜色分布并不总是保持中性的。因此很多设计师选择烧结作为额外的阴影组件，采用一个性能相对普通的太阳能涂料获得更多的中性色玻璃。

太阳能涂层是有效的，因为遮光技术集中在建筑外饰面一个非常薄的层内。这种对于硬件以及其复杂性的整合使得自适应式烧结的使用和安装外部百叶窗相比更加简单。建筑的外饰面可以变得更薄，性能更高。围护结构设计师通过设计一系列的材料表面来掌控其孔隙度和能量流动。作为一个抽象的概念，自适应式烧结关注调制模式的参数、孔隙度和微观尺度的运动。然而，相比之下，特殊的太阳能和电致变色涂料均匀地被涂抹到玻璃上，因此，太阳位于天空中不同位置时对它们的有效性影响不大。自适应式烧结的多层解决方案可能基于半球形入射角阻止太阳辐射，随着太阳的运动而改变，同时为居住者提供好的视野。

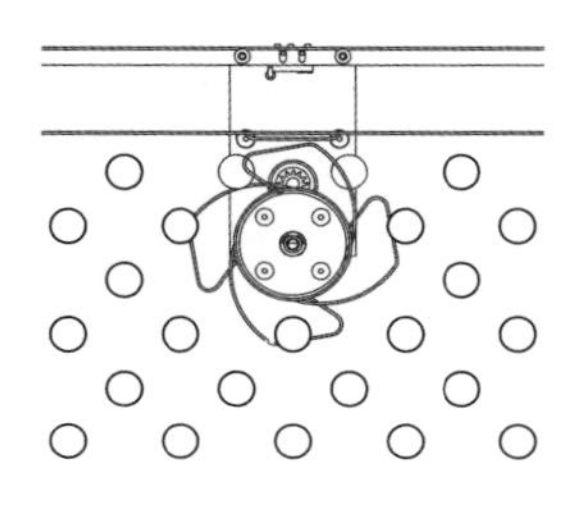

因为机械复杂性随活动部件的增加成倍增长，寻找经济有效的设计至关重要。最大的改进必须从每厘米的移动中提取。自适应式烧结仅仅是一个例子，无限变化的可能性可以从探索改变任何参数——运动，使用，材料，或配置来体现。如果自适应式烧结利用旋转运动而不是平移运动将会怎样？如果亚克力板被打穿了孔，而不是点彩釉？这种不同的孔隙率可以控制空气流动，而不是阳光。

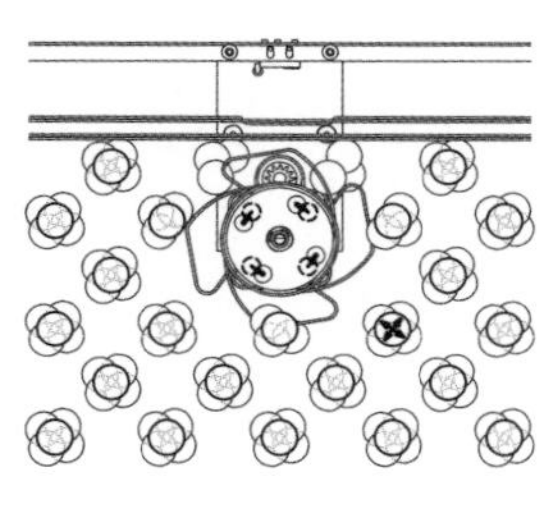

自适应技术在建筑设计中可以采用多种方式。设计师将这一思想运用在设计过程的早期，将能够创建可控的更动态的建筑。自适应组件将能够与楼宇管理系统相关联，并成为中央控制的有效组成部分，实现监管效益。最终，适应建筑设计将让人们免于不得不做出基于建筑物位置限制的选择，并且将允许房屋调整它本身以与周围更好地协调。

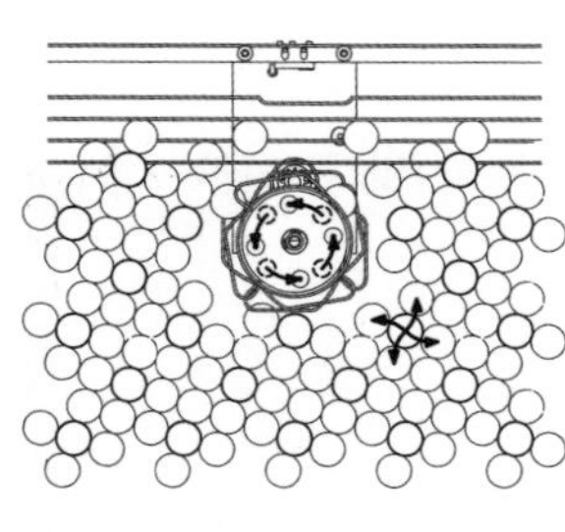

“我的兴趣是在行为上，而不是在自然生态系统的表现上。在自适应式烧结的情况下，我正在探索小运动如何导致宏观变化。在玻璃层之间的相对位置移位，导致面板从透明到不透明。最终，结构的物理变化通过聚集了许多这样的小运动而发生了。”——查克·霍伯曼（Chuck Hoberman）

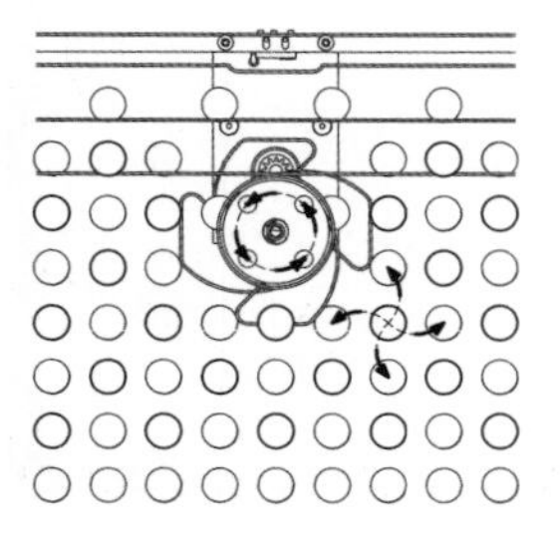

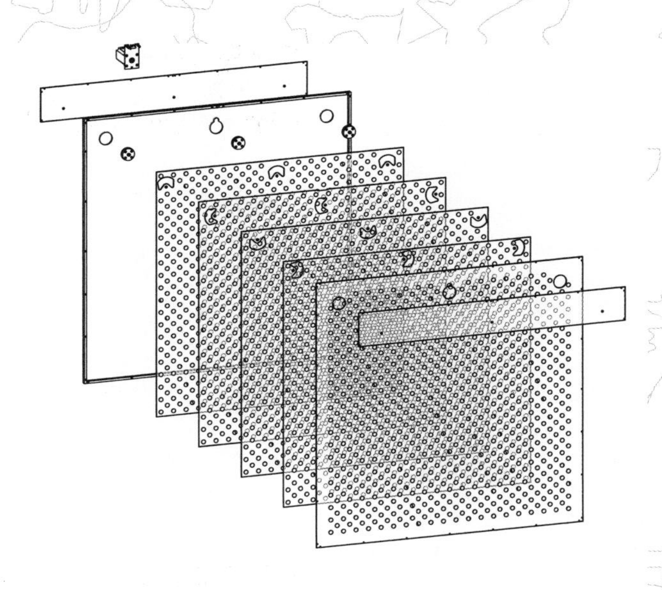

注释:

参考李（Lee），E.，S.希尔科维兹（S. Selkowitz），V.巴亚纳克（V. Bazjanac），V.因卡落瑞特（V.Inkarojrit）和C.科勒（C. Kohler）。《高表现力的商业建筑外饰面》（*High-Performance Commercial Building Facades*）。伯克利：劳伦斯伯克利国家实验室2002年。

我的兴趣是在行为上，而不是在自然生态系统的表现上。在自适应式烧结的情况下，我正在探索小运动如何导致宏观变化。在玻璃层之间的相对位置移位，导致面板从透明到不透明。最终，结构的物理变化通过聚集了许多这样的小运动而发生了。

——查克·霍伯曼（Chuck Hoberman）

2009年在哈佛大学设计学院展出的装置是根据查克·霍伯曼的发明“自适应式烧结”设计的。这项发明运用标准的烧结玻璃，利用一个图形模式来控制热量的吸收和调节光线，同时保证了足够的透明度以便观看。不同于传统的依赖于固定模式的烧结，自适应式烧结提供了可以调节透明度的表面。这种性能是通过移动一系列的烧结玻璃层等图案交替排列表现的。装置有6个机动小组，包括一个7.32 m×1.22 m的窗口，安置在弯曲的墙壁内。对这些面板进行规控，形成一个充满活力的领域，在其中光传输、视线和外壳将不断适应和改变。

该项目荣获哈佛大学韦斯仿生工程研究所生物启发工程仿生适应性建筑的韦斯奖。该研究所于2009年起由汉斯约里·韦斯（Hansjörg Wyss）支持，开始了探索自然创造生命的原则方法如何运用在新仪器和材料的设计上这一项目，从而在医药和环境方面做出贡献。

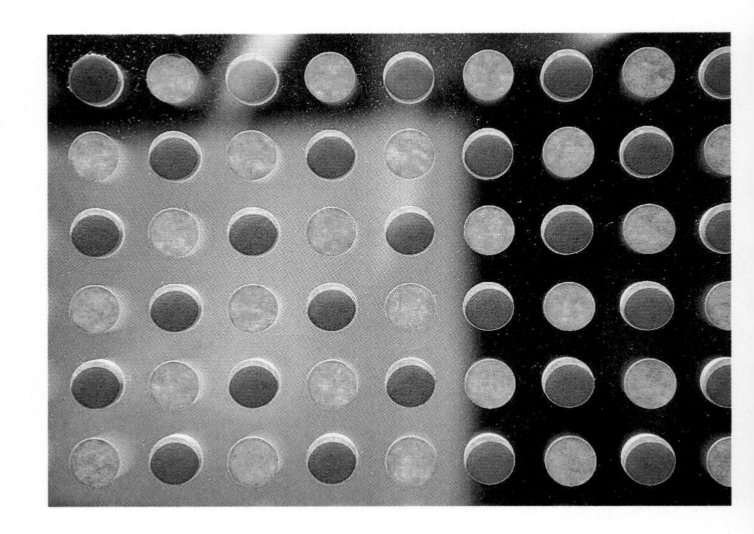

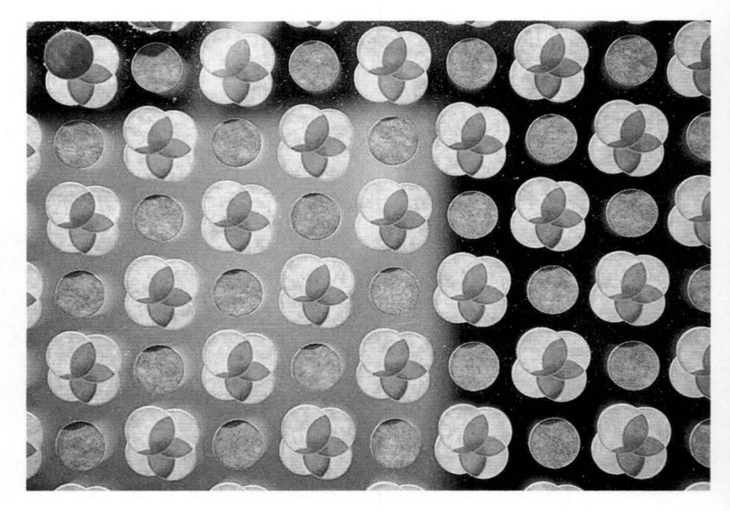

GSD研究

环境变化、水、土地升值和适应性：未知的规划（荷兰，阿尔默勒）

导师：阿曼德·卡伯耐尔（Armando Carbonell） 马丁·泽格兰（Martin Zogran） 德克·西蒙兹（Dirk Sijmons）

联合国政府间气候变化专家委员会将对环境变化的适应行动归类为三种模式：保护、容纳、撤退。这些模式也被称为三个“R”：阻力、弹性和撤退——这次我们工作室中已经采纳。[1]纵观历史，尤其是在1953年发生致命性的洪水后，荷兰政府已经采取近专制的态度以保护其人民免遭洪水危害。这反映在对硬质防水结构的财务支出的承诺上，这一财务支出在gdp上的比重可以与美国的国防的财务支出比重相媲美，并且政府在最近几年的公共工程、水管理部门和交通运输部的承诺中声明“荷兰将继续与洪水作斗争”。虽然“房河”——一项政府对在2006年通过的项目，曾反映出政府一度坚持的弹性抗争，有一定保留的态度，但是撤退、放弃建成区，在荷兰显然没有被看作一种可行的命题。有人可能会说，荷兰的态度在两种推进的政策之间，用杰罗尔德·凯顿（Jerold Kayden）教授的口号说便是：“水是我们的敌人，水是我们的朋友。”研究组从空间思维和规划的方面探讨这个政策转变的内容，随着气候变化，决策者的困难更大。

在阿尔默勒，一个荷兰新兴城镇，迅速扩大的背景下，作为弹性适应战略的一部分，该工作室审议了以下措施[2]：

（1）尽量与自然水文和洪水合理地“共处”，鼓励 ①在地势较高的地方增加建筑与居住密度；②在地势较低和洪水会淹没的地方降低居住密度。

（2）还原自然景观与自然过程，只要有可能，最大限度地提供生态系统服务（例如，渐进深水系统和高地之间的边界/地形）。

（3）在现有的城市化地区和主要交通廊道，以社区规模落实防汛防灾和景观干预的措施。

注释：

1.这项研究是由荷兰狄尔塔罗斯（Deltares）运输部、公共工程、水管理部门以及住房部、空间规划部和环境部支持的。

2.引用阿曼德·卡伯耐尔（Armando Carbonell）和道格拉斯·莫菲特（Douglas Meffert）的《气候改变与新奥尔良的弹性：三角洲城市形态的适应性》（*Climate Change and the Resilience of New Orleans: The Adaptation of Deltaic Urban Form*），世界银行（World Bank），2009。

项目名称：Bouchot Mussel Filters

设计者：珍·保罗·卡本涅（Jean-Paul Charboneau）

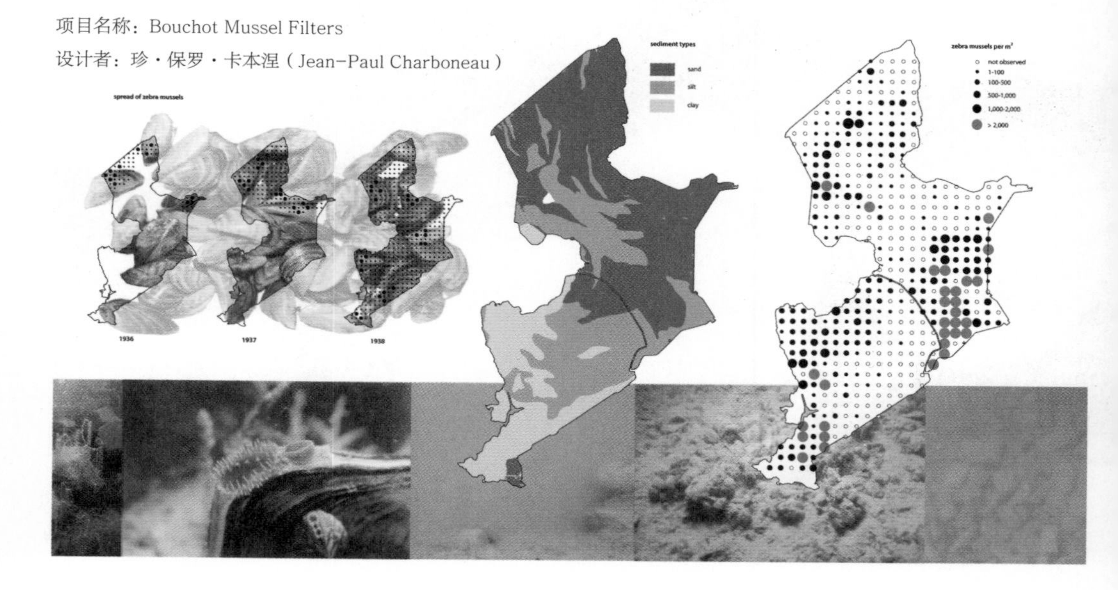

孵化

提到孵化我们可能会想到鸟卧在一窝蛋上孵化，或是对新孵出的小鸡的呵护。孵化意味着培育、照顾的一段时间，包括出生前和出生后。城市生态同样需要孵化。总部设在伦敦的Chora建筑与城市规划事务所和白瑞华（Raoil Bunschoten）列出了海峡两岸的一些复杂的经济、文化和生态环境的图片，并提出了一系列的原型项目。他们为这个原型制订了一个组织设备——孵化器，对各种项目“出生”之前和之后进行培育。这些项目的分布从小规模低成本的，如地热供暖和太阳能电池板，到区域规模高成本的，如绿化带、生态城市和碳（排放权）交易。在这个意义上说，项目不是一次性的干预，而是一个复杂网络的一部分，处在一个与彼此之间以及与它们周围的城市有联系的关系网中。这些周边环境和缜密的关系需要加以培育、照料，并随着时间的推移进一步培育。孵化是生态都市主义的重要组成部分。

整体实践的平衡与挑战
森俊子（Toshiko Mori）

缩减中的奢侈：生态都市主义中建筑的角色
马蒂耶斯·绍尔博齐（Matthias Sauerbruch）

美国银行
库克+福克斯建筑事务所（Cook+Fox Architects）

GSD研究
天堂之地/地狱之地：
圣保罗（São Paulo）的战术行动
导师：克里斯蒂安·威尔斯曼（Christian Werthmann）费尔南多·德·麦罗·弗朗哥（Fernando de Mello Franco） 拜伦·斯蒂格（Byron Stigge）

在现场：可持续建筑中的场地特征
安雅·蒂尔费尔德（Anja Thierfelder） 马蒂亚斯·舒勒（Matthias Schule）

生物气候学项目
马里奥·苏斯奈拉（Mario Cucinella）

万庄农业生态城
奥雅纳工程顾问（Arup）

生态系统总体规划，DISEZ区域，塞内加尔
生态逻辑工作室（ecoLogicStudio）

植物城市：梦想绿色的乌托邦
路克·史奇顿（Luc Schuiten）

垂直主义（摩天楼的未来）
伊纳基·阿瓦洛斯（Iñaki Ábalos）

城市模板
白瑞华（Raoul Bunschoten）

台湾海峡气候变化孵化器
Chora 建筑与城市规划事务所（Chora Architecture and Urbanism）

整体实践的平衡与挑战

森俊子（Toshiko Mori）

建筑师必须直面建筑建设的环境影响，并将其运用到有关生态城市的讨论中。密集城市环境内的房屋建设已经成为了温室气体排放的首要源头。在纽约和波士顿，80%的温室气体排放来自房屋建设，而机动车尾气只占20%。[1]建筑物占据了1/3的能源消耗和2/3的电力使用。在美国多达40%的垃圾场被建筑垃圾所占据。[2]这些负面数据促使建筑师和工程师寻找整体和跨科学的工程实施之道。我想引用我目前工作当中有关整合生态与城市化的三条策略的例子：建筑物功能最大化；评估并提升室内建筑环境质量以增加舒适度与生产力；推广有关适应生态城市未来发展的建筑这一概念。

大自然如同一个永不停歇的实验室，通过最优化实验来提升自身的系统。自然界的最优化是有机整体发生的，但在设计领域只有通过密集的多学科交叉才能实现。我们最近完成了弗兰克·劳埃德·赖特（Frank lloyd Wright）于1905年在纽约布法罗设计的达尔文·马丁（Darwin D. Martin）私人住宅的游客中心设计。

参观弗兰克·劳埃德·赖特（Frank lloyd Wright）设计的达尔文·马丁（Darwin D. Martin）的私人住宅的游客中心的东立面

游客中心的设计重新解读了赖特有机建筑的哲学，即通过高度工程性及整体性的技术优化建筑效果。建筑内通过梯度加热及降温混凝土地砖来供应地热，通过置换通风口实现空气的自然流通。二氧化碳传感器监视屋内拥挤程度进而调整空气供应，太阳能传感器则监控热量变化，控制自动遮蔽。这样的优化系统只有在工程设计团队自始至终的密切合作下才能成功。

在生态与城市的讨论中，有关环境质量影响的考虑实在是太少了。锡拉丘斯能源与环境系统研究中心是一个学科交叉的研究组织，致力于证明更好的室内环境将提高居住者的健康状况和生产力。我们为他们在纽约锡拉丘斯新的总部制作的设计方案如同一个该中心可持续技术的实验室。通过对当地气候数据的缜密分析，设计证明了建造这样一个通过自循环和其他可用来源使能源、电力和水自给自足的建筑物是可行的。建筑同时测试了微气候控制系统，例如个人照明系统，可以提升7.1%的生产效率。同样地，根据当前数据，通风控制系统提升1.8%的生产效率，热能控制系统提升1.2%。[3]将提升的环境质量转化为生产效率绩效，为投资可持续及整体设计提供了一个有力的经济证明，尤其是面对缓慢的策略实施、足够经济刺激的缺乏和对基于建筑物功效绩效的长期价值公平的评价方法的缺乏时。

我提倡面向未来发展的建筑以及可持续技术增殖的教育。我们为秘鲁利马的公共教育校园所做的设计，是一个综合了社会、教育和生态任务的项目案例。为了支持秘鲁教育系统，一家私人公司有意为更广泛人群提供教育机会。这包括针对贫

游客中心内景

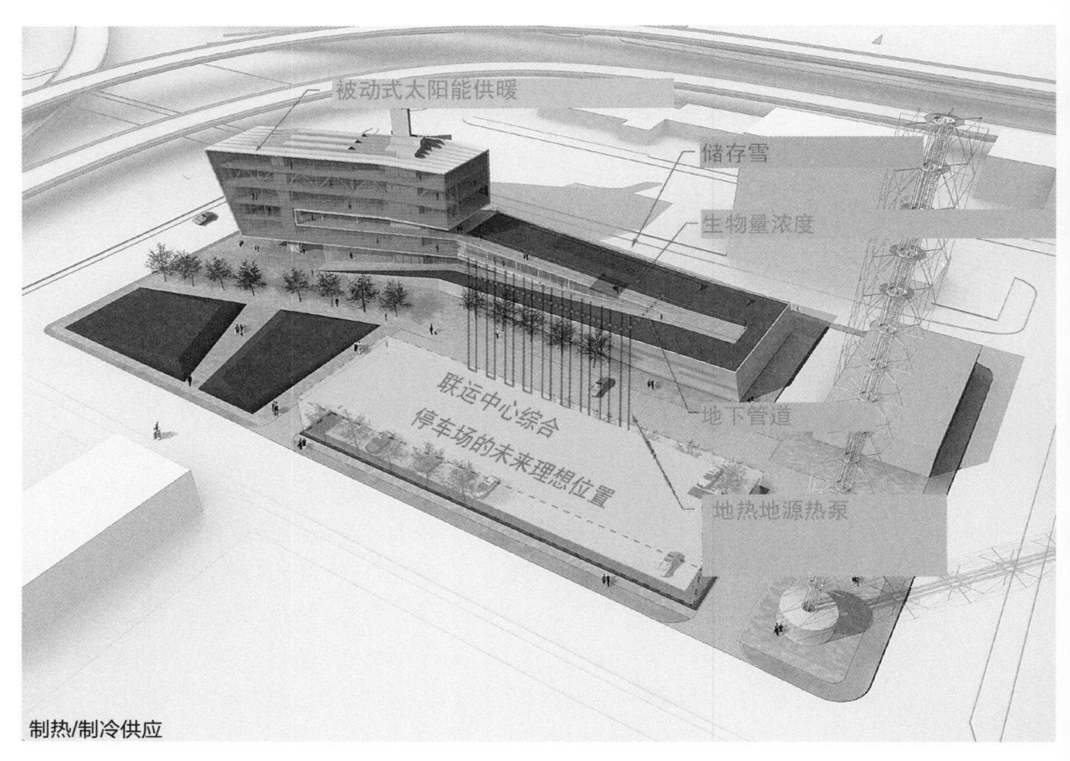
被动式太阳能供暖
储存雪
生物量浓度
联运中心综合
停车场的未来理想位置
地下管道
地热地源热泵
制热/制冷供应

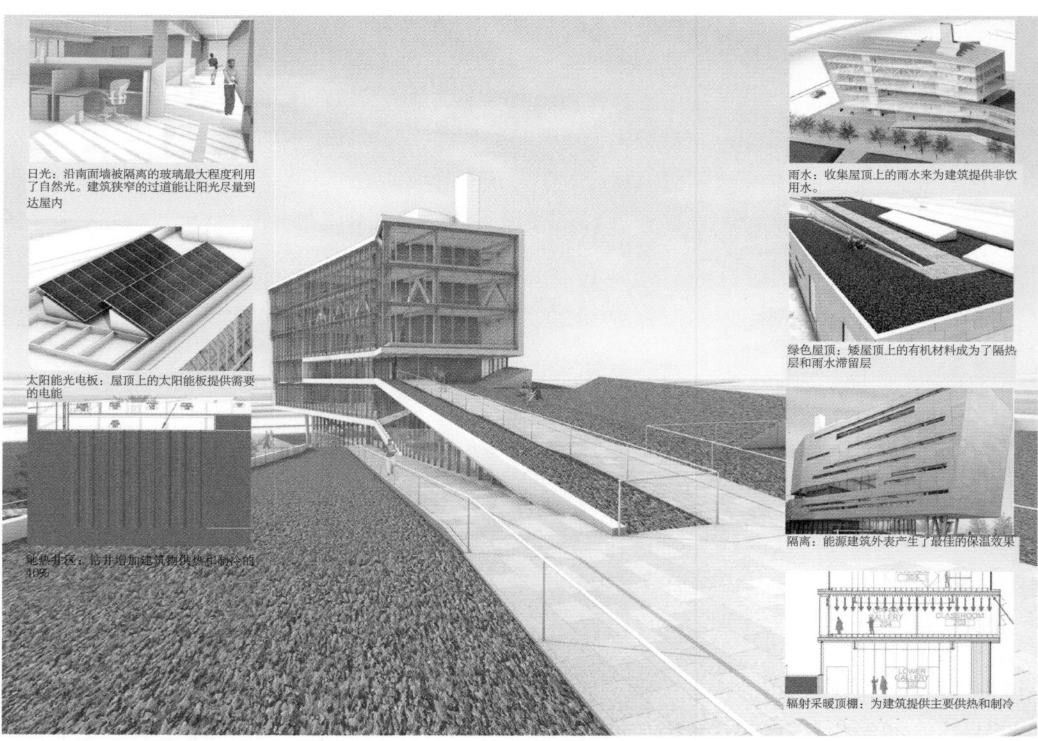
日光：沿南面墙被隔离的玻璃最大程度利用了自然光。建筑狭窄的过道能让阳光尽量到达屋内
太阳能光电板：屋顶上的太阳能板提供需要的电能
地热井区：钻井增加建筑物供热和制冷的10%
雨水：收集屋顶上的雨水来为建筑提供非饮用水。
绿色屋顶：矮屋顶上的有机材料成为了隔热层和雨水滞留层
隔离：能源建筑外表产生了最佳的保温效果
辐射采暖顶棚：为建筑提供主要供热和制冷

锡拉丘斯能源与环境系统研究中心。该建筑可作为一个可持续发展的技术测试的实验中心

困乡村地区大量人口的基础教育，针对各种经贸人员的职业培训，针对白领员工的继续教育和针对执行官的高级全球教育。我们的设计如同一个社交空间，由围绕在庭院周围的纵向堆砌的楔形建筑组成。在校园内，不同的群体在综合体当中交织而分散，既可以适应多元化的人群，又维护了自由思想交流的空间。这一项目最大限度地利用了光照，并利用温和的天气以及风资源进行被动通风。设计利用当地气候和自然资源为大型教育设施及多元群体项目的统一系统创造了蓝本。

行为上的改变常常带来比昂贵的技术变革更强大的影响，因为个人行为改变囊括了整体人群，形成了指数级的改变。无论对于开发可持续技术的研究多么专注，自然资源都将不能适应我们的消费式生活，除非发达国家和发展中国家的人们都能受到教育，明白可持续技术和节约措施的益处和必要性。发达国家人群需要通过教育而接受一个可持续的生活方式，而发展中国家人群需要基础教育去让他们明白健康护理、社会公平和人权的知识，而这些正是生态都市主义的基石。由于每个社区都有其独特的经济、文化和生态状况，因而给出一个普适的设

联合银行联合大学场地的航拍

庭院景观

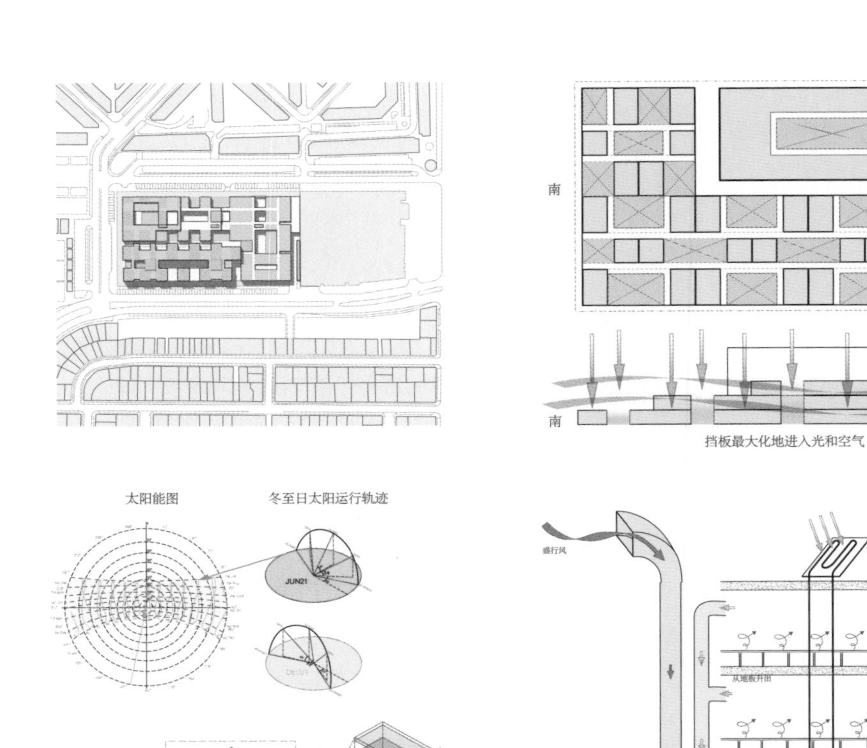

挡板最大化地进入光和空气

太阳能图　冬至日太阳运行轨迹

以太阳高度角计算庭院大小

太阳能辅助自然通风方案

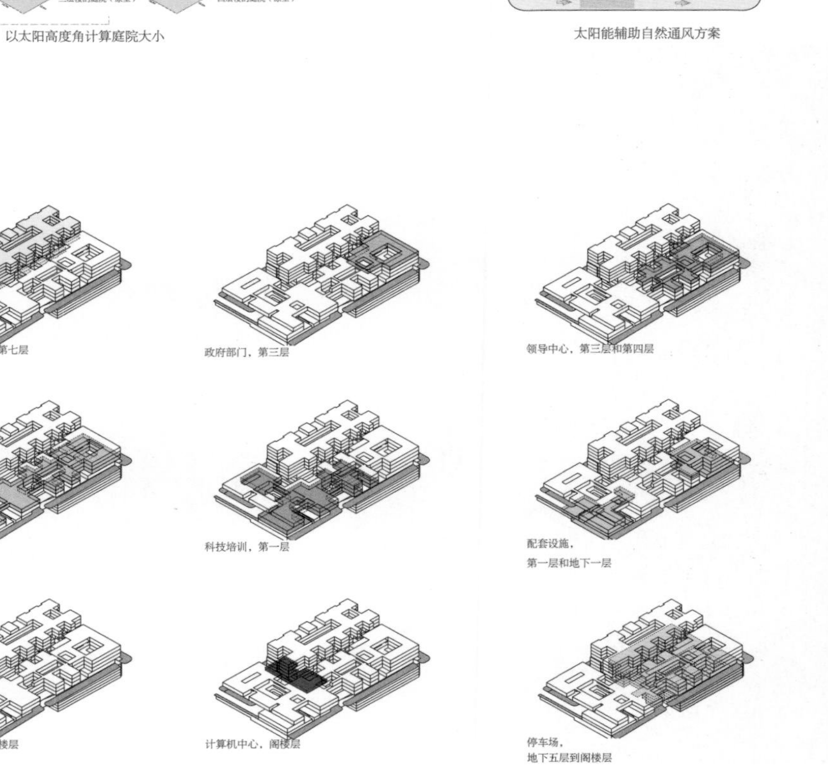

办公楼，第一层至第七层

政府部门，第三层

领导中心，第三层和第四层

教室，第二层

科技培训，第一层

配套设施，
第一层和地下一层

招生咨询中心，阁楼层

计算机中心，阁楼层

停车场，
地下五层到阁楼层

通过战略性选址和体量设计使采光和自然通风达到最大化

教育的复杂性为不同的人群提供了一系列不同的项目

计策略是不可能的，那样会导致控制和极权式的方案，从而威胁到人权。为了维护每个城市生态的独特发展，我们必须为运转于多重事件及人群之间的区域导向型的城市生态开拓一个适应的、灵活的策略，而不是统一的、预设的方案。这个立足于个人层面的自下而上的途径，结合策略实施的自上而下的决策，会为社会可持续城市环境创造一个有生命力的平衡。为未来城市环境寻找一个智能的、敏感的和理性的生态策略是我们的终极挑战。

注释：

1.《纽约市温室气体排放清单》（*Inventory of New York City Greenhouse Gas Emissions*），长期规划和可持续发展市长办公室，2007；《波士顿计划行动总结》（*City of Boston Climate Action Plan Summary*），波士顿市，2007年4月。

2. 保尔·霍肯（Paul Hawken）、阿默里·罗维斯（Amory Lovins）和L.霍格·罗维斯（L. Hunger Lovins），《自然资本主义：创造下一个工业革命》（*Natural Capitalism: Creating the Next Industrial Revolution*），纽约：小布朗出版社，1999，94。

3. 格力雷·H.卡斯（Gregory H. Kats），《绿色建筑费用与经济利益》（*Green Building Costs and Financial Benefits*），马萨诸塞州技术协作出版社，2003，6。

缩减中的奢侈：生态都市主义中建筑的角色

马蒂耶斯·绍尔博齐（Matthias Sauerbruch）

生态都市主义意味着对由过多碳排放造成的有限的资源、扩张的生态足迹和气候变化日趋严峻的全球意识的回应。它试图提供一个学科，在这个学科中，一个新的绿色范式可以找到它在城市肌体中的应用和物理样式。它致力于提供这些问题的答案：全球人口如何能匹配可利用资源的消耗？在21世纪初期大部分地球人口已经居住在城市中的前提下，未来的城市系统该如何运作？

从富裕的工业化国家的视角看，当前的任务是大幅度减少资源和能源的消耗以及碳排放量。通过这种方式，第一世界国家和第二世界国家（对目前状况负很大责任）不仅需要偿还他们的一部分生态账单，还要展示如何避免不必要的错误重复发生。为了达到这个目的，需要进行巨大的改变；几乎每一个西方政府都已经承认自己有义务采取一些反应措施，大部分是不久将来的大规模的碳减排。

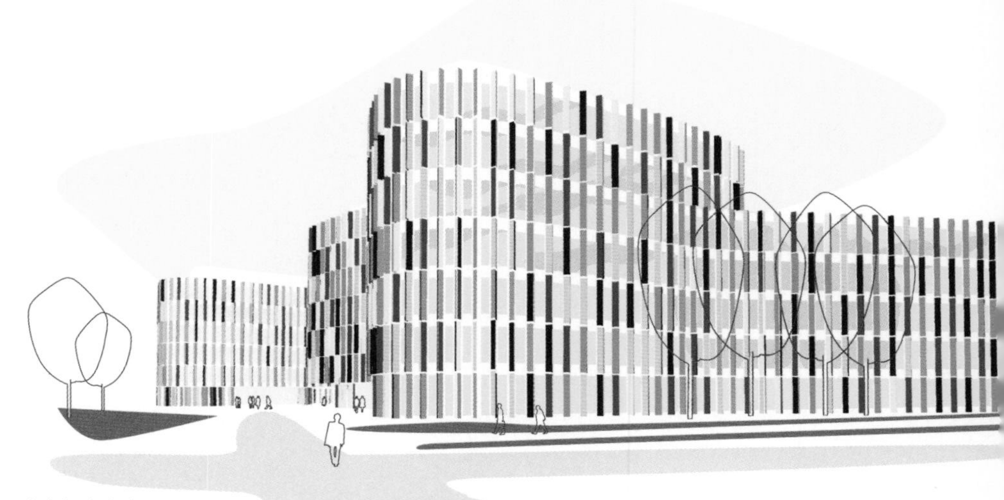

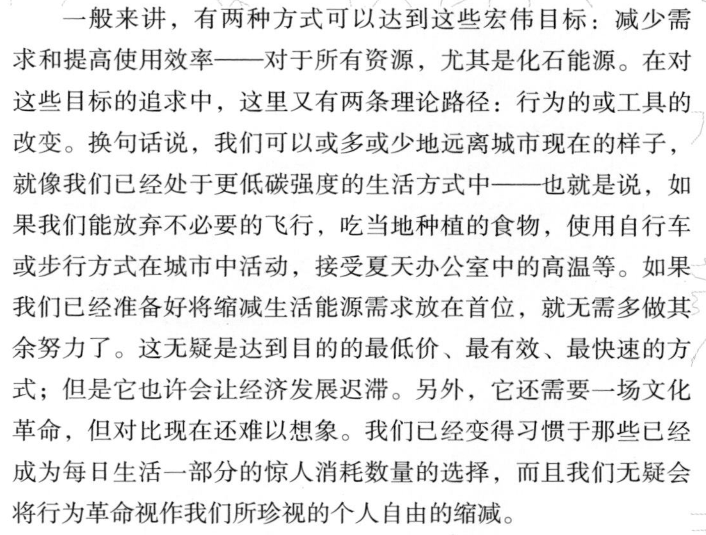

一般来讲，有两种方式可以达到这些宏伟目标：减少需求和提高使用效率——对于所有资源，尤其是化石能源。在对这些目标的追求中，这里又有两条理论路径：行为的或工具的改变。换句话说，我们可以或多或少地远离城市现在的样子，就像我们已经处于更低碳强度的生活方式中——也就是说，如果我们能放弃不必要的飞行，吃当地种植的食物，使用自行车或步行方式在城市中活动，接受夏天办公室中的高温等。如果我们已经准备好将缩减生活能源需求放在首位，就无需多做其余努力了。这无疑是达到目的的最低价、最有效、最快速的方式；但是它也许会让经济发展迟滞。另外，它还需要一场文化革命，但对比现在还难以想象。我们已经变得习惯于那些已经成为每日生活一部分的惊人消耗数量的选择，而且我们无疑会将行为革命视作我们所珍视的个人自由的缩减。

第二个方式是让科技为我们做事。比如，德国汽车制造企业正在研发一种时速300 km的碳中和小汽车。这是一种科技进步，可以为我们呈现基于这个世界最好状态的对未来的展望：增强个人自由和生态平衡的环境，还有可见未来的稳定的商业计划。

城市的许多方面都可以通过这种思考方式被处理。几乎所有城市的设施系统都可以被明显改进。交通可以被理性化，能源生产（至少部分的）可被转换为可再生能源。每一个城市过程可以被最优化，每一个组成部分可以更加经济。而且最好所有的这些都可以被自动系统控制。人类干预最终成为阻碍系统按照规则运行的唯一因素。

但是，生活的全面系统化不是城市现在的面貌。历史上的城市与摆脱封建暴政压迫的解放相关。在现代，它提供了选择的增加和某种政治的、经济的、社会的、文化的聚集。城市总是提供了更多的事情可做和让更多人去相遇；它召唤着一个地方的潜力，在那里，雄心和天才以及力量和规模发展着自己不可预见的动力。

今天，这些神话的部分还活着。城市仍旧是最好的居住地，部分是因为它的经济拉力，但部分——这在西方国家是部分正确的——因为它是值得渴望的地方。社会和文化的潜力都是对于寻找机遇和灵感的人们的强大吸引因素。既然如今大多数城市都不主要依赖于工业而存在，它们与从前相比更多地成为了完全的栖居地。也就是说，传统的城市相对农村，工作相对生活，文明相对自然的区分，或甚至现代工作、休闲、居住的三方面，都西杰索普（Jessop West）位于谢菲尔德（Sheffield）大学，被认为具有最全面意义上的可持续性：修复城市肌理；利用环境感应性的规划和材料，提供舒适的工作环境；为客户提供更长远的灵活性；运行中减少能源和二氧化碳排放

这些图片展示了典型楼层的轴测图：环境概念的图示；周边城市环境的轴测图

已经融入一个地方，在那里一切都可能同时发生。

总之，城市是关于心智和感觉刺激的最大化而不是缩减精神的。城市是关于解放而非对人们行为的控制的，因此，城市也许并非是最可能的生态性纠错的场地，或者将这个观点反过来：太多生态上的好的意愿会轻易地摧毁让城市有吸引力的核心品质。

在城市中实施变化措施会实际地面临多重选择的问题，它们之间可能同时是矛盾的。法规和奖励的结合可能会带来新的行为模式（比如伦敦的交通阻塞费）和更新的技术（比如风能和太阳能），可以帮助减少碳排放。同时，城市必须如栖息地一样运作，发展成生态效率和家园品质的结合。

对于所有的这些，建筑需要像用户界面一样工作。城市是用房子组成的，这决定了它与游客和居民的物理接触。如果你想要改变城市，就需要从改变它的建筑开始。在这里，房子像一个微型宇宙，因为它可以同时实施缩减和推进两种工作日程。在房子的设计方式中，就布局和建造来说，还有很多潜在的效率。就服务科技的进步而言，整个产业都在累积随着每一代投入市场的设备而带来的能源效率的提高。

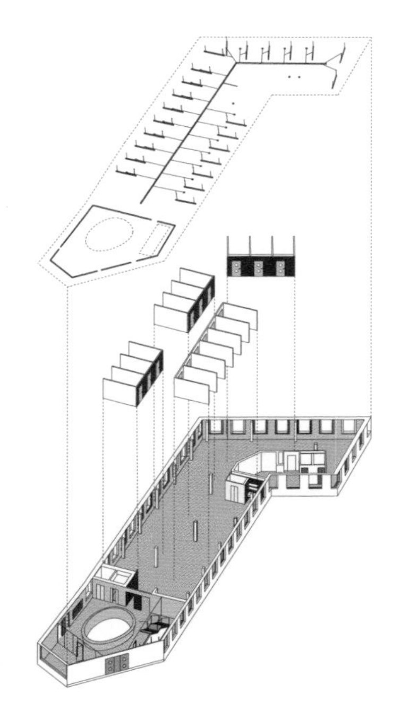

最重要的是，建筑必须作为它们注定参与的变革的外在表现。它们要传达（愿望中）将成为21世纪标志范式的巨大转变。它们必须说服、吸引并鼓舞人们成为变革中自愿的支持者，它们必须通过自身的可信性证明某种决心。如果它们是可靠的演员，那么它们就将成为生态革命的最好的宣传。在这里，科技也许是最薄弱的部分——尽管它有视觉标志性的流行度。首先，大多数房屋里机械的和电子的成分都有出错的可能。它们是人造的也同人一样可能犯错；第二，复杂的维护是

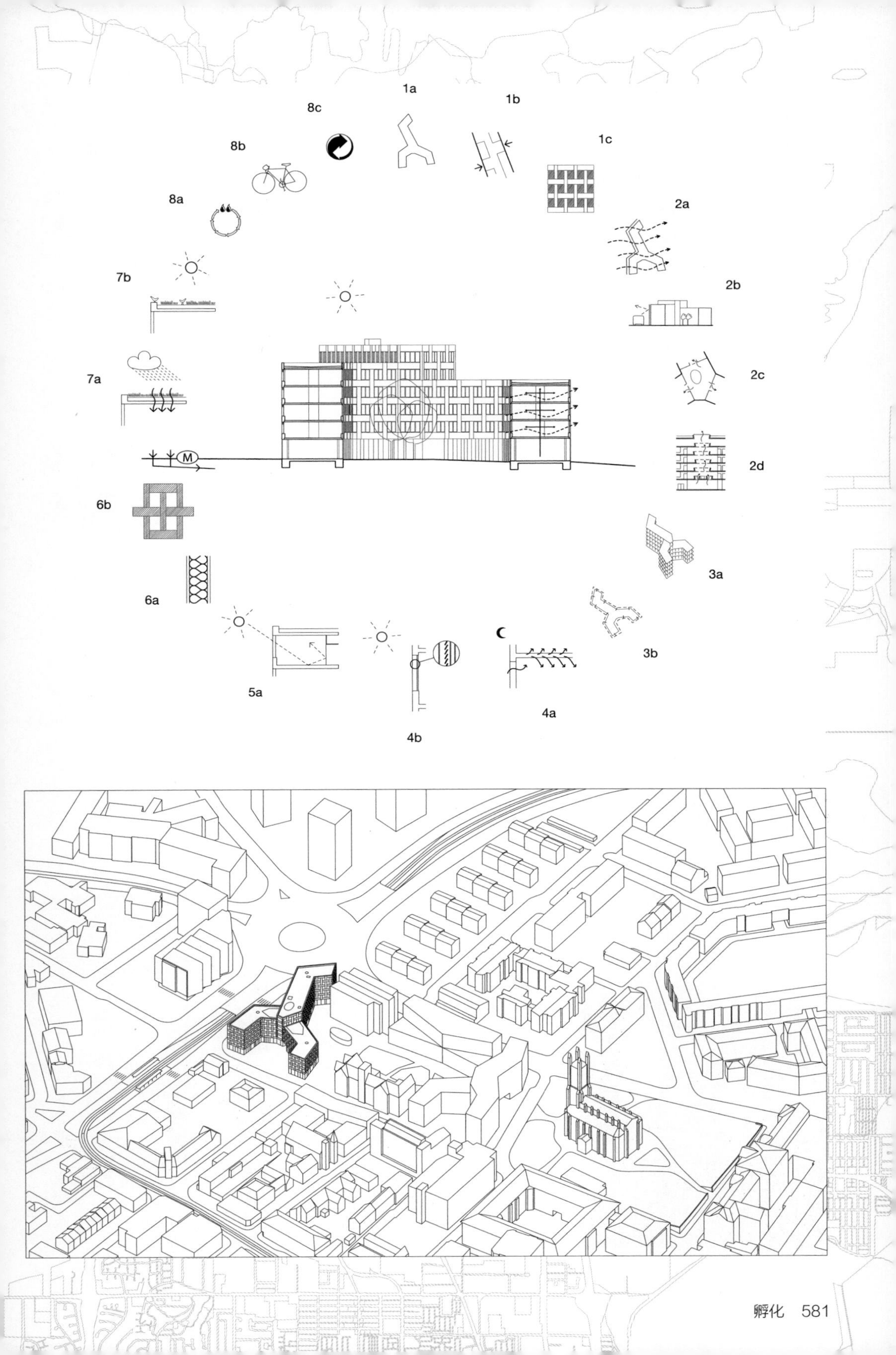
1a
1b
1c
2a
2b
2c
2d
3a
3b
4a
4b
5a
6a
6b
7a
7b
8a
8b
8c
M

这座建筑通过加强已经存在的街道系统而加强了城市肌理。作为一个界定街道边缘的周边式建筑，它形成了一个描绘清晰的外界和被保护的内部区域。为支持行人专用区，西杰索普创造了大手笔的出入口区域，它与主要校区和西区分离

谢菲尔德（Sheffield）大学一现状

在大学校园核心位置设计的公共空间

从一般性的集聚角度看，西杰索普被认为融入了现存环境

这是2004—2007年设计的奥博豪森（Oberhausen）市政储蓄银行的总行。这座楼的内部空间是依据“绿色城市”的概念设计的，植被和建筑形式一样重要：这个分支的空间是由一系列“漂浮”的三角形平板和容器构成的；六个种有竹子的大玻璃“花瓶”将日光带入空间的深处

必需的，这在等式中总是被遗忘；第三，也是最重要的，科技的承诺给在终端的用户带来将他／她自己的责任转给机器的机会。买一辆混合能源汽车或者在屋顶放上太阳能板通常能释放良心的不安，但却未必能做出明显的贡献。问题反而变得表面化、工具化了，被放进一种看似可量化的逻辑中而与个人的存在剥离。

建筑成为变革的主体，它们必须让使用者以及他们的整个肌体参与进来。它们要证明与自然环境相互尊重的关系和资源使用上的一定程度上的节省，但同时，它们要庆祝存在的喜悦。可持续建筑要被视作可感知的环境，人们想要在这里度过生命的大部分时光，同时，它也要证明以上提到过的节约。对我来说，节制与快乐这对矛盾的共存看起来暗示着准伊壁鸠鲁式的明智和谦逊，这是对生活的完全拥抱带来的自然结果。

建筑无疑是至关重要的角色，但清楚的是它们仅仅只是用来达到目标的工具之一。成功的关键在于作为整体的城市和它的众多基础设施。正是城市提供了规模效应下的节约和更加显著的能源缩减。也正是城市提供了吸引众多人的社会环境。建筑不可以脱离其社区组成部分的角色而被单独考虑，而只有城市是唯一的主角，在这里有巨大的感官和美学愉悦，以及当建筑发挥其适当的作用所带来的可持续性。

市政储蓄银行是奥博豪森（Oberhausen）市变为“公园城市”的总体规划的一部分

美国银行

库克+福克斯建筑事务所

（Cook+Fox Architects）

美国银行大楼位于曼哈顿（Manhattan）中心城区，与布莱恩特（Bryant）公园对望，大楼结合了创新设计和前沿科技，创造了高性能的办公环境。它智能化地使用能源，消耗水资源，而且它被期望于提升美国绿色设计的水准。这座建筑被期望获得美国绿色建筑委员会（U.S. Green Building Council）的LEED白金认证，使它成为第一座得到这个荣誉的高层办公建筑和世界上最具环境感应性的建筑之一。

这座大楼的设计是由建造一个健康、使用日光光源的工作环境，进而吸引和留住最好员工的愿景引导的。高透明的从地板至顶棚的玻璃立面让办公室充满日光，并且将室内人员与自然环境联系起来，加强了“热爱生命的天性”（cbiophilia）的概念。在如此的景致之下，是最新的科技，它包括一个地板下的通风系统，一个4.6 MW的废热发电厂，一个热量存储系统，一个可以节约能源并减少50%水消耗的灰水循环系统。作为一个探寻高层建筑设计新方法的项目，美国银行大楼证明了建筑如何能在纽约市和更广区域发挥作用。

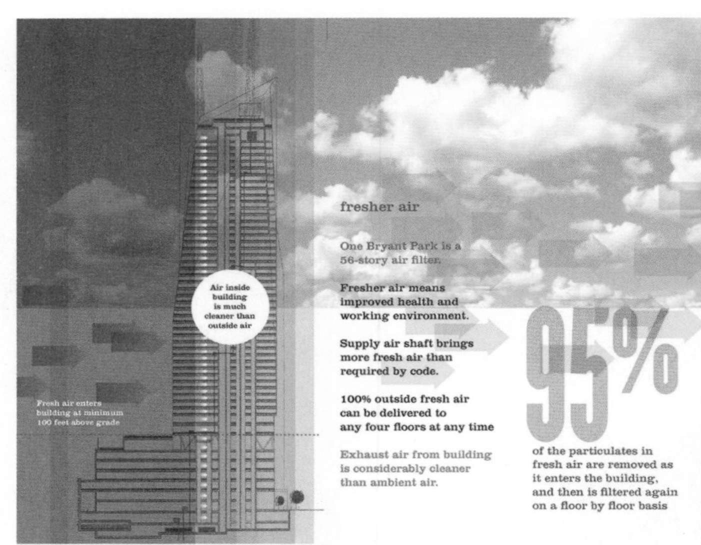

fresher air
One Bryant Park is a 56-story air filter.
Fresher air means improved health and working environment.
Supply air shaft brings more fresh air than required by code.
100% outside fresh air can be delivered to any four floors at any time
Exhaust air from building is considerably cleaner than ambient air.
Air inside building is much cleaner than outside air
Fresh air enters building at minimum 100 feet above grade
95%
of the particulates in fresh air are removed as it enters the building, and then is filtered again on a floor by floor basis

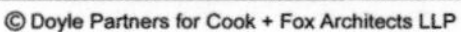

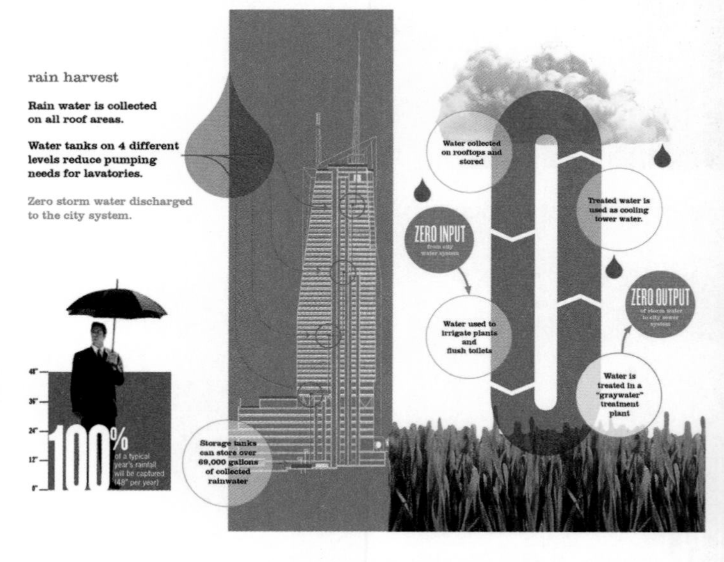

EXAMPLES OF REGIONALLY SOURCED MATERIALS

- MANUFACTURING LOCATION
- HARVESTING/EXTRACTION LOCATION

1 STRUCTURAL STEEL (Columbia, SC)
2 CURTAIN WALL (Montreal, CA/Windsor, CT)
3 CONCRETE (Port Chester, NY)
4 BATHROOM COUNTERTOPS (Brooklyn, NY)
5 QUARRIED STONE: JET MIST, IMPERIAL DANBY, CHAMPLAIN MIST (various locations in Vermont)
6 STONE FABRICATION (PARTIAL) (Patterson, NJ/Bronx, NY)
7 MILLWORK (Jamaica, NY)
8 ACCESS FLOORING (Red Lion, PA)
9 GYPSUM WALLBOARD (Shippingport, PA)

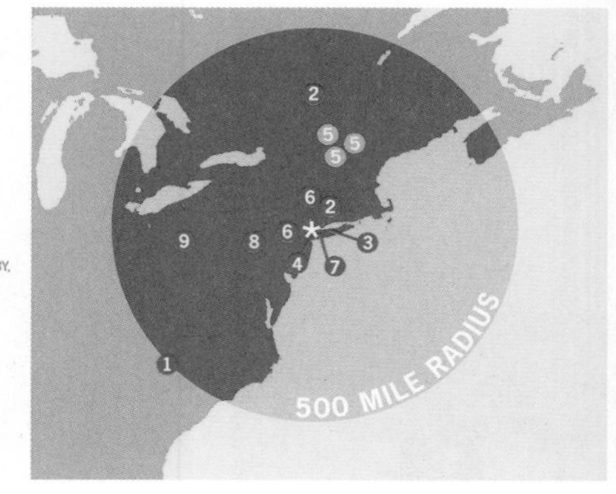

GSD研究

天堂之地 / 地狱之地：圣保罗（São Paulo）的战术行动

导师：克里斯蒂安·威尔斯曼（Christian Werthmann） 费尔南多·德·麦罗·弗朗哥（Fernando de Mello Franco）拜伦·斯蒂格（Byron Stigge）

一种新型基础设施将在巴西贫民窟的公共空间出现，它挑战景观设计师在极端密集的条件下去开发对社会和环境有效的空间[1]。

跨越式地将非正式城市的环境变得更好，要求对设计过程进行反思：要拓宽知识，检验技术，建造模型；需要新一代可解读环境的工程师、社会工作者和专业设计师之间紧密的合作。选择现在拥有的试验场地，是因为它是环境和基础设施状况复杂的最典型的案例。这个拥有3万人口，位于圣保罗南部偏远地区Cantinho do Céu的贫民窟非法侵占了非建设地区的原始雨林，而这紧邻直接服务于大都市的最大的水库。

这个案例中保证城市清洁饮水的利益与Cantinho do Céu的人口利益完全相反，这些人口需要一个地方生活，也想要留在他们自己建设的家园中。这两个冲突的用途能够和解吗？Cantinho do Céu能够发展成一个生物学上完整的湖泊旁边的健康城市吗？

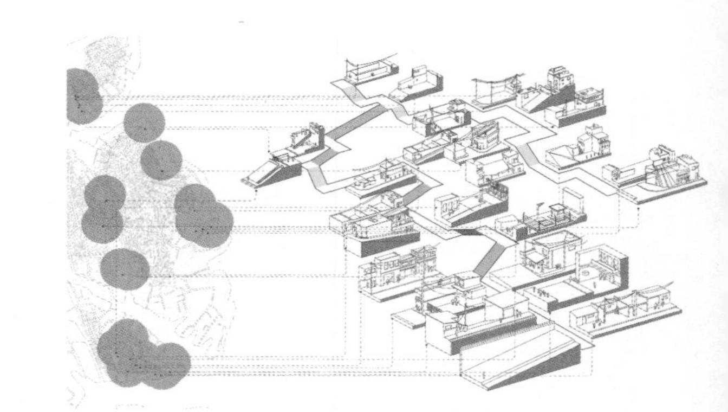

点对点开放空间：圣保罗非正式区域的游戏场所，安德鲁坦布林克（Andrew tenBrink

注释：

1.这篇文章改编自："挑战"工作室出版物，《天堂一处，地狱一处》（*A Place in Heaven. A place in Hell*），《圣保罗贫民窟区的战略性行动》（*Tactical Operations in São Paulo's Informal Sector*），克里斯蒂安·威尔斯曼（Christian Werthmann）编圣保罗São Paulo：圣保罗住宅署，2009。

50cm PVC和管端盖板

支撑网

治理污染，约瑟夫·克拉格豪恩（Joseph Claghorn） 摄

钢丝网

芦苇垫（从水库收割）

混合层

（由旧垫子、水生风信子和氮组成）

花

（水生和半水生鸢尾、莲花、木槿）

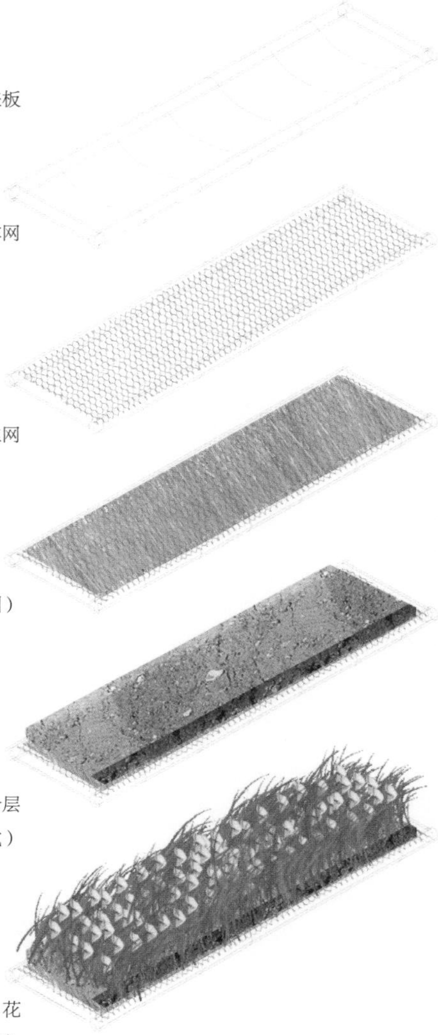

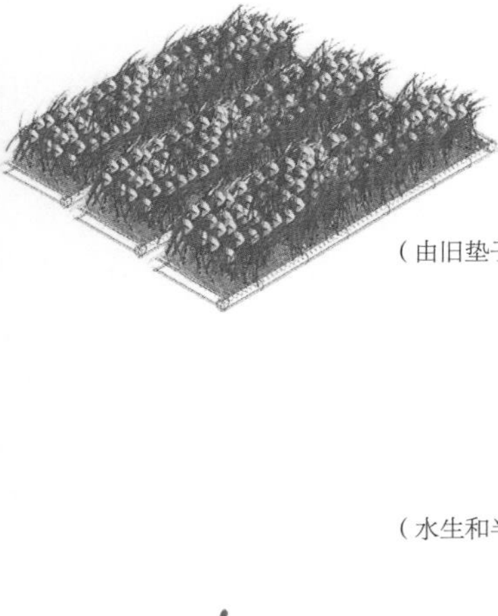

在现场：可持续建筑中的场地特征

安雅·蒂尔费尔德（Anja Thierfelder）　马蒂亚斯·舒勒（Matthias Schule）

地方守护神

建筑不是存在于真空中。它们带着独特的个性进入场地。挪威建筑师和建筑评论家克里斯蒂安·诺伯舒茨（Christian Norberg-Schulz）相信使用分析的、学术术语来形容建筑是不恰当的，这个观点发表在他的1980年的建筑现象学著作《场所精神》（Genius Loci）中。[1]对他来说，地点总是由具体的事物伴随着物质、形式、表面和颜色构成的——一个带有自身氛围、性格和质化的总体现象。理解这一点是找到给定空间设计立足点的前提。

在20世纪80年代和20世纪90年代，人们很少提及地方守护神，但是现在，随着人们渐渐厌倦于全球化以及随之而来的国际性的统一化，这个词以及如身份和植根性等词出现在国际性的建筑演讲中。比如，2005年，让·努维尔（Jean Nouvel）在他的作品《路易斯安那宣言》（Louisiana Manifesto）中抱怨，建筑空前地扫除了、腐化了、侵犯了场地。全球经济正在加强主导建筑的效应，它们宣称，“我们不需要语境”。努维尔谈论了一个在环境建筑派以及去环境化建筑的牟利者之间的斗争。

> 我们必须发表细腻的、诗意的规则、方法，涉及到颜色、精髓、性格，以及雨、风、海和山的特征。具体愿望的意识形态是自治，利用地方和时间的资源，实现非物质的特权。我们怎么使用只有这里存在的东西？我们怎么能不加歪曲地区别？怎么到达深度？建筑意味变换，组织起已存在于此之物的变化——建筑要被视作物理的、原子的、生物统一体的调整变化——建筑意味着通过某个人的意志力、欲望和知识以及一个地方在给定时间下的状态调整。我们从不单独做这件事。[2]

诺伯舒茨和努维尔都提及了场所精神，即地方精神作为向充满意义的、独立的、特定场地的建筑出发的起点。作为气候工程师，我们以每个场地的独特气候数据测量作为每一个项目的开端。决定和分析场地特征是后继决定的必要条件。但是我们的场地分析并不到此为止。我们也试图决定场地的精神。场地和周围环境持有的潜力是什么？怎样用最有创造性和效率的方式使它们成为建筑项目的优势？它们暗示了什么特殊的特色？什么样的改善是有价值的？什么样的干扰会造成什么样的后果？

项目

煤矿水：
由SANNA（妹岛和世、西泽立卫）设计的位于德国埃森的矿业同盟学校（Zollverein School）

从1851年到1986年，煤矿苯俱乐部（Zeche Zoll-verein）开采硬煤来为鲁尔（Ruhr）河谷的钢铁生产提供能源。今天，该煤矿关闭已经有20多年了，水仍然泵送到坑道中（能存储1000 m深的水）来保证煤矿日后仍能工作。煤矿水泵送的流量是600 m^3/h，常年温度约29℃。埃森（Essen）的气候温和，温度很少降到冰点或升至30℃以上。

作为鲁尔地区广泛重组努力的一部分，矿业同盟学校在煤矿苯俱乐部的旁边被建造出来。SANNA建筑事务所以一种简单的与众不同的管状水泥窗户开关，赢得了国际建筑竞赛。通过使用煤矿水，这个地区特有的能源资源，实现厚度仅为30 cm的薄水泥整体墙是可能的。这是全新概念的“有效隔热”的开端。在水泥墙里面，塑料管道导引热煤矿水，然后为墙加热。这个“有效”隔热需要保证它的内表面温度高于18℃，温度变化在适于加温的环境要求之内。设计考虑到

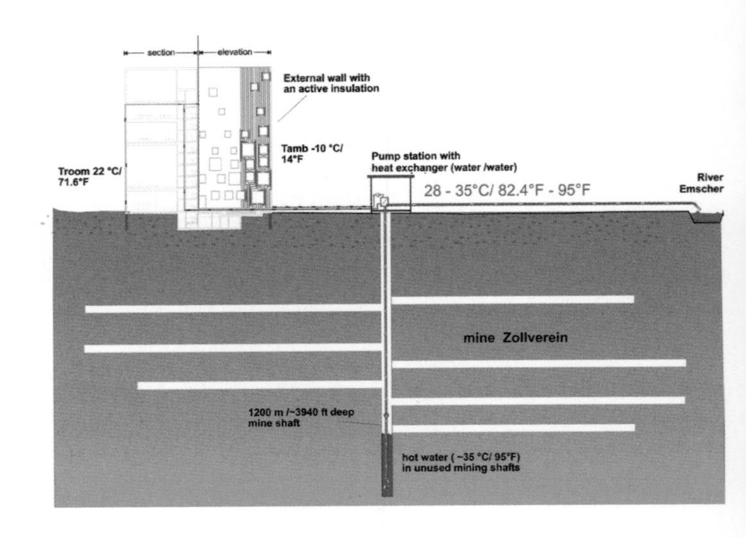

了这个系统会向环境流失近80%的热量，但是因为能源来源是免费且碳中和的，所以这项浪费并不严重。一体化墙的建造，就算结合管道系统，也要比双层混凝土墙便宜，而且要比为煤矿水系统的付费便宜更多。进而就可能为矿业同盟学校实现一个地热系统，但是一个相似的系统却被邻近的建筑拒绝，因为那里没有足够的资金为高投资付费。

基于使用煤矿水中的免费可再生能源的潜力，这个概念提出在煤矿井的表面增加一个热量转换器，用部分水流加热次级环流作为矿业同盟学校区域的热源。这个分割对于煤矿水的低水质来说是必要的。热量转换器要易于维护来保证合适的运转和防止阻塞。在建筑开工之前要进行水分析以及材料测试来保证该系统可以工作。这个项目是对于该地煤矿传统的回应，与场地具有很强的联系。它独特的能源解决方式只对这个学校是可能的。它的理念已经为更远的将来对煤矿水作为当地零二氧化碳能源使用创造想法。

城市岛屿：
由福斯特建筑事务所（Foster and Partners）设计的位于阿布扎比的马斯达尔城（Masdar City）

阿布扎比（Abu Dhabi）是阿拉伯联合酋长国（UAE）的首都，位于波斯湾，因为水位低所以夏季沿海水温可升至35℃左右；白天海风从西北部推着暖湿风进入城市，因此该城市有着高达47℃的湿热的夏季气候。在使用空调前，该地仅在晚秋、冬天和春天才能进行潜水采珍珠生意。夏季，人们搬到山中的艾因来躲避湿气（但不是热气）。尽管如此，一年中有6个月，室外状况是舒适的，人们可以敞开窗户。

马斯达尔的开发是阿拉伯联合酋长国建造世界第一个碳中和城市的愿景。位于全世界最阳光灿烂的地方之一，以及拥有最高太阳能获得量［2000～2200 kWh/（m^2·a）］，这些因素一并被纳入考量之中。尽管户外舒适度已经被现在的阿布扎比忽略了，它宽阔的道路让行人从一侧走到另一侧之前几乎已经晕倒了，但是好的城市发展需要户外舒适度。

总体规划基于若干分析性的电脑评估和风洞模型，提出了通过窄街道来抵御湿热空气并保持街道空间比城外更加凉爽的理念。通过限制街道宽度和影响街道走向，马斯达尔的“凉岛”重新诠释了传统的地方风塔，让街道空间在夜晚自然通风，保护它们在白天不受炙热的夏季风侵袭。“绿手指”从西北向东方触到这个城市，允许基本的自然通风并留住较凉爽的东风。这些努力保证了热量的和视觉的城市空间舒适感，对建筑物荷载有积极而直接的影响。

湖泊与土壤：

史蒂芬霍尔建筑师事务所（Steven Holl Architects）设计的位于北京的连接的复合建筑（Linked Hybrid Building）

中国的城市中心需要很多新的高质量的公寓。环境破坏是经济增长和有限能源的代价，推动中国致力于建造能源高效型建筑。这个连接的复合建筑（Linked Hybrid Building）的场地位于北京三环的东北角。在直接邻近的社区，项目开发商现代集团已经建造并销售了两个可持续高层住宅建筑，为这个地区定下了生态标准。

这个项目为2500人准备了750间公寓，分布在8栋居住楼中，环绕在一个拥有大池塘的中央公共景观（水景）周围。居民们可以通过连接各楼的位于23层的桥梁通行于半私人空间（spa、泳池、健康俱乐部、艺术画廊和咖啡馆）。这个设计满足了居民的安全需求，而不用“被大门包围”（gated city）。池塘是水元素的象征，水是北京的重要资源，设计利用了公寓的中水来使用水量最小化。

北京的室外平均温度是12℃，这种条件有利于使用地面作为自然的加热和制冷资源。为此，600个约90 m深的窑洞被开挖出来作为加热池或热源，有时作为直接冷却源。为落实这些工作，需要通过提高墙和窗的隔温水平最小化外部负荷，为裸露的立面使用外部遮阳装置，安装可操控窗户和中央通风单元。为了利用自然条件下15~17.2℃的地面温度，建筑安装了嵌入外露水泥顶棚的内置管道的厚板冷却系统，以

用于基本的空气调节。因为北京的冷却需求比加热需求大，这个地热加热和降温系统会导致若干年间土壤温度的升高。为了达到能量平衡，利用7800 m^{2}的湖面作为自然再冷却装置，土壤会在春季在地窖中得到自然冷却。

装饰和光过滤：
让·努维尔工作室（Atelier Jean Nouvel）设计的位于阿布扎比的卢浮宫

在阿布扎比外的萨迪亚特（Saadiyat）岛上，阿拉伯联合酋长国的统治者决定建造一座文化城市，它有4座博物馆和一座表演艺术的综合体。阿布扎比拥有炎热而湿润的夏季，对这个项目的特殊需求已经在马斯达尔项目中描述过。夏季大的太阳能输入以及高太阳入射角需要遮阳和光过滤，这在中东建造史中有悠久的传统。在作为沙漠区域生命中心的绿洲中，棕榈树总是形成第一个遮阳和滤光层，在其下有其他植物和户外生命聚集着。

让·努维尔工作室（Atelier Jean Nouvel）签订了在海边一块场地设计阿布扎比卢浮宫的合约，它与13个法国博物馆有着强烈的联系，包括卢浮宫的合约，蓬皮杜中心和盖布朗利（Quai Branly）。这个项目创造了一个有着博物馆和相连项目的立方体的人工岛屿。所有的这些连同一个大户外广场，都被一个漂浮在街道上空9 m高的大而平的圆屋顶遮盖，甚至延伸至海面以上。圆顶上装饰性的穿孔限制整个项目的太阳光获得量，创造了随着太阳位置而变化其图案的“光之雨”。

这个想法是为了在圆顶下方创造微气候，那里的室外广场温度不是机械调节的，而是使用了自然资源降温，比如地面、海水或夜晚辐射，结合热量团来改进室外状况。在炎热时期，通过圆顶的空气流必须被加以控制。这受到了圆顶上方风的抽吸效果和圆顶外或内部临时性防风装置的显著影响。它的目标是让游客享受圆顶下的空间，这个环境与外面刺眼而炎热的空间形成强烈的对比。

展望

与场地联系越紧密，建筑中的可持续性就越有效率。这还与什么有关系呢？可持续性开始于几十年以前，是作为中欧一个小团体的理念性的考量，现在已经是全球的关注点。前任美国副总统阿尔·戈尔（Al Gore）因为他的令人震惊的关于气候变化的电影而得到了诺贝尔和平奖。很多著名美国演员都在推进环境项目，从保护雨林到创造生态化妆品。上百种产品——包括节油汽车、植物原料家庭洗涤剂，设计师设计、非洲制造的公平交易下的棉质服装，只使用当地原料的生态快餐，用拖拉机内胎制造的公文包，使用椰子纤维和自然乳胶在印度制造的生物可降解拖鞋——通过广告宣传它们的可持续性。生态意识和行动在合作者之间成为愈发增长的部分。

2000年，保罗·H. 瑞（Paul H. Ray）和鲁斯·安德森（Ruth Anderson）在它们的《文化创意人》（*CulturalGreatives*）一书中创造了LOHAS（有着健康而可持续生活方式的人）这个词。[3]根据纽约时报报道，环保购买者是世界上增长最快的消费者群体。

一个由汉堡趋势研究中心（Trendbüro Hamburg）完成的关于消费伦理的研究，显示了这个群体倾向于满足自己而非试图改善世界；它更多地从美学中产生出通向伦理的途径。[4]LOHAS并不认为享受与环境主义之间互相排斥。相对地，对于LOVOS（自愿过着简朴的生活的人）来说，这些是不可调和的。它们认为生态目标与对生活方式的追求的融合是矛盾的、不认真的和不合逻辑的；他们认为最好减少消费，放弃一切不必要的浪费，用新的方式生活。彼得·斯洛特戴克（Peter Sloterdijk），目前德语世界最流行的哲学家，在他的最新书籍《你必须改变你的生活:关于人类科技学》（*Du mußt dein Leben ändern. Über Religion, Artistik und*

Anthropotechnik）［附和诗人瑞纳·玛利亚·瑞儿可（Rainer Maria Rilke）的“古代阿波罗的躯干”］[5]中与大家分享了这一看法。

可持续性的未来如何？它仅是一个词语，还是一个激起反对的潮流的趋势？有一件事是确定的：绿色运动带来的对以下问题的关注——气候变化、人口过量、有限资源、污染、物种消失等——不仅仅是正在过时的流行风尚；这些考量是被我们无法回避的需要在未来处理的严重的事实驱动的。

注释：

1.克里斯蒂安·诺伯舒茨（Christian Norberg-Schulz），《场所精神：迈向建筑现象学》（*Christian Norberg-Schulz, Genius Loci: Towards a Phenomenology of Architecture*），纽约：里佐利1991。

2.让·努维尔（Jean Nouvel），《让·努维尔：路易斯安那宣言，迈克·鲁尔·霍姆》（*Jean Nouvel: Louisiana Manifeste*, Michael Juul Holm）编，厄勒，丹麦：路易斯安那现代艺术博物馆，2006。

3.《文化创造：5千万人如何改变世界》（*Cultural Creatives: How 50 Million People Are Changing the World*），纽约：和谐图书Harmony Books，2000.

4.汉堡趋势研究所，www.trendbuero. de/index.php?f_categoryId=166&f_page=1. OTTO Trendstudie Konsum-ethik 2007。

5.《你必须改变你的生活：关于宗教、艺术和人类学》（*Du mußt dein Leben ändern: Über Religion, Artistik und Anthropotechnik*），法兰克福：苏尔坎普，2009。

生物气候学项目

马里奥 · 苏斯奈拉（Mario Cucinella）

环境分析

策略—城

太阳

太阳辐射

巨大的潜能，尤其是在夏季。
直接太阳辐射
太阳漫反射

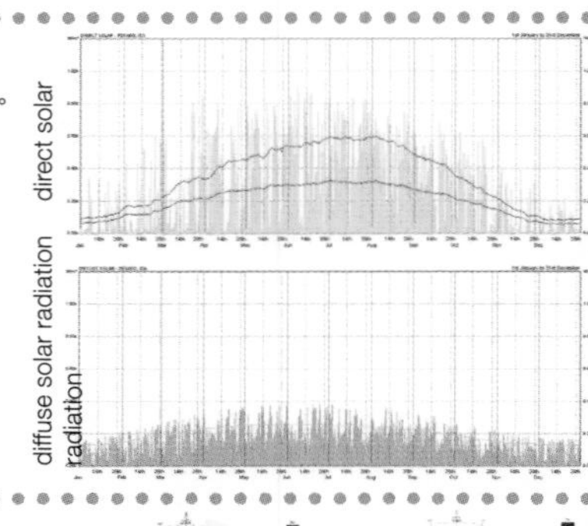

被动太阳设计

根据太阳路径表和
制定的最优建筑立
冬季太阳能获得量
夏季太阳能获得量
以及遮阳系统

空气

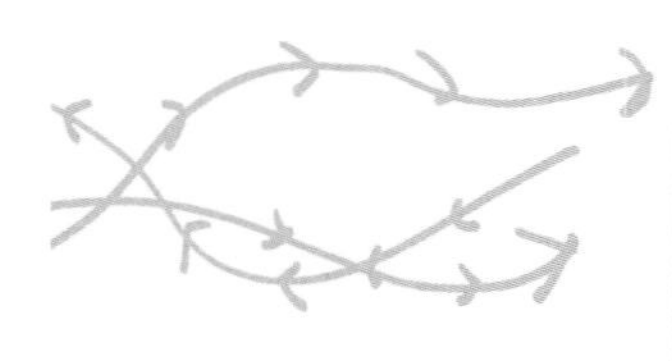

风能潜能

盛行风向是东北—西南。
地面平均风速是3~4 m/s

湿度

在夏季，白天相对湿度很高，
为60%~70%

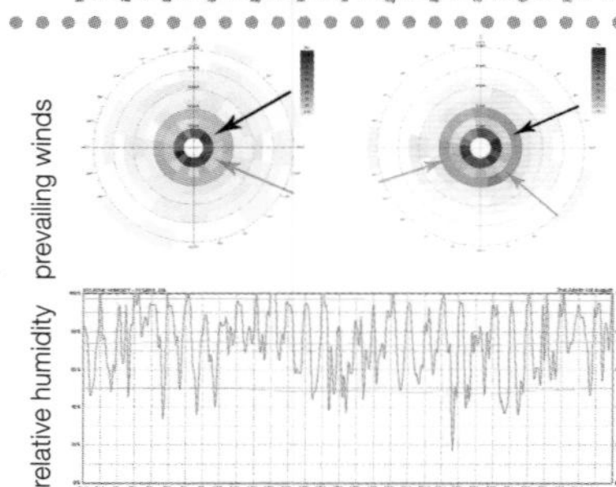

自然通风

建筑的朝向和周围
进夏季夜晚清风流

风能

在建筑屋顶安装垂
涡轮来利用地面以
的风能

水

水源

水源在这个项目中并不值得注意。
这里有一条Foglia河，
也有其他农业用河道，
地下水深10 m

雨水

项目地区降雨量适中

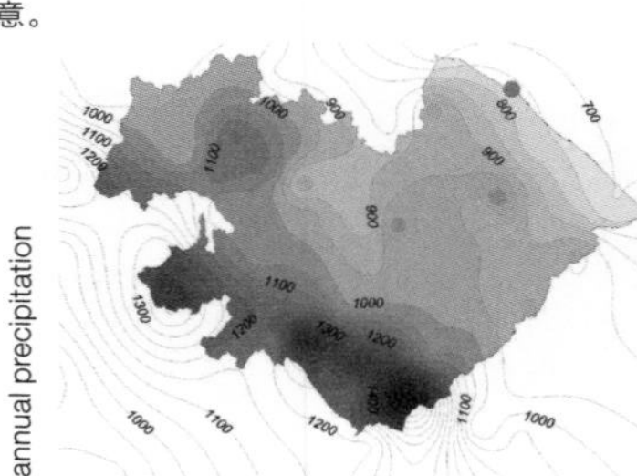

雨水收集

经过过滤过程后，
以被再利用

人工湿地

潜流型下渗系统与
同作用，用于净化
使用过的水

微气候控制

为夏季户外空气加
低户外空气温度

土地

低空气质量

项目所在区域有密集的人口，
并且被附近的工业和农业种植
活动破坏

热惯性

为了最大化能源效率，减少能
源需求，植物利用了土地中巨
大的热量惯性

ground temperature

Temperatura del terreno

生物多样性

通过植入新植物种
被布局多样化使得
间再自然化。
建立无视觉和声音
绿色屏障，保证绿
的连续性

热量和电力工厂

最终确定一个区域
中央生物燃料能源

策略—建筑尺度

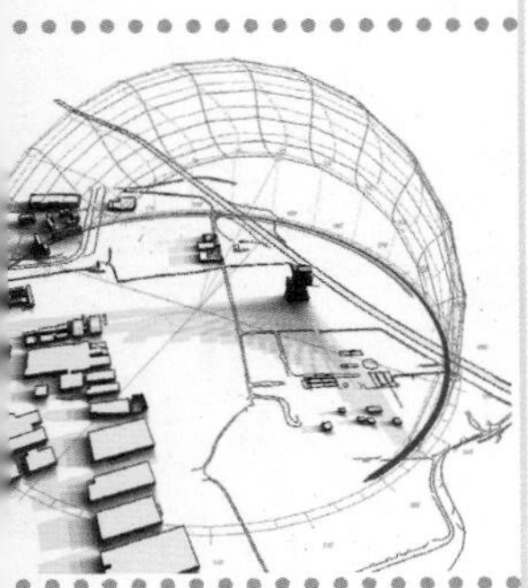

遮阳

减少夏季外部透明表面的太阳光摄入，最大化冬季阳光摄入。

内部照明尽可能多地利用自然光线

主动太阳系统

光电太阳能板——生产电能。

太阳热量——生产清洁和冬季供暖所需的热水。

太阳能降温——生产夏季降温用的冷空气

夜晚降温

被动的夜晚通风在内部环境与新鲜冷空气之间起调节作用

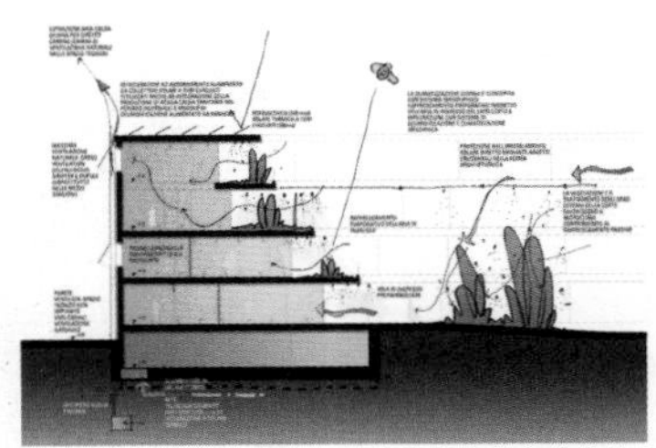

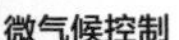

污水复原

厕所和洗手间的水被收集起来，通过人工湿地过滤系统得到一系列的净化和过滤

微气候控制

通过为户外进气口空气加湿，最小化室内过度加热的风险。通过使用水蒸气降低进气口空气温度

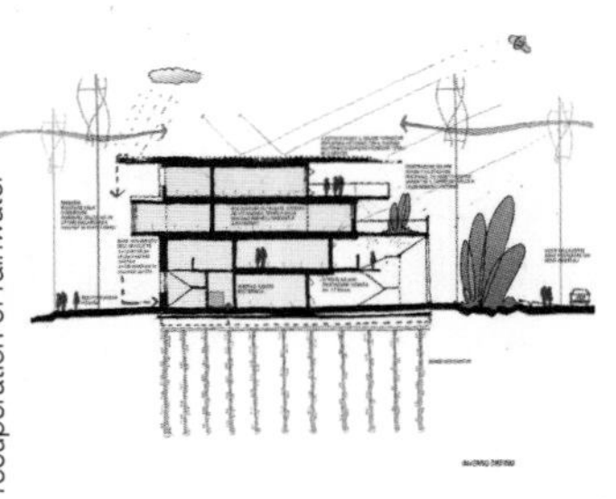

地源热泵和地热环和（或）水源热泵

冬季，地源热泵提取地下热量为室内提供热能。

夏季，热量转换装置变为逆向，设备将室内热空气移到户外地下

地表降温

用于空气前预热／预冷，作为系统潜在的热量转换器。

它利用了地下的热惯性优势

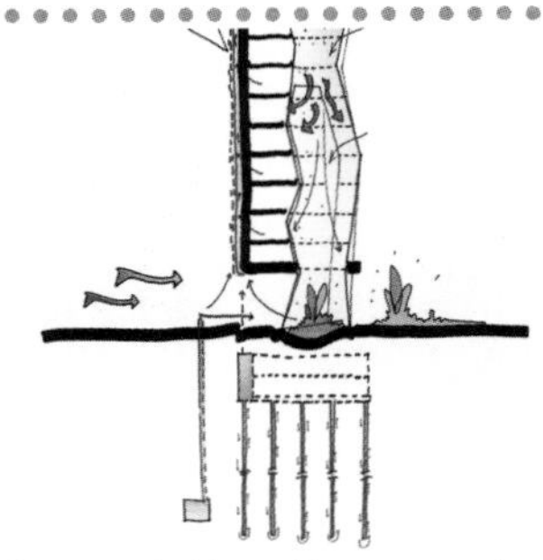

万庄农业生态城

奥雅纳工程顾问（Arup）

计划中的新生态城市中国万庄，位于北京和港口城市天津之间的廊坊西部的一个80 km²的场地内。这个生态城市被期待能够在2025年前接纳超过33万居住人口。万庄提供了一个愿景，其中包括了繁荣的可持续社区、结合强劲的经济增长、社会融合、文化繁荣和健康生活。

对万庄未来成功至关重要的是低碳基础设施和生态友好的工业发展和经济增长平台。万庄将被定位为有吸引力的商业区域，具有清洁生产、信息科技和农业的机遇。目标是万庄独特的文化特点与遗产、农业基础和15个现存的村庄（目前有3万居民）不会被损害或丢弃，反而会通过合理的发展方式被加强。通过农业和城市混合，开发者希望万庄的成功发展可以为中国城乡差距问题提供新的解决方法，为和谐的城市化提供模型。这个项目是在奥雅纳公司综合城市设计部门帕布罗·拉左（Pablo Lazo）的指导下进行的。

常规案例用地（现有规划）

生态城占地

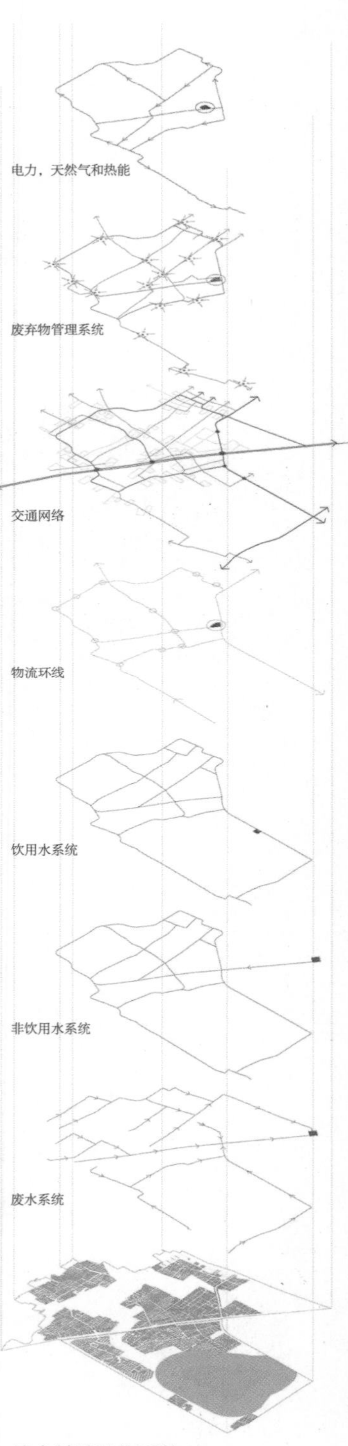

综合基础设施系统

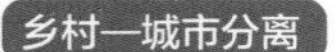

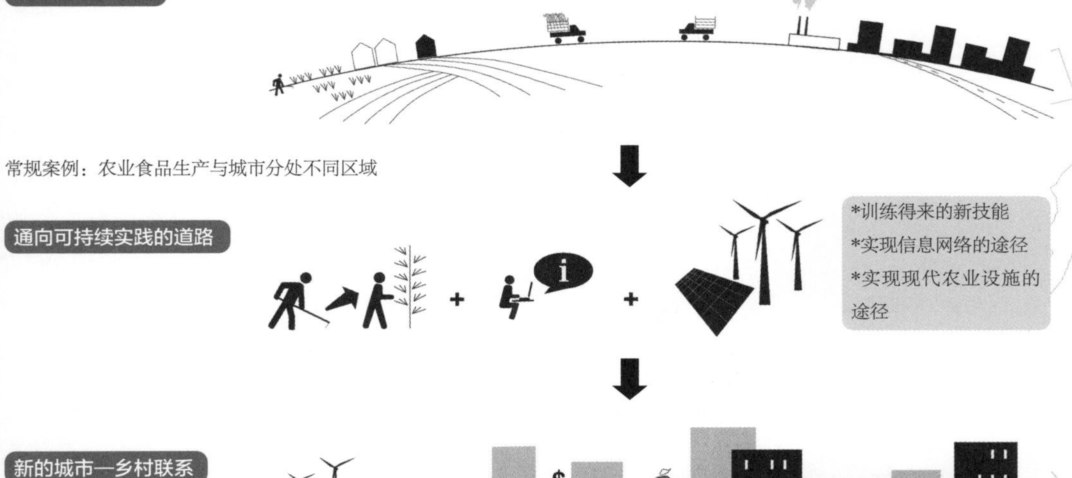

生态城市结构：可持续的乡村—城市联系

可持续工业

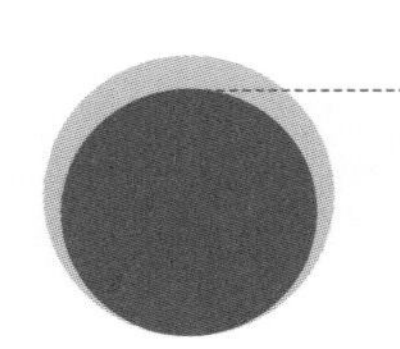

95%的创造出来的和（或）提供的工作会与低环境影响或可持续工业有关。

能源生产和使用

电力需求

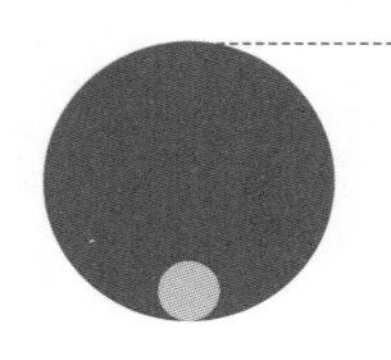

万庄设计为**100%**使用可再生资源生产电力

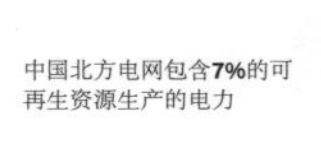

中国北方电网包含**7%**的可再生资源生产的电力

典型的建造能源需求

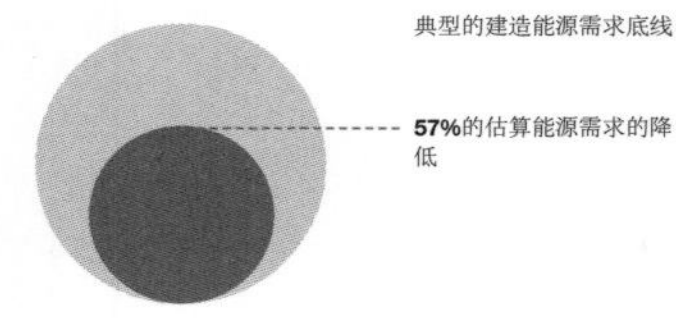

预计饮用水消耗
（工业、居住和商业用途/不包含农业）

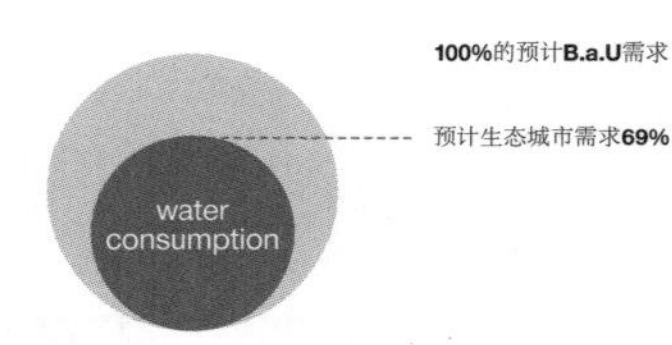

农业用水消费（非饮用水对农业用水需求的满足百分比）

100%

废物管理

废弃物回收
（再生、再利用、合成或变为能源）

垃圾填埋池的废物总量

垃圾填埋池的废物的3%

地方废弃物回收（在项目内部区域）

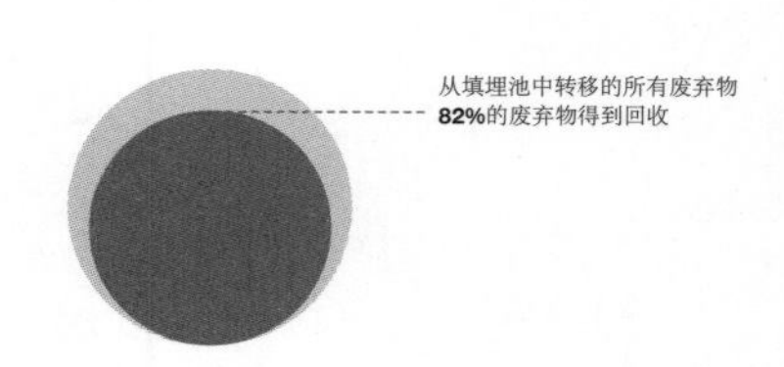

交通和通达性

模型配比（小汽车、公共交通、自行车、步行）

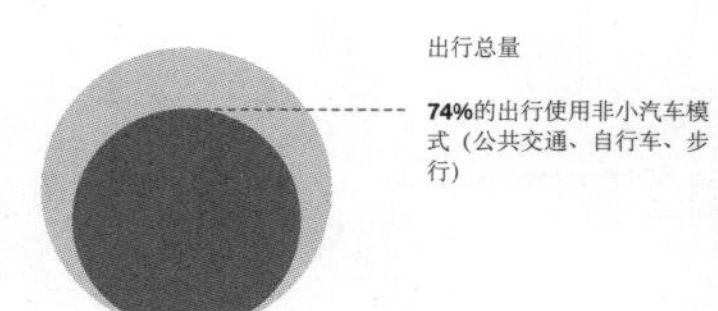

居住在3～5分钟骑行距离内或公交车站范围内

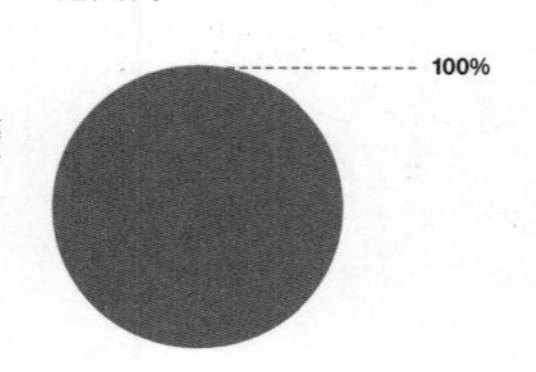

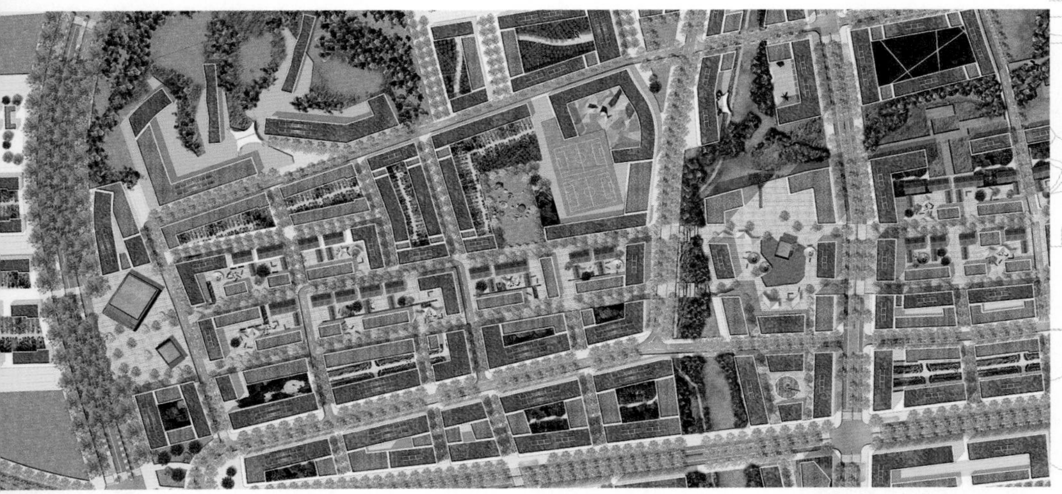

生态系统总体规划，DISEZ 区域，塞内加尔

生态逻辑工作室（ecoLogicStudio）

作为对塞内加尔农村地区长远城市化规划概要的回应，这项工作关注的是对系统化规划策略和城市发展途径的探索。达喀尔（Dakar）综合经济特区（DISEZ区域）通过由地形和生态潜力状况划分的管理区域而形成框架。主要的目标是在这些框架内发展一系列策略性先锋项目或催化性原型，将场地变为更大规模的城市联合行动计划的模型。这个区域生态计划项目通过三个主要组成部分的合作而进行，着眼于不同层次的复杂状况：

—策略性图解（对具体地域关系的界定，为该项目建立目标）。
—绘制地图（在场地上界定环境的和社会的动力）。
—建立原型（为界定出来的动力发展具体原型的工具箱或先锋项目）。

先锋项目可以为每一个地形区分别设定；所有的原型可以在不同层次上相互作用，描绘这个系统化界定的生态计划。

[AF]阿尔加Algae农场是一种新型能源工厂，它结合了景观的品质、社会文化培训和可再生能源生产。这个原型结合了一项关注生物能量和为当地人准备的培训器械的研究。

[AR]非洲交叉口是一种交叉路口的原型，它综合了当地组织村落和道路形成围绕猴面包树的环形的传统。它会允许一个更加紧密的新肌理间和显著景观元素之间的交流。

[GB]伦敦使用绿带来架构平原地区的城市化。这个类型结合了废弃物处理过程和能量生产（生物沼气池会处理有机废弃物，而纸张、塑料、金属和玻璃会被收集起来分开循环）。

水流样式模拟：雨水池塘和水渠通过点状水流技术定位在景观图上

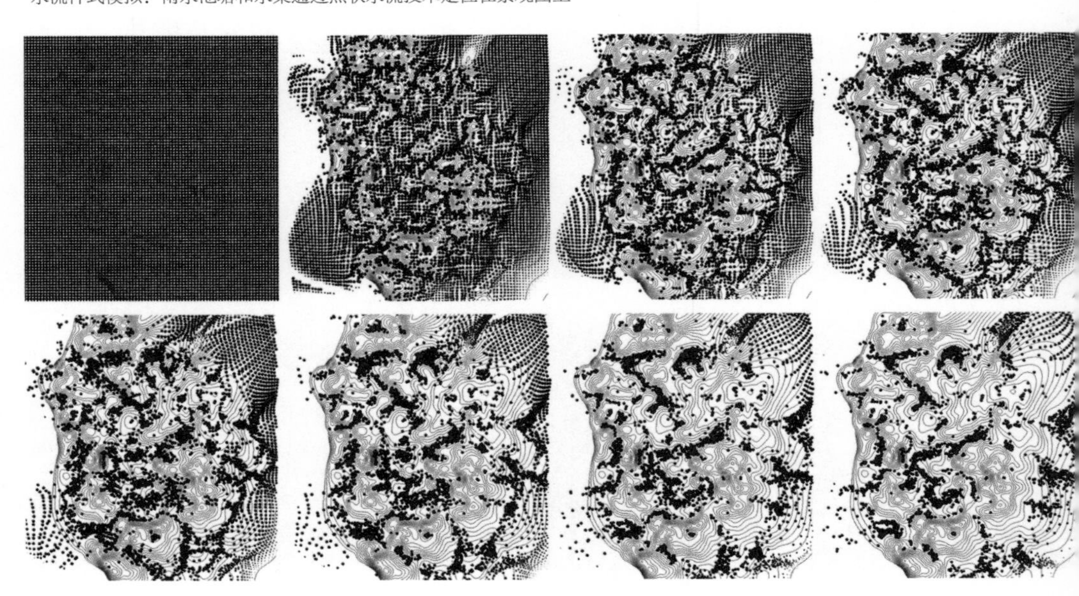

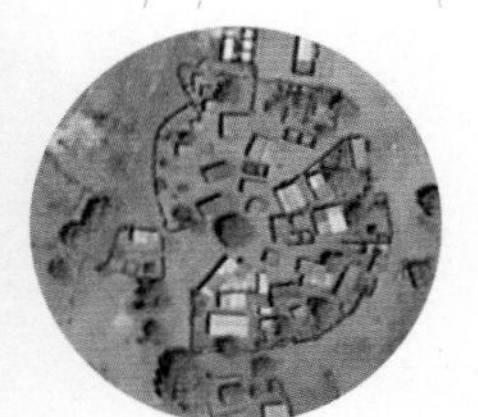

塞内加尔村落卫星图

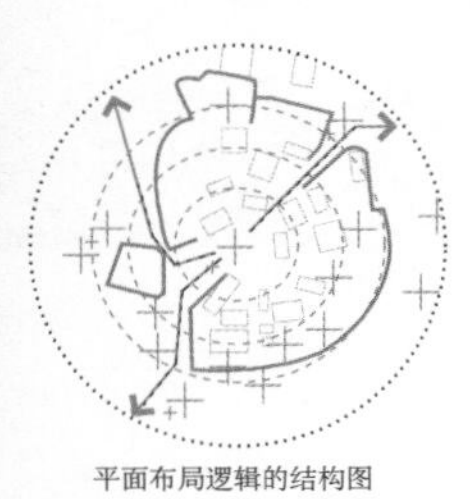

平面布局逻辑的结构图

泰森多边形法细胞分割

- 100~200 m²
- 60~100 m²
- 50~60 m²
- 20~50 m²
- 15~20 m²
- 0~15 m²

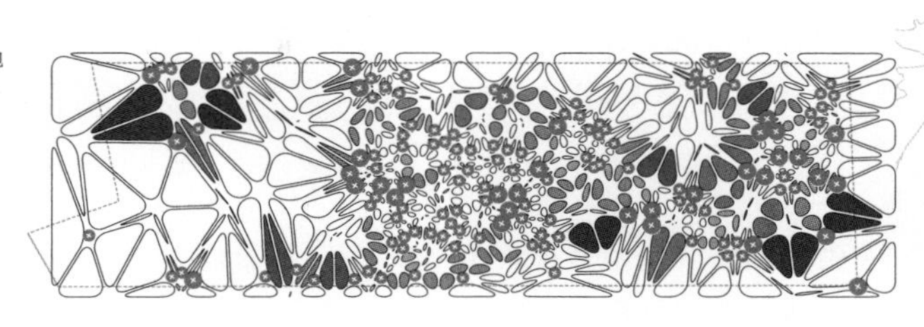

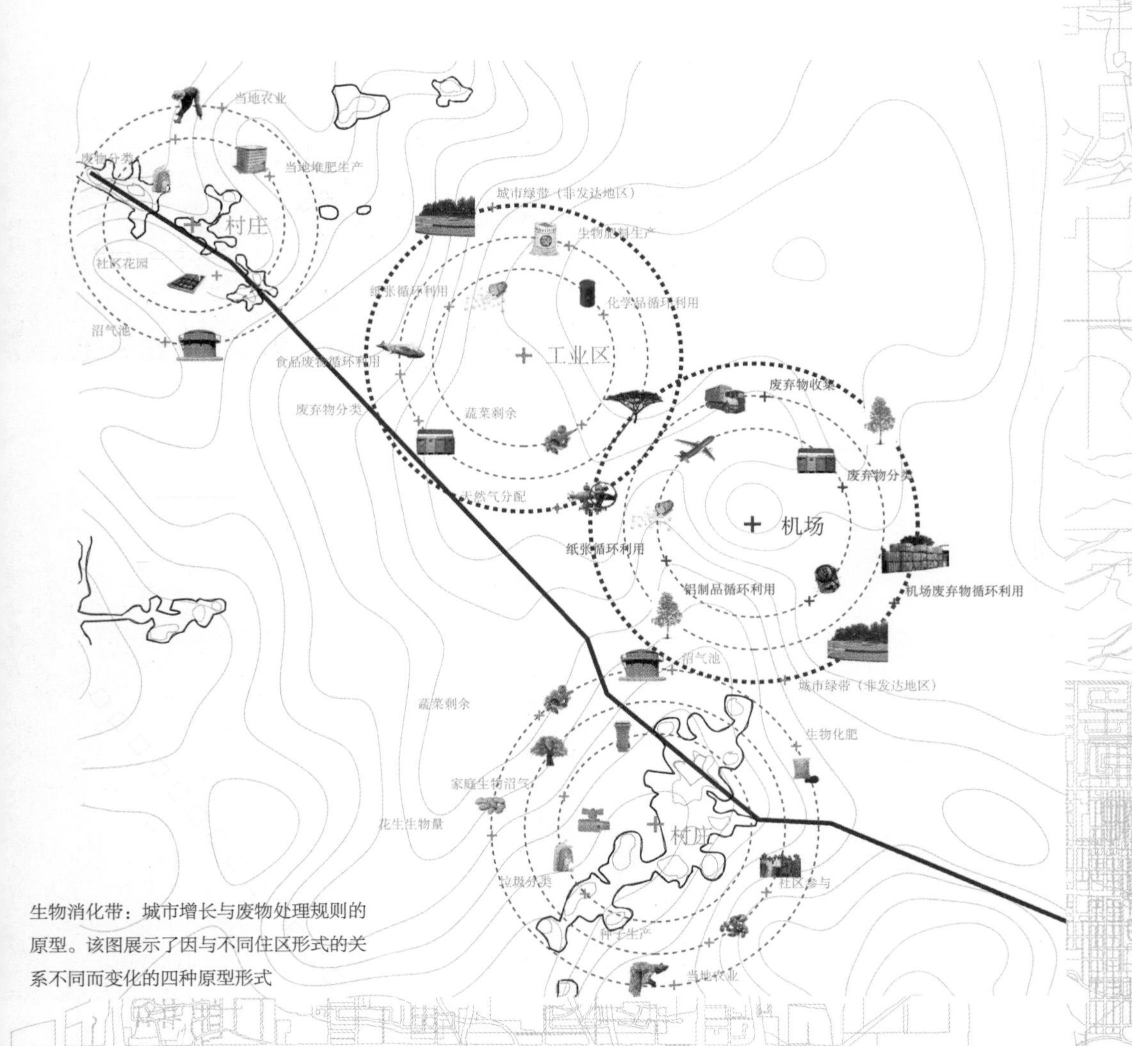

生物消化带：城市增长与废物处理规则的原型。该图展示了因与不同住区形式的关系不同而变化的四种原型形式

植物城市：梦想绿色的乌托邦

路克·史奇顿（Luc Schuiten）

从20世纪70年代末开始，路克·史奇顿（1944年生于布鲁塞尔）基于他个人对建筑的理解开展了一系列工作。他将建筑视为一个生命系统，在一个复杂性日益增长的网络中，元素（细胞）的逻辑被解释为设计房屋和城市的逻辑。在30多年的时间里，从“栖居树（Habitarbre）”的想法开始，史奇顿探索了一些新方式来重构人与住所、建筑与环境以及城市与景观的关系。通过“建筑树（Archiborescence）”的概念，他从“生物太阳能屋（Maisons biosolaires）”和“栖居树”等早期的项目发展到“建筑树城市（Archiborescent Cities）”的设计，在这些梦幻的项目中，他的植物风格的房屋反映出了城市和自然生态系统之间存在融合的可能性。

对未来建筑和城市的设计正变得越来越技术化，作为一种对等方案，植物城市（Vegetal City）提供了一种生物学视角来看待未来城市的组织、形式和构成，这种视角引入了一种曲解，一种20世纪60年代对新千年生态考虑全景的乌托邦式的曲解。

注释：

摘自哈佛大学设计学院2009年春季展，由奥德莱·杜丽尔（Aude-Line Duliere）、路易斯·米格尔·卢斯·阿拉纳（Luis Miguel Lus Arana）策划、由路易斯·米格尔·卢斯·阿拉纳（Luis Miguel Lus Arana）撰文。

1900　　1950

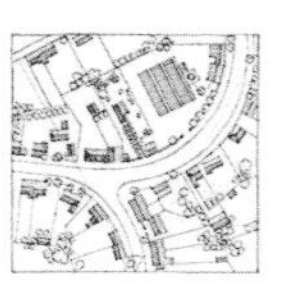

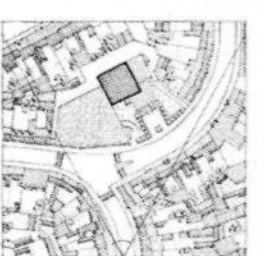

1800　　1900

2050

2100

2150

2150

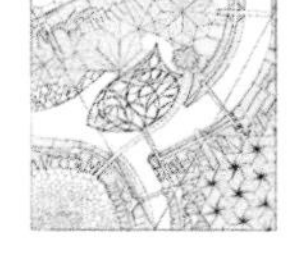

街道的演变，从1900年到2150年

作为莱肯（Laeken）的全部建筑景象演变的对照，这些图片以一种对长远未来抱有坚定乐观的视角，展现了不断进步的街道等城市场景

2100

2200

植物城市

路克·史奇顿（Luc Schuiten）之见

植物城市

路克·史奇顿（Luc Schuiten）之见

垂直主义（摩天楼的未来）

伊纳基·阿瓦洛斯（Iñaki Ábalos）

现代建筑师认为摩天楼在组织工作方面就如办公室一样。典型的现代摩天楼是对这种组织方式的纯净表达——它是把那些对数据进行归档和联系的劳动者进行归档和联系的最优形式。最负技艺的建筑师们象征性地诠释了这个官僚主义的具体化产物（不含任何贬义色彩），例如密斯·凡·德·罗（Mies van der Rohe）通过玻璃和钢修筑了一些可人工适应气候的直角棱镜，它们围绕着一个交流核心以环状排列。像纽约西格拉姆大厦（Seagram Building）和萨恩斯·德·欧扎（Sáenz de Oiza）设计的那栋令人难以置信的、坐落于西班牙的BBV大厦都给予了这个概念权威和永恒的形式。但是它们没有包含（或者说彼时还未迎来）垂直建设所带来的众多可能性，在过去几十年中，随着全球经济的增长和东南亚人口膨胀，我们已经见到了很多这样的可能性。

今天绝大部分的摩天楼都坐落于热带地区(尤其是亚洲),它们多为居住区、混凝土结构并采用自然通风。没有任何不朽的外貌,它们是消费的产物。毫不夸张地说,当代的大都市注定都是高密度的,甚至最顽固的市长们都开始理解高密度化过程是他们必须熟悉的一种手段。与此同时,欧洲和美国的建筑师们直到最近仍垄断着摩天大楼的形态,他们似乎仍被摩天大楼那种标志性的特征所诱惑。他们的讨论一直受限于自身的垂直比较之中——体现着资本和其剩余价值——好像我们在见证这种形态的历史中矫揉造作的最终阶段。

然而，我们仅仅看到了摩天楼的萌芽期。今天“垂直主义”——指垂直方向上的空间和当代城市的概念——才刚刚开始。我们正在见证一个精彩绝伦的转型过程。我们开始思考城市——还有那些历史悠久的城市——以新的垂直城市有效代替平面的二维城市。这种对城市的思考仍有待观察，到底它是一种补充式的还是替代式的方法（在平面上还是在三维中，还是垂直城市）。在这一代建筑师的40岁到50岁和年轻几代建筑师的专业作品中，我们看到了垂直大学校园的繁荣，还有垂直博物馆、垂直图书馆、垂直实验室、垂直时尚建筑、垂直公园、垂直创意中心、垂直运动设施，以及所有这些与居住、酒店和办公室等类型的混合。所有这些混合用途的建筑一起可以成为真正的城市，这些建筑剖面里就是城市平面至今为止所代表的内容。其他例子还有将用途不同，但形式逻辑相同的一些塔楼混合起来，组成一组或一簇塔（所谓的束塔）。相对于宏伟的垂直混合用途的建筑而言，这些例子提供了另一种合适而有效的选择，并且在很多情况下将兴趣从建筑实体转向代为建筑周边的空气、建筑所创造的空间以及新建筑与其他建筑交互的形式。就其本身而论，这些建筑从强调建筑实体的形象转为强调公共空间和它们所形成的城市。

用小型塔楼渗入城市的策略——即一种“针灸”式的策略——也为历史悠久的城市提供了多种解决方案。与豪斯曼（Haussman）的巴黎大道方法相比，这个策略有着最少碳足迹和最大转换能力的优点。欧洲城市比如鹿特丹、巴黎和都灵正在寻求以这种方式来增加它们的密度。

巴列卡斯（Vallecas）的生态大道（城市生态系统）：比琳达·塔托（Belinda Tato）、约瑟·路易斯·瓦列霍（Jose Luis Vallejo）以及迭戈·加西亚·斯提恩（Diego García-Setién）

大都会拘留中心（Metropolitan Detention Center）是哈利·威斯（Harry Weese）1975年在芝加哥卢普区（Chicago Loop）建造的摩天楼，它看起来就像一个大型穿孔卡片，在连贯的整体内包含了一个专门关押罪行不重的犯人的监狱、公共空间以及叠加的办公室。威斯的建筑是为混合用途提出新可能性的最早参考之一，它不再是陈词滥调的形象，而是由开发者设计建造，混合了购物中心、酒店，还有一些办公室和公寓。在休·斯塔宾斯（Hugh Stubbins）同样于1975年提案的纽约花旗银行大厦（Citicorp building）中包含了一个教堂、内部和外部广场、许多公共艺术展品以及纽约最好的地铁通道之一。这个建筑顶层上有城市中最大的太阳能收集器，由于严格的商业原因却从未被使用过。

今天有许多人想知道为什么我们仍继续在平面上建造工业公园，只以一种方式大量地占据最有价值的土地。提倡城市高密度化而不去质疑这些非垂直的建设是荒诞的，而唯一的原因只是为了投资者的利益。相反地，对于像巴斯克地区（Basque Country）这样极度缺乏平面土地用做城市发展的地方而言，正急迫需要一个工业摩天楼这样的严肃提案。

生产性摩天楼也被提出来以重新定义一些特殊的用途，例如屠宰场。在完成“猪之城”（Pig City）的理论项目之后，MVRDV[1]在鹿特丹港口建造了一个“野心”稍小（但可能更重要）的版本。和屠宰场一起，墓地是另一种轻易就能融入摩天楼这个想法的类型。每一种类型都帮助解决越来越严重的空间问题，为缺乏土地的城市提供充满想象力的解决方案。

猪之城，MVRDV

荷兰馆（Netherlands Pavilion），MVRDV建筑事务所

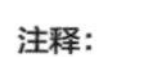

注释：

1. MVRDV是当今荷兰最具影响力的建筑师事务所之一。

摩天楼拥有崭新的气质，当它们用于支持公共目标时还可以极大地增加城市的自由度，因此政治家和建筑师应该将注意力集中在摩天楼生机勃勃的势头上。在未来许多年中，探索这些新兴事物的美学形式将会是建筑学校所面临的核心挑战之一。现代摩天楼的成功经验基本上集中来自于私人业务，为了公众利益（或者代表两者的利益）应该将这些经验归纳并概念化，为预测未来的城市管理探索新形式。

公共空间使当代垂直主义在战略层面上更具可能性，它占地面积很小，还有因其能在剖面上协同利用多种活动，所以它有显著的可持续性——这些因素都使人们越来越能接受垂直主义。由摩天楼产生的公共空间可能包含了当代公共空间的基因密码，这种公共空间混合了商业街和风景如画般的公园，纽约中央公园开创了此类公共空间的先河，它以其魅力先后改变了第八大道和市中心区。树木和摩天楼相互滋养，在它们的混合体中产生了一个当代建筑真正的中心思想。考虑垂直建筑意味着必须要考虑公共空间的新形式，以满足在国际大都市中由社会、文化和人口变化所产生的种种要求。在充满竞争的未来即将到来之时，垂直主义的策略也能让历史悠久的欧洲城市继续发挥重要作用。

游览拉夏贝尔（La Chapelle），巴黎阿瓦洛斯与圣德克维建筑事务所

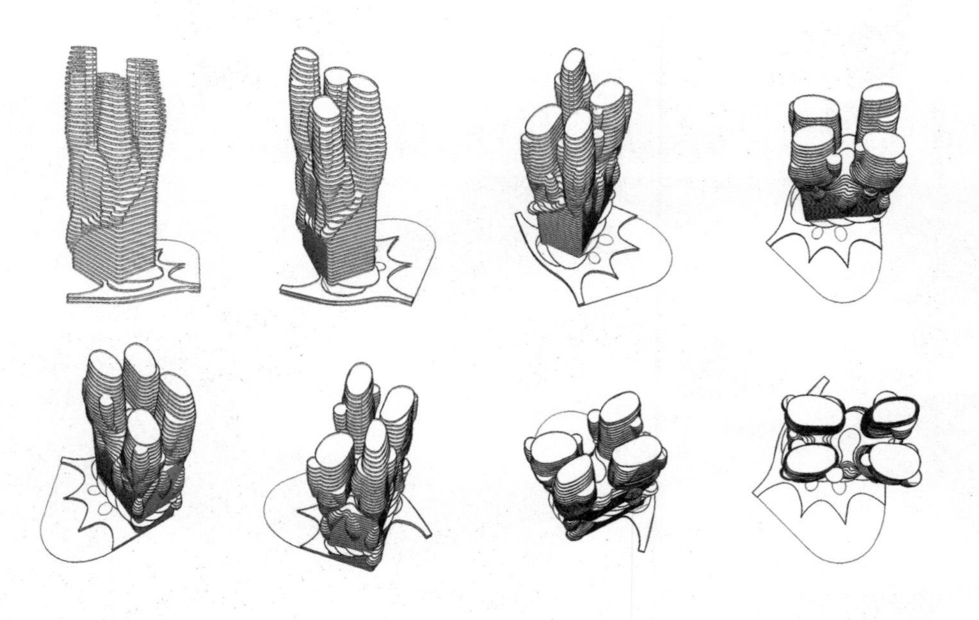

奥兰治县（Orange County）艺术博物馆，阿瓦洛斯与圣德克维建筑事务所

马德里国际创意中心（CICCM），曼西利亚与图尼翁（Mansilla+Tuñón）联合事务所

城市模板

白瑞华（Raoul Bunschoten）

在改变整个城市的动力时，我们需要用到城市模板。它是一种只属于复杂城市的形式，它将这个复杂体中的各种过程联系起来，以创造一种新联系、新网络和新功能。城市模板是一种组织形式：它是一种对新技术、设计或者行为模式的检测、实验和尝试，也是一个模型、示范和展示。模板被应用于制造业、设计过程，有时也被用于建筑行业，比如样板房。它还被用于软件开发和医药科技：克隆羊“多利”就是一个模板，是一个新现象、一个原始生命体、一个证实克隆技术可能性的实例。它也成为了一个著名的展品。

模板既是机器也是模型，它们联系过程并创造试验项目。它们包含的系统可以创造输出从而改变环境，并能让我们研究输出所造成的影响；它们是引起改变的动力，同时也是这种改变的基准参照。模板一般是特殊建造的物体，使用的材料不一定和最终产品相同。它们并不会每次都完全建成，却依然能表达设计的某个片段或简要意思。一旦投产之后，它们通常比最终产品更昂贵。但是它们是独一无二的、原始的，并且通过最终应用它们可以引发激烈的变革。

我们需要城市模板来改变整个过程流，在过程之间形成新关系，并改变城市的内在结构。城市模板像是置于城市动态流中的奇点，这些奇点将现有的过程流和一些新东西连在一起，这是一个新的过程，这个过程来自任何地方，从上到下，是一个全球的过程，从里到外，发自社区的中心。城市模板的设计是它的组织形式；材质（它的形状）在许多情况下是次要的。毕尔巴鄂·古根海姆博物馆（Bilbao Guggenheim Museum）位于一个环境恶化的海港中，因其奇特的曲线外形而成为了模板。它吸引了游客，却没能大幅改变城市。不过，在那之后它还是成为了模板，每个有问题的城市都想要一个毕尔巴鄂。布鲁内尔的泰晤士隧道suidao（Brunel's Thames Tunnel）虽不可见，却的确改变了伦敦的基础设施。它成为模板是因其引领了新隧道技术并成为了其他隧道项目的范本。

圣索菲亚大教堂（Hagia Sophia）是一个全新圆屋顶的设计，当它建成时世上还没有类似的建筑。它一直保持着举世无双的地位直到奥斯曼帝国征服了君士坦丁堡。建筑师斯楠（Sinan）把它作为清真寺的模板，在历经多次修改和适应后，它最终塑造了如今伊斯坦布尔中心的天际线。圣索菲亚大教堂是一个早期的基督教建筑，它利用广场和边界的几何形状来解释早期基督教的宇宙论，还用拼贴的装饰组成了一个新柏拉图主义的模型：反射入教堂内部的光线是上帝形体的体现。斯楠利用了几何学并将其转化成了一个工具箱、一种类型，并简化了光线的条件。这个工具箱使得他和模仿他的后人得以建造这种类型的许多版本，使它适应不同的场地和功能要求。建筑内墙面成了一个装饰面，而非新柏拉图主义容器的奇异包装。城市模板的一个基本规则就是能适应并大量生产。它们不是静止的一次性产品，而是会对它们的环境做出反应并再生产出更多产品。我们可以设计并应用有限的模板，而最终还能达到改变整个城市动态的目标。

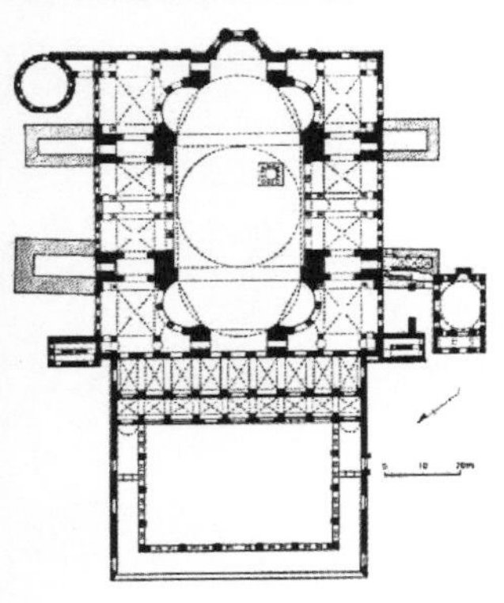

圣索菲亚大教堂（Hagia Sophia）的照片及底层平面图

我们需要城市模板，因为城市和能源之间的关系已经发生了改变。不论新旧，能源会成为城市形式和结构的首要驱动力，但是我们不能只通过模型、3D图形、统计数据和科学实验室来检测应该用什么方式将能源设计加入已有城市或新城的肌理中。应该汇集所有我们知道的可用于再生能源发电和能量效率的新科技，将它们与新建筑科技、社会文化模式和经济原理联系起来，在整个编排背景即新的城市能源总体规划之中试着开创单个或在一簇建筑中见效的试验项目。城市就是实验室和试验台，只有在真实的城市之中我们才能监控技术设备的输出、新型被动设计的影响和涉及整体能量效率提高这一任务的某一群体的新行为。不像上述所举的例子，许多城市模板不仅是建筑，而是建筑、技术、基础设施和能源系统，还有结合了试验项目的政策、结合了行为模式的媒体关注的综合体。

在更大的方法体系论下——即将城市视为美术馆的情况下，我们将城市模板当成一种工具、一种技术。它是一种管理工具，并为一个复杂的规划机制，就像整体城市能源总体规划那样的支持系统。城市美术馆把城市模板与各种过程、利益相关者、场景和行动框架的基本信息连接到一起。它是一个能让动态的编排与气候变化、与城市能在解决这个问题中所扮演的角色相关联的工具：调查缓和因素，并适应这个令人恐惧的新事实，包括气温升

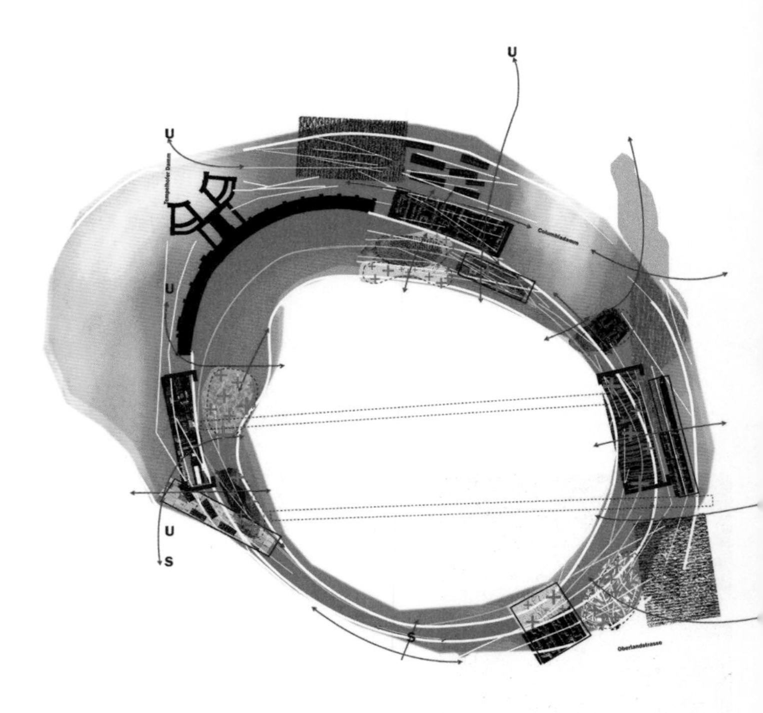

空运至未来：柏林滕佩尔霍夫（Tempelhof）作为公共空间和替代电厂赢得赞誉。在2009年5月，柏林参议院颁布了在哥伦比亚区（the Columbia Quartier）和前滕佩尔霍夫机场国际城市概念赛中三个同等的奖项。Chora建筑与城市规划事务所（Chora Architecture and Urbanism）与英国标赫（Buro Happold）、格罗斯·马克思（Gross Max）建筑事务所，还有胡斯特·古登斯（Joost Grootens）的合作项目是三个获奖项目之一

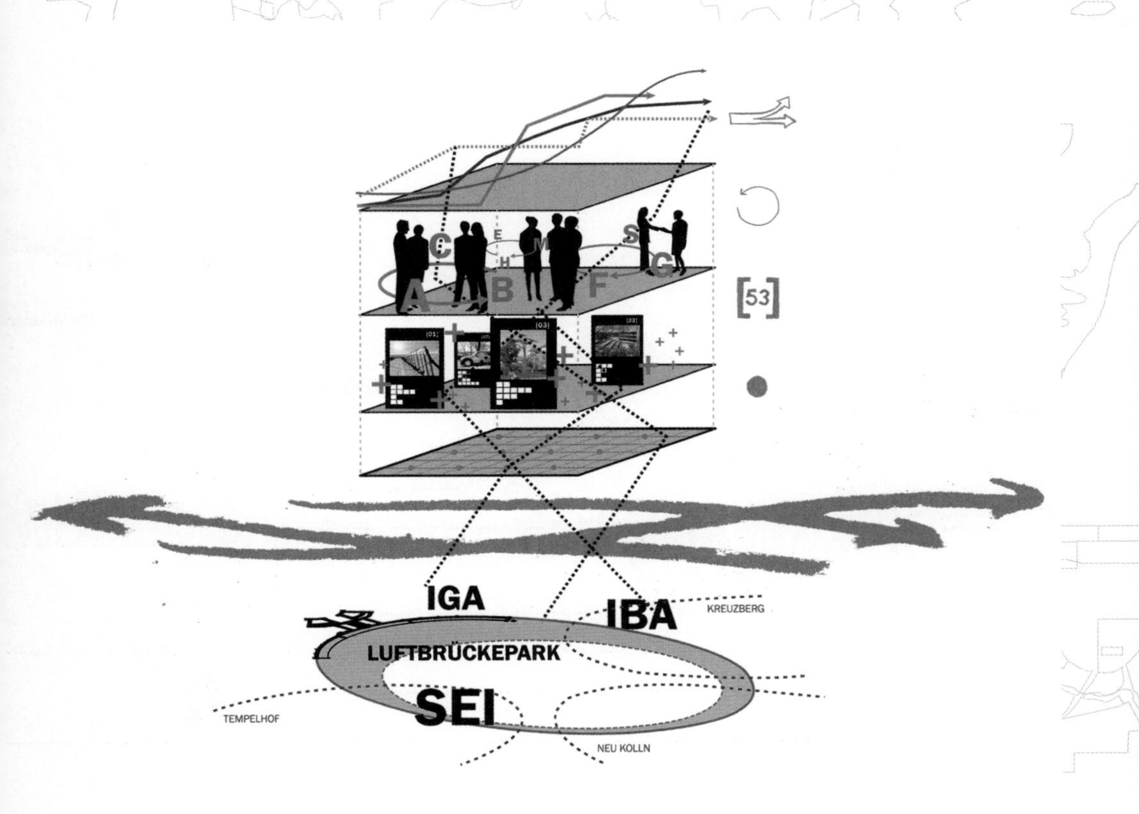

这个提案的核心是一个参与性的工具，它能使居民和其他利益相关者创造性地商议一种基于过程的发展方式。其结果是激进的：经济、社会、文化和政治环境将整个地区转变成了一个替代电厂。滕佩尔霍夫变成了一个连接人的公共空间，还能提供可再生能源，并且实现了德国政府减排二氧化碳的目标——它就是一个能量孵化器

高、越来越多的气候模式不稳定，当然还有化石燃料的减少以及它们的所有者日益增加的紧张情绪。与城市美术馆一起工作的城市规划师或者其他专家是一位城市馆长。城市模板是他们煽动改革或编排能源生产城市新动态的工具。从技术层面而言这都是可能的；而从文化层面而言，我们必须成为馆长和艺术家，像对待一种艺术形式一样对待城市规划，开创新现实，并在塑造未来愿景时让人们能全身心地投入。

滕佩尔霍夫提案遵照了乔拉（Chora）的城市美术馆方案中的四个阶段：数据库、模板、场景游戏和行动方案

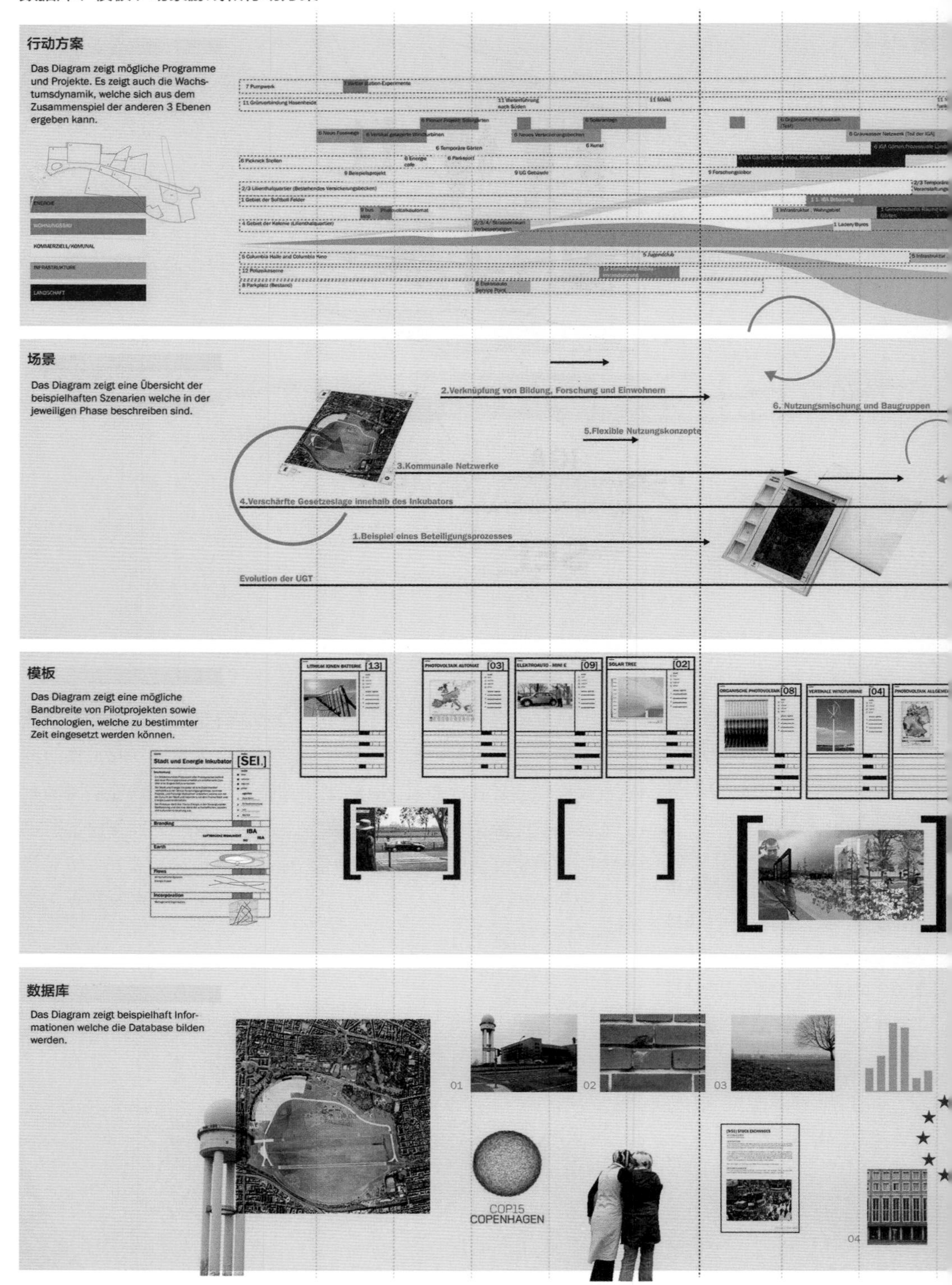

行动方案
Das Diagram zeigt mögliche Programme und Projekte. Es zeigt auch die Wachstumsdynamik, welche sich aus dem Zusammenspiel der anderen 3 Ebenen ergeben kann.
场景
Das Diagram zeigt eine Übersicht der beispielhaften Szenarien welche in der jeweiligen Phase beschreiben sind.
2.Verknüpfung von Bildung, Forschung und Einwohnern
6. Nutzungsmischung und Baugruppen
5.Flexible Nutzungskonzepte
3.Kommunale Netzwerke
4.Verschärfte Gesetzeslage innerhalb des Inkubators
1.Beispiel eines Beteiligungsprozesses
Evolution der UGT
模板
Das Diagram zeigt eine mögliche Bandbreite von Pilotprojekten sowie Technologien, welche zu bestimmter Zeit eingesetzt werden können.
Stadt und Energie Inkubator
[SEI.]
[13]
[03]
[09]
[02]
[08]
[04]
数据库
Das Diagram zeigt beispielhaft Informationen welche die Database bilden werden.
01
02
03
04
COP15
COPENHAGEN

7.Einbeziehung von Unternehmen
9.Das Flughafen Gebäude wird thematisch eingegliedert
TIEFENGEOTHERMIE
OBERFLÄCHENGEOTHERMIE
07

台湾海峡气候变化孵化器

Chora 建筑与城市规划事务所（Chora Architecture and Urbanism）

乔拉（Chora）模板项目的清单中按照模板规模和成本，给出了一个所有可用技术的概述，这些技术能将现有城市转变为未来更生态的城市。地热供暖、太阳能吸热壁、插入式能源农场、城市碳汇、氢能汽车网络和碳贸易都被列入其中。目录根据规模和成本共列出了65个模板，每个模板中又分别按照其品牌、建造成本、项目成本和碳减排效率的信息编排。

台湾海峡地图集由白瑞华和约斯特·格鲁顿创编，绘制了台湾海峡新兴城市的条件，乔拉称这一区域为“临界体（Liminal Body）”。绘制台湾海峡图集的过程中，人们产生了一个想法，即这个临界体可以成为一个孵化器，孵化有关气候变化、能源生产和能量效率的城市模板。厦门市和台中市可以合并成为一个跨海峡的再生能源管理计划体，台湾海峡气候变化孵化器描绘出了一个复杂的跨海峡的经济、文化和生态联系网，并且在城市范围内进一步探索这些可持续开发的模板。

利用清洁发展机制（CDM），全球碳交易经济被用于负责一系列城市模板的经费。清洁发展机制是京都议定书下的一项政策，它允许工业国家通过帮助发展中国家的可持续事业来获取自身的碳信用额度。作为模板的组织装置，孵化器代表了建筑设计、城市化和创造性财政管理的新标准。

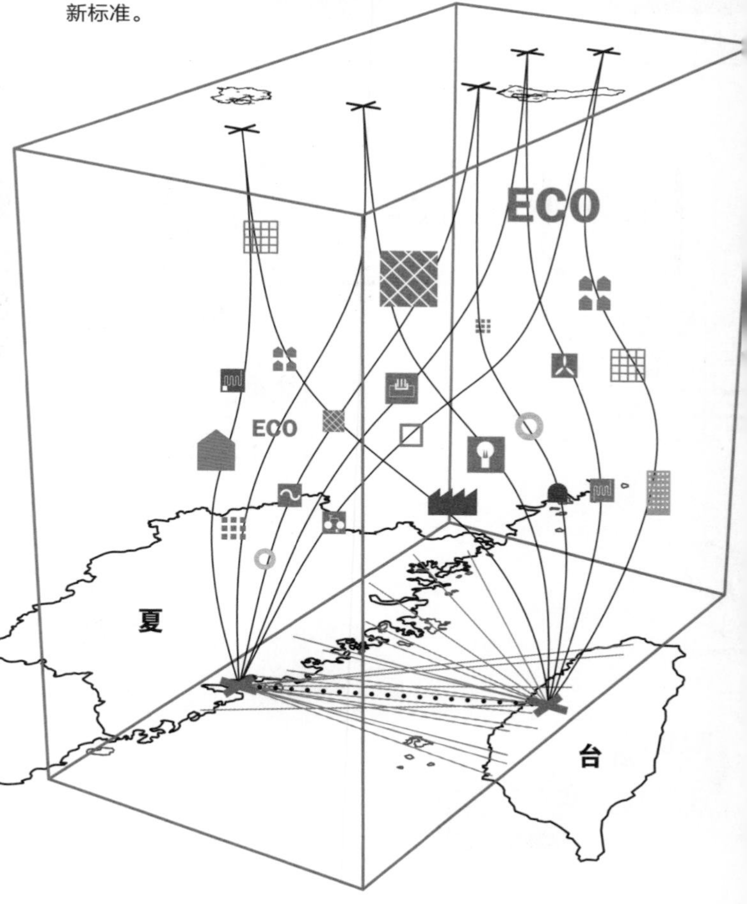

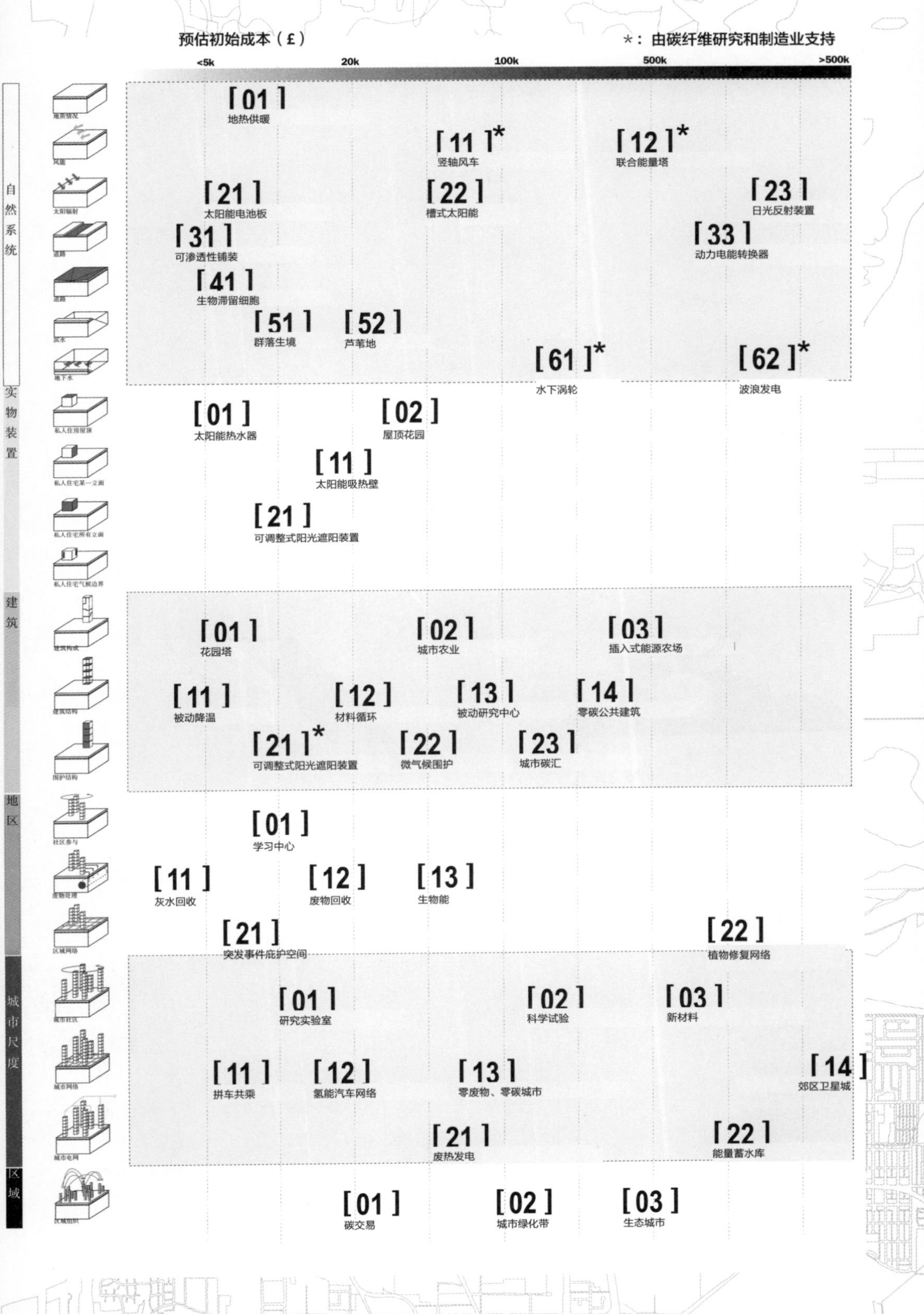

预估初始成本（£）
*：由碳纤维研究和制造业支持
<5k
20k
100k
500k
>500k
自然系统
[01] 地热供暖
[11]* 竖轴风车
[12]* 联合能量塔
[21] 太阳能电池板
[22] 槽式太阳能
[23] 日光反射装置
[31] 可渗透性铺装
[33] 动力电能转换器
[41] 生物滞留细胞
[51] 群落生境
[52] 芦苇地
[61]* 水下涡轮
[62]* 波浪发电
实物装置
[01] 太阳能热水器
[02] 屋顶花园
[11] 太阳能吸热壁
[21] 可调整式阳光遮阳装置
建筑
[01] 花园塔
[02] 城市农业
[03] 插入式能源农场
[11] 被动降温
[12] 材料循环
[13] 被动研究中心
[14] 零碳公共建筑
[21]* 可调整式阳光遮阳装置
[22] 微气候围护
[23] 城市碳汇
地区
[01] 学习中心
[11] 灰水回收
[12] 废物回收
[13] 生物能
[21] 突发事件庇护空间
[22] 植物修复网络
城市尺度
[01] 研究实验室
[02] 科学试验
[03] 新材料
[11] 拼车共乘
[12] 氢能汽车网络
[13] 零废物、零碳城市
[14] 郊区卫星城
[21] 废热发电
[22] 能量蓄水库
区域
[01] 碳交易
[02] 城市绿化带
[03] 生态城市

孵化流

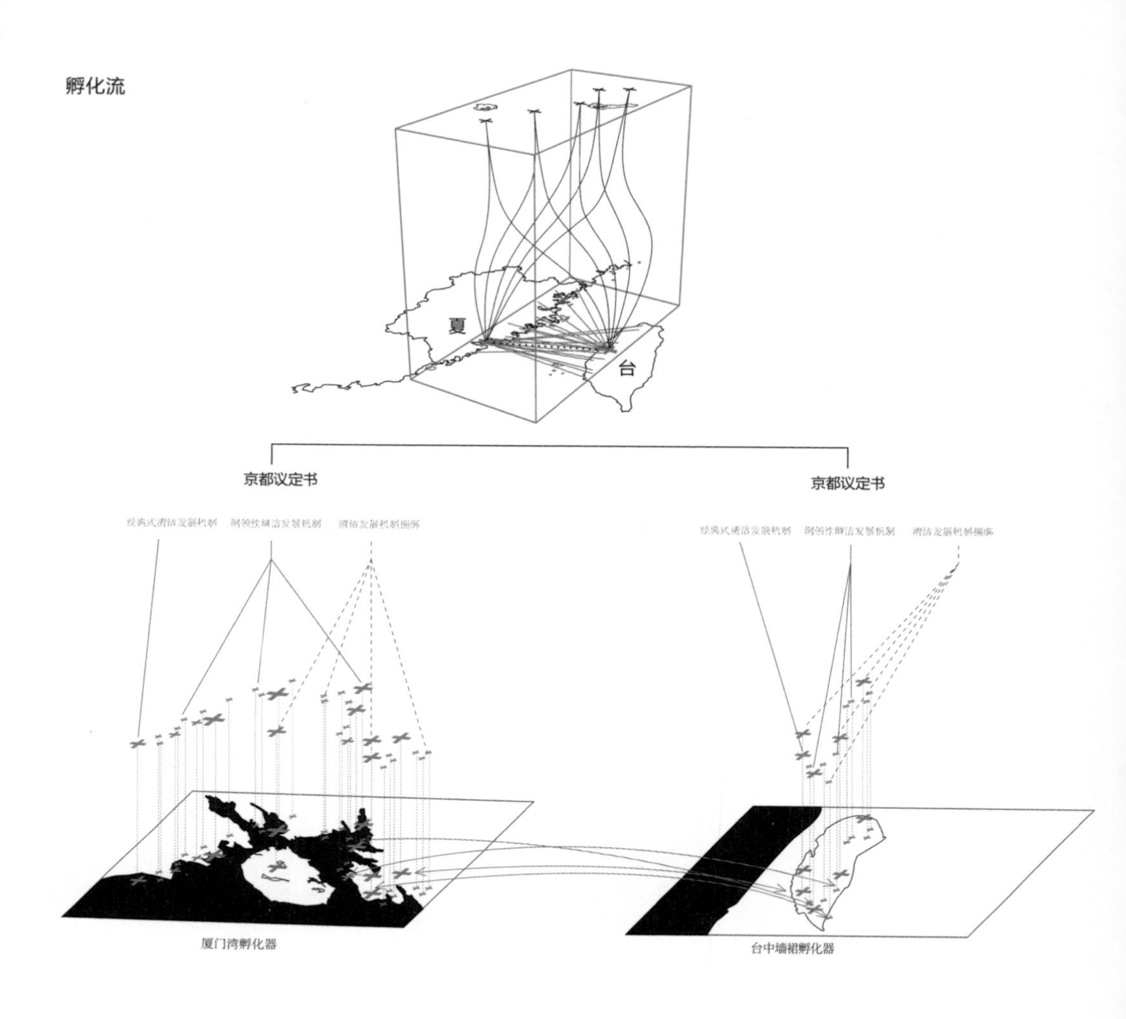

厦门纲领性清洁发展机制

参与者

减排项目

建筑师

主体规划师

结构工程师

开发者和制造商

财政投资者

碳信用额度投资者

附件1 国家政府

财政投资者

世界银行

国际银行

东道主国家

执行组织

地方政府官员

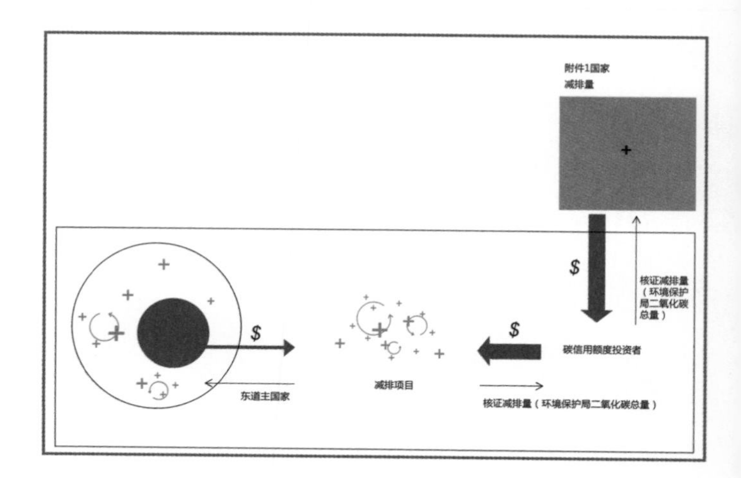

纲领性清洁发展机制——财政计划

融资和预付机制

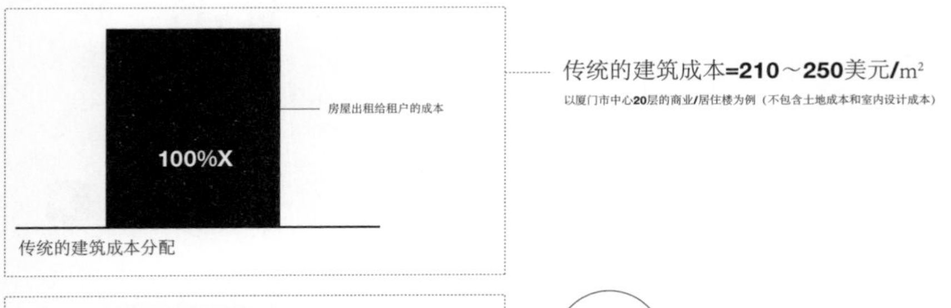

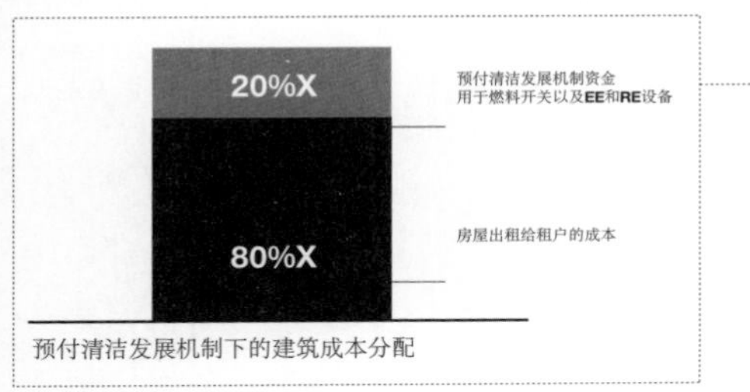

CER
个人项目
核证减排量

x 一系列捆绑项目 = 核证减排量总量

以特定项目为例，
在这样的工作原理下，大约8栋建筑可以产生
等同于一个小型氢能发电厂的核证减排量

预付清洁发展机制附加说明

项目需要清洁发展机制的原因：

（1）其他资金只覆盖成本的80%，而没有这个项目的话，住户将付不起EE或者RE项目的钱；

（2）执行机构的前景：没有清洁发展机制，政府将不会继续；

（3）模板功能：通过项目增殖为其他城市中的其他模板发展树立模范工程。

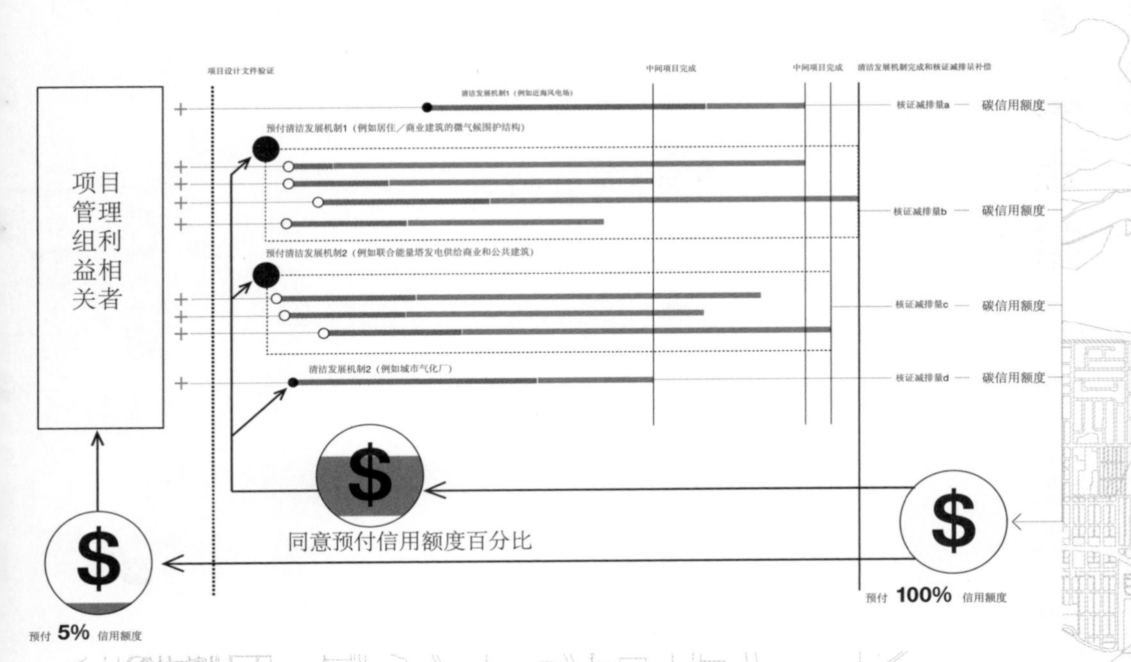

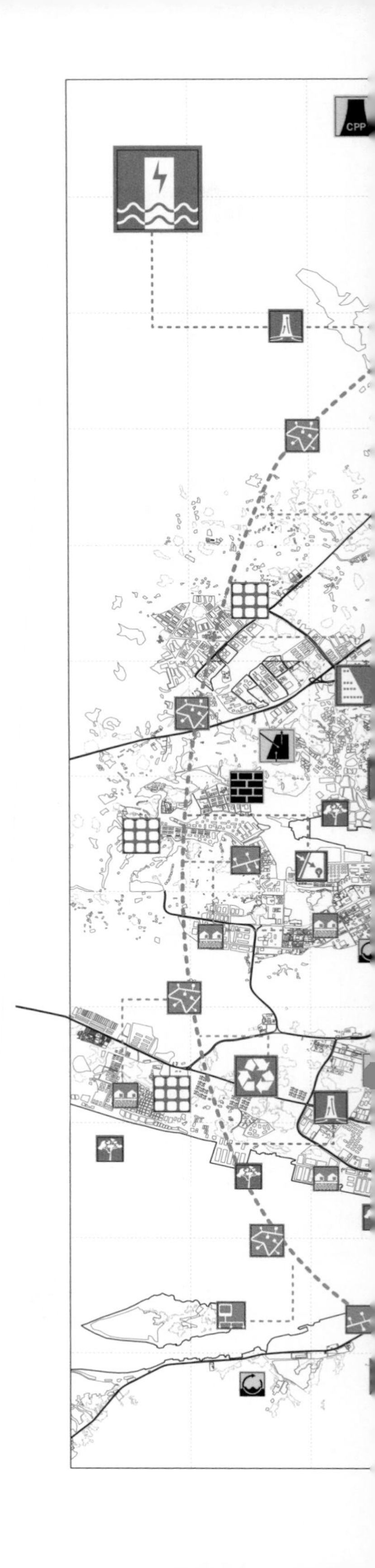

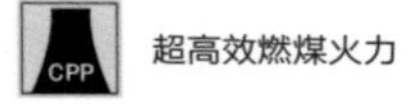
超高效燃煤火力

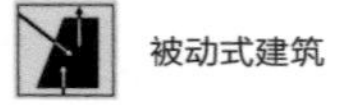
被动式建筑

灰水回收

家装工具包

低影响施工

区域降温

当地智能电网

绿色科技

智能基础设施

清洁交通

能源立面

太阳能发电厂

能源岛

生物量

联合能量塔

商业建筑

能源博物馆

能源马路

工业总部

废物处理

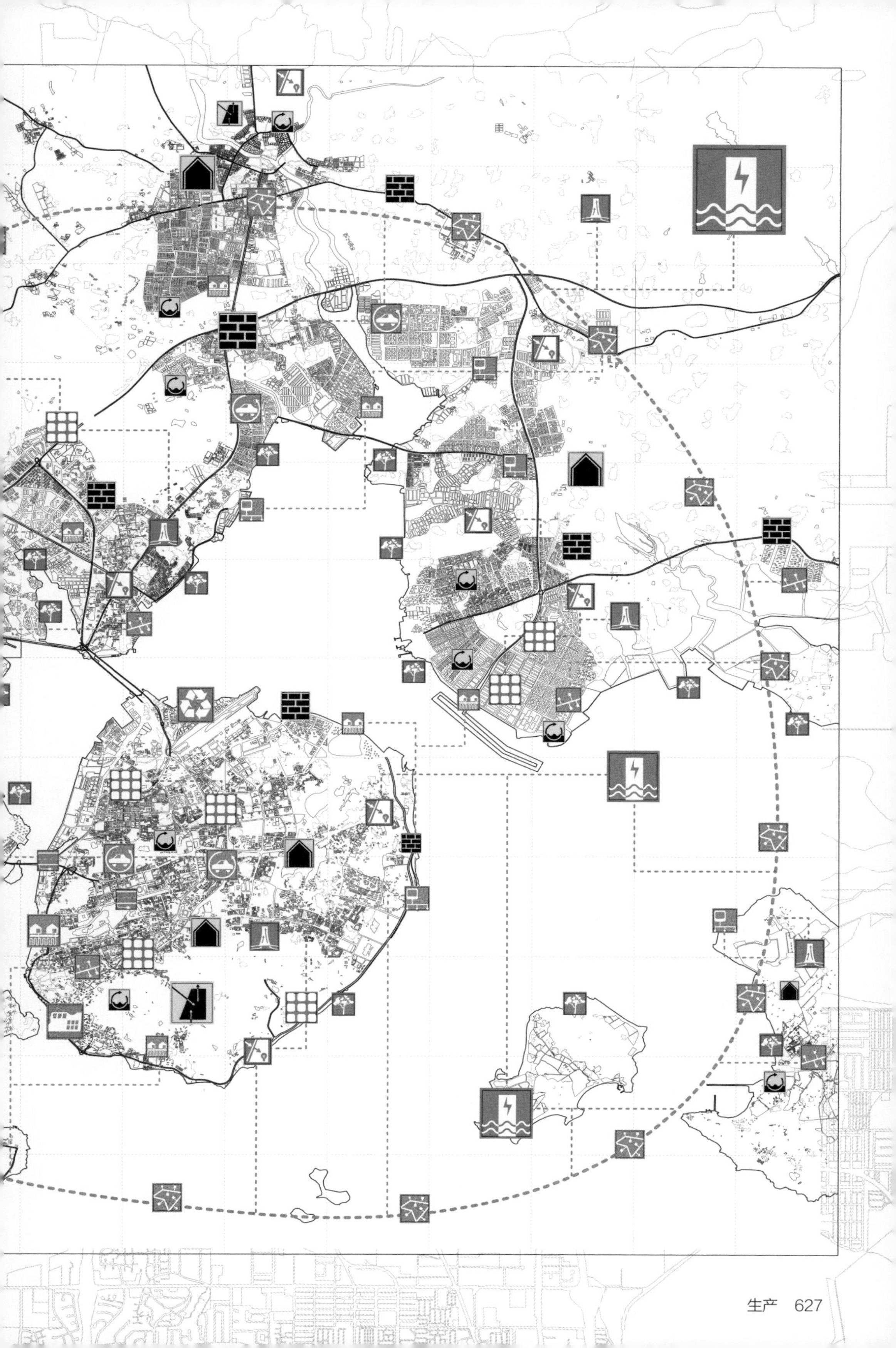

城市

伊恩·麦克哈格（Ian McHarg）

牧童们看到了一个山间幻影，
那儿有一座大教堂、
教区和修道院，
一间拥挤简陋的小屋，
一些寻求庇护所的妓女和放高利贷的人。
一条路、一座桥、一些房子、
学校、医院，被虔诚的富家女子所照顾；
在圣灵降临节的铁匠、锻造工、兽医、一些工人，
在米迦勒节的一个小丑、金匠、制棺人，
打扫烟囱的人、酒馆、
高架桥、圆形剧场、墓地和其他等。
坐落于田地和森林之间，
市区，小城，城邦，大都市，
特大都市，大墓地，
是一个从幻影发展来的巨大成果呢，
还是它只是一个幽灵？

摘自《致繁星之歌》（*Some Songs to the Stars*），诺索斯（Knossus）出版社，2001。

哈佛大学设计学院：生态都市主义

“哈佛大学设计学院：生态都市主义”是哈佛大学设计学院（GSD）学生为了配合2009年4月3日至5日召开的生态都市主义会议和展览而创造的网上平台。这个平台旨在对专题讨论会和大会期间的讨论进行记录、反馈、评论和争辩。

详细探讨和反思大会上提出的问题，来自不同科系的学生将“哈佛大学设计学院：生态都市主义”作为一个非正式平台来构建他们实现生态都市主义的计划：现在是怎样的以及将来可能是怎样的。某些摘要是按时间倒序排列的。

想了解更多有关生态都市主义的重要反馈，可查询http://gsd-ecologicalurbanism.blogspot.com/.

哈佛大学设计学院博客团队：
马修·艾伦（Matthew Allen），建筑学硕士March I
伊拉娜·科恩（Ilana Cohen），景观设计硕士
尤娜塔·科恩（Yonatan Cohen），MAUD
丹·汉德尔（Dan Handel），建筑学硕士March II
扎克·洛克雷姆（Zakcq Lockrem），城市规划硕士
奎里安·雷亚诺（Quilian Riano），建筑学硕士March I AP

客座博主：
卡兹斯·瓦尼利斯（Kazys Varnelis）
奥尔罕·阿宇斯（Orhan Ayyuce）
贾维尔·艾伯纳（Javier Arbona）

2009年4月5日，周日

波尔里的自治

斯特凡诺·波尔里（Stefano Boeri）在他上午的演讲中做了一个很有效的演示，在我看来是回应昨天布兰兹（Branzi）的演讲，他尝试摆脱环境学家认为自然与人类活动无关（例如城市）的概念。他顺着三条主要路线进行了对照：模仿（即以技术手段模仿自然形态）、限制（对自然越来越强的控制），以及对他而言是一个更有希望的路线——自治。波尔里将自治描述为自然再次入住于城市之中，创建一个好奇的、基本上是生态条件的、人与动植物的共享空间，在这里没有道德或进化层次。对我而言，这个自治概念扮演了一个双重角色：一方面它代表了一种积极务实的出路，走出了当前失败的可持续思考，另一方面它仍是一种一直都有的反乌托邦意象。从这个意义上来说，波尔里毁掉了人类历史的两条路线：预警和进取（将在周五前来的库哈斯可以表现这两者），对城市未来的看法将转而变为单一的、十分非理性的和后技术统治的。

由丹·汉德尔（Dan Handel）发表于晚上8:57

冗余！

我刚和一个叫莱斯利（Leslie）的人交谈，他是一名从加利福利亚前来访问会议的景观设计师。正当我们谈论着我的论文之时，冗余的想法出现了。她说由于我不能百分之百确定水是如何流的，也不确定其他生态过程是怎样运作的，因此我应该建立多余的系统以确保它有效。我非常喜欢这个想法，因为过剩是另一种“谦卑的”设计策略。它使我们接受我们没办法控制所有事情，而只能是试着去调整它。我喜欢它是因为在完全被设计和施工好了的系统中，要想做设计简直难上加难。冗余使得设计可以参与进来，并且可以调整不确定性。简而言之，冗余可以确保生态都市主义不会是自上而下的效率。

由奎里安·雷亚诺（Quilian Riano）发表于下午3:03

在伦理上：

“我不相信好心好意。”

在基础设施上：

“基础设施是新建筑的催化剂。”

在美学上：

“要达到一个新的美，我们不得不经历丑陋。”

——伊纳基·阿瓦洛斯（Iñaki Ábalos）

由伊拉娜·科恩（Ilana Cohen）发表于下午1:01

关于非正规性

作者：客座博主卡兹斯·瓦尼利斯（Kazys Varnelis）

卡兹斯·瓦尼利斯是哥伦比亚大学建筑、规划与保护研究生院网络建筑实验室的导师。他与罗伯特·萨穆瑞尔（Robert Sumrell）一起运营非赢利建筑学综合AUDC项目。

奎里安·雷亚诺让我去参加关于生态城镇化哈佛大学设计学生院的联合博客写作活动。尽管他已经在此活动中写着直播贴（类似于同期举行的Postopolis的直播贴），我仍然认为，相比那些只是从一个疏离并且视点高度集中于某些对话片段的人而言，这种活动对我们这些参与者更有意义。即使我是通过二手途径获取的活动相关信息，我想我还是得给出回应，尽早地提出一个我在今年早些时候深陷其中的话题。我将从活动的目的陈述开始，中心思想如下：“此次大会是在此种前提下组织的，即生态化的方案亟须作为一种现存城市的补偿手段和新建城市的组织原则而存在。一个生态化的城镇化进程，代表着一种比如今城市生活案例的一般情况更加具有全局视角的方式，它需要更多备选的思维和设计的方法。”在生态城镇化中，非正规性的是反复地突现的。有别于“绿色建筑”这个概念，以及伴随的对美国绿色建筑评估体系的过时鼓吹（旨在设计一种摆脱全球生态危机的道路），此次大会提出了一种自下而上构建的城镇化模式，以一种自然的方式，像是一个生态系统。

桑福德·克温特（Sanford Kwinter）对纽约文化有这样一种敏锐的观察：它业已在资本与过度发展的重压下，走到了崩溃的地步，而hipsterdom作为一个生态城镇化的准备工作发挥其作用。我们有的是一只“喂饱了的畜生”［该比喻曾被彼得·艾森曼（Peter Eisenman）用来形容一些欧洲城市，坦白说如今发展的世界各地城市都不可能比曼哈顿经营得更好］，而不是核心城市地带。面对正统城镇化正在解体的现状，奎里安随即观察到，非正统性在蒸蒸日上。

我们也曾听说这一论断，在最近的关于贫民窟及其自组织功能的令人着迷的探讨中，当雷姆·库哈斯（Rem Koolhaas）演讲时，他给出了拉各斯这个例子，即他提出的此种“城市自组织”现象样本，这是一种噩梦般的情况，不过他却发现该机制莫名其妙地管用。通过此种行动，他回应了文丘里（Venturi）、斯科特·布朗（Scott Brown）和依泽诺（Izenour）的《向拉斯维加斯学习》（*Learning from Las Vegas*）以及瑞纳·班汉姆（Reyner Banham）的《洛杉矶：建筑的四种生态》（*Los Angeles: The Architecture of Four Ecologies*），但在进军非洲的过程中，库哈斯却没有过于强烈地将那种“低俗”而风行的现象斥为对原始的现代主义强迫症的回应（平心而论，在东方，西方世界常被看做原始蛮夷）。原始的现代强迫症表明在此背景下我们将定义次时代的现代性。如此即是库哈斯想在拉各斯做的。

由哈佛大学设计学院：生态都市主义发表于上午10:20

安德里亚·布兰兹（Andrea Branzi）的录像

如果你没有听布兰兹的演讲，那么你可以去他的网站观看视频。以下是我的最爱：

永不停歇的城市（No-Stop City）

康柯索（Concorso）

阿格罗尼卡（Agronica）

垂直

家园

在布兰兹昨晚播放它们之前，我从没看过这些视频。音乐、剪辑和拼贴让我对他的工作有了新的深刻见解。现在我清晰地看到了极简抽象派艺术的音乐与生物过程间的联系，他甚至暗示把这些设置在真实的景观之中。

对真实景观的暗示让我产生了一些对布兰兹一直都有的疑问：

第一，你的场地和景观是什么？从永不停歇的城市到我个人的最爱——阿格罗尼卡，场地似乎既是一个抽象概念同时又是一个具体地点。在阿格罗尼卡中，视频剪辑了一些完美排列的真实景观的图像。那是哪儿呢？那就是“场地”吗？这重要吗？

第二，为什么永不停歇的城市中所发展起来的“语言”从未在山区出现过？这种语言看起来想要被广泛应用，然而现在它却只能在世界上极少数应用。这重要吗？这会是一种卓有成效的锻炼吗？

第三，这些项目的极端水平状态看起来十分美式。更确切地说，是中西部地区。阿格罗尼卡让我想起了从密苏里州到爱荷华州之间的农业地和工业地。这是有意为之的吗？

由奎里安·雷亚诺（Quilian Riano）发表于早上8：55

关键时刻

安德里亚·布兰兹的演讲恐怕是会议中最精彩的部分了。他严厉地抨击了环境保护论和环保人士，因为他们在提供解决方案时创造了同样多的问题，并且只创造丑陋的事物。之后，布兰兹受到了来自马提亚·舒乐（Matthias Schuler）的质疑，作为一个环保人士，他认为在这个阶段人类不应该优先考虑生存而不是美学。布兰兹掷地有声的“不”让一种以可持续思考为特征、进步积极的世界观与彻底否定把技术和理性作为改善人居条件的手段形成了鲜明的对比，给出了一个质朴而脆弱的反馈契机，它为一些关乎高层次智力纯洁性的稀有情况而准备。

由丹·汉德尔（Dan Handel）发表于上午12:04

马提亚·舒乐作为环保人士提出一个疑问：你说环保人士错过了重点。你难道不觉得在我们社会中找到一个可持续生存的办法是一个生存问题吗？

安德里亚·布兰兹：到现在为止所提出来的解决方案都可以……让社会和环境枯竭。

查尔斯·瓦尔德海姆（Charles Waldheim，主持人）：你对环保人士提出了非常尖锐的批评……

安德里亚·布兰兹：环保人士当然有机会，但他们也必须提升审美素质，因此当项目比原来的情况更糟更丑的时候，环保人士起不到作用。这是一个大问题。这就是问题！

马提亚·舒乐：如果这是一个生存问题，那环保人士不应该更棒吗？

安德里亚·布兰兹：不一定！或许没有他们更好。

MS —— Matthias Schuler

AB —— Andrea Branzi

CW —— Charles Waldheim, moderator

2009年4月4日，周六，生态都市主义会议自行车系统！

在“机动性、基础设施和社会”专题讨论会中，一个来自观众的问题提到了自行车系统。专题讨论会成员并没有真正提到它在机动性和基础设施方面所扮演的角色。巴黎的自行车系统计划是个很好的例子，它展示了自行车如何成为城市交通基础设施中的一部分。所有的城市都应有这类计划并达到这样的规模。它相当精彩绝伦：一周7天，每天24小时，在遍布整个城市、几乎每隔300 m就有一个的车站中，你都能得到一辆免费的自行车。

由伊拉娜·科恩（Ilana Cohen）发表于晚上6:11

被幻想为生态化的建筑

作者：客座博主贾维尔·艾伯纳（Javier Arbona）

贾维尔·艾伯纳是加州伯克利大学地理系博士候选人，有着建筑和城市知识背景。

无所不包的关于持续性的讲话中，每个转折点都掺杂了地缘政治的内容，但它掩盖了这个事实。更糟糕的是“可持续建筑”可以成为众所周知的“漂绿（greenwash）”行为，这一行为简直昭然若揭，我们只需对经济不稳定年份中所做的所有生态度假村作一个清点即可明白。谈到可持续实践（仍然）应能激起我们的一种道德本能，即如何在满足我们的需求下不“损害子孙后代的需求”。小房子运动正是以说起来很“基本”的观念而闻名的建筑中的一个很好的例子。然而我们的“需求”只是海市蜃楼。我们知道它们基本上是可塑的，受制于愚蠢的营销手法，在文化和欲望的洗礼中历经发展。很难准确定义它们，一旦我们蠢蠢欲动，资本主义就马上要搅得我们人仰马翻，而这绝非偶然。除此之外，除非全球经济危机毁掉资本主义，我们就要在不断增长的全球经济中满足我们所谓的需求，尽管有些人可能有地方主义和民族主义幻想。即使我们没有资本主义，我们还是会有贸易，而马尔萨斯自然极限（Malthusian Natural Limits）概念的读者们没有考虑到这一点。有时可持续发展的论调是在说一定数量的市民能够有对城市的权利（进一步模糊掉什么是自然的观念：数字上的限制？在城市居民中自然化？）。可持续发展的思想可能想否定其自身是一个权利问题，而不是道德问题，然而它的确就是一个权利问题。它与由谁来决定下述问题的答案有关：在本地和全球水平上，多少需求对某些人是合理的需求，同时对另一些又是不合理的需求？顺便说一句，我很抱歉使用了像“本地”和“全球”这样的字眼，因为尤其是涉及生态过程之时，它们都不属于精确的尺度。但是所有这些都没有放缓建筑学的脚步。正如时不时在像迈克尔·索尔金（Michael Sorkin）这样的建筑师和其他“生态足迹”的追随者的作品中所清晰表现的，设计表明了以消费为衡量标准，自然是如何被判定为公平公正的。

由哈佛大学设计学院：生态都市主义发表于下午5:43

都市主义的乡土化?

根据安德鲁亚·杜阿尼(Andres Duany)的观点，环境运动是在提升绿色空间的价值，并且在乡土化城市。当你把一个城市乡土化之后，它就变成了郊区。而正如我们都知道的一样，郊区就是一切罪恶的根源。

对此我持怀疑态度。当麦克哈格的环境保护论仍然生动贴切的时候，它就不是环境保护论的唯一压力。那些强调环境健康以及/或者环境公平的环境保护论倾向于更包容且更少批评城市的基本价值。当“可持续南布朗克斯(Sustainable South Bronx)”与“和平和正义(Peace and Justice)”组织的环保主义者正在提倡绿化布朗克斯(Bronx)的时候，我不认为他们完全同意麦克哈格对城市的鄙视。这些环保人士热爱他们的社区，并想让它们更健康可持续。他们明白他们的社区如果不生态可持续的话，就不能改善公共健康或者支持健康的经济。他们正在把布朗克斯变得更“生态”，而郊区与此毫无关系。

由伊拉娜·科恩(Ilana Cohen)发表于下午5:42

为什么非正统?

非正统性被提起的似乎比我预期的要多。我们已经从库哈斯、巴巴(Bhabha)、克温特、莫斯塔法维(Mostafavi)、柯克伍德(Kirkwood)，以及其他作者的不同文本中闻知了它。事实上我认为它和生态学一样经常被使用并且意义更加集中。我想分享当我在一个生态学大会上尝试去寻找非正统的重点的缘由时的第一印象。

介入的方式

设计师们在尝试以一种工作方式介入生态学时似乎遇到了困难。非正统性为我们的讨论引入了一种方式。“非正统”是代替那些设计师不能完全解释并控制的宏观经济的、政治的、环境的和社会的内容。这种情况进而催生了很多产物，包括建筑环境。

我们可以策略性地选择一些系统来操作，并对其余部分的解释保持灵活性。这就是我认为库哈斯所谈到的正统与非正统并生的概念的意思。库哈斯宣称他去过拉各斯后学到了很多。然而他对拉维莱特(La Villette)的设计正是尝试着此种状态。该设计提供的是最小化的必须基础设施，同时容许公园的主要部分能在经济、社区和政治各方面的考量下存在变化的空间。

西方焦虑症

克温特曾公开地宣称纽约城已于昨晚死去。他说它已经是一个无聊的地方。这样强烈的陈述必须要有一个比一些成人商店变为迪斯尼商店更大的理由。也许该陈述需要更多地与西方世界的正统建构的衰败关联起来。人口下滑、移民增加、制造业和经济活力转移到其他国家。西方国家正面对自身的文化转变和外在的力量转移建构。而当正统的建构失败时，非正统系统接管了。

这样的焦虑在昨晚部分显示出来。库哈斯、巴巴和克温特兴高采烈地谈论了拉各斯和孟买，而满怀悲观地谈论了纽约和欧洲。对非正统性的研究是一种预测并调和西方城市以及发展中城市的变化的手段。

由奎里安·雷亚诺(Quilian Riano)发表于下午3:52

2009年4月4日，周六

我很高兴听到生产性城市环境的专题讨论会成员讨论都市农业。他们的讨论基于一次没有沉迷在关于城市中垂直花园的潜力以及大型农场高塔的设计会议之中。这是一次令人兴奋的讨论，其中提及了以杰出的社区为基础的组织的作品，如“增长的力量（Growing Power）”项目和纽约市环境理事会的新型农民发展项目。充满活力的社区组织没有设计云中的高塔农业。他们把农业“建”在地面上。当设计师幻想着圈养的猪高高地漂浮在我们的上方时，“东纽约农场！（East New York Farms!）”的社区组织者和教育家们，还有“附加值（Added Value）”“食物计划（The Food Project）”“人民杂货店（the People's Grocery）”以及其他更多组织正在改变着食物系统。

设计师在这场从下至上的运动中扮演的是什么角色呢？黛博拉·格雷格（Deborah Greig）和欧文·泰勒（Owen Taylor）是城市农民、教育家以及本地食物的拥护者，正如PS1中我对他们有关Work AC装置的采访中所表明的，在当地的食物社区中设计师和规划师对城市农业投入了有限的热情，今天早上尼娜·玛利亚·李斯特（Nina-Marie Lister）为我们概述了设计师和规划师的机会。我们可以把城市中间隙的空间在地图上标示出来并促进从下至上的、以社区为基础的系统的发展。但是，难道这就是设计师和规划师能做的全部？我们还能做得更多么？

由伊拉娜·科恩（Ilana Cohen）发表于下午2:00

我不得不反对伊拉娜在第一次专题讨论会上的言论以及马修（Matthew）所说的“生态是一个近于生存实践的问题”的描述。事实上我觉得第一次专题讨论会有种加强克温特后面称为“假二分法（false dichotomy）”概念的趋势，在我看来极大地否定了它的价值，只展现了截然相反的梭罗对于自然和城市的概念走得有多深。另一方面，在主题演讲中，我希望在这次会议上能提出的许多问题包括从资本的角色到展现自然/城市双重奏的替代选择。

作为记录会议的唯一一个规划师，我不得不承认我有点担心，本次会议的主题应该是特别关于城市的，而我可能将以一个建筑师和文学评论家的角度去写。对那些一直研究城市的人而言，有时建筑师关于城市主义的陈述看起来是极度缺乏经验的。且不论雷姆·库哈斯（Rem Koolhaas）对明星建筑死刑的（公认的）讽刺，但我对他汇报的细微之处和深度印象极为深刻，还有他思路清晰的在建筑和城市尺度间的自由切换。

我只看了加州科学院一眼就非常喜欢它，还有“我们太常把‘文字绿化等同于’生态可持续性”的描述。最近我看了一个项目，它以“绿化”城市为目标，其中包含了阿尔伯克基（Albuquerque）一个公园中北美植物的重要介绍。是的，可能绿色会充盈，但只有花费巨大的环境代价来为其创造必要的生态系统才可能让其在那种气候下存在。正如库哈斯所说，这就是“我们已习惯了的人造之物”。

由扎克·洛克雷姆（Zakcq Lockrem）发表于下午1:30

被排除的第三种可能

我们不断地讨论城市——自然二分体其实是在哀悼被我们排除的第三种可能性。几乎任何东西都可以被框定为一个排除了第三种可能性的辩证选择。这就是后启蒙运动对作品的思考方式。桑福德·克温特在他对这个基调的公开发言中强调，在科技以及自然方面被“假二分法”排除的事物不亚于“社会和文化维度”本身。而我认为，与之相反，今天的生态学是一种生存实践的典型途径，甚至连科学主义者和嬉皮士最终都在用有限的技术与自然的二分法手段解决生态问题。这个问题是一个可行性的问题：以科技的或者自然主义者的视野下产生的结果，在我们的自由/资本主义的世界里是可以实现的，然而一个“存在主义生态”产生了未被建造的乌托邦。我认为桑福德所指出的盲点实际上是不存在的；稍微挖掘一个技术官僚和嬉皮士环境主义者，你就会发现一个深奥的生态学家的敏感性。

雷姆·库哈斯提出了一种坚决混合的生态学解释。他的论调纳入了一个对“合理进程”的描述和一个对“灾难”的描述，它们中的任意一项都包含了一个社会/文化维度。库哈斯对第三种可能性的排除是知识与野心的配对。在与非正式建筑师一起工作方式下的“知识的灾难性效果”令他感到悲哀，这发生在20世纪70年代后的市场经济发展时期。

在20世纪60年代得到发展的生态学的量化方法尚未超越一个动人的稚嫩阶段。实施大型项目的野心在同一时期剧减，这种野心伴随着以巴克明斯特·富勒（Buckminster Fuller）的项目为例证的严重的生态影响。桑福德和库哈斯都在用一种方式争论，这种方式确立了他们自身的位置，他们中的一个作为与非正式交叉的正式从业者，另一个则作为理论家致力于生态科学的特定社会和文化维度。

由马修·艾伦（Matthew Allen）发表于上午11:20

当日佳句

这里记录了当天进程中的两则语录，完全脱离上下文，意在有几分挑衅可又能让人一笑：

“可持续城市主义不该意味着是有钱白种人的绿色城市。”

——丽萨贝斯·科恩（Lizabeth Cohen）

“好的城市应该像是法式奶酪。闻起来越臭，吃起来越香。”

——霍米·巴巴（Homi Bhabha）

我觉得在这周末会议的公开专题讨论会中，可持续、绿色和生态几个专业术语可以非常随意地互换的情况让我觉得很有意思。不同的讨论组成员依据各自的目的选择不同的术语，而在这个精彩的多学科间的专题讨论会中有众多议题和空间。这些术语在意思上完全相同吗？如果不是，它们之间的区别是什么？是不是一个比另一个包含得更多？还有要为一种新的城市主义明确一个清晰的议题，这种不同的对话有用吗？或者说要给某种和生态都市主义一样定义（抽象的东西）一个单一的议题是不可能的?

至于那个法式奶酪的评论，当然它让人觉得恶心，它仍然以城市的浪漫标签给我触动。发臭的城市可能比不毛之城或者“死城”更复杂、含蓄得更让人激动人心（顺便说一句，桑福德·克温特（Sanford Kwinter）今晚刚刚“杀”了纽约），但不正是这类让人激动的事把它引向了一个让游客窥探他人隐私并且鼓励那种将城市作为专门窥探他人隐私和缺点之地的观点吗？可能纽约在20世纪70年代比今天更“有活力”，有一些很好的理由让我们可以怀念那个时代，但是我必须说在一个空气更清新无味的城市中，生活的质量会更好。就个人而言，我的父母（老纽约城的居民）更乐意看到坊间青楼变成公寓套间，还有地铁24小时都很安全。可能这个城市更加不毛，但是我们不应该忘记不毛也有它的魅力。

由伊拉娜·科恩（Ilana Cohen）发表于凌晨1:42

2009年4月2日，周四

“挑战眼球的景观”

虽然在技术层面上这不是会议的一部分，但是我觉得在会议开始之前，在今天举行“挑战眼球的景观”系列的第一次对话相当合适。当下景观设计学的实践、研究和汇报问题必须在各个层面上都考虑到生态，而这个事件则是一个令人兴奋的本周末的前奏。

盖里·希尔德布兰德（Gary Hilderbrand）和克里斯·里德（Chris Reed）关于城市环境下生态的经济价值的对话，说明了规定生态系统服务功能的价值一直升值，以及城市生态在城市中能扮演提供基础设施角色的潜力。正如盖里今天下午暗示的那样，行道树不只是一棵树，更是我们的城市、新鲜空气、碳封存、减少城市热岛效应，还是为城市提供其他数不尽的环境和经济利益的一个重要元素。的确，因为充满树的城市会是一个更宜居生态的城市。克里斯提到景观作为水过滤途径的潜力，并且能比传统的土木工程系统更低成本又更具吸引力。在他们所举的例子中，景观作为一种基础设施是一种能很好地融入更抽象的生态都市主义中的点子。景观总是包含了生态。所以遵循越多已有的景观就越生态。因此，景观基础设施应该成为生态城市的一个基本组成部分。

我喜欢这个展览，还有通过这个会议所发现的东西产生一种观念，即生态都市主义包含的不止是这种将景观作为基础设施的方法，还有这种方法必须先于景观。如果多学科之间更交融包含，那么他们便会说不是只有我们这些做景观的家伙们能绿化城市，你不用为了成为这个运动的一部分而假装自己是个景观设计师。关于这个展览我能确定的是生态都市主义对城市在各个尺度上都会产生影响的设计，我们应当师法自然并且/或者按照它本身的原则做。这很令人兴奋。

由伊拉娜·科恩（Ilana Cohen）发表于下午6:24

我刚刚看到一份展览指南，读到其中一行文字说：“城市主义很明显已不是城市的独家领域……”这句话是什么意思？是罗曼·波兰斯基（Roman Polanski）关于唐人街所说的意思吗？正如伊拉娜所指出的那样，那是为什么在一个生态都市主义的展览中会有一把椅子和一副棺材的原因吗？

由扎克·洛克雷姆（Zakcq Lockrem）发表于下午3:43

当生态主义的乐观让步于恐惧之时

2009年3月31日，周二

围绕着生态以及生态能如何影响设计的讨论经常变为一场关于资源效率和经济的讨论。我们尝试利用最新技术去设计更高效的建筑和城市。希望通过节约资源，能更长久地维持我们的生活方式并能生产更多东西。换句话说，降低成本以最终获得更多利益。为效率而设计的城市需要"理性的"系统，在这里一切人和物都按照某种标准做出一些有利的事。在这个展览中，阿特里尔·凡·利斯豪特工作室（Atelier Van Lieshout）以此为前提为我们展示了"奴隶城市（Slave City）"。最开始可能是一个有利的系统会变成另一种邪恶的环境，美好的社会会让位于地狱般的社会。我很惊讶在展览中能看到这个项目。它就像一封预先写好的对那些过度设计的控诉书。虽然我们知道没人会做得那么过分，因为还等不到我们那么过分时地狱般的社会就会降临。

这就是为什么当我见到就在"奴隶城市"之前的"可感知的城市（Senseable City）"实验室的作品时，我会更加吃惊。别误解我，我喜欢他们的作品，但是不得不承认我感到害怕。例如，我不确定对于政府办公室拥有能监控我的自行车或手机的技术，我是否感到舒心。今天城市研究的酷炫工具就是明天用来跟踪异议的方法。

当生态设计（不管它是什么意思）的讨论继续的时候，似乎隐私、对科技的合理利用，甚至自由问题都将不得不加入对效率的讨论中来。此外，生态设计应该包含一个更大的社会议题，使其不仅仅只是一个市场和政治的工具。或者正如《托盘》电子杂志社论所说的：生态公司。

由奎里安·雷亚诺（Quilian Riano）发表于早上11:55

两个问题：生态都市主义与景观都市主义有什么区别？总之什么是城市主义？

我认为城市主义指的是一个城市（广义上或大尺度上）。那不是暗示要对城市采用巨大的干预——战略式的插入城市也是城市主义——但它的确暗示着要在一个城市的尺度上检验设计。

这个展览相当具有挑衅色彩，它暗示了一把椅子的设计是城市主义。一副棺材的设计也是。景观都市主义不会说椅子和棺材。这就是区别吗？

由伊拉娜·科恩（Ilana Cohen）发表于晚上10:01

供稿人

自2006年以来，**伊纳基·阿瓦洛斯（Iñaki Ábalos）**就开始经营他位于马德里的工作室——Ábalos建筑事务所，并与阿瓦洛斯与圣德克维建筑事务所（Ábalos + Sentkiewicz）的雷娜塔·圣德克维（Renata Sentkiewicz）合作，伊纳基·阿瓦洛斯在2008年时任哈佛大学设计学院丹下健三教席教授（Kenzo Tange Professor）。

自我管理建筑工作室－阿特里尔建筑工作室（The Atelier d'Architecture Autogérée）（Studio for Self-managed Architecture, AAA）是由康斯坦丁·伯特古（Constantin Petcou）和迪奥纳·波特苏（Doina Petrescu）于2001年创立的，它引领了当代城市中对都市转变及新兴文化、社会和政治实践的探索、活动以及研究。这个集体包括了建筑师、艺术家、城市规划师、景观设计师、社会学家、学生以及普通居民。

D.米歇尔·亚丁顿（D. Michelle Addington）是耶鲁大学的建筑学副教授，她曾与美国国家宇航局NASA合作，也与制药业的杜邦公司合作过，同时拥有哈佛大学设计学院、天普大学和杜兰大学的学位的她最近与人合作出了一本《建筑中的智能材料与技术》（*Smart Materials and Technologies for the Architecture and Design Professions*）。

成立于1946年的**奥雅纳（Arup）**公司因悉尼歌剧院以及后来巴黎蓬皮杜中心的设计而闻名，奥雅纳最近期的项目是2008年北京奥运会，它传达创新及可持续性的设计重构了建成环境，以此更加确立了自己的盛誉。

凯·阿斯金斯（Key Askins）成为地理学家是件很偶然的事情，她目前在诺桑比亚大学教书、做研究和参加竞选，她也十分热衷于社会及环境公平的问题。

鹿特丹的**阿特里尔·凡·利斯豪特工作室（Atelier Van Lieshout, AVL）**，由艺术家乔珀·凡·利斯豪特（Joep van Lieshout）创办，涉足涵括了装置、设计、家具以及建筑的多学科艺术实践。阿特里尔·凡·利斯豪特这个名字强调了艺术工作不仅仅来自于乔珀·凡·利斯豪特本人，而是由一个有着艺术家、设计师和建筑师的创意团队创作的。

巴塞罗那城市生态机构（The Barcelona Urban Ecology Agency）（BCN Ecologia）创立于2000年，是由巴塞罗那市议会、大都会水务及废物处理体系（The Metropolitan Water Services and Waste Treatment Body）和巴塞罗那省议会共同组成的政府联合体。这个组织的创办是为了重新构想城市并将都市管理尽可能地推向可持续发展。

亨利·巴瓦（Henri Bava）、迈克尔·哈斯勒（Michel Hoessler）和奥利佛·菲利普（Oliver Philippe）在1986年成立了法国岱禾景观事务所（Agence Ter）。从卡尔斯鲁厄大学起，他就是建筑学院景观协会的领头人。2000年他在卡尔斯鲁厄创办了岱禾景观所德国分部，现在他指导着法国和德国的项目。

尤里奇·贝克（Ulrich Beck）是慕尼黑大学的社会学教授，1997年起担任伦敦经济政治学院的英国社会学杂志百年访问教授。他是《社会世界》（*Soziale Welt*）杂志以及苏尔坦普出版社出版的第二现代系列的编辑。他的兴趣集中在风险社会、全球化、个体化、自反性现代化以及世界主义等话题方面。

皮埃尔·贝朗格（Pierre Bélanger）是哈佛大学设计学院的副教授，他的学术研究以及公共工作注重规划、设计及工程的相关领域中的景观与基础设施的结合，贝朗格最近出版的书包括《景观基础设施》（*Landscape as Infrastructure*）（2009）、《分解景观》（*Landscapes of Disassembly*）（2007）、《合成表面》（*Synthetic Surfaces*）（2007）。

乔希·伯斯（Josh Bers）是美国雷神BBN技术公司先进网络业务部门的高级工程师。他的专业经验及兴趣是分布式系统和多模式人机界面领域。具体的应用领域包括了嵌入式口语界面、移动机器人团队，无线自组网络，传感器网络以及网络管理系统。

霍米·K.巴巴（Homi K.Bhabha）是哈佛大学英美文学与语言学讲座教授、哈佛大学英文系人文学科安妮·F.罗森伯格教席教授（Anne F. Rothenberg Professor）、哈佛人文中心主任，以及伦敦大学人文系的特聘客座教授。他的《文化的定位》（*Location of Culture*）是劳特利奇经典系列之一，该系列还包括了"住宅的衡量"以及"叙述的权利"。

艾瑟夫·巴德曼（Assaf Biderman）在麻省理工学院教书，他是感知城市实验室的副主任。拥有物理学和人机互动专业背景的他专注于全球城市管理和工业界的合作，探索如何将小型化和分布式技术运用到创造更可持续未来城市中去。

斯蒂凡诺·波尔里（Stefano Boeri）是国际发行杂志《Abitare》的总编辑，曾任《Domus》杂志主编。他是米兰理工学院程式设计的教授，也是哈佛大学设计学院、麻省理工学院和荷兰贝尔拉格学院的客座教授。他位于米兰的博埃里工作室在城市设计和建筑领域十分活跃。

安德里亚·布兰兹（Andrea Branzi）是米兰理工大学建筑与工业设计第三方教职工教授。1964年至1974年他是阿卡佐蒙联合会（Archizoom Associati）的合伙人，自1967年他开始从事于工业和研究设计、建筑、城市规划、教育以及文化宣传。

吉莉安娜·布鲁诺（Giuliana Bruno）是电影与视觉文化学者，也是哈佛大学视觉与环境研究教授。她探究电影与空间设计和视觉艺术的共通之处。她的《简和路易斯威尔逊：自由无名英雄纪念碑》（*Jane and Louise Wilson: A Free and Anonymous Monument*）一书对特纳奖的提名者多屏幕艺术的安装进行了检验。

劳伦斯·布伊尔（Lawrence Buell）是哈佛大学美国文学的鲍威尔·M.卡伯特教席教授（Powell M. Cabot Professor）。他是《论未来环境：环境危机与文学想象》（*The future of Environmental Criticism*）一书的作者，并与宋惠慈（Wai Chee Dimock）一起担任《地球的阴影：作为世界文学的美国文学》的主编。

白瑞华（Raoul Bunschoten）是Chora建筑与城市规划事务所的负责人，也是德国杜塞尔多夫应用科学大学的城市系统学教授，同时他也是德国城市建设部在城市设计中的可持续城市规划及能源效率问题方面的顾问。

阿曼德·卡伯耐尔（Armando Carbonell）是哈佛大学设计学院的设计评论家以及位于剑桥的林肯土地政策研究院规划与都市形态部门的主席。他也是《智能增长：形式与结论》（*Smart Growth: Form and Consequence*）期刊的主编，纽约城市设计论坛以及哈佛罗博学者环境研究基金会的成员。

维姬·程（Vicky Cheng）在过去的7年时间里都在环境建筑和城市设计领域作研究，并获得了建筑服务工程学位。她目前在剑桥大学以及剑桥建筑研究有限公司从事研究和咨询项目的工作。

丽萨贝斯·科恩（Lizabeth Cohen）是哈佛大学美国研究的琼斯教席教授（Howard Mumford Jones Professor）和历史系主任，她的《一笔新的交易：1919—1939年的芝加哥产业工人》（*Making a New Deal: Industrial Workers in Chicago*，1919—1939）专著获得了班克洛夫特奖并入围普利策奖。目前她正着手写作《拯救美国城市：爱德·罗格以及郊区化时代美国城市更新的斗争》（*Saving America's Cities: Ed Logue and the Struggle to Renew Urban America in the Suburban Age*）一书。

普雷斯顿·斯科特·科恩（Preston Scott Cohen）是哈佛大学设计学院建筑系麦丘教席教授（Gerald M. McCue Professor）及建筑系主任，他的公司普雷斯顿·斯科特·科恩建筑事务所（Preston Scott Cohen, Inc.）位于马萨诸塞州的剑桥，所涉及的项目小到住宅，大到教育文化型机构。最近的一个委托包括了中国南京大学仙林校区的学生活动中心（2007—2009年）。

维丽娜·安德马特·康莉（Verena Andermatt Conley）在哈佛大学教罗曼斯语、罗曼斯语文学和比较文学。她出版的书籍有《埃伦娜·西苏：书写女性》（*Hélène Cixous: Writing the Feminine*）以及《生态政策：后结构主义关心的环境》（*Ecopolitics: The Environment in Poststructuralist Thought*）目前她正着手完成的稿件名为《空间小说：主体性，68年后法国文化理论中的城市和国家》（*Spatial Fictions: Subjectivity, the City and the Nation-State in post-68 French Cultural Theory*）。

库克＋福克斯建筑事务所（Cook+Fox Architects）是纽约的一家专注于探索可持续性美学及整合高性能设计的获奖工作室。这家公司所做的项目涉及任何尺度，并从根本上去反思建筑与人和自然环境间的互动。

利兰·D.科特（Leland D. Cott），美国建筑师协会院士，是哈佛大学设计学院城市设计的兼职教授、Bruner/Cott建筑事务所的主要创始人，他的设计被广泛出版并获得了超过50个地方和国家的奖项。他也是波士顿建筑师协会的前任主席。

玛格丽特·克劳福德（Margaret Crawford）是加州伯克利大学的建筑学教授，曾任哈佛大学设计学院城市设计与规划理论的教授。她的著作有《建造劳动者的天堂：美国企业生活区设计与都市里的日常生活》（*Building the Workingman's Paradise: The Design of American Company Towns and Everyday Urbanism*）。

出生于意大利的**马里奥·苏斯奈拉**（Mario Cucinella）1987年毕业于热那亚大学建筑系，在1992年和1999年分别在巴黎和博洛尼亚成立了马里奥·苏斯奈拉建筑事务所。他的工作主题集中在环境规划和建筑可持续性上，马里奥·库契纳拉也投身于工业设计产品的研究、开发以及教学之中。

迪利普·达·库尼亚（Dilip da Cunha）是建筑师和城市规划师，也是宾夕法尼亚大学和帕森斯设计学院的客座教授，他和阿努拉达·马瑟（Anuradha Mathur）合著了《密西西比河洪水：动态景观的设计》（*Mississippi Floods: Designing a Shifting Landscape*）、《横贯德干：班加罗尔地形的塑造》（*Deccan Traverses: the Making of Bangalore's Terrain*），以及《渗透：河口区的孟买》（*SOAK: Mumbai in an Estuary*）。

费尔南多·德·麦罗·弗朗哥（Fernando de Mello Franco）在1990年成立了MMBB建筑事务所，目前是圣约达斯·塔代乌大学的教授。他获得了2007年鹿特丹国际建筑双年展的"最佳入围奖"，也是2008年德意志银行奖设立的"城市时代奖"的评审团成员之一。他参与策划的展览有2006年威尼斯双年展的"圣保罗：网络与场所"。

皮埃尔·德梅隆（**Pierre de Meuron**）是哈佛大学设计学院建筑学的亚瑟·罗奇设计评论家（Arthur Rotch Design Critic），也是赫尔佐格和德梅隆建筑事务所（Herzog &de Meuron）的创办人之一。他还是瑞士联邦理工巴塞尔现代城市工作室的共同创办人。赫尔佐格和德梅隆建筑事务所获得的奖项有普利策建筑奖和英国皇家建筑师协会金奖。最近的项目是北京2008年奥运会的国家体育馆。

加雷斯·多尔蒂（**Gareth Doherty**）是哈佛大学设计学院的设计候选博士，他的论文是关于巴林岛当代景观与都市主义的人种学研究，他获得了谢尔顿旅行奖学金后，在2007—2008年期间一直待在巴林岛，他获得了哈佛大学杰出教学证书，也是《新地理》（*New Geographies*）的创始编辑。

赫伯特·德莱赛特尔（**Herbert Dreiseitl**）在英格兰、挪威和德国接受过艺术教育，1980年由于被水、建筑、环境和艺术激发灵感，他成立了德国戴水道设计公司。他很欣慰能继续和多种合作伙伴合作，从当地工匠到如福斯特建筑事务所的著名建筑师们。

兹格·卓多斯基（**Ziggy Drozdowski**）自2004年在霍伯曼联合事务所工作，目前的职位是技术指导。他的工作范围从运算设计和建模到运动控制系统的特殊化和实现。拥有库伯联盟学院工程学士学位的他专注研究电气工程以及声学。

安德烈斯·杜安尼（**Andr é s Duany**）是段尼·普拉特－泽别克公司（Duany Plater–Zyberk & Company）（DPZ）的主要创始人。他是新都市主义的领导者，段尼·普拉特－泽别克公司已经完成了将近300个新城镇设计、地区规划以及社区重生项目了。杜安尼的出版物包括了《郊区的国家：蔓延的兴起和美国梦衰退》（*The New Civic Art and Suburban Nation: The Rise of Sprawl and the Decline of the American Dream*）。

在成立BDa之前，**比尔·邓斯特**（**Bill Dunster**）在迈克尔·霍普金斯公司（Michael Hopkins and Partners）（MHP）工作，他在获得了MHP最后的一个项目是诺丁汉大学新校区单元的设计，获得了2001年斯特灵奖的可持续奖。比尔发展并细化了保得利大厦的环境策略以及立面设计。在1995年他建造了一个低能耗生活／工作单元的雏形—希望之屋”Hope House”。

马克·德怀尔（**Mark Dwyer**）是建筑师和城市设计师，拥有哈佛大学设计学院城市设计的建筑硕士学位的他也曾就读于宾夕法尼亚大学。在加入大都会基金会（Fundación Metr ó poli）（2009年）之前他也是恩里克·诺尔滕（Enrique Norten）在纽约工作室的合伙人。

克劳迪娅·帕斯奎罗（Claudia Pasquero）和马克·波勒托（Marco Poletto）是**生态逻辑工作室**（**ecoLogicStudio**）的董事，也是伦敦建筑联盟学院的联合硕士。生态工作室最近完成了米兰卡鲁加泰的一个购物中心的生态屋顶、塞内加尔的一个大型尺度的系统总体规划，都灵轻墙体住宅以及奇列一个的图书馆内部设计。

城市生态系统建筑设计事务所（**Ecosistema Urbano**）专注于研究将可持续发展理解为创新及兴趣源泉的新项目。他们已经获得了一些国际奖项，工作也得到了广泛的出版和展出。目前他们正参与的项目是名为“城市界面”（URBAN INTERFACE）的2010年上海世博会都市提案。

艾米·C.爱德蒙森（**Amy C. Edmondson**）是领导与管理学诺华教授以及哈佛商学院技术与运营管理部的共同负责人。在20世纪80年代她是巴克敏斯特·富勒建筑与发明事务所（architect/inventor Buckminster）的首席工程师，她所著的《富勒设计详解》（*Fuller A Fuller Explanation*）一书阐明了富勒对非技术性读者在数学方面的贡献。

大卫·爱德华兹（**David Edwards**）是哈佛大学生物医学工程教授，也是位于巴黎的艺术设计中心——脑库Le Laboratoire的创办人。他是美国及法国国家工程院成员、法国艺术及文学骑士勋章获得者。

苏珊·S.费恩斯坦（**Susan S. Fainstein**）是哈佛大学设计学院城市设计学教授，她的研究与教学主要关注都市发展中的政治与经济、旅游业、城市与社会比较政策、规划理论以及性别与规划的问题。她的著作有《规划理论读本》（*Readings in Planning Theory*）以及《城市与观光客》（*Cities and Visitors*）。

西尔·特里·法雷尔（**Sir Terry Farrell**）CBE是英国政府在泰晤士河口计划中规划与愿景的首席顾问，也是伦敦市长在伦敦郊区委员会的建筑规划顾问。他是伦敦UCL大学规划系的规划学教授。

亚历山大·J.费尔逊（**Alexander J. Felson**）拥有耶鲁大学林业与建筑学院联合教师席位。他的研究与实践将生态试验与城市设计结合起来分析并形成都市生态系统。他执行的“设计的试验”包括长期的生态研究项目，这个项目通过百万绿树计划（Million Tree Project）贯穿了整个纽约城。

理查德·T.T.福尔曼（**Richard T.T Forman**）是哈佛大学景观生态学PAES教授，也是哈佛大学设计学院的教员。作为景观生态学与道路生态学之父，他在都市区域生态与规划学的出现中扮演了重要的学术角色。

克里斯汀·弗雷德里克森（**Kristin Frederickson**）

在美国马萨诸塞州沃特敦的RHA事务所（Reed Hilderbrand Associates），她以优等成绩获得了威廉姆斯学院英文及室内艺术的艺术学士学位，也以优异的成绩获得哈佛大学设计学院的景观设计硕士学位，在那里她获得了查尔斯·艾略特旅游奖学金。

杰拉尔德·E.弗拉格（**Gerald E. Frug**）是哈佛法学院的刘易斯·D.布兰地教席教授（Louis D. Brandeis Professor）。他的专长是地方政府法律，同时他也是《城市纽带：美国如何扼杀了城市创新》（*City Bound: How States Stifle Urban Innovation*）（2008, with David Barron）和《城市的形成：建立社区而非高墙》（*City Making: Building Communities without Building Walls*）（1999）两本书的作者。

彼得·盖里森（**Peter Galison**）是哈佛大学佩里格雷诺驻校教授（Joseph Pellegrino），他编著的书有《实验如何终止》（*How Experiments End*）、《图像与逻辑》（*Image and Logic*）以及《爱因斯坦的时钟》（*Einstein's Clocks*）。与他

人联合制作的两部纪录电影：《终极武器：氢弹的困境》（*Ultimate Weapon: The H-bomb Dilemma*）以及《机密》（*Secrecy*）曾在2008年圣丹斯电影节上首映。

爱德华·格莱泽（Edward Glaeser）是哈佛大学经济学格林普教席教授（Fred and Eleanor Glimp Professor），也为国家及地方政府担任塔博曼购物中心的董事，大波士顿拉帕波特协会（Rappaport Institute）的负责人。他研究城市经济和地理的相邻性在创造知识及革新中起到的作用。

肖·古塔（Shawn Gupta）目前与伦敦的标赫公司（Buro Happold）的幕墙工程小组一起工作，他拥有宾夕法尼亚大学材料科学工程学士学位以及洛杉矶的加利福利亚大学建筑硕士学位。

苏珊娜·哈根（Susannah Hagan）是R/E/D（Research into Environment+Deisgn）工作室的负责人，也是布莱顿大学建筑系教授，她是皇家文艺学会以及城市设计论坛成员，出版的书籍有《正在成型：建筑与自然的新合约》（*Taking Shape: The New Contract between Architecture and Nature*）。

雅克·赫尔佐格（Jacques Herzog）是哈佛大学设计学院建筑学的亚瑟·罗奇设计评论家（Arthur Rotch Design Critic），也是赫尔佐格和德梅隆建筑事务所（Herzog &de Meuron）的创办人之一。他还也是瑞士联邦理工巴塞尔现代城市工作室的共同创办人。赫尔佐格和德梅隆建筑事务所获得的奖项有普利策建筑奖和英国皇家建筑师协会金奖。最近的项目是北京2008年奥运会的国家体育馆。

桑迪·希拉勒（Sandi Hilal）建筑系毕业，现在是联合国难民救济及工程局（UNRWA）位于约旦河西岸地区的营地改善部门的负责人，她是巴勒斯坦国际艺术学院的客座教授以及建筑非殖民化（Decolonizing Architecture）项目的联合策展人，在2006年她获得了里雅斯特大学日常生活交界政策的研究性博士学位。

盖里·修德布兰德（Gary Hilderbrand）是哈佛大学设计学院景观设计的兼职教授，也是里德·修德布兰德公司（Reed Hilderbrand Associates, Inc.）的负责人。修德布兰德曾在《哈佛设计杂志》（*Harvard Design Magazine*）担任编辑顾问，也曾是空间创作出版社的咨询委员会成员。他被选为2001年ASLA委员会成员，也是罗马的美国学会的成员。

查克·霍伯曼（Chuck Hoberman）是霍伯曼联合事务所的创始人，他目前正在参与的建筑项目有关创造新一代的适应性建筑。他的作品在纽约现代美术馆展出，在2009年时霍伯曼也是哈佛大学仿生适应性建筑的威斯奖获得者。

迈克·霍德森（Mike Hodson）于2003年作为研究员加入了英国萨尔福大学的可持续都市及区域未来中心。他的研究兴趣集中在城市－区域过渡、低碳经济、使这些概念可能实现或不可能实现的途径以及在学习过程中对课程的理解。

沃尔特·胡德（Walter Hood）是加州伯克利大学景观设计系的教授及前主席，也是加州**Hood设计事务所（Hood Design）**的负责人，他的工作涉及建筑、城市设计、社区规划、环境艺术以及研究。目前他正在研究并撰写一本名为《都市景观：美国景观类型学》（*Urban Landscapes; American Landscape Typologies*）的书。

张洹（Zhang Huan）在上海和纽约生活工作，最近的个人展包括了纽约佩斯·怀登斯坦画廊（Pacewildenstein NY），伦敦白立方画廊（White Cube），伦敦、柏林及苏黎世的鹿腿画廊（Haunch of Venison）以及亚洲协会。作为导演及布景设计师，他的第一个歌剧塞墨勒（Semele）正在布鲁塞尔的皇家马内歌剧院上演。

多罗泰·伊姆伯特（Dorothée Imbert）是哈佛大学设计学院景观设计系的副教授，她的著作包括《在花园与城市间：与景观现代主义》（*Jean Canneel-ClaesBetween Garden and City: Jean Canneel-Claes and Landscape Modernism*）以及大量论文。

唐纳·E.因格贝尔（Donald E. Ingber）是哈佛大学威斯研究所生物启发工程的主任。他的工作开拓性地证明了张拉整体构造作为一个基本原则，控制了生命细胞与组织如何在纳米尺度下进行建构，并激发了新一代的生物学家、工程师以及纳米技术科学家们。

由朱利安·德·斯曼特（Julien de Smedt）创办并负责的**JDS建筑事务所（JDS Architects）**，在哥本哈根、布鲁塞尔及奥斯陆都设有工作室。最近他们获得了鹿特丹－马斯坎特奖。JDS建筑事务所的建筑与设计从大尺度规划一直到家居设计，专注于将实际和理论问题持续的研究与分析变为设计的驱动力。

在全球各城市展出"奏响我，我属于你"（Play me, I' m yours）的同时，**卢克·杰拉姆（Luke Jerram）**还创作雕塑及装置艺术。他目前的身份是艺术家也是南安普敦大学的研究人员，在那儿他设计了"风神埃俄罗斯"（Aeolus），这是一个风声展馆。

米歇尔·乔希姆（Mitchell Joachim）是哥伦比亚大学以及帕森斯设计学院的教员。他被连线杂志选为"2008年度聪明人列表：下任总统需要聆听的15人"，同时他是最近被《滚石杂志》评选的"改变着美国的100人"之一。

艾迪·喀什（Ed Kashi）是一名摄影记者和电影制片人，他同时也是一个投身到记录决定我们时代的社会政治问题的教育家。敏锐的眼光以及和调查对象的亲密的关系是他工作的特点，卡什复杂的图像因其对人类处境引人注目的表现力而得到认可。

亚伦·凯利（Aaron Kelley）是宾夕法尼亚大学设计学院城市与区域规划的硕士研究生，他本科获得的是地理学学士学位。艾隆与大都会基金会正合作参与一些实施的项目及出版之中。

希拉·肯尼迪（Sheila Kennedy）是麻省理工建筑实践教授，肯尼迪及维奥利奇建筑事务所（Kennedy & Violich Architecture Ltd.）（KVA）的主席，也是MATx事务所的设计总监。肯尼迪常出现在《经济学人》《华尔街日报》以及《纽约时报》上，对她工作的报道也出现在BBC国际新闻及CNN主流之声中。

劳瑞·克尔（Laurie Kerr）致力在纽约市长期规划与可持续性市长办公室工作，她正致力于与建筑相关的城市温室气体排放政策以及建筑绿化的法规。她的建筑批判主义也出现在《华尔街日报》《石板》以及《建筑实录》杂志上。

尼尔·柯克伍德（Niall Kirkwood）是哈佛大学设计学院景观设计与技术教授，自1992年他就开始在此执教，从2003年到2009年他时任景观设计系主任。他最近的出版物有《制造场地：后工业景观的反思》（*Manufactured Sites: Rethinking the Post-Industrial Landscape*）。

雷姆·库哈斯（Rem Koolhaas）是大都会建筑事务所OMA的联合创立者，也是哈佛大学的教授，他在这里进行了一个城市研究项目。库哈斯与OMA获得了普利策建筑奖以及英国皇家建筑师协会金奖。库哈斯也是欧洲外交关系理事会及欧盟检讨小组成员。

亚历克斯·克里格（Alex Krieger）是美国建筑师协会院士、哈佛大学设计学院教授以及城市规划设计学院临时院长。他的出版物包括了《城市设计》，并与他人合作编辑了两期《哈佛设计杂志》。他是位于美国马萨诸塞州剑桥的Chan Krieger Sieniewicz （CKS）公司创办人。

南希·克里格（Nancy Krieger）是哈佛大学公共卫生学院的社会、人类发展与卫生学教授，也是哈佛大学公共卫生学院女性、性别及健康社会科学联合主任。克瑞格博士是《不平等的体现：流行病学视角》（*Embodying Inequality: Epidemiologic Perspectives*）的作者。

桑福德·克温特（Sanford Kwinter）是哈佛大学设计学院的建筑理论及批判教授。他的著作有《远离均衡：技术和设计文化及挽歌随笔：世纪之交的城市》（*Far From Equilibrium: Essays on Technology and Design Culture and Requiem: For the City at the Turn of the Millennium*）。目前他正在写一本关于非洲及其原始形态的书。

布鲁诺·拉图尔（Bruno Latour）是巴黎政治学院的教授，在组织社会中心CSO担任研究副主任。他也是《自然的政治：如何将科学带进民主》（*Politics of Nature: How to Bring the Sciences into Democracy*）以及《法律的构成：法国国务院的民族志》（*The Making of Law: An Ethnography of the Conseil d' Etat*）两书的作者。

设计师**马修·雷汉尼**（Mathieu Lehanneur）在巴黎生活、工作，他2001年毕业于法国国立高等工业设计学院并建立了一个致力于工业设计及建筑室内的工作室。他的项目中有一些是博物馆的永久藏品，其中包括了纽约现代美术馆、巴黎当代艺术中心以及巴黎装饰艺术博物馆。

尼娜·玛利亚·李斯特（Nina-Marie Liste）是加拿大多伦多的瑞尔森大学城市区域规划专业的副教授。她也是plandform创意工作室的创办人，这个工作室实践探索景观、生态以及城市主义之间的关系。李斯特是《生态系统方法:复杂性、不确定性及管理的可持续发展》（*The Ecosystem Approach: Complexity, Uncertainty, and Managing for Sustainability*）一书的主编。

西蒙·马文（Simon Marvin）是英国萨尔福德大学可持续城市及区域未来中心主任及教授。最近他正在比较城市对经济及生态压力的反响，特别是伦敦、纽约及旧金山这几个城市。

阿努拉达·马瑟（Anuradha Mathur）是建筑师及景观设计师。她是宾夕法尼亚大学设计学院的副教授。马瑟与迪利普·达库尼亚合著了《密西西比河洪水：动态景观的设计》（*Mississippi Floods: Designing a Shifting Landscape*）、《横贯德干：班加罗尔地形的塑造》（*Deccan Traverses: the Making of Bangalore's Terrain*），以及《渗透：河口区的孟买》（*SOAK: Mumbai in an Estuary*）等书。

阿吉姆·曼吉斯（Achim Menges）是斯图加特大学教授及运算设计研究院主任。目前，他在哈佛大学建筑设计学院担任客座教授，同时也是伦敦建筑联盟新兴技术与设计MArch/MSc项目的客座教授。

威廉·J.米切尔（William J. Mitchell）是麻省理工建筑及媒体艺术科学的亚历山大·德瑞弗教席教授（Alexander Dreyfoos Professor），他指导了麻省理工媒体实验室的智慧城市小组，也是麻省理工设计实验室的领头人。他最近的出版物包括了《想象麻省理工》（*Imagining MIT*）、《世界上最出众的建筑师》（*World's Greatest Architect*），以及即将出版的《重塑汽车》（*Reinventing the Automobile*）。

凯瑟琳·莫尔（Kathryn Moore）是伯明翰城市大学伯明翰艺术设计研究院的教授，也是景观研究院的前任院长。莫尔在《俯瞰视觉》（*Overlooking the Visual*）一书中提出对感官与智力关系进行一个激进的再评估。

森俊子（Toshiko Mori）是哈佛大学设计学院建筑实践的罗伯特·哈伯德教席教授（Robert P. Hubbard Professor），也是2002—2008年建筑系主任。她是森俊子建筑事务所的负责人，目前的工作包括纽约、康涅狄格州以及台湾的住宅设计，锡拉库扎省、水牛城和纽约的公共机构项目。

莫森·莫斯塔法维（Mohsen Mostafavi）是哈佛大学设计学院院长以及亚历山大和维多利亚·威利设计教席教授（Alexander and Victoria Wiley Professor）。他是阿迦汗建筑奖指导委员会成员，霍尔森永续营建基金会和英国皇家建筑师协会金奖评审团成员。他的著作包括《建筑表皮》（*Surface Architecture*），2002；《渐进》（*Approximations*），2002；《景观都市主义》（*Landscape Urbanism*），2004；《结构作为空间》（*Structure as Space*），2006。

MVRDV建筑事务所总部设立在鹿特丹，涉及领域有建筑、都市生活以及城市规划。创办者包括威尼·马斯（Winy Maas）、雅各布·范赖伊斯（Jacob van Rijs）和娜塔莉·德·沃瑞斯（Nathalie de Vries）。最近的项目包括了挪威奥斯陆、韩国广校中心区、法国大巴黎、中国天津和成都的城市总体规划，以及西班牙罗格诺的生态城。

埃里卡·巴金斯基（Erika Naginski）是哈佛大学设计学院的建筑史副教授。她是一位欧洲艺术建筑历史学家，对启蒙美学、公共空间理论、文化记忆、历史保护、艺术史批判传统十分感兴趣。她即将出版的书是《雕塑与启蒙》（*Sculpture and Enlightenment*）。

克里斯托夫·尼曼（Christoph Niemann）的插画出现在《纽约客》《大西洋月刊》《纽约时报杂志》以及《美国插画》的封面。尼曼也是《宠物龙》（*The Pet Dragon*）、《警察云》（*The Police Cloud*）两本儿童读物的作者。

作为建筑师及城市设计师的**克里斯汀·乌特勒姆**（**Christine Outram**），目前在智慧城市实验室当研究员，她研究的方向主要是将涌现的新技术用以处理城市内部区域的可持续性及宜居性问题。她负责的联合开放循环Copencycle项目将在《联合国气候变化框架公约》缔约方第15次会议（COP15）时展示。

PARKKIM公司**尹珍园**（**Yoonjin Park**）和**郑尹金**（**Jungyoon Kim**）于2000年获得哈佛大学设计学院景观设计学硕士学位。他们在2004年成立PARKKIM公司前都在West8公司（荷兰鹿特丹）工作并在瓦赫宁根大学教书，并在台湾集集大地震纪念公园国际竞赛中获奖。

费德里科·帕罗拉托（**Federico Parolotto**）毕业于米兰理工学院建筑学专业，他在1998年加入了系统教育Systematica，并作为交通顾问参与了很多国际项目，其中包括了本拿比总体规划、与渐近线建筑事务所合作的布拉格项目、法国灯塔楼、与墨菲西斯建筑事务所合作的巴黎项目以及与福斯特建筑事务所合作的马斯达尔项目。在2009年他与费德里克·卡萨尼（Federico Cassani）与大卫·波尔兹（Davide Boazzi）在Chain成立了MIC Mobility公司。

建筑师**亚历山大·佩提**（**Alessandro Petti**）是伦敦大学葛德史密斯学院建筑研究中心的研究员。他共同策划的项目包括了边界设施及无国家（stateless nation），他所著的书籍有2008年劳特利奇出版社出版的《迪拜异质空间及城市的近海都市主义》（*Dubai Offshore Urbanism in Heterotopia and the City*）。目前他正忙于"去殖民化地图集"的研究项目。

安托万·皮肯（**Antoine Picon**）是哈佛大学设计学院建筑与技术史的教授以及博士项目的指导者。他出版的书籍包括了《启蒙时期的法国建筑师及工程师》（*French Architects and Engineers in the Age of Enlightenment*），获得的奖项有巴黎市勋章。皮肯同时也拥有工程、建筑和历史学的学位。

琳达·波拉克（**Linda Pollak**）是玛匹拉若·波拉克（Marpillero Pollak）建筑事务所的负责人。她得到了罗马美国学会以及国家艺术基金会的奖助。作为《局内局外：建筑与景观之间》（*Inside Outside: Between Architecture and Landscape*）的合著者，他也是临街屋艺术与建筑事务所以及公共空间设计基金的董事会成员。

斯皮罗·博拉里斯（**Spiro N. Pollalis**）是哈佛大学设计学院设计、技术及管理学教授。在2007年他为整合设计而创办了为期5年的RMJM项目，同时在1997年他成立了哈佛设计信息中心。他最近出版的书包括《理解建筑服务外包》（*Understanding the Outsourcing of Architectural Services*），2007；《电脑辅助在管理建设中的合作》（*Computer-Aided Collaboration in Managing Construction 2006*）。

比尔·兰金（**Bill Rankin**）是哈佛大学的博士生，曾两次加入到建筑与科学史项目中。他的论文研究主要是20世纪的国际地图以及航海技术。

卡洛·拉蒂（**Carlo Ratti**）教授在都灵实践建筑，在麻省理工教书，也是可感城市实验室的负责人。他与人合著了超过100本科学出版物并拥有很多项专利。在2008年的世博会上，他的数字水展馆被《时代》杂志誉为"年度最佳发明"之一。

丹尼尔·瑞文·埃里森（**Daniel Raven-Ellison**）是都市地球项目的创办人。他是一个地理学家、教师、活动家以及冒险家，丹尼尔的工作是为了鼓励人们用新的方式来看这个世界。

雷伯（**Rebar**）是旧金山的一个艺术和设计工作室。雷伯的工作在各个尺度、范围以及背景间变换，因此给人一种不连续分类的感觉。至少它定位在环境实施、都市生活以及荒诞的领域之上。雷伯由马修·帕斯（Matthew Passmore）、约翰·贝拉（John Bela）、布莱恩·默克尔（Blaine Merker）以及特蕾莎·阿奎莱拉（Teresa Aguilera）管理。

克里斯·里德（**Chris Reed**）是斯托斯城市景观公司的创立者及主席，这是一家波士顿的策略设计规划实践的公司，里德是哈佛大学设计学院的设计评论家，也是宾夕法尼亚大学设计学副教授，同时也是注册景观设计师。

克里斯托弗·F. 莱因哈特（**Christoph F. Reinhart**）是哈佛大学设计学院的建筑技术学教授，以及聚焦"可持续性设计"的区域协调人。他从事日光、使用者建筑的互动以及加强设计工作流及性能指标方面的研究。他为几家编辑部工作并参与出版了超过75本的科学出版物。

杰瑞米·瑞夫金（**Jeremy Rifkin**）是马里兰州贝塞斯达经济趋势基金会的创办人及主席，他编写了17本关于科学技术变化对经济、社会及环境影响的畅销书。目前他是欧盟委员会、欧洲议会以及一些欧盟国家首脑的顾问。

保罗·罗宾斯（**Paul Robbins**）是亚利桑那大学地理发展学院的教授。他的研究集中在个体（私房屋主、猎人、专业林业工作者）与环境主体（草地、麋鹿、豆科灌木树）之间的关系，以及联系两者的组织机构。他目前在关注美国西南城市的公共管理。

马蒂耶斯·绍尔博齐（**Matthias Sauerbruch**）是柏林的索布鲁赫-胡顿建筑事务所的合伙人，他的获奖项目以其对可持续问题的高度参与性而闻名，同时也是很多展览和专著的研究对象。绍尔博齐在2008年执教哈佛大学设计学院，也是柏林艺术学院成员。

苏珊娜·塞勒（**Susannah Sayler**）是哈佛大学设计学院2009年罗博学者环境研究基金会成员，同时作为摄影师的她与爱德华·莫里斯（Edward Morris）共同创立了金丝雀项目。金丝雀项目创作视觉媒体、活动以及艺术作品来帮助公众理解人为引起的气候变化，并激励解决方案的形成。

汤姆斯·斯御夫（**Thomas Schroepfer**）是哈佛大学设计学院建筑系的副教授。他曾在李伯斯金工作室工作过，也是FuE论坛的前任编辑。他的工作被国际建筑师联合会承认。斯御夫同时拥有库柏联合学院、柏林艺术大学以及哈佛大学设计学院的学位。

路克·史奇顿（**Luc Schuiten**）将仿生学概念运用到城市尺度上，自从1995年以来路克·史奇顿工作室进行了一系列的"垂直花园"项目，将植被引入布鲁塞尔的居住空间，同时其他的项目也关“绿色”基础设施相关。史奇顿目前已经出版了三本书：《建筑树形》（*Archiborescence*），2006；*Habitarbre*，2007；《植被城市》（*Vegetal City*），2009。

马蒂亚斯·舒勒（**Matthias Schüler**）是哈佛大学设计学院环境技术学院的兼职教授。他是位于德国斯图加特的超日公司创办人及可持续性建筑顾问，同时是赫尔佐格·德梅隆建筑事务所、斯蒂文·霍尔建筑事务所、贝尼奇事务所、让·努维尔、盖里建筑事务所、墨菲/扬建筑事务所、荷兰大都会建筑事务所（OMA）以及福斯特建筑事务所的合作伙伴。他是《超日公司气候工程》（*Transsolar Climate Engineering*）的作者以及《高光地图集》Glazing Atlas的联合作者之一。

尼尔·舒尔兹（**Niels Schulz**）他在英国帝国理工学院带领能源系统公司（UES）项目团队，一直到2008年的3月转到国际应用系统分析研究所（International Institute for Applied Systems Analysis, IIASA），他在作研究学者时，同时也是德国咨询委员会关于全球变化对联邦政府问题的研究分析师（全球变化咨询理事会WBGU）。

玛莎·舒瓦兹（**Martha Schwartz**）是哈佛大学设计学院景观设计学教授，她教授的设计工作室专注于景观中的艺术表达。她位于马萨诸塞州剑桥的玛莎·舒瓦兹公司以及英国伦敦的玛莎·舒瓦兹合伙人事务所，专攻景观设计以及特定场地的公共艺术委托。

杰西·沙宾斯（**Jesse Shapins**）是城市媒体历史学家、艺术家以及理论家。他的作品在纽约现代美术馆以及其他很多国际场馆展出。他在哈佛大学设计学院的博士研究课题专注于乔奇·凯帕斯（György Kepes）、凯文·林奇（Kevin Lynch）在1955—1959年进行的都市研究实验——“城市的永恒形态”（The Perceptual Form of the City）。

德克·西蒙兹（**Dirk Sijmons**）是荷兰H+N+S景观设计事务所的联合创始人，2001年国家伯纳德王子文化奖获得者。他目前是代尔夫特理工大学环境设计学教授，他最近的出版物有《来自欧洲的问候》（*Greetings from Europe*），2008。西蒙兹是荷兰国家景观设计师（2004—2008），并获得了2007年的埃德加·东科奖。

SOA建筑事务所（**SOA Architects**）2001成立于年巴黎，它是由皮埃尔·萨赫托（Pierre Sartoux）和奥古斯丁·罗森斯提赫（Augustin Rosenstiehl）合作组成的。一系列的工作方法定义了SOA建筑的特点，这种特点也被较强美学、理论以及社会学背景突出了。SOA追求的建筑是诗意的、理想的且赋予了生活乐趣的。

理查德·索默（**Richard Sommer**）曾是哈佛大学设计学院教员和城市设计项目负责人，他最近被任命为多伦多大学丹尼尔斯建筑、景观与设计学院院长，以及建筑与都市设计学教授。

科恩·史蒂莫斯（**Koen Steemers**）是可持续性设计学教授以及剑桥大学建筑系主任。他的研究团队涉及可持续建筑和城市设计，并特别强调人在其中的感知和活动。

拜伦·斯蒂格（**Byron Stigge**）是英国标赫公司北美地区可持续性发展咨询团队的负责人。他在全球各个地方做项目，从城市尺度的可持续总体规划项目、铂金奖绿色建筑（LEED Platinum）到详细系统与立面分析项目。最近的项目包括了加利福尼亚州尔文的奥兰奇县大公园（Orange County Great Park）、印度海得拉巴的特拉普城（Tellapur City）、布拉格的CSOB银行和纽约总督岛战略规划。

约翰·斯蒂尔格（**John Stilgoe**）是哈佛大学景观发展史的罗伯特·洛伊斯·敖切德教席教授（Robert and Lois Orchard Professor）。他最近的著作是《火车时代：铁路与迫在眉睫的景观改变》（*Train Time: Railroads and Imminent Landscape Change*）、《景观与意向》（*Landscape and Images*），斯蒂尔格主要的研究对象包括国家重要基础设施、隐写术、反射占卜学、反射光学、零耗能房屋以及废弃地景观。

唐纳德·史威若（**Donald Swearer**）是哈佛大学世界宗教研究中心的主任以及神学院佛学杰出客座教授。他最近出版的书籍包括《东南亚佛学世界》（*The Buddhist World of Southeast Asia*）和《成为佛陀：泰国肖像献祭仪式》（*Becoming the Buddha: The Ritual of Image Consecration in Thailand*）。

安雅·蒂尔费尔德（**Anja Thierfelder**）是建筑师，德国斯图加特工业大学“设计入门”以及爱尔兰利莫瑞克大学的讲师。她是编辑，也是《超日气候工程公司》（*Transsolar Climate Engineering*）；一书的摄影师，自从那时起就一直与超日公司合作进行背景研究，主要是关于城市规划中的仿生学与可持续性问题。

凯伦·桑伯（**Karen Thornber**）是哈佛大学文学与比较文学学院比较文学的助理教授。《运动中的文字帝国：中国人、韩国人对日本文学的文化解读》（*Empire of Texts in Motion: Chinese and Korean, Transculturations of Japanese Literature*）（*Harvard*），2009，她最近正在编写的是《生态矛盾、生态模糊以及生态退化：东亚及世界文学环境的改变》（*Ecoambivalence, Ecoambiguity and Ecodegradation: Changing Environments of East Asian and World Literatures*）。

希希尔·道拉斯（**Sissel Tolaas**）学习数学、化学科学、语言学以及视觉艺术。她专注于嗅觉和不同科学、艺术和其他学科间的嗅觉和语言交流。道拉斯在2004年创立了以嗅觉与交流为主的柏林RE_searchLab公司，由IFF赞助（International Flavors&Fragrances Inc., New York）。

齐普提克公司由建筑师克雷格·布斯凯（Greg Bousquet）、卡罗琳娜·布埃诺（Carolina Bueno）、纪尧姆·希布（Guillaume Sibaud）和奥利维尔·拉菲利（Olivier Raffaelli）组成，自2000年起他们就在圣保罗工作，2008年在巴黎。Triptyque公司的建立是基于一个交换平台，这个平台将不同内容的形式、文化以及参与者的意见都结合起来，努力使得工作更有结合力。

迈克尔·范·瓦肯伯格（**Michael R. Van Valkenburgh**）是哈佛大学景观实践的查尔斯·艾略特教席教授（Charles Eliot Professor）。作为**迈克尔·范·瓦肯伯格景观设计事务所**的负责人，他在纽约和剑桥都有工作室，瓦肯伯格设计了很多项目，包括公园、城市和社会机构景观。

北京直向建筑设计事务所（**Vector Archi-**

tects）根据地设在北京，是由董功和张宏宇两人在2008年创立的。他们拥有建筑设计实践和房地产开发的综合经验，公司对于每个项目都会仔细考虑其中的社会、文化、历史、气候及城市文脉因素，进而追求设计的简洁与明了。

阿方索·维加拉（Alfonso Vegara）是建筑师、经济学家和社会学家，他拥有城市与区域规划的博士学位。他是非盈利组织大都会基金会的创办人兼任会长，以及艾森豪威尔基金会的学者。他也在马德里大学、纳瓦拉公立大学和宾夕法尼亚大学设计学院任教。维加拉与人合著的书为《智能新领域》（*Territorios Inteligentes*）。

拉菲尔·维诺里（Rafeal Viñoly）是拉斐尔·维诺里建筑师事务所（1983年成立于纽约）的负责人。他完成了很多重量级且大受好评的建筑，作品遍布美国、欧洲、拉丁美洲和亚洲。作为建筑师的他是以想象力和严谨而著称的，并拥有创造人们喜爱的城市及文化空间的能力。

弗洁伦·沃格赞格（Marije Vogelzang）是一位食物设计师，她在鹿特丹开了一家名为Proef的餐厅，在阿姆斯特丹开的Proef则是一家设计餐厅／工作室。Proef的功能就是最基本的"吃"，为医院、博物馆和餐厅提供设计与咨询。她最新的书名为《食之所爱》（*Eat love*）。

卢瓦克·华康德（Loïc Wacquant）是加州大学伯克利分校的社会学教授，也是位于巴黎的欧洲社会学研究中心的研究员。他的兴趣跨度由城市边缘性、刑罚国家、具体化、人种种族统治一直到社会理论。他的书有《惩罚穷人：社会不安下的新自由政府》（*Punishing the Poor: The Neoliberal Government of Social Insecurity*），等。

查尔斯·瓦尔德海姆（Charles Waldheim）是哈佛大学设计学院景观设计学的教授和主任，他与人合写了《景观都市主义读本》（*The Landscape Urbanism Reader*）、《案例：底特律拉菲特公园》（*CASE: Lafayette Park Detroit*）以及《跟踪底特律》（*Stalking Detroit*）。最近他正在写一本关于芝加哥 奥黑尔国际机场方面的书，题为《芝加哥奥黑尔：一部自然与文化的历史》（*Chicago O'Hare: A Natural and Cultural History*）。

霍利·A.沃思洛斯基（Holly A. Wasilowski）获得了可持续性设计研究的硕士学位后，正在攻读哈佛大学设计学院的设计学博士学位。她的研究集中在建筑性能仿真和居住者对建筑能耗的影响上。她是注册建筑师以及绿色建筑LEED认证的专业人员。

米歇尔·怀特（Michael Watts）是加州大学伯克利分校地理学教授和发展研究主任。从1994—2004年他都是学校里的国际问题研究所主任。他写了很多关于石油产业的书，最近的一本是《黑金的诅咒：尼日尔三角洲石油50年》（*The Curse of the Black Gold: Fifty Years of Oil in the Niger Delta*）。

卡米拉·维恩（Camilla Ween）是英国皇家建筑师协会会员、城市卫生技术研究所成员、皇家艺术协会会员以及2008年的罗博学者环境研究基金会会员，身为建筑师和城市规划师的她目前从事的是伦敦战略总体规划的发展。她的兴趣在于高质量公共交通基础设施、公共领域的可持续性发展，以及水、废弃物和能量补给方面创新的解决途径。

艾亚尔·威兹曼（Eyal Weizman）是伦敦葛德史密斯学院建筑研究中心的负责人。他是"建筑去殖民化"建筑团体的成员。他著的书有《平民职业》（*A Civilian Occupation*）、《空无之地》（*Hollow Land*）、《少一点罪恶》（*The Lesser Evil*）、《领土三部曲》（*Territories1,2,3*）、《黄色韵律》（*Yellow Rhythms*）以及在期刊、杂志和书上发表的多篇文章。

马特·威尔士（Matt Welsh）是哈佛大学计算机科学副教授。他的研究兴趣包括一系列复杂的系统，其中有网络服务、分布式系统以及传感器网络。他目前的项目涉及开发传感器网络的新编程语言和操作系统、资源管理分离以及创建支撑实验研究的开放式传感网络测试台。

克里斯蒂安·威尔斯曼（Christian Werthmann）是哈佛大学设计学院景观设计学副教授，他的哈维·米尔克纪念提案获得了2000年旧金山奖。他编著的书有《绿色屋顶：案例研究》（普林斯顿建筑出版社，2007年）（*Green Roof: A Case Study*）（*Princeton Architectural Press*），2007；他同时也是多学科研究团队"城市转变"Trans-Urban的共同发起者，他最新的研究倡议名为"脏活"（Dirty Work）。

俞孔坚（Kongjian Yu）拥有哈佛大学设计学院的设计博士学位。他是北京大学建筑与景观设计学院的创办人和院长，也是土人景观公司的创办者及首席设计师。他最新出版的书是《生存的艺术：定位当代景观设计学》（*The Art of Survival-Recovering Landscape Architecture*），他同时也是《景观设计学》（*Landscape Architecture China*）杂志的主编。

马丁·泽格兰（Martin Zogran）是哈佛大学设计学院城市设计学副教授。他之前在chan克里格建筑事务所（Chan Krieger&Associates）工作，管理城市设计与规划项目，其中项目涉足了华盛顿和纽约等城市。他也在拉斐尔·维诺里建筑事务所（Rafael Vinňoly）和玛格丽特希尔芬迪建筑事务所（Margaret Helfand）工作过，同时他的作品也出现在*Domus*、《室内设计》（*Interior Design*）和《场所》（*Places*）这些杂志中。

英文原版致谢

任何严谨的出版物都需要大量人员的参与和支持，他们大多都会被收入到书本的名录中去，但不可避免人数总是会超出页面容纳量。经过深思熟虑的跨学科视角和涉猎广泛的《生态都市主义》更是如此；感激如此之多的哈佛团体与以上提及的人们的鼓励、参与和展望。有了他们的帮助，我希望我们展开的这场对话能在研究及行动的多领域继续产生共鸣。

我们的感谢必须从哈佛大学校长德鲁·吉尔平·福斯特（Drew Gilpin Faust）开始，他赞助了2009年春天在哈佛大学设计学院召开的生态都市主义大会，伴随着展览，这场会议给探究这本书中陈述的很多想法提供了一个机会。我们也万分感激波士顿市长托马斯·曼宁诺（Thomas M. Menino）为开幕式致辞。

若没有约翰·K. F. 欧文（John K. F. Irving，1983年学士学位，1998年MBA工商管理硕士），以及景观设计硕士安妮·C.欧文·奥克雷（Anne C. Irving Oxley）的帮助，将不会有这部踌躇满志的出版物；感谢他们超乎寻常的慷慨，以及为了改进复杂问题思考新模式而做出的努力。

大会是由哈佛大学校长办公室、哈佛环境中心、哈佛大学肯尼迪政府学院塔伯曼州和地方政府研究中心，以及大波士顿拉帕波特协会共同合作举办的。感谢它们重要的参与，同时对哈佛大学地理学斯特吉斯·胡珀（Sturgis Hooper）教席教授，哈佛大学地球与行星科学教授、哈佛环境中心主任的丹尼尔·施拉格（Daniel Schrag），哈佛大学经济学院的弗雷德与埃莉诺·格林普教席教授（Fred and Eleanor Glimp Professor）、塔布曼中心主任、拉帕波特协会主席爱德华·格莱泽（Edward Glaeser），拉帕波特协会行政会长大卫·吕贝罗福（David Luberoff）致以诚挚的感谢。另外，我们也十分感激哈佛怀斯中心的唐纳德·E. 因格贝尔（Donald E. Ingber）为哈佛大学设计学院设立的生物适应性建筑韦斯奖，这个奖项让我们在展览及出版中了解到了查克·霍伯曼（Chuck Hoberman）作品的重要性。哈佛大学设计学院的劳斯访问艺术基金会在2009年同样赞助希赛尔·图拉斯（Sissel Tolaas）为劳斯访问艺术家。

能将这本多学科交汇的书卷整合在一起，我们最幸运的就是拥有出版人及图像设计师拉斯·穆勒（Lars Müller），他在过去的25年时间里建立起了享誉全球的制作严谨、精美艺术建筑类书籍的好名声。除了与他极富灵感的合作，我们也从他位于瑞士巴登团队的书籍制作专家艾丝特·巴特沃斯（Esther Butterworth）、米拉娜·海兰德（Milana Herendi），艾伦·梅伊（Ellen Mey）和玛蒂娜·穆利斯（Martina Mullis）那里获得了很多帮助。

在哈佛大学设计学院，我们感谢荣誉院长柏特西娅·罗伯茨（Patricia Roberts）和副院长汉娜·彼得斯（Hannah Peters），出版部的梅丽莎·沃恩（Melissa Vaughn）和阿曼达·海茨（Amanda Heighes），展览部的丹·博雷利（Dan Borelli）和香农·斯蒂奇（Shannon Stecher），院长办公室的莱斯利·伯克（Leslie Burke）与简·阿切森（Jane Acheson），以及会议组织者布鲁克·林恩·金（Brooke Lynn King）。杰瑞德·詹姆士·梅（Jared James May）建立并管理储存了上千张图片的系统，这些图片即本书的视觉材料的来源。

学生在深入会议、展览以及书籍的研究主题中也扮演了重要角色。我们需要特别感谢2008年秋天的跨部门研讨会“组织孵化生态都市主义”的参与者：阿卜杜拉蒂夫·阿尔米沙里（Abdulatif Almishari）、阿迪·阿希夫（Adi Assif）、皮特·克里斯坦森（Peter Christensen）、伊丽莎白·克里斯托弗雷蒂（Elizabeth Christoforetti）、苏珊娜·恩斯特（Suzanne Ernst）、安妮·丰特（Anna Font）、梅丽莎·格雷罗（Melissa Guerrero）、凯特琳·斯威姆（Caitlin Swaim）和艾琳·布里吉特·耶尔德勒姆（Aylin Brigitte Yildrim）。感谢林德赛·琼克

（Lindsay Jonker）、丹·汉德尔（Dan Handel）、阿尔明·普瑞斯克（Almin Prsic）、瑞恩·舒宾（Ryan Shubin）和奎南·里亚诺（Quilian Riano）为会议提供的帮助，包括了有所提及的学生博客与摘要。谢尔比·道尔（Shelby Doyle）为本书的图片绘制工作绘图提供了大力协助。

在会议期间，以下的教职员、同事以及博士生们所领导的讨论组，其对话交流也组成了本书的一部分：茱莉亚·阿福瑞卡（Julia Africa）、拉尼娅·戈恩（Rania Ghosn）、布莱恩·戈德斯坦（Brian Goldstein）、乔克·赫伦（Jock Herron）、李贺（Li Hou）、Har-Ye Kan、希拉·麦卡尼（Shelagh McCartney）、阿莱希奥斯·尼古拉斯·蒙诺波里（Alexios Nicolaos Monopolis）、爱德华·莫里斯（Edward Morris）、玛莎罗斯·欧卡（Masayoshi Oka）、安东尼奥·佩特罗夫（Antonio Petrov）、伊凡·鲁普尼克（Ivan Rupnik）、法伦·塞缪尔斯（Fallon Samuels）、苏珊娜·塞勒（Susannah Sayler），托马斯·舒洛费（Thomas Schroepfer）、泽诺维亚·托罗蒂（Zenovia Toloudi）、希瑟·特里梅因（Heather Tremain）、迪多·齐加里迪（Dido Tsigaridi），王琳（Lin Wang）和克里斯汀娜·沃斯曼（Christian Werthmann）。

最后，对为本书贡献了文字与图片的各位科学与艺术、学术及实践的领先思想家们致以诚挚的谢意。他们坚信多视角的能力会促成对都市与生态关系更有力且微妙的理解，使得本书活力焕发。

中文版致谢

自从《生态都市主义》英文原版问世以来，将这部卷帙浩繁的作品翻译成其他语言以电子版或印刷版的呼声日益明晰，我们对此深表感谢。将这部文字量大、内容繁复的书籍译成其他的语言版本绝不是一个“小工程”。但在所有赞助者、出版商、翻译人员、编辑和其他支持者的协助与鼓励下，这部书的中文翻译版终于面世了。我们尤其感激来自拉斯·穆勒（Lars Muller）不竭的鼓励，他是此书英文原版的出版商，并且为此书译版的完成提供了源源不断的帮助。

除了在英文版致谢中提及的人们外，我们想要向在哈佛设计研究生院工作的师生本杰明·布罗茨基（Benjamin Prosky）、詹尼弗·西格勒（Jennifer Sigler）、梅利莎·沃恩（Melissa Vaughn）和卡伦·基特里奇（Karen Kittredge）致以谢意。

非常感谢俞孔坚先生，是他将这本著作介绍到中国并极力促成了本书的出版。感谢俞孔坚先生组织北京大学建筑与景观学院的师生在繁忙的工作之余，认真完成了本书的翻译工作。同样感谢李迪华先生、佘依爽女士以及《景观设计学》编辑部为翻译工作提供的重要帮助。作为翻译与文本编辑人员，我们还要向张旭、闫筱荻、韩晓杰、李璐颖、马军鸽、李丹、邓瑾、郭佳、丁明君、姚瑶、李露、程温温、臧雅然和肖百霞表示感谢。我们向地理设计博士生霍渭瑜和戎航在校对译文方面提供的帮助与康奈尔大学建筑学院学生夏获在校对中文内容方面提供的帮助表示感谢。

最后，我们向凤凰出版传媒集团，天津凤凰空间文化传媒有限公司致以谢意，尤其感谢项目负责人曹蕾女士在中文版出版过程中与我们建立的热忱合作关系。

索引

图片来源

10–11, Susannah Sayler, The Canary Project
14–15, David Dodge, The Pembina Institute
20–21, Agnes Denes
24–25, Patrick Blanc
27, Atelier Parisien d'Urbanisme – Apur
31, Andrea Branzi, et al.
34–35, Magnum Photographer: Ferdinando Scianna
37, Image by Ciro Fusco/epa/Corbis
38, REUTERS/Lucas Jackson (United States)
41, Ed Kashi
42, 43, Charlie Koolhaas
45, Gabriele Basilico
52–53, Olafur Eliasson, The New York City Waterfalls (Brooklyn Piers), 2008, Commissioned by Public Art Fund, © Olafur Eliasson, 2008. Photo: © Bernstein Associates, Photographers, courtesy of Public Art Fund
56–77, images by OMA except the following:
57 (second from top), http://en.wikipedia.org/wiki/File:Vitruvius.jpg (from Vitruvius on Architecture by Thomas Gordon Smith)
57 (middle), http://www.finebooksmagazine.com/issue/0602/graphics/topten/10-vitruvius.jpg
58 (second from top), from Johann Wolfgang von Goethe, 1749-1832: Goethe's Color Theory. Arranged and edited by Rupprecht Matthaei. New York: Van Nostrand Reinhold, 1971
58 (middle), 59 (top) and 59 (middle), Bildarchiv Preussischer Kulturbesitz/Art Resource, NY
59 (bottom), 60, and 61, from E. Maxwell Fry and Jane Drew, Tropical Architecture in the Humid Zone (London: Batsford, 1956)
63 (top), The Estate of R. Buckminster Fuller and Lars Müller Publishers
63 (bottom), The Estate of R. Buckminster Fuller
66 (top), http://www.worldmapper.org/
66 (bottom), US Department of Energy, Lawrence Livermore National Laboratory
71 (bottom), The Estate of R. Buckminster Fuller
72, http://www.zeekracht.nl/
85–93, Urban Earth
96–103, all photos by Noorie Sadarangani
115–121, all images by Andrea Branzi, et al., and Archizoom Associati, except:
117 (top two images), P. V. Aureli
118 (left), Reprinted from Ludwig Hilberseimer, The New City (Chicago: Paul Theobald, 1944)
p. 120, ill. 92, Ludwig Hilberseimer Papers, Ryerson & Burnham Library Archives, The Art Institute of Chicago
118 (right), Reprinted from Ludwig Hilberseimer, The New City (Chicago: Paul Theobald, 1944)
p. 55, ill. 33, Ludwig Hilberseimer Papers, Ryerson & Burnham Library Archives, The Art Institute of Chicago
122–123, JDS Architects
124, 125, 126, NASA
130–131, Katrín Sigurdardóttir
141, The Boston Globe. Illustration by Shelby Murphy first appeared in an article by Michael Fitzgerald, "Urban retrofits: How to make a city green — without tearing it down" June 28, 2009
143, Arup
148–149, Sissel Tolaas
152 (top four), Justin Knight
152 (bottom), Mary Kocol
154–155, Sissel Tolaas
156–163, Urban Earth
165, Josh Bers, BBN (both images)
166–167, Proef, Marije Vogelzang
168–173, SENSEable City Laboratory
175, Miracle Publishing
176, from Historic Maps of Bahrain 1817–1970, Archive Editions Ltd.
178–179, Gareth Doherty
180, 181, Ministry of Municipalities and Agriculture Affairs, Manama
184, 185, Luke Jerram and on page 185 (top, middle) Caio Buni
186, 187, Jesse Shapins, Kara Oehler and Ann Moss
190–193, Leena Sangyun Cho, and on page 193 (bottom) Niall Kirkwood
194–207, all images by Anuradha Mathur and Dilip da Cunha, except, 196, William A. Tate, Plan of the Islands of Bombay and Salsette, detail, by permission of the British Library
209, The New Scientist
210, 211, Arup
213, Vincent Callebaut Architectures
214, GSA Today
216–217, City Limits London
219, 220, 221, Atelier Dreiseitl
222, 223, Zhang Huan
224, Michael Hickman
225, Mitchell Joachim
226, 227, Mitchell Joachim, Eric Tan, Oliver Medvedik, Maria Aiolova
228, 229, Mitchell Joachim, Lara Greden, Javier Arbona
232–235, Mario Abruzzese, Jiries Boullata, Sara Pellegrini, Francesca Vargiu
236, 237, Triptique
238, 239, MVVA
240, 241, Hood Design
245, Michelle Addington
246, 247, NASA/Goddard Space Flight Center, Scientific Visualization Studio
249, US Department of Energy, Lawrence Livermore National Laboratory
250, University Operations Service, Harvard University
252–253, Pelamis Wave Power Ltd.
254–255, Vector Architects
257 (left), The White House/Joyce N. Boghosian
257 (right), Dorothée Imbert
258-259, The Sunday Times
260 (top), C.Th. Sørensen collection, Royal Danish Academy of Fine Arts
260 (bottom), Dorothée Imbert
261, from Jedermann Selbstversorger (1918) by Leberecht Migge
262 (top), Christian Werthmann
262 (bottom), Dorothée Imbert
263, Lukas Schweingruber
264, 265, Michel Desvigne
266, Dorothée Imbert and Scheri Fultineer with Megumi Aihara, Tzufen Liao, and Takuma Ono
267, Tzufen Liao
268, 269, Mathieu Lehanneur
271, Photo credit, Hans Georg Roth
272, 273, Photo credit, KVA MATx
275, from a presentation by Colin Campbell to the House of Commons, London
277–279, ZEDfactory
280–281, © MVRDV
282, both images from Baidu.com
283 (left), Baidu.com, (middle) Painting by Ou Yang, (right) Kongjian Yu
284 (top right), Photos: a and c from Xinhua.net, b and d by Kongjian Yu
272 (bottom), Painting by Li Yansheng
285 (top and bottom), Kongjian Yu and Peking University Graduate School of Landscape Architecture
286–291, all images by Kongjian Yu/Turenscape
292–293, soa architectes
297, image courtesy of Hoberman Associates, New York
299, Mathieu Lehanneur, David Edwards
305 (left), concept Michael Brill, illustration Safdar Abidi; (right) concept and illustration by Michael Brill. From: K. M. Trauth et al., "Expert Judgment on Markers to Deter Inadvertent Human Intrusion into the Waste Isolation Pilot Plant," SAND92-1382 UC-721, November 1993)
308, Donald E. Ingber
314, 315, Richard T. T. Forman
319–321, maps reproduced by permission of Cambridge University Press and Richard T. T. Forman. Illustrations by Taco Iwashima Matthews
322–323, Adi Assif
325–329, Stoss Landscape Urbanism
330–331, Christoph Niemann
333, National Weather Service – National Oceanic & Atmospheric Administration
334, Coast and Geodetic Survey, RG 23 – National Archives and Records Administration
335, © 2009 Open Systems
336 (top), National Park Service, Frederick Law Olmsted National Historic Site
336 (bottom), University of Washington Library, George E. Waring Jr. Papers
338 (top), Bureau of Public Roads, Historical Division, courtesy of Federal Highway Administration, Office of Infrastructure
338 (middle), Library of Congress – National Archives, 1937
338 (bottom), U.S. DOT – Federal Highway

Administration – Office of Infrastructure
339 (top), Forest History Society, courtesy of Alvin J. Huss Archives
339 (bottom), National Weather Service – National Oceanic & Atmospheric Administration, George E. Marsh Album Collection
340, United States Farm Security Administration – Office of War Information (Overseas Picture Division, Washington Division) courtesy of the Library of Congress
341, Minnesota Department of Transport, courtesy of Homeland Security Digital Library, 2007
342–343, © 2009 Open Systems
343, Tennessee Valley Authority, 2008
345, © 2009 Open Systems
346 (top), Ecological & General Systems Theory, 1971
346 (bottom), adapted from Federal Highway Administration, Department of Transportation – Freight Management & Operations, 2008
347 (top), Landsat GeoCover 2008 data courtesy of USGS
347 (bottom), © 2009 Open Systems, adapted from United States Geological Survey –
Watersheds Division, Strategies for America's Watersheds
351–353, all images Rebar, except Bushwaffle images on page 341 by Justin Knight
354–355, Rebar/Andrea Scher
357, Denise Hoffman Brandt, Van Alen Institute New York Prize Fellow, Spring 2009 Image courtesy of Van Alen Institute: Projects in Public Architecture
358, 359, images by Alexander J. Felson, Planyc 2030 Citywide Million Trees project, principal investigators: Alexander J. Felson (Yale University), Timon McPhearson (The New School), Matthew Palmer (Columbia University).
360 (top), Alexander J. Felson, Design Trust for Public Space, Alexander J. Felson and Steward T. A. Pickett, Fellowship Award, Honorable
Mention, 2004.
360 (bottom), Steven Handel
361, Marpillero Pollak Architects
362–363, Linda Pollak
365–369, Barcelona Urban Ecology Agency
370–371, PARKKIM
373, Fundación Metrópoli
374–377, Agence Ter, Erik Behrens
Page 380, American Heritage Foundation Official Freedom Train Postcard, 1948 (personal collection)
381, © Bettmann/CORBIS
383–397, all images Smart Cities Lab except prototype model photos on page 387, by Justin Knight
398, Federico Parolotto
399 (middle left), Section through Masdar, Foster + Partners
399 (middle right, upper), travel distance diagram, Foster + Partners
399 (middle right, lower) PRT prototype, Masdar Initiative
399 (bottom), Federico Parolotto
400, 401, Foster + Partners
409, Duany Plater-Zyberk & Co.
416, IEA, World Energy Outlook, 2008
417–419, SynCity
425–427, Ed Kashi
428–429, Rafael Viñoly Architects
430–441, Chi-Yan Chan, Emily Farnham, Sondra Fein, Benny Ho, Meehae Kwon, and Yusun Kwon
446, image © Stefano Boeri Architetti, 2009
448, multiplicity.lab (Stefano Boeri with Isa Inti, Giovanni La Varra and Camilla Ponzano), promoted by the Province of Milano, 2007
450, 451, project and image © Boeri Studio (Stefano Boeri, Gianandrea Barreca, Giovanni La Varra), 2009
452, 453, images © Camila Ramirez and Hana Narvaez, graduation thesis project within multiplicity.lab (tutors Stefano Boeri, Salvatore Porcaro), 2009
456, 457, Susannah Sayler, The Canary Project
459, diagram by Susannah Hagan
460 (top), Susannah Hagan
460 (bottom), Google Earth
462 (top), Susannah Hagan
462 (bottom), LCAEE, USP
464–467, drawings by Swen Geiss
469, Squint Opera with Grant Associates
470, Grant Associates with Ten Alps and the Natural History Museum, UK
471, Squint Opera with Grant Associates
473, Peter Vanderwarker
474, Wasilowski, Reinhart, et al.
476–481, All images by Vicky Cheng, except photo of Hong Kong (page 477) by Koen Steemers
482–487, Farrells
488–495, Urban Earth
497, 499, Supapim Gajaseni
501, Thomas Schroepfer
502, 503, Bill Rankin
504–505, Charlotte Barrows, Christopher Doerr, and Simón Martínez
506–509, Atelier Van Lieshout
510–511, Atelier d'Architecture Autogérée
512–513, Ecosistema Urbano
517, Ministry for the Environment/Manatū Mō
Te Taiao, New Zealand
519, Nancy Krieger
521 (left), from André Guillerme, Les Temps de l'Eau: La Cité, l'Eau et les Techniques.
521 (right), from Alphand's Promenades de Paris
526, from Winthrop Packard, Wild Pastures (Boston: Small Maynard, 1909), 115
540, 541, Nina-Marie Lister
542, Stoss Landscape Urbanism
544, 545, 547, F. Sardella
546, Nina-Marie Lister
548–553, Achim Menges
555–559, City of New York, Mayor's Office (all images)
560-563, Hoberman Associates
564, Justin Knight
565, Jean-Baptiste Labrune
566–567, Justin Knight
568–569, Jean-Paul Charboneau
572, 573, Paul Warchol
574–576, Toshiko Mori Architect
578–583, all images Sauerbruch Hutton, except, 580 (top) and 582 (bottom left, and bottom right), © bitterbredt.de, and 583, Annette Kisling
584–587, Cook + Fox
588, Andrew tenBrink
589, Joseph Claghorn
591, Anja Thierfelder
592, Transsolar
593, Foster+Partners
594, Iwan Baan
595, Ateliers Jean Nouvel
604, 605, Mario Cucinella Architects, Daniele Domenicali (Sieeb Building)
600–605, Arup
606–607, ecoLogic Studio
608–609, Luc Schuiten
611, Ecosistema Urbano (Belinda Tato, Jose Luis Vallejo y Diego García-Setién), Photographs by Emilio P. Doiztua
612, 613, MVRDV
614, Abalos + Sentkiewicz
615 (top), Abalos + Sentkiewicz
615 (bottom), image courtesy of Mansilla + Tuñon
618–619, Chora, with Buro Happold, Gross Max, and Joost Grootens
622–627, Chora, et al.

本书翻译组成员

组长：

俞孔坚（北京大学建筑与景观设计学院，哈佛大学设计学院）

翻译成员：

北京大学建筑与景观设计学院

张旭（P1~P121）
闫筱荻（P122~P155）
韩晓杰（P156~P217）
李璐颖（P218~P255）
马军鸽（P256~P01）
李丹（P302~P363）
邓瑾（P364~P415）
郭佳（P416~P471）
丁明君（P472~P501）
姚瑶（P502~P517）
李露（P518~P529）
程温温（P530~P577）
臧雅然（P578~P607）
肖百霞（P608~P639）